여행기의 인문학 2

여행기의 인문학 2

지리학의 시선으로 재해석한 동양인 세계 여행기

한국문화역사지리학회 지음

푸른길

| 차례 |

서문

"여행을 떠나기 전날 밤 … 침실 문 아래로 길게 보이던 가느다란 빛의 띠 — 그
것이 여행의 최초의 신호가 아니었을까? … 그것이 온갖 기대에 부풀어 있는
아이들의 밤 속으로 스며들어 갔던 것은 아닐까?" (조형준 역 2007, 199)

'자유롭게 부유하는' 지식 노동자, 발터 벤야민(Walter Benjamin, 1892~1940)은
『베를린의 어린 시절』에서 유년 시절의 여행을 캄캄한 어둠 속 한 줄기 빛을 직
면하던 기대와 설렘의 추억으로 회상하였다. 여행(travel)은 그 어원처럼 고생과
고역(travail)을 동반하더라도 기꺼이 '나'를 찾아 떠나는 길, 타자의 장소와 미지
의 공간으로 뻗어 있는 길을 비추는 가늘고 희미한 빛과 같다.

여행과 여행기(travel writing)의 지리적 의미와 은유를 반추하는 동안 "여행 대
중화의 시대에 지리학자로서 여행기를 읽는다는 것이 도대체 어떤 의미가 있을
까?"라는 물음에서 시작된 본서의 기획은 지난 2018년 서양인들이 남긴 여행기
를 중심으로 엮은 『여행기의 인문학』이라는 책으로 그 결실을 보았다. 이제 두
해가 지나 우리 한국문화역사지리학회는 두 번째 시리즈로 동양의 대표적인 여
행기를 선정하여 '지리학자의 동양 여행기 읽기'를 세상에 선보이게 되었다.

지난 2019년 4월 초, 아홉 번째 총서기획위원회가 구성되어 제1차 기획회의를
시작하였고, '동양인이 쓴' 여행기를 선정하여 학회 회원을 대상으로 집필자를
모집하였다. 본서에 수록된 여행기들은 당대의 지리적 상상과 인식 확대에 많은
영향을 준 기록들을 우선으로, 독자들의 가독성을 고려하여 번역서가 있는 책들

을 중심으로 선정되었다. 여행기의 저자는 한국인을 포함한 동양인으로 한정하였고 여행 장소가 우리나라인 경우는 선정에서 제외하였다. 그리고 첫 권과 마찬가지로 '지리학자의 여행기 읽기'라는 주제를 통해 기존 역사학계나 문학계의 연구 성과와 차별되는 지리적 함의를 찾아 소개하는 데 분석의 초점을 두었다.

이러한 과정을 통해 선정된 여행기는 총 10권으로 시대별, 지역별로 나누어 목차를 구성하였으며, 그 여행 시기와 지역을 포함한 순서는 다음과 같다: 엔닌의 『입당구법순례행기』(9세기, 중국 당나라), 이븐 바투타의 『리흘라』(14세기, 아프로아시아), 최부의 『표해록』(15세기, 중국 명나라), 서하객의 『서하객유기』(17세기, 중국 명나라), 박지원의 『열하일기』(18세기 후반, 중국 청나라), 신유한의 『해유록』(18세기 초반, 일본), 유길준의 『서유견문』(19세기 후반, 미국과 유럽), 나쓰메 소세키의 『만한이곳저곳』(20세기 초반, 중국 만주), 나혜석의 『구미만유기』(20세기 초반, 유럽), 김찬삼의 『세계일주여행기』(20세기 후반, 아시아-아메리카-유럽-아프리카). 이 중 박지원의 『열하일기』는 국내 학계와 독자층에게 알려진 중요성과 영향력을 고려하여 두 명의 집필자가 각각 '연행록과 연행 노정', 그리고 '연행 노정 상의 장소와 경관'이라는 주제로 나누어 두 개의 장을 집필하였다.

그 결과 11개의 장으로 구성된 장별 내용을 간략히 소개하면 다음과 같다.

제1장 "길 위의 이름들, 엔닌의 『입당구법순례행기』"에서 저자 김순배는 9세기 전반 일본의 불교 승려 엔닌이 당나라로의 구법 여행을 기록한 일기체 기행문인 『입당구법순례행기』를 대상으로 동북아시아 한·중·일 삼국 사이에서 펼쳐

졌던 시간과 공간, 그리고 그 속을 횡단했던 한 인간의 여행을 길과 이름의 관점에서 분석하였다. 특히 저자는 동북아시아 역사 공간을 가로질러 만 9년 6개월 동안 그 순례의 길에서 만난 사람들과 자연, 그리고 이와 조우한 한 개인의 믿음과 심정, 경험과 관찰, 공부와 느낌을, 시간을 거슬러 공감하고자 하였다.

제2장 "자기도 모르게 지리학자가 된 이븐 바투타의 여행기, 『리흘라(Rihla)』"에서 저자 심승희는 '무슬림의 마르코 폴로'로 불려 온 중세 모로코 출신의 여행가 이븐 바투타의 여행과 그의 여행기 『리흘라』가 지니는 지리적 의미를 탐색하였다. 이를 위해 마르코 폴로의 여행 및 여행기 『동방견문록』과 비교하는 방식을 택했는데, 두 여행의 비교는 여행이 이루어진 시대적 배경과 여행 목적, 여행 기간 및 여행지의 범위를 중심으로, 그리고 여행기의 비교는 여행기의 집필 방식과 여행기의 구성 및 내용을 중심으로 전개하였다.

제3장 "모빌리티 렌즈로 바라본 최부의 『표해록』"에서 저자 정은혜는 조선 성종 때인 1488년경, 제주에서 추쇄경차관으로 재직하던 최부가 쓴 일기체 중국 견문기인 『표해록』을 모빌리티 렌즈(mobility lens)를 통해 분석하였다. 특히 조선에서 중국으로 이동하는 과정에서 겪은 그의 타국 체험이 같은 문명권 안에 살면서도 서로 고립되어 살던 사람들이 다양한 층위에서 만나는 상호 체험의 과정임에 주목하였다. 결국 이 여행기는 과거에서 현재로 이어져 내려오는 중요한 모빌리티 정보의 기록이었음이 확인되었다.

제4장 "아름다운 자연, '명승(名勝)'과 여행기: 경관론의 관점에서 『서하객유기』 읽기"에서 저자 신성희는 중국을 비롯한 동아시아 문화권에서는 참된 아름다움의 이상(ideal)을 자연 속에서 찾으려 하였고 독보적으로 아름답다고 여겨지는 자연의 모습을 명승(名勝)이라 불렀음을 주목하였다. 이에 저자는 동아시아식 자연을 보는 특유의 방식으로 명승 개념을 이해하였고, 명대 말기의 문인 서하객이 30년 동안 중국의 각지를 걸어 다니며 쓴 60만 자 규모의 방대한 여행기를 경관론적 관점으로 독해하여 이 개념을 구체화하고자 하였다.

제5장 "조선 후기 연행록과 박지원의 열하 노정"에서 저자 문상명은 18세기 후

반에 기록된 『열하일기』와 17~19세기에 간행된 다른 연행록과의 노정 비교를 통해 이 여행기가 간직한 역사지리적 의미를 찾고자 하였다. 특히 정치적 변화에 따라 사행단의 노정도 달라졌다는 사실과 함께 연행 노정 안에 요동지역 중심 공간의 변화에 적응하는 조선인들의 인식이 내재되어 있음을 확인하였다. 요컨대 저자는 사행단의 기록이 단순한 노정의 기술을 넘어선 하나의 종합 지리서임을 강조하였다.

제6장 "『열하일기』 연행 노정에서 만난 장소와 경관의 지리"에서 저자 강창숙은 미지의 공간으로서의 청나라 여행을 평생의 일로 갈망했던 조선의 선비 연암 박지원이 1780년 음력 6월에 압록강을 건너 연경까지 직접 체험한 연행 노정을 장소와 경관의 관점에서 분석하였다. 저자는 자기 성찰적 보기의 방식으로 낯선 장소와 경관을 관찰하고 체험하려는 연암의 시선에 주목하여 '관찰유근(觀察惟勤)'한 장소와 경관에 남긴 그의 남다른 지리적 통찰과 지역 인식을 살펴보았다.

제7장 "조선통신사의 일본 방문 이야기: 신유한의 『해유록』에서 여정 경로와 시선을 중심으로"에서 저자 이호욱은 신유한이 1719년 제술관으로 일본에 다녀와 기록한 『해유록』을 대상으로 여행 일정, 문화 교류, 경관 묘사, 견문 내용 등을 분석하였다. 특히 통신사가 조선에서 일본 에도까지 이동하는 길과 방문하는 장소를 중심으로 지역적 특성과 사행 과정 등을 살펴보았고, 여기에 일본이 조선에 대해 기대하는 시선과 조선이 일본을 바라보는 시선을 비교하여 분석함으로써 시선의 상호성에 기반한 상호문화주의 이해의 중요성을 강조하였다.

제8장 "'번역된 서구' 읽기와 유학 여행으로 재현된 문명개화의 텍스트 표상, 『서유견문』"에서 저자 홍금수는 『서유견문』을 격동의 세기적 전환기를 살다 간 경계인 유길준의 '번역된' 서구 읽기이자, 동시에 사행 및 유학 여행의 실천으로 내재화한 문명개화의 심상을 텍스트로 재현한 탈옥시덴탈리즘의 표상이며, 근대 자주민권국가를 향한 이상의 응집으로 보았다. 특히 이 여행기가 동서양의 경계를 넘나드는 '탐험'의 수행을 통해 완결한 문화번역의 전범이며, 모국의 근대화를 의도한 선각자의 문명개화 기획을 투영하고 있다고 평가하였다.

제9장 "『만한 이곳저곳(滿韓ところどころ)』으로 본 나쓰메 소세키의 만주 여행과 만주 인식"에서 저자 정치영은 일본 근대문학을 대표하는 소설가인 나쓰메 소세키가 1909년에 42일 동안 만주를 여행하고 쓴 기행문인『만한 이곳저곳』을 대상으로 당시 일본 지식인이 수행한 만주 여행을 복원하고, 여행의 결과로 얻은 만주에 관한 인식을 고찰하였다. 나쓰메 소세키가 만주를 여행한 시기는 일본 제국이 한창 만주로 세력을 확장하던 시기로, 저자는 이러한 시대적 상황이 그의 여행과 지역 인식에 어떻게 반영되었는지에 초점을 맞추어 분석하였다.

제10장 "식민지 조선 여성의 해외여행과 글쓰기: 나혜석의『구미만유기』"에서 저자 한지은은 1920~1930년대 식민지 조선의 시공간적 맥락에서 한국 여성 최초로 이루어진 나혜석의 구미 여행에 대한 문화지리적 접근을 시도하였다. 당대의 공간적 실천의 산물이자 물질적 결과로서 나혜석의 여행기를 '여행하기'와 '여행에 대한 글쓰기/그리기'의 측면에서 분석하였다. 특히 식민지 조선인이자 여성이었던 나혜석과 그녀의 여행기에 드러나는 다중적 위치성, 해외여행을 통해 성찰된 여성주의적 정체성이 여행 후 어떻게 좌절되어 갔는지를 검토하였다.

마지막으로 제11장 "김찬삼의『세계일주여행기』: 지리적 지식과 상상력의 대중화를 향하여"에서 저자 이영민은 20세기 중·후반 한국의 격동기를 세차게 풍미했던 김찬삼의『세계일주여행기』가 한국인들의 세계 인식의 지평을 확대하는데 큰 공헌을 했음을 강조하였다. 이 글에서는 김찬삼의 여행기에 드러난 세계여행의 목적과 방법을 분석하여 지리학적 여행기로서의 성격을 규명하고, 학술답사로서의 여행이 어떻게 대중적 서사로 변신하여 대중의 세계 인식 변화에 기여했는지를 살펴보았다.

위에서 소개된 동양 여행기의 일부 저자들과 그들의 거주 지역은 지난 18~20세기 제국주의와 식민주의의 시선으로 타자화되고 대상화되었던 바로 그 '여행되는 자(the travelled)'이자 '접촉 지대(contact zone)'이기도 하다. 이런 이유로 우리는 그들의 여행하기와 글쓰기가 서양인들이 써내려 간 (근대) 여행기와 그것이 조장하고 그 그늘을 은폐했던 문명 진화의 담론과 선형적인 역사관, 서구 계몽주의와 근대 과학 담론, 그리고 자본주의적 정복과 지배의 타성, 나아가 인종 및 젠더에 관한 담론과 차별을 모방하고 답습하고 있는 것은 아닌지 늘 경계해야 한다.

이런 거창한 여행 서사와 공간적 실천이 아니더라도, 로마를 여행하면서 새롭게 탄생한 자신을 발견했다던 괴테와 세계 여행으로 끊임없이 창조되는 자신을 경험한다던 프란츠 파농과도 같이, 우리의 인생은 늘 그러했듯 여행의 희미한 빛을 희망하고 갈구한다. 더구나 코비드19라는 전염병이 전 세계에 창궐하여 사회−공간적 관계가 변형되고 공간과 영역의 생산이 변경되더라도, 혹은 장소의 인식과 지리적 경관이 변화되고 유난히 이동과 접근이 제한되어 지리적 불균등과 사회적 불평등이 심해지더라도, 우리의 삶의 방식과 일상생활의 지리는 여행의 빛을 향하는 눈길과 발길을 결코 멈추지 않을 것이다.

이 책이 기획되고 간행되기까지 많은 분들의 참여와 지원이 있었다. 『여행기의 인문학』 첫 권에 이어, 이 책을 학회 연구부 사업으로 추진할 수 있도록 지원해 주신 홍금수 전임 학회장님과 정치영 현 학회장님에게 감사드린다. 특히 본서 기획의 초석을 놓고 저자로도 참여해 주신 심승희, 한지은 기획위원님과 학회 차원의 학술 총서 발간에 기꺼이 귀한 시간과 열정을 내어 주신 열한 분의 저자들에게 깊은 감사의 말씀을 드린다. 아울러 출판업계의 깊은 불황에도 소외된 인문학 도서의 출판을 독려해 주신 푸른길 출판사의 김선기 사장님과 번잡한 편집 작업을 상냥하고 깔끔하게 마무리해 주신 편집팀에게 깊은 감사를 드린다.

이 책이 지리 교양서를 기다리는 일반 독자들과 여행지리 과목을 선택한 고등학생들, 나아가 지금 여행의 길 위에 있거나 혹은 그 길을 떠나고자 준비하고 있는 모든 사람들에게 가늘지만 또렷한 빛이 될 수 있길 기대한다.

2020년 11월
한국문화역사지리학회
아홉 번째 총서기획위원회를 대신하여
김순배

제1장

길 위의 이름들, 엔닌의 『입당구법순례행기』[1]

김순배

1. 들어가며

(839년 4월 8일)[2] 잠시 해룡왕묘에 머물렀다. 동해산 숙성촌에서 동해현에 이르기까지는 100리 정도였는데 모두 산길이었다. (나귀를) 타고 가기도 하고 혹은 걸어가기도 하여 하루 만에 도착할 수 있었다. 6일부터 불기 시작한 동북풍은 며칠 동안 풍향이 바뀌지 않았다. 9척의 배가 천둥과 폭우 그리고 세찬 바람을 만난 후에 바다를 건너지 못하지는 않았을까 걱정과 탄식이 마음에 가득하다. 우리 승려 등은 불법을 구하기 위해 여러 차례 꾀를 내었으나 아직 그 뜻을 이루지 못하였다. 사절단이 귀국할 즈음에 떨어져 남으려는 모의를 힘들게 도모했지만 역시 이루지 못하고 마침내 들키고 말았다. 좌우에서 온갖 논의를 다했

---

1. 이 글은 2020년 『대한지리학회지』 제55권 제3호에 게재된 필자의 논문을 수정한 것이다.
2. 이후 본문에서 『입당구법순례행기』(엔닌, 838~847)의 내용 일부를 직접 인용할 때는 『엔닌의 입당구법순례행기』(김문경 역 2001)와 『입당구법순례행기』(국사편찬위원회 한국사데이터베이스, http://db.history.go.kr/item/level.do?itemId=ds)의 번역문을 참고하여 인용문 앞이나 문장 끝의 괄호 안에 해당 음력 날짜를 제시하였다. 또한 인용문 안에 있는 괄호들은 필자 또는 상기 번역문에 의해 문맥에 따라 필요한 정보를 추가한 주석들임을 밝힌다.

으나 머무르는 것이 불가능하였다. 관가에서 엄하게 조사하여 조그만 일 하나도 그냥 넘기지 않았다. 그래서 제2선을 타고 본국으로 돌아가려고 한다. 앞서 양주와 초주에 있을 때 구해서 얻었던 법문과 여러 물건은 제8선에 그냥 두었다. 배에서 내려 떨어져 남고자 할 때 가지고 있던 개인 휴대품은 호홍도(胡洪島)에서 주(州)에 이르는 사이에 모두 다른 사람에게 주었다. 빈손으로 배를 타게 되니 다만 탄식이 더할 뿐이다. 이는 모두 아직 구법의 뜻을 이루지 못했기 때문일 것이다.[3]

뜻이 있는 곳에 길이 있었다. 838년 7월 2일, 견당사(遣唐使)의 천태청익승(天台請益僧) 자격으로 당나라에 도착한 일본 승려 엔닌(圓仁, 円仁, 794~864)은 태주(台州) 천태산(天台山)으로의 짧은 유학길을 염원하였으나, 당나라 조정은 귀국 일정상의 이유로 그의 구법의 길을 불허하였다. 귀국 과정에서 불법 체류를 결심한 엔닌은 귀국선에서 빠져나와 이동하던 중 해주(海州) 동해현(東海縣)에 있는 동해산(東海山) 숙성촌(宿城村)에서 신라인 목탄 운송업자들에게 신분이 발각되어 다시 귀국선으로 돌아가게 되었고, 도중에 위의 글과 같은 깊은 한숨과 탄식을 839년 4월 8일의 일기에 기록하였다.

그가 탄식하며 한숨지었던 이유는 오직 불법(佛法)을 구하고자 하는 뜻을 '아직' 이루지 못했기 때문이었다. 그러나 그의 탄식이 절망으로 끝나지 않았던 이유 또한 끝내 잃지 않은 일념이 운명처럼 기회와 희망의 길을 열어 놓았기 때문

---

3. 교감 및 표점된 원문은 다음과 같으며, 이후에 제시되는 인용문의 원문은 생략한다: "暫住海龍王廟. 從東海山宿城村至東海縣一百餘里, 惣是山路. 或駕或步一日淂到. 從六日始東北風吹累日不改. 恐彼九隻舡逢雷雨惡風之後, 不淂過海欵(歟) 憂悵在懷. 僧亦(等)爲求佛法起謀數度未遂斯意. 臨歸國時苦設留却之謀事, 亦不應遂彼探覓也. 左右盡議不可淂留. 官家嚴撿不免一介. 仍擬賀(駕)第二舶歸夲國. 先在揚楚(揚)州, 覓淂法門幷諸資物留在第八舡. 臨當却所將隨身之物, 胡洪島至州之會並皆与他. 空年(手)駕舡但增歎息. 是皆為未遂求法耳." [김문경 역 2001, 145–146; 入唐求法巡禮行記, 卷 第一, 開成四年, 四月, 八日, 제2선이 정박한 곳에 이르다(0839년 04월 08일(음)), 국사편찬위원회 한국사데이터베이스, http://db.history.go.kr/item/level.do?itemId=ds&levelId=ds_001_0020_0040_0080&types=o]

이었다. 그해 6월 7일에 일본으로 향하던 엔닌은 귀국선이 풍랑에 떠밀려 등주(登州) 문등현(文登縣) 청녕향(淸寧鄕) 적산촌(赤山村)에 이르게 되었고, 그곳 신라인들의 도움으로 오대산(五臺山)과 장안(長安)으로 향하는 새로운 구법의 길을 걷게 된다.

지금으로부터 약 1,200여 년 전인 838년 6월 13일, 그의 나이 45세에 일본 규슈(九州) 북쪽의 하카타(博多)에서 출항하여 중국 대당국(大唐國, 이하 당나라)을 순례하고 신라국(新羅國) 서남해안을 돌아 54세가 되는 847년 12월 14일 일본에 되돌아오게 되는데, 그동안의 일기를 모아 만든 기행문(travel writing)이 바로 『入唐求法巡禮行記(입당구법순례행기)』(이하 『구법행기』)이다. 이 일기체 기행문은 9세기 전반 동북아시아 세 나라의 역사 공간을 가로질러 만 9년 6개월 동안 그 순례의 길에서 만난 사람들과 자연, 그리고 이와 조우한 한 개인의 믿음과 심정, 경험과 관찰, 공부와 느낌을 생생하게 저장하고 있는 문자 언어로 된 타임캡슐과도 같다.

엔닌이 떠났던 길은 애초 자신이 등진 집과 고향으로 향한다. 여행이 즐거운 것은 돌아갈 집이 있기 때문이라는 말처럼 길과 집은 결코 단절적인 것이 아니라 서로 끊어졌으면서도 또한 이어져 있다. 길과 집은 서로에게 단절된 이원적인 것이 아니라 긴밀히 연결된 관계적인 존재들이라는 상식은, 자아(self)의 점(點)과 면(面)에 살면서도 끊임없이 타자(other)의 그것으로 연결된 선(線)을 갈망하는 이 세상 모든 생물이 가지는 태생적 습성을 말해 준다. 곧 시공간에 포함된 모든 존재는 일정한 점과 영역적 형태를 지니면서 친숙하고 안전한 장소(place)로 인식되는 유명(有名)의 집에 살면서도, 한 번도 겪고 느끼지 못한 무명(無名)의 공간(space) 속, 생경한 미지와 불안으로 이어진 그 길에 항상 눈길과 발길을 주려한다(김순배 2016, 81-82; 2018, 708-709).

이러한 길과 집을 대하는 인간의 태도에 대해 박무영(2016, 56-59)은 다음과 같이 표현하였다. 길이란 일상에서 벗어나게 되는 지점이며, 집이 주지 않는 흥분과 불안정은 고난이면서 매혹이고, 그래서 일탈과 관조가 발생하는 장소이자, 미지를 향한 동경이며, 귀환의 욕망이다. 한편, 인간은 길과 그 길에서 만나는 낯선 사람과 자연의 생소한 이름들을 '긍정'과 '부정'이라는 두 개의 상반된 시선으로 바라보기도 한다.[4] 평화와 교류의 시기, 그리고 전쟁과 단절의 시기에 길과 이름을 대하는 인간의 양면성과 이중성을 고려할 때, 엔닌의 여행 시기는 절묘한 시간적 지원을 받고 있다.

당시 당나라(618~907)는 그들이 구축한 강력한 중앙집권체제와 문명의 우위성을 바탕으로 다른 지역에 대한 인종적, 민족적, 문화적 차별이 없는 인류 역사상 유례가 없는 개방성과 국제성, 그리고 포용성을 유지하였다. 이 때문에 수도였던 장안(현재의 陝西省 西安)에는 실크로드와 바닷길을 통해 서역인, 아라비아 및 페르시아인, 신라인, 발해인, 일본인, 동남아인 등이 모여들어 인구 규모가 약 100만 명이었고, 도시 안에는 다양한 종교(불교, 도교, 회교, 경교, 마니교, 현교)의 사원이 있었다. 여러 나라에서 모여든 상인들은 서시(西市)와 광주(廣州) 및 양주(楊州) 같은 지방 도시에서 활동하였다. 이 같은 당나라의 개방성과 포용성 때문에 중국 내부의 주요 지역들, 그리고 중국과 주변 세계를 연결하는 교통로와 교역 네트워크가 발달하였고, 궁극적으로는 9년여간의 엔닌의 여행도 이루어질 수 있었다.

그러나 당나라는 안사(安史)의 난(755~763) 이후, 지방 번진(藩鎭)의 할거와 당쟁과 환관의 전횡, 그리고 외환 등으로 국력이 극도로 쇠약해져 갔다(신승하 2008). 더구나 무종(武宗) 연간(841~846)에 국가주의(nationalism)의 대두와 함께 발생한 회창폐불(會昌廢佛)(842~846)이라는 대대적인 불교 탄압과 엔닌의 중국 체류와 여행을 지원해 주던 장보고(張保臯)의 암살(841년쯤)이 그의 구법 여행 시

---

4. 평화와 안정의 시대에 길은 서로 다른 사람들과 물자, 정보들을 매개하는 소중한 존재로 인식되지만, 자신의 생명을 위협하는 전쟁과 전염병이 발생할 때는 그 길을 통해 나로 향하고 있을 미지의 적과 바이러스를 막기 위해 하루빨리 차단해야 하는 위험한 존재가 되기도 한다. 또한 특정 개인이나 공동체의 자랑스러운 정체성과 자긍심을 타자에게 표현할 때는 자신의 이름이나 사는 곳의 지명을 널리 과시하지만, 특정 개인이나 지역에서 범죄나 전염병이 발생했을 때는 자신의 이름과 지역의 이름을 숨기고 외부에 알려지길 꺼려한다. 이런 까닭으로 코로나바이러스(Covid 19)가 중국 우한(武漢)에서 발생했을 때(2019.12~2020.3), 중국 우한에서 외부로 연결되는 모든 길은 차단되었고, '우한 폐렴'이나 '대구 폐렴'처럼 특정 지명의 사용을 둘러싼 논란이 발생하기도 하였다.

기와 겹치면서 그는 더 빨리 귀국할 수밖에 없었고, 결국 (또 다른) 뜻이 있는 곳에서 길은 막히게 되었다.

이상에서 살펴본 길과 이름에 대한 사실들과 생각들을 토대로, 본 글은 9세기 전반, 동북아시아 삼국 사이에서 펼쳐졌던 시간과 공간, 그리고 그 속을 횡단했던 한 인간의 활동을 길과 이름의 관점에서 바라보고자 하였다. 즉 엔닌의『구법행기』에 기록된 역사적 사실과 개인의 감정을 길에서 만난 사람과 자연의 이름을 중심으로 소개하는 것이 본 글의 목적이다.

『구법행기』와 관련된 학술적 연구는 대체로 역사학계와 언어학계, 그리고 불교학계를 중심으로 이루어져 왔다. 한문으로 작성된『구법행기』는 엔닌 사후, 약 400여 년이 지난 1291년에 일본인 겐인(兼胤)에 의해 필사본이 작성되어 불교학계를 중심으로 알려졌고, 다시 600여 년이 지난 1907년에『續續群書類從(속속군서유종)』(제12집 종교부)에 활자본이, 1926년에는『東洋文庫論叢(동양문고논총)』에 영인본이 간행되면서 일반인에게 소개된 것으로 보인다(이유진 2009c). 이후 이 여행기가 전 세계적인 주목을 받게 된 계기는 라이샤워(Edwin O. Reischauer, 1910~1990)[5]가 1955년 미국 뉴욕에서 영문 번역서(Ennin's Diary: The Record of a Pilgrimage to China in Search of the Law)와 연구서(Ennin's Travels in T'ang China)를 동시에 출간한 것에 기인한다. 1964~1969년에는 오노 카츠토시(小野勝年)에 의해『入唐求法巡禮行記の研究』(4권)가 간행되면서 방대하고 종합적인 정밀한 주석 작업이 이루어졌다.

한국의 경우, 본 여행기에 재당(在唐) 신라인과 장보고의 관련 내용이 생생하게 기록된 점과, 앞서 언급한 라이샤워(1955)의 연구물에 그들의 활동과 활약상이 주목되면서 연구가 탄력을 받은 것으로 보인다. 이후 신복룡(1991; 2007)과 김문경(2001)에 의해 역주(譯註)된 번역서가 간행되었고, 중국과의 수교(1992), 김영삼 정

---

5. 일본 도쿄에서 태어난 미국의 역사학자 라이샤워는 주일미국대사도 역임하였다. 그는 평양에서 태어난 미국 선교사 매큔(George M. McCune, 1908~1948)과 함께 한국어의 로마자 표기법인 매큔-라이샤워 표기법(McCune-Reischauer Romanization)을 1937년에 창안한 인물이기도 하다.

부(1993~1998)와 김대중 정부(1998~2003)를 거치면서 '해상왕 장보고' 관련 연구들이 증가하였다. 역사학계와 일본어학계에서는 한국과 중국 간 해상 교통로 및 거점 포구를 분석하면서 『구법행기』가 언급되었고(강봉룡 2006; 고경석 2011), 동아시아 교류사의 관점에서 여행기에 내포된 문화적, 언어적 인식을 연구하거나(김은국 2008; 이유진 2009b; 이병로 2011; 장종진 2011; 김정희 2013), 일본의 신라신과 장보고의 관련성 연구(이병로 2006), 나아가 『구법행기』를 대상으로 당나라의 문화 양상과 숙박시설의 분포 등을 분석하기도 하였다(이유진 2009a; 2010b). 아울러 고대 동아시아인들이 남긴 기행문의 찬술 역사와 문학성을 고찰하고(권덕영 2010; 강경하 2019), 『구법행기』 수록 지명을 분석하여 엔닌의 노정을 디지털 복원하려는 연구도 주목된다(주성지 2020). 특히 『구법행기』가 가지는 신라사 연구의 1차 사료로서의 중요성이 반영되어 국사편찬위원회 한국사데이터베이스(http://db.history.go.kr)는 앞서 언급한 『동양문고논총』(第7所收)(觀智院本 1926)을 번역 대본으로 하는 연구 결과물에 대해 2009년 원문텍스트와 전문 국역, 주석 정보를 제공하였고, 2015년에는 원문에 표점을 부기하였다.

본 글은 위에서 언급한 김문경 역주본(2001)과 한국사데이터베이스 제공 『입당구법순례행기』의 원문과 번역본을 연구의 대본으로 삼아 실내 문헌 조사를 주로 실시하였고, 엔닌이 구법 여행의 시작과 끝을 갈무리했던 일본 천태종의 총본산이자 세계문화유산으로 등재된 교토(京都) 인근의 사찰, 히에잔(比叡山) 엔랴쿠지(延曆寺)를 2019년 7월경 한 차례 현지 답사하였다.

연구 목적을 실현하기 위해 본 연구는 길과 이름의 관점에서 『구법행기』의 개인 일기로서의 일상적인 생생함과 생동함을 관찬 사서와 비교하여 제시하고, 선행 연구에서 간과했던 지리적, 문화적 사실들을 중심으로 여행기를 재구성하여 분석하였다. 먼저 엔닌이 구법과 순례의 여행길에서 만났던 이름들을 크게 인명과 지명으로 나누어 장을 구성하였다. 여행기의 대부분을 구성하는 것은 낯선 여행 노정에서 만났던 사람들과 삶의 모습, 그리고 삶의 무대로서의 마을과 도시, 둘레의 자연환경에 대한 묘사들이며, 결국 이러한 사람들과 자연들의 이름이 문자 언어로 기록되고 우리는 그 이름들을 통해서 여행을 기억하기 때문이다.

따라서 '길 위의 사람들'이라는 장에서는 엔닌의 문화역사 지리학자로서의 면모와 『구법행기』의 학술 가치를 간략히 소개한 후, 엔닌이 만난 당나라 사람들과 신라 사람들에 대해 관찬 사서들이 말해 주지 않았던 그들의 평범한 일상의 삶의 모습을 중심으로 제시하였다. '길가의 자연들'이라는 장에서는 9세기 전반 당나라의 산과 강, 마을과 도시의 풍경을 오대산, 황하, 대운하, 그리고 15도(道) 행정 구역, 장안, 촌(村)과 방(坊) 등을 사례로 설명하였다. 마지막으로 엔닌이 귀국길에 거쳐 갔던 한반도 서남해안의 바닷길과 섬 이름을 기초적으로 분석하여 엔닌 일행이 완도의 청해진을 방문하지 못한 사실과 고이도, 구초도, 안도의 지명 위치 비정을 시도하였다.

2. 길 위의 사람들: 인명

1) 엔닌, '자각대사'로 기억되는 이름

엔닌 사후 2년 뒤인 866년 7월 14일, 천황에 의해 일본 역사상 최초로 엔닌에게 '慈覺大師(자각대사)'라는 시호(諡號)가 내려졌다(라이샤워 저, 조성을 역 2012, 43; 이유진 2009c). 이 이름은 국가가 엔닌의 업적을 공인하여 기념한 하나의 상징이기도 하다. 엔닌은 국가에 어떠한 공적을 남겼기에 스승인 사이쵸(最澄, 傳燈大師)에 앞서 시호를 받게 된 것일까? 이에 대답하려면 엔닌이란 한 인물을 소개하기에 앞서, 6세기 이래 일본이 중국에서 중앙집권적 관료제도와 호국 불교를 받아들이게 된 시대적 요구와 정치 상황을 이해할 필요가 있다.

일본은 6세기 후반 역사상 최초로 야마토 정권(大和 政權)이 들어섰고, 쇼토쿠 태자(聖德太子, 6세기 말~622)의 섭정 이후 중앙집권적 관료제를 기반으로 하는 불교 국가 건설을 지향하였다. 그는 538년 불교가 전래하여 공인된 이후, 일본 최초의 사찰인 법흥사(法興寺, 593년 창건)에서 고구려 승려 혜자(惠慈)와 백제승 혜총(惠聰)에게 불교를 배웠다. 불교의 포교를 위해 사재를 희사해 법륭사(法隆寺)를 짓고, 17조 헌법과 관위 12 체계를 만들어 불교적 국가제도를 정비하였으며, 일본 역사상 처음으로 공식 외교사절을 중국에 파견하였다. 한편 불교를 중심으로 토착 종교인 신도(神道)와 외국에서 전해진 유교(儒敎)의 장점을 모아 궁극적으로는 일본 특유의 신불유 습합사상(神佛儒 習合思想)과 독특한 관료 제도의 길을 터놓았다(박석순 외 2009).

이후 645년에는 중국 유학생과 유학승의 지원을 받아 처음으로 연호(年號)를 제정하고, 당나라의 율령(律令) 체제와 천황 중심의 국가 체제를 도입한 다이카 개신(大化 改新)이 추진되었다. 670년에는 국명을 '왜(倭)'에서 '일본(日本)'으로 고쳐[『三國史記』文武王 10년(670) 12월 조] 새로운 국가 정체성을 확립하려 했으며, 나라시대(奈良時代, 710~794) 덴표(天平) 년간(729~749)에는 견당사 등이 전한 당나라 문화의 영향 때문에 풍부한 국제성과 함께 국가 정책에 의한 불교 문화가 발달하였다. 또한 중앙집권체제를 지향하는 움직임 속에서 조정에 의한 통치의 정당성과 국가 의식을 반영한 국사(國史) 편찬 사업, 즉 712년의『고사기(古事記)』, 720년의『일본서기(日本書紀)』가 완성되었고, 713년에는 일본 내 각국의 지리, 산물, 지명의 유래 등을 모아『풍토기(風土記)』가 편찬되었다(박석순 외 2009). 한편 엔닌의『구법행기』(838~847)를 전후한 시대 상황은 일본 육국사(六國史) 중『속일본후기(續日本後紀)』(전20권, 833~850)에 기록되어 있다.

나라시대의 마지막 연도에 태어난 엔닌(794~864) 자신은 헤이안시대(平安時代, 794~1185)[6]의 초기 역사를 체화하고 있다. 헤이안시대는 정치적으로 중앙집권적 율령체제가 수정 및 강화되었고, 동시에 당풍(唐風)에서 탈피하려는 이른바 국풍

---

6. 헤이안시대는 794년 간무천황(桓武天皇, 재위 781~806)이 나라시대의 수도였던 헤이조쿄(平城京, 현재의 奈良県 奈良市 二条大路 南 3 丁目)로부터 현재의 교토(京都府 京都市 上京区 일대)인 헤이안쿄(平安京)로 천도한 후 미나모토노 요리토모(源頼朝)가 가마쿠라 바쿠후(鎌倉幕府)를 개설한 1185년까지의 시대를 말한다. 지방 호족 세력에 의한 바쿠후의 개설은 이후 1868년의 메이지유신(明治維新) 이전까지 약 700년간 지속되었다.

(國風) 문화가 발달하면서 일본의 문자인 가나[假名]가 널리 보급된 시기이기도 하다. 한편 이 시대의 불교는 국가의 보호 아래 융성하였던 나라시대의 호국(護國) 불교의 특성이 계승된 동시에 종파의 형성에 있어 새로운 움직임도 발생하였다. 804년에는 견당사를 따라 당나라에 유학한 사이초(最澄)가 귀국 후 교토 인근 히에잔(比叡山)에 엔랴쿠지(延曆寺)를 세우고 천태종(天台宗)을 열었으며, 그의 제자인 엔닌과 엔친(円珍)에 의해 본격적으로 실천적 불교의 성격을 띤 밀교(密敎)[7]가 수용되었다(박석순 외 2009). 『구법행기』에는 당나라에서 밀교의 교리를 배우고 경전 및 만다라(曼茶羅) 등을 베끼려는 엔닌의 노력이 여러 차례 기록되어 있다(838.12.23.; 841.04.30.; 841.05.03. 등).

결국 엔닌은 중국의 중앙집권적 관료제와 호국 불교를 수입하여 전제 왕권을 강화하려는 일본 고대사의 마지막 노력을 몸소 경험하고 실천한 승려였으며, 실제 그가 당나라에서 구득하여 가져온 불교 경전과 만다라 등의 목록은 손수 『入唐新求聖敎目錄(입당신구성교목록)』으로 작성되어 일본의 불교와 정치 발전에 큰 영향을 미쳤다. 나아가 그는 일본이 당나라에 파견한 마지막 공식 사절단인 17차 견당사의 일원으로서 9세기 전반 당나라를 중심으로 펼쳐지던 동북아시아 삼국, 나아가 동시대 세계의 활발했던 교류의 역사와 그 현장을 『구법행기』에 생생하게 옮겨 놓았다. 이것이 바로 9세기 후반 일본이 엔닌에게 '자각대사'라는 시호를 수여한 배경이다.

일본 최초로 국가로부터 '대사(大師)'라는 시호를 받은 엔닌은 현재 일본 천태종의 총본산인 히에잔 엔랴쿠지의 제3대 좌주(座主)를 역임하였다. 그의 전기는 『일본삼대실록(日本三代實錄)』 정관 6년(864) 정월 신축(14일)조의 졸전(卒傳)과 교토 산젠인(三千院)에 소장된 「비예산연력사진언법화종제삼법주자각대사전(比

---

7. '밀(密)'이란 험한 수행을 쌓은 자만이 아는 비밀이란 뜻으로, 밀교는 비밀 주법(呪法)을 전수 및 습득하여 깨달음을 얻고자 하는 불교 내 한 종파이다. 밀교는 석가의 가르침을 경전에서 배워 수행하여 깨달음을 얻는 현교(顯敎)와 대치된다(박석순 외 2009). 한편 법계(法界)의 온갖 덕을 갖춘 것이라는 의미를 지닌 '만다라(曼茶羅)'는 부처가 증험한 것을 그림으로 나타내어 숭배의 대상으로 삼은 것으로 상징주의적 교의(敎義)를 본받고자 하는 밀교가 특히 존중하였다고 한다.

叡山延暦寺眞言法華宗第三法主慈覺大師傳)」(이하「자각대사전(慈覺大師傳)」) 등에 실려 있다. 「자각대사전」에 따르면 엔닌은 연력(延曆) 13년인 794년에 스모쓰케국(下野國) 쓰가군(都賀郡)[현재 도쿄시 북쪽 약 100km에 위치한 도치기현(栃木縣) 시모쓰가군(下都賀郡)]에서 백제계(百濟系) 도래인(渡來人)의 후예로 태어났다 (이병로 2006, 324-326).[8] 그의 속성(俗姓)은 '미부(壬生)' 씨로 이 성씨는 하야국(下野國), 상야국(上野國) 등 당시 일본의 동국(東國) 지역에 널리 분포하고 있었으며 (이유진 2009c), 현재도 도치기현(栃木縣) 시모쓰가군(下都賀郡)에는 '미부역(壬生驛)', '미부마치(壬生町)' 등의 지명으로 그 이름이 존속되고 있다.

그는 9살 때 아버지 수마려(首麻呂)가 죽자, 다이지지(大慈寺)의 승려인 광지(廣智)에게 맡겨져 15살 때까지 그곳에서 불교를 수행하였고,[9] 15살이 되자 스승인 광지를 따라 히에잔에 올라 사이쵸(最澄)의 제자가 되었다. 그 후 엔닌은 813년에 관시(官試)에 급제하고, 23살 때인 816년에 도다이지(東大寺)에서 구족계(具足戒)를 받아 정식 비구가 되었다. 822년 스승인 사이쵸가 입적한 후에는 수년간 히에잔에 머무르며 불법을 설파하고 수행을 계속하였다. 이후 속세로 나가 불법을 전파하다가 40세 때인 833년에 병이 들어 히에잔 자락에 있는 횡천(橫川)의 초암에 은거하였다. 이후 42세 때인 승화(承和) 2년(835)에 제17차 견당사에 천태청익승(天台請益僧)으로 임명되어 입당 구법할 수 있는 기회를 얻게 되었다(이유진 2009c).

그러나 836년과 837년 두 차례의 출항이 폭풍으로 좌절되어 4척의 선박 중 2

---

8. 이병로(2006, 320-326)는 씨족의 계보를 정리한 일본 헤이안시대 초에 편찬된 「新撰姓氏錄(신찬성씨록)」을 근거로, 엔닌뿐만 아니라 그의 스승인 사이쵸(最澄) 또한 백제계 이주민 계통의 후손이라고 주장하였다. 또한 당나라에서 만났던 장영(張詠) 등의 재당 신라인들이 많은 원조와 보호를 무상으로 베푼 이유를 동일한 한반도 이주민 후손이라는 공통점에서 찾고 있다(846.02.05.; 847. 07.21. 등)

9. 그가 9~15세까지 수행했던 다이지지(大慈寺)는 현재 栃木縣 栃木市 岩舟町 小野寺 2247에 있으며, 그곳에는 앞서 언급한 엔닌과 그의 「구법행기」를 세계에 알린 라이샤워의 얼굴이 새겨진 동판과 "Great World Citizen"(위대한 세계 시민)이라 쓰인 작은 비석이 나란히 세워져 있다(Google Maps, 大慈寺, https://www.google.com/maps).

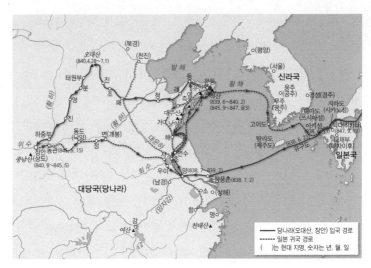

그림 1. 『구법행기』의 여행 경로

척을 잃었다가, 승화 5년인 838년 6월 13일에 다시 출항하여 "사신 일행이 제1과 제4박의 배에 승선하였다"라는 『구법행기』 기록으로 당나라로의 구법 여행을 시작하였다(그림 1). 9년이 지난 후인 승화 14년, 847년 9월 19일에 귀국하여 다자이후(大宰府) 고우로칸(鴻臚館)에 도착하였고 그해 12월 14일 "오후에 (제자) 난주(南忠) 사리가 왔다"라는 기록으로 엔닌의 여행기는 끝을 맺는다. 그 후 엔닌은 848년 3월 26일에 성해(性海), 유정(惟正) 등과 함께 입경하였고, 61세 때인 854년에 엔랴쿠지의 주지로 임명되어 제3대 천태좌주가 되었다. 이후 불법을 계속 수행하다 71세 때인 864년 1월 14일에 입적하였다. 일본 조정은 그가 입적하고 한 달 뒤인 2월 16일에 '법인대화상(法印大和尙)'의 직위를 수여하였고, 866년에는 '자각대사'라는 시호를 내렸다. 그의 저서로는 『구법행기』 이외에 『금강정경소(金剛頂經疏)』, 『현양대계론(顯揚大戒論)』이 있다(이유진 2009c; 2010a).

  엔닌의 구법 여행기에는 불교 승려인 동시에 시간과 공간, 인간과 자연을 정밀하게 관찰하여 기록하는 그의 역사 지리학자로서의 면모도 엿볼 수 있다.

① 정오 무렵에 강어귀에 도달했다. 오후 2시경 양주(揚州) 해능현(海陵縣) 백조진(白潮鎭) 상전향(桑田鄉) 동량풍촌(東梁豊村)에 도착했다. 오늘은 일본의 승화 5년 7월 2일이고, 당의 개성 3년 7월 2일이다. 비록 연호는 다르지만, 월일은 모두 같다. (838.07.02.)

② 올해 책력 초본을 얻었다. 그것을 베껴 적은 것은 아래와 같다. 개성 5년의 역일(曆日) 천간(天干)은 금, 지지(地支)는 금, 납음(納音)은 목이다. 모두 355일이다. 음양이 합치된 날은 을사에 있으니, 흙으로 고치고 짓거나 하면 길(吉)하다. 태세(太歲)는 신(申)에 있고 대장군은 오(午)에 있다. 태음(太陰)도 오에 있고, 세덕(歲德)은 신유(辛酉)에 있으며 세형(歲刑)은 인(寅)에 있고 세파(歲破)도 인에 있다. 세살(歲煞)은 미(未)에 있고 황번(黃幡)은 진(辰)에 있고 표미(豹尾)는 술(戌)에 있고 잠궁(蠶宮)은 손(巽)에 있다. 정월은 큰 달이다. 1일 무인은 토(土)와 건(建), 4일은 득신(得辛), 11일은 우수, 26일은 경칩이다. …… 12월은 큰달이다. 1일 계묘는 금과 평, 3일은 소한, 18일은 대한, 26일은 납일이다. (840.01.15.)

③ 오대산으로 가는 노정(路程)의 주 이름과 거리를 물어서 기록한다. 8개 주를 지나 오대산에 도착하는데, 도합 2,990여 리이다. 적산촌에서 문등현에 이르기까지는 130리이고, 현을 지나 등주에 도착하는 데는 500리이다. 등주에서 200여 리를 가면 내주(萊州)에 도착하고, 내주에서 500리를 가면 청주(青州)에 다다른다. 청주를 지나 180리를 가면 치주(淄州)에 도착하고, 치주에서 제주(齊州)에 이르는 거리는 180리이고, 제주를 지나 운주(鄆州)에 이르기까지는 300리이다. 운주에서 황하를 지나 위부(魏府)에 이르는 거리는 180리이고, 위부를 지나 진주(鎭州)에 도착하는 데는 500여 리이다. 진주로부터 산길로 5일 동안 약 300리를 가면 오대산에 이른다. 신라승 양현(諒賢)이 말한 것에 의거해 적었다. (839.09.01.)

위 인용문 ①에는 일본에서 출발하여 당나라에 처음 표착한 곳의 지리 정보, 즉 구체적인 행정구역과 함께 시간 정보가 적혀 있다. 엔닌은 여행 도중 연말이나 새해 정월이 되면 당나라의 달력(新曆, 宣明曆)을 사거나(838.12.20.), ②와 같이 달력의 초본을 얻어 베껴 쓰곤 하였다. 또한 문종(文宗)의 '개성(開成)'에서 무종의 '회창(會昌)', '회창'에서 다시 선종(宣宗)의 '대중(大中)'으로 황제가 바뀌어 연호가 변동될 때에도 구체적인 내용을 기록해 두었다(841.01.09.; 847.01.17.). 이를 통해 당시 당나라의 지방 행정구역 체계 및 후부 지명소가 주-현-진-향-촌으로 구성되어 있다는 사실을 알려주고 또한 정확한 날짜를 비교 기록하여, 이 여행이 어느 시간과 공간의 좌표 위에 있는지를 그가 자세히 파악하고 있었음을 알 수 있다. ③의 경우 재당 신라인으로부터 전해 들은 당나라의 행정구역과 도시 간 거리 정보, 그리고 하남도(河南道) 청주도독부 관할 적산촌에서 오대산까지의 노정을 기록한 것이다. 엔닌은 다음 여행을 떠나기 전 사전 조사를 철저히 하고 여행 노정 등을 계획하였다. 그러나 당시 노정 상의 지명들을 수록한 지도를 사용했는지는 알 수 없다.

이 밖에도 엔닌은 청주 도독부 관내의 지리 정보(839.08.16.)와 오대산으로부터 장안까지 구체적인 노정(840.07.01.~840.08.20.), 그리고 현재의 강소성(江苏省) 연운항시(连云港市) 연운구(连云区)에 위치한 운태산(云台山)으로 비정되는 당시 하남도 해주(海州) 동해현(東海縣) 동해산(東海山)의 지형(839.03.29.)과 하남도 청주 모평현(牟平縣) 부근 유산(乳山, 현재의 山东省 威海市 乳山市)(839.04.25.) 등의 지리 정보를 구체적으로 기록해 놓았다. 한편 엔닌은 지리뿐만 아니라 고대 인도 언어에도 높은 관심을 보였다. 그는 고대 불교 경전을 공부하기 위해 장안 청룡사(青龍寺) 등에서 범어(梵語, 悉曇語, 산스크리트어)를 학습하였고(842.05.26.), 당시 그가 기록한 학습 노트는 현재 국보로 지정되어 교토 인근 시가현 오쓰시 이시야마데라(石山寺)에 소장되어 있다(小野勝年 1967, 圖版 制二十四).

엔닌은 견문과 관찰이 치밀했고, 치열하게 기록하는 습관이 있었다. 이 때문에 당대 한·중·일의 관찬 사서 등에서 소홀히 했던 중요한 역사적, 지리적 사실들을 『구법행기』에 수록할 수 있었는데, 이것이 바로 그의 여행기가 가지는 1차 사료로서의 귀중한 가치이다(그림 2).

그림 2. 엔닌과 『입당구법순례행기』 卷第一
자료: (좌) 山口光圓 1961, 圖錄, 慈覺大師円仁像(延曆寺藏); (우) 국사편찬위원회

ⓐ 천태종(天台宗) 승려로서 당(唐)에 들어가 구법(求法)하던 엔닌(圓仁)이 제자 승려 성해(性海)와 유정(惟正) 등을 데리고 지난해 10월에 신라의 상선을 타고 진(鎭)의 서쪽 부(府)에 도착하였는데, 이날 조정에 들어왔다. 칙사(勅使)를 보내어 위로하고 각각에게 어피(御被)를 내려 주었다. (『속일본후기』, 권18 仁明天皇, 848.03.26.)

ⓑ 이른 아침에 신라인이 작은 배를 타고 왔다. 문득 듣건대 "장보고(張寶高)가 신라 왕자와 합심하여 신라국을 징벌하고 곧 그 왕자를 신라국의 왕으로 삼았다."라고 하였다. (839.04.20.)

ⓒ 또 듣건대 "당나라 천자가 신라 왕자에게 왕위를 내리기 위해 사절을 신라에 보내고자 하여 그 배를 정비하고 있다. 아울러 녹(祿)을 내려 주었다"라고 하였다. (839.04.24.)

ⓓ 당나라 천자가 새로 즉위한 왕을 위문하기 위해 신라로 보내는 사신인 청주병마사(青州兵馬使) 오자진(吳子陳)과 최부사(崔副使) 그리고 왕판관(王判官) 등 30여 명이 절로 올라왔으므로 만나보았다. 밤에 장보고가 보낸 대당매물사(大唐賣物使) 최병마사(崔兵馬使)가 절에 와서 위문하였다. 일찍 출발하여 서쪽으

로 20리를 갔다. (840.06.28.)

ⓔ 들에서 발해(渤海) 사신을 만났는데, 상도(上都, 장안)로부터 귀국하는 길이었
다. (840.03.20.)

ⓕ 들으니 장대사(張大使, 장보고)의 교관선(交關船, 교역선) 2척이 단산포(旦山浦,
적산포)에 도착했다고 한다. (839.06.27.)

예를 들어, 인용문 ⓐ는 엔닌이 귀국한 이듬해인 838년에 엔닌과 그의 일행이
일본 인명 천황이 있던 현재 교토의 헤이안쿄(平安京)에 들어온 사실을 간략하게
기록한 것이다. 17차 견당사와 사절단 일행의 출항 및 귀국과 관련된 사실은 일
본의 공식 칙찬(勅撰) 사서인 『속일본후기』 등에 몇 차례 짧게 수록되어 있을 뿐,
약 9년간의 자세한 여행 과정은 생략되어 있다. ⓑ는 신라 왕족 김우징(金祐徵)이
왕위 쟁탈 과정에서 패해 청해진(清海鎮)에 망명해서 후일을 도모하다가 장보고
의 도움으로 민애왕[金明]을 내쫓고 신무왕(神武王)으로 즉위한 사실과 관련된
것이다. ⓒ와 ⓓ에는 신무왕이 즉위한 뒤 당이 책봉사(冊封使)를 신라에 파견하
려던 계획과 사신들의 명단을 적은 것으로 신라와 당나라의 사료에는 보이지 않
는 귀중한 기록으로 평가된다(김문경 역주 2001, 161).

ⓔ의 경우 당나라에 파견된 발해 사신과 관련된 기록으로 당나라 사서인 『책
부원귀』(권972 조공조)에는 개성 4년(839) 12월에 발해 왕자 대연광(大延廣)이 당에
조공하였다는 기사와 상관된다(한국사데이터베이스, 입당구법순례행기, 각주 711). 엔
닌이 하남도 청주 북해현(北海縣, 지금의 山東省 濰坊市) 관법사(觀法寺)에서 하루
를 묵고 서쪽으로 20여 리를 가다가 발해 사신을 만난 사실을 통해, 역사서에 등
장하는 발해 사신의 실체를 확인할 수 있으며 동시에 발해 견당사의 이동 경로가
장안에서 청주~내주(萊州)~등주의 육로를 거쳐 등주(登州, 현재의 山東省 烟台市
蓬萊市)에서 해로로 랴오둥반도의 남쪽 끝 다롄(辽宁省 大连市)이나 뤼순(旅順)으
로 향했을 것으로 파악할 수 있다. 한편 ⓕ의 기록은 한국과 중국 측 사료에서는
찾아볼 수 없는 장보고가 파견했던 사무역선의 존재를 확인할 수 있다(小野勝年

1964, 2권, 60-61; 한국사데이터베이스 입당구법순례행기).[10]

2) 당인과 신라인

엔닌이 거닐고 머물렀던 길 위에는 여러 나라에서 모여든 많은 사람의 이름이
있었다. 그 이름들을 통해 당나라의 국제성과 외국과의 활발한 교류 사실을 알
수 있고, 당나라 사람들과 재당 신라인들이 만들어 간 일상의 삶과 그들이 형성
한 다양한 문화 경관을 엔닌은 능숙한 문화 지리학자의 시선으로 표현하고 있다.

① 그 서장을 살펴보니 "서상각을 수리하기 위하여 『금강경』을 강설합니다. 바
라는 금액은 50관입니다. 마침 상공(이덕유)께서 인연을 함께할 사람들을 초청
해 모금하도록 하여 그것을 효감사에 기탁하였으니 강경에 참여하여 인연 맺
기를 기다립니다."라는 내용이었다… "헤아려 보건대 1만 관으로 이 누각을 수
리할 수 있을 것입니다. 파사국(波斯國)은 1천 관의 돈을 내놓았고 점파국(占婆
國) 사람은 200관의 돈을 희사하였습니다. 지금 일본국 사람들의 수를 헤아려

---

10. 그 외에도 660년 나당연합군에 의해 백제가 멸망할 당시 백제군에 의해 사로잡힌 당나라 포로
를 일본에 바친 기사가 『일본서기(日本書紀)』(齊明紀 6년, 660년)에 기록되어 있다(김문경 역주
2001, 240): "겨울 10월에 백제 좌평 귀실복신(鬼室福信)이 좌평(佐平) 귀지(貴智) 등을 보내어
당 포로 100여 인을 바치게 하였다." 이 기록은 한국과 중국 사료에는 보이지 않는 것으로, 「구법
행기」(840.02.28.)에는 문등현 적산촌에서 오대산으로 가는 도중 모평현(현재 山東省 烟台市 牟
平区) 부근에 있던 오대관 앞 한 비문에서 엔닌이 확인한 사실이다. 그 비문에는 당나라 포로 100
여 명 중 일본을 탈출하여 귀국한 왕행칙이라는 사람에 대한 내용이 적혀 있다: "재(점심)를 마친
후 출발하여 서북쪽으로 15리를 가니 길옆에 왕부군묘(王府君墓)가 있었다. 돌에 묘지(墓誌)가 새
겨져 있었는데, 세월이 오래되어 지석은 땅에 넘어져 있었다. 북쪽 바닷가 포구를 따라 20여 리를
가서 오대촌(仵臺村) 법운사(法雲寺)에 이르러 숙박했다. 지관인(知館人)이 대관(臺館)을 맡아 관
리하였다. 이 객관은 본래 불교 사찰이었는데 후에 관이 되었다. 당시 사람들은 그것을 오대관이라
불렀다. 객관 앞에 탑 2기가 있다. 한 탑의 높이는 2장이고 5층이며 돌을 다듬어 짜서 만들었다. 또
하나는 높이가 1장으로 철을 주조해 만든 7층 탑이었다. 그 비문에 말하기를 "왕행칙(王行則)이란
사람은 조칙을 받들어 동번(東蕃, 백제)을 정벌하다 패하여 같은 배에 타고 있던 100여 명과 함께
적에게 사로잡혀 왜국(倭國)에 보내졌다. 그 한 몸만이 도망쳐 숨었다가 되돌아올 수 있었다. 인덕
(麟德) 2년(665) 9월 15일에 이 보탑을 세웠다."라고 운운하였다.

보면 그 수가 적기 때문에 50관의 돈을 모금하는 것입니다." (839.01.07.)

② 상공(이덕유)은 우리 승려 등과 가까이에서 마주 보고 앉아 묻기를 "그 나라에도 추위가 있는가?"라고 하였다. 유학승(엔닌)이 "여름에는 덥고 겨울에는 춥습니다."라고 대답하자 상공이 "이곳과 마찬가지구나."라고 말하였다. 상공이 "절은 있는가?"라고 묻자 "많이 있습니다."라고 답했다. 또 묻기를 "절이 얼마나 있는가?"라고 하기에 "3,700여 개의 절이 있습니다."라고 대답했다. 또 묻기를 "비구니 사찰도 있는가?"라고 하기에 "많이 있습니다."라고 대답했다. 또 묻기를 "도사(道士, 신선의 술법을 닦는 사람)는 있는가?"라고 하자 "도사는 없습니다."라고 답했다. 또 묻기를 "그 나라 경성(京城)의 사방과 둘레는 몇 리나 되는가?"라고 하였으므로 "동서가 15리이고 남북이 15리입니다."라고 답하였다. 또 묻기를 "하안거(夏安居) 하는 풍습이 있는가?"라고 하자 "있습니다."라고 대답했다. 상공은 이번에 충분한 시간을 가지고 대화하였다. (838.11.18.)

③ 당나라의 현재 황제(文宗)의 휘(諱), 즉 이름은 앙(昻)이고, 선조의 이름은 순(純, 淳), 송(訟, 誦), 괄(括), 예(譽, 豫, 預), 융기(隆基), 항(恒), 담(湛), 연(淵), 호(虎, 武), 세민(世民)이다. 음이 같은 것은 모두 쓰기를 피한다. 이 나라에서는 기휘(忌諱)하는 여러 글자는 여러 서장 중에 모두 사용하지 않는다. 이는 서명사(西明寺) 승려 종예법사(宗叡法師)가 가르쳐준 것이다. (838.11.17.)

④ 고급 관리와 군관 그리고 절의 승려들은 모두 오늘 쌀을 고른다. 날짜를 정하지 않고 주에서 운반해 온 쌀을 여러 절에 나누어 준다. 승려 수의 많고 적음에 따라 분배하므로 양은 일률적이지 않다. 그 양은 10곡(斛)에서 20곡 정도이다. 절의 고사승이 그것을 수령해 다시 여러 승려에게 나누어 주는데 1말 혹은 1말 5되를 주었다. 여러 승려는 그것을 받아 품질이 좋은 쌀과 나쁜 쌀로 골라 나눈다. 깨어진 것은 나쁜 쌀이고 깨지지 않은 것은 좋은 쌀이다. 가령 1말의 쌀을 받아 좋고 나쁜 쌀로 골라 나누면 좋은 쌀은 겨우 여섯 되 정도밖에 되지 않는다. 그리고 좋은 쌀과 나쁜 쌀을 각각 다른 자루에 담아 관청에 되돌려준다. 여러 절에서도 역시 이와 같은 방식으로 좋은 쌀과 나쁜 쌀을 골라 나누어 모두

관청에 반납한다. 관청에서는 좋고 나쁜 두 종류의 쌀을 받으면, 좋은 쌀은 천자에게 진봉(進奉)해 천자의 식사에 충당하고 나쁜 쌀은 남겨 관청에 둔다. 다만 관리, 군인, 승려에게만 쌀을 분배해 고르게 하고 백성들에게는 시키지 않는다. 주의 관청에서 속미(粟米)를 고르는 일은 더욱더 하기 힘든 일이다. 양주에서 쌀을 고르는 것은 쌀의 색깔이 매우 검기 때문이다. 껍질이 붙어 있는 알갱이와 깨어진 알갱이를 골라서 버리고 튼튼한 것만 고르는데, 다른 주에서는 이런 일을 하지 않는다. 들은 바에 의하면, 상공(이덕유)은 5섬을 고르고 감군문(監軍門)도 이와 같다. 그리고 낭중은 2섬, 낭관은 1섬, 군관과 사승(師僧)은 1말 5되 혹은 1말을 고른다고 한다. (839.01.18.)

위의 인용문 ①에는 9세기 전반 당나라의 지방 도시 양주(지금의 江苏省 扬州市)의 국제성이 기록되어 있다. 양주 대도독부의 도독(都督)이었던 이덕유(李德裕, 787~849)가 서상각이라는 건물을 수리하기 위해 파사국(사산조 페르시아)과 점파국(인도차이나반도의 安南 혹은 林邑國)의 상인들에게서 성금을 모으는 상황이 묘사되어 있다. 이를 통해 당시 서역의 페르시아인들과 동남아 사람들이 이른 시기부터 육로와 해로로 중국과 빈번하게 교섭하면서 활발한 상업 활동을 한 사실을 간접적으로 확인할 수 있다.

②에는 엔닌이 당시 양주 자사(刺使)이자 도독이었던 이덕유와 필담(筆談)을 나눈 대화 내용을 담고 있다. 특히 이덕유가 엔닌에게 일본에 도교(道教)의 도사가 있는지를 묻고 있는 점이 흥미롭다. 왜냐하면, 그는 840년까지 양주 도독 및 회남 절도사를 역임하다가 중앙으로 관직을 옮겨 무종과 함께 '회창폐불(會昌廢佛)' (842~846)로 불리는 중국 역사상 3번째이자 가장 규모가 큰 불교 탄압을 주도했던 인물이기 때문이다. 당시 불교가 가져온 폐단을 극복하고 중앙집권을 강화하기 위해 불교, 경교, 마니교, 현교 등의 외래 종교를 탄압하고 중국 자생적인 유교, 특히 도교를 적극적으로 장려하면서 중국 중심의 중화적(中華的) 국가주의(nationalism)를 표방했기 때문이다.[11] 이 과정에서 환관의 대표 실력자이자 불교

를 적극 후원하던 구사량(仇士良, 781~843)이 처형되고(843.06.23), 엔닌 또한 조칙(詔勅)에 따라 강제로 환속되어 속인의 옷을 입게 되었다(845.05.13.). 엔닌은 환속 후 장안을 떠나(845.05.15.) 귀국하기 위해 다시 문등현 적산촌의 법화원에 돌아왔는데 건물이 모두 허물어져 그곳에 딸린 장원(莊園)에 머무르게 된다.(845.09.22.)

③에서는 중국과 한국에서 유교적 질서와 예법이 강조되었던 시기에 시행되었던 '피휘(避諱)' 관념의 이른 사례를 제공하고 있다. '휘(諱)'란 본래 돌아가신 조상이나 현직 왕 및 선대왕의 이름[名]을 뜻하는 것으로 이들의 이름자는 존경의 의미에서 공문서나 역사서, 일반 서적, 심지어는 신하의 인명과 관직명, 지명 등의 표기에 동일한 한자나 유사한 음을 가진 글자의 사용을 피한다. 유교적 전통이 존속되고 있는 한국의 경우, 부모님의 이름자를 함부로 말하지 않는다거나, 도로명이나 지명에 인명을 사용하는 비율이 낮은 현상으로 현재까지 남아 있다(김순배 2016). 당나라의 고위 관리와 접촉하거나 공문서 작성 및 기록을 빈번히 했던 엔닌은 이러한 피휘의 법도와 질서를 빨리 익히는 것이 여행에 큰 도움이 된다는 사실을 익히 알고 있었다. 그래서 처음 방문하는 곳의 지방 관리, 일례로 양주 자사 이덕유, 등주 자사 및 청주 절도사의 성명과 피휘 글자를 자세하게 여행기에 적어 놓았다.(838.08.26.; 839.11.22.)

④에는 중국에서 진(秦)나라 이래로 행해져 온 제사 및 진상용 곡식을 고르는 일, 즉 간미(揀米)의 과정과 그 실상이 상세하게 기록되어 있다. 간미를 관장하는 관리를 도관(導管)이라 하는데, 당나라에서는 사농시(司農寺)에 도관서(導官署)를

---

11. 회창폐불은 당시 불교 교단의 내부적 퇴폐와 면세의 특권을 갖는 사찰 승니(僧尼)의 증가로 인하여 국가 재정이 어려워진 점과 함께, 직접적으로는 무종이 도사(道師) 조귀진(趙歸眞)을 신임하여 재상 이덕유와 함께 그의 의견을 전적으로 받아들인 데서 비롯된 것으로 알려져 있다. 842년 이후 불교의 승니와 외래 종교의 성직자들에 대한 환속 및 추방이 강행되었고, 심지어는 마니교의 포교자인 마니사를 처형(843.04 중순)하기도 하였다. 845년에는 대탄압의 명령이 내려져 사찰 4,600개소, 작은 절 4만여 개소가 폐쇄되고, 승니 환속 26만여 명, 사전(寺田) 몰수 수십만 경(頃), 그리고 사찰 노비의 해방이 15만 명에 이르렀다. 다만 장안(長安)·뤄양(洛陽)의 양경(兩京)에 각각 사찰 4곳, 승려 30명, 각 주에는 사찰 1곳, 승려 5~20명을 두도록 허락하였다. 다음 해 무종이 죽고 선종이 즉위하자 다시 사찰 건립이 허용되는 조서(詔書)가 시행되었다(네이버지식백과, https://terms.naver.com; 846.05.01.).

두어 이 일을 맡아 왔다. 그동안 간미의 자세한 내용을 알 수 없었으나 엔닌의 이 기록을 통해 많은 부분이 밝혀졌다(김문경 역주 2001, 100). 특히 군관이나 절의 승려보다 고급 관리일수록 가려야 할 쌀의 양이 많다는 점이 주목된다.

한편 엔닌의 『구법행기』에는 9세기 전반 당나라 사람들의 일상과 시골 인심을 보여 주는 기록들도 있다. 아래의 ⓐ 인용문에는 메뚜기(蝗, 누리) 피해로 인한 실상을 유추할 수 있는 사례가 제시되어 있다. 메뚜기가 떼 지어 날아다니며 곡식을 갉아먹는 재해는 오랜 옛날부터 중국 동북 지방에서 자주 발생하여 농사에 많은 피해를 입혔다. 주로 음력 4월부터 8월에 주로 발생하였는데, 그중에서도 6월에 가장 많이 일어났다고 한다. 대체로 안휘(安徽), 강소(江蘇) 이북, 산동 지방의 서쪽, 섬서(陝西)와 하남(河南) 지방의 동쪽에서 자주 발생하였고, 중국에서는 메뚜기 피해를 줄이기 위해 메뚜기를 신격(神格)으로 하는 사당도 지어지기도 하였다. 또한 한반도에도 메뚜기의 재해가 일어나 『삼국사기』 등의 여러 문헌에 기록되어 있다(한국사데이터베이스 입당구법행기, 각주 425, 426). ⓑ에서도 확인할 수 있듯이, 자연재해 때문에 생긴 피해는 그대로 인심에 반영이 되어 낯선 여행객을 대하는 인색한 시선이나 태도로 나타나고 있다.

ⓐ 적산원의 많은 승려와 압아 그리고 마을 사람들이 말하기를 "청주(靑州)에서 이곳에 이르는 여러 곳에 최근 3, 4년 동안 메뚜기의 재해(蝗虫災)가 있었다. 그 것들이 곡식을 다 먹어버렸기 때문에 사람들이 굶주리고 도둑들이 많아져 죽이고 빼앗는 일이 적지 않다. 또 여행하는 사람이 먹을 것을 구걸해도 보시하는 사람이 없다. 지금 4명이 함께 가는 것은 매우 어려울 것으로 생각된다. 잠시 이 절에 있으면서 여름이 지나고 가을 곡식 때를 기다렸다가 떠나는 것이 온당하다. 만약 굳이 떠나고자 한다면 양주와 초주 땅으로 향해 가라. 그 지방은 곡식이 잘 여물어 먹을 것을 구하기가 쉬울 것이다." (840.01.21.)

ⓑ 다시 5리를 가서 고산촌(孤山村)에 도착해 송씨 집에서 음식을 먹었다. 주인은 몹시 인색하여 한 줌의 소금과 한 숟가락의 간장, 식초도 돈을 주지 않으면

주지 않았다. 재(점심)를 마친 후 30리를 가서 수광현(壽光縣) 땅의 반성촌(半城村)에 도착해 이씨 집에서 숙박했다. 주인은 탐욕스럽고 인색하여 머무는 손님에게 숙박비를 받았다. (840.03.20.)

이 외에도 엔닌의 여행기에는 당나라의 동지와 정월 초하루, 혹은 국기일(國忌日)의 풍속이 자세하게 소개되어 있고(838.11.27.; 838.12.08.; 842.01.01.), 혜성(彗星) 출현으로 황제가 재계(齋戒)하고 근신하는 모습(838.10.22.), 그리고 개가 달과 해를 삼켜 월식(月蝕)이나 일식(日蝕)이 생긴다고 믿어 그 개를 쫓기 위해 절 안의 승려들이 모두 밖으로 나와 판을 두들기며 소리를 내는 광경(839.10.15.; 846.12.02.) 등도 기록되어 있다.

엔닌의 여행기에는 당나라에 살고 있는 많은 신라인들의 이름이 등장하고 있다. 9세기 전반 당나라와 신라, 그리고 일본 사이의 국제 관계를 이해해야 왜 당나라에 신라인들이 많이 거주했는지, 그리고 일본인이었던 엔닌이 당나라로 구법 여행을 하는데 외교적으로 적대 관계에 있던 신라인들의 도움이 왜 필요했는가를 알 수 있다. 엔닌이 입당하기 170여 년 전인 7세기 후반, 한·중·일 사이에서는 동북아시아 국제 질서의 패권을 둘러싼 전쟁이 발생하였다. 당—신라와 고구려—백제—왜(일본) 사이의 전쟁은 660년 백제 멸망과 668년 고구려 멸망으로 끝나면서 당나라와 신라의 승리로 귀결되었다. 이후 백제 부흥을 위해 파견된 일본의 군대는 663년 백촌강(白村江) 전투에서 대패하면서 한반도를 거쳐서 중국으로 가는 해로가 막히게 되었다. 백제의 영토는 대부분 신라의 영토로 복속되었고, 많은 백제 유민들이 일본으로 이주하면서 결국 백제를 지원하던 일본과 신라의 관계는 단절되기에 이른다(이유진 2009c).

신라와 일본의 관계는 한때 회복되기도 했으나 8세기 중엽 발해(渤海)를 사이에 두고 긴장이 높아져 결국 신라 혜공왕(惠恭王) 15년인 779년에 공식적인 외교관계는 단절되었고, 다만 민간인의 왕래만 있었다(김문경 역주 2001, 132). 아래의 인용문을 통해 엔닌이 활동하던 9세기 전반에 일본인들이 신라를 '적(賊)'으로 인식한 점과 자신들의 입당과 귀국을 도왔던 장보고마저 신라의 정쟁에 휘말려 신라 조정과 대립하고 있었다는 사실을 확인할 수 있다.[12]

제2선의 선두 장잠 관관이 말하기를 "대주산은 헤아려 보건대 신라의 정서쪽에 해당한다. 만약 그곳에 이르렀다가 출발한다면 재난을 헤아리기 어렵다. 더욱이 신라에는 장보고(張寶高)가 난을 일으켜 서로 싸우고 있는 관국인데, 서풍과 북서풍 혹은 남서풍이 불면 틀림없이 적지(賊地, 신라)에 도착할 것이다. 옛 사례를 살펴보면, 명주(明州)에서 출발한 배는 바람에 떠밀려 신라 땅에 다다랐고 양자강에서 출발한 배 또한 신라에 도착했다. 지금 이번 9척의 배는 이미 북쪽으로 멀리 왔다. 적경(賊境, 신라)에 가깝다는 것을 알고 있는데 다시 대주산으로 향하는 것은 오로지 적지에 들어가겠다는 것이다. 그러므로 이곳에서 바다를 건너야지, 대주산으로 향해 가서는 안 된다."라고 하였다. (839.04.02.)

따라서 660년과 668년의 전쟁 승리로 연합국 관계에 있던 당나라와 신라의 사이는 당나라가 멸망할 때까지 우호적인 관계를 유지하였고, 이는 신라인들의 당나라 이주와 정착을 촉진했을 것이다.[13] 이후 일본도 적극적인 한화(漢化) 정책을 펴면서 당나라와의 관계가 복원되었고, 17차례에 걸친 견당사 사절단을 파견하게 되었다. 다만 신라와 일본의 공식적 외교 관계는 단절되었지만, 비공식적인 민간인들의 교류와 교역은 존속하고 있었다. 특히 일본 입장에서는 신라 서남해

---

12. 일본과 신라와의 적대적 관계는 엔닌의 귀국 과정의 기록에서도 확인할 수 있다. 즉 엔닌을 자신의 배에 태워 귀국을 도왔던 신라인 김진(金珍)에 대해 일본의 태정관(太政官) 공문은 '당나라 손님(唐客)'으로 표현하고 있다. 당나라에 있을 때 엔닌은 김진을 분명 신라 사람으로 인식하고 있었다는 점을 고려한다면, 일본 정부 입장에서는 적대적인 관계에 있던 신라인의 도움으로 견당사의 일원이 귀국한 점을 공식적으로 천명하기에는 부담스러웠을 것이다: "태정관의 10월 13일의 공문을 받았는데, 당나라 사람 김진 등에게 후하게 지급하라는 것이었다." (847.11.14.)
13. 엔닌이 당나라에 도착하기 1년 전인 837년(신라 희강왕 2년) 3월에 수도 장안의 국학(國學)에서 공부하고 있던 신라 학생의 수가 216명에 달했다는 「당회요(唐會要)」(권36, 附學讀書)의 기록이 있다(권덕영 2010, 14). 이로부터 30여 년 뒤인 868년(신라 경문왕 8)에, 최치원(崔致遠, 857~?)은 12살의 어린 나이에 당나라로 유학을 떠나기도 하였다.

안을 거치는 해로가 중국으로 통하는 가장 안전한 경로로서 인식되었고, 뛰어난 항해술 및 조선술을 보유하면서 이곳의 해상 질서를 통제하고 있던 장보고 세력 과는 비공식적인 우호 관계를 유지해야 할 필요성이 있었다. 또한 견당사에 중국 어와 일본어를 구사할 수 있는 신라어 통역사, 즉 신라역어(新羅譯語)를 배치하여 중국 내에서의 원활한 활동과 신라 해안으로의 표착을 대비하기도 하였다(장종 진 2011).

당시의 국제 관계 속에서 재당 신라인들은 당시의 하남도, 회남도(淮南道), 강 남동도(江南東道), 즉 현재의 산둥반도 동남 해안과 대운하 주변, 그리고 남쪽으 로는 강소성과 저장성 해안까지 분포하면서, 상업, 운송업, 중계무역 등에 종사 하고 있었다. 특히 대운하와 해로를 따라 위치한 초주(楚州), 연수(漣水, 지금의 江 苏省 淮安市 涟水县), 해주(海州), 적산포 일대에는 많은 신라방, 신라원, 신라촌 (숙성촌), 구당(勾當) 신라소 등이 자리 잡고 있었다(839.02.24.; 839.04.05.; 839.11.16.; 845.11.15.; 김문경 역주 2001, 115).

특히 아래의 인용문 ①에서 보듯이 적산촌에 있던 적산법화원은 재당 신라인 들의 구심점 역할을 하였다(그림 3). 엔닌은 이곳에서 약 2년간이라는 많은 시간 을 체류하였으며, 이러한 경험을 토대로 적산촌의 전부 지명소를 구성하고 있는

그림 3. 적산법화원 입구와 엔랴쿠지의 청해진대사장보고비
자료: (좌) Google Maps; (우) 필자 촬영(2019.07.23.)

산 지명 '적산'의 구체적인 지질과 지형, 지세를 자세히 적어 놓았다. 또한 엔닌의 ②의 기록에서는 신라 불교의 전통 강경 의식과 범패(梵唄) 등의 구체적인 진행 과정과 실상을 확인할 수 있다.

① 오후 2시경에서 4시경 적산(赤山)의 동쪽 언저리에 도착해 배를 정박시켰다. 북서풍이 더욱더 세차게 불었다. 이 적산은 순전히 암석으로 된 우뚝 솟은 곳으로, 곧 문등현 청녕향(淸寧鄕) 적산촌(赤山村)이다. 산에는 절이 있어, 그 이름을 적산법화원(法花院)이라 하는데 본래 장보고가 처음으로 세운 것이다. 오랫동안 장전(莊田)을 갖고 있어, 그것으로 절의 식량을 충당한다. 그 장전은 1년에 500석의 쌀을 거두어들인다. 이 절에서는 겨울과 여름에 불경을 강설하는데, 겨울에는 『법화경(法花經)』을 강설하고 여름에는 8권짜리 『금광명경(金光明經)』을 강설한다. 여러 해 동안 그것을 강설해 왔다. 남쪽과 북쪽에는 바위 봉우리가 솟아 있고 물은 법화원의 마당을 관통하여 서쪽에서 동쪽으로 흐른다. 동쪽으로는 멀리 (지금 石島灣의) 바다를 바라볼 수 있게 터져 있고, 남쪽과 서쪽 그리고 북쪽은 봉우리가 이어져 벽을 이루고 있다. 다만 서남쪽은 비스듬히 경사지게 흘러내리고 있다. 지금 신라 통사 압아 장영(張詠)과 임대사(林大使), 그리고 왕훈(王訓) 등이 전적으로 맡아 관리하고 있다. (839.06.07.)

② 남녀 도속(道俗) 모두 절에 모여 낮에는 강경을 듣고 밤에는 예불 참회하고 청경하며 차례차례로 이어간다. 승려 등은 그 수가 40여 명이다. 그 강경과 예참(禮懺) 방법은 모두 신라 풍속에 의거하였다. 다만 오후 8시경과 새벽 4시경 두 차례의 예참은 당나라 풍속에 의거하였다. 그 밖의 것은 모두 신라 말로 행하였다. 그 집회에 참석한 승려, 속인, 노인, 젊은이, 귀한 사람, 천한 사람 할 것 없이 모두 신라인이었다 … 적산법화원의 강경의식[赤山院 講經儀式] … 신라의 일일강의식[新羅 一日 講儀式] …신라의 송경의식[新羅 誦經 儀式] (839.11.16~11.22)

3. 길가의 자연들: 지명

1) 산과 강, 도시와 마을

엔닌은 그가 걸은 길가에서 관찰되는 다양한 자연과 인문 경관을 여행기 속에 문자 언어로 담아 놓았다. 그의 시선으로 재현한 자연경관의 일면을 오대산과 황하, 대운하를 중심으로 살펴보고 그곳에 깃든 행정구역, 도시, 마을을 15도의 분포와 장안, 그리고 최하위 행정구역인 촌(村)과 방(坊)을 사례로 소개하였다.

엔닌은 840년 6월 8일부터 840년 2월 18일까지 약 8개월간을 적산법화원에 머물다 신라 승려 성림화상(聖林和尚)의 추천으로 천태산 대신 오대산(五臺山, 3,040m, 현재의 山西省 북서쪽에 위치)으로 구법 여행을 떠나게 된다(839.07.23.). 그는 오대산에 840년 4월 28일에서 같은 해 7월 1일까지 약 2달간 머물며 화엄경(華嚴經)에서 말하는 문수보살(文殊菩薩) 신앙의 성지를 몸소 체험하게 된다(그림 4). 오대산이란 이름은 산을 구성하는 동·서·남·북과 중앙의 다섯 봉우리에서 비롯된 것으로, 각각 동대(망해봉), 북대(협두봉), 중대(취령봉), 서대(계월봉), 남대(금수봉)가 있다(김문경 역주 2001, 292).[14]

오대산은 청량산(淸凉山)이라는 별칭을 가지고 있다. 이 지명은 『대방광불화엄경(大方廣佛華嚴經)』에 문수사리가 청량산에서 상주하며 설법한다는 기록에 따른 것이다(한국사데이터베이스 입당구법순례행기, 각주 959). 아래의 인용문 ①에서 확인할 수 있듯이, 엔닌은 자연경관인 오대산의 둥글고 완만한 산세에 주목하면서 모든 중생이 평등하다는 문수보살 신앙의 평등성을 떠올리고 있다.

---

14. 신라의 승려 자장(慈藏)은 중국의 오대산을 모방하여 지금의 강원도 평창군 진부면에 월정사를 창건하고 주변 산의 이름도 오대산(五臺山, 1,565m)이라 명명하였다. 당시 자장은 643년(신라 선덕여왕 12)에 당나라에서 귀국하여 중국의 오대산과 지형이 유사한 곳을 물색했을 것으로 보인다. 한국의 오대산도 대체로 화강편마암으로 구성되어 있어 완만한 능선을 가진 토산(土山)의 형태를 보이고 있다. 현재 월정사를 둘러싼 오대산에는 중국처럼 중대(中臺)를 비롯하여 북대·남대·동대·서대가 상징 지명으로 배치되어 있고, 문수보살과 관련된 창건 설화가 전해 오고 있다.

그림 4. 오대산의 중대와 동대, 포진관 부근의 황하, 가오유(高郵) 부근의 대운하

자료: (좌·중) Google Maps; (우) 百度地圖

① 평평한 골짜기에 진입하여 서쪽으로 30리를 가서 오전 10시경에 정점보통원(停點普通院)에 도착했다. 보통원 안에 들어가지 않고 서북쪽을 향해 멀리 중대(中臺)를 바라보고 땅에 엎드려 예배했다. 이곳은 곧 문수사리가 계시던 곳이다. 다섯 봉우리는 둥글고 높은데 수목이 보이지 않았다. 그 모양은 마치 구리화분을 엎어 놓은 형상이었다. 멀리 바라보는 사이에 나도 모르게 눈물이 흘렀다. 수목과 기이한 꽃들도 다른 곳과 같지 않아 그 기이한 경지는 특별히 심오했다. 이곳은 곧 청량산(淸凉山) 금색세계(金色世界)로, 문수사리가 현재에도 중생을 이롭게 교화하는 곳이다. 곧 정점보통원에 들어가 문수사리보살상에 예배하였다. (840.04.28.) … 재를 마친 후 공양주인 두타승 의원 등 몇 명과 함께 일행이 되어 남대를 향해 떠났다. 금각사에서 서쪽으로 5리를 가면 청량사(淸凉寺)가 있다. 지금 남대를 관리한다. 이 오대산 모두를 청량산이라 불렀는데, 산중에 세운 절 가운데 이 절이 최초였으므로 청량사라 불렀다. 절 안에는 청량석(淸凉石)이 있다고 한다 … 옛날 대화엄사에서 재를 크게 마련하여 속세의 남녀, 거지, 빈궁한 사람들이 모두 와서 공양을 받았다 … 오대산의 풍습과 법식은 이로 인하여 평등한 방식으로 자리 잡게 되었다. (840.07.02.)

한편 엔닌은 아래의 ② 기록에서처럼 적산법화원에서 오대산으로, 그리고 오대산에서 장안에 이르는 여정에서 두 차례 황하(黃河)를 건넌다. 도강(渡江) 지점은 황하를 건너는 입구, 즉 황하도구(黃河渡口)로 표현되는데 각각 약가구(藥家口)와 포진관(蒲津關)에 해당한다. 엔닌의 기록을 통해 역사 지리적으로 황하 하류의 물길이 바뀐 지점과 그 시기를 분석할 수 있다. 그의 기록에는 우성현(禹城縣) 선공촌(仙公村)에서 정서쪽으로 약 40리를 지나 포구(약가구)에 도착한다고 기록하였다(840.04.10.). 장안 부근의 포진관에서 황하를 건널 때에는 여러 개의 배를 이어 만든 두 곳의 배다리[船橋]를 언급하고 있다. 황하에 설치되었던 선교에 대해서는 여러 문헌이 그 존재를 언급하고 있다(小野勝年 1967, 3권, 239; 한국사 데이터베이스 입당구법순례행기, 각주 446).

② 오전 6시경에 출발해 정서쪽으로 30리를 가서 12시경에 황하 나루터에 도착했다. 당시 사람들은 이곳을 약가구(藥家口)라 불렀다. 물 색깔은 누런 진흙 색이어도 물살은 화살과 같이 빨리 흘렀다. 강의 너비는 1정 5단 정도 되며 동쪽으로 흘렀다. 황하는 곤륜산(崑崙山)에서 발원하는 데 아홉 굽이가 있다. 6번째 굽이는 토번국(土蕃國)에 있고 3번째 굽이는 당나라에 있다. 나루의 남북 양안에는 나루터 성이 있는데 남북이 각각 4정 정도이며 동서는 각각 1정 정도가 된다. 이 약가구에는 크고 작은 배들이 많아, 왕래하는 사람들을 서로 태우려 하였다. 배 삯은 한 사람당 5문이고 노새 한 마리는 15전이다. 황하의 남쪽은 제주(齊州) 우성현에 속하고 북쪽은 덕주(德州) 남쪽 땅에 속한다. (840.04.11) … 재를 마친 후 남쪽으로 35리를 가서 하중절도부에 도착했다. 황하는 성의 서쪽 언저리로부터 남쪽을 향해 흐른다. 황하는 하중절도부 이북에서 남쪽을 향해 흐르다가 하중절도부 남쪽에 이르면 곧 동쪽을 향해 흐른다. 북쪽으로부터 부성(府城)에 들어가 순서문(舜西門)으로 나왔는데, 가까이에 포진관(蒲津關)이 있다. 관에 이르러 조사를 받고 들어갈 수 있었다. 곧 황하를 건넜다. 배를 띄워 다리를 만들었는데 넓이는 200보 남짓하였다. 황하가 서쪽으로 흐르는 곳에도 두 곳에 다리가 만들어져 있다. 남쪽으로 흐르는 것과 멀지 않은 곳에서 두 물줄기가 합쳐진다. (840.08. 13.)

엔닌은 황하~회수(淮水)~양자강(揚子江)~항주(杭州) 부근을 여행하면서 여러 차례 대운하(大運河)를 이용하였다. 아래의 ③에서 엔닌은 대운하의 굴착 역사와 함께 운하의 규모, 형태 등을 기록해 놓았고, 운하 양쪽에서 물소를 이용하여 배를 끄는 방식도 소개하였다. 특히 촌락, 관리 등이 숙박하는 관점(官店)이나 수관(水館, 安樂館) 그리고 운하의 수위를 조절하는 수문이나 갑문[常白堰] 등과 같이 운하를 따라 설치된 다양한 시설들을 기록하고 있다(838.07.26.; 839.02.22~02.23.).

③ 오전 10시경 녹사 이하 수수 이상의 모든 사람은 수로를 따라 양주(揚州)로 향해 갔다. 물소 두 마리를 40여 척의 방선에 매어 끌게 했다. 3척을 엮어 하나의 배를 만들거나 또는 두 척을 엮어서 하나의 배를 만들어 밧줄로 그것을 이어서 묶었다. 선두와 후미의 거리가 너무 멀어 말을 알아듣기 힘들었으므로 서로 부르는 소리가 심하였으나 진행 속도는 제법 빨랐다. 운하의 폭은 2장 정도인데, 곧게 흐르고 굽어서 흐르는 곳은 없었다. 이 운하는 수나라 양제(揚帝) 때 굴착한 것이다. (838.07.18.)

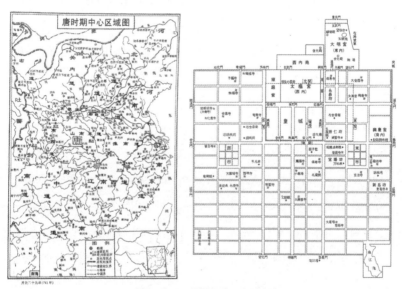

그림 5. 당 15도 행정구역도와 장안성

자료: (좌) 戴均良 외 2005, 3712, 唐時期中心區域圖(741년); (우) 小野勝年 1967, 地圖, 唐長安圖

인문 경관과 관련하여 엔닌은 당나라의 지방 행정구역을 자세히 기록하고 있다. 특히 당나라에서 처음 실시되어 주변국 고려와 일본의 행정구역체계 형성에 큰 영향을 미친 도제(道制)가 주목된다. 이때 '도(道)'라는 개념은 초기에 왕도와 지방 사이의 활발한 소통과 교류를 표현하면서 이동과 관계를 강조하는 선적이고 동적인 개념이었다. 초기의 선적이고 동적인 도 개념은 한국의 경우, 후대로 오면서 점적이고 면적인 개념, 곧 정적이면서 닫힌 개념으로 변형되어 왔다(김순배 2016, 41-42). 당나라의 15도(道) 체계는 송나라에 계승되어 15로(路)로 재편되었다. ⓐ에는 엔닌이 양주 관리로부터 전해 들은 당나라의 15도 체계와 도-주-현의 행정 구역 소속 관계, 그리고 주요 도시 간 거리 정보가 기록되어 있다(그림 5).

ⓐ 양주절도사(揚州節度使)는 7개의 주를 관할하는데, 양주·초주(楚州)·여주(廬州)·수주(壽州)·서주(徐州)·화주(和州)가 그것이다. 양주에는 7개의 현이 있다. 강양현(江陽縣)·천장현(天長縣)·육합현(六合縣)·고우현(高郵縣)·해릉현(海陵縣)·양자현(揚子縣)이다. 지금 이 개원사는 강양현 관내에 있다. 양주부는 남북이 11리, 동서가 7리, 둘레가 40리이다. 개원사의 정북쪽에 양주부가 있다. 양주에서 북쪽으로 3,000리를 가면 수도 장안이 있고, 양주부에서 남쪽으로 1,450리를 가면 태주가 있다. 어떤 사람이 말하기를 태주까지 3,000리 정도라 한다. 사람마다 말하는 바가 일정치 않다. 지금 이 양주는 회남도에 속하고, 태주는 강남서도(江南西道)에 속한다. 양주부 내에 비구와 비구니가 거주하는 절은 모두 49개가 있다. 양주 내에는 2만의 군대가 있어 7주를 총괄한다. 이들 주의 군대를 모두 합하면 12만 명이 된다. 당나라에는 10개의 도(道)가 있는데,[15] 회남도 14개 주, 관내도 24개 주, 산남도 31개 주, 농우도 19개 주, 검남도 42개

---

15. 당나라 정관 원년(627) 태종(太宗)은 전국을 10도로 나누었고, 그 후 현종(玄宗) 개원 21년(733)에 5도를 더 설치하여 엔닌이 여행할 당시에는 15도로 구성되어 있었다. 현종 시기 15도의 주와 현의 수는 주 328개, 현 1,573개였다(小野勝年 1964, 216; 김문경 역 2001, 57; 한국사데이터베이스 입당구법순례행기).

주 등으로 총계 311개 주이다. 양주는 수도 장안에서 2,500리 거리에 있고, 태주는 수도에서 4,100리 떨어져 있다. 태주는 곧 영남도에 속한다. (838.09.13)

아래의 ⓑ 인용문은 당나라의 수도였던 장안성에 대해 기록한 것으로, 장안성을 둘러싼 성문들과 공덕사가 위치한 황성 내부를 기록한 것으로 보인다. 장안성은 신(新)·구(舊) 두 성이 있는 것으로 알려져 있다. 하나는 한(漢)나라의 장안성으로 고조가 천하를 통일한 후 건축한 것이다. 장안은 한나라 이후 후주까지 대체로 수도였으며 신 장안성의 북서쪽에 위치한다. 신 장안성은 수나라 문제가 개황 2년(582)에 용수원(龍首原)에 조영한 세계 최초의 계획도시로, 처음에는 대흥성이라고 불렀다. 당나라는 그 성을 이어받아, 이름을 '장안'으로 고쳤으며, 옹주성(雍州城)이라고도 하였다(小野勝年 1967, 3권, 256).

당나라의 장안성은 주작대가(朱雀大街)를 중심으로 좌우로 구분되어 대가 동쪽은 좌가(左街), 서쪽은 우가(右街)라고 불렀으며, 때에 따라 이를 동성(東城), 서성(西城)이라고 부르는 경우도 있었다. 내부적으로 도성 중앙 북쪽에 황성(皇城)과 태극궁(太極宮)이, 그리고 태극궁의 북동쪽에 대명궁(大明宮)을 배치하였고, 좌가와 우가에 각각 동시(東市)와 서시(西市)라는 시장을 설치하였다. 좌가[동성]는 만년현(萬年縣)에, 우가[서성]는 장안현(長安縣)의 관할 구역이었다(小野勝年 1967, 3권, 265). 엔닌은 장안에 840년 8월 20일부터 845년 5월 14일까지 약 5년간을 머물렀으며, 그의 거처는 황성 동쪽의 숭인방(崇仁坊)에 자리한 자성사(資聖寺)였다.

ⓑ 서쪽으로 10리를 가서 장안성 동쪽의 장경사 앞에 도착해 쉬었다. 절은 장안성 동쪽 통화문 밖에 있다. 통화문 밖에서 남쪽으로 3리 정도 가서 춘명문 밖의 진국사(鎮國寺) 서선원(西禪院)에 이르러 묵었다. (840.08.20.) … 오전 8시경에 순원(巡院)의 압아가 문서를 작성하여 순관을 보내 우리들에게 공덕사(功德使, 불교를 통관하는 업무를 담당함)를 찾아뵙게 하였다. 좌가공덕사 호군중위(護軍中

尉) 개부의동삼사(開府儀同三司) 지내성사(知內省事) 상장군(上將軍) 구사량(仇
士良)은 식읍 3천 호에 봉해진 사람이다. 승려 등은 순관의 안내에 따라 절에서
북쪽으로 가서 4개의 방(坊)을 지나 망선문(望仙門)을 들어가 이어서 현화문(玄
化門)으로 들어갔다. 다시 내사사문(內舍使門)과 총감원(總監院)을 지나 다시 중
문 하나를 들어가 공덕사 관아의 남문에 도착하였다. 문 안에는 좌선책보마문
(左神策步馬門)이 있다. 모두 6개의 문을 지나서 공덕사 관아의 문서계에 이르
러 서장을 전하고 처분을 청하였다. 장안에 오게 된 이유를 자세히 묻고, 다시
한 통의 서장을 작성하여 그 사유를 알리도록 하였다. (840.08.24.)

엔닌의 여행기에는 당나라 지방통치체제의 최말단 행정구역인 촌(村)과 방(坊)
이 다수 기록되어 있다. 아래의 ⓒ에서 공문서에 기록된 촌방의 용례를 확인할
수 있다. 『通典(통전)』(권3, 食貨, 郷黨條)에 의하면, 도성 밖의 전야에 마을을 형성
한 것을 촌이라 하고, 촌에는 책임자로서 일반 백성 가운데 선발된 촌정(村正)을
두었다. 한편 방은 성곽 안에 사는 주민들의 주거지를 인위적으로 구획한 행정구
역으로, 현 또는 주의 치소와 같이 성곽이 존재하는 곳에 설치되었다. 방에는 방
정(坊正) 1인을 두어 방문(坊門)의 개폐를 관장하고 방 안 주민들을 감찰하였다(한
국사데이터베이스 입당구법순례행기, 각주 258).

ⓒ 사부(祠部)의 첩문. 상도(上都) 장경사(章敬寺) 신라승 법청(法淸)에 관한 일.
위 사람은 격(格)에 준하여 인연을 따라 여러 곳을 다니며 탁발 수행할 것을 청
하였다. … 이번에 여러 산에 가서 순례하고 더불어 의사를 찾아 병을 치료하고
자 한다. 아마 여러 곳의 관수(關戍, 경비 초소), 성문, 가포(街鋪, 도로 검문소), 촌
방(村坊)의 불당, 산림의 난야(蘭若, 작은 불당), 주현의 절간 등이 여행 사유를 잘
알지 못할까 두렵다. 청컨대 공험(公驗, 여행 허가 증명서)을 발급해 달라'고 하였
다. (839.09.12.)

중국 정사(正史)에서 '촌'이라는 용어가 처음 보이는 것은 3세기 말에 간행된 『삼국지(三國志)』부터이며, 이후 남북조 시대의 사서에 산발적으로 기록되다가 당나라 때 행정구역 단위로 법령에 규정되었다고 한다(한국사데이터베이스 삼국사기, 권45, 列傳, 제5, 乙巴素, 191년 04월, 각주 013). 당나라의 영향으로 조선시대 도성인 한양(漢陽)에는 '방'이 설치되었고, 도성 밖 농촌에는 '촌'이 분포하게 된 것으로 보인다.

2) 섬과 바다, 그 사이의 길

847년 9월 2일 당나라 적산포를 출항하여 귀국길에 오른 엔닌은 847년 9월 10일 일본 땅인 녹도에 8일 만에 도착하게 된다(그림 6). 그러나 기존에 알려진 것처럼 엔닌 일행이 청해진(현재의 전남 완도군 완도읍 장좌리 806)을 거쳐 일본으로 귀국했다는 주장은 재고되어야 한다.[16] 왜냐하면 엔닌을 태우고 귀국한 신라인 김진(金珍)과 그의 선박은 친(親) 장보고 세력이며 당시 신라 조정과의 정쟁 과정에

그림 6. 엔닌의 귀국 항로 예상도

주: 그림 내의 물음표(?)는 추정자료를 뜻함.

서 희생된 장보고의 암살 배경을 고려한다면 김진의 배가 신라 조정에 의해 장악된 청해진을 방문한다는 것은 매우 위험한 일이기 때문이다.

엔닌 일행은 항해술에 능했던 신라인 김진의 배를 얻어 타고 적산포~웅주 앞바다(충남 태안반도 부근)~고이도~구초도~안도~녹도에 이르는 한반도 서남해안을 경유하였다. 엔닌이 귀국할 때 이용한 항로는 기존에 알려진 한-중 사이의 3개의 항로와 일치하진 않는다. 고대 한반도와 중국 사이에는 3개의 항로, 즉 북부 연안항로(중국 산둥반도 등주~발해만 노철산 하구~대련만 동쪽~한반도 압록강 하구~대동강 하구~옹진만~강화도~남양만), 중부 횡단항로(중국 산둥반도 동단 성산두~황해 경유~한반도 옹진반도 장산곶 및 백령도 부근), 그리고 남부 사단항로(중국 양자강 하구 및 항주만~황해 경유~한반도 흑산도~영산강~전남 나주 회진)가 있었다(고경석 2011, 98).[17]

엔닌의 귀국 항로는 중부 횡단항로와 남부 사단항로의 일부 노선이 중복될 뿐이다. 따라서 9세기 전반 중국 적산포에서 출발하여 한반도 서남해안을 거쳐 일본으로 향하는 항로는 이용 주체가 주로 당나라와 왕래하던 신라인들이었을 것으로 추정된다. 특히 당시 신라와 일본의 적대적 외교 관계 때문에 공사(公私)를

---

16. 김문경 역(2001, 12)와 한국사데이터베이스 입당구법순례행기의 해제를 쓴 이유진(2009c)에는 정확한 근거 제시 없이 엔닌이 청해진(지금의 완도)을 거쳐 일본으로 귀국했다고 쓰고 있다.

17. ① 북부 연안항로는 연안을 따라 이동하여 유사시 신속하게 대피할 수 있는 안전한 항로였다. 그러나 바람을 이용하기 어렵고 운항 거리가 너무 길어 운항 시간이 오래 걸린다. ② 중부 횡단항로는 654년 일본 사절단이 '신라도(新羅道)'라 표현한 것으로 보아 이 항로를 개설한 주체는 신라인으로 판단된다. 이 항로는 620년대 중반 고구려가 북부 연안 항로를 차단하자 백제와 신라가 대중국 교류에 위기감을 느끼면서 개설된 것으로 보인다. 특히 신라가 620년대 중반부터 654년 이전까지의 기간 중 이 항로를 개설한 것으로 판단된다. 이후 660년 당나라 소정방의 군대가 백제를 정벌할 때 이 항로를 이용하였고, 이후 신라의 중심 항로가 되었다. ③ 남부 사단항로는 중국 남부의 무역항과 한반도 및 일본을 연결하려는 필요성에서 개설된 항로였다. 중부 횡단항로가 정치 외교적 필요에 의하여 국가의 주도하에 개설된 것과 달리, 이 항로는 경제 필요성에 의하여 민간 상인이 개설을 주도한 항로였다. 따라서 당시 당-신라-일본을 왕래하며 교역을 주도하였던 재당 신라인과 신라 상인들이 이 항로를 개척하고 활성화한 주역이라고 할 수 있다. 개설 시기와 관련하여 나말여초 신라 선승들의 귀국로, 승화 연간 일본 사신선의 귀국 경로, 절동 지역에 식량을 구걸한 신라인 170명의 사실, 당나라에서 귀국하면서 흑산도에 대하여 언급한 엔닌의 사례 등을 종합해 볼 때 늦어도 9세기 중반경에 이 항로가 이용되고 있었을 가능성이 높다(고경석 2011, 98).

막론하고 일본인들이 한반도를 거쳐서 중국으로 갈 수 없었다. 다만 장보고가 암살된 841년 이전이나 청해진이 혁파된 851년(신라 문성왕 13) 이전에 엔닌의 귀국 사례처럼, 비공식적으로 장보고 세력에게 승선을 요구하는 경우는 일본인의 항해도 가능했을 것이다.

그런데 아래의 인용문 ①에서 볼 수 있듯이 장보고는 신라 조정과의 정쟁 과정에서 841년 염장(閻長, 閻丈)에 의해 살해되고, 이듬해인 842년 염장은 직접 일본 규슈에 와서 장보고의 죽음과 함께 그의 잔당이 일본으로 도망 올 경우 신라로 송환해 줄 것을 일본 조정에 알렸다(『속일본후기』 842.01.10.; 라이샤워 저, 조성을 역 2012, 287-288). 아래 ①에 등장하는 최훈(崔暈)이란 인물은 바로 염장이 말한 장보고의 '잔당'으로 볼 수 있으며,[18] 엔닌의 표현처럼 국난(장보고의 암살 사건) 이후 당나라로 도망쳐 연수현에 숨어 있었을 것이다. 따라서 851년에 가서야 청해진이 철폐되기는 하나, 엔닌이 귀국하는 시점인 847년 9월경에는 신라 조정과 염장에 의해 장악된 청해진을 장보고에 호의적인 신라인(김진)과 일본인이 방문한다는 것은 불가능한 일이라 추론된다.

① 재를 들 시간에 연수현(漣水縣)에 이르렀다. 이 현은 사주(泗州)에 소속되어 있다. 초주의 신라어 통역 유신언의 편지를 가지고 있었으므로 그것을 연수현의 신라인에게 보냈는데, 안전과 아울러 체류할 수 있도록 해 줄 것 등을 부탁하는 내용이었다. 현에 도착하여 먼저 신라방으로 들어갔다. 신라방 사람들을 만나보았으나 그렇게 친절하지 않았다. 총관 등에게 머물 수 있도록 보증해 줄 것을 간곡히 구하였으나 매사가 이루어지기 어려웠다. 최훈십이랑(崔暈十二郎)

---

18. 최훈이란 인물은 속칭 제12랑(郎)이라고 불린다. 장보고의 부하로 그의 명을 받아 당나라 산동 및 양주 방면에서 활동하였다. 그런데 신라 신무왕이 죽고 아들 문성왕이 즉위하면서 장보고와의 관계는 악화한다. 그 과정에서 장보고가 염장에 의해 암살이 되면서 최훈 또한 당나라로 망명하지 않을 수 없게 되어 결국 초주의 연수현 안에 위치한 신라방에서 잠복하며 살았다. 그는 연수향 출신의 신라인으로 추측된다(小野勝年 1969, 4권, 211; 한국사데이터베이스 입당구법순례행기, 각주 463).

을 만났다. 그는 일찍이 청해진병마사(淸海鎭兵馬使)로 있었는데 등주의 적산원에 머물고 있을 때 한 번 만난 적이 있었다. 그때 이름을 적어 남기고 약속하여 말하기를 "스님께서 불법을 구하여 귀국하실 때 반드시 이 이름을 적은 명함을 가지고 연수(漣水)에 도착하시면 제가 백방으로 힘을 써서 함께 일본으로 가겠습니다."라고 하였다. 이렇게 서로 약속을 한 뒤 그 사람 또한 신라로 돌아갔는데, 국난(國難)을 만나 도망하여 연수에 머무르고 있었다. 지금 만나보니 바로 알아보았고 그 정분도 소원하지 않았다. 그는 힘을 다하여 우리가 머무는 일을 도모하여 간곡히 보증해 줄 것을 청하였다. (845.07.09.)

이상에서 설명했듯이 엔닌이 귀국할 때 완도 청해진을 방문하지 않았다고 전제하고 이를 근거로 그의 귀국 항로를 재구성하면 표 1과 같다. 그가 탄 김진의 배는 847년 9월 2일 당나라 적산포를 출항하여 정동 쪽으로 항해하다가 신라 웅주(현재 충청남도 일대)의 태안반도와 안면도 일대 섬을 관찰하였고, 9월 3일에는 정북풍으로 바뀐 바람을 타고 동남쪽을 향하여 하루 동안 항해하였다. 9월 4일 밤 10시경이 되어 고이도(高移島, 현재 전남 신안군 하의면 어은리 일대 하의도로 비정)에 정박한다.[19] 적산포로부터 고이도까지는 약 58시간이 소요된 것으로 보인다.

다음날 9월 5일 밤 12시가 되어서야 서북풍을 타고 남쪽으로 항해하여 9월 6일 아침 6시경에 무주(현재 전라남도 일대) 관할의 구초도(丘草嶋, 黃茅嶋, 현재 전남 진도군 조도면 여미리 및 창유리 일대의 상조도와 하조도, 또는 조도면 서거차도리 및 동거차

---

19. 김문경 역(2001, 528, 각주 230)과 한국사데이터베이스 입당구법순례행기(847.09.04., 각주 648)는 '고이도'를 모두 '하의도'로 비정하였다. 그러나 비정의 근거로 제시하는 '皐衣島(고의도)'는 『고려사』(권1, 건화 4년, 914)의 기사에서 찾을 수 없다. 다만 같은 문헌(世家, 권제1, 태조총서, 태조가 수군을 지휘해 진도를 함락하다. 梁 開平 三年, 909년, 己巳)에 "皐夷島(고이도)가 기록되어 있다. 한편 또 다른 '영광현(靈光縣) 고이도(古耳島)'(세종실록, 121권, 세종 30년 8월 27일 경진 1번째 기사, 1448)(현 전남 신안군 압해읍 고이리 古耳島)가 있다. 이 '고이도'는 엔닌의 여행기에서 묘사한 "동쪽과 서쪽에는 산으로 된 섬이 연이어져 끊이지 않았다"라는 주변의 지형이 유사하나, 흑산도의 위치가 엔닌이 표현한 "섬의 서북쪽 100리 정도"와는 다르게 남서쪽 방향에 위치하게 된다. 따라서 고지명 위치에 대해 추후 심도 있는 비정 조사가 필요한 상황이다.

도리의 서거차도와 동거차도로 비정)에 약 6시간이 지나 정박한다.[20] 앞선 항해 시간 보다 매우 짧았던 이유는 구초도 지점부터 항로를 동쪽으로 바꾸어야 했기 때문 으로 보인다. 9월 7일 구초도에 머물면서 서풍을 기다리다가 다음날 9월 8일 새 벽 4시에 '신묘한 이치'로 때마침 서풍이 불어 동쪽으로 항해해 (잠시 왼편으로 멀 리 완도 청해진 방향을 바라본 후) 약 6시간이 지나 당일 오전 10시경 안도[鵰嶋, 현 재 전남 여수시 남면 안도리 일대의 안도(安島, 雁島, 기러기섬)]에 도착한다(한글학 회 1983, 26).[21] 이 짧은 항해 시간도 안도 부근에서 항로를 바꿔 일본이 위치한 동 남쪽으로 가야 했기 때문으로 추정된다.

안도에서 잠시 휴식을 취하고, 당일 오후 경에 출항하여 동쪽으로 신라의 섬들 사이를 잠시 따라갔다. 얼마 지나 다시 동남쪽의 큰 바다를 향해 항해하다가 9월 9일을 배 위에서 지낸다. 다음날 9월 10일 동이 틀 무렵에 동쪽으로 대마도가 보 였고, 다시 낮 12시경에는 멀리 동쪽에서 서남쪽으로 뻗어 있는 일본의 산들을 확인하였다. 그리고 8시간이 지난 9월 10일 밤 8시에 일본국 녹도(鹿嶋)에 도착하 게 된다. 안도로부터 녹도까지는 약 48시간이 소요되었다.

---

20. 구초도(황모도)의 위치에 대하여 김문경 역(2001, 529, 각주 233)은 '거차군도의 한 섬'으로, 한국 사데이터베이스 입당구법순례행기(847.09.06., 각주 654)는 '거차군도의 최동단에 위치하는 조도 (鳥島)로 비정하였다. 현재 관련 고지명 자료가 충분히 확보되지 않아 추후 지명 조사가 필요하다.
21. 김문경 역(2001, 531, 각주 238)과 한국사데이터베이스 입당구법순례행기(847.09.08., 각주 665) 모두 안도를 "전남 완도의 동남쪽에 산재한 섬 중 하나"라고 비정하였으나 특정하지는 않았 다. 후자의 동일한 각주에는 라이샤워(1955, 403)의 경우 전남 여수(麗水)의 남쪽 30km에 있는 안 도(安島)의 '安'과 '雁'의 음이 유사하고 지리적으로도 적당하여 '안도'로 비정하였다고 언급하였다. 필자의 경우, '鵰嶋>雁島>安島'의 지명 변천을 거쳐 현재에 이르고 있음을 표 1의 비고란에 간략 히 고증하였다. 따라서 엔닌이 847년 9월 8일에 잠시 기착한 '鵰嶋(안도)'는 현재 전남 여수시 남 면 안도리에 위치한 '安島(안도, 기러기섬)'로 비정된다. 엔닌이 경유한 중국 적산포에서 일본 녹도 사이의 신라국 서남해안 세 곳의 기착지(고이도, 구초도, 안도)에 대한 지명 위치 비정은 추후 별도 의 심층적인 연구가 필요하다.

표 1. 신라국 서남해안 경유 노정과 지명

일기 날짜	내용	기착지 섬	수록 지명	기착지 사이 항해 시간	비고
唐 宣宗 大中 元年 新羅 文聖王 九年 日本 仁明 承和 十四年 847.09.02.	정오 무렵에 적산포(赤山浦)로부터 바다를 건넜다. 적산의 막야구(莫揶口)를 나와 정동 쪽을 향하여 하루 낮 밤 동안을 갔다.	(대당국) 赤山浦	*赤(山)浦, 赤山, **莫揶口		* 적산포: 中國 山東省 威海市 榮成市 石島管理区 法華路 **막야구: 榮成市 模㟁島
847.09.03.	3일 날이 밝을 무렵에 동쪽을 향해 바라보니 신라국 서쪽 산들이 보였다. 바람 방향이 정북동으로 바뀌어, 돛을 옆으로 기울여 동남쪽을 향하여 하루 낮 밤 동안 갔다.		新羅國	적산포~ 고이도 (약58시간)	
847.09.04.	4일 날이 밝을 무렵에 이르러 동쪽으로 섬이 보였다. 늦거나 낮거나 하며 이어져 있었다. 뱃사공 등에 물었더니 이르기를 "신라국의 서쪽 공주(熊州) 서쪽 땅인데, 본래 백제국(百濟國) 땅이다."라 하였다. 하루 종일 동남 쪽을 향해 갔다. 동쪽과 서쪽에는 산으로 된 섬이 연이어져 끊이지 않았다. 밤 10시가 가까워질 무렵 고이도(高移嶋)에 이르러 정박하였다. 무주(武州), 지금의 광주광역시)의 서남 지역에 속한다. 섬에서 서북쪽 100리 정도 떨어진 곳에 흑산(黑山)이 있다. 산 모양은 동서로 길게 뻗어 있다. 듣기로는 백제 셋째 왕자가 도망해 들어와 피난한 땅인데, 지금도 300, 400 가구가 산 속에서 살고 있다고 한다.	(신라국) 高移嶋	新羅國, 熊州, 百濟國, 百濟, *高移嶋, 武州, 黑山	고이도~ 구초도 (약6시간)	* 고이도: 대한민국 전남 신안군 하의면 어은리 일대의 하의도(荷衣島)? 卑彌島(고려사, 세가, 권1. 太祖 1년, 909) 卑彌島城(고려사절요, 권1. 太祖 1년, 6월, 918.06.15) 羅州 河衣島(세종실록, 121권, 세종 30년 8월 27일 경진 1번째 기사, 1448)
847.09.05.	바람이 동남풍으로 바뀌어 더딜 수가 없었다. 밤 12시 무렵이 되어 서북풍이 불어 출발하였다.				

일기 날짜	내용	기착지 섬	수록 지명	기착지 사이 항해 시간	비고
847.09.06. 847.09.06.~07.	오전 6시경에 무주의 남쪽 땅 황모도(黃茅嶼) 니포(泥浦)에 도착해 배를 정박하였다. 이 섬을 구초도(丘草嶼)라고도 부른다. 니까 사람이 산 위에 있기에 사람을 보내어 잡으려 했으나 그 사람들은 도망가 숨어버렸으므로 잡으려 해도 잡을 수 없었다. 이곳은 신라국 제3재상(宰相)이 말을 방목하는 곳이다. 고이도로부터 구초도에 이르기까지는 산들이 있는 섬이 서로 이어져 있으며 동남쪽으로 멀리 탐라도, 지금의 제주도가 보인다. 이 구초도는 신라 육지부터 바람이 좋은 날이면 배로 하루에 도착할 수 있는 거리에 있다. 잠시 뒤에 섬지기 한 사람과 무주 태수 첩에서 매를 기르는 사람 2명이 배 위로 올라와서 이야기하기를 "나라는 편안하고 태평합니다. 지금 당나라 칙사가 와 있는데, 높고 낮은 사람 500여 명이며 경성(京城)지금의 경북 경주시에 있습니다. 4월 중에 일본국 대마도(對馬嶼) 백성 6명이 낚시를 하다가 표류하여 이곳에 이르렀는데, 무주 관리가 잡아 대리고 있었습니다. 일찍이 왕에게 아뢰었으나 지금까지 칙이 내려오지 않았습니다. 그 사람들은 지금 무주에 감금되어 본국으로 송환되기를 기다리고 있습니다. 그 여섯 사람 가운데 한 사람은 병으로 죽었습니다."라 하였다. 6일과 7일에는 일정한 방향으로 부는 바람이 없었다.	黃茅嶼 (丘草嶼)	武州(4), *黃茅嶼, 泥浦, *丘草嶼, 新羅國, 新羅嶼, 移嶼, *日本草嶼, 此(丘草嶼, 就羅嶼, 京城, 日本國, 對馬	고이도~ 구초도 (약6시간)	* 구초도(황모도): 전남 진도 군 조도면 어미리 및 청유리 일대의 상조도(上鳥島) 외 하조도(下鳥島). 또는 조도면 서거차도리와 동거차도리의 西도次島와 東도次島 ? 草島·鳥島: '새'의 흥(음)차 표기? 草·鳥: '새'의 흥(음)차 표기 丘草嶼·丘趨島·丘次島: *KVchV(*구초~거추~거차)의 음차 표기

847.09.08.	나쁜 소식을 듣고 매우 놀라고 두려웠으나 바람이 없어서 떠날 수가 없었다. 뱃사람들은 가을 돛을 바지며 재사 지나고 바람을 구하였다. 승려신(小人神) 등을 위하여 이 섬의 토지신과 대인신(大人神), 소인신(小人神) 등을 위하여 향을 피우고 다 같이 본국에 도달할 수 있도록 불경을 외며 기원하였다. 즉 그곳에서 이곳 토지신과 대인신·소인신 등을 위하여 《금강경》 100권을 전독(轉讀)하였다. 오전 4시경에 비록 바람은 없었으나 줄을 풀었다. 모구를 거우 빠져나가니 서풍이 갑자기 불어왔다. 큰 돛을 올리고 동쪽을 향해 갔다. 마치 신묘한 이치가 있어 우리를 도와주는 것 같았다. 선들이 있는 섬을 따라 그 사이를 가니, 남북 양쪽에 신라 섬으로 겸겸이 겹쳐져 느긋하게 펴져 있었다. 오전 10시가 될 무렵 인도(鴈嶋)에 겸쳐 잠시 쉬었다. 이곳은 신라 남쪽 땅으로 앞섬에서 말을 방목해 기르는 산이다. 동쪽 가까이에는 항흥서의 장전이 있는데, 떼엄떼엄 인가 두세 군데 가 있다. 서남쪽으로는 멀리 탐라도가 보인다. 오후에는 바람이 다시 좋아져 배를 출발시켰다. 선들이 있는 바다로 나아갔다. 동남쪽에 이르렀다가 큰 바다를 동쪽에 바라보며 나아갔다.	鴈嶋	*鴈嶋, 新羅, 新羅國, 黃龍寺, 虓羅嶋	안도~녹도 (약 48시간)	* 안도: 전남 여수시 남면 안도리 일대의 안도(安島) 기러기섬雁島(전남 여천군 남면 安島里 안도.安島)(한금희 1983.26) 贈突山郡鴈島李處候承澗(叢瑣.冊十.詩 ○ 麗水郡, 1897–1899) 後一時雁着(朝鮮漁業協會 第七回 巡邏報告書 進達件, 1899) 欲智島·安島·所安島(韓國水産業 視察 復命書 提出件, 1905) 安島 北方(조선지지자료, 1911년경, 전라남도 突山郡 南面 備攷) 雁(雁): '기러기'의 훈차표기 安(안): 鴈(안)의 取音표기, '안'의 音차표기 鴈嶋·雁島 安島
847.09.10.	날이 밝을 무렵에 동쪽으로 멀리 대마도가 보였다. 낮 12시경 전방에 일본국 선들이 보였다. 동쪽으로부터 서남쪽으로 이어 져 있는 것이 분명했다. 오후 8시경이 되어 비전국(肥前國) 송포군(松浦郡) 북쪽 땅 녹도(鹿嶋)에 도착해 배를 정박하였다.	(일본국) 鹿嶋	對馬嶋, 肥前國, 松浦郡, *鹿嶋		* 녹도: 일본국 長崎県 北松浦郡 小値賀町 일대의 오지카시마(小値賀島)?

주: 1) '수록 지명'란의 지명 앞에 부가된 괄호 안 숫자는 해당 지명의 2회 이상의 빈출 횟수를 의미함.
2) '비고'란의 'a〉b'는 시간의 변화와 함께 지명 표기자가 a에서 b로 바뀌었음을 의미함.
3) 항목 내의 윗 별표(*)와 물음표(?)는 주장 자료를 뜻함.

4. 나가며

오전 10시경 해제(解除, 신에게 제사를 지내고 기도하는 일)하고 배에 올라 스미요시 오가미(住吉大神)에게 제사 지냈다. (839.03.22.) … 오전 10시경에 순풍을 얻기 위하여 스미요시 오가미(住吉大神)에게 제사지냈다. (839.03.28.) … 오전에는 스미요시 오가미(住吉大神)를 위하여 500권을 전독하고, 오후에는 가시이 묘진(香椎名神)을 위하여 500권을 전독하였다. (847.11.29.) … 오전에 지쿠젠 묘진(筑前名神)을 위하여 500권을 전독하였다. 오후에는 마스우라소이(松浦少貳)의 영혼을 위하여 500권을 전독하였다. (847.12.01.)

839년 3월, 엔닌은 천태산으로 가는 구법 여행이 좌절되어 귀국 길에 올랐을 때 항해의 안전을 기원하면서 신에게 기도를 드렸다. 그리고 847년 11월 무사히 여행을 마치고 귀국하여 집에 머무를 때도 무사 귀환을 도와준 신들에게 또다시 감사의 기도를 드리며 불경을 수백 번 읽었다.[22] 그의 구법을 비는 간절한 염원은 낯선 공간과 시간을 가로지르는 힘이 되었고, 지친 순간과 거친 공간을 위무하던 9년 6개월간의 일기 기록을 탄생시켰다.

본 연구는 9세기 전반에 작성된 이 일기체 기행문에 대해 동북아시아 한·중·일 삼국 사이에서 펼쳐졌던 시간과 공간, 그리고 그 속을 횡단했던 한 인간의 활동을 길과 이름이라는 관점에서 바라보고자 하였고, 엔닌의 『구법행기』에 기록된 역사적 사실들과 개인의 감정들을 길에서 만난 사람들과 자연들의 이름을 중심으로 소개하려는 목적으로 시작되었다.

---

22. 일본인은 도처에 있는 신들을 향해 평생 끊임없이 기도한다. 집에서는 신[가미]과 조상신에게 감사 인사를 올리고 집을 나와서는 길가 곳곳에 있는 신사(神社)를 향해 기도한다. 6세기경 백제로부터 불교가 전래된 이후 일본 고유의 신앙인 신도(神道)와 불교는 깊이 습합 된다. 일본 사람들은 '죽음' 이후는 불교에 의지하고 '영원한 지금'의 '삶'을 즐겁고 최선을 다해 살며 항상 신에게 기도한다(박규태 2005, 5-19). 빈번한 자연재해와 위험에 방치되어 있는 현대 일본인의 신앙은 흡사 무사 항해를 끊임없이 기원하던 엔닌의 이 기도에서 유래한 것은 아닌가?

연구 목적을 실현하기 위해 길과 이름이라는 관점에서 『구법행기』가 개인 일기로서 일상적인 생생함과 구체성이 있다는 것을 관찬 사서와 비교하여 제시하고, 선행 연구에서 간과했던 지리적, 문화적 사실들을 중심으로 여행기가 지닌 가치를 선별하고 재현하였다. 먼저 엔닌이 구법과 순례 여행길에서 만났던 이름들을 크게 인명과 지명으로 나누고 그것들과 관련된 이야기를 중심으로 두 개의 장을 구성하였다. 연구의 결과를 요약하면 다음과 같다.

첫째, 『구법행기』에 기록된 사람들의 이름, 특히 당인과 신라인들이 살아간 삶의 역사와 문화를 '길 위의 사람들'이라는 장에 선별해 소개하였다. 엔닌의 구법 여행기에는 불교 승려인 동시에 시간(새 달력 베끼기)과 공간(주-현-진-향-촌의 행정구역 체계, 오대산까지의 노정 기록), 인간과 자연(동해산과 유산 지형 관찰)을 정밀하게 관찰하여 기록하는 그의 역사 지리학자로서의 면모를 엿볼 수 있다. 또한 엔닌이 치밀하게 견문하고 관찰하고 열심히 기록하는 습관이 있어서 당대 한·중·일의 관찬 사서 등이 소홀히 했던 중요한 역사적, 지리적 사실들(장보고의 신라 정쟁 개입과 당나라 책봉사 파견, 장보고의 사무역선 존재, 발해 사신의 존재와 이동 경로)을 『구법행기』에 수록하였고, 이 때문에 그의 여행기는 귀중한 가치를 지닌 1차 사료가 되었다.

아울러 그 이름들을 통해 당나라의 국제성과 외국과의 활발한 교류 사실(양주에서의 파사국과 점파국 상인 활동)을 알 수 있고, 당나라 사람들(이덕유와의 대화를 통해 도교 중시와 회창폐불의 전조 확인, 피휘 관념, 쌀을 고르는 간미 과정, 메뚜기 피해와 민심의 동향, 각 절기의 풍속 등)과 재당 신라인들(산둥반도 동남해안과 대운하 주변에 거주하는 재당 신라인들의 분포, 장보고가 건립한 적산법화원과 신라인들의 활동 등)이 만들어간 일상의 삶과 그들이 형성한 다양한 문화 경관을 엔닌은 능숙한 문화 지리학자의 시선으로 표현하고 있다.

둘째, 삶의 무대로서의 마을과 도시, 둘레의 자연환경에 대한 묘사을 '길 가의 자연들'이라는 장에 제시하였다. 즉 9세기 전반 당나라 산과 강, 마을과 도시 풍경을 오대산(오대산 지형과 지명 분포, 그리고 평등 의식), 황하(약가구와 포진관에 있는 두 곳의 황하도구 관찰), 대운하(대운하의 역사와 형태, 운영 방식 및 관련 시설 기록), 그리고 당나라 15도(道) 행정구역, 장안(도시 역사와 공간 구조), 촌(村)과 방(坊) 등의 분포와 유래 등에 대한 엔닌의 기록을 소개하고 설명하였다.

끝으로 엔닌이 귀국길에 거쳤던 한반도 서남해안의 바닷길과 섬 이름을 기초적으로 분석하여 엔닌 일행이 신라와 장보고 사이의 정쟁으로 인하여 완도 청해진을 방문하지 못한 사실을 확인하고, 고이도(현 전남 신안군 하의면 하의도로 비정?), 구초도(현 전남 진도군 조도면 상·하조도 및 동·서거차도로 비정?), 안도(현 전남 여수시 남면 안도로 비정)의 지명 위치 비정을 시도하였다.

9세기 전반 구법의 일념으로 당–신라–일본 사이의 육로와 해로를 횡단하며 엔닌은 국가(nation)와 정치(politics) 그리고 그것들이 가지는 소극적인 포용성과 적극적인 배타성을 몸소 감지하였다. 우주 속 아주 작고 초라한 인간 존재와 그 존재가 품은 웅대한 믿음과 바람을 억누르기에는 시간과 공간, 그리고 그 안의 국가와 정치는 한시적이고 한계적인 것들이었다.

참고문헌

필사본 朝鮮地誌資料(全羅南道篇 7冊)(조선총독부, 국립중앙도서관 소장본, 1911년경).

강경하, 2019, "한일 구법승 기행문의 문학성 고찰: 『왕오천축국전』과 『입당구법순례행기』를 중심으로," 일본문화연구 69, 5-24.

강봉룡, 2006, "신라 말~고려시대 서남해지역의 한·중 해상교통로와 거점포구," 한국사학보 23, 381-401.

고경석, 2011, "신라의 對中 해상교통로 연구: 중부횡단항로와 남부사단항로 개설 시기를 중심으로," 신라사학보 21, 97-137.

권덕영, 2010, "古代 東아시아인들의 國外旅行記 撰述," 동국사학 49, 1-35.

김순배, 2016, "한국 도로명의 명명 유연성 연구: 구심적 도로명과 인명 도로명을 중심으로," 지명학 25, 33-93.

김순배, 2018, "『티베트 원정기』의 지리들: '유명'과 '무명'의 지리들 사이에서," 대한지리학회지 53(5), 707-730.

김은국, 2008, "登州를 중심으로 한 渤海와 東아시아의 交流," 동아시아고대학 17, 77-107.

김정희, 2013, "언어와 종교를 통해 본 삼국의 교류와 자타(自他)인식: 『입당구법순례행기』를 중심으로," 일본연구 55, 97-117.

라이샤워 저, 조성을 역, 2012, 중국 중세사회로의 여행: 풀어 쓴 엔닌의 일기, 한울(Reischauer, E. O., 1955, *Ennin's Travels in T'ang China*, New York: Ronald Press).

박규태, 2005, 일본의 신사(神社), 살림출판사.

박무영, 2016, "나에게로 가는 길," 전통문화 41, 56-59.

엔닌 저, 김문경 역, 2001, 엔닌의 입당구법순례행기, 중심.

엔닌 저, 신복룡 주, 1991, 입당구법순례행기, 정신세계사.

엔닌 저, 신복룡 역, 2007, 입당구법순례행기, 선인.

이병로, 2006, "일본에서의 신라신과 장보고: 적산명신과 신라명신을 중심으로," 동북아문화연구 10, 319-341.

이병로, 2011, "헤안 초기의 동아시아세계의 교섭과 현황: 장보고와 엔닌을 중심으로," 일본어문학 53, 493-512.

이유진, 2009a, "唐代 求法僧의 숙박시설: 円仁의 『入唐求法巡禮行記』를 중심으로," 숭실사학 22, 231-255.

이유진, 2009b, "圓仁의 入唐求法과 동아시아 인식," 동양사학연구 107, 1-30.

이유진, 2010a, "『入唐求法巡禮行記』 解題," 동국사학 48, 283-300.

이유진, 2010b, "엔닌(円仁)의 求法旅行과 唐 문화 체험," 대구사학 99, 55-77.

장종진, 2011, "圓仁의 『入唐求法巡禮行記』를 통하여 본 新羅譯語," 한국고대사탐구 7, 139-166.

주성지, 2020, "『입당구법순례행기』 지명 분석을 통한 엔닌(圓仁) 노정의 디지털 복원," 신라사학회 제191회 학술발표회 자료집.

한글학회, 1983, 한국 지명 총람 15(전남편 Ⅲ), 한글학회.

戴均良 外, 2005, 中国古今地名大词典, 上海: 上海辭書出版社.

山口光圓, 1961, 比叡山廷曆寺: 傳敎大師·慈覺大師傳 4, 東京: 敎育新聞社.

小野勝年, 1964-1969, 入唐求法巡禮行記の研究(全4卷), 東京: 鈴木學術財團.

Reischauer, E. O., 1955, *Ennin's Diary: The Record of a Pilgrimage to China in Search of the Law*, New York: Ronald Press.

네이버 지식백과 (박석순 외, 2009, 일본사, 미래엔; 신승하, 2008, 중국사, 미래엔) (https://terms.naver.com, 2020년 1월 7일 검색)

한국고전종합DB, 한국문집총간 [叢瑣, 冊十, 詩○麗水郡, 吳宖默(1834~1906)의 麗水 郡

守 재임 시절(1897.04~1899.06)] (http://db.itkc.or.kr/dir/item?itemId=MO#/dir/node?dataId=ITKC_MO_1247A_0110_010_0630, 2020년 2월 5일 검색)

한국사데이터베이스 일본육국사(續日本後紀) (http://db.history.go.kr/item/level.do?itemId=jm, 2020년 2월 5일 검색)

한국사데이터베이스, 입당구법순례행기, 卷第一 (http://db.history.go.kr/item/level.do?setId=576&itemId=ds&synonym=off&chinessChar=on&page=1&pre_page=1&brokerPagingInfo=&position=0&levelId=ds_001r_0010_0010_0010, 2020년 7월 8일 검색)

한국사데이터베이스, 입당구법순례행기, 해제 (이유진, 2009c) (http://db.history.go.kr/introduction/intro_ds.html, 2020년 1월 8일 검색)

한국사데이터베이스, 한국근대사자료집성 [5권 韓日漁業關係, 一一. 在釜山漁業協會巡邏報告, (6)朝鮮漁業協會 第七回 巡邏報告書 進達 件, 公第四三號, 明治三十二年二月二十八日(1899년 02월 28일)] (http://db.history.go.kr/id/hk_005_0110_0060, 2020년 2월 5일 검색)

한국사데이터베이스, 한국근대사자료집성 [6권 韓日經濟關係 1 〉九. 韓國內地調査一件, (47)韓國水産業 視察 復命書 提出 件, 秘受水第三二號, 明治三十八年五月二十二日(1905년 05월 22일)] (http://db.history.go.kr/id/hk_006_0090_0470, 2020년 2월 5일 검색)

百度地图, 高邮市 (https://map.baidu.com, 2020년 2월 11일 검색)

Google Maps, 大慈寺, 五台山, 鶴雀园 (https://www.google.com/maps, 2020년 2월 11일 검색)

제2장

솟구치는 격정 누를 길 없는 이내 마음, 마냥 대양의 파도 속에 잠겼어라.

허나, 일편단심 변함없는 그 마음, 내 온갖 고달픔 잊게 하노라.

(정수일 역주 2001, 2권, 339)*

* 이븐 바투타가 중국 여행 중에 함께했던 동료들과의 초대연에서 들었던 페르시아의 시다. 반평생을 여행에 바친 이븐 바투타의 심금을 울렸던 시이기도 하다.

자기도 모르게 지리학자가 된 이븐 바투타의 여행기, 『리흘라(Rihla)』[1]

심승희

1. 왜 '무슬림의 마르코 폴로'라 불리는가?

지리학 전공자가 아닌 사람에게 '이븐 바투타'를 아느냐 물으면 발음조차 생소하다는 반응이 대부분이다. 필자도 '지리사상사' 학부 강의에서 이 이름을 처음 접했다. 그러나 한국어 번역본 『이븐 바투타 여행기 1~2』(정수일 역주 2001)가 출판되고 2020년 2월 기준 17쇄를 넘어선 것을 보면[2] 이 책에 대한 학계의 관심이 국내에서도 매우 높음을 알 수 있다. 하지만 아직까지 이븐 바투타에 대한 국내 연구물은 상당히 적다.[3]

모로코 탕헤르 출신 이븐 바투타(Ibn Battuta)는 1325년 메카 순례를 시작으로

---

1. 이 글은 2020년 『문화역사지리』 제32권 제1호에 실린 "이븐 바투타 『여행기』의 지리적 의미 찾기–마르코 폴로 『동방견문록』과의 비교를 중심으로"를 일부 수정한 것이다.
2. 창비 출판사 영업부와의 전화 통화로 확인한 2020년 2월 26일 기준 자료이다.
3. 이븐 바투타에 대한 국내 연구물은 짧은 소개 글을 제외하면 김영화(2012)의 논문이 유일하다. 그러나 2016년 한국연구재단 일반공동연구지원사업에 선정된 성백용·이강한·남종국·박현희의 연구 〈'팍스 몽골리카' 시기의 동서 교류와 세계관의 변화〉에는 "팍스 몽골리카 시대 여행가들의 세계 인식 변화에 대한 비교 검토: 마르코 폴로, 이븐 바투타, 왕대연을 중심으로"라는 세부 주제가 포함되어 있어 조만간 연구성과가 더 나올 예정이다.

29여 년 동안 아프리카, 아시아, 유럽을 여행한 대여행가이며, 고향 모로코로 돌아온 후 여행기를 남겼다. 여행기의 원제목은 『여러 지방과 여로의 기사이적을 본 자의 진귀한 기록』[4]인데, 아랍어로 여행 또는 여행기라는 뜻을 가진 『리흘라(Rihla)』로 간단히 부르는 것이 일반적이다.

중세를 대표하는 여행가 이븐 바투타와 그가 남긴 『리흘라』가 세계 역사에서 가지는 의미는 하라리의 『사피엔스』(조현욱 역 2015)에서도 찾아볼 수 있다. 하라리는 이븐 바투타의 여행이 유럽인의 대항해시대가 시작되기 직전, 지구 인구의 90%를 차지한 아프로아시아 지역 내에서 가장 넓은 지역을 여행한 사건이었다고 평가했다. 이 같은 세계사적 위상을 가진 여행과 그 기록인 여행기에도 불구하고, 이븐 바투타의 업적을 한마디로 설명해 주는 가장 흔한 표현이 '무슬림(또는 이슬람)의 마르코 폴로'이다. 이 표현은 미국 역사학자 부어스틴(Boorstin)의 『발견자들』에서도 찾아볼 수 있다.

> 중세의 가장 위대한 무슬림 여행가였던 이븐 바투타는 "억제할 수 없는 충동과… 이들 유명한 신전들을 보고자 하는 오랜 열망으로" 해서… 그의 평생에 걸친 여행을 기록한 그의 인기 있는 여행기는 그로 하여금 **무슬림의 마르코 폴로**가 되게 하였다(부어스틴 저, 이성범 역 1987, 189-190).

마르코 폴로의 여행이 시간상으로 앞선 것은 사실이지만 마르코 폴로가 사망한 이듬해인 1325년에 이븐 바투타가 여행을 떠났으므로 두 사람의 여행은 거의 동시대적인 사건이다. 또한, 여행 기간, 여행지 범위, 여행기 분량 면에서는 이븐 바투타의 여행이 더 우위를 점한다. 그런데도 이븐 바투타는 왜 지금도 '무슬림

---

4. 이븐 바투타 여행기의 아랍어 원제목을 한국어로 번역한 것(정수일 역주 2001)인데, 김영화(2012)는 "호기심 많은 사람들을 위한, 여행 중 만난 위대한 도시와 불가사의의 경이로움을 담은 진귀한 책", 웨인스(이정명 역 2011)는 "여러 도시의 경이로움과 여행의 신비로움을 열망하는 사람들에게 주는 선물"이라고 번역하고 있다.

의 마르코 폴로'[5]라 호명되는가?

이 질문을 출발점으로 삼은 이 글의 목적은 중세를 대표하는 이븐 바투타의 여행기가 가지는 지리적 의미를 현대인에게 훨씬 친숙한 마르코 폴로 여행기와 비교하는 방법을 통해 찾는 것이다. 다시 말해 그동안 '무슬림의 마르코 폴로'라는 명명에 가려진 이븐 바투타 여행기가 가진 의미, 특히 지리적 의미를 풍부하게 찾아보는 것이다.

이를 위해 이 글은 크게 두 가지를 중심으로 구성되었다. 첫 번째는 이븐 바투타 여행기에 관한 그동안의 연구 흐름을 살펴보는 것이다. 이는 이븐 바투타의 여행기가 학계 및 대중적으로 널리 알려지게 된 과정을 이븐 바투타 여행기 번역 과정에 중심을 두고 살펴보는 것과 이븐 바투타 여행기에 관한 선행연구를 주요 주제별로 살펴보는 것으로 이루어졌다. 두 번째는 이븐 바투타와 마르코 폴로의 여행과 여행기를 비교하는 것이다. 여행의 비교는 여행이 이루어진 시대적 배경과 여행 목적, 여행 기간 및 여행지의 범위를 중심으로 하였으며, 여행기의 비교는 다시 여행기 집필 방식과 구성 및 내용을 중심으로 이루어졌다.

2. 이븐 바투타 여행기는 어떻게 알려졌고 연구되었는가?

1) 이븐 바투타 여행기가 알려지게 된 과정: 번역서 출간을 중심으로

이븐 바투타 여행기의 필사본은 현재까지 30종으로 알려져 있고 이들 필사본의 출처로 따지면 주로 이븐 바투타의 모국 모로코가 포함된 북아프리카에서 유통되었다. 하지만 축약본이 레반트 지역에도 알려졌었다고 한다. 그의 여행기가 당시 교육받은 무슬림들이 사용하는 아랍어로 쓰였고 주로 북아프리카 지역에

---

5. Dunn(1993, 75)은 이 표현이 약간은 오만한 유럽 중심적 표현임을 인정한다.

서 유통되었다는 점에서, 이 책의 주 독자는 아랍어를 읽고 쓸 줄 아는 북아프리카 사람들이었던 것으로 보인다(웨인스 저, 이정명 역 2011, 23; 매킨토시-스미스 저, 신해경 역 2016, 533). 하지만 그의 여행기가 세계에 알려지게 된 계기는 유럽인들이 그 존재를 발견하고 유럽어로 번역 출판한 뒤 유럽권 학자들의 본격적인 연구성과가 축적되면서부터이다. 이븐 바투타의 여행기에 대한 이슬람권 학자들의 연구는 상대적으로 최근에 시작되었지만, 상당히 활발해 보인다(김영화 2012; Dunn 2012; 정수일 2018 등).

따라서 이 절에서는 유럽에서 이븐 바투타의 여행기가 발견되고 번역서가 출판된 과정을 중심으로 살펴보기로 한다. 유럽인이 이븐 바투타의 여행기를 처음 발견한 것은 1808년 알제리에서였는데 독일의 탐험가 제첸(Seetzen)이 획득한 필사본 묶음 안에 94쪽짜리 축약본이 있었다. 1818~1819년에는 독일의 동양학자인 코제가르텐(Kosegarten)이 4개의 발췌본을 출판했다. 이후 1820년 프랑스의 동양학자 드 사시(de Sacy)가 유럽의 전통 있는 학술지 『학자 저널 *Journal de Savant*』에 상당히 긴 서평을 처음 게재하면서 유럽 학계의 관심을 끌었다. 또한 요르단의 페트라와 이집트 아부심벨 신전의 최초 유럽인 발견자로 유명한 스위스의 부르크하르트(Burckhardt)가 3개의 축약 필사본을 구해 케임브리지 대학에 보냈으며, 그의 사후에 출판된 『누비아 여행 *Travels in Nubia*』(1819)에 이븐 바투타 여행기에 대한 짧은 개관을 실었다. 1829년에는 영국 최초의 아랍어 및 헤브루어 전공 교수인 사무엘 리(Samuel Lee)가 이 여행기의 영어 번역판 『이븐 바투타의 여행 *The Travels of Ibn Battuta*』을 런던에서 출판했다. 축약본을 번역한 것이라는 한계가 있었지만, 덕분에 유럽에서 많은 관심을 받게 되었다(김영화 2012; 정수일 역주 2001; 위키피디아).

축약본이 아닌 필사본의 발견과 이를 원본으로 한 완역 및 본격적인 연구의 계기는 아이러니하게도 1830년 프랑스가 알제리를 점령하면서부터다. 이 기간에 필사본 5종이 파리에 있는 프랑스국립도서관에 보내지면서 작품 전체에 대한 연구가 시작되었다. 이 중 1종은 그 작성 시기가 이븐 바투타 여행기의 편집자(집필

자)인 이븐 주자이가 사망한 1356년(이슬람력 757년)으로까지 거슬러 올라간다고
한다. 프랑스 동양학자 드 슬랭(de Slane)은 1843년 이 프랑스국립도서관 소장본
중에서 이븐 바투타가 서아프리카 수단(말리 왕국)을 여행한 부분만 프랑스어로
번역해 학술지에 싣기도 했다.[6] 하지만 여행기 전체를 프랑스어로 번역한 작업은
프랑스의 아랍어 학자 데프레메리(Défrémery)와 상귀네티(Sanguinetti)가 맡았고
프랑스국립도서관 소장본을 원본으로 삼았다. 이에 따라 데프레메리와 상귀네
티의 프랑스어 완역 초판이 1853년부터 1858년까지 파리에서 4권으로 출판됐다
(웨인스 저, 이정명 역 2011; 위키피디아).

　이후 1922년 영국의 동양학자 깁(Gibb)이 해클루트 협회(Hakluyt Society)에 번
역 출판 지원을 요청했고 그에 따라 프랑스어 완역본과 같은 아랍어 필사본을 원
본으로 해서 영어번역 및 주해본 출판작업이 시작되었다. 이 영어 번역본은 프랑
스어 완역본과 마찬가지로 4권으로 구성되었는데, 1958년 1권을 시작으로 1971
년 깁이 사망하기 전까지 3권이 출판됐다. 마지막 4권은 해클루트 협회 회장을
역임한 바도 있는 이슬람 전공자 버킹햄(Beckingham)이 1994년 출판했다(별도

---

6. de Slane, B. 1843, "Voyage dans la Soudan par Ibn Batouta," *Journal Asiatique*, Series 4,
　1(March), 181-240.

의 색인본은 버킹햄의 사후 2000년에 출판).[7, 8] 한국어 완
역본을 출판한 정수일(역주 2001)[9] 및 매킨토시-스미
스(신해경 역 2016)에 따르면 스웨덴, 아르메니아, 스
페인, 중국, 일본 등 약 15개국에서 자국 언어로 번
역 출간되었다고 한다.

이상으로 볼 때 데프레메리와 상귀네티의 프랑스
어 번역본이 학술적으로 독보적 위치를 차지하지만
국제공용어로서의 영어의 편의성 때문인지 이븐 바
투타 여행기에 대한 연구 문헌의 저자들인 매킨토

그림 1. 이븐 바투타 여행기의
한국어 번역본

시-스미스(신해경 역 2016, 19), 웨인스(이정명 역 2011, 6), 김영화(2012, 238) 모두 프
랑스어 번역본이 아닌 깁과 버킹햄의 영어 번역본을 참고용으로 활용했다고 밝
히고 있다.

2) 이븐 바투타의 여행기에 대한 주요 연구 주제

여기서는 그동안 이븐 바투타의 여행기에 대한 연구가 어떤 방향 및 주제를 중
심으로 이루어져 왔는지 살펴보기로 한다. 김영화(2012, 228-229)는 이븐 바투타
여행기를 포함한 무슬림 여행가와 여행기에 관한 연구를 크게 세 가지 분야로 분
류했다. 초기에 주로 이루어진 첫 번째 연구 분야는 여행가의 인물됨이나 성격,
관점 등 자전적, 개인적 차원에 초점을 맞춘 연구이다. 이븐 바투타 여행기의 영

---

7. Beckingham(1977, 264-265)에 따르면 깁의 건강 악화로 인해 번역본 제3권도 자신이 많이 지
   원했다고 한다.
8. 김영화(2012, 238)에 따르면 해클루트 협회가 펴낸 이 영어 번역본은 이븐 바투타의 중국 여행을
   제외한 채 완결되었기 때문에, 프랑스어 완역본 이후 두 번째 완역본은 정수일이 번역한 한국어본
   이라고 한다.
9. 정수일의 한국어 번역본이 원본으로 삼은 아랍어본은 1987년 레바논 베이루트의 다룰 쿠투빌 일
   미야가 간행한 『이븐 바투타 여행기』이며, 한국어 번역본의 장, 절 구성도 이 아랍어 원본 그대로
   이고, 1, 2권으로 분권 출판한 것은 역자의 선택이라고 한다(정수일 역주 2001).

역자이기도 한 Gibb(1929)이나 Beckingham(1977)의 연구가 이에 해당한다. 하지만 점차 관련 사료의 출간 및 번역 성과가 축적되면서 두 번째 연구 분야인 여행기 속의 여정과 사건, 날짜를 추적하여 여행을 정확하게 복원하려는 연구들이 나왔다. 이 연구 분야는 여행과 관련된 제반 문제와 물리적 조건 등을 고려하여 여행기 텍스트에 담긴 여정과 관찰 내용의 진위를 규명하는 데 집중한다. Hrbek(1962)과 Beckingham(1995)의 연구가 이에 해당한다. 세 번째 연구 분야는 순례를 비롯한 다양한 방식의 여행을 가능하게 만든 이슬람 문명의 역사적 맥락에 초점을 맞춘 연구이다. 이러한 연구 경향은 21세기를 전후하여 나타난 비교적 새로운 경향이며 개별 여행가와 여행기 텍스트에 관한 단편적인 비평에서 벗어나 이슬람 사회에서 여행이 활기를 띨 수 있었던 특징적인 요소들에 주목한다. Dunn(1993)과 Harvey(2008) 등의 연구가 이에 해당한다.

이븐 바투타 여행기에 대한 연구 중 가장 많이 이루어진 연구주제는 김영화(2012)가 분류한 두 번째 연구 분야에 속한다. 즉 이븐 바투타의 여행기가 중세의 여행기 중 가장 넓은 지역에 대한 풍부한 기록을 남겼기 때문에, 여행기에서 다뤄진 각 지역에 초점을 맞추어 그 지역이 당시 어떤 모습이었는지, 여행기에 기록된 정보의 진위 및 출처, 지명의 위치 비정, 당시 그 지역이 이방인 이븐 바투타에게 어떻게 인식되었는지 등을 살펴보는 연구가 많다. 이 분야의 대표적인 연구자가 Norris인데, 그는 이븐 바투타가 여행한 안달루시아 지역(Norris 1959)을 시작으로, 발칸 북동부 지역(Norris 1994), 크림반도 지역(Norris 2004) 등에 초점을 맞춰 연구했다. Morgan(2001)은 이븐 바투타가 여행기에서 쓴 당시 몽골 지배 지역을 주로 다뤘는데, 이븐 바투타 여행기의 영역자인 버킹햄 교수의 추모 강연을 겸한 글이기도 하다.

Raphael(2000)은 중세 무슬림들에게 매우 빈약했던 중국에 대한 지리적 정보를 제공한 이븐 바투타 여행기의 성과를 분석했다. 마찬가지로 Hunwick(2009)는 14세기 말리 왕국 수도의 정확한 위치를 추정하기 위해 이븐 바투타 여행기에 기록된 말리 왕국에 관한 정보를 활용했다. 문학 연구가인 Moolla(2013)는 전

근대를 대표하는 14세기 이븐 바투타의 여행기, 근대를 대표하는 19세기 리처드 버턴(Richard Burton)[10]의 여행기, 후기 근대를 대표하는 21세기 폴 써루(Paul Theroux)[11]의 여행기를 대상으로 아프리카에 대한 재현을 비교하였다.

Janicsek(1929)은 여행기 연구에서 빠짐없이 제기되는 연구주제인 저자가 진짜로 그곳을 가보고 쓴 것인가와 관련된 여행 경험의 진위를 다뤘다. 특히 중앙아시아의 불가르(Bulghar)를 정말로 다녀왔는가의 문제를 다뤘는데, 여행기에 기술된 여행의 일정상 사실일 수 없으며, 당시 무슬림들이 거주하는 도시 중 최북단에 위치한 이 도시를 가려 했으나 여건상 불가능했고 선배 여행가들의 여행 경험을 듣거나 읽었고 이를 토대로 여행 경험을 구술했을 것이라는 결론을 내렸다.

이븐 바투타가 여행한 지역에 대한 진위 검증 관련 연구와 더불어 여행기가 선행 여행기를 표절했다는 표절 관련 연구도 많이 이루어졌다. 특히 이븐 바투타의 여행기는 이 주제가 큰 비중을 차지하는데 이 문제는 3장에서 자세히 다루도록 한다.

이처럼 치밀한 사료 검토를 통한 이븐 바투타 여행의 정확한 일정, 지명의 위치 비정, 진위성, 표절 등의 문제에 치중한 연구와 달리, 그의 여행기 텍스트를 종합적인 차원에서 접근하려는 연구도 있다. 대표적인 연구가 미국의 역사가 Dunn의 『이븐 바투타의 모험: 14세기의 무슬림 여행가 The Adventure of Ibn Battuta: A Muslim Traveler of the Fourteenth Century』(초판 1986, 최신판 2012)이다. 이 책은 이븐 바투타 연구의 또 다른 권위자 매킨토시-스미스(Mackintosh-Smith)[12]가 이븐 바투타 여행기에 관한 전반 및 참고문헌 목록을 파악하는 데 최

---

10. 나일강의 수원지를 찾아 나선 버턴과 스피크(Speke) 탐사대로 유명한 바로 그 버턴이다.
11. 현존하는 여행문학의 거장 중 한 명인 폴 써루에 대해서는 노혜정(2018)의 "기차 밖 풍경, 기차 안 세상 그리고 제국의 시선을 넘어: 폴 써루의 『유라시아 횡단 기행 읽기』"(한국문화역사지리학회, 『여행기의 인문학』, 푸른길, 394-420)를 참고하기 바란다.
12. 예멘을 근거지 삼아 살아가는 영국 출신의 아랍학자, 작가, 여행가이다. 이븐 바투타 연구의 권위자답게 이븐 바투타를 따라가는 여행 3부작을 다음과 같이 출판했는데, 이 중 첫 번째 권은 국내에 번역됐다. Travels with a Tangerine: A Journey in the Footnotes of Ibn Battutah(2001; 신혜경 역 2016, 『아랍, 그곳에도 사람들이 살고 있다: 이븐 바투타와 함께한 이슬람 여행』), Hall of

선의 참고문헌으로 추천한 책이기도 하다(신해경 역 2016, 534). Dunn(2012, xvii)은 이 책의 집필 목적이 이븐 바투타가 마르코 폴로만큼 서구 세계에 알려지는 것뿐만 아니라, 이븐 바투타를 동반구의 한 시민으로 바라보게 하는 것이라고 했다.[13] 이를 통해 독자들은 14세기 유라시아와 아프리카의 역사를 서로 연결된 것으로 만든 힘에 대해 날카롭고 파노라마적인 관점을 갖게 될 것이라고 밝혔다. 그래서 Dunn은 세세하게 여행의 일정 및 내용의 사실 여부를 따지지 않고, 여행기 텍스트에서 이븐 바투타가 한 말, 태도, 행동 등을 추출해 텍스트 간의 관계 및 다른 역사적 사료에 근거해 14세기 이븐 바투타의 삶과 시대를 해석했다.

미국의 역사학자 웨인스(Waines)가 2010년 출판한 또 다른 이븐 바투타 여행기에 대한 종합 연구서『이븐 바투타 오디세이 *The Odyssey of Ibn Battuta: Uncommon Tales of a Medieval Adventurer*』(이정명 역 2011)에서는 "타자 이야기"라는 별도의 장을 통해 그가 타자로서 여성, 종교, 인종을 어떻게 인식했는지 집중해서 분석하기도 했다. 이븐 바투타의 여행기에 관한 연구는 계속 늘어나는 중이며 페미니즘적, 심리 분석학적, 탈제국주의적, 탈식민지적, 민족 기호학적 분석들로 다양화·심화되고 있다(매킨토시-스미스 저, 신해경 역 2016, 534)고 한다.

---

a Thousand Columns: Hindustan to Malabar with Ibn Battutah(2005), *Landfalls: On the Edge of Islam with Ibn Battutah*(2010).

13. 1950년대 말 이후 세계사 서술에서 인류의 공통적인 역사적 경험을 추적할 수 있는 공간적 틀로 유라시아와 함께 '반구'라는 개념이 사용되었다. 이 같은 반구라는 개념 사용의 이면에는 기존 세계사 서술에서 사용되어 온 '서구', '아시아'라는 용어에 들어있는 서구 우월적 가치와 편견을 불식시키고 새롭게 세계 또는 세계사를 보는 관점을 세우려는 의도도 있었다. 반구라는 개념은 지역적으로 세계를 크게 세 부분으로 구분한다. 아프리카, 유럽, 아시아 대륙을 포함하는 '동반구'와 남북 아메리카의 '서반구' 그리고 호주와 뉴질랜드, 태평양의 섬들을 포함한 '오세아니아'이다(강선주, 2015). 이러한 흐름을 주도한 역사학자 중 한 명인 Dunn(1985, 331; 강선주 2015, 54에서 재인용)은 반구란 정치적·경제적·문화적으로 복잡하게 연결된 하나의 지리적 공간을 의미한다고 설명한다. 따라서 Dunn(2012)이 이븐 바투타를 동반구의 한 시민으로 바라보았던 것도 이러한 맥락에서 이루어졌음을 추론할 수 있다.

3. 중세를 대표하는 여행가 이븐 바투타의 여행과 여행기: 마르크 폴로와의 비교를 중심으로

1) 이븐 바투타와 마르코 폴로의 여행 비교

(1) 여행의 시대적 배경과 여행 목적 비교

지금부터는 중세를 대표하는 위대한 여행가 이븐 바투타와 마르코 폴로의 여행을 비교하기 위해 먼저 두 사람의 인적 사항부터 확인하기로 한다. 이븐 바투타와 마르코 폴로 모두 여행을 시작하기 이전과 여행 이후의 삶에 대한 개인적인 정보가 각자의 여행기에서 언급한 내용 외에는 자세히 알려진 것이 없다.[14] 시대적으로 조금 앞선 마르코 폴로는 '동양 대 서양'이라는 지역 구분에 따르면 서양에 속하는 베네치아 공화국 사람이며, 1254년에 태어나 1324년 69세의 나이로 고국에서 사망한 것으로 알려져 있다. 당시 유럽 최고 상업도시 베네치아의 상인 집안에서 태어난 사람답게 마르코 폴로 역시 상인이 되어 17살이었던 1271년 아버지와 삼촌 등과 함께 장사하러 떠나 23년 후인 1295년 돌아오게 된다. 따라서 마르코 폴로의 여행 목적은 단순하고도 명백한 상업적 여행이었다(물론 칸의 요청에 의해 기독교 세계의 교황, 국왕들에 대한 사절 임무도 수행했다). 이 여행 목적은 나중에 그의 여행 기록 『동방견문록』의 성격을 특징짓게 된다.

마르코 폴로보다 30여년 늦은 1304년 모로코 탕헤르에서 태어나 1368(또는 1369)년[15]에 64(또는 65)세의 나이로 고향에서 사망한[16] 이븐 바투타의 정식 이름

---

14. 마르코 폴로의 경우 그가 남긴 유언장을 통해 여행 이후 그의 가족이나 재산 상황을 추측할 수 있다고 한다(김호동 역주 2000, 23). 이븐 바투타의 경우도 최근 모로코의 학자 타지(Tazi) 등에 의해 그가 1360년대에 남긴 편지, 이집트 카이로의 알-아자르(Al-Azhar) 대학이 소장하고 있던 이슬람 법 관련 문헌에서 이븐 바투타가 다마스쿠스 체류 중에 필사 일을 한 흔적이 발견되는 등 계속해서 그에 대한 사료가 추가되고 있긴 하다(Dunn 2012, xi).

15. Hrbek(1962)에 따르면 이븐 바투타의 사망연도를 처음 정립한 사람은 Gibb(1929)이고 여기서 1368년 또는 1369년이라고 했다. 그 근거는 중세 이슬람 학자 Ibn Hajar al-Asqalani(1372~1449)가 쓴 이슬람력 101~823년간의 학자, 왕, 총독(아미르), 재상, 시인, 작가의 출생과 사망일,

은 '아부 압둘라 무함마드 븐 압둘라 븐 무함마드 븐 이브라힘 알 라와티'(정수일 역주 2001, 1권, 27)이다. 그가 태어났을 때의 모로코는 이슬람 왕조인 마린 왕조 시대[17](수도는 페스)였다. 따라서 이븐 바투타는 북부 아프리카 토착 민족인 베르베르족 출신이지만 모로코를 포함한 마그레브 지역이 이슬람 문화권에 속하고 이 문화권의 핵심지역이 아랍인을 중심으로 한 중동이라는 점을 감안하면 동양 사람으로 분류될 수 있다.[18] 그래서 Moolla(2013, 386)는 이븐 바투타를 혈통적으로는 베르베르이고 문화적으로는 아랍인으로 설명한다. 그의 집안은 대대로 순니 이슬람의 4대 학파 중 하나인 말리키 학파에 속하며 카디(종교 법관)나 샤이흐(학자)를 많이 배출한 집안이고 본인 역시 카디였다[이븐 바투타는 인도 델리의 술탄에게 자신을 "카디나 샤이흐직은 저와 제 선조들의 직업입니다"(정수일 역주 2001, 2권, 169)라고 소개했다]. 갓 20대에 접어든 1325년에 여행을 떠나 근 30년 만인 1354년에 여행을 마쳤는데, 그의 첫 여행 목적지가 메카였다는 점에서 여행 목적은 무슬림의 임무 중 하나인 순례였다. 하지만 학자들(Netton et al 1995 등)은 그의 여행을 순례라는 뜻을 지닌 아랍어 핫지(hajj)로 분류하지 않고 지적 여행이란 뜻을 지닌 아랍어 리흘라(rihla)로 분류한다.

마르코 폴로가 여행을 했던 시기(1271~1295)는 몽골제국이 동서에 걸쳐 광범위하게 지역을 통일하고 그 체제를 유지하던 '팍스 몽골리카' 시기였기 때문에 장

자전적 내용을 담은 사전 *al-Durar al-Kamina*라고 한다. 정수일(2001)도 이븐 바투타의 사망연도를 Gibb과 동일하게 썼으나 웨인스(이정명 역 2001)는 1368년에 사망했다고 썼고 위키피디아에서는 1369년으로 제시하고 있다.

16. 그가 모로코에서 죽었다는 것을 제외하면 구체적으로 어디서 죽었는지 확인되지 않는다. 하지만 관광적 관심은 그의 무덤을 발견했는데 이에 대한 문서나 묘비같은 증거는 없다(Beckingham 1977, 264).

17. 모로코와 알제리 북부 일대를 통치한 베르베르계 무슬림 왕조로서 1244~1465년 동안 존속했다. 자세한 사항은 정수일(2018, 433) 참조.

18. 마그레브 지역을 문화적으로 동양으로 분류하는 데는 큰 무리가 없을 것으로 보인다. 임기대(2014)에 따르면 대표적인 마그레브 지역 국가인 알제리와 모로코 등은 프랑스로부터 독립 후 자신들의 정체성을 찾는 탈식민화 정책을 추구했는데 그 대표적인 정책이 자신들의 정체성을 '아랍'으로 규정하는 것이다.

기간의 광범위한 동방 여행이 가능했다. 마르코 폴로 일행이 베네치아를 떠나 당시 영토가 크게 위축되었던 비잔틴제국만 벗어나면 동쪽으로 태평양 서안까지 모두 몽골 천하였기 때문에 이 영역 안에서 동서 간의 교류가 활발했고, 타문화에 개방적이었던 몽골의 정책 등으로 여행이 상대적으로 안전했다(김호동 역주 2000; 성백용 2001; 김희순 2018).

이븐 바투타가 여행했던 시기(1325~1354)도 원제국 시기였지만 이때는 이미 원의 쇠퇴기였고[당시 원 황제는 순제였으며 황후가 고려 출신 기황후이다], 이븐 바투타의 여행 지역이 주로 이슬람 세계였으므로 이슬람 세계의 시대 구분으로 시대적 배경을 살피기로 한다. 이븐 바투타가 여행한 시기는 넓게는 1258년 이슬람 통일 제국이었던 아바스 왕조의 멸망부터 1798년 나폴레옹의 이집트 침공에 이르는 오스만 튀르크 시대에 속한다. 하지만 이 오스만 튀르크 시대를 세분하면 전반기인 1258~1517년은 이집트가 이슬람 세계 동부지역의 중심지 역할을 하던 맘루크 시대이고, 1517년 이후는 오스만 튀르크가 이슬람 세계의 종주국 역할을 하던 시기이다. 따라서 이븐 바투타가 생존하고 활동하던 시기는 맘루크 시대에 속한다.

이븐 바투타는 여행기(정수일 역주 2001, 1권, 478)에 당시 이슬람 세계는 7명의 위력한 통치자들이 분할 통치하고 있다고 썼는데, 즉 그의 고국인 모로코의 술탄, 맘루크 왕조의 술탄(오늘날 이집트와 시리아), 이라크의 술탄(오늘날 이라크와 이란), 투르키스탄과 옥수스강 너머 지역의 술탄, 인도의 술탄, 중국의 왕, 킵차크한국의 술탄이다. 이 7명 중 킵차크한국, 이라크, 투르키스탄, 중국의 왕이 칭기스 칸의 후예였기 때문에 이븐 바투타 역시 몽골에 관심이 많았고(웨인스 저, 이정명 역 2011, 99), 그의 여행기 중 〈8장 중앙아시아〉에 몽골의 침략 과정을 자세히 기술했다. 또한 이 시기는 오스만 튀르크 제국의 초창기로 Beckingham(1977, 266)은 이븐 바투타가 신흥 강자로 떠오르고 있는 오스만 튀르크에 관심이 많았고 1320년대에 이곳에 체류했으며 여행기에도 많은 지면을 할애하고 있어 오스만 튀르크 제국 초기 모습을 확인할 수 있는 사료 가치가 있다고 평가했다. 이븐 바투타와 동시대의 대표적인 이슬람 세계 인물이 유명한『역사 서설』의 저자 튀니지 출신 이븐 할둔(1332-1406)이며, 그는『역사 서설』에서 이븐 바투타의 여행을 언급하기도 했다. 이는 뒤에서 다시 다룰 것이다.

무엇보다 이븐 바투타가 세계를 횡단하던 14세기 이슬람 세계는 아바스 왕조를 멸망시킨 몽골의 침입 이후 한 세기가 지나고 이슬람적 사회질서가 확장되어 가던 시대의 한복판에 있었다. 물론 이베리아반도의 무슬림 지역에서는 기독교도의 재정복 운동(레콘키스타)으로 영토를 잃고 있었다. 하지만 동쪽 아나톨리아에서는 오스만 튀르크가 세력을 키우고 있었고 칭기즈 칸의 핏줄을 이어받은 중앙아시아의 통치자들도 이슬람으로 개종했으며 세네갈(당시 말리 왕국)에서 인도, 인도네시아에 이르는 광범위한 지역에 이슬람 신생 군주국이 생겨나고 있었다. 이로 인해 이슬람 세계는 당시 아프로아시아 세계의 반을 차지하며 그 정점에 달한 시기였으며, 이 광범위하고 단일한 이슬람 세계 안에서 사람과 상품, 지식이 문화와 언어의 경계를 자유롭게 넘나들 수 있었다(웨인스 저, 이정명 역 2011).

정수일(2001, 17)은 이 시기를 세 대륙을 아우른 이슬람 세계가 여전히 세계 중심 세력의 하나로 영향력을 발휘하고 있는 가운데, 이슬람의 지역적 다극화가 추진되던 시기로 설명한다. 즉 아바스 왕조의 멸망 후 이슬람 세계 안에는 동방의 일한국(1258~1353)과 서방의 맘루크조(1250~1517), 이베리아반도의 나스르조(1230~1492)를 비롯한 '지역적 중심세력'이 형성되었다. 이로 인해 종래의 통일적 이슬람 세계에 다중심적 다극화 현상이 나타나, 이슬람 문명의 토착화가 진행되고 이슬람 문명의 지역적 특성이 가시화되기 시작한 시기다. 또한 중세 내내 아프리카 및 아시아의 교역로와 인도양 해운 교역로를 무슬림 상인들이 장악하고 있었고, 많은 무슬림 상인, 여행가, 학자들이 세계 곳곳을 누비면서 지리 지식과 항해술을 축적하고 있었다(Gibb 1929, 4; 정수일 역주 2001, 1권, 7).

이상과 같은 시대적 조건 속에서 이븐 바투타의 여행이 이루어진 것인데, 특히 이븐 바투타 여행의 목적 및 성격을 당시 이슬람 세계의 특성과 관련지어 해석한 몇몇 연구에 주목할 필요가 있다. 본래 이슬람 세계에서 여행이라는 전통의 뿌리는 매우 깊은데, 이는 이슬람 사회가 성립하고 발전하는 과정에서 여행이 주도적 역할을 해 왔기 때문이다. 이슬람력의 기원인 '히즈라'(메카에서 메디나로의 이주)에서도 알 수 있듯이 이슬람교는 신앙을 지키기 위해 본래의 거주지를 떠나는 행위에서 시작되었다. 또한, 무슬림 5대 의무 중 하나인 메카 순례 역시 여행과 관련 있으며, 또 다른 5대 의무 중 하나인 자선(자카트)의 범주에 여행자에게 베푸는 자선도 포함된다[이븐 바투타의 여행기에는 다음과 같이 자카트 덕분에 여행이 순조로웠던 상황이 기술되어 있다. "다마스쿠스의 종교 기금은 그 종류와 지출이 너무 번다하여 도대체 얼마인지 헤아릴 수가 없다. 그중에는… 여행자들이 고향에 돌아갈 때까지의 의식비와 여비의 보조 기금… 시내의 좁은 길 보수 기금까지 포함되어 있다"(정수일 역주 2001, 1권, 160)]. 그래서 이븐 바투타는 방문한 대부분의 도시에서 무슬림 형제애에 기반하여 관심과 환대를 받을 수 있었고, 구체적으로는 자위야[이븐 바투타가 여행 중 숙소로 많이 이용한 자위야는 수피즘의 수행 도장인데, 수행과 포교 활동의 거점인 동시에 무슬림 여행자들의 숙관(宿館)이자 보급기지 역할을 했다(정수일 2018, 429-430)]나, 마드라사 같은 이슬람 종교 및 학문 시설을 숙소로 이용할 수 있었고 거기서 식사를 대접받고 명사들과 교류할 수 있었다.

또한 학문과 배움을 위한 여행인 리흘라도 이슬람교 성립 및 발전과 밀접한 관련이 있다. 초기 이슬람 학문은 신학과 그와 관련된 법학에 바탕을 두고 있었기 때문에 무슬림 문인들은 무함마드의 언행과 전승을 찾아 기록하기 위해 이슬람 세계 곳곳을 여행했다. 또한 무슬림들은 믿을만한 사람으로부터 전해진 구술 형태 지식을 문자 형태 지식보다 신뢰했기 때문에[예언자 무함마드는 글자를 사용하지 않고 구술을 통해 코란의 내용을 신자들에게 전달했고 그의 전승자들도 구술을 통해 가르침을 전달했던 전통 때문이다], 초기 이슬람 학문이 정립된 이후에도 학문 사사를 위해 스승을 찾아 여행을 떠났다. 이러한 맥락에서 이슬람 학문 세계에서는 여행을 지식 습득의 가장 이상적이고 궁극적인 방법으로 간주하였다. 따라서 무슬림 문인과 여행의 관계는 개인의 취향이나 우연성을 넘어 이슬람의 지적, 문화적 차원의 문제이다(김영화 2012). 이러한 점에서 Raphael(2000, 313)은 무슬림의 여행은 처음에는 핫지라는 순례의 교의를 완수하기 위한 것으로 성장했고, 그다음에는 성인과 성인들 묘지를 방문하는 것으로, 그다음에는 지식을 얻는 것으로 변화했다고 설명한다.

그래서 Dunn(1993)은 이븐 바투타 역시 메카, 이집트, 시리아, 이라크, 페르시아 지역을 여행할 때는 보통의 순례자, 학자, 비전업(非專業) 수피로서 여행했다고 설명한다. 하지만 이슬람 세계의 중심부를 벗어나 주변 지역 즉 동아프리카, 아나톨리아, 중앙아시아, 인도, 동남아시아, 중국, 서아프리카를 여행할 때는 '문인 개척자(literate frontiersman)'로서의 여행 성격이 추가되면서 이븐 바투타의 여행이 특별해졌다고 본다. 이는 앞에서 언급한 당시 이슬람 세계의 확산 및 지역적 다극화 현상과 밀접한 관련이 있다. 새롭게 이슬람 세계에 편입된 개척지(frontier)의 무슬림 군주들은 자신들의 정치적, 문화적 취약성을 극복하기 위해 이슬람의 중심지 출신 중에서 존경할 만한 종교적, 지적 전문가들을 초빙해 이슬람식 제도를 탄탄히 구축하고자 했기 때문이다. 그렇다면 이슬람 중심지 문인 중에서 누가 기꺼이 이 이슬람 세계의 변경으로 가서 이슬람 문화 확장이란 역할을 맡았을까?

김영화(2012)는 부유한 상인이나 하급 관리의 아들로 태어나 상당한 수준의 교육을 받아 사회적 출세를 꿈꾸었으나 한계에 부딪힌 중간 계급 출신 문인이었다고 본다. 이들이 사회적 성공과 생존 전략의 차선책으로 선택한 것이 리흘라였다. 예를 들어 당시 신생 이슬람 국가였던 인도의 술탄 이븐 투글리끄는 '예언자 무함마드의 종족'인 학식 있는 자가 자신의 통치에 특별한 위신을 줄 것이라고 보고 아랍어를 말하는 이민자에게 엄청난 대우와 보상을 주며 환대했다. 이븐 바투타가 여행기에 "그곳 사람들(인도)은 아랍인을… '주인'이라 경청한다. 술탄도 아랍인에 대한 존경의 표시로 이렇게 부른다"(정수일 역주 2001, 2권, 169)고 적었을 정도다. 인도 술탄의 엄청난 환대에 대한 소문을 듣고 이븐 바투타도 인도 여행을 결심했고, 거기서 '여행'이 아니라 '거주'라고 명명하는 것이 합당한 기간인

10년을 카디 또는 외교관으로 체류했다. 체류하는 동안 그는 술탄에게 자신의 여행 경험과 다른 이슬람 국가들에 대한 유용한 지식을 전달하고 값비싼 의복, 말, 노예 소녀 등을 대가로 받았다. 또한, 이슬람 세계 중심지에 속하는 고국으로 돌아온 후에는 이 문인 개척자의 지위가 여행을 떠나기 이전보다 상승했다. 이슬람 전통상 메카 순례를 다녀온 사람은 높은 존중을 받게 될 뿐만 아니라, 당대 이슬람 세계 전체를 아우르는 길고도 광범위한 여행 경험은 다른 이슬람 국가 술탄들이 어떻게 영토를 지배하고 신앙 보급에 힘쓰는지에 관한 정보를 얻고자 했던 고국의 군주에게 엄청난 희소가치를 지녔기 때문이다(김영화 2012). 그것을 알기에 이븐 바투타는 "나는 술탄 아부 싸이드의 의장대를 따라 바그다드를 떠났다. 내 목적은 이라크 왕이 출행하고 거처할 때의 의식과 어떻게 이동하고 여행하는지 알아보려는 것이다"(정수일 역주 2001, 1권, 339)라고 여행기에 쓰고 있다.

따라서 리흘라는 문인 여행가에게 출생 신분과 계급의 한계를 극복할 수 있는 효과적인 수단이었다. 또한 이븐 바투타의 경우 '마그레브(Maghreb)' 지역의 토착 민족 베르베르인이라는 정체성도 그의 여행 동기에 어느 정도 작동한 것으로 보인다. 마그레브라는 용어는 아랍어로 '해가 지는 쪽 지역'을 의미하며, 베르베르인은 마그레브 해안부와 사하라 사막 전역에 걸쳐 거주해 온 선주민을 가리키는 표현이다. 그런데 '베르베르'라는 언표는 타자에 의해 '만들어진 것'이다. '베르베르(Berbère)'란 말은 고대 그리스인이 알아들을 수 없는 웅얼대는 말을 쓰는 외국인(βάρβαρς)이라고 부른 데서 유래했다. 11세기 북아프리카를 침략하여 지배하게 된 아랍인들이 이 토착 민족을 같은 의미를 가진 아랍어 'al-bar-barah'로 부르면서부터 이 표현이 급속히 확산되었다(임기대 2014, 16-17). 이후 아랍 지배하에 놓인 베르베르인들도 이슬람교를 받아들이면서 점차 문화적으로 아랍화되었으나, 이슬람 역사가들은 이슬람의 문화를 구분할 때 마쉬리끄(태양이 뜨는 곳: 이집트에서 이란 이전까지의 지역)와 마그레브(태양이 지는 곳: 모로코, 알제리, 튀니지, 리비아 등)로 나눈다. 이 구분은 단순히 지리적 위치뿐 아니라 이슬람 전파 과정과 문화, 사상적 분류에 따른 것이기도 해서, 메카와 메디나가 포함된 마쉬리끄가 이슬람 초기부터 이슬람 사상의 근원지, 중심부로 취급되었다(이원삼 2001, 436). 따라서 같은 이슬람 세계의 일원이지만 그 핵심지인 마쉬리끄가 아닌 주변부 마그레브 지역 출신으로서 아랍화된 베르베르인 청년 이븐 바투타의 입장에서는 이슬람 문화의 중심부인 마쉬리끄 지역으로의 여행이 부르디외가 말한 '문화 자본'의 획득을 통해 개인의 사회적 지위를 바꿀 수 있는 중요한 수단이었을 것이다(앳킨스 외 저, 이영민 외 역 2011, 90-91).

따라서 이븐 바투타는 마그레브 지역 베르베르족 출신이지만 문화적으로는 아랍인이었고, 네 차례 이상의 메카 순례 등 마쉬리끄 지역으로의 여행에서 획득한 경험과 지식, 인맥을 통해 이슬람 세계의 중심부 출신이라는 아우라를 갖게 되었다. 그 결과 이슬람 세계로 편입된 변경 지역을 여행할 때 그는 중심부에서 온 학식 있고, 도시적이며, 코스모폴리탄적인 문인 개척자로 받아들여졌다. 이들 문인 개척자는 특정 체제, 국가, 민족에 종속되지 않고 광범위한 이슬람 세계의 일원이라는 정체성 하에서 여건만 허락하면 어떤 무슬림 공동체에도 충성할 수 있었다. 또한 이들 문인 개척자들이 개인적 동기에 의해 이슬람 세계의 변경으로 여행하여 장기 체류(즉 이주)한 것은 더 큰 스케일에서 보면 당대 활발히 진행되었던 이슬람 세계의 문화적 확장 과정으로 해석된다(Dunn 1993; 김영화 2012).

지금까지 이븐 바투타 여행의 목적과 성격을 당시의 시대적 배경과 연결 지어 살펴보았다. 이제 마지막으로 이븐 바투타 여행의 목적을 Moolla(2013)의 정리를 토대로 종합해 보기로 한다. 첫째, 그의 여행은 모든 무슬림이 건강과 부가 허락하는 한, 일생에 걸쳐 수행해야 할 순례 의무였다. 둘째, 그의 여행은 순례에 의해 촉발된 여행이 종교 중심의 사회에서 개인의 자아실현을 위한 여행, 즉 지적 탐구 여행인 리흘라가 되었다. 그래서 수피이면서 말리키 법학자였던 그는 메카나 메디나 등 이슬람 문화권 핵심지역을 여행할 때는 주로 무슬림 성인들의 성묘나 이슬람교의 대학자, 수도자 등을 방문해 이슬람교 및 이슬람학에 대한 견문을 넓혔다. 이는 이슬람 법관(카디)으로서의 경력 향상이라는 실리적 목적과도 연관되어 있다. 셋째, 그의 여행은 알렉산드리아에서 만난 성인의 예언과 자신의 꿈에서 예언된 여행자로서의 운명을 완수하기 위한 것이었다. 이븐 바투타가 자신의 여행을 운명으로 받아들였음은 알렉산드리아에서 만난 이맘 부르한 딘이 이븐 바투타의 여행자로서의 운명을 예언하는 대목(정수일 역주 2001, 1권, 50)과 파와시(나일강 연안 도시)에서 큰 새의 날개에 올라타 동쪽, 남쪽으로 훨훨 나는 꿈을 꾸는 대목(정수일 역주 2001, 56)에 나온다. 넷째, 그의 여행은 그가 여행 자체에 부여한 순수한 열망과 즐거움이었다. "여로에서는 될 수 있는 대로 한 번 지나간 길은 다시 밟지 않는 것이 나의 습성"(정수일 역주 2001, 1권, 285)이라고 밝힐 정도로 그는 새로운 곳을 경험해 보기를 즐기는 타고난 여행가였다. 또한 부어스틴(이성범 역 1987, 189-190)의 지적처럼 그가 "도둑, 해적, 흑사병,[19] 전제적인 무슬림 군주들의 변덕 따위를 두려워하지 않는 호기심과 정력을" 가진 사람이 아니었다면 이 여행은 불가능했을 것이다. 이 복합적인 여행의 목적 덕분에 이븐 바투타는 이븐 주자이의 표현대로 '희대의 여행가'이며 '이슬람 세계가 배출한 발군의 여행가'(정수일 역주 2001, 2권, 424)가 될 수 있었다.

마지막으로 이븐 바투타와 마르코 폴로의 언어 능력을 살펴보기로 한다. 여러 문화권을 횡단하는 여행에서 외국어 사용 능력은 필수적인데, 아랍 문화권 출신인 이븐 바투타는 당연히 아랍어를, 베네치아 출신인 마르코 폴로는 이탈리아어를 모국어로 사용했다. 그리고 이들 모두 먼 동쪽 아시아로 여행을 떠났는데, 당시 내륙 아시아의 국제어는 튀르크어와 페르시아어였다(김호동 역주 2000, 80). 이븐 바투타의 여행기에는 그가 여행 도중 페르시아어를 습득한 것으로 나온다. 즉, 이븐 바투타의 여행기(정수일 역주 2001, 1권 448)에는 소아시아 지역의 자위야에서 아랍어로 말하는 이븐 바투타 일행과 튀르크어로 말하는 숙소 주인의 통역을 위해 아랍어를 할 줄 안다는 법학자를 데려왔지만, 그와도 소통이 안 되는 상황이 벌어졌는데, 나중에 이븐 바투타가 페르시아어를 배우고 나서 돌이켜보니

---

19. 이탈리아 시칠리아섬을 시작으로 유럽에 흑사병이 대유행한 시점이 1347~1352년인데, 이 시기는 이븐 바투타의 여행 기간(1325~1354)의 후반부와 겹친다. 실제로 이븐 바투타의 어머니가 흑사병으로 사망했고, 본인도 여행 중에 흑사병의 유행을 겪었으나 살아남았다.

그 법학자는 아랍어가 아닌 페르시아어를 할 줄 알았는데 사람들을 속였다는 사실을 깨닫는 내용이 나온다. 정수일(2018, 426)은 이븐 바투타가 튀르크어와 페르시아어를 습득했다고 하는데, 웨인스(이정명 역 2011, 54)는 이븐 바투타가 튀르크어와 페르시아어를 여행하는 동안 극복해야 했으며, 페르시아어에 대해서는 약간의 소통 능력이 있었다고 본다(그가 오래 체류했던 인도 왕궁은 당시 페르시아어를 사용했다.). 마르코 폴로는 여행기에서 개인적인 사항을 잘 드러내지 않았지만 "대카안의 궁정에 온 지 얼마 지나지 않아서 그는 여러 언어와 네 가지 문자와 서법을 알게 되었다"(김호동 역주 2000, 15)는 문구를 통해 튀르크어, 페르시아어, 위구르어, 몽골어가 가능했을 것으로 추정하기도 한다.

(2) 여행 기간 및 여행지의 범위 비교

다음으로 두 여행가의 여행 기간과 여행지의 범위를 비교해 보기로 한다. 마르코 폴로의 『동방견문록』에 서술된 그의 여행 기간은 1271년부터 1295년까지인데, 이 중 17년은 중국에 체류했기 때문에 이 기간은 여행이라기보다 이주라고 보는 것이 타당하다. 그리고 고향에서의 출발과 귀환을 1회의 여행으로 본다면, 그는 1회의 여행을 했다. 반면 이븐 바투타의 『여행기』에 서술된 그의 여행은 3회이다. 첫 번째는 1325부터 1349년 동안 고향 탕헤르를 출발해 북아프리카-서아시아-중앙아시아-인도-동남아시아-중국까지 갔다 돌아온 25년간의 여행이다. 이 기간에 인도에서의 약 10년간의 체류가 포함되는데, 이 기간 역시 마르코 폴로와 마찬가지로 여행이 아닌 이주라 볼 수 있다. 두 번째 여행은 1350년에 고향을 떠나 잠깐 이베리아반도 그라나다 일대를 다녀온 것인데, 당시 이곳 안달루시아 지역은 기독교도들의 레콘키스타로 무슬림들이 어려움을 겪고 있긴 했지만 여전히 무슬림 왕국이 통치하고 있었다. 세 번째 여행은 1351년 수도 페스를 떠나 1354년까지 사하라 사막을 횡단하여 말리 왕국이 있는 서아프리카 내륙을 다녀온 여행이다. 이 세 여행을 합치면 여행 기간이 약 29년(Dunn 2012 기준)이고 마르코 폴로는 23년(김호동 역주 2000)이다.

이 두 사람의 여행경로를 지도로 표현하는 작업은 쉽지 않은 일이다. 첫째 여행 일정이 모호하거나 모순되게 기술되어 있기도 하고, 둘째 언급된 지명의 현재 위치를 비정하지 못한 곳도 있으며, 셋째 일목요연한 가시성이 생명인 지도의 특성상 여행경로의 취사선택이 필수적이기 때문이다. 따라서 문헌마다 제시된 여행경로 지도가 각기 다르다. 첫 번째와 두 번째 문제는 필자의 역량을 벗어나는 일이며 본 연구에서는 이븐 바투타와 마르코 폴로의 여행지 범위를 비교하는 데 목적이 있기 때문에 상세한 여행경로보다 단순성을 통해 가시성을 높인 지도를 선택했다(그림 2).

두 사람의 여행에서 서쪽인 지중해 연안에서 출발해 동쪽으로 중국까지 다녀온 점, 그리고 육로와 해로를 모두 이용한 점은 공통적이다. 하지만 지도에서 알 수 있듯이 마르코 폴로의 여행지가 베네치아 동쪽 지역에 한정되어 있고 특히 당시 몽골 및 원제국 영토 비중이 매우 높으며 아프리카는 여행지 범위에 포함되지 않은 반면, 이븐 바투타의 여행지는 유럽의 서쪽 끝인 이베리아반도 남쪽과

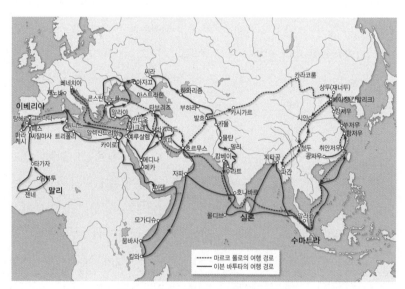

그림 2. 이븐 바투타와 마르코 폴로의 여행 경로
자료: http://21crossculturalconnections.weebly.com의 지도를 필자 수정

북아프리카, 아프리카 동부와 서부 지역, 그리고 아라비아반도 곳곳이 포함되어 있다.

이븐 바투타가 여행한 범위는 현대의 국가 경계로 따지면 44개국에 해당된다(Dunn 2012, xviii). Gibb(1929, 9)은 1916년에 발표된 스코틀랜드의 동양학자 Henry Yule의 연구를 인용해 이븐 바투타의 여행 거리를 아무리 짧게 잡아도 75,000마일(약 12만 km) 이상이며 이 수치는 대항해시대 이전까지는 최고의 기록이라고 했다. 결론적으로 근대 이전까지 이븐 바투타에 필적할 만한 여행을 한 사람은 아무도 없었다(Harvey 2008, 10).

또한 이븐 바투타의 이 광범위한 여행이 가진 또 다른 역사적 의미는, 서론에서 언급한 역사학자 하라리의 설명에서 도출할 수 있다. 그는 역사의 일정한 방향성을 보여주는 사례로 지구 행성에 각기 분리된 채 살아가던 인간 세상들이 수렴되어가는 현상을 들었다. 기원전 만년경 수천 개였던 인간 세상들이 점차 수렴되었는데, 유럽인의 대항해시대 직전이었던 1450년 인간 세상들의 숫자는 더 극적으로 줄어 인류의 90%가 아프로아시아 세상이라는 단 하나의 큰 세상에서 살았다. 이 시기 아시아, 유럽, 아프리카의 대부분은 문화적, 정치적, 경제적으로

그림 3. 1450년의 지도
자료: 하라리 저, 조현욱 역 2015, 243.

이미 밀접하게 연결되어 있었는데, 그 증거로 제시한 것이 14세기 여행가 이븐 바투타의 여행범위를 보여주는 그림 3이다. 그는 이 지도의 "아프로아시아 세계에서 지명이 적혀 있는 곳은 14세기 무슬림 여행가 이븐 바투타가 방문했던 곳인데… 모로코 탕헤르 출신이었던 그의 여행은 근대 전야 아프로아시아의 통일성을 보여준다"(하라리 저, 조현욱 역 2015, 243)고 설명한다. 다시 말하면 그의 여행은 근대 이전 유라시아 대륙과 아프리카 대륙을 포괄하는 동반구의 세계가 이미 하나로 연결되어 있었음을 보여주는 증거이며, 그 이후 대항해시대는 남북아메리카 대륙과 태평양 일대의 대양세계를 포함한 서반구까지 하나의 세계로 연결시킴으로써 근대라는 새로운 시대가 열리게 되었음을 확인하게 해 준다.

2) 이븐 바투타와 마르코 폴로의 여행기 비교

여기서는 앞서 살펴본 이븐 바투타와 마르코 폴로의 여행이 여행기라는 텍스트를 통해 어떻게 재현되었는가를 비교하였다. 사실과 재현은 완전히 일치되는 관계가 아니며 여행 경험이라는 사실이 텍스트로 재현되는 과정에서는 반드시 취사선택을 포함한 다양한 메커니즘이 작동한다. 따라서 본 절에서는 첫째 여행기의 집필 방식, 둘째 여행기의 구성 및 내용을 중심으로 두 여행기를 비교했다.

(1) 여행자와 편집자(집필자)의 공동 작업으로서의 여행기

이븐 바투타와 마르코 폴로 여행기에는 중요한 공통점이 있는데 바로 여행자와 '편집자(또는 집필자)'의 의식적인 공동작업이라는 것이다(웨인스 저, 이정명 역 2011, 6). 마르코 폴로의 여행기 출판은 그가 베네치아에 돌아온 후 1298년 지중해 무역권을 둘러싼 베네치아–제노바 전쟁에 참여했다 포로가 되어 제노바 감옥에 갇힌 사건이 계기였다. 감옥에서 만난 피사 출신의 작가 루스티켈로는 아서왕의 모험 등 당시 기사도 이야기로 인기를 끌던 유명 작가였는데, 마르코 폴로의 동방 여행담을 듣고 이를 집필해 출판하게 되었다. 프랑코–이탈리아어로 쓰여진 첫 번째 판본『세계의 서술 *Divisament dou Monde*』은 현재 전해지지 않고 120종 이상의 사본이 전해지고 있는데 이 중에는 원본에 가장 가까운 14세기 전반의 필사본(프랑스 지리학회본, F본)도 있다. 마르코 폴로 본인도 구술자 역할에만 머물지 않고 여러 권의 사본을 만들면서 새로운 내용을 추가하거나 수정했다고 한다(김호동 역주 2000, 47-49). 그의 여행기가 유럽에서 인기를 끌면서 각국어로 번역되었는데, 특히 일본에서 이 책의 번역본을『동방견문록』이라 이름 붙이면서 우리나라에서도 이 제목으로 널리 알려졌다.

이븐 바투타의 여행기는 그가 장기간의 여행에서 돌아온 후 고국 모로코의 술탄 아부 아난의 명에 의해 출판되었다. 이 여행기는 이븐 바투타의 구술[20]을 토대로 전문 작가인 이븐 주자이가 집필했는데, 이후 요약본을 만들었으며 지금까지 전해지는 것은 이 요약본의 필사본들이다. 하지만 한국어 역주자 정수일(2001)은 원본은 이븐 바투타가 집필했으며 요약본만 이븐 주자이가 집필했다고 주장한다.[21] 이처럼 이븐 바투타 여행기 원본의 집필자가 누구인가는 논란이 있지만 분명한 것은 현재 우리가 접할 수 있는 여행기 즉 요약본은 이븐 주자이가 쓴 것이라는 사실이다.

또한 이븐 주자이는 이븐 바투타 여행기의 서문에 자신의 역할을 다음과 같이 분명히 밝히고 있다.

---

20. 이븐 바투타나 마르코 폴로 모두 여행 경험의 구술을 기억에만 의존한 것은 아니고 여행 중에 틈틈이 적어둔 기록이 있었다. 이븐 바투타의 경우 귀향하는 길에 잃어버린 것으로 나온다("나는 많은 것을 수택본(手澤本)에 기입하였는데, 바다에서 인도 이교도들에게 강도를 당하는 바람에 다른 물건들과 함께 이 수택본도 그만 분실하고 말았다"(정수일 역주 2001, 1권, 529)).

21. 이븐 주자이가 서문에 "이븐 바투타는 그간 눈여겨보고 난 후 근거 있는 기사이적(奇事異蹟)들을 흥미진진하게 **구술**"하였으며 "무함마드 븐 주자이 알 카비(이븐 주자이)에게 샤이크 아부 압둘라 (이븐 바투타)가 **구술**한 것을 … 서책으로 엮으라는 어명을 내리시었다"(정수일 역주 2001, 28)라고 쓰고 있어 학계에서는 이븐 바투타의 구술을 바탕으로 이븐 주자이가 집필한 것으로 해석하고 있다. 하지만 정수일(역주 2001)은 이븐 주자이가 쓴 발문에는 "아부 압둘라 무함마드 븐 바부티 (이븐 바투타)의 **기술**에 대한 요약을 이제 마무리하게 되었다"라고 쓰고 있으며 주자이가 쓴 것이 분명한 서문 및 발문과 여행기 본문의 문체가 확연히 다른 점, 이븐 주자이가 발문에 쓴, 아랍어로 記述이란 의미를 지닌 taqyid라는 단어를 영어 초역본에서 '구술'로 오역했다는 점 등을 들어 이븐 바투타가 여행기 원본을 썼고 현재까지 전래된 요약본은 이븐 주자이가 쓴 것이라고 주장한다.

아부 압둘라(이븐 바투타)가 구술한 것을, 그 유용성과 의도는 그대로 보전하되, 가급적 언사는 다듬고 윤색하여 그 뜻을 명확히 살림으로써 이 기담을 기꺼이 감상하고 마치 조개 속에서 진주를 캐내듯 큰 효과를 얻을 수 있는 서책으로 엮으라는 어명…. (정수일 역주 2001, 1권, 28)

이처럼 이븐 바투타의 여행기는 여행기의 처음과 끝이 편집자인 이븐 주자이의 서문과 발문으로 구성되어 있어 여행자와 편집자의 구분이 명확히 드러난다. 그래서 마르코 폴로의 여행기를 둘러싼 논쟁이 주로 여행의 진위에 초점이 맞춰진 반면, 이븐 바투타의 여행기를 둘러싼 논쟁은 여행자의 여행 경험과 편집자의 편집 내용 사이의 간극에 더 초점이 맞춰져 있다. 물론 이븐 바투타 여행기의 진위 역시 대부분의 여행기가 숙명처럼 겪듯 논란이 있다. 하지만 웨인스(이정명 역 2011, 25-26)는 여행기에 기술된 그의 여행 일정에 대한 비신뢰성은 동일 지역을 서로 다른 시기에 여행했지만, 여행기 집필을 위해 기억을 떠올릴 때 하나로 합치는 바람에 발생하는 일종의 합성 여행 탓으로 설명한다.[22] 그러면서 이븐 바투타의 여행기에서 여행의 진위만큼 중요한 문제는 여행기 일부 내용의 표절과 그 정도에 대한 의문이라고 지적한다. 그런데 표절 문제는 그 성격상 이븐 바투타보다 이 여행기의 실질적 집필자이자 편집자인 이븐 주자이의 문제가 된다.

이븐 바투타 여행기의 표절 문제는 상당히 일찍부터 제기되었다. 중세 이슬람 세계에는 이븐 바투타보다 앞선 무슬림 여행자들이 있었는데, 그중에서도 이

---

22. 여행의 사실 여부에서 중요한 근거로 삼는 것이 여행기에서 말한 시간 일정이 당시의 여건 속에서 실제로 가능한가 여부이다. 따라서 그가 여행기에서 언급한 여행 일정 관련 기록이 중요하다. 그런데 웨인스(이정명 역 2011, 29-30)는 중세 여행기의 기술 관습상, 여행의 시작과 끝을 제외하고 여행자가 특정 날짜에 크게 신경 쓰는 일은 거의 없다고 본다. 이븐 바투타 역시 자신이 여행을 출발한 날짜, 그리고 이븐 주자이와의 작업을 통해 여행기를 완성한 날짜를 명시했다. 또한 그는 책에 언급된 사건이 언제 일어났는지 정확하게 제시하는 훌륭한 기억력을 자랑했지만, 연대 서술에서 종종 부정확한 면모를 보인다. 월일의 정보만 제공하고 연도는 문맥을 통해 짐작하도록 놔둔 경우가 많으며, 이 연도 정보가 항상 확실한 것도 아니었다. 하지만 이슬람력과 관련된 중요한 축제에 대한 기술 등을 통해 이븐 바투타의 정확한 여행 날짜를 확인하기도 한다.

베리아반도 발렌시아 출신 무슬림 여행가 이븐 주바이르(Ibn Jubayr, 1145~1217)는 이븐 바투타보다 150년 정도 앞선 1183~1185년 동안 메카·메디나 등의 성지, 지중해와 근동 지역을 여행하고 나서 25년 후 순례 여행기를 남겼다. 이 순례 여행기는 무슬림 여행자들의 순례 교본이 되었고 다수의 사람이 그의 여행기를 바탕으로 순례 여행기를 작성했다(남종국 2018, 300). 이 이븐 주바이르의 여행기를 1852년 스코틀랜드의 학자 라이트(Wrigth)가 편집·출간하면서 서구 세계에도 이븐 주바이르의 여행기가 알려지게 되었다. 이후 데프레메리와 상귀네티의 이븐 바투타 여행기 프랑스어본이 나오면서 라이트는 이븐 바투타의 여행기 일부가 이븐 주바이르의 여행기를 표절했음을 유럽 학계에 처음 알렸다(웨인스 저, 이정명 역 2011, 34).

하지만 이븐 바투타 여행기에서는 이븐 주바이르를 인용하고 있음을 분명히 밝히고 있기 때문에,[23] 이는 표절이라기보다 인용이라고 보는 것이 적절하다. 이븐 바투타 여행기의 영역자인 Beckingham(1977, 277) 등도 알레포, 다마스쿠스, 메카, 메디나, 쿠파, 바그다드 등의 여정을 서술한 부분에서 주바이르를 많이 인용하고 있음을 인정하나, 이는 표절이라기보다 편집자인 이븐 주자이가 이븐 바투타 여행기를 집필하는 과정에서 당시의 문학적 모델을 따른 결과로 보았다. 당대의 아랍 작가들에게는 현대의 우리가 기대하는 방식처럼 사실 그대로의 정보 제공보다 정전(正典)의 문법을 따르는 서술이 더 바람직하게 받아들여졌기 때문이다.[24]

하지만 이븐 바투타 여행기에서 이븐 주바이르와 여정이 겹치는 지역에 대한 서술이 이븐 주바이르의 여행기를 상당히 차용했다는 사실은 다음 두 가지 측면

---

23. 예를 들어 "다마스쿠스에 관한 묘사로는 아불 하싼 이븐 주바이르가 말한 것이 가장 그럴듯하다"면서 다마스쿠스에 대한 기술에서 이븐 주바이르의 여행기에 나오는 문구를 인용하고 있다(정수일 역주 2001, 1권, 135-136).

24. 따라서 이븐 바투타의 여행기가 이븐 주바이르의 여행기만 차용하지는 않았다. 1987년 이스라엘의 학자 엘라드(Elad)는 팔레스타인 지역에 대한 기술 중 일부는 1289년경 모로코인 무함마드 알 압다리(Muḥammad al-'Abdari)의 기록을 활용했다고 밝혔다(웨인스 저, 이정명 역 2011, 45).

을 고려하게 만든다. 하나는 이븐 바투타 여행기에서 이 지역에 대한 서술은 14세기 당시 모습이 아니라 이븐 주바이르가 여행했던 12세기 후반 모습이라는 사실이다. 또 하나는 150년의 시차에도 불구하고 이븐 주바이르를 인용했다는 것은, 이븐 바투타와 이븐 주바이르, 두 여행자가 맞닥뜨린 상황이 거의 유사했다는 사실을 추론하게 해 준다(웨인스 저, 이정명 역 2011, 38). 오늘날의 변화 속도와 중세의 변화 속도 차를 체감하게 하는 대목이다.

하지만 최근 연구는 이런 여행기의 원본성에만 관심을 두지 않고, 이븐 바투타(또는 이븐 주자이)가 어떤 의도와 맥락에서 여행기를 기술했는가에도 주목하고 있다. 예를 들어 Euben(2006)은 여행기 자체의 진위나 원본성이 아니라, 여행기에 쓸 만한 가치가 있고 없음을 선별하는 저자의 기준에 초점을 맞춘다. 저자가 선택하여 여행기에 기술한 내용을 통해 이븐 바투타가 세상과 자신을 재현하는 방식이 어떠했는지, 그리고 이 재현 기법을 통해 중심지와 변경, 자아와 타자에 대해 어떻게 감성 변화를 나타내고 있는지 탐구했다. 이에 대해서는 다음 절에서 자세히 살펴보기로 한다.

(2) 여행기의 기술 방식 및 내용 비교

여기서는 이븐 바투타와 마르코 폴로 여행기의 기술 방식 및 내용을 비교하였는데, 내용 비교는 지리적 주제를 중심으로 분석하였다.

① 여행기의 기술 방식 비교

먼저 두 여행기의 분량을 보면, 이븐 바투타의 여행기가 마르코 폴로의 여행기보다 분량이 훨씬 많다. 현재까지 전해지는 이븐 바투타의 여행기가 요약본인데도 한글 번역본 기준 2권(1권 595쪽, 2권 480쪽) 분량이고 마르코 폴로의 여행기는 1권(581쪽) 분량이다. 이 분량 차이는 이븐 바투타의 여행 범위가 마르코 폴로의 여행 범위보다 훨씬 넓기 때문이기도 하지만, 여행기의 기술 방식이 다르기 때문이기도 하다.

마르코 폴로의 여행기는 '서편(序編)'을 제외하면, 보통의 여행기처럼 여행 경로나 일정 중심으로 기술되지 않았으며 어디서 누구를 만나고 무엇을 먹었으며 어디서 잤고 무엇을 구경했는지 같은 개인적 여행 경험에 대한 서술이 거의 없다. 그 이유를 김호동(역주 2000, 25)은 마르코 폴로 여행기의 원제목이 『세계의 서술』이었다는 데서 찾는다. 그가 이 책을 자신의 여행과 거기서 얻은 견문을 토대로 저술하긴 했지만, 자신이 돌아보거나 직접 가보지 못한 세계 여러 지역까지 포함하여 세계에 대한 '체계적'인 서술을 목적으로 했기 때문에 이런 제목을 붙였다는 것이다. 따라서 마르코 폴로의 여행기를 통해 그의 개인적 경험이나 특성을 도출해내기는 어렵고 이런 세세한 내용이 생략되었기에 이븐 바투타의 여행기보다 분량이 적다.

반면 이븐 바투타의 여행기는 여행 중에 겪은 경험, 생각, 교류한 인물 등이 매우 풍부하게 기술되어 있고 이를 통해 이븐 바투타가 가진 다양한 모습을 들여다볼 수 있어 이븐 바투타 여행기의 연구 주제를 다채롭게 만든다. 그의 여행기에서 가장 많이 보이는 개인적 특성은 신실한 무슬림 신자와 학자로서의 면모이다. 예를 들어, 예멘 할리시의 사원에서 대수행자를 만나 감명을 받았으며 그 때문에 여행을 멈추고 그곳에서 여생을 보내고자 하는 염원을 품을 때(정수일 역주 2001, 1권, 362)는 무슬림 신자와 학자로서의 면모가 두드러진다. 또 외국인에게 과한 부와 일자리를 베푸는 것으로 알려진 인도 술탄의 환대를 받으려고 상인 브로커에게 빌린 돈을 갚지 못해 전전긍긍하는 모습(정수일 역주 2001, 2권, 9장)을 보면 그의 세속적 면모에 아연실색하기도 한다. 무엇보다 여행지에서 먹은 음식과 만난 여성에 대한 기술은 별도의 연구 주제로 다뤄질 만큼 음식과 여성에 대해 관심과 욕망을 상당히 가졌다. 그래서 여행기를 통해 여러 번의 결혼, 여종과의 관계를 통한 자녀 출산 등 그의 사생활까지 엿볼 수 있다. 이런 세속적인 면모에도 그가 폭력과 살인을 싫어하고 평화를 지향하는 인물임은 여행기 곳곳에서 확인된다. 두 여행기의 기술 방식의 차이를 확실하게 보여 주는 예가 마르코 폴로의 여행기는 화자가 주로 '마르코님' 또는 '그'처럼 3인칭으로 서술되는 반면,[25] 이븐 바투타

표 1. 이븐 바투타와 마르코 폴로 여행기의 목차

『이븐 바투타 여행기』(1~2권)		마르코 폴로의 『동방견문록』
이븐 주자이 서문	9장. 델리로 가는 길	서편
1장. 이집트	10장. 델리와 그 역사	1편. 서아시아
2장. 샴	11장. 쑬퇀 아불 무자히드 무함마	2편. 중앙아시아
3장. 히자즈	드 샤	3편. 대카안의 수도
4장. 이라크와 페르시아	12장. 인도 쑬퇀을 위한 이븐 바투	4편. 중국의 남부와 서남부
5장. 홍해 연안과 인도양 및	타의 봉사	5편. 중국의 동남부
페르시아만	13장. 델리에서 씰란까지	6편. 인도양
6장. 소아시아	14장. 씰란에서 중국까지	7편. 대초원
7장. 우즈베크 지방과 동유럽	15장. 마그리브로의 귀향	
8장. 중앙아시아	16장. 안달루쓰와 쑤단 방문	
	이븐 주자이 발문	

주: 한국어 번역본 기준, 하위 절 목차는 생략

여행기의 화자는 항상 1인칭 '나'이다.

마르코 폴로와 이븐 바투타 여행기의 기술방식의 차이는 책의 구성에서도 발견할 수 있다. 표 1은 두 여행기의 목차를 비교한 것이다.[26] 마르코 폴로 여행기의 목차는 대략 그가 통과한 지역순으로 구성되어 있긴 하지만, 귀로의 여정이 목차에 드러나지 않고 목차만을 보면 마치 원제 『세계의 서술』답게 지역지리 개론서처럼 구성되어 있다. 각 지역 비중이 동등하게 배분되지 않고 서편을 포함하여 총 8편으로 구성된 목차 중 세 편이 그가 17년을 체류한 중국에 대한 서술로 구성되어 있다.

반면 이븐 바투타의 여행기는 크게 두 부분으로 이루어져 있다. 전반부(한국어 번역본 1권으로 목차상으로 8장까지)는 고향 모로코에서 이집트, 메카, 시리아, 이라크, 동아프리카, 터키, 이란, 아프가니스탄 등, 인도의 델리 왕국으로 가기 직전까지의 여정으로 구성되어 있다. 후반부(한국어 번역본 2권)는 총 8장 중 다섯 장이

---

25. 가끔 '나 마르코'라는 1인칭 화법이 혼용되기도 한다(김호동 역주 2000, 335 등).
26. 마르코 폴로의 여행기는 모두 232개의 장으로 이루어져 있으나 기존 번역본들에서 독자들의 이해와 편의를 위해 서편을 비롯하여 모두 8개 편으로 나누는 것이 보통이며, 이는 마르코 폴로가 원제목을 통해 의도했던 『세계의 서술』이란 특성에도 부합한다(김호동 역주 2000, 26).

인도와 관련된 장인데, 10년 동안 체류한 인도의 역사, 술탄의 통치, 농업 등 마치 인도에 대한 지역 지리서처럼 상세하게 기술되어 있다. 나머지 장은 몰디브 제도, 스리랑카, 방글라데시, 인도네시아, 중국을 거쳐 고향 모로코로 돌아왔다가 다시 에스파냐 남부 안달루시아 지방, 서아프리카의 수단(말리 왕국)을 다녀온 여정으로 구성되어 있다. 따라서 목차만 보아도 여행기의 특색이 뚜렷한 책은 이븐 바투타의 여행기이다.

   ② 여행기의 내용 비교: 지리적 주제를 중심으로
   여기서는 두 사람의 여행기에 서술된 내용 중에서 지리적 주제와 관련된 내용을 중심으로 그 특성을 비교 분석하였다. Gibb(1929, 12)은 일부 유럽 학자들이 이븐 바투타가 자신이 방문한 장소들에 대한 상세한 내용보다 이슬람 관련 신학적인 것에만 관심을 기울인 어리석음을 비판했는데 이러한 평가는 부적절하다고 지적했다. 이런 평가는 현대인의 관점일 뿐 당시 그와 그의 청중이 가장 관심을 두는 주제는 이런 종교적인 것이었기 때문이다. 그래서 Gibb은 이븐 바투타는 장소보다 사람에 관심이 있는 여행가였다고 설명한다. 하지만 동시에 이븐 바투타야말로 "자기도 모르게 지리학자가 된(le géographe malgré lui)" 최고의 사례라고 했다. 이는 여행을 계속할수록, 직접 경험과 관찰 그리고 우연히 만난 사람들을 통해 얻은 정보로 지리적 지식이 생기면서 본의 아니게 지리학자가 되었다는 통찰적 평가이다.
   그가 자기도 모르게 지리학자가 된 사례를 보자. 먼저 그는 킵차크한국의 불가르에 가려 했던 이유로 "그곳은 계절에 따라 밤과 낮의 길이가 변한다고 한다. 그래서 그것을 보고 싶어 이 도시로 향발하였다"(정수일 역주 2001, 1권, 486)고 적고 있다. 북위 35도 탕헤르 출신 이븐 바투타로서는 충분히 유혹적인 장소였을 것이다. 또한 그는 여행 중에 발생한 사건으로 자연스럽게 지명의 유래를 알게 되면서 그 지역의 자연 환경적 특성을 체감하게 된다. "우리가 그곳에 그렇게 오랫동안 체류하게 된 원인의 하나는 설해(雪害)가 걱정스러워서였다. 도중에 힌두쿠시라는 산이 있는데 '인도인들을 죽이는 자'란 뜻이다. 그것은 인도 지방에서 데려오는 노비들이 엄동설한에 이곳에서 많이 얼어 죽기 때문이라고 한다"(정수일 역주 2001, 1권, 560).

그런데 그의 지리학자로서의 특성이 부각되는 부분은 여행기의 후반부 즉, 2권이다. 그 이유는 출발지였던 모로코부터 멀어지는 지역순으로 여행기가 기술되어 있기 때문이다. 여행의 전반부 경로였던 메카나 메디나 같은 이슬람 문화권의 핵심지역인 중동 지역의 여행은 성지순례로서의 성격이 강하고 이 때문에 이븐 주바이르의 여행기를 인용하는 등, 보통의 성지 순례기와 뚜렷이 차별화되지 않는다. 그래서 이 지역에 대한 기술 내용도 무슬림 신도이자 이슬람 학자로서 이슬람교와 관련된 자위야, 마드라사, 이슬람 성인들의 성묘 같은 장소와 그곳에서 만난 샤이흐, 카디 같은 사람에게 집중되어 있다. 또한 이 중동지역은 북아프리카 모로코가 고향인 이븐 바투타가 보기에는 자연 환경이나 인문 환경이 큰 차이가 없다. 지금도 세계지리 개론서에서 건조 기후와 이슬람 문화라는 자연 및 문화적 특성을 공유한다는 점에서 북아프리카와 서남아시아를 하나의 지역군으로 묶는 경우가 흔하다. 따라서 이 지역을 여행할 때는 이슬람 문화권 핵심지역인 마쉬리끄 지역으로서의 특성, 즉 이슬람교 중심지로서의 특성에 초점을 맞춘 기술이 될 수밖에 없다.

하지만 점차 동쪽으로 갈수록 자연환경도, 인문환경도 자신의 고국과 매우 달라진다. 종교적인 면에서는 이 동쪽 지역도 14세기 이슬람 세계의 범주 안에 대략 포함된다고 할 수 있지만, 이 범주에는 이슬람교 영향력이 아직 약한 지역도 있었다. 특히 마쉬리끄 지역에서 동쪽으로 갈수록 그런 경향은 강해졌다. 이는 그가 갔던 서아프리카 말리 왕국도 마찬가지다. 그가 오랫동안 머물렀던 인도만 해도, 정치적으로 무슬림 왕조가 인도를 지배했지만, 피지배인인 인도 토착민들 중에는 불교도, 힌두교도가 더 많았다. 마찬가지로 인도 주변 지역인 몰디브, 수마트라, 자바 지역 또한 이슬람교를 받아들이기는 했지만 생활문화는 여전히 토착 관습이 강하게 뿌리내리고 있어 이븐 바투타가 적잖이 당황하는 모습이 여행기 곳곳에 나타난다["(지바툴 마할 제도(오늘날 몰디브 제도)의) 여성은 머리를 가리지 않는다. 왕후도 마찬가지다. 대부분의 여성은 타월 한 장으로 배꼽부터 하체까지 가릴 뿐, 기타 부분은 다 드러내 놓고 있다. 내가 현지에서 카디 일을 맡았을 때 이러한 폐습을 근절하려고 여성들에게 옷을 입으라고 했지만 별로 소용이 없었다⋯ 나는 내 시녀들에게 델리 사람들의 옷을 입히고 머리를 가리도록 하였다. 그랬더니, 익숙하지 못한 터라서 그녀들을 예쁘게 하기는커녕, 오히려 보기 흉하게 만들고 말았다"(정수일 역주 2001, 2권, 255)]. 중국의 경우는 그가 머문 도시 자이툰(泉州)의 상인 지역에 무슬림들이 무리 지어 거주하고 있긴 했지만 이곳에서 이슬람교는 소수 종교일 뿐이었다["중국 지방은 비록 아름답기는 하지만 내 마음에 들지는 않았다. 이교도 풍조가 하도 강하기 때문에 내 심정은 심히 언짢았다. 집만 나서면 비행이 눈에 띄어 나를 불안하게 하는 통에 꼭 필요한 일 외에는 외출하지 않고 집에만 틀어박혀 있었다. 그러다 보니 그곳에서는 무슬림만 보면 마치 내 가족과 내 친지 같았다"(정수일 역주 2001, 2권, 335)]. 따라서 이슬람교 핵심 지역과는 다른 문화와 그러한 문화와 관련된 자연환경적 특성에 대한 지적 호기심이 여행기에 드러날 수밖에 없었다.

이처럼 "자기도 모르게 지리학자가 된" 이븐 바투타의 모습을 미국의 정치학자이자 근동 연구자인 Euben(2006)은 "거짓말쟁이와 이론가" 사이에 위치할 수밖에 없는 여행자라는 틀로 설명한다. 그녀는 이 논의를 이븐 할둔이 『역사서설』(김호동 역 2003, 187-189)에 쓴 이븐 바투타 이야기로 시작한다. 그 이야기는 이븐 바투타가 여행에서 목격했다고 말한 것들을 이븐 할둔 자신을 포함하여 모로코의 궁정 사람들은 거짓말로 생각한다고 말하자, 듣고 있던 재상 파리스가 "네가 직접 보지 않았다고 해서 그런 상황에 대한 정보를 부정하지 않도록 조심하라"는 경고를 받았다는 내용이다. Euben이 이 이븐 할둔의 글을 통해 주장하고 싶은 핵심은 낯선 곳을 여행하고 돌아온 여행자는 고향의 청중들에게 거짓말쟁이 취급을 받지만 사실 그는 낯선 지역을 접하면서 고향과의 '비교'라는 실천을 통해 이론가의 모습을 갖게 된다는 것이다. 현대 지구화의 특징이 지역 간의 공통점과 차이점을 동시적으로 선명하게 경험하는 것처럼, 이 시기 이슬람 세계도 문화와 언어의 동질화뿐 아니라 신앙이라는 공통의 틀 안에서 극명한 이질성이 번성하던 시기였기 때문이다. 그래서 이 시기 이슬람 세계를 여행했던 이븐 바투타도 고향에서 형성된 우물 안 개구리 시각으로 여행 중에 만난 수많은 지역적, 민족적, 언어적, 성적 다양성을 가진 무슬림들을 '타자'로 인지했는데(예를 들어 이슬람식 예배법의 차이, 술 음용 등 음식 문화의 차이, 남녀의 예법 차이 등), 이는 자연스럽게 비판적 성찰로 이어지기도 했다. 특히 그의 시각은 고향 마그레브, 즉 '서쪽'의 시각이자 아랍어를 사용하고 이슬람 법학자이면서 성지 순례 등의 경력으로 중심성을 획득한 관점이었고, 그 관점에서는 동쪽 이슬람 세계로 갈수록 이 낯설고 주변적인 타자성이 더 강렬해진다.

이런 맥락에서 이븐 바투타는 고향의 청중들에게 익숙하지 않은 사람과 실천을 번역해서 전하게 되며, 이때 그가 사용한 재현 기법은 비교를 통한 이론화이다. 그 결과 이븐 바투타는 Gibb이 말한 "자기도 모르게 지리학자가 된 사람", 즉 이론가의 모습을 띠며, 또 한편으로 그의 이야기가 낯선 고향 사람들에게 그의 여행기는 문학(즉 허구), 거짓말 집대성의 모습을 띠기도 한다. 실제로 이븐 바투타의 여행기에는 140살이 넘은 사람(1권, 19), 인도 궁전에서 목격한 공중 부양(2권, 216) 등 허구적인 이야기가 나온다. 이론이란 본질적으로 비교하는 것이고, 비교는 익숙하지 않은 것을 이해하고 왜곡시키는 번역 행위를 수반한다. 다만 이 행위 또한 특정 지역과 역사적 배경에서 만들어진 이슬람적 관점을 "올바른 이슬람"이라고 간주하고 이를 기준으로 다른 무슬림들, 예를 들어 술탄의 통치 행위, 소도시 샤이흐의 행동거지, 지역 여성의 행실을 분류하고 비교하고 판단하며 타자를 규정한다. 하지만 그의 여정이 고향에서 점점 멀어지고 다양한 지리적, 종교적, 언어적, 문화적, 인종적 변경에 가까워질수록 고향의 모습 또한 변화한다. 집과 변경 사이의 이런 상호작용은 단선적인 방향으로 나아가기보다 들쑥날쑥하다. 이븐 바투타의 여행기는 바로 이 로컬한 정체성과 코스모폴리탄적 정체성 간의 변증법을 정확하게 보여 준다. 이를 현대적인 용어로 표현하면 글로컬 장소감

(glocal sense of place)이라고 할 수 있을 것이다.

그렇다면 여행 과정에서 자연스럽게 형성된 지리학자로서의 이븐 바투타의 모습을 마르코 폴로의 여행기와 비교해 살펴보기로 한다. 일단 이븐 바투타와 마르코 폴로 모두 의식적으로 지역에 관심을 가졌는데, 그 이유 중 하나는 풍부한 여행 경험과 지식이 권력자들에게 자신의 가치를 높여 줄 자산이 되어 줄 것이라는 기대였다. 두 여행기에는 이 기대와 의도가 명확히 다음과 같이 기술되어 있다.

대카안이 세계의 여러 곳으로 보낸 사신들이 돌아와서 파견된 일에 관해서만 말할 뿐 그들이 찾아갔던 지방들에 관한 다른 소식을 전해 주지 못하는 것을 보고 바보 같고 어리석다고 하면서 사실 그가 듣고 싶은 것은 파견된 일 그 자체보다는 낯선 나라의 풍습과 관행과 신기한 것들이라고 말했던 것을 여러 번 보고 들은 적이 있었다. 그래서 이 모든 것을 잘 알고 있던 마르코는 사신의 임무를 띠고 가게 되었을 때, 대카안에게 다시 설명할 수 있도록 모든 신기한 것과 이상한 것들에 주의를 기울였다(김호동 역주 2000, 89).

나는 쑬탄에게 매일 사람을 지정해 나와 함께 말을 타고 시내를 돌아다니면서 기물이적(奇物異蹟)을 관람한 후, 그것을 고국에 돌아가 전할 수 있도록 해달라고 청을 드렸다(정수일 역주 2001, 1권, 501).

그리고 그들이 방문한 지역을 설명할 때 공통으로 포함하는 기본 구조, 일종의 지역 지리적 요소를 추출해 보면 표 2와 같다. 두 여행기 모두 유사한 구조를 보이는데, 여행 경로 또는 거리와 관련된 요소와 주민 특성, 구체적으로는 중세 종교의 시대답게 종교, 주민들의 경제활동과 관련된 생업이나 특산물 등이 공통적인 요소이다. 이븐 바투타의 경우는 도시 구조에 대한 기술을 상세히 했는데, 특히 건조 지역을 방문했을 때는 관개시설과 이를 이용한 화원에 대한 소개가 인상적이다. 또한 이슬람의 핵심지역을 방문했을 때는 이슬람교와 관련된 종교 시설

표 2. 이븐 바투타와 마르코 폴로의 여행기에서 지역을 기술하는 기본 구조 및 사례

	『이븐 바투타 여행기』	마르코 폴로의 『동방견문록』
기본구조	① 경로(출발지와 도착지) ② 도시 구조(도시 규모, 자연환경과 이를 이용한 성곽 등 도시 구조물, 시장, 관개와 화원) ③ 주민 특성(종교, 심성, 특산물) ④ 종교 관련 시설(성묘, 자위야 등)	① 방위와 거리 ② 주민들의 특징(종교, 주식과 생업, 언어, 정치적 예속 관계, 특산물)
전형적인 사례	나는 술탄 타르마쉬린과 작별하고 나서 싸마르깐드시(현재의 사마르칸트)로 향발하였다. 싸마르깐드는 대단히 크고 아름다운 도시다. 까쇼카이라는 강가에 있는데, 수차로 화원에 물을 대고 있다. 신시예배가 끝나면 사람들은 이 강가에 나와 산책을 즐긴다. 거기는 앉을 자리가 많이 마련되어 있다. 또한 점포들도 있어 과실과 기타 먹거리를 팔고 있다. 원래 강가에는 이곳 사람들의 높은 기개를 말해 주는 웅장한 궁전과 건물들이 있었으나 지금은 그 대부분이 파괴되어 버렸다. 도시도 마찬가지로 많이 파괴되어 성벽이나 성문은 남은 것이 없다. 시내에는 화원이 여러 개 있다. 싸마르깐드인들은 심성이 선량하고 이방인에게도 친절하다. 이런 면에서 그들은 부하라인들보다 한결 낫다. 싸마르깐드 교외에 까쏨 븐 압바쓰 븐 압둘 마틀리브의 묘소가 있는데, 그는 이 도시를 정복할 때 전몰하였다. 싸마르깐드 사람들은 매주 월요일과 금요일이면 이곳을 참배한다… 냇가에는 각종 수목과 포도나무, 재스민 등이 무성하다. 자위야에는 과객들이 묵는 숙소가 있다. 몽골인들이 이곳을 강점하던 때에도 이러한 천혜의 환경을 조금도 변경시킬 수는 없었다(정수일 역주 2001, 1권, 542–543)	타우리스(현재의 타브리즈)는 이락이라고 불리는 지방에 있는 커다란 도시인데, 거기에는 도시와 마을들도 많지만 타우리스가 그 지방에서는 가장 당당한 도시이기 때문에 여러분에게 그것에 대해 말해 주겠다. 그곳에서는 금실과 비단 그리고 값비싼 것으로 짠 옷감들이 만들어지기 때문에, 타우리스 사람들은 교역과 수공업으로 살아간다. 이 도시가 얼마나 좋은 위치에 있는지, 인도와 바우닥, 모술과 쿠르모스, 그리고 다른 여러 곳에서 상품들이 들어오고, 수많은 라틴 상인들도 낯선 지역에서 들어오는 물건을 사기 위해 그곳으로 모여든다. 그리고 거기서 나는 엄청난 양의 보석도 그곳으로 운반된다. 순회 상인들이 막대한 이익을 올리는 도시이기도 하다. 주민들은 하찮은 일들을 하며 여러 종류의 사람들과 섞여서 살고 있다. 거기에는 아르메니아인, 네스토리우스교도, 야콥교도, 조르지아인, 페르시아인이 있고, 마호메트를 숭배하는 사람들도 있다. 이들이 '타우리신'이라고 불리는 그 도시의 주민들이다. 도시는 여러 과실로 가득찬 정원과 유원지로 둘러싸여 있다. 타우리스의 사라센은 매우 사악하고 불충하다(김호동 역주 2000, 114–115)

에 대한 기술 비중이 높다. 독자들의 이해를 돕기 위해 이븐 바투타와 마르코 폴로가 지역에 대한 기술에 집중한 가장 전형적인 사례도 함께 표 2에 제시하였다.

이러한 지역에 대한 관심과 이를 타지역과 비교할 수 있는 선행 경험과 지식이 쌓이면서 지역 간의 공통점과 차이점 그리고 지역성을 통찰하는 지리학자의 면모를 보여 주게 된다. 아래의 사례는 이븐 바투타의 여행기에서 찾은 '지리학자' 이븐 바투타의 모습이다.

(예멘의 수도격인 쉴아시에서) 한 가지 신기한 것은 인도나 예멘, 에티오피아에서
는 비가 한여름에, 그것도 대부분이 매일 오후에 내린다는 사실이다. 그래서 여
행자들은 비 피해를 면하기 위해서 비가 내리지 않는 때를 골라서 여행을 한다.
워낙 비가 억수로 퍼붓기 때문에 시민들은 비가 오기 전에 서둘러 귀가한다. 도
시 전체가 포장되어 있어서 일단 비만 내리면 모든 거리와 골목이 깨끗이 씻긴
다(정수일 역주 2001, 1권 368).

이 도시(하즈르)를 놓고 '하즈르에 건대추야자를 가져오는 격'(우리 속담으로 풀이
하면 번데기 앞에서 주름잡는 격)이란 속담이 있다. 이곳에서는 그 어느 곳보다 건
대추야자가 많이 생산된다(정일주 역주 2001, 1권, 404).

이 지역(유프라테스 강변 도시 아나)은 대단히 아름답고 비옥한 곳으로서 길가에
는 건물이 즐비하여 마치 어느 화려한 시장 속으로 들어가는 기분이다. 중국의
강가를 따라 펼쳐진 풍경과 비슷한 풍경의 고장은 여기밖에 없다(정일주 역주
2001, 2권, 357).

이 외에도 낙타참(1권, 201), 사막에서의 이동 방법(2권 388-393), 무리지어 이동
하기(1권 405), 인도의 역(驛)체제(2권, 14-15) 등 여행에 필수적 정보인 교통 및 통
신 방법에 대한 기술도 지리적 주제로서 흥미롭다. 이는 마르코 폴로가 여행기에
서 원의 역참제(김호동 역주 2000, 275-281)를 자세히 기술한 것과도 비견된다.
　이 중 가장 흥미로운, 말리 왕국까지의 여정에서 이븐 바투타가 경험한 사하
라 사막 이동 방법에 대한 내용의 일부를 소개하는 것으로 이 절을 마무리하기로
한다.

이제 이어지는 사막을 답파하기 위해서는 이곳[타가자]에서 물을 장만해야 한
다. 10일간이나 걸어야 하는 사막에는 물이라곤 거의 없다. 그런데 우리는 우연

찮게 빗물이 괸 작은 못에서 많은 물을 발견하였다. … 실컷 마시고 옷도 빨았다. … 그때 우리는 대상보다 앞서 가면서 방목할만한 곳만 있으면 가축들을 풀어놓았다. 이렇게 가다가 이븐 지리라는 사람을 사막에서 잃었다. 그후로 나는 앞서지도 않고 뒤처지지도 않았다. … 우리는 사막에서 자라는 자그마한 나무 밑에서 시체 한 구를 발견했는데, 옷은 입고 손에는 채찍을 쥔 채였다. 물은 그로부터 1마일쯤 되는 곳에 있었다. … 이어 우리는 타싸라흘라에 도착하였다. 지하에 고인 물이 있는 곳으로서 통상 대상은 거기에 3일간 머문다. 휴식하면서 물주머니를 수리하고, 물주머니에 물을 가득 채워 넣으며, 바람을 막기 위해 나뭇가지로 쓰개를 틀어서 물주머니에 씌운다. 여기에서 타크쉬프를 만나게 된다. '타크쉬프'란 대상이 고용하는 마쑤파족의 연락원 노릇을 하는 사람을 지칭하는데, 그들은 대상 일행이 이왈라탄에 있는 동료들에게 보내는 서신을 휴대하고 먼저 그곳에 간다. 그러면 그곳 동료들이 내도하는 대상 일행을 위해 거처할 집을 빌려놓고 물을 가지고 4일 여정이나 되는 곳까지 영접나온다. … 그 사막에는 마귀가 많다. 타크쉬프가 혼자 가면 곧잘 나타나서 희롱하다가 유인한다. 그러면 타크쉬프는 길을 잃고 방황하다가 결국 죽고 만다. 사막에는 따로 길이란 것이 없다. 발자국마저도 찍혀 있지 않다. 그저 바람에 흩날리는 모래뿐으로 어디에 모래산이 보이다가도 홀연 다른 곳으로 옮겨가기가 일쑤다. 그곳 향도는 많이 다녀본 사람일수록 총명한 심장을 지니고 있다(정일주 역주 2001, 2권, 390-391).

4. 이븐 바투타는 지금 왜 글로벌시대의 아이콘으로 호명 되는가?

지금까지 이븐 바투타 여행기의 특징을 마르코 폴로의 여행기와 비교하면서 살펴보았다. 다시 처음의 질문으로 돌아가 보자. 왜 이븐 바투타를 '무슬림의 마르코 폴로'라 호명할 정도로 마르코 폴로의 여행기가 이븐 바투타의 여행기보다 훨씬 더 큰 영향력을 갖게 되었을까? 이 질문에 대한 답변은 중세 이후 근대가 서구 중심으로 전개되었다는 더 큰 맥락에서 논의되어야 할 것이다. 하지만 여기서는 두 여행기를 둘러싼 협의의 맥락에서만 논의를 시도해 보고자 한다. 필자가 먼저 주목한 것은 각 여행기가 누구에게 어떤 의도로 읽혔는가 하는 문제이다. 중세에 필사본으로 제작된 마르코 폴로의 여행기는 15세기 구텐베르크의 인쇄 혁명 이후 인쇄본으로도 제작되어, 대항해시대를 통해 근대라는 세계를 열어젖힌 유럽에서 널리 읽혔다. 이는 콜럼버스가 서쪽으로 아시아에 닿고자 하는 역사적인 항해에 마르코 폴로의 여행기를 가져갔다는 사실(김희순 2018)에서도 확인할 수 있다.

그렇다면 유럽인들에게 마르코 폴로의 여행기는 왜 그토록 매력적이었을까? 일단 그가 동방을 여행했던 시기가 쿠빌라이 칸 치세기로서 몽골 및 원제국의 최전성기였기 때문에 동방의 엄청난 풍요를 목격할 수 있었던 시기였고, 종교인이 아닌 상인이었던 마르코 폴로로서는 당시 유럽인 독자들의 부에 대한 열망을 너무 잘 알았기에 그 열망에 부합하는 내용을 기술할 수 있었던 것으로 보인다. 그래서 그는 동방에서 유통되는 화폐(특히 지폐의 유용성)["이 캄발룩시에서 행해지는 주전과 조폐에 대해서 말해 보도록 하겠다. 그래서 대군주가 내가 여러분에게 말한 것보다 혹은 내가 이 책에서 장차 이야기하려는 것보다 훨씬 더 많은 일을 행하고 더 많이 소비할 수 있다는 것을 분명히 보여 주겠다"(김호동 역주 2000, 270)], 생계방식(주로 장사), 무역 물품(금, 은, 비단, 향신료)["여러분에게 말해 두지만 기독교도들의 지방으로 팔려 나갈 후추를 실은 배가 한 척 알렉산드리아나 다른 항구에 들어간다면 이 차이툰 항구에는 그런 것이 100척이나 들어온다. 이곳은 세계에서 상품이 가장 많이 들어오는 두 개의 항구 가운데 하나라는 사실을 여러분은 알아야 할 것이다"(김호동 역주 2000, 406)]에 대해 상세히 설명해 주었다. 혹시라도 경제적 욕망에는 별 관심이 없는 독자일지라도 알고 싶어할 만한 낯선 지역에 대한 '지리지', '박물지', '민족지'적인 생생하고 흥미진진한 묘사도 제공했다. 또한 이러한 내용을 〈111장 여기서 그는 케잔푸라는 커다란 도시에 대해서 이야기한다〉 같은 일목요연한 장(章) 제목하에 제시했는데, 여기에 "여러분에게 무엇을 말해 줄까?", "들어도 믿기 힘들 정도다", "여러분은 알아야 할 것이다"와 같은 생생한 현장감을 주는 대화식 표현까지 곁들여(김호동 역주 2000, 29) 가독성과 몰입도를 높였다. 무엇보다 '팍스 몽골리카' 덕분에 마르코 폴로처럼 유럽의 상인이 직접 중국으로 상업적 여행을 떠날 수 있었던 시기가 끝나고 오스만 튀르크의 성장으로 유럽의 동쪽 관문이 막힌 이후에는 마르코 폴로 여행기에서 생생하게 묘사된 풍요롭고 신비로운 동양에 대한 유럽인의 갈망은 더욱 커질 수밖에 없었고, 마르코 폴로 여행기의 사회적 영향력 역시 더욱 커졌을 것이다.

반면 이븐 바투타의 여행기는 개인적인 경험과 관련된 내용이 상대적으로 많고, 종교 여행으로서의 성격이 강하다는 점도 여행기가 문학적·문화적 영향력을 넘어 사회적·경제적 영향력으로 그 파장을 넓히는 데 어느 정도 한계가 있지 않았을까 조심스럽게 추론해 본다. 물론 "그의 사고는 이슬람교를 넘어서지 못하였고 그의 학문은 그의 신앙의 테두리 안에 그치고 말았다"(부어스틴 저, 이성범 역 1987, 190)와 같은 평가에는 서구 중심적 편견이 작동한 점을 충분히 감안할 필요가 있으며, 그의 여행기 필사본이 북아프리카뿐만 아니라 서남아시아 일부 지역에서도 발견된 것으로 보아 이슬람 세계 내에서 상당한 인기를 끌었다는 점도 고려해야 한다. 이에 대한 논의가 진전되려면 이븐 바투타 여행기가 당대 및 후대의 이슬람 세계 내에서 어떻게 수용되었는가에 관한 연구가 축적되어야 할 것이다.

이븐 바투타 여행기의 또 다른 한계로 Dunn(2012)이 지적한 두 가지 편향을 들수 있다. 하나는 그의 여행기에 나타나는 정치적·문화적 편향성이다. 이븐 바투타는 여행 중에 분명히 만났을 농부나 목동, 도시 노동자 같은 하층민에 대해서는 별로 기술하지 않고 주로 모스크, 자위야, 마드라사, 궁전에서 만난 이슬람 학자, 카디, 샤이흐, 술탄 같은 정치적·문화적 엘리트 위주로 기술하고 있다. 이러한 편향성은 마르코 폴로의 여행기도 마찬가지인데, 중세 시대 여행기의 독자가 글을 읽을 줄 아는 지배집단일 수밖에 없는 시대적 조건에서는 필연적인 특성이기도 하다. 또 하나는 이븐 바투타가 무슬림 사이의 문화적 다양성보다 이슬람 문명의 코스모폴리탄적 경향성에 더 많은 관심을 가졌다는 점이다. 이 두 번째 편향성 역시 타당한 지적이긴 하지만 당대 이슬람 세계의 중심부 출신인 이븐 바투타로서는 당연히 가질 수밖에 없는 특성이기도 하다. 그래서 우리가 더 주목해야 할 지점은 앞서 Euben(2006)이 통찰한, 이슬람 세계의 중심부에서 변경지역으로의 여행이 진행되면서 이븐 바투타가 보이는 로컬한 정체성과 코스모폴리탄적 정체성간의 상호작용과 변증법일 것이다.

하지만 이러한 한계는 그의 여행기가 가진 의의에 비하면 미미할 뿐이다. 그 의의를 몇 가지만 꼽자면 첫째, 이븐 바투타 여행기는 근대 이전에 이루어진 여행 중 가장 넓은 지역을 여행한 엄청난 지리적·역사적 사건의 기록이다. 마르코 폴로의 여행기와 비교할 때 여행 기간, 여행지의 범위, 여행기의 분량 면에서도 확실한 우위를 차지한다.

둘째, 이븐 바투타의 여행기는 중세 인문지리학 자료의 보고로서 높은 학술 가치를 지니고 있다. 마르코 폴로의 여행기는 저자의 생전에는 물론이고 사후에도 여행의 진위에 대한 논란이 끊이지 않았지만,[27] 이븐 바투타의 여행기는 비교적 정확한 역사적 자료로서 손색이 없다고 평가받고 있다(정수일 2008). 아직 이 여행기만큼 중세 동·서양인들의 서로 다른 생활상과 자연지리적 환경을 포괄적으로 기술한 기록문은 발견되고 있지 않다(정수일 역주 2001, 1권, 10). 당시 이슬람 세계의 새로운 강자로 떠오른 오스만 튀르크나 인도의 델리, 그리고 중국으로 가기 위해 들른 말라바르, 몰디브 제도 등에 대한 기술은 이전 무슬림 여행가들의 방문 및 여행기록이 드문 곳이라 그 사료적 가치가 크다. 특히 이 인도양 섬들에 관한 내용은 사료적으로 이 지역에 대한 최초의 상세한 기록이며 대항해시대가 시작되고 나서 17세기에야 유럽인들에 의한 상세한 기록이 나오기 때문에 그 가치

---

27. 마르코 폴로 여행기의 역주자이자 중앙아시아 연구자인 김호동(역주 2000)은 마르코 폴로의 여행, 특히 중국 여행은 대부분 사실이라고 판단한다.

가 더욱 높다(Beckingham 1977, 266). 또한 Raphael(2000)은 그의 여행기에 나오는 중국에 관한 기술을 통해 아랍권 이슬람 지역이 중국에 대해 가졌던 정보가 더 풍부해지고 최신화되었다고 평가한다. 이븐 바투타의 마지막 여행경로였던 서아프리카의 말리 왕국에 대한 서술은 말리 왕국과 아랍 세계 간의 초기 접촉에 대한 최고(最古)의 기록이며 수 세기 동안 사하라 이남 아프리카에 대한 아랍 세계의 시각을 형성하는 데 기여한 것으로 평가받고 있다(푸크너 저, 최파일 역 2019, 368-372).

셋째, 이븐 바투타 여행기가 제공한 풍부한 지리적 정보는 이슬람 세계의 지리적 지식에 계승·발전되었으며 이는 이후 유럽의 대항해시대를 여는 데도 기여한 것으로 보인다. 그 한 예로 1375년 이베리아반도 마요르카에서 활동한 유대인 지도학자가 제작한 카탈루냐 지도첩을 들 수 있다. 이 지도첩에 포함된 아프리카 지도에는 말리 왕국의 왕 만사 무사(재위 1312~1337)[28]와 낙타를 타고 그를 향해 가고 있는 터번을 쓴 아랍 상인이 그려져 있는데, 정수일(2018, 438)은 그 아랍 상인을 이븐 바투타로 추정한다(그림 4). 그가 이븐 바투타이든 아니든 확실한 것은 지도사적으로 매우 중요한 이 카탈루냐 지도첩이 당시 지중해를 장악한 아랍의 지리 지식과 지도 기술을 토대로 만들어졌다는 사실이며, 정인철(2015, 11)은 이 지도 제작에 마르코 폴로나 맨드빌, 오도릭의 여행기 외에 이븐 바투타의 여행기도 참조했을 가능성을 제기하고 있다.

또한 팍스 몽골리카 이후 동양과의 직무역로가 막혔던 유럽과 달리, 이븐 바투타의 여행기에서도 확인된 아프로아시아 곳곳을 잇는 아랍-무슬림 상인들의 무

---

28. 실제로 이븐 바투타가 말리 왕국에서 만난 술탄은 만사 무사가 아니라 다음, 다음 대의 술탄인 만사 술레이만이다. 만사 무사는 '당대의 가장 부유한 남자'라 불렸는데 특히 메카 순례 때 노예 12,000명, 아내 800명을 대동하고 황금 11톤을 싣고 가면서 가난한 사람들에게 나누어 준 것으로 유명하다. 반면 이븐 바투타가 만난 만사 술레이만은 너무 인색해서 이븐 바투타의 실망이 이만저만이 아니었다. 그는 여행기에 다음과 같이 적었다. "흑인들은 만싸 술라이만이 너무 인색하기 때문에 싫어한다. 그의 전대(前代)는 만싸 마가이고, 또 그의 전대는 만싸 무싸였다. 만싸 무싸는 관후 장자로서 백성들을 좋아하고 잘 대해 주었다. 그가 바로 하루 안에 바부 이쓰하끄 앗 싸할리에게 4천 미스깔이나 하사한 장본인이다"(정수일 역주 2001, 2권, 409).

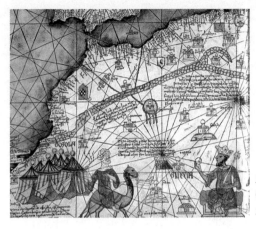

그림 4. 카탈루냐 지도첩(1375년):
아프리카 지도
자료: 하우드 저, 이상일 역 2014, 30.

역로는 이븐 바투타의 사후에도 닫히지 않았다. 오히려 아랍－무슬림들의 인도양을 중심으로 한 높은 수준의 항해 경험과 항해 지식은 계속 축적되었고 아랍에 미리트 항해가 집안에서 태어난 위대한 아랍 항해가 이븐 마지드(Ibn Majid, 1430년대~1500년경)의 시대에는 아랍의 항해술이 절정에 달했다. 이븐 마지드가 저술한 페르시아만에서 인도양에 이르는 항해술과 해양학 관련 성과는 포르투갈 항해가 바스쿠 다 가마의 인도양 항해에 크게 기여했다고 알려져 있다(부어스틴 저, 이성범 역 1987)[유럽인들에게는 이븐 마지드가 술에 취해 바스쿠 다 가마의 항해를 도와주는 어리석은 거래를 한 것으로 알려졌는데, 최근 연구에 따르면 이 이야기에 대한 사실적 근거는 없다고 한다(위키피디아)]. 이처럼 아랍의 해양학과 항해술, 지리적 지식이 유럽인이 대항해시대를 여는 데 결정적 기여를 한 사실 앞에서 역사의 아이러니를 실감하게 된다.

마지막으로 이븐 바투타 여행기가 갖는 현대적 의의는 Dunn(2012, xvii; ix)이 통찰력 있게 지적한 바 있다. 이븐 바투타의 여행기는 14세기 유라시아와 아프리카를 상호연결된 전체로 바라보게 하며, 이 상호연결된 전체 속에서 살아가는 동반구의 한 시민으로서의 이븐 바투타를 성찰하게 한다. 그래서 이븐 바투타는 오늘날에도 글로벌화의 아이콘이며, 이 때문에 이븐 바투타 여행기에 대한 연구 역시 계속 최신판으로 개정되고 있다. 그를 기리는 현대의 다양한 실천들도 곳곳에서 발견할 수 있다([읽을거리] 참조).

Moolla(2013, 386)는 이븐 바투타가 혈통적으로는 베르베르이고 문화적으로는 아랍인이지만, 다른 문화권에 거주할 때는 "실존적으로 정착했다"라고 평가했다. 이 "(다른 문화권에서도) 실존적으로 정착했다"라는 표현을 해석하면 그가 지구상 어느 곳이나 자신의 장소로 만들 수 있는 글로벌 장소감(global sense of place)을 가졌다는 평가일 것이다. 한편 웨인스(이정명 역 2011, 54~56)는 이븐 바투타에 대해 "고향 모로코가 형성해준 익숙함의 감각과, 여행의 범위가 저 멀리 동쪽으로 확장됨에 따라 친밀성은 떨어지지만 훨씬 더 넓은 무슬림 공동체에 대한 소속감이 서로 계속 상호작용했다"고 평가함으로써 그가 광범위한 무슬림 공동체에 대한 코스모폴리탄적 감각을 가졌지만 자신의 고향 모로코에서 형성된 로컬한 감각 역시 잃지 않았으며 두 감각이 쌍방적으로 작동했음을 지적했다. 글로벌 장소감을 가지면서도 자신이 속해있는 로컬에 대한 장소감 역시 균형있게 갖출 것,

---

[읽을거리]

이븐 바투타의 모국 모로코 탕헤르의 구시가지 '이븐 바투타 거리'에는 진위와 무관하게 '이븐 바투타의 관'이 모셔진 집이 있어 관광객들의 순례지가 되고 있다. 또한 그의 이름을 딴 국제공항과 종합경기장이 있다. 그뿐만 아니라 그의 고향에서 멀리 떨어진 아랍에미리트의 두바이에는 그의 이름을 붙인 전철역이 있고, 그 인근에는 2005년에 개점한 세계 최대 규모의 테마 쇼핑몰 '이븐

바투타 몰'이 있다. 몰 안에는 이븐 바투타가 여행한 지역을 테마로 한 6개의 코트(안달루시아, 중국, 이집트, 인도, 페르시아, 튀니지)가 있다. 또한 그 인근에 글로벌 호텔 & 리조트 기업인 뫼벤픽이 세운 이븐 바투타 게이트 호텔이 있는데 역시 이븐 바투타의 여행을 테마로 한 객실과 레스토랑을 운영 중이다. 모로코 이븐 바투타 협회(The Moroccan Association of Ibn Battuta)는 이븐 바투타 국제 페스티벌을 개최하고 이븐 바투타 여행문학상을 수여하고 있다.

두바이 이븐 바투타 몰의 인도 테마 코트
자료: Wikimedia Commons_Jonathan Bowen

즉 글로컬 장소감을 요구받는 현대 세계에서 이븐 바투타가 여전히 현대인들에게 호출되고 있고, 더 호출되어야만 하는 이유가 바로 여기에 있다.

참고문헌

강선주, 2015, 역사교육 새로 보기: 복합의 시각, 한울.

김영화, 2012, "이슬람의 여행 전통과 '문인 여행가'," 역사와 문화 24, 227-254.

김호동 역주, 2000, 마르코 폴로의 동방견문록, 사계절.

김희순, 2018, "마르코 폴로가 동쪽으로 간 까닭은?: 마르코 폴로의 『동방 견문록』," 한국문화역사지리학회, 여행기의 인문학, 푸른길, 161-183.

남종국, 2018, "이븐 주바이르 시대의 기독교와 이슬람의 관계," 지중해지역원 연례학술대회 발표자료집, 299-309.

노혜정, 2018, "기차 밖 풍경, 기차 안 세상 그리고 제국의 시선을 넘어: 폴 써루의 『유라시아 횡단 기행』 읽기," 한국문화역사지리학회, 여행기의 인문학, 푸른길, 394-420.

매킨토시-스미스 저, 신해경 역, 2016, 아랍 그곳에도 사람들이 살고 있다: 이븐 바투타와 함께한 이슬람 여행, 봄날의책(Mackintosh-Smith, Tim, 2001, *Travels with a Tangerine: A Journey in the Footnotes of Ibn Battutah*, London: Picador).

박홍규, 2018, "이슬람 중세의 문학," 인물과 사상 245, 105-123.

부어스틴 저, 이성범 역, 1987, 발견자들 I, 범양사 출판부(Boorstin, D., 1983, *The Discoverers: a History of Man's Search to Know His World and Himself*, New York: Random House).

성백용, 2011, "'몽골의 평화'시대의 여행기들을 통해서 본 『맨드빌 여행기』의 새로움," 서양중세사연구 28, 197-229.

앳킨스 외 저, 이영민 외 역, 2011, "여행/관광," 현대 문화지리학, 논형, 84-96 (Atkinson, D. et al, 2005, *Cultural Geography: A Critical Dictionary of Key Concepts*, I. B. Tauris &Co.ltd.).

웨인스 저, 이정명 역, 2011, 이븐 바투타의 오디세이, 산처럼(Waines, D. 2010, *The Odyssey of Ibn Battuta: Uncommon Tales of a Medieval Adventurer*, Chicago: University of Chicago Press).

이븐 할둔 저, 김호동 역, 2003, 역사서설: 아랍, 이슬람, 문명, 까치.

이원삼, 2001, "이븐 바투타를 따라가는 지적 순례," 황해문화 33, 434-438.

임기대, 2014, "마르레브의 베르베르 문화에 나타난 '교차와 혼성'에 관한 특성 연구 —마그레비즘을 위한 소고," 코기토 75, 7–24.

정수일 역주, 2001, 이븐 바투타 여행기 1–2, 창비.

정수일, 2018, 정수일의 세계문명기행: 문명의 요람 아프리카를 가다 1, 창비.

정인철, 2015, "「카탈루냐 아틀라스」의 동아시아 지리정보에 대한 연구," 한국지도학회지 15(2), 1–14.

푸크너 저, 최파일 역, 2019, 글이 만든 세계: 세계사적 텍스트들의 위대한 이야기, 까치 (Puchner, M., 2017, *The Written World: the Power of Stories to Shape People, History, Civilization*, New York: Baror International).

하라리 저, 조현욱 역, 2015, 사피엔스: 유인원에서 사이보그까지, 김영사(Harari, Yuval Noah, 2014, *Sapiens: A Brief History of Humankind*, London: Harvill Secker).

하우드 저, 이상일 역, 2014, 지구 끝까지: 세상을 바꾼 100장의 지도, 푸른길(Harwood, J., 2006, *To the Ends of the Earth: 100 Maps that Changed the World*, London: Marshall Editions).

Beckingham, C.F., 1977, "In Search of Ibn Battuta," *Asian Affairs* 8, 263-277.

Beckingham, C.F., 1993, "The Rihla: Fact or Fiction?" Ian Richard Netton, ed., *Golden Road: Migration, Pilgrimage and Travel in Mediaeval and Modern Islam*, Cuzon Press, 72-79.

Dunn, R., 1985, "The Challenge of Hemisphere History," *The History Teacher* 18(3), 329-338.

Dunn, R., 1993, "International Migration of Literate Muslim in the Late Middle Period," Netton, I. R., ed., *Golden Road: Migration, Pilgrimage and Travel in Mediaeval and Modern Islam*, Cuzon Press, 62-71.

Dunn, R., 2012, *The Adventure of Ibn Battuta: A Muslim Traveler of the Fourteenth Century*, London: Croom Helm.

Euben, Roxanne, 2006, "Liars, Travelers, Theorists- Herodotus and Ibn Battuta," *Journeys to the Other Shore: Muslim and Western Travelers in Search of Knowledge*, Princeton: Princeton University Press, 46-89.

Gibb, H.A.R., 1929, *Ibn Battuta, Travels in Asia and Africa*, (trans. & selected), London: George Routledge & Sons Ltd.

Harvey, L.P., 2008, *Ibn Battuta: Makers of Islamic Civilization*, Chicago: I. B. Tauris.

Hrbek, I., 1962, "The Chronology of Ibn Battuta's Travel," *Archiv Orientalni* 30, 409-486.

Hunwick, J.O., 2009, "The mid-fourteenth century capital of Mali," *The Journal of African*

History 14(2), 195-206.

Janicsek, Stephen, 1929, "Ibn Battuta's Journey to Bulghar: Is it a fabrication?," *Journal of the Royal Asiatic Society*, October, 791-800.

Moolla, F. Fiona, 2013, "Border crossings in the African travel narratives of Ibn Battuta, Richard Burton and Paul Theroux," *Journal of Postcolonial Writing* 49(4), 380-390.

Morgan, David, 2001, "Ibn Battuta and the Mongols," *Journal of the Royal Asiatic Society of Great Britain & Ireland* 11(1), 1-11.

Netton, I.R., ed., 1993, *Golden Road: Migration, Pilgrimage and Travel in Mediaeval and Modern Islam*, Cuzon Press.

Norris, Harry T., 1959, "Ibn Battuta's Andalusian Journey," *The Geographical Journal* 125, 185-196.

Norris, Harry T., 1994, "Ibn Battuta's Journey in the North-Eastern Balkans," *Journal of Islamic Studies* 5(2), 209-220.

Norris, Harry T., 2004, "Ibn Battuta on Muslims and Christians in the Crimean Penin-sula," *Iran and the Caucasus* 8(1), 7-14.

Raphael, Israeli, 2000, "Medieval Muslim Travelers to China," *Journal of Muslim Minority Affairs* 20(2), 313-321.

모로코 이븐 바투타 협회 (https://ibnbattuta.ma, 2020년 2월 17일 검색)

뫼벤픽 호텔 & 리조트 (https://www.movenpick.com/en, 2020년 2월 15일 검색)

위키피디아 (https://en.wikipedia.org/wiki/Main_Page, 2020년 2월 12일 등 검색)

이븐 바투타 몰 (https://www.ibnbattutamall.com/en, 2020년 2월 15일 검색)

이븐 바투타와 마르코 폴로의 여행경로 지도 (http://21crossculturalconnections.weebly. com/missions-of-marco-polo-and-ibn-battuta.html, 2020년 3월 6일 검색)

제3장

모빌리티 렌즈로 바라본 최부의 『표해록』[1]

정은혜

1. 들어가며

중국 여행기 중에 가장 대표적인 것으로는 마르코 폴로(Marco Polo)가 1299년 발간한 『동방견문록(東方見聞錄)』, 일본인 승려 엔닌(圓仁)이 9세기에 저술한 『입당구법순례행기(入唐求法巡禮行記)』, 그리고 최부(崔溥)의 『표해록(漂海錄)』[2]을 들 수 있다. 이들 작품은 '고대 중국 3대 기행문'으로 불린다(김강식 2015, 309). 『동방견문록』은 서양인 입장에서 13세기 서아시아, 중앙아시아, 중국 등에 대한 풍성한 기록을 담고 있으며, 엔닌이 저술한 『입당구법순례행기』는 그의 구법 행위가 이루어진 장안(長安)에 대한 내용, 그리고 중국과 한반도에서 활발한 해상활동을 전개했던 신라인들에 대해서 자세히 기록하고 있다.

한편, 『표해록』은 조선 성종 때의 문신으로서 제주에서 추쇄경차관(推刷敬差官)으로 재직하던 최부(1454~1504)가 일기체로 쓴 중국 견문기로, 1488년 1월 제주도에서 풍랑을 만나 표류[3]하다가 중국의 강남(江南)지방[4]에 표착한 후 북경까

---

1. 이 글은 2020년 『인문학연구』 제42호에 게재된 필자의 논문을 수정한 것이다.
2. 원래의 제목은 금남표해록(錦南漂海錄)이었으나 줄여서 '표해록'이라고 부른다.

제3장 모빌리티 렌즈로 바라본 최부의 「표해록」 109

지 갔다가 조선으로 돌아온 6개월간의 과정을 생생하게 정리한 문헌으로서(그림 1), 15세기 명나라 실정을 세밀하게 묘사한 중국 견문록이자 표류기이다(최부 저, 방현희 역 2016; 신병주 2005; 최부 저, 서인범·주성지 역 2015). 『표해록』은 이동 과정, 즉 표류 과정에 대한 기록과 표류 이후에 중국을 견문한 내용으로 이루어져 있다. 이를 통해 『표해록』은 명나라 사회와 정치, 군사, 경제, 문화, 교통, 중국의 언어학 및 시정의 풍정(風情) 등을 정밀하게 기록하여 그 가치를 인정받고 있는데, 당시 조선에 미지의 공간이었던 중국 강남지방을 생생하게 기록한 점, 그리고 한·중 사이 이동 항로를 추적할 모티브를 제공하고 있다는 점에서 의미가 있다.

이 글에서는 조선시대 『표해록』에 기록된 이런 이동 과정에 관한 서술이 현대에 와서 모빌리티의 렌즈(mobility lens)로 바라볼 수 있다는데에 주목한다. 모빌리티(mobility)는 인간, 사물 및 정보의 이동을 강조하는데, 단순한 이동만을 뜻하는 것이 아니라 이동에 내재한 다양한 관계들과 그 실천을 의미하는 것으로서 이동에 대한 새로운 관점으로 여겨지고 있다(이용균 2015; 어리 저, 강현수·이희상 역 2014; 윤신희·노시학 2015). 모빌리티는 전통적으로 지리학이 말하는 이동의 개념과 유사하지만 이동에 관계의 의미가 부가되는 점이 다르다(Adey 2010; Cresswell

---

3. "표류란, 선박 등의 물체가 사람의 의사와는 관계없이 해류를 따라 흘러가는 일을 말하는 것"으로, 항해 중 뜻하지 않은 사고로 일어나는 표류는 불규칙한 해류와 조류, 태풍이나 돌풍, 폭우와 같은 기상이변, 그리고 배의 파손, 내부 혼란, 해적의 습격 등 여러 이유로 발생한다. 따라서 안전하게 정주지로 돌아온다는 기약 없는 두려움 속에서 바다를 떠나게 됨으로써 표류자의 표류 동기는 새로운 세계에 대한 탐험이나 개척의 의미인 모험적 성격에 의해서라기보다는 피동적으로 표류를 당하는 것으로 간주된다(김경미 2018, 545). 이는 외국인의 새로운 세계나 바다에 대한 동경 및 모험적 본능을 나타내는 해양관과는 대조된다.
4. 강남지방은 말 그대로 '강의 남쪽', 즉 중국의 장강(양쯔강) 이남을 가리킨다. 더욱 구체적으로 말하면, 당대 교육과 문화, 경제가 발전했던 양쯔강 중·하류의 남쪽을 의미한다. 풍부한 수자원과 온난한 기후, 그리고 비옥한 토지로 인해 중국에서도 농업생산력이 가장 높고, 상업과 수공업도 함께 발달한 지역으로 당시 중국인들은 '지상 낙원'으로 간주했다. 현재 강남은 그 지리적 의미에서 더 나아가 부유와 문화 상징의 지역으로서 인식된다. 이러한 강남의 대표 지역으로는 소주(苏州)와 항주(杭州)가 있다. 13세기 원나라를 통해 강남의 번영을 확인한 마르코 폴로는 『동방견문록』에서 항주를 하늘의 도시(city of heaven)로, 소주를 땅의 도시(city of earth)라 소개하였다(박원호 2008, 48–49). 한편, 조선의 민요로 나오는 '강남갔던 제비, 춘삼월에 돌아오면'의 강남은 바로 이곳을 가리킨다.

2006). 즉, 모빌리티는 이동할 능력, 이동하는 대상, 이동에 내재하는 사회적인 위치성(계급), 그리고 이동에 의한 지리적 변화를 내포하는 개념이다(Urry 2007; 이용균 2019). 그런 의미에서 모빌리티 렌즈는 이동의 지리적 경계 및 거리, 이동하는 주체의 위치성, 이동과 관련된 권력과 정치에 관심을 가지며, 이동과 관련된 관계를 주된 분석 대상으로 삼는다. 『표해록』의 경우, 첫째, 조선과 중국 명나라의 지리적 경계와 거리가 명시된다는 점, 둘째, 이동하는 주체인 최부가 당시 도피 중인 죄인들을 잡아들이기 위해 조정에서 직접 파견한 중앙관직인 추쇄경차관이라는 위치성(직함)으로 자신을 포함 총 43명의 일행을 거느리고 표류(이동) 과정을 거쳤다는 점, 마지막으로, 표착하게 된 명나라의 정치 및 경제, 그리고 문화에 관심을 가지고 서술한 정보들이 현재에도 영향력을 가지고 이어지고 있다는 점 등에서 모빌리티 렌즈를 적용할 수 있다고 판단된다.

따라서 이 글에서는 최부가 저술한 『표해록』(서인범·주성지 역 2015)을 바탕으로 그의 이동 과정을 모빌리티의 개념으로 파악하고 이를 적용하기 위한 논의를 전개해 나감과 더불어 문화 및 지리 정보의 이동을 고찰하고자 한다. 내용 분석 과정에서 보다 알맞은 번역을 위해 원문, 그리고 『최부 표해록 역주』(박원호 2006)를 참조하여 주요 단어나 문장을 재확인하는 작업을 거쳤다.

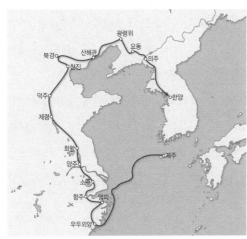

그림 1. 최부의 표류와 귀국경로

2. 최부의 생애

최부의 본관은 탐진(耽津)으로 나주에 살았으며, 자는 연연(淵淵), 호는 금남(錦南)이다. 단종 2년(1454)에 전남 나주 곡강면 성지촌에서 장남으로 출생했다. 최부는 성종 8년(1477) 24세의 나이에 진사시에 합격하여 바로 성균관에 들어가 수학했으며, 29세에 알성문과(謁聖文科)[5]에 급제하여 이듬해에 교서관(校書館) 저작(著作)으로 관직을 시작하여, 사헌부의 요직을 두루 거치며 문재(文才)를 인정받아, 우리나라 최초의 관찬 통사인 『동국통감(東國通鑑)』, 『여지승람(輿地勝覽)』의 편찬에 참여하였다.

성종 17년에는 문과중시에 을과로 급제했고, 성종 18년(1487)에는 홍문관 부교리로 승진하였다. 바로 그해 11월에 제주 3읍 추쇄경차관으로 제주에 도착하여 임무를 수행하다가 1488년 1월 30일에 부친의 부고를 받고, 윤1월 3일 장례를 치르기 위해 수행원 42명과 함께 승선하여 고향 나주로 향했다. 곧 폭풍이 불 것이라며 만류하는 사람들이 많았으나 최부는 한시바삐 상주의 예를 단행해야 한다며 출항을 강행하였다. 결국 추자도(초란도)에서 거센 풍랑을 만나 서쪽으로 표류하기 시작하여 목숨을 건 표류를 계속하다가 13일간 표류 끝에 최부 일행은 16일 목적지 나주가 아닌 낯선 중국 명나라 남쪽에 닿았다. 이후 최부를 비롯한 총 43명의 일행은 왜구로 오해받아 고초를 겪었지만 조선의 관리임이 확인되어 북경으로 호송되었고, 다시 요동을 지나 의주를 거쳐 귀국하였다. 그는 이렇게 6개월 동안 온갖 시련을 겪은 뒤 6월 4일 압록강을 건너 조선으로 돌아왔다.[6]

그가 귀국하자 국왕 성종은 8,800리(약 3,456km) 길을 거치며 중국 땅에서 경험한 견문을 기술하여 바치도록 했다. 이에 남대문 밖에서 8일간 머무르면서 표류와 중국 견문 과정을 일기형식으로 기술, 『錦南漂海錄』 3권을 완성하여 성종에

---

5. 알성문과란 조선 시대에 임금이 성균관의 문묘에 참배한 뒤 보이던 문과(文科)이다.
6. 이후 최부는 이 과정, 즉 다중 스케일의 복잡한 사회·정치적 권력 관계 속에서 조선이라는 정체성이 표출되고, 중국과 충돌하고 협상하는 과정을 「표해록」을 통해 담아내었다.

게 올렸다. 이 일을 마치고 성종으로부터 부의로 포 50필과 마필을 지급받아 곧장 고향인 나주로 내려갔다. 상을 당한 지 반년이 지나서야 비로소 집상하게 된 것이다. 만 4년 동안 부모상을 치르고 나서 성종 23년(1492)에 상경하여 다시 벼슬길에 오르게 된다. 성종이 최부에게 내린 벼슬은 사헌부 지평(持平)이었다. 그러나 그가 임용된 지 한 달여가 지나도록 사간원에서 동의해 주지 않아 정식 임용이 보류되고 있었다. 왜냐하면 4년 전, 최부가 왕명에 의해 책을 진상하였지만, 상중(喪中)에 한가롭게 기행문이나 쓰고 있었던 것은 명교(名教)에 어긋난다고 판단한 대간이 그의 임용을 반대하였기 때문이다. 이에 성종은 견문기를 쓴 것은 자신이 시켜서 한 일이므로 그에게는 잘못이 없다고 두둔해 논란을 종결하였다. 이후에도 최부는 예문관응교(藝文館應敎), 예빈시정(禮賓寺正) 등을 역임하였는데, 이는 성종의 최부에 대한 신임이 깊었음을 보여 준다.

이처럼 『표해록』을 저술한 일로 최부는 벼슬길을 순조롭게 걸을 수 있었으나 사림파와 훈구파의 갈등으로 벌어진 사화의 혹독한 정치파동을 겪으면서 파탄의 길을 걷게 된다. 1494년 성종이 승하하자 19세의 나이로 즉위한 연산군은 유교정치에 염증을 느끼고, 두 차례의 사화를 일으켜 사림파에 가혹한 탄압을 가했다. 1496년, 호서지방에 큰 가뭄이 있었을 때, 연산군은 최부를 호서에 보내 중국에서 배워온 수차(水車) 제조 방법을 가르치도록 해서 가뭄을 극복하도록 한 바가 있기도 하지만, 연산군 4년(1498) 7월, 최부는 무오사화에 연루, 대표적 사림파이자 스승이기도 한 점필재(佔畢齋) 김종직(金宗直)의 문집을 소장했다는 이유로 장형(杖刑)을 받고, 단천(端川)에 유배되었다. 그리고 연산군 10년(1504)에 다시 갑자사화가 발생하면서 사림으로 멀리 유배되었던 사람들이 사형을 당했는데, 유배 중이었던 그도 참수되면서 생을 마쳤다. 그의 나이는 당시 51세로 해남 정씨와의 사이에 세 명의 딸을 두었다.

최부가 남긴 문집으로는 『표해록』 외에 그의 후손이 편찬한 문집 『금남집(錦南集)』이 있다. 한편, 최부의 『표해록』을 간행하고 발문을 쓴 사람은 그의 외손인 미암(眉巖) 유희춘(柳希春)으로, 그는 선조 때 『미암일기(眉巖日記)』를 쓴 조선 중

그림 2. 전남 무안의 최부 묘역(좌), 중국 절강성에 세워진 최부표류사적비(우)

자료: 여병창 2016, 189.

기의 저명한 사림으로 알려져 있다.

사후인 중종 2년(1507)에 최부는 신원(伸冤), 승정원 도승지로 추증되었다. 최부의 묘소는 현재 전남 무안군 몽탄면에 있으며, 생가지는 나주시 동강면 인동리 성기촌에 남아 있다. 최근 중국 절강성 영해현 월계촌에 현지 중국 행정 당국과 최씨 문중의 협조로 '최부표류사적비(崔溥漂流事迹碑)'가 세워져 있다(김강식 2015, 295)(그림 2).

3. 모빌리티 렌즈로 바라본 최부의『표해록』

모빌리티(mobility)란 이동을 현시대의 복잡한 네트워크와 그 관계가 구성하는 산물로 이해하고자 하는 새로운 관점이다(어리 저, 강현수·이희상 역 2014). 영어의 mobility를 이동성이라 번역하지 않고 모빌리티로 사용하는 것은 이동성이란 용어가 이동(movement)을 지나치게 부각하기 때문이다. 모빌리티에서 강조하는 것은 인간, 사물 및 정보의 이동에 대한 것이지만, 모빌리티는 단순히 이동만을 의미하는 것이 아니라 이동에 내재한 다양한 관계들의 의미와 실천을 말한다(Cresswell 2006; 이용균 2015). 다시 말해, 모빌리티는 이동에 관계의 '의미'가 부여되는 것이 차이점이다. 이러한 맥락에서 이 글에서는 이동성 대신에 모빌리티라는 용어를 사용한다. 모빌리티는 첫째, 이동할 능력을, 둘째, 이동하는 대상을, 셋째, 이동에 내재하는 사회적 위치성 및 계급을, 넷째, 이동에 대한 지리적 변화를 의미한다(Urry 2007).

그런 측면에서 모빌리티 렌즈는 이동의 지리적 경계 및 거리, 이동하는 주체의 위치성, 이동과 관련된 권력과 정치에 관심을 두며, 특히 이동과 관련된 관계를 분석 대상으로 한다. 또한 모빌리티 렌즈는 사회와 공간의 경계 내·외부를 관통하는 다양한 네트워크와 흐름에 의한 모빌리티의 특성을 밝히고, 모빌리티에 내재한 계급, 인종, 종족 등의 관계를 이해함과 동시에 사회성과 정체성을 이해하고자 한다(Adey 2010). 즉, 인간의 사회적 현상은 관계성과 교차성에 의해 이해되어야 한다는 것이 모빌리티 렌즈이다(Sheller 2011).

『표해록』은 내용상 조선과 중국 명나라의 국가적 관계가 명시되는데, 중국이 조선보다 큰 나라로서 최부 스스로가 조선을 소국이라 지칭하고 있음이 표현되고 있다. 그리고 이동 주체인 최부가 중앙관직 추쇄경차관이라는 계급으로 42명의 사람들을 이끄는 대표 자격으로서 이동(표류)의 과정을 거쳤으며, 이 과정에서 서로 다른 민족(중국, 일본 등)에 대한 편견과 인식이 묘사되고 있다. 그뿐만 아니라 이러한 과정을 통해 시간과 공간의 구체성을 바탕으로 해서 명나라의 정치 및 경제, 문화 등에 관한 많은 상세한 정보를 기록하여 두 나라 간의 교류와 관계를 증명했다. 이런 점들 때문에 모빌리티 렌즈를 『표해록』에 적용할 수 있다. 한편 이런 정보 및 문화적 접근은 사회 신분이나 위치성과 밀접한 관계가 있다는 시각이 있는데(부르디외 삐에르 저, 최종철 역 2006), 최부의 『표해록』은 모빌리티의 복잡성과 관계성이 계급 차이를 반영하고 있어 이에 적용된다고 볼 수 있다.

비록 최부의 『표해록』이 과거 15세기의 견문기라고 할지라도, 최부가 표류를 통해 조선에서 중국에 도착함으로써 (의도적이지는 않았으나) 초국가적인 이동을 거치는 경험을 했고, 그 이동 과정의 시간이 136일로 서술되었다는 점, 또한 이동 거리가 약 8,800여 리였다는 점 등과 이런 이동 과정을 통해 얻은 정보를 상세히 기술하고 이를 응용한 점과 그 파급력을 고려하면, 『표해록』을 단순한 이동의 차원이 아니라 모빌리티 렌즈로 바라보아야 한다. 즉, 조선과 명나라를 이어주는 경험적 네트워크와 정보들은 추후 조선에 미친 영향력 차원에서 결코 간과할 수 없는 부분이다. 예로, 최부가 귀환 도중 중국 소흥지방에서 농부가 수차(水車)로 물을 대는 광경을 목격하고, 당시 조선에선 첨단장비라 할 수 있는 수차의 설계도를 숙지하고 돌아와, 호서지방에 가뭄이 심했을 때 이를 직접 제작해 사용하도록 한 것은 유명한 일화로 남아 있다.

그뿐만 아니라 최부는 『표해록』에 자신이 깊게 성찰하고 묘사한 것을 기반으로 중국 명나라 초년과 전기의 사회적 상황, 정치와 군사, 경제와 교통, 숙식, 지역 이미지, 문화(복색, 인심, 교육, 상례, 풍속과 민속 등)와 언어, 신분(계급, 여성), 풍정, 기후변화, 천연지세 등을 정밀하게 기록함으로써 당시 미지의 공간이었던 중국 강남지방에 대한 지리학적 정보를 강북지방과 비교해 국가자료로 활용할 수 있게 하였다. 이와 같은 업적은 이동에 내재한 다양한 관계들과 그 실천을 의미하는 것으로 간주할 수 있기 때문에, 이 역시 모빌리티 렌즈의 관점으로서 바라볼 수 있는 근거가 된다. 이 글에서는 『표해록』의 구성과 내용을 바탕으로 모빌리티 렌즈를 적용하여 이동 과정에 보다 초점을 두고 깊이 있게 이해하고자 한다.

1) 『표해록』의 구성

지리적으로 당시의 제주는 서쪽으로는 중국, 동쪽으로는 일본, 남쪽으로는 유구(流求)[7]와 대만과 마주하고 있어 동아시아 바닷길을 잇는 주요한 지점에 있었다. 이러한 지정학적 위치 때문에 당시 제주 해안에는 중국, 일본, 유구 등지의 다양한 이국 선박들이 표류하여 드나들었고, 반대로 해상활동에 나선 제주 선박이 중국, 일본, 유구 등지의 이국 해안으로 표착해 들어가기도 하였다(이수진 2017).

---

7. 유구는 중국 조주(潮州), 천주(泉州)의 동쪽에 있었다고 전해지는 나라이다.

해상이동에서 가장 영향력을 끼친 것은 계절풍으로, 봄에서 여름에는 남풍계열 바람 때문에 중국 남부해안과 한반도 혹은 일본열도와 교류를 할 수 있었지만, 가을에서 겨울에는 북풍계열의 바람이 불어서 한반도 북부와 중국의 중부 혹은 남부해안과 교류를 할 수 있었다. 그러므로 전근대 시기 제주해역으로부터의 항해는 하절기에 발달하는 열대성 저기압에 따르는 태풍과 동절기의 강한 북서계절풍 등의 자연적 원인 때문에 제주도 경계를 이탈하여 일본, 유구, 중국, 대만 등지로 표류해갈 수밖에 없었음을 미루어 짐작할 수 있다(윤명철 2003; 김나영 2018).

우리나라에서 가장 중요한 표류 기록으로 주목받는 『표해록』은 조선시대에 6종으로 간행되었지만, 널리 읽히지는 않았는데, 그 이유는 『표해록』이 한문으로 쓰인 데다 주로 최부의 문집 『금남집』에 수록되었기 때문이다. 하지만 해외에서는 1769년 일본 주자학자인 기요다 군킨(淸田君錦)이 『당토행정기(唐土行程記)』[8]란 이름으로 번역본을 냈고, 1958년 미국 컬럼비아대학 교수인 존 메스킬(John Meskill)은 『표해록』을 영역(英譯)하여 박사학위를 취득했으며, 1965년에는 이를 『Ch'oe Pu's Diary, A record of Drifting across the Sea』라는 제목의 단행본으로 출간했다(최철호 2010; 신병주 2006). 이처럼 『표해록』은 국내외적으로 가치를 인정받으며 꾸준히 연구되었다(그림 3).

그렇다면 이러한 최부의 『표해록』이라는 견문기는 어떻게 나오게 되었을까? 최부가 중국에 체류한 지 136일 만에 8,800여 리의 남·북을 관통하며 무사히 환국하자, 성종은 그간의 상황을 정리하여 보고하라는 명령을 내린다. 이에 최부는 일기 형식을 빌려 그간의 일들을 5만여 한자로 기록하였는데, 그것이 바로 『표해록』이다.

『표해록』의 구성은 3권 21책의 목판본인데, 원본은 국립중앙도서관에 소장되어 있다. 지금까지 간행된 판본은 조선시대에만 6종이며, 조선후기로 오면서 『표해록』은 최부의 문집 간행의 일환으로 출간되었다(김강식 2015, 296). 한편 『표해

---

8. 제목의 '당토'란 당시 일본에서는 중국을 당나라(唐)라고 불렀던 것에서 유래한다.

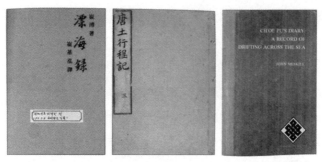

그림 3. 최기홍의 번역서 『표해록』(좌), 기요다 군킨의 번역서 『당토행정기』(중),
존 메스킬의 영문 역주본(우)
자료: 국립중앙도서관

록』이 목판본으로 발간된 것은 1573년으로, 최부의 외손인 유희춘(柳希春)에 의
해서였으며, 그 이후 근 400여 년 만인 1979년, 최부의 방손 최기홍(崔基泓)에 의
해 비로소 현대 한국어로 완역, 일반인들이 『표해록』의 존재를 알게 되었으며,
『표해록』 연구의 기폭제가 되었다.

총 3권으로 이루어진 『표해록』의 구성을 살펴보면, '제1권'은 최부가 추쇄경차
관으로 임명되어 제주에 부임하게 된 경위를 약술한 다음, 부친상 소식을 접하고
집으로 가다가 태풍을 만나 중국 남쪽에 도착하여 2월 4일 소흥부에 이르러 왜구
의 혐의를 벗을 때까지의 기록을 담고 있다. '제2권'은 절강성 수도 항주를 출발
하여 3월 25일 천진을 지날 때까지의 기록이다. '제3권'은 북경에 도착, 황제를 알
현하고, 요동반도를 거쳐 의주에 도착하기까지의 경위가 기록되어 있다. 이는 다
시 '출범-표류-표착-노정-귀환'으로 세분화해 볼 수 있다(안영길 2007). '출범'은
출발일시, 출발지, 일행, 발선 동기, 선박 등에 대한 세세한 기록이 적혀있는 부분
이며, '표류'는 표류일시, 첫 표류지역, 표류과정, 갈등과 해소 등의 내용이 담겨
있는 부분이다. '표착'은 표착일시, 표착지역, 고난 등의 내용이 기록되어 있는 부
분이고, 마지막으로 '귀환'은 귀환일시, 귀환지점, 소회 등이 작성되어 있는 부분
으로서 작게는 다섯 개의 내용구조로 구성되어 있다(표 1).

표 1. 모빌리티 렌즈로 바라본 표해록의 구성 및 내용

내용구조		세부내용 (모빌리티 과정)	권수
Ⅰ. 해양에서의 표류	출범	1. 시기: 성종 19년(1488) 윤 1월 3일	제1권
		2. 출발지: 제주목 별도포(濟州牧 別刀浦)	
		3. 목적지: 나주(羅州)	
		4. 일행: 최부 포함 43명(최부 외 아전 5명, 노비 2명, 간부 5명, 노 젓는 곁꾼 17명, 호송군인 9명, 관노 4명)	
		5. 동기: 부친의 부고	
		6. 선박: 제주 수정사(水精寺) 승려 지자(智慈)의 개인선박	
	표류	1. 표류일시: 윤 1월 3일 저녁	
		2. 표류지: 추자도 근해, 초란도(草蘭島)	
		3. 표류과정 – 1월 4~11일, 바다에서 표류 – 1월 12일, **영파부(寧波府)** 경계에서 도적을 만남. – 1월 13~15일, 다시 바다에서 표류	
	표착	1. 표착일시: 1월 16일, 저녁	
		2. 표착지점: 대당국 태주부 임해현계(大唐國 台州府 臨海縣界)의 우두외양(牛頭外洋)	
Ⅱ. 표착에서 귀환하는 과정	노정	1. 1월 17일, 육지 상륙	
		2. 1월 18일, 허천호(許千戶) 허청(許淸)을 노상에서 만남.	
		3. 1월 19~22일, 도저소(桃渚所)에 도착	
		4. 1월 23~24일, 도저소를 출발, 건도소(健跳所)에 도착	
		5. 1월 25~29일, 월계 순검사(越溪巡檢司), 서점역(西店驛), 연산역(連山驛), 영파부(寧波府)를 통과	
		6. 2월 1~4일, 자계현(慈溪縣), 여요현(餘姚縣), 상위현(上虞縣)을 지나 **소흥부(紹興府)**에 도착	
		7. 2월 5일, 서흥역(西興驛)에 도착, 회계군(會稽郡)에서 왕희지(王羲之)의 蘭亭修稧處 등의 유적을 관람	제2권
		8. 2월 6~12일, **항주(杭州)**에 도착, 『황화집(皇華集)』에 대해 문답, 오산(吳山)의 옷子胥墓 등의 유적을 관람	
		9. 2월 13~30일, 항주를 떠나 숭덕전(崇德殿), **가흥부(嘉興府)**, 오강현(吳江縣), **소주부(蘇州府)**, 고소역(姑蘇驛), **상주부(常州府)**, **진강부(鎭江府)**, 양자강(楊子江), 광릉역(廣陵驛), **양주부(楊州府)**, 우성역(盂城驛), 고우주(高郵州), 회음역(淮陰驛) 부근의 한신(韓信)이 불량 소년(惡少年)에게 수욕(受辱)을 당했던 과하교(胯下橋), 도원역(桃源驛)의 유비·관우·장비가 결의(結義)했던 三結義廟 등의 유적을 관람	

II. 표착에서 귀환하는 과정	노정	10. 3월 1~25일, 비주(邳州), 방촌역(房村驛), **서주(徐州)**, 유성진(劉城鎭), 패현(沛縣), 태주부(兗州府), 노교역(魯橋驛), 제녕주(濟寧州), 개하역(開河驛), **동평주(東平州)**, 동창부(東昌府), 청양역(淸陽驛), 임청현(臨淸縣), 무성현(武城縣), 은현(恩縣), **덕주(德州)**, 양점역(良店驛), 동광현(東光縣), **창주(滄州)**, 흥제현(興濟縣), 정해현(靜海縣), 천진위(天津衛)를 지나 하서역(河西驛)에 도착. 서주(徐州)의 초패왕 항우의 도읍지 및 패현(沛縣)의 한고조 유방의 고향, 태주부(兗州府)의 공자가 탄생한 尼丘山 등을 관람	제2권
		11. 3월 26~29일, 소가림리 곽현(蕭家林里 漷縣)을 지나 **북경(北京)**의 옥하관(玉河館)에 도착, 병부(兵部)에 감.	
		12. 4월 1~17일, 옥하관에 머무름.	
		13. 4월 18~20일, 예부(禮部)에 나아가 황제를 알현(謁見)	
		14. 4월 21~23일, 옥하관에 머무름.	
	귀환	1. 일시: 4월 24일	제3권
		2. 장소: 북경 회동관(會同館)	
		3. 노정(이동 과정) - 4월 24~27일, 회동관에서 나와 백하(白河), **공락역(公樂驛)**을 지나 어양역(漁陽驛)에 이르러 조선국 사신인 사은사신(謝恩使臣)을 만남. - 4월 28~30일, 양번역(陽樊驛), **옥전현(玉田縣)**, 풍윤현(豊潤縣)을 지나 의풍역(義豊驛)에 도착 - 5월 1~19일, 난주(灤州), 영평부성(永平府城), 낙하역(灤河驛), 무령위(撫寧衛), 유관역(楡關驛), 석하(石河), **산해관(山海關)**, 전둔위(前屯衛), **동관역(東關驛)**, 조장역성(曹莊驛城), 영원위(寧遠衛), 오리허(五里河), 능하역(凌河驛), 여양역(閭陽驛)을 지나 광녕역(廣寧驛)에 도착, 성절사신(聖節使臣)을 만나고 머무름. - 5월 20일~6월 3일, 반산역(盤山驛), 사령역(沙嶺驛), 재성역(在城驛), **요양역(遼陽驛)**, 연산하(連山河), 분수령(分水嶺), 사초대령(斜哨大嶺)을 지나 **봉황산(鳳凰山)**에 도착	
		4. 귀환일시: 6월 4일	
		5. 귀환지점: **압록강(鴨綠江)**을 건너 **의주성(義州城)**에 도착 (→ 이후 청파역)	

주: 위에 언급된 지명 중 **굵은체**는 최부의 주요 경유지역

2) 『표해록』의 내용

『표해록』의 내용을 살펴보면, 크게 두 부분 – 해양에서의 표류, 그리고 육지에 도착(표착[9])하여 육로로 돌아오는 과정 –으로 볼 수 있다(표 1 참조). 하지만, 좀 더

---

9. 표류하다가 우연히 뭍에 도달하게 되는 '표착'은 송환 절차를 거쳐 정주지로 돌아오게 되는 과정 중 그 시작점이라고 보는 시각이 있다.

자세히 들여다보면 『표해록』의 내용은 네 부분으로도 구분할 수 있다. 첫째, 제주도에서 절강성까지의 일기, 둘째, 대운하로 항주에서 북경으로 이동한 과정의 일기, 셋째, 북경의 옥하관에서 머문 26일간의 일기, 넷째, 산해관과 요동을 거쳐 의주로 온 일기가 그것이다.

　첫째, '제주도에서 절강성까지의 일기'는 윤 정월 30일 자로 시작된다. 부친의 별세 소식을 전해 듣고, 이틀 후 제주를 떠난 최부의 배는 풍랑을 만나 표류한다. 정처 없는 표류 끝에 중국 저장성 해안에 표착할 때까지 13일간 최부 일행(총 43명)은 삶과 죽음의 경계를 계속 넘나드는 고난의 일상을 보낸다. 죽음에 직면한 극한 상황에 도달하자 배 안의 사람들은 온갖 행동을 나타낸다. 극도의 고통으로 목을 매 자살을 기도하거나 식수가 떨어지자 극심한 갈증으로 자신의 소변을 마시는 자도 생기기 시작했다. 이처럼 표류하는 동안 풍랑과 기갈은 끔찍한 고통으로 묘사된다. 이에 더해 배를 탄 사람들이 최부를 원망하며 명령에 따르지 않는 일도 생겨났다. 표류한 지 아흐레가 되던 날, 최부 일행은 절강성 영파부의 하산(下山)이라는 섬에 닿았지만, 이곳에서 중국 해적을 만나 양식과 의복을 박탈당하고 다시 바다로 내쫓긴다. 다시 나흘을 표류한 끝에 일행을 태운 배가 태주부 임해현 우두산 앞바다에 표착하자 6척의 배가 에워쌌는데, 이들은 해안 경비를 맡던 군인들로서 최부의 배에 올라 물건을 빼앗고 일행을 위협한다. 최부 일행은 몇 시간 후 군인들의 감시가 소홀한 틈을 타 몰래 상륙을 감행하여 위기를 넘긴다.[10] 상륙 후 인근 마을로 들어선 최부 일행은 주민들로부터 왜구로 의심받아 가까운 도저소까지 한 마을에서 다음 마을로 차례차례 압송된다. 최부 일행은 도저소로 급파되어 온 관원에게 나흘간 조사를 받은 후 조선인임을 확인받는다. 최부가 조선 관리임이 판명되자 이후 육로로 이동할 때 가마나 수레를 탈 수 있도록 배려를 받는다. 최부는 저장성의 성도인 항주로 이송되기 위해 도저소를 출발하여 다음 날 건도소에 도착하였고, 그곳에서 장보(張博)라는 그 지방의 신사 한 사

---

10. 최부는 나중에 항주에서 조사를 받는 과정에서 당시 군인들이 최부 일행을 몰살한 다음에 왜구로 조작하여 전공(戰功)을 세우려는 음모를 꾸몄다는 사실을 알게 된다.

람을 만나기도 한다.[11]

이후 항주에 도착한 최부 일행은 7일을 머물며 마무리 조사를 받는 동안, 오랜만에 여유를 찾고 목욕도 하였다. 소흥에서 양자강에 이르기까지 최부는 항주·소주·상주 등 중국 강남지방을 견문하였다. 그는 『표해록』에서 "항주는 동남방의 한 도회지로 집들이 이어져 행랑을 이루고, 옷깃이 이어져 휘장을 이루었다. 저잣거리에는 금은이 쌓여있고 사람들은 수가 놓인 비단옷을 입었으며, 외국배와 큰 선박이 빗살처럼 늘어섰고, 시가는 주막과 가루(歌樓)가 지척으로 마주보고 있다. 사계절 내내 꽃이 시들지 않고 8절기가 항상 봄의 경치니 참으로 별천지라 할 만하다"(최부 저, 서인범·주성지 역 2015, 220)라고 기록하였고, "소주는 (중략) 기름진 땅이 천 리나 되고 사대부들이 많이 배출되었다. 바다와 육지에서 나는 진귀한 보물, 즉 사(紗)나 라(羅), 그리고 능단(綾段) 등의 비단, 금, 은, 주옥, 그리고 장인과 예술인, 거상들이 모두 이곳에 모여든다. 예로부터 천하에서 강남을 가장 아름다운 곳이라 했고, 강남 중에서도 소주와 항주가 제일이었는데, 소주가 더 뛰어났다. (중략) 상점이 별처럼 밀집되어 있으며, 여러 강과 호수가 흐르고 있어 그 사이로 배들이 드나들었다. 사람과 물자는 사치를 자랑하고 있었고, 누대(樓臺)는 서로 연결되어 있다"(최부 저, 서인범·주성지 역 2015, 248-249)라고 기록함으로써 강남지방에 대한 자세한 정보를 잘 전달해 주고 있다.

둘째, '대운하로 항주에서 북경으로 이동한 과정의 일기'는 최부 일행이 항주에서 조사를 받고 저장성에서 파견된 인솔책임자의 지시에 따라 배 두 척으로 대운하를 통해 북경으로 이송되며 시작된다. 대운하는 수양제(隋煬帝)가 자연하천을 이용하여 7세기 초 완공한 수로로, 정치 중심인 북중국과 경제 중심인 남중국을 연결함으로써 조세로 징수한 대량의 미량을 북방으로 수송하는 데에 활용되었

---

11. 최부가 『표해록』에 장보를 만난 사실을 기록한 것처럼 장보도 최부를 만난 사실을 확인해 주는 문장을 남겼다. 장보는 최부의 처지를 동정하며 위로하는 글 한 편을 지었는데 이 글은 곧 최부의 중국 체류를 입증하는 유일한 중국 문헌의 기록으로 남았다. 이 기록에서 장보는 "황하 이남을 견문한 조선인은 이전엔 없었으므로 조선에서 견문이 넓기로 최고라 하는 자도 최부를 앞서진 못할 것"이라고 예견하였다(박원호 2008, 48).

다. 그런데 13세기에 원조(元朝)가 수도를 북경으로 정하면서 기존 대운하가 너무 우회하게 되어 매우 불편해진 까닭에 서주와 북경 간의 회통하(會通河)를 새로 만들어 강남과 북경과의 거리를 크게 단축한다. 그러나 회통하는 수심이 너무 얕아 제대로 이용되지 못하다가 명나라의 영락제(永樂帝)가 다시 굴착하여 재개통한 것이 오늘날의 경항대운하(京杭大运河)가 되었다. 최부 일행은 이 대운하에서 배를 타고 역참[12]에서 역참으로 옮기면서 북경을 향해 나아갔다. 15세기 중국은 1,291개의 역참이 북경을 중심으로 7개 간선과 각 지선으로 나뉘어 전국에 뻗어있었는데(박원호 2008, 50), 최부 일행은 이러한 네트워크를 통하여 중국 관원의 호송을 받으며 이동 과정을 거친다. 그사이 최부는 호송 책임자와의 필담을 통해 양국의 정치·제도·문화에 대해 기탄없이 의견을 나누기도 하며, 중국식 수차를 만드는 법도 배운다.

셋째, '북경의 옥하관에서 머문 26일간의 일기'는 최부 일행이 북경의 옥하관에서 지낸 일을 기록한 것이다. 옥하관은 중국 주변의 국가나 민족이 보낸 조공사절이 일정한 기간을 머무르며 숙식을 하는 곳으로 정식명칭은 '사이회동관(四夷會同館)'이다. 사이회동관은 남관과 북관으로 나뉘어 있는데, 남관이 옥하의 남쪽에 있어 옥하관으로 불렸다. 인솔책임자의 인도로 병부에 출두한 최부는 실무를 관장하는 낭중(郎中)에게 인도되어 그의 지시로 절구(絕句)나 당률(唐律)을 짓게 된다. 이와 동시에 지나온 여정을 심문받는다. 그리고 조선에서도 주자가례를 시행하는지, 국왕이 글을 좋아하는지 등 내정에 관한 질문을 받으며, 최부는 학식 있는 조선의 관인인지를 시험받게 된다. 이후 최부는 예부로부터 길복으로 바꿔 입고 황제의 상을 받으러 오라는 연락을 받기도 한다. 그러나 그는 "나는 표류할 때 풍랑을 견디지 못하여 (중략) 길복이 없습니다. 또 내가 상중에 길복을 입는 것은 예절에 합당치 않을까 두렵습니다. 또 상복으로 조정에 들어가는 것은 의에도 옳지 못하니 청하건대 대인께서는 예제를 잘 살펴서 어떻게 해야 할지 알려 주

---

12. 역참이란 공문을 신속하게 전달하고 왕래하는 관리를 숙박시키며 물자를 전송하거나 죄인을 압송하는 등 다목적 기능을 가진 교통 통신기관이다.

십시오"(최부 저, 서인범·주성지 역 2015, 413)라고 답한다. 하지만 "당신이 빈소 곁에 있다면 아버지가 중하겠지만 지금은 이곳에 있으니 황제가 계실 뿐이라는 것을 알아야 합니다. 황제의 은혜를 입고 만약 가서 사례하지 않는다면 인신(人臣)의 예절을 크게 잃게 되는 것입니다. 그런 까닭으로 우리 중국의 예제는 재상이 상을 당할 적에 황제께서 사람을 보내어 부의를 하면 비록 초상 중이라도 반드시 길복을 갖추어 입고 달려가 입궐하여 배사한 연후에 다시 상복을 입습니다. 대개 황제의 은혜는 사례하지 않을 수 없는데 사례할 때는 반드시 궐내에서 해야 하나 대궐 안에 최복을 입고 들어갈 수 없으니 (중략) 당신은 지금 이 문에서 길복을 입고 들어가서 사은하는 예를 행하고 마친 후 다시 이 문으로 나와 상복으로 바꿔 입으십시오. 이는 잠깐 동안일 뿐이니 하나만을 고집하여 융통성이 없어서는 안 됩니다"(최부 저, 서인범·주성지 역 2015, 415-416)라는 답변을 들으며 거절당한다. 결국 그는 길복으로 갈아입고 궁궐로 들어간다. 먼동이 트기도 전에 이끌려 나온 최부는 그때의 광경을 "군대의 위용이 엄정하고 등불이 휘황찬란했다"(최부 저, 서인범·주성지 역 2015, 417)고 기록하였다. 이는 국가 권력의 상하 관계가 드러나는 대목이라고 할 수 있다. 이러한 사례 의식을 통해 북경에 도착하여 귀국 절차를 무사히 마칠 수 있었다. 하지만 다음 날 최부는 갑자기 가슴에 통증[13]을 느껴 태의원 의사의 치료를 받고 회복한다.

넷째, '산해관과 요동을 거쳐 의주로 온 일기'는 북경에서 출발하며 시작되는 여정을 기록한 것으로, 산해관에 도착하기 일주일 전, 조선에 사신으로 갔던 한림학사 동월(董越) 일행을 만난다. 동월 일행은 "그대 나라 사람들은 이미 그대가 살아서 중국에 도착한 것으로 알고 있소"(최부 저, 서인범·주성지 역 2015, 453)라는 말을 전하게 되고 최부는 이 말을 듣고 여정의 힘을 얻는다. 만리장성과 발해만이 만나는 지점인 산해관을 지나 상급 관리들이 주재하는 광녕에 도착하여서

---

13. 국가 간의 권력관계를 체험한 후 최부는 조선인으로서 느끼는 자존감의 상처, 귀국 절차를 모두 마쳤다는 안도감, 친상에 길복을 입었다는 불효의 죄책감 등이 충성과 예를 중시하던 그에게 극심한 스트레스가 되었음을 보여 준다.

는 명나라 관리들의 후한 대접을 받고 의복, 모자, 가죽신 등의 선물을 받는다. 그리고 명 관리들은 "오늘 받은 물건을 모두 국왕 앞에서 아뢰기를 원하오"(최부 저, 서인범·주성지 역 2015, 490)라며 이 상황을 조선에 잘 전해 달라는 부탁도 한다. 광녕을 떠나 요양에 도착한 최부 일행은 이곳에서 계면(戒勉)이라는 승려를 만나는데 그는 "소승은 본래 조선인 혈통인데 소승의 조부가 이곳으로 도망쳐 온 지 이미 3대가 되었습니다. 이 지방은 조선의 경계와 가까운 까닭으로 이곳에 와서 거주하는 사람이 매우 많습니다. 중국인은 겁이 많고 용기가 없어서 도적을 만나면 모두 창을 버리고 도망하여 숨어버립니다. 게다가 활을 잘 쏘는 사람이 없어서 반드시 조선 사람 중 명나라에 귀화한 사람을 뽑아서 정병이나 선봉으로 삼으니, 우리 조선 사람 한 명이 중국 사람 열 또는 백 명을 당할 수 있습니다. 이 지방은 옛날 고구려의 도읍으로, 중국에 빼앗겨 예속된 지 천년이 되었습니다. 우리 고구려의 풍속이 아직도 남아 있어 고려사를 세워 근본으로 삼고 제례를 올리는 것을 게을리하지 않으니 근본을 잊지 않기 때문입니다. (중략) 우리도 고향으로 돌아가 살고 싶습니다. 다만 두려운 것은 본국에서 우리를 중국인으로 여기고 조사한 뒤 중국으로 돌려보낸다면, 우리는 도망한 죄명으로 처분을 받아 죽게 될 것입니다. 그렇기 때문에 마음은 가고 싶어도 발걸음이 떨어지지 않습니다"(최부 저, 서인범·주성지 역 2015, 496-497)라고 말한다. 당시 중국 사람과 조선 사람을 비교한 계면의 언급은 국가의 경계지역에 대한 중요한 정보이며 또한 이들 지역 사람들이 고구려에 대한 역사 인식을 지니고 있었다는 것을 기록하였다는 점에서 큰 의미가 있다.

최부 일행은 요양을 떠나 분수령을 넘어 팔도하(八渡河)를 건너 압록강 맞은편의 구련성(九連城)에 이르렀고 의주목사가 보낸 군관이 강을 건너와 그들을 영접하였다. 삼경[14]에 말을 달려 의주성으로 들어간 최부는 의주에 대한 인상을 "성은 협소하고 무너져 내렸으며, 성안의 마을도 쇠퇴하니 심히 한탄스럽다"(최부 저,

---

14. 밤 1시에서 새벽 1시 사이를 말한다.

서인범·주성지 역 2015, 512)라고 기록하였다. 『표해록』의 말미에는 중국의 강남과 강북을 두루 살펴보고 산해관을 지나 요서와 요동을 거쳐 귀환한 과정을 다시금 정리하고 있다. 이에 더해 최부 자신이 상중이라 감히 보고 즐길 수가 없어 뛰어난 경치를 채록할 수 없었고, 배리를 통한 통역 과정에서 지역에 관한 수만 가지 질문에 한 가지만을 들을 수밖에 없었으며, 이러한 연유로 자신이 두루 열거하지 못해 아쉬웠다는 심정을 전하고 있다. 그런데도 "천년에 다시 만나기 어려운 기회"(최부 저, 서인범·주성지 역 2015, 538)였다는 표현으로 마무리 글의 감회를 대신하고 있다.

3) 『표해록』의 이동 과정에서 전달되는 정보

이러한 내용 속에서 특히 주목할 것은 방문한 지역에 대한 지역 이미지를 포함한 중국 명나라의 사회적 상황, 정치와 군사, 경제와 교통, 숙식, 문화(복색, 인심, 교육, 상례, 풍속과 민속 등), 신분(계급, 여성), 풍정, 유적과 건물, 천연지세와 기후변화 등이 여정(이동 과정)과 함께 비교적 상세하고 풍부하게 들어가 있다는 점이다.

그중에서도 경제, 신분, 문화적인 기록은 이동 지역에 대한 중요한 정보로 제공된다. 먼저 '도시경제'와 관련하여 강남의 번화·장엄·화려한 생활을 기술할 때는 인가와 상점의 집중적 분포, 금은 보배·곡식·소금·철·생선·게 등의 가치 높은 생산물, 염소·양·거위·오리·닭·돼지·노새·소 등의 가축과 소나무·대나무·덩굴식물·야자수 등의 나무와 용안·여지·귤·유자 등 물산의 풍성함을 언급하고 있다. '경제활동'과 관련해서는 강북과 강남을 비교하면서 강북의 양주, 회안, 서주, 제녕, 임청 등지는 번화하고 풍부하여 인구가 강남과 다르지 않으나 관부 소재지는 융성함이 달라서 진, 채, 역, 포, 장터, 둑, 갑문 등이 번성치 못하다고 기술하고 있고, 강남은 시장에서 금은이 통용되나 강북은 동전이 사용된다고 적었다. 또한 강남은 농·공·상업에 치중했지만 강북은 놀고 먹는 무리들이 많았다고 보고하였으며, 강남의 육로 교통수단으로는 가마를 이용하지만 강북은 말이나 노새를 이용한다고 비교 서술하고 있다.

두 번째로, '신분'과 관련해서는 강남 사람들은 벼슬의 상하를 막론하고 의자에 앉아 일을 하고 의상도 상하 직의 분별이 없어 예의범절이 없는 것처럼 보이지만, 관인들의 행동은 바르고 신중하다고 적고 있다. 군대는 질서가 엄정하여 떠들지 않는다고 적었는데, 강북의 군대 역시 대체로 그러하지만 산동 북쪽은 명령대로 움직이지 않아 채찍을 사용해야만 한다고 기록하고 있다. 강남의 무기는 창·검·세모창·미늘창이고 투구와 갑옷, 그리고 방패에는 용(勇)이라는 글자가 있는데, 활과 화살, 그리고 군용 말은 없다고 하였다. 하지만 강북은 활을 지닌 자들이 많으며 통주 동쪽과 요동 등지는 활쏘기, 말타기 등의 활동이 보인다고 적었다. 한편, 여성에 관한 기술도 눈여겨볼 만하다. 강남의 여성들은 뜰 밖에 나가지 않고 화려한 누각에 올라 구슬발을 살짝 올려 밖을 내다볼 뿐 거의 일하지 않지만, 강북의 여성들은 밭일 하거나 배를 젓는 등 노동을 하고 서주나 임청 등지의 부녀자들은 한껏 모양을 내고 몸을 팔아 생계를 꾸리는 풍조가 있다고 적었다.

세 번째로, '문화'와 관련해서는 복색, 인심, 교육, 상례, 민속 등에 관해 상당히 구체적으로 작성해 줌으로써 지역에 따른 다방면적인 정보를 제공하고 있다. '복색'에 관해서는 강남 사람들은 검은색 품이 넓은 상의와 바지를 입었는데 각종 비단, 양털모자, 말총모자, 검은 두건 등으로 장식한다고 적고 있다. 관리는 사모를 쓰고, 상을 당한 사람은 흰 베로 된 두건을 쓰며, 신발은 목이 긴 가죽신이나 짚신을 신는다고 적었다. 대체로 강남 사람들은 몸치장을 좋아하며 남녀 모두 거울, 빗, 칫솔 등 화장도구를 지니는데 강북도 용모에는 신경을 쓰지만 그런 도구를 가지지는 않는다고 하였다. 한편, 영파 남쪽에서는 둥글고 닭의 부리처럼 뾰족한 머리 장식을 화려하게 얹고 다니고, 영파 북쪽에서는 관음관을 쓰거나 금과 옥으로 장식하여 눈부시다고 기록하였다. 그리고 해주와 요동 등지는 말씨, 복색 등이 우리나라와 비슷하다고 적고 있다. '인심'에 대해서 강남 사람들은 온화하고 유순하여 가족들이 한집에서 함께 사는 모습을 보이지만 강북 사람들의 인심은 사납고 집안이 화목하지 못하며 싸우는 소리가 요란하고 사건이 잦다고 하였

표 2. 「표해록」에 기록된 이동 과정의 기후변화

날짜	기후	날짜	기후	날짜	기후	날짜	기후	날짜	기후
1.1.	비	1.2.	흐림	1.3.	오락가락 비	1.4.	우박, 센 바람	1.5.	안개, 장대비
1.6.	흐림	1.7.	흐림, 큰 파도	1.8.	흐림, 서북풍	1.9.	구름	1.10.	비, 동풍
1.11.	흐림	1.12.	오락가락 비	1.13.	흐림	1.14.	맑음	1.15.	흐림
1.16.	흐림	1.17.	비	1.18.	큰비	1.19.	큰비	1.20.	흐리다 갬
1.21.	맑음	1.22.	흐림	1.23.	흐림	1.24.	맑음	1.25.	흐리고 흙비
1.26.	비	1.27.	센 바람, 큰 비	1.28.	큰비	1.29.	비	2.1.	비
2.2.	흐림	2.3.	맑음	2.4.	맑음	2.5.	맑음	2.6.	흐림
2.7.	흐림	2.8.	흐림	2.9.	맑음	2.10.	맑음	2.11.	흐림
2.12.	맑음	2.13.	흐림	2.14.	흐림	2.15.	맑음	2.16.	흐림
2.17.	맑음	2.18.	맑음	2.19.	맑음	2.20.	맑다 흐림	2.21.	흐림
2.22.	맑음	2.23.	비	2.24.	맑음	2.25.	흐림	2.26.	흐림
2.27.	비	2.28.	흐리고 센 바람	2.29.	맑음	2.30.	흐림	3.1.	흐림
3.2.	적은 비, 센 바람	3.3.	비, 센 바람	3.4.	맑음	3.5.	맑음	3.6.	맑음
3.7.	오락가락 비	3.8.	흐림	3.9.	맑음	3.10.	맑고 센 바람	3.11.	맑음
3.12.	맑음	3.13.	맑음	3.14.	맑음	3.15.	천둥, 비, 흐림	3.16.	맑음
3.17.	맑음	3.18.	맑고 센 바람	3.19.	맑음	3.20.	맑음	3.21.	맑음
3.22.	흐림	3.23.	맑음	3.24.	흐림	3.25.	흐림	4.2.	흐림
4.3.	천둥, 비, 우박	4.4.	맑음	4.5.	흐림	4.6.	맑음	4.7.	약간 비
4.8.	흐림	4.9.	맑음	4.10.	맑음	4.11.	흐림	4.12.	아침 비, 흐림
4.13.	흐림	4.14.	맑음	4.15.	맑음	4.16.	맑음	4.17.	비
4.18.	흐림	4.19.	흐림	4.20.	흐림	4.21.	흐림	4.22.	맑음
4.23.	흐리고 천둥	4.24.	맑음	4.25.	흐림	4.26.	흐림	4.27.	흐리다 큰 비
4.28.	비오다 흐림	4.29.	맑음	4.30.	흐림	5.1.	흐림	5.2.	맑음
5.3.	맑다가 천둥, 비	5.4.	맑음	5.5.	맑음	5.6.	맑음	5.7.	맑음
5.8.	흐림	5.9.	맑음	5.10.	맑음	5.11.	맑고 센 바람	5.12.	맑음
5.13.	흐림	5.14.	맑음	5.15.	맑음	5.16.	맑음	5.17.	맑음
5.18.	흐림	5.19.	비	5.20.	흐림, 센 바람	5.21.	맑고 바람	5.22.	맑고 바람
5.23.	흐리고 천둥	5.24.	맑음	5.25.	맑음	5.26.	맑음	5.27.	흐림
5.28.	큰비	5.29.	맑음	6.1.	맑고 일식	6.2.	맑음	6.3.	맑음
6.4.	맑음								

주: 위의 표 중 1월은 '윤1월'을 의미함.

다. 또한, 산해관 동쪽 사람들은 품성과 행실이 사나워 오랑캐의 기질을 갖고 있다고 적었다. '교육'에 대해서 강남 사람들은 독서를 즐기니 아이, 사공, 서원까지도 글을 알고, 산천, 고적, 토지, 연혁 등에 대해 능히 알고 있어 필담이 가능하지만, 강북 사람들은 문맹이 많고 대개가 무식하여 글을 써서 물어도 글을 몰라 소통이 어려웠다고 하였다. '상례'에 대해서는 강남의 명문거족이 죽으면 사당이나 정문을 세우지만 보통 사람들은 관을 사용하여 매장은 않고 물가에 놓아두니 소흥부성에서는 백골이 성 주변에 언덕을 이루고 있다고 적었다. 강북 양주 등지는 강가 또는 밭 사이 등 마을 안에 무덤이 만들어져 있다고 기술하였다. '민속'에 대해서는 강남이나 강북 모두 귀신을 위하고, 도교와 불교를 숭상하고 있다고 적었으며, 풍속과 관련해 음식은 한 탁자에서 한 그릇에 젓가락을 번갈아 가며 먹는다고 하였다. 말할 때는 손짓을 많이 사용하고 화가 나면 늘 입을 오므리고 침을 뱉으며, 점포엔 표지판이나 깃발을 달아 표시하고 행인들은 짐을 어깨에 지고 다니나 머리에는 이지 않는다고 적고 있다. 상업이 성행하여 벼슬아치나 호족 사람이라도 손수 저울을 가지고 다니며 작은 이익을 따지며, 관청의 통상적인 형벌은 대나무 매로 볼기 치기, 손가락 누르기, 돌 매달기 등이 있다고 기록하고 있다.

한편, 이러한 기록들에는 표류 기간 동안 일어난 일을 날짜별로 적어 놓았을 뿐만 아니라 심지어 그날의 날씨(기후)까지도 소상하게 일자별로 기록해 놓음으로써 당시의 자연 지리적 정보까지 제시해 주고 있다(표 2).

4. 나가며

모빌리티 렌즈는 과거로부터 이어져 온 현재의 사회를 변화와 생성의 관계로 이해하는 관점이다. 그리고 지역과 장소의 의미는 미리 존재하는 것이라기보다 모빌리티에 의해 만들어지고 변화하는 것으로 볼 수 있으며, 이는 결국 지역과 장소의 고유성이 중요하지 않다는 것이 아니라 오히려 중요하다는 의미로 해석될 수 있을 것이다. 왜냐하면 지역마다 독특한 모빌리티를 만들기 때문이다. 비록 최부의 『표해록』이 과거 15세기의 견문기라고 할지라도 이동 과정을 통해 서술되어 남겨진 정보들이 현재에도 영향력과 파급력을 줄 수 있다는 점에서 모빌리티 렌즈를 적용할 수 있을 것이다. 특히 『표해록』을 통해 본 중국의 지역에 관한 정보들은 그 이동 과정을 통해 지역의 고유성과 차이점을 드러내 주고 있다. 이러한 측면에서 최부의 『표해록』은 지리학적 정보 및 자료로서 지역의 고유성과 차이점이 비교·서술되고 있고, 모빌리티 렌즈의 관점에서도 지역 이미지 및 이와 관련한 정보를 이해하는 새로운 안목을 제공해 주는 작품이라고 할 수 있다. 물론 비교적 최근 개념인 모빌리티를 과거 문헌인 『표해록』에 적용시킬 수 있는가에 대해서 논란의 여지는 있겠지만, 그럼에도 불구하고 이 글이 모빌리티 이론을 완벽히 적용한 것이 아니라 모빌리티 렌즈로 적용하려는 시도였다는 점에서 차별성을 지닐 수 있을 것이다. 따라서 이 글에서는 모빌리티의 개념을 과거에서 현재로 이어지는 정보의 흐름과 확장의 개념으로서 살펴보았다.

모빌리티 렌즈는 사회와 공간의 특성과 변화를 이해하는 핵심으로서, 사회적 위치성은 정보·문화·정치·경제에 대한 사회적 관계를 토대로 개인(장소) 간 차이를 발생시킨다고 본다. 즉, 권력 차이는 모빌리티의 차이를 가져오고, 모빌리티 차이는 권력 구조를 공고히 하는 상호관계를 형성하는데, 이처럼 정보와 문화적 접근은 사회 신분이나 위치성과 밀접한 관계가 있다고 할 수 있다(부르디외 삐에르 저, 최종철 역 2006). 그런 의미에서, 무엇보다 이동할 능력이 있던 최부가 그를 따르는 42인을 이끌고(총 43인), 비록 표류 때문이기는 하지만 조선에서 명나라로 국경을 드나드는 이동 과정에 대한 지리적 변화와 지역적 이미지, 그리고 관련한 여러 문화적인 정보들을 자세하게 기록하여 제공하였다는 점은 현재에서 말하는 모빌리티의 복잡성과 관계성이 적용된(즉, 계급 간 차이를 반영한) 결과라고 할 수 있을 것이다.

본문에서 상기한 것처럼, 최부 『표해록』의 내용에는 이동 과정의 네트워크 속에서 얻은 상당한 지역 정보를 시·공간을 넘어 현재의 우리에게 제공해 주고 있다. 한정된 분량으로 인해 이 글에서 『표해록』의 그 많은 정보를 다 서술할 수는 없었지만, 조선에서 중국 명나라의 표류와 표착의 이동 과정 속에 겪은 최부의 타국 체험은 일방적인 체험으로 그친 게 아니라 같은 문명권 안에 살면서도 서로 고립되어 살던 사람들이 다양한 층위에서 만나는 상호 체험으로서 과거에서 현재로 이어져 내려오는 중요한 정보들이라 할 수 있을 것이다. 특히 당시 조선의 고립된 세계를 벗어나 보다 큰 세계를 마주함으로써, 중국 사회가 강남과 강북의 격차가 크다는 것, 강남의 물질적 풍요와 북경의 문물 번성에도 그늘이 있다는 것, 북경에서 의주까지의 영역이 중국에서 얼마나 황량한 변방인지 등을 체험한 것 등의 기록들은 문명권의 중심 국가였던 중국이 공간적, 문화적으로 분할되어 있다는 사실을 현재에도 전달해 주고 있다는 점에서 큰 의미가 있다. 이러한 사실은 기존의 이동과 여행에 대한 관점이 여행자의 시각과 대상화된 여행지 간의 이분법에 기초하고, 눈으로 드러나는(보이는) 여행지와 그곳 사람 및 문화의 고정성과 차이에 초점을 두고 있는 것과는 달리, 최부라는 조선 관료가 국가적 경계 너머의 중국이라는 지역에서 정치와 군사, 경제와 교통, 문화적인 네트워크를 형성하고, 그리고 그 네트워크와 함께 각국의 풍정, 유적과 건물, 천연지세와 기후 등에 대한 인식을 쌓아가며 그 인식이 변화하고 해석되는 경험이 전개되는데, 이런 점 때문에 모빌리티 렌즈로 재해석할 수 있다.

한편, 최부가 이동 과정의 모빌리티를 거쳐 기록한 상당한 지역 정보는 그 어느 사행록보다 더 충실하고 객관적인 내용으로 채워져 있다. 이런 기록의 가치가 지니는 시간과 공간의 구체성 때문에 『표해록』은 '당대 사회를 연구하는 참고 자료로서의 가치가 뛰어나다'는 평가를 받고 있다(서인석 2006, 103).[15] 향후에는 이러한 『표해록』에 대해 행한 모빌리티 렌즈로서의 접목 시도뿐만 아니라 더욱 현대적인 이해로 새롭게 조명되길 기대한다.

---

15. 시간이 불명확하고 지점이 똑똑지 않으며, 인물이 구체적으로 표기되어 있지 않은 「동방견문록」에 비해 『표해록』은 그 기록 가치가 지니는 시간과 공간이 구체적이라는 평가를 받고 있다.

참고문헌

김강식, 2015, "崔溥의 漂海錄," 해항도시문화교섭학 13, 293-311.

김경미, 2018, "최부『표해록』의 관광학적 고찰," 관광경영연구 22(4), 541-565.

김나영, 2018, "조선후기 변산반도 유람록의 관광학적 고찰: 소승규 유봉애산일기를 중심으로," Tourism Research 43(1), 1-16.

박원호, 2006, 최부 표해록 역주, 고려대학교출판부.

박원호, 2008, "최부, 『표해록』," 한국사 시민강좌 42, 45-61.

부르디외 삐에르 저, 최종철 역, 2006, 구별짓기: 문화와 취향의 사회학, 새물결(Bourdieu, P., La distinction: critique sociale du jugement, 1979, Paris: Les Editions de Minuit).

서인석, 2006, "최부의 『표해록』과 사림과 관료의 중국 체험," 한국문화연구 10, 97-132.

신병주, 2005, "표해록(漂海錄): 조선 선비 최부의 5백여 년 전 중국 견문기," 선비문화, 121 -123.

신병주, 2006, 조선 최고의 명저들, 휴머니스트.

안영길, 2007, "『표해록』 문화콘텐츠 만들기 연구," 동북아문화연구 12, 57-72.

어리 저, 강현수·이희상 역, 2014, 모빌리티, 아카넷(Urry, J., 2007, Mobilities, Cambridge: Polity Press).

여병창, 2016, "韓·中 역사문화교류의 유산과 활용," The Society of China Culture in Korea 50, 179-195.

윤명철, 2003, "해양사관으로 본 한국 고대사의 발전과 종언," 한국사연구 123, 175-207.

윤신희·노시학, 2015, "새로운 모빌리티스 개념에 관한 이론적 고찰," 국토지리학회지 49(4), 491-503.

이수진, 2017, "조선후기 제주 표류민의 중국 표착과 송환 과정: 제주계록을 중심으로," 온지논총 53, 107-133.

이용균, 2015, "모빌리티의 구성과 실천에 대한 지리학적 탐색," 한국도시지리학회지 18(3), 147-159.

이용균, 2019, "모빌리티가 여행지 공공공간의 사적 전유에 미친 영향: 터키 여행공간을 사례로," 한국도시지리학회지 22(2), 47-62.

최부 저, 방현희 역, 2016, 표해록: 조선 선비가 본 드넓은 아시아, 알마(崔溥, 漂海錄, 1488, 漢陽: 校書館).

최부 저, 서인범·주성지 역, 2015, 표해록, 한길사(崔溥, 漂海錄, 1488, 漢陽: 校書館).

최철호, 2010, "표해록(漂海錄)과 유교정신," 민족연구, 152-177.

Adey. P., 2010, Mobility, London: Routledge.

Cresswell, T., 2006, *On the Move: Mobility in the Modern Western World*, London: Routledge.

Sheller, M., 2011, "Mobility," *Scociopedia.isao 10*, 1-12.

Urry, J., 2007, *Mobilities*, Cambridge: Polity Press.

제4장

아름다운 자연, '명승(名勝)'과 여행기: 경관론의 관점에서 『서하객유기』 읽기[1]

신성희

1. 들어가며: 동아시아식 자연을 보는 방식

"Seeing comes before words. The child looks and recognizes before it can speak. (보는 것은 말보다 앞선다. 어린아이는 말을 할 수 있기 전부터 보고, 인지한다. 존 버거 1972)"

일찍이 존 버거는 자신의 『보는 방식(Way of Seeing)』이라는 저술의 가장 첫 줄에, 인간과 세계를 이해하고 감지하는 데 그 어떤 감각보다도 원초적으로 앞서는 시각의 위치를 위와 같이 적으며 시작하였다.

'본다'라는 것은 이처럼 인간을 바깥세상과 연결해 주는 그 무엇보다 압도적인 감각 행위일 것이다. 본래 자연은 인간에게 감상의 대상이 아니었다. 흙, 물, 바람 등의 여러 요소로 이루어진 물리적인 자연이 인간에게 미적으로 가치 있고 아름답게 보인다는 것은 인류사 어느 시점에서 새롭게 탄생한 일이었을지 모른다.

---

1. 이 글은 역사문화학회에서 발행하는 학술지 『지방사와 지방문화』 제23권 제1호에 게재된 필자의 논문을 수정한 것이다.

왜냐하면 그 이전에는 인간에게 자연이란 상당 부분 미지의(unknown) 불확실한 (uncertain), 그래서 위험한(risky) 세계였으므로 단순한 쾌락이나 즐거움의 대상 일 수 없었다.

따라서 자연의 특정한 모습이 시각적으로 훌륭하고 아름다우며 특별하다는 경험은 대상을 어떻게 보는가, 혹은 그 대상이 어떻게 보이는가에 달려있다고 말할수 있다. 특히 사람들은 '자연'의 모습을 볼 때, 원초적이며 순수한(primordial) 어쩌면 '진짜 세계'와 연결된 듯이 보다 강렬한 느낌을 받게 된다.

한편 중국식 자연 감상법에는 이른바 "三分實像, 七分像想"라는 것이 있는데, 자연의 모습은 30%는 실제 모습을 보고 나머지 70%는 상상력을 더하여야 더욱 더 그 아름다움을 잘 볼 수 있다는 뜻으로,[2] 있는 그대로 보이는 모습을 지각하는 것에 머물지 않고 상상력으로 빚어진 이미지까지 보려 하는 것이 진정하게 자연을 보는 법이라는 의미일 것이다. 그러나 상상력을 동원하여 자연을 잘 본다는 것이란 과연 어떻게 보는 것일까? 뒤에 이어질 이 글의 맥락에서는, 잘 본다는 것이란 결과적으로 시각적으로 경험한 바를 자세하고 생생하게 묘사하거나 상상력을 결합해 절묘하게 비유를 고안해 낸다든지 아니면 시대가 요구하는 문화 정치적인 의미를 부여하여 '기록'하거나 예술적인 '작품'으로 남기는 것이라고 할 수 있다. 아름답다고 칭송을 받는 명승지가 본래부터 아름답게 알려졌던 것은 아니다(김풍기 2014, 334). 어떤 우연이나 계기로 남겨진 기록과 작품 때문에, 점차 많은 사람에게 그리고 여러 세대를 거쳐서 아름다운 장소이자, 빼어난 절경으로서 각인되었을 것이다.[3]

중국에서 명승(名勝)이라는 자연에 대한 특유의 시선이 정형화된 데에는 이 글에서 다루고자 하는 『서하객유기(徐霞客遊記)』라는 여행기와 깊은 관련이 있다.

서하객은 서구의 과학과 종교가 유입되던 17세기 명나라 말기 문인으로서, 무

---

2. EBS1 세계견문록아틀라스 166회.
3. 오늘날 한국에서도 명승은 국가 수준 지정 문화재의 독립적인 카테고리로 다뤄지고 있을 정도로 자연의 보존과 관리체계에서 중요한 위치에 있다.

려 30여 년 동안이나 중국 여러 곳을 직접 다녔는데, 이는 중국 전 영토의 반절 정도 해당하는 광대한 범위이다. 여행하는 동안 그는 모든 여정을 거의 매일 일기의 형식으로 기록, 60만 자가 넘는 방대한 여행기를 저술하였다. 이때문에 서하객은 후대 사람들에게 탐험가 혹은 지리학자로 알려졌지만 실은 탁월한 표현과 문장으로 중국의 유기(遊記) 문학사에 한 획을 그은 인물이기도 하다. 이 글은 서하객이 여행을 하며 무엇을 보았고 어떻게 기록하였는가를 좇아가며, 중국 국토의 산천을 찾아가고 감상하는 오늘날의 중국인들의 시선 또한 그가 감탄하고 칭송한 방식으로 정형화되었다고 보고 있다. 이러한 맥락에서 중국식, 나아가 동아시아식 자연에 대한 경탄이자 자연과 문화를 연계해서 바라보는 특유 방식이라는 문화 지리학적 관점으로 특히 중국 산지 가운데에서 가장 아름답다고 알려진 황산을 여행하고 기록한 '황산(黃山)유람편'을 중심으로 서하객유기를 소개해 보고자 한다.

2. '보는 방식'으로 구성된 자연, 그리고 '명승'

1) 보는 방식과 경관론

보이는 것에 대한 서구의 이론에서 중요한 위치에 있는 개념은 단연코 '경관 (landscape)' 개념이다. 서구의 이론에서 경관(landscape)이라는 용어는 15세기~6세기경, 외부 세계를 보는 방식(ways of seeing)으로 출현하였다(Cosgrove 1986). 르네상스 시대의 공간에 대한 관념에서 비롯되었으나 동시에 새롭게 도시 부르주아가 소유하게 된 토지에 대한 측량과 상품화와 밀접하게 관련되어 구체화되었다(Cosgrove 1985, 46). 특히 신문화지리학의 경관은 대체로 '재현(represenataion)으로서의 경관'으로 다루어져 왔으며 '보는 방식(way of seeing)' 혹은 '텍스트'로 다루는 입장으로 이분화되어 있지만(진종헌 2013, 558) 두 입장 한계, 나아가

신문화지리학의 경관 접근법 자체의 한계를 지적하는 비재현(non-representa-tion) 경관론에 이르기까지 각각의 차이점과 동시에 상호 관련성은 여전히 복잡하고 역동적인 논의를 수반하고 있다.

그러나 한글 및 한자어가 지닌 '경관(景觀)'의 사전적인 의미는 '산이나 들, 강, 바다 따위의 자연이나 지역의 풍경 (국립국어원 2017)'이다. 오늘날 지리학 및 사회과학 이론가들에게 경관은 지표 위의 사상(事象)—자연 현상이나 인문 현상—의 시각적·기능적 배치와 질서를 의미하면서 동시에 그러한 물리적 구성을 넘어서 그 질서가 갖는 사회적·문화적 의미까지를 포함하지만(Cosgrove 1984, 1; 이영민 등 역 2011, 112; Meinig 1979 등), 본질적으로 경관이란 '(지표의 일부로서) 자연의 모습을 보는 방식'이었다. 영어권의 'landscape'는 'landshaft'라는 독일어에서 유래하였는데 란트샤프트는 '한 지점에서 가시적으로 볼 수 있는 지표의 일부'를 의미한다(전종한 2011, 18에서 재인용). 그러하기에 장소와 달리 경관은 자연의 윤곽 안에서 우리의 위치를 환기시킨다(Cosgrove 1989, 122).

2) 경관 신화와 명승

중국을 비롯한 동아시아 문화권에서는 진(眞), 선(善), 미(美) 가운데 특히 진정한 것, 아름다운 모습의 이상(ideal) 혹은 원형의 모습을 자연 속에서 찾으려 하였다. 이와 관련하여 오랜 세월 동안 여러 세대에 걸쳐 독보적으로 아름다우며 진정하다고 여겨지는 자연의 모습을 '명승'이라 부르는 특별한 시선이 형성되었다. 이는 중국과 한국을 비롯한 동아시아 특유의 자연을 '보는 방식'이라 볼 수 있는데, 이러한 시선으로 산수(山水)를 본다는 것은 단순히 수려한 경치와 장관을 즐기는, 쾌락과 유희의 차원에 머물지 않는다. 다시 말해 동아시아에서는 유교적 관점에서 자연을 보는데, 외부에 있는 자연의 아름다움을 내면으로 가져와 수양의 계기로 삼음으로써 더욱 성숙한 자아 및 도덕적인 존재로 나아가는 것이다(신성희 2016, 162).[4] 이는 자연을 보는 사람의 외부에 있는 것으로 객관화, 대상화하는 서구의 시선과는 확연히 다르다.

같은 맥락에서 한반도에서도 마찬가지로 강산(江山)의 수려한 모습은 민족적 자존심의 원천이었을 뿐 아니라, 수많은 예술작품 속에서 재현되는 상상력의 원천이었다(진종헌 2005). 명승은 역사적으로 여러 세대를 걸쳐 그 명성을 형성한다. 그런데 그곳으로 여행하려는 결심과 그곳으로 향하는 여정은 과거에서 부터 축적되어 온 독특한 산지의 상징과 의미의 경험을 다시 공감하고자 하는 전승 활동이기도 하면서 의지가 내재한 특유의 집합적인 문화 지리적 현상으로서 파악할 수 있다(신성희 2016, 152). 이때 목적지인 자연, 그리고 그 자연이 자아내는 경관은 인간 사회의 외부에 탈 역사적으로 존재하는 원초적인 자연이 아니라 역사적으로 누적된 역사경관이자 사회적으로 구성된 자연 즉, 사회적 자연(social nature)[5]이다. 사람 손을 타지 않은 객관적이고 원초적인 자연이 아니라는 의미이며 이때 자연의 모습은 문화경관으로 파악하여야 한다(전종한 2013, 564).

사실, 논리적으로 접근해 보면, 명승은 뛰어나게 아름답다고 공인된 자연의 모습인데, 상당히 이상한 면이 있다. 가령 한반도에서 가장 아름답다는 금강산이나 중국 황산의 사례를 보면 시야에 들어오는 특정한 산지의 모습이란, 보는 사람의 수만큼 존재할 것이며 보는 이마다의 미적 취향이 제각각 다르기 때문에 '제일 아름다운 산'이라는 획일적인 결론에 결코 도달할 수 없다. 따라서 대체 어떠

---

4. 근대 산업시기 이후에 형성된 관광(tourism)개념이 존재하기 전에, 수려한 산수강산의 여행을 "탐승(探勝)" 혹은 "유람(遊覽)"이라고 불렀다. 옛 문인들에게 있어서 '유(遊)'란 그냥 노는 것이 아니라 거기에 편안하게 자적하며 함께 어울러지는 것을 의미하기 때문이다(유홍준 2002). 그래서 조선시대에는 이를테면 "어려서 퇴계에게 배웠다"라고 하지 않고 "퇴계 밑에서 놀았다"라고 했다. 즉, 명산을 찾아 유람하는 것은 자연을 통해 정서를 함양하고 자연 교감하면서 사물에 대한 인식의 폭을 넓히는 계기로 삼는다는 의미이다.

5. '사회(적) 자연(social nature)'이라는 개념은 자연을 '사회' 및 문화와 연결 짓는다(Castree 2001; Braun 2002; Jin 2004). 즉, 사회 밖에 존재하는 외부적 자연(external nature), 불변의 가치와 속성을 지닌 내재적 자연(intrinsic nature) 그리고 시간과 장소를 초월하는 보편적 자연(universal nature)이란 존재하지 않는다(Castree and Braun 2001, 6-9). 자연의 경관은 자연에 대한 인간의 상호작용을 보여 주는 상징 이미지이며, 자연 자체가 역사적 맥락에서 사회적 개입에 의해 구성된다(신성희 2016, 154).

한 기준과 근거로 특정한 산지 한 곳이 수많은 산지 가운데 가장 아름답다고 여러 세대에 걸쳐 공인되었는지를 증명할 길은 없다.

그러므로 가장 아름다운 자연의 모습이라는 상징성은, 개별적인 시지각(視知覺) 현상들이 오랜 시간에 걸쳐 상징적인 프리즘에 모여지고 사회적으로 정형화되었기 때문에 그처럼 되기까지 어떤 강력하고도 지속적인 과정을 거치면서 유지될 수 있었을 것이다. 이러한 맥락에서 특정한 자연경관이 획득하는 '명승'은 일종의 경관 신화로 볼 수 있다. 바르트(Bartes, Roland)에게 신화란 집단적 표상과도 유사한데, "신화(myth)"란 논리적 귀결에 의해 도출된 지식이 아니라 일정한 왜곡이 수반된 것이며 이 왜곡은 사회적 의미화 과정의 산물이다(신성희 2016, 155에서 재인용).

3. 서하객유기의 내용과 특징

1) 저자 서하객의 이해

서하객(1587~1641)은 강음(江陰) 오승(梧塍) 사람으로, 오승 서씨라고 알려져 있다(배영신 2003). 그는 금(金)나라의 침략 때문에 남하하는 조정을 따라 항주(杭州)로 옮겨왔다고 한다.[6]

서하객은 본명이 홍조(弘祖)이고, 자는 진지(振之)이며, 하객은 그의 호이다(위

---

6. 오승 서씨의 시조는 서고(徐錮)로서, 북송(北宋) 때에 개봉부(開封府)의 최고 행정관리인 부윤(府尹)을 지냈다고 한다. 이후 4대조인 서수성(徐守誠)이 처주(處州)의 종사(從事)를 거쳐 남송(南宋) 녕종(寧宗) 경원(慶元) 연간(1195~1200)에 오현(吳縣)의 현위(縣尉)로 임직함에 따라, 오현의 치소인 지금의 소주(蘇州)로 이주했다. 얼마 후 5대조인 천십일(千十一)은 원(元)나라와의 전란을 피해 소주에서 강음의 오승리(梧塍里)로 이주했다. 이후 오승 서씨는 줄곧 오승리에 터전을 잡고 생활하다가, 서하객의 증조부인 14대조인 서흡(徐洽)에 이르러 강음의 양기(暘岐)로 분가했으며, 조부인 15대조 서연방(徐衍芳)에 이르러 다시 남양기(南暘岐)로 분가했다. 서연방은 아들 여섯을 두었는데, 이 가운데 셋째 아들이 서하객의 부친인 서유면(徐有勉)이다.

키백과). 그는 1587년 1월 5일에, 서유면과 왕(王)
부인 사이에 지금의 강소성 강음현 남양기에서
둘째 아들로 태어났다고 전해진다(김은희·이주노
역 2011).

어린 시절의 서하객은 "역사, 지리 서적들을 애
독하고 그림책을 보길 즐겼다. 서당에 다닐 때 선
생이 유교 경전 읽기를 독촉하면 몰래 지리책을
경서 밑에 감추어놓고 보곤 했다."는 것이다.[7] 또
한 서하객은 어렸지만 "대장부가 마땅히 아침에
는 푸른 바다를 보고 저녁에는 창오(蒼梧)를 보아
야 할 터이니, 어찌 한 구석에 스스로 갇혀 지내리

그림 1. 청나라 궁정화가 오준(吳
儁)이 그렸다는 서하객의 상

오"라고 되뇌곤 했다고 전해진다(拙稿 2002, 김은희·이주노 역 2011). 이렇게 성장
한 서하객은 나이 17세(1603년) 때 예기치 못한 시련을 겪었다. 그 해에 아버지 서
유면이 야방교(冶坊橋)의 별장에서 지내고 있었는데, 집안 노비들의 반란이 일어
났고 이때 서하객의 아버지가 큰 상처를 입고 끝내 이듬해에 세상을 떠나게 된
것이다.

2) 여행의 동기와 주요 여정

그 후로 몇 년 뒤에 서하객은 명망 있는 가문의 허(許)씨를 맞아 결혼했으나, 부
친을 잃은 깊은 슬픔과 바깥세상의 정치적 혼란으로 인해 더욱 세상에 염오하게
되어 알려지지 않은 세상의 곳곳을 가보려는 열망이 더 커지게 되었다고 한다(김
은희·이주노 역 2013). 그런데도 홀로된 어머니를 두고 차마 떠나지 못하였지만,
그의 마음을 헤아린 어머니가 "천하에 뜻을 두는 것이 사나이의 일이다. 논어에

---

7. 베이징관광국 한글공식사이트(2012)에서 재인용(http://www.visitbeijing.or.kr/article).

서 '길을 떠남에 반드시 가는 곳을 알려야 한다'고 하였다만, 멀고 가까움을 고려하고 날짜를 헤아려, 갔다가 약속한 날짜에 돌아오면 되나니, 어찌 너를 울타리 속의 꿩, 끌채 아래의 망아지처럼 꼼짝 못 하게 하겠느냐?(김은희·이주노 역 2011에서 재인용)"면서 아들이 떠날 수 있도록 짐을 꾸려주었다. 비로소 어머니의 격려에 힘입어 서하객은 명산대천의 여행을 시작하였다. 1607년 태호(太湖)를 시작으로, 그는 이후 30여 년 동안의 긴 여행을 멈추지 않았다(김은희·이주노 역 2013). 1640년 마지막 목적지인 운남에서 두 다리를 쓰지 못하는 중병을 앓아 고향으로 돌아오기까지 중국 전역의 답사를 대부분 도보로 다녔다.

그가 여행하였던 지점을 살펴보면, 동쪽으로는 바다를 건너 낙가산(落迦山)에 이르고, 서쪽으로는 국경에 미치고, 남쪽으로는 광동의 나부산(羅浮山)을 돌아보고, 북쪽으로는 반산(盤山)에 다다랐다(김은희·이주노 역 2011). 성으로는 강소·산동·하북·산서·섬서·하남·호북·안휘·절강·복건·광동·강서·호남·광서·귀주·운남 등을, 도시로는 현재의 북경, 남경 등을 산지로는 태산(泰山), 황산(黃山), 여산(廬山), 숭산(嵩山), 오대산(五臺山) 등의 중국 천하 최고의 명산들을 답사하였다. 그가 유람한 시기와 지역 및 관련 기록을 살펴보면 아래의 표와 같다.

명나라 시대에 집을 떠나 먼 곳으로 여행을 나서는 것은 극도의 체력소모와 식량부족, 그리고 야생동물의 위협과 길을 잃는 등 각종 위험에 자신을 전부 노출하는 것이었다. 서하객의 여행길 또한 동행했던 하인과 승려 등이 이동하는 중에 도망하거나 사망하는 등, 고행과 고난의 연속이기도 하였다.[8] 무엇보다 광대한 지역을 두 발로 걸어 다니다 보니 이로 인해 굶주림과 도적의 갈취 등 갖은 고초들을 겪으면서도 여행을 멈추지 않았지만, 오래고 머나먼 여행길 내내 견뎌온 육체의 고통은 끝내 서하객에게 큰 병을 얻게 하였고 따라서 그의 끈질겼던 여행의 기록 또한 멈추게 되었다(1639년 9월 14일, 김은희·이주노 역 2011). 그리고 이처

---

8. 1636년 9월 서하객은 3년여에 걸친 유람길에 올랐는데, 강음 영복사의 정문스님, 두 하인이 동행했다. 그러나 하인 중 하나는 출발한 지 보름도 되지 않아 도망가고, 정문스님은 1637년 광서를 유람하던 중에 사망하였으며 남은 하인도 2년 뒤에 떠났다(김은희·이주노역 2011).

표 1. 서하객의 여행시기와 방문지

연월	방문지	기록상의 기간	기록여부
1607년(만력35년)	太湖		유람 기록 없음
1609년(만력37년)	泰山, 孔陵, 孟廟		유람 기록 없음
1613년(만력41년)	紹興, 寧波, 落迦山, 天台山, 雁宕山	3월 30일~4월 15일	「遊天台山日記」 「遊雁宕山日記」
1614년(만력42년)	南京		유람 기록 없음
1616년(만력44년)	白岳山, 黃山, 武彝山	정월 26일~2월 11일, 2월 21~23일	「遊白岳山日記」 「遊黃山日記」 「遊武彝山日記」
1617년(만력45년)	宜興善卷洞, 張公洞 등		유람 기록 없음
1618년(만력46년)	廬山, 黃山	8월 18~23일, 9월 3~6일	「遊廬山日記」 「遊黃山日記後」
1620년(태창원년)	九鯉湖	5월 23일, 6월 7~11일	「遊九鯉湖日記」
1623년(천계3년)	嵩山, 太華山, 太和山	2월 19~25일, 2월 그믐~3월 15일	「遊嵩山日記」 「遊太華山日記」 「遊太和山日記」
1624년(천계4년)	荊溪, 勾曲		유람 기록 없음
1628년(숭정원년)	福建 남쪽 羅浮山	3월 11일~4월 5일	羅浮山 유람 기록 없음 「閩遊日記前」
1629년(숭정2년)	北京, 盤山, 崆峒山, 碣石山		유람 기록 없음
1630년(숭정3년)	福建	7월 30일~8월 18일	「閩遊日記後」
1632년(숭정5년)	天台山, 雁宕山	3월 14~20일, 4월 16~18일, 4월 28일~5월 8일	「遊天台山日記後」 「遊雁宕山日記後」
1633년(숭정6년)	五臺山, 恒山, 福建省	7월 28일~8월 11일	복건성 유람 기록 없음 「遊五臺山日記」 「遊恒山日記」
1636년(숭정9년)	浙江省, 江西省	9월 19일~12월 30일	「浙遊日記」「江右遊日記」
1637년(숭정10년)	湖南省, 廣西省	1월 1일~12월 30일	「楚遊日記」「粤西遊日記」
1638년(숭정11년)	廣西省, 貴州省, 雲南省	1월 1일~12월 30일	「黔遊日記」「滇遊日記」
1639년(숭정12년)	雲南省	1월 1일~9월 14일	「滇遊日記」
1640년(숭정13년)	雲南省에서귀향		유람 기록 없음

자료: 김은희·이주노 역 2011

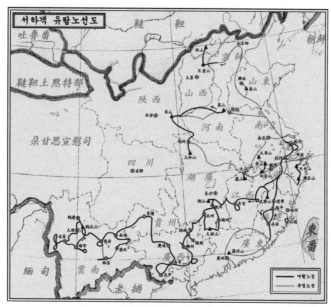

그림 2. 서하객이 여행한 곳들을 표시한 지도

자료: 김은희·이주노 역 2011

럼 위대하고 장대한 여행과 서사를 남긴 채, 서하객은 몇 해 후 결국 생을 마감하게 된다.

3) 유기의 위상과 가치

(1) 지리서로서 유기의 내용과 특징

서하객유기는 유기라는 문학적 기술적 성과 이외에도, 당시 여행의 위험과 험난함을 감수하며 중국 각지를 답사해 직접 고찰하고 들은 바를 상세히 표현한 뛰어난 지리서로 볼 수 있다. 즉, 서하객유기는 일기의 형식으로 경물을 묘사하고 섬세한 정서를 표현했다는 점에서 유기문학의 전통을 잇지만, 각지의 산천과 지형에 대해 객관적으로 기술했다는 점에서 지리지의 전통을 계승했다고 평가받는다(배영신 2003; 김은희 2007). 그 예로 서하객은 중국의 카르스트 지형의 분포와 이러한 지형에서의 물의 작용을 면밀히 관찰하여 그 결과를 기록한 부분을 살펴볼 수 있다. 서하객은 카르스트 지형에서 흔히 나타나는 지질 현상과 지형의 변화에 대해서 관찰하고 형성원리에 대해서 과학적으로 설명하였는데 이는 카르스트 지형에 대한 세계 최초의 보고로서 가치를 인정받고 있다(배영신 2003; 김은희·이주노 2011). 이 때문에 서하객을 자연지리학에서도 동굴연구의 선구적 역할을 한 것으로 여겨진다. 근대적인 교통수단과 여행 여건이 존재하지 않던 당시에 서남지방을 여행하는 것은 감히 상상키 어려운 일이었지만, 서하객은 그의 두 발로 모든 여정을 다녔으며 서남지역의 자연환경의 특징을 고찰하여 기록하였기에 결과적으로 당시 서남지역의 자연과 문화에 관한 유일한 사료를 남기게도 되었다.

중국은 지리적으로 석회암 지형이 양쯔강의 남동쪽과 항주(杭州)부터 서쪽으로는 운남(雲南)에 이르기까지 광활한 범위에 분포하고 있으며 이 가운데 서하객이 답사하고 관찰한 석회암 동굴만 하여도 이백여 종에 달한다고 한다(拙稿 2002). 이 방면에 있어 서하객은 다른 어떤 유기 작가들보다 모양이나 특징을 사실적으로 묘사하는 데 있어서 탁월하였다. 이러한 특징이 드러난 곳의 예시로는 '그 안은 더욱 이어져 두 개의 하늘로 통한 문을 지나 길은 점점 동북쪽으로 꺾여 있었다. 그 안쪽으로 "화병에 꽂힌 대나무", "펼친 그물", "바둑", "여덟 신선", "만두" 등의 종유석들이 있는데 양쪽으로는 선재동자(善財童子)가 있고 가운데 관음상들이 있었다. 안내하는 사람이 길을 재촉하기에 억지로 멈추게 하고는 세밀히 살펴보았다. 이것에 눈을 돌리면 저것이 안 보였다. 그러나 내가 보고자 하는 것은 여기에 있지 않았다. 또 절벽을 지나 올라가니 종유동에 물이 고여 있었다(배영신 2003, 8에서 재인용)'와 같은 부분들이다.

서하객유기는 직접 현지를 답사하고 산계(山系)와 수계(水系)를 과학적으로 접근하였으며, 수계를 고찰하며 하천의 수량과 색깔, 물길의 유속 등의 계절에 따른 변화를 조사하고 지하수의 물길도 조사하는 한편, 여러 폭포와 호수, 샘, 온천 등의 발생 원인을 분석하고 특징을 기술하였다. 아울러 각지의 농산물과 임산물,

광물, 약재 등의 지리적 분포와 특징, 용도를 기술하고, 기후환경과 식물의 상관관계에 대해서도 살펴보았다(배영신 2003; 김은희·이주노 2011).

지금까지 중국 문학계에서는 서하객유기를 주로 '지리서'로서 다루고 평가하여왔다. 그리고 지리적인 기술과 과학적인 설명이 풍부한 서하객유기는 이 점 때문에 '예술작품으로서 문학적 매력이 감소된다'는 것이다(江寧 2002; 배영신 2007). 하지만 과거에 선비와 문인이 도성을 떠나 산수로 들어가는 데에는 대체로 정치적 맥락이 개입되었지만, 서하객은 오직 자연의 경치 그 자체에만 시선을 고정하고 사실적인 탐구를 하여 기록하였기에 서하객의 문장은 상세하면서도 담백하다. 이것이 가능하였던 것은 서하객이 역사서, 지리서 및 명나라 말기에 이미 상당히 유입되었던 서양의 과학서를 읽고 이러한 지식을 충분히 축적하고 있었던 것에서도 찾을 수 있다(배영신 2007; 이주해 2011).

이러한 연유에서, 다시 앞으로 돌아가 서하객유기가 지리서로서, 과학적이고 사실적이며 논리적인 문장으로 인해 예술적 매력이 감소되는 것이 아니며 오히려 문학작품으로서도 더욱 높은 가치를 획득하기에 이른다. 대표적으로 전겸익(錢謙益)은 이 유기를 '세상의 참된 글이요, 위대한 글이요, 독특한 글(世間眞文字, 大文字, 奇文字)'이라고 극찬을 아끼지 않았다(拙稿 2002, 김은희·이주노 2011).

(2) 여타 학문분야에서 유기의 가치

60만 자가 넘게 기록된 방대한 분량의 서하객유기는 지리서로서, 문학 및 예술작품으로서의 인정되는 독보적인 가치만이 아니라, 다른 학문 분야에서 찾아내고 있는 가치와 의의가 풍부하다.

우선, 서하객유기는 역사학에서도 대단히 중요한 사료이다. 서하객이 생존했던 명나라 말기에는 환관의 발호, 후금(後金)의 침공, 계속되는 농민반란과 이자성(李自成)의 난 등 정치·사회적으로 매우 혼란했던 시기였다. 이러한 혼란기에 중국의 곳곳을 답사하였던 서하객은 당시의 다양한 계층과 특히 하층민의 생활상을 직접 포착할 수 있었으며, 여기저기에서 창궐하는 도적 떼의 만행과 이로 인한 민중의 참상을 사실적으로 기록하였다. 또한 여행 중에 답사한 각지의 행정 중심지와 군사요충지에 대해 상술하였는데, 주(州)와 현(縣) 등의 각급 행정 단위별 치소와 관할구역을 기준으로 연혁을 살피고 군사요충지의 지형과 규모, 성벽과 같은 방어시설 등에 관하여 관찰된 바를 꼼꼼히 기록했다. 이러한 기록들은 명 말의 사회사 연구에 없어서는 안 될 귀중한 자료로 평가받고 있다(배영신 2003; 김은희·이주노 2011).

또한 서하객유기는 특히 동아시아 문학사(史)에서도 중요한 의미를 지니고 있다. 중국의 명청시대에는 여행기 즉 '유기(遊記)' 문학이 성행한 시기였다(이주해 2011, 203). 비슷한 시기인 17세기의 유럽에서도 그랑 투어(grand tour)라는 상류계층의 여행이 유행하였는데 당시 부를 소유한 귀족만이 할 수 있는 수준 높은 교양을 쌓기 위한 여행이었다. 배영신에 의하면 중국 혹은 동양의 유기문학은 "감정이나 태도를 표현하기 위한 것으로서 본래의 사물이나 영상뿐만 아니라 보다 큰 표현적 의미로서 독자들의 상상력을 자극하는 문학적인 언어를 가지고 산수자연의 경물 및 연도의 풍속인정 혹은 고사 등 작가 자신이 직접적으로 보고 듣고 느낀 바를 여행의 경로에 따라 기술한 산문형식(배영신 2007)"이다. 중국 유기문학의 발달에 관한 논의는 柳宗元의 開山祖에서 시작한다고 해도 과언이 아니다. 유종원 이전의 元結이 山水記를 시도하여 산수의 경관과 자신의 사상을 더한 짧은 산문을 지었으나, 지리 환경 묘사를 더해 본격적으로 산수유기로 발전시킨 사람으로 꼽히는 이가 바로 유종원이다. 하지만 여정이 빠져 있거나 간략히 제시되어 있다. 王立群은 여정, 경관, 정감을 유기문학의 필수 3요소라 하였는데 유종원의 글에서는 '여정'이 빠져 있어 온전한 유기로 보기 어렵다고 보았다(이주해 2011, 04). 유기에서 혹은 여행기에서 여정의 기록에 대한 위상은 '먼 곳에 대한 동경과 미지의 것을 알고자 하는 욕구'라는 빈프리트 뢰쉬부르크[9]의 언급을 상기할 때, 그 여행을 가지 못하는 독자에게 가장 궁금하면서도 여행기를 읽는 핵심

---

9. 『여행의 역사』(이민수 역 2003, 효형출판사)의 저자이다.

적인 정보로 볼 수 있다. 서하객은 자신의 유기에서 다닌 곳마다의 상세한 여정을 기초로 하여 신화와 민간전설을 풍부하게 소개하고, 각지의 역사적 인물들에 대한 많은 자료를 수집·정리했다(拙稿 2002).[10] 특히 유기문학의 측면에서, 그는 "유종원의『영주팔기(永州八記)』, 범중엄(范仲淹)의『악양루기(岳陽樓記)』, 주희 (朱熹)의『백장산기(百丈山記)』등 유기문의 전통을 잇고 있는데, 특히 육유(陸游) 의 '일기체' 문장의 직접적인 영향을 받았다(김은희 2007).". 이처럼 서하객유기는 이전의 유기문학의 성과를 계승하고 있으면서도 서하객 나름의 독자적인 경지 를 구축하였다고 평가받고 있다.

한편, 민속학적 측면에서도 특히 소수민족 연구에 있어 서하객유기는 풍부한 자료를 제공해 주고 있다. 서하객이 유람했던 지역 가운데, 호남성과 광서성, 귀 주성, 운남성은 수많은 소수민족이 거주하고 있는 곳이다(김은희·이주노 2011). 유 람 중에 그는 요족(瑤族), 장족(壯族), 묘족(苗族), 흘료족(仡佬族), 이족(彝族), 납서 족(納西族) 등의 다양한 소수민족을 만났으며, 이들의 생활상과 풍속, 생산물 등 에 대해 상세히 고찰하였다(배영신 2003). 특히 그는 소수민족 내부의 정치적 갈등 을 목격하고, 소수민족과 중앙정부와의 관계, 가령 중앙정부에서 파견된 관리와 토착 세력 간의 알력 등에 대해서도 언급하고 있다(김은희·이주노 2011). 소수민족 에 관한 문헌 등이 희소한 상황에서 이러한 기록들은 대단히 가치 있는 자료가 된다. 요약하면 서하객유기는 당시의 정치·경제·사회·문화 및 생활상들을 상 세하고 생생히 기록하고 있어서 명대 말기 사회의 백과사전처럼 여겨지고 있다.

(3) 지역별 유기의 기록과 특징

장대한 여행은 일기의 형식으로 기록되었는데 여행 중에 며칠간의 일정을 한 꺼번에 기록된 경우도 있었지만 대체로 일기는 그날그날 적혔다. 그리고는 여행 을 마치고 돌아온 후에 종합적으로 보완·정리했다고 전한다. 현재 전해지고 있

---

10. 예를 들어 제갈량(諸葛亮)이나 안진경(顏眞卿), 유종원(柳宗元), 주희(朱熹) 등의 유적과 분묘를 탐방하여 비문을 탁본하기도 하였다.

는 일기는 60여만 자에 이르지만, 서하객의 사후 전란 중에 일부가 소실되거나 또는 분실되어 사라진 기록이 약 20여만 자에 이르리라고 추정되고 있다(김은희 2007). 서하객유기는 후에 여러 사람에 의하여 정리되어서 다양한 판본이 존재한다. 이처럼 판본이 다양하게 출현했던 것은 서남부 지역의 여행에서 돌아온 서하객이 갑작스레 세상을 떠났기 때문이다. 특히 1636년 이후의 서남부 지역 여행의 기록은 서하객의 생전에 정리되지 못하였고, 후세 사람의 몫으로 남겨지게 되었다. 서하객이 세상을 떠난 후 가장 시급한 일은 그가 남겨놓은 유람일기, 특히 서남부 유람일기를 정리하는 일이었을 것이다(김은희·이주노 2011). 현전하는 서하객의 지역별 기록은 아래와 같다.

이상의 서하객이 30여 년간 유람하였던 일기 형식의 여행기는 후에 여러 판본으로 필사되었다. 본래 『서하객유기(徐霞客遊記)』라는 명칭도 저자가 직접 붙인 명칭이 아니며 기록이 전해진 후대에 불리게 된 통칭이다. 따라서 판본마다 각기 다른 명칭이 존재하며 각 판본에 따라서 그 체제와 내용 역시 차이가 난다(김은희 2007).

한편, 표 2에 서하객의 답사지들을 살펴보면, '황산(黃山)'을 시차를 두고 유일하게 두 차례나 답사하여 기록을 남긴 것을 알 수 있다. 서하객은 왜 황산을 거듭 답사하여 여행기를 남겼던 것일까?

표 2. 서하객유람기의 지역별 구성

● 천태산 유람일기(遊天台山日記)	● 숭산 유람일기(遊嵩山日記)
● 안탕산 유람일기(遊雁宕山日記)	● 태화산 유람일기(遊太和山日記)
● 백악산 유람일기(遊白岳山日記)	● 복건 유람일기 전편(閩遊日記前)
○ 황산 유람일기 전편(遊黃山日記)	● 복건 유람일기 후편(閩遊日記後)
● 무이산 유람일기(遊武夷山日記)	● 천태산 유람일기 후편(遊天台山日記後)
● 여산 유람일기(遊廬山日記)	● 안탕산 유람일기 후편(遊雁宕山日記後)
○ 황산 유람일기 후편(遊黃山日記後)	● 오대산 유람일기(遊五臺山日記)
● 구리호 유람일기(遊九鯉湖日記)	● 항산 유람일기(遊恒山日記)
	● 절강 유람일기(浙遊日記)

4) 황산(黃山) 편의 조명: 산의 상징과 기록

(1) 명산 중의 명산, 명승인 황산

황산은 본래 이산(黟山)이라 불렸는데, 중화민족의 시조인 황제(黃帝)가 수하들을 이끌고 이곳에 와서 득도하여 승천하였다는 설화가 있다. 당 천보(天宝) 6년 (747)에 도교를 신봉했던 현종(玄宗)이 지금의 황산이라는 이름으로 바꿨다고 전한다(중국행정구획총람 2010).

황산은 안후이성의 가장 남쪽에 위치한 도시인 황산시(市)에 위치한 산지인데 전체 면적은 대략 154km²이다(유네스코 세계유산 홈페이지). 황산의 안개구름은 파도가 수많은 산을 말아 올리고 솜털이 깊은 계곡을 덮은 것 같아서 황해(黃海)라 칭해지기도 한다(김은희·이주노 2011).

유네스코가 조사한 황산의 지형 및 지질 경관으로는 수많은 기암과 봉우리들, 폭포, 호수, 온천 등이 있다. 약 1억 년 전에 중생대의 지각 운동과 잇따른 융기 작용을 거치면서 옛 해양인 양쯔 해(揚子海 Yangtse Sea)가 사라지고 나서 이곳에는 수많은 봉우리가 형성되었다고 한다. 특히 빙하 작용과 지질 구조의 활동으로 발생한 습곡과 단층 지괴, 그리고 석회질 모래사장, 폭포, 계단식 호수 등 고지대 카르스트(karst) 지형이 특징적임을 보고하고 있다. 또한 빙하지형도 탁월하여 U자형 계곡, 횡흔의 원형 암석들이 있으며 기암(奇巖), 폭포, 호수 그리고 온천이 있다. 조산 운동이 일어나던 시기에 형성된 화강암은 세로 방향의 마디가 잘 발달한 것이 특징이며 그로 인해 인상 깊은 동굴과 산마루, 계곡이 많다(유네스코 세계유산센터[11]).[12]

---

11. 유네스코 세계유산센터(http://whc.unesco.org/en/list/547/)
12. 한편 식생의 종과 수량이 풍부하여 해발 800m 아래에는 마미소나무가, 800~1,800m에는 황산소나무라는 소나무가 유적의 절반 이상을 덮고 있으며 해발 600m와 1,100m 사이에는 습지 상록수림이, 1,100m부터 1,800m까지는 낙엽수림이, 그 위로는 고산 초지가 펼쳐져 있다고 한다.

그림 3. 황산이 위치한 안후이성
및 황산의 위치

"오악귀래 불간산(五岳歸來 不看山), 황산귀래 불간악(黃山歸來 不看岳) 오악에
다녀오면 다른 산들이 보이지 않고, 황산에 다녀오면 오악이 보이지 않는다."

서하객은 황산을 다녀온 후, 이 산을 중국의 오악(五岳) 이상의 명산(明山)이라
고 극찬하였고 이 말은 후대에 더욱 황산의 모습을 견줄 데 없이 탁월한 명승이
자 빼어난 경치로 각인시켰다.

황산은 역사적으로 다양한 장르의 예술과 문학을 통해 끊임없이 찬사받아 왔
고 그리하여 일종의 황산 문화가 형성되었다. 이와 관련하여 황산은 다채롭고 기
이한 경관적 특징으로 인해 다양한 문학적 표현, 회화 양식 등을 탄생시키기도
하였다. 우선 봉우리들을 휘감는 구름이 바다처럼 퍼져 있는 독특한 경치로 잘
알려져 있는데 이 때문에 '운해(雲海)'라는 말이 생겼다고 전해진다. 운해와 봉우

그림 4. 운해(雲海)로 덮인 황산의 모습

자료: 임용택 촬영(2008)

리, 초목(草木)이 어우러져 자아내는 경관은 동양 수묵화의 먹과 농담의 여백을 그대로 느끼게 하여서, 서양인들이 황산을 보고서야 동양화를 이해하게 되었다는 말이 있을 정도이다. 또한 16세기 중엽에 번성했던 중국 산수화의 중심 제재였는데 황산이 있었기에 중국 산수화 양식이 등장하고 정립된 것이라 보는 견해도 있다.

(2) 황산의 여행과 기록

앞서 언급하였듯이 서하객은 1616년 2월, 1618년 9월 두 차례 황산에 올랐다.[13] 그리고 전-후 두 편의 기록을 남겼다. 황산을 처음 오른 것은 서하객의 나이 31세되던 해였다(1616년). 백악산을 유람한 후 2월 3일부터 11일까지 9일 동안의 황산 답사였다. 첫 번째 황산을 유람하였을 때의 주요 여정은 백악산(白岳山)에서 시작하여 고교(高橋)-탕구(湯口)-상부사(祥符寺)-자광사(慈光寺)-천문(天門)-평천강(平天矼)-광명정(光明頂)-사자림(獅子林)-접인애(接引崖)-석순강(石笋

---

13. 「황산 유람일기」는 서하객이 만력(萬曆) 44년(1616년), 그의 나이 31세에 처음으로 황산을 유람했던 기록이다.

砠)-천창(天窓)-송곡암(松谷庵)-청룡담(靑龍潭)-비래봉(飛來峰)-대비암(大悲
庵)-백보운제(百步雲梯)에서 다시 탕구(湯口)로 들어가 동담(東潭)으로 나왔다(김
은희·이주노 역 2011). 특기할 만한 것으로는 2월 4일의 기록을 보면 탕구(湯口)란
천연 온천수가 흐르던 곳임을 알 수 있다.

"20리를 나아가 탕구(湯口)에 이르렀다. 향계(香溪)와 온천 등의 여러 물길이 거
쳐 나오는 곳이다. 길을 꺾어 산으로 들어갔다. 시내를 따라 점점 위로 올라가
자, 눈 속에 발목이 빠졌다. 5리를 나아가 상부사(祥符寺)에 이르렀다. 탕천(湯
泉)은 시내 너머에 있었다. 모두들 옷을 벗고 탕 속에 들어갔다. 앞쪽으로는 시
내를 굽어보고, 뒤로는 암벽을 등지고 있다. 삼면은 모두 돌로 쌓아 올리고 위
에는 다리처럼 돌을 둘렀다. 탕지의 깊이는 석 자. 때는 아직 겨울의 추위가 풀
리지 않았는데도 뜨거운 온천의 수증기가 모락모락 피어오른다. 물거품이 탕
바닥에서 콸콸 솟구쳐 올랐다. 진한 향기가 피어올랐다. 二十里, 抵湯口, 香
溪 溫泉諸水所由出者. 折而入山, 沿溪漸上, 雪且沒趾. 五里, 抵祥符寺. 湯
泉在隔溪, 遂俱解衣赴湯池. 池前臨溪, 後倚壁, 三面石甃, 上環石如橋, 湯深
三尺, 時凝寒未解, 而湯氣鬱然, 6) 水泡池底汨汨 (김은희·이주노 역 2011)."

「황산 유람일기 후편」은 1618년에 서하객이 두 번째 황산에 오른 후 남긴 기록
이다. 황산에 처음 갔을 때 천도봉과 연화봉에 가지 못했기 때문에 후편에서는
이 두 봉우리에 이르는 동안 경험하게 된 특별한 풍광에서 느낀 정취를 매우 생
생하게 묘사하여 기록하여 두었다. 가령 9월 4일의 기록을 보면 이러한 사실적이
고 생동감 넘치는 문장들을 곳곳에서 읽을 수가 있다.

"석문(石門)으로 돌아들어 천도봉 옆구리를 넘어 내려갔다. 천도봉과 연화봉의
두 꼭대기가 하늘에 수려한 자태를 드러냈다. 길가의 갈림길에서 동쪽으로 올
라갔다. 이 길은 전에 가보지 않은 길이었다. 앞으로 걸음을 빨리하여 쭉 올랐

다. 거의 천도봉의 옆에 닿을 즈음, 다시 북쪽으로 올라가 바위 틈새로 걸었다. 바위 봉우리마다 바짝 붙어 솟아 있고, 길은 바위 사이로 구불구불 이어져 있다. 길이 막힌 곳은 길을 뚫어내고, 길이 가파른 곳은 층계를 만들었으며, 길이 끊긴 곳은 나무를 대어 길을 내고, 허공에 떠 있는 곳은 사다리로 이어 놓았다. 아래로 굽어보니 깎아지른 듯한 낭떠러지는 스산하기 그지없다. 단풍나무와 소나무가 엇섞여 오색 빛깔이 어지러이 입혀져서 그림과 비단자수처럼 눈부시게 빛났다. 轉入石門, 越天都之胁而下, 則天都 蓮花二頂, 俱秀出天半, 路旁一岐東上, 乃昔所未至者, 遂前趣直上, 幾達天都側. 復北上, 行石罅中. 石峰片片來起; 路宛轉石間, 塞者凿之, 陡者級之, 斷者架木通之, 懸者植梯接之. 下瞰峭壑陰森, 楓松相間, 五色纷披, 灿若图绣. (김은희·이주노역 2011)"

두 번째 황산길은 두 개의 봉우리에 올라가는 만큼, 서하객에게 상당히 험준하였지만 여행 도중에 만난 경치들은 황산의 모습 중에서도 생전에 본 적이 없는 기이한 경관이었다고 기록하였다. 아래는 다시 9월 4일의 일기 가운데 일부를 옮겨 온 것이다.

"생각해 보니 황산 유람은 마땅히 평생의 진기한 일임에도, 이번처럼 기이한 경관은 이제까지 한 번도 구경한 적이 없었다. 이번 유람은 유쾌하면서도 부끄럽도다! 因念黃山當生平奇覽, 而有奇若此, 前未一探, 兹遊快且愧矣!
(중략)
문수원은 왼쪽으로는 천도봉(天都峰)이요, 오른쪽으로는 연화봉(蓮花峰)이며, 등 뒤로는 옥병풍(玉屛風)에 기대어 있다. 두 봉우리의 빼어난 경색은 손을 내밀면 잡힐 듯했다. 사방을 둘러보니, 기이한 봉우리가 들쑥날쑥 늘어서 있고, 뭇 골짜기는 제멋대로 뻗어 있다. 참으로 황산의 명승지로다! 다시 오지 않았더라면, 이처럼 기이할 줄이야 어찌 알 수 있었으리오? 떠돌이 스님인 징원(澄源)을 우연히 만나니, 유람의 흥취가 더욱 솟구쳤다. 左天都, 右蓮花, 背倚玉屛

그림 5. 황산 봉우리 및 식생의 모습
자료: 김영동 촬영(2015)

風, 兩峰秀色, 俱可手擎. 四願奇峰错列, 衆壑縱橫, 眞黃山絶勝處! 非再至, 焉知其奇若此? 遇遊僧澄源至, 興甚勇. (김은희·이주노 역 2011)"

　광활한 국토와 풍부하고 다채로운 문화의 규모를 자랑하는 중국에서도 손꼽히는 명승지인 황산은 오늘날에도 유네스코 세계유산(복합유산)으로 등재되어 있다. 현재에도 황산은 명실상부한 중국이라는 로컬을 넘어 세계의 눈에도 아름다운 자연의 모습이라는 '시선'에 위치한다.

　해석해 보건대, 과거로부터 형성되어 전해오는 아름다운 절경이자 명승이라는 황산의 상징성과 역사성이야말로 황산에 대한 세계의 인증된 시선-탁월한 보편적 가치(outstanding universal value)를 인정받은 세계유산이라는-을 고정하는 데 결정적인 역할을 하였다고 볼 수 있다. 유네스코가 세계유산으로 지정해 "중국의 가장 아름다운 산으로 알려지게 된 황산(黃山, Mount Huangshan)은 중국 역사 속에서 예술과 문학을 통해 끊임없이 찬사받은 곳이다. 예를 들면 16세기 중엽에

그림 6. 황산 경관을 감상
하는 관광객들
자료: 김영동 촬영(2015)

번성했던 '산수화' 양식을 예로 들 수 있다. 이 산은 구름바다 위로 모습을 드러낸 수많은 화강암 봉우리와 바위가 연출하는 장엄한 풍경으로 유명하며, 오늘날에도 이곳을 찾는 방문객, 시인, 화가, 사진가들을 변함없이 매혹시키고 있다(유네스코 세계유산센터)"고 기술하고 있다. 즉 황산이 역사적으로 그리고 현재에 이르기까지 예술과 문학 작품의 대상이 되어 오고, 가장 아름다운 산으로 알려져 많은 방문객이 찾는 곳이라는 점이 강조된 것이다.

요약하면 황산은 로컬과 글로벌을 넘나들며 중국 천하에서 '가장 아름다운 자연의 모습'을 자아내는 최고의 '명승'을 경험할 수 있는 장소가 되었다. 이처럼 천하 명승 황산이라는 수많은 인용의 원천을 찾아 올라가 보면, 중국 역사상 가장 위대한 여행가이자 문인으로 평가되는 서하객이 남긴 여행기에 도달하게 된다. 중국 각지를 여행하면서 자신만의 눈과 마음으로 자연을 고찰하였던 서하객 특유의 시선은 그가 남긴 아름다운 황산에 대한 생생한 기록을 읽음으로써 독자들은 시간을 뛰어넘어 바라보고 공감할 수가 있게 된다. 그러하기에 사람들에게 명승이란 아름다운 자연경관 그 자체만으로는 성립하지 않는다는 것을 알 수 있다. 특정한 자연의 모습에 역사 문화적 사건과 인물이 남긴 기록이나 흔적이 더해짐으로써 비로소 명승이라 인정되고 확인됨을 서하객유기를 탐독하면서 깊이 깨닫게 된다.

4. 나가며

명승이라는 특별한 자연을 보는 방식을 통해 많은 문인은 특정한 자연의 모습을 선택해 회화, 문학 등의 작품으로 남겨 후대로 전승하고 있다. 명승은 독보적으로 아름답다고 여겨지는 자연의 모습을 일컫는데, 오늘날 동아시아 문화권에서는, 중요 문화재(文化財, heritage)로서 국가가 공공성을 두어 보존하고 관리한다. 이 글에서는 서하객이라는 중국 명나라 말기의 여행가가 남긴 여행의 기록들을 아름다운 자연의 모습인 명승을 찾아내는 데 있어[14] 현장답사와 경물의 관찰이라는 실증적 접근 그리고 일기라는 문학적인 형식을 결합한 결과물이라는 관점에서 저술의 가치와 특징을 살펴보았다.

중국 역사를 살펴보면, 서하객의 여행 이전에도 대탐험과 여행 그리고 이에 대한 기록은 다수 존재했다. 가령 한(漢)나라 때에 장건(張騫)은 사절로서 서역을 여행하였고, 동진(東晉) 시기의 법현(法顯)과 당(唐)나라 때의 현장(玄奘)은 불경을 구하기 위해 인도를 여행하였으며, 명(明)나라 때의 정화(鄭和)는 무리를 이끌고 일곱 차례나 서양을 다녀왔다(이주해 2011). 이들의 여행은 황제의 명령에 따랐거나, 혹은 종교적 신념 혹은 미션에서 비롯된 것이었지만 서하객은 자신의 의지로 여행을 결심했고, 자비를 들여 자신의 의도로 여정을 정하고 기록을 하였다. 이 부분이 다른 이의 여행 혹은 여행기와는 확연히 구분되는 점이다.

서하객은 명나라 말기에 활동한 뛰어난 지리학자이자 여행가로서 세계적인 인물로 여겨지며 학계의 관심을 받아오고 있다. 또한 중국 및 중국 문화사 연구자들에게도 서하객이 남긴 유기는 유기문학의 탁월한 성과이자, 명말의 사회상을 반영한 백과사전으로서도 높이 평가받고 있다.[15] 황산의 경우 서하객은 두 차례

---

14. 대표적으로 중국에서 가장 아름다운 산이라고 여겨지는 '황산'의 명성은 바로 서하객(徐霞客)이 유기에서 중국의 오악(五岳) 이상의 명산(明山)이라 극찬한 기록에서 확고해지게 되었다.

15. 서하객유기의 연구는 서학(徐學)이라 일컬어지고 있으며, 서하객연구회를 통한 연구활동도 활발하다고 알려져 있다. 1987년에 강음에 서하객연구회가 설립된 이래, 서하객의 발걸음이 미친 곳곳에 서하객연구회가 설립되어 있으며, 전국적 성격을 띤 학술단체로는 1993년에 설립된 중국서하

에 걸쳐 가보았는데, 그 여행은 미리 정해놓은 것이 아니었고 험난한 여정임을 알면서도 감행하였다. 자연이 자아내는 모습의 아름다움을 생생하게 두 눈으로 경험하고 기록하기 위하여, 서하객은 이미 갔던 곳이라도 다시 찾는 어려운 길을 택하였다. 그만의 새롭고 독특한 발견을 위해서라면 남들이 가지 않은 미지의 길도 마다하지 않았고 기술과 교통이 눈부시게 발달한 오늘날에 제출되는 그 어떤 답사기, 여행기 혹은 보고서에 못지않은 정확하고 상세한 기록을 가보지 못하는 이들에게, 그리고 후대에 남겼다는 것은 학문적 분석과 평가 이전에 깊은 감동을 준다. 전통시대 문인들의 글에서 흔히 보이는, 가보지 못하는 곳에 대한 상상이나 문학적 가공으로 빚어낸 과장이나 비유, 혹은 선대 문인의 클리쉐에 의존하지 않았고, 두려움을 무릅쓰고 오직 자신의 두 발과 두 눈의 경험에만 의존하여 매일매일 이루어낸 집념의 관찰과 기록이라는 점에서 더욱 서하객유기는 독자에게 특별한 감동과 공감을 전해 주고 있다.

오늘날 사람들의 절대 다수는 도시공간 속에서 살아가는데. 이제 도시란 곳은 본래의 자연을 도려내어 사멸시키고는, 뒤늦게 그 사라진 자연을 후회하고 다시 복원하고자 애쓰는 애처로운 장소가 되었다. 유기와 같은, 동아시아 문학전통의 오래전 과거에 이루어진 여행에 대한 기록을 찾아 읽는 것은, 도시 공간에서 삭제되어 버린 각별한 '자연'에 대한 애도와 그리움을 따뜻하게 북돋아 줄 것이다. 또한 일상을 벗어난 일탈의 경험을 글로 표현한 여행기 속에는 일상에서 지어진 다른 산문이 담아내지 못하는 풍부한 경험과 사색이 고스란히 담겨 있기에, 탐독하는 시간 동안 독자는 일상을 뛰어넘고 활자의 안팎을 넘나드는 상상의 지리를 펼쳐 볼 수 있을 것이다. 이러한 맥락에서 서하객유기는 과거의 사람들이 어디서든 쉽게 바라보고 경험할 수 있었던 산수, 풍광의 아름다움에 대한 경탄을 잊은 우리에게 탐독을 권할만한 가치가 충분한, 자연과 경관에 대한 빛나는 안목의 기록이며 소중한 기억이라고 말할 수 있다.

객연구회가 있다. 국외의 서하객연구회로는 2000년에 미국 샌프란시스코에 설립된 서하객연구회를 들 수 있다(김은희·이주노 2011).

참고문헌

김은희·이주노 역, 2011, 서하객유기, 소명출판.

김은희, 2006, "서하객(徐霞客)과《서하객유기(徐霞客遊記)》의 연구 (1) – 판본(版本)의 형성(形成)과 원류(源流)를 중심으로," 중국문학 49, 한국중국어문학회, 107-123.

김은희, 2007, "서하객(徐霞客)과《서하객유기(徐霞客遊記)》의 연구 (2) – 명칭과 체제 및 내용을 중심으로," 중국문학 53, 한국중국어문학회, 99-114.

김풍기, 2013, "동아시아 전통사회에서 명승의 구성과 탄생: 설악산을 중심으로," 東아시아 古代學 31, 東아시아古代學會.

배영신, 2000, "서하객유기의 배경," 중국학연구 19, 106-143.

배영신, 2003, "서하객유기의 문화적 의의," 중국문학연구 제24집.

배영신, 2006, "서하객유기에 나타난 晩明 신지식인 서하객의 의식형태," 중국학연구 35, 389-415.

서신혜, 2010, 조선인의 유토피아: 우리 할아버지의 할아버지가 꿈꾼 세계, 문학동네.

신성곤·박찬승·오수경, 2015, 동아시아 문화표상 1-국가 민족 국토, 민속원.

신성희 2016, "금강산에서 전승되는 아름다움의 장소신화– 사회적 자연(social nature)과 명산의 여행지리," 한국지역지리학회지, 22(1), 151-167.

신성희, 2019, "아름다움의 공유재, 명승(名勝)의 형성과 재현," 한국지리학회 춘계학술대회 발표문.

신성희, 2019, "'명승'의 개념과 옛길 문화재 지정의 타당성 – 문화지리학의 '문화경관' 개념을 중심으로," 한국길문화연구원 학술세미나 발표문.

이영민·진종헌·박경환·이무용·박배균 역, 2011, 현대 문화지리학: 주요 개념의 비판적 이해/데이비드 앳킨슨 (외) 편저, 논형.

이주해, 2011, "명청시대 문인들의 여행과 유기문학 고찰-남유기를 중심으로," 중국소설논집, 35.

이화여자대학교 기호학연구소 역, 2002, 현대 신화론(롤랑 바르트 저), 동문선.

임경순, 2008, "여행의 의미와 기행문학 교육의 방향," 새국어교육 79호.

전종한, 2014, "국가 유산 '명승'의 조사 기록을 위한 가치 범주의 구상– '문화경관'으로서의 명승의 관점에서," 대한지리학회지 49(4), 563-584.

전종한·서민철·장의선·박승규, 2012, 인문지리학의 시선, 사회평론.

진경환, 2011, "인문텍스트와 명승 – 고창 선운사 일대를 중심으로," 우리문학연구, 32, 167-196.

진종헌·데니스 코스그러브, 2005, "e-인터뷰: 경관과 상상의 지리학," 국토, 85-95.

진종헌, 2017, "재현 혹은 실천으로서의 경관—'보는 방식'으로서의 경관 이론과 그에 대한 비판을 중심으로," 대한지리학회지 48(4), 557–574.

한국문화역사지리학회, 2018, 여행기의 인문학, 푸른길.

拙稿, 2002, 서하객유기 연구, 고려대학교 박사학위논문.

Borrelli N. and Davis, Peter, 2012, "How culture shapes nature: reflections on ecomuseum practice," *Nature and Culture 7(1)*, Spring, 31-47.

Castree, N., 2003, "Place: connections and boundaries in an interdependent world," S.L. Holloway, S.P. Rice & G. Valentine, 2003, *Key Concept in Geography*, Sage Publications.

Cohen, E., 1988, "Authenticity and Aommoditization in Tourism'," *Annals of Tourism Research*, 15, 22-35.

Cosgrove D, 2003, "Landscape and the European Sense of Sight - Eyeing Nature," *In Handbook of Cultural Geography*, London: Thousands Oaks; New Delhi:sage, 249-268.

Cosgrove D., 1989, "Geography is everywere: culture and symbolism in human landscape," *in Hrizons in D Gregory and R Wlaford*, eds, humans geography, London: Macmillan, 118-135.

Duncan, J.S. & D. Gregory, 2009, "travel writing" in Gregory, D. et al. (eds.), *The Dictionary of Human Geography(5th)*, Wiley-Blackwell, 774-775.

Evernden N., 1992, *Social Creation of Nature*, John Hopkins University Press.

Gregory, D., 1994, *Geographical Imagination*, Blackwell.

J. Huang, N. P. Ju, Y. J. Liao, and D. D. Liu, 2015, "Determination of rainfall thresholds for shallow landslides by a probabilistic and empirical method," *Nat. Hazards Earth Syst. Sci.*, 15, 2715-2723.

Morin, K., 2006, "Travel Writing," in Warf, B., *Encyclopedia of Human Geography*, SAGE Inc., 503-504.

Phillips, R., 2009 "Travel and Travel-Writing," in Kitchin, R. & N. Thrift et als (eds.), *International Encyclopedia of Human Geography*, Oxford: Elsevier, 476-483.

Schwartz, Vanessa R., 1997, *Spectacular Realities: Early Mass Culture in Fin-de-Siecle Paris*, University of California Press, 노병우·박성일 역, 2006, 구경꾼의 탄생, 마티.

Urry, J., 1990, *The Tourist Gaze*, Sage Publication.

제5장

조선 후기 연행록과 박지원의 열하 노정[1]

문상명

1. 들어가며

 "압록강으로부터 연경까지 모두 33참(站) 2천 30리였다." 한양에서 출발하여 68일 만에 연경(燕京, 북경)에 도착한 박지원이 8월 1일 자 『열하일기』에 쓴 첫 단락의 한 구절이다. 조선을 떠나 연경까지 그의 사행단(使行團)의 긴 노정이 느껴진다.

 조선시대에 청조(淸朝) 사행을 다녀와 기록한 것을 책 제목이 다를지라도 통칭하여 연행록(燕行錄)이라 한다(민두기 1963, 81). 연행록은 원나라 당시의 빈왕록(賓王錄), 명 시기의 조천록(朝天錄) 등과 구분된다(서인범 2008, 14). '빈왕'은 고려 말 원나라와 관계에 따라 '사위의 나라'라는 뜻에서 비롯되었고, 군신 관계였던 명나라와는 임진왜란 이후 부자(父子)의 나라로 격상되면서 '조천(朝天)'이라 칭하게 된 것이다. 그런데 청나라가 들어서면서 '수도인 연경에 다녀온 기록'[연행록]으로 표현이 달라졌다. 이는 조선과 중국의 관계가 장소적 의미로 바뀌었음을

---

1. 이 글은 2020년 『문화역사지리』 제32권 제1호에 게재된 필자의 논문을 수정한 것이다.

의미한다. 조선인의 존명(尊名)인식, 청에 대한 강제적 굴복(屈服)과 오랑캐라는 인식이 내재해 있기 때문이다.

연행록은 현재까지 670편이 발굴되었다.[2] 이 가운데는 박지원의 『열하일기(熱河日記)』도 포함된다. 김경선(金景善)은 1832년 6월부터 1833년 4월까지 청나라에 다녀온 뒤에 『연원직지(燕轅直指)』를 지었는데, 서문에서 '삼대 연행록'으로 노가재(老稼齋) 김창업(金昌業), 담헌(湛軒) 홍대용(洪大容) 그리고 연암(燕巖) 박지원(朴趾源, 1737~1805)의 연행록을 꼽았다. 19세기에 두 차례 중국에 다녀온 박사호(朴思浩)가 남긴 『연계기정(燕薊紀程)』에도 『열하일기』가 거론되어 있다(김명호 2008, 108).

『열하일기』가 처음 세상에 알려졌을 때는 '오랑캐의 연호를 썼다.', '패관기서로 고문을 망쳐버렸다.', '우스갯소리로 세상을 유희했다.'는 등 비난의 목소리와 함께 '문체반정'을 논하는 정점에 있기도 하였다(고미숙 2003, 77~100). 하지만 청나라의 실정을 객관적이며 진보적인 시각으로 바라보았던 박지원의 『열하일기』는 19세기 후배들에게 신선한 충격이었을 것이다. 현재도 『열하일기』는 '풍부한 견문과 진보적인 사상, 참신하고 사실적인 표현 기법' 등으로 평가받고 있다(김명호 1990, 8).

연행록 중에서 서명을 '열하'라고 한 것은 박지원(朴趾源)이 유일하다. 그의 사행단이 처음으로 열하를 다녀왔기 때문이다. 10년 후 서호수(徐浩修, 1736~1799)도 건륭제(乾隆帝)의 팔순 잔치에 열하를 다녀왔지만, 그가 남긴 연행록은 『연행기(燕行紀)』이다. 1780년 박지원은 건륭제의 70세 만수절(萬壽節)을 축하하는 사행단에 진하겸 사은정사(進賀兼謝恩正使) 박명원(朴明源)의 자제군관[3]으로 따라

---

2. 현재까지도 연행록 발굴이 진행 중이기 때문에 정확하게 편수를 알 수 없지만 임기중이 펴낸 『연행록총간』을 통해 그 수를 가늠해 볼 수 있다. 임기중은 2001년 처음으로 380여 종류의 연행록을 수집하여 『연행록전집』을 출간한 이래(『연행록전집』, 2001, 동국대학교출판부) 축적된 성과를 바탕으로 2016년 제6차 『연행록총간』 수정 증보판으로 내놓았다(『연행록총간』 개정증보판, 2016, 누리미디어). 이는 562건의 연행록과 총 10만 2천 여 쪽의 이미지를 담았다. 그는 2016년 1월 기준으로 확인한 연행록은 모두 618건이며, 제7차로 52건을 추가하면 670건에 달한다고 한다.
3. 사절단의 단장 격인 정사·부사·서장관 등은 자신의 호위무관 집안 자제를 함께 연행에 데려갔는

갔다. 그는 '반당(伴當)'으로 정식 외교 사절단의 일원이 아니었기 때문에 의무도, 부담도 없이 여유롭게 유람할 수 있었다(허정인 2012, 303). 그런데 건륭제의 칠순 생일잔치가 연경이 아닌 하궁(夏宮)인 열하의 피서산장(避暑山莊)[4]에서 열렸기 때문에 그곳까지 가게 된 것이다.

『열하일기』는 기행문이지만 박지원의 청나라 문화에 대한 시각이나 사상, 문장 등을 살필 수 있어 한문학과 사학, 지리학 등 다양한 분야에서 연구가 이뤄졌다(민두기 1963; 김명호 2008; 허정인 2012; 이태진 2011; 崔詔子 1997; 손용택 2004; 정성훈 2016; 이현식 2017; 이태진 2011; 廉松心 2003; 박상영 2006) 이 가운데 기행문의 중요한 요소 가운데 하나인 노정(路程)에 대한 연구도 있다. 이는 연행로 구간마다 관련된 연행일기, 한시 등의 텍스트를 수합하여 분석하고 현지답사를 통해 노정을 재구성한 것이다(이승수 2011; 2012; 2013; 2014; 2016; 2017; 2018; 김일환 2019, 253-291). 장소와 노정에 대한 분석은 문학적 텍스트를 바탕으로 하고 있으며 지리공간과 관련지어 훈고학적으로 고증하며 답사자로서의 감회나 인식에 주목하고 있다.

연행록에는 사행단이 지나간 길에 대해 자세히 기술되고 있으며 그곳에서 이뤄진 물질적·정신적 문화 교류 등도 담겨있다. 기억하지 않는 과거는 사라지듯이 장소 또한 생명력을 가지고 있기에 의미를 부여하고자 한 것이다. 문학지리학적 관점에서 연행록 노정에 대한 연구가 있어왔지만 역사지리학적 측면의 접근은 미비하였기에, 필자는 역사지리학적 관점에서 『열하일기』를 중심으로 사행단의 노정을 따라가며 연행의 노정을 규명하고 연행 공간의 특성을 살펴보고자 한다.

데 이들은 비공식적인 수행원이었다.
4. 중국 하북성 승덕시(承德市)에 위치, 세계문화유산으로 지정되었으며 국가 AAAAA급 여행지로 규정되었다. 강희(康熙) 42년(1703) 건축을 시작하여 강희, 옹정(雍正), 건륭(乾隆) 3대 황제를 거쳐 89년 만인 1792년에 완공되었다. 열하는 승덕시를 흐르는 큰 강으로 피서산장의 동쪽에서 흐르고 있다.

2. 조선 후기 사행단의 연행 노정

연행의 노정은 조선 후기에 간행된 다섯 편의 연행록을 통해 살피고자 한다. 다섯 편은 ① 17세기 이요(李濬)의 『연도기행(燕途紀行)』(1656), ② 18세기 김창업(金昌業)의 『연행일기(燕行日記)』(1712), ③ 18세기 박지원(朴趾源)의 『열하일기(熱河日記)』(1780), ④ 18세기 서호수(徐浩修)의 『연행기(燕行紀)』(1790), ⑤ 19세기 김경선(金景善)의 『연원직지(燕轅直指)』(1832) 이다. 시기별로 대표적인 다섯 편을 꼽은 것이다.

다섯 편 가운데 ①은 1644년 청조가 연경으로 천도한 직후의 사행단 기록이라는 점, ②는 ⑤의 김경선이 손꼽은 당대의 연행록 가운데 하나라는 점, ④는 ③과 같은 목적으로 열하까지 갔다는 점, ⑤는 당대 연행록 가운데 최고로 ③을 꼽으며 적지 않은 영향을 받았다는 점에서 연구 대상으로 선정하였다(필자가 이하 지도에 표기한 숫자는 위 다섯 편의 연행록을 표기화한 것이다).

위 다섯 편의 사행 목적은 세 가지로 구분할 수 있다. 첫째, 『연도기행』을 쓴 이요의 사행 목적은 청의 황제에게 사화를 진주(陳奏)[5]하기 위한 것으로 비정기 사행이다. 인평대군(麟坪大君) 이요는 효종의 친동생으로 병자호란 뒤에 청에 볼모로 가기도 했으며 그 뒤 11차례나 사행을 다녀왔다. 당시 청의 실정을 가장 잘 파악하고 있었던 인물로 왕족이라는 그의 신분은 사화를 진주하는 사행에 가장 적합한 외교관이었다. 그는 『연도기행』의 서(序)에 사신이 맡은 임무와 산천(山川)·이정(里程)·풍속·경치 등을 자세히 기록하겠다고 밝혔다.[6] 비정기 사행이

---

5. "금년에 또 북쪽 변방에 일이 벌어져서 사대부들이 화를 입게 되자, 이를 진주(陳奏)하라는 명령이 다시 또 나에게 내려졌다. (중략) 스스로 헤아리고 스스로 상심하면서 손을 꼽아 곰곰이 생각하니, 경진년(1640, 인조 18)부터 병신년(1656, 효종 7)에 이르기까지 북쪽으로 압록강을 건넌 것이 열한 번이나 된다."(한국고전 종합 DB; 『연행록선집』, 「연도기행」 상 [일록 서]). 이하 '한국고전 종합 DB' 생략.

6. "전번에 갔다 올 때는 마침 사고가 잦아서, 듣고 본 것을 하나도 기록하지 못했다. 연대가 이미 오래되면, 그때의 정경(情景)을 그 누가 알 수 있겠는가? 그런 때문에 이번에는 바삐 가는 중에도 틈을 타서 대략 날씨와 그 밖의 일을 기록하고, 또 사신의 일의 본말을 조목마다 모두 기록하며, 산

었으며, 보통 정기 사행의 인원이 500명 정도였던 것에 비해 62명의 작은 규모로 연경까지 50일 걸렸다.

둘째, 『연행일기』를 쓴 김창업과 『연원직지』를 쓴 김경선의 사행은 정기적으로 떠나는 동지사행(冬至使行)이었다. 동지사행은 보통 10월에 출발하여 다음 해 4월 정도에 돌아오는 6개월 정도의 여정으로 늦가을과 이른 봄의 추위를 견뎌야 했다. 김창업의 사행단은 1712년 11월 3일부터 1713년 3월 30일까지, 100여 년 후 김경선의 사행단은 1832년 10월 20일부터 1833년 4월 2일까지의 여정이었다. 각각의 사행단은 연경까지 54일과 61일 걸렸다. 김창업은 456명의 사행단 명단을 자세하게 기록하여 규모를 짐작게 한다.

셋째, 『열하일기』를 쓴 박지원과 『연행기』를 기록한 서호수는 성절사(聖節使)[7]로 각각 건륭제의 70세, 80세 생일을 축하하기 위한 만수절(萬壽節) 축하 사행으로 열하를 다녀왔다.[8] 열하의 피서산장은 1703년 건축을 시작하여 1792년에 완공되었기 때문에 서호수가 열하에 갔을 때도 미완공 상태였다. 건륭제의 만수절이 8월 13일(음력)이었기 때문에 둘의 기록은 비슷하다. 박지원의 사행단은 1780년 5월 25일부터 10월 27일까지, 서호수의 사행단은 1790년 5월 27일부터 10월 22일까지였다. 다만 박지원의 사행단은 열하까지 76일이 소요됐지만 서호수는 49일 만에 도착하였다.

다섯 편 연행록 노정의 공간을 이미지화 하기 위해 『요계관방지도(遼薊關防地圖)』[9]를 활용하고자 한다. 『요계관방지도』는 조선 후기 문신이자 학자인 이이명

천·이정(里程)·풍속·경치까지도 대개 갖추어 쓰는 것이니, 이것을 보는 사람은 어여삐 여겨 주기 바란다."(『연행록선집』, 「연도기행」 상 [일록 서]).

7. 성절사 또는 진하사(陳賀使)라고도 칭한다. 진하사는 청 황제의 각종 축하의 행사에 파견하는 사절단이었다.

8. 이후 조선왕조실록과 승정원일기 등 자료에 청 황제의 생일을 축하하는 성절사가 열하로 간 기록은 없다. 1860년, 서구 열강에 연경을 함락당한 함풍제가 피서산장으로 피신을 하러 갔을 때, 박지원의 손자인 박규수(朴珪壽, 1807~1876)가 위로를 목적으로 하는 사신으로 방문하였다.

9. 보물 제1542호. 채색필사본. 가로 600㎝, 세로 135㎝의 10폭 병풍(서울대학교 규장각한국학연구원 소장).

(李頤命, 1658~1722)이 1705년 청나라에 사행(使行) 중에 구입한 명나라 선극근(仙克謹)의『주승필람(籌勝必覽)』, 청대(淸代)『성경지(盛京志)』의〈오라지방도(烏喇地方圖)〉등과 조선의『항해공로도(航海貢路圖)』와『서북강해변계도(西北江海邊界圖)』, 그리고 사행 과정에서 화사(畵師)를 시켜 모사한『산동해방지도(山東海防地圖)』등을 참고하여 1706년에 제작한 관방지도(關防地圖)이다. 지도에는 한반도의 북부지역과 만주 일대, 그리고 동서로 산하이관에서 베이징, 북으로는 만리장성 일대가 그려져 있고, 성책(城柵), 장성(長城) 등 국방 상황을 비롯하여 조선에서 연경으로 가는 길과 참(站), 역(驛), 소(所) 등이 표시되어 있다. 연행록에 기술된 지명, 거리, 장소적 특징 등을 지도에 대응하고 비교함으로써 지도를 통해 노정 공간의 역사성이 더 명확해질 것이다.

『요계관방지도』의 제작 시기와 위 다섯 편 연행록의 편찬 시기는 명확하게 일치하지 않는다. 그렇지만 지도에는 기록에 나타나는 연행의 노정이 지명으로, 명칭으로 남아 있기 때문에 연행 노정의 공간을 이미지화하기에 적당하다. 이것은 공간을 설명하는 데 한계를 가지는 텍스트에 대한 보완이 될 것이다.

연행록과 지도는 사행단에 '책문(또는 봉성)-심양(또는 요양)-산해관-연경'의 노정을 안내하는 중요한 안내서였다. 사행단 규모는 크게는 수백 명에서 적게는 수십 명이었는데, 수송하는 방물의 안전을 호행(護行)하는 마패(麻牌), 통역을 맡은 아역(衙譯) 등도 노정에 함께했다.

연경에 도착하기까지의 노정은 사행단에 따라 의주에서 머문 일수의 차이와 폭우로 인해 하천을 건너기 어려워 지체되는 경우 등의 변수에 따라 다소 차이가 나지만 보통 50~60일 정도 걸렸고, 하루 이동 거리는 60~90리 정도였다. 사행단이 이동하는 동안 휴식을 취하거나 유숙했던 곳은 대개 역(驛), 참(站), 포(鋪), 성(城), 관(關) 등이었다. 그렇지 못할 때에는 정사(正使) 등 높은 관직의 사람들은 청의 관리, 마패의 집, 객점 등에 머물렀지만, 사행단 규모가 클 경우 일행 가운데는 냇가에서 노숙하기도 했다. 이요는 마패 각씨(却氏)의 집에 유숙한 적이 있는데 누추하고 시끄러운 청인의 집에서 머무는 것보다 냇가에서 노숙하는 것이 낫

표 1. 연행록 비교

	연도기행(燕途紀行)	연행일기(燕行日記)	열하일기(熱河日記)	연행기(燕行紀)	연원직지(燕轅直指)
저자	이요(李㴭, 정사)	김창업(金昌業, 군관)	박지원(朴趾源, 자제군관)	서호수(徐浩修, 부사)	김경선(金景善, 서장관)
시기	1656(효종 7년)	1712	1780	1790	1832
기간	1656.8.3~1656.12.16	1712.11.3~1713.3.30	1780.5.25~10.27	1790.5.27~10.22	1832.10.20~1833.4.2
정사(正使)	이요	김창집(金昌集)	박명원(朴明源, 박지원의 팔촌 형)	창성위(昌城尉) 황인점(黃仁點)	서경보(徐耕輔)
인원	62명	456명	연경(270명), 열하(74명)	기록 없음	기록 없음
최종 목적지	북경	북경	열하	열하	북경
목적	사은 겸 진주(陳奏). 비정기 사행	동지사행(冬至使行)	건륭(乾隆) 칠순 만수절(萬壽節) 축하 사행 (皇曆使行, 聖節使)	건륭(乾隆) 팔순 만수절(萬壽節)축하 사행 (皇曆使行, 聖節使)	동지사행(冬至使行)
목적까지 일수	50일	54일	68일(연경) / 76일(열하)	49일(연하)	61일
1박 이상 머문 곳	산해관(1박 2일)	산해관(2박 3일)	심양(2박 3일) 북경(4박 5일)	없음	책문(柵門, 봉성) 2박 3일
북경 유숙처	지금성의 북쪽 별관	남쪽 옥하관	서관		옥하관

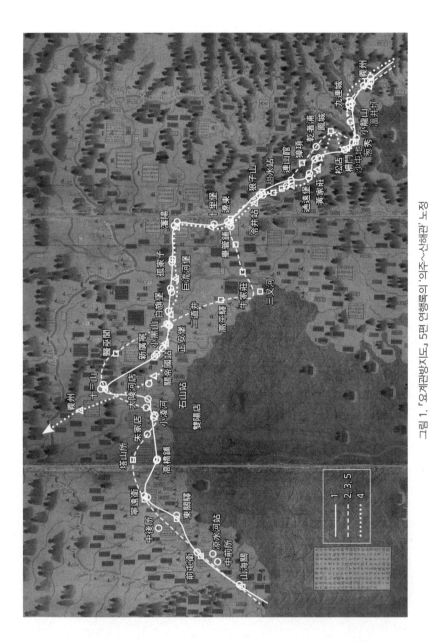

그림 1. 「요계관방지도」, 5편 연행록의 '의주~산해관' 노정

주: 그림 1은 표 1을 바탕으로 필자가 연행록별 각 사행단이 유숙한 장소를 연도3행−ㅁ, 연행1기−ㅁ, 연행2기; 연하1기; 열하2기; 연행기−○, 연원지지−△와 같이 구분하여 표기함.
자료: 서울대학교 규장각한국학연구원

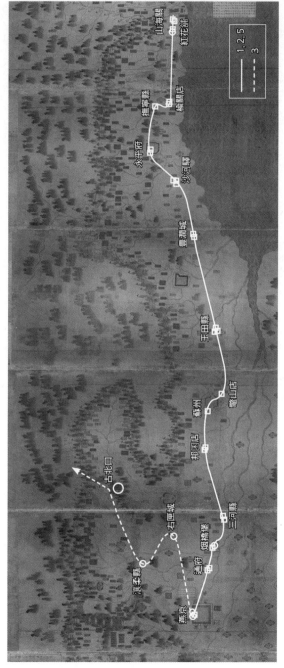

그림 2. 「요계관방지도」 4편 연행로의 '산해관~연경' 노정

주: 그림 2는 표 1을 바탕으로 필자가 연행록별 각 사행단이 유숙한 장소를 연도기행·연행일기·연행일기·연행기·연행기—ㅁ, 열하일기—ㅇ와 같이 구분하여 표기함.

자료: 서울대학교 규장각한국학연구원

겠다고 하기도 하였다.[10] 사행단은 역과 참에서 유숙하기 위해 길을 재촉하였는데, 이는 그곳에 유숙할 경우에만 청에서 제공한 하정(下程)[11]을 받을 수 있었기 때문이다.[12]

1) 청으로 들어가는 첫 관문, 책문

의주는 사행단이 조선에서 마지막으로 머무는 장소인 동시에 청으로 떠나기 전 마지막 채비를 하는 공간이다. 이요의 사행단은 3일, 김창업의 사행단은 4일, 박지원과 김경선의 사행단은 10일, 서호수의 『연행기』에는 기록이 생략되어 있지만, 한양에서 출발하여 26일 만에 압록강을 도강하는 정황으로 미루어 보아 5일 정도 의주에 머물렀다.[13] 의주에 사행단이 대체로 5일에서 10일 정도 머물렀던 것은 각지에서 올라오는 사행에 필요한 방물(方物)[14]을 기다려야 했고, 간혹 기상 악화로 압록강을 건널 수 없었기 때문이었다.

압록강을 건너기 전에 서장관과 의주 부윤이 행장을 조사하였다. 조선 돈을 포함하여 청에 반입하지 못하는 물건이 있는지, 가지고 갈 물품이 수량을 초과하지 않았는지 등이 조사 대상이었다.[15]

---

10. 마패(麻牌) 각씨(却氏)의 집에 들어가 잤다. 마패(麻牌)란 곧 노호(老胡)의 칭호로서 우리나라의 왕래하는 사신을 호행(護行)하는 자이다. 집이 몹시 누추하여 악취가 사람에게 풍겼다. 이족(異族)들이 지껄여대니 도리어 냇가에서 장막을 치고 자는 것만도 못했다(『연도기행』, 「일록(日錄)」 중, 8월 24일).

11. 관청에서 주는 하정(下程)은 곧 추로(秋露 술 이름)와 양·오리·닭·돼지·땔나무인데, 정관(正官)과 종인(從人)에게 차등 있게 분배해 준다(『연도기행』, 「일록(日錄)」 중, 8월 24일).

12. 저물녘에 동관역(東關驛)에 도착했다. 성 북쪽 거친 언덕에 고탑(古塔)이 있었다. 허물어진 성가에 비록 유민(流民) 10여 호가 있으나 집이 몹시 좁고 누추했다. 냇가에서 노숙했다. 이곳은 역참(驛站)이 아니어서 하정(下程)을 바치지 않았다(『연도기행』, 「일록(日錄)」 중, 9월 10일).

13. 한양에서 의주까지 ①은 17일, ②는 19일, ③은 21일, ⑤는 22일 걸리는 것을 미루어 짐작된다.

14. 조선시대에 왕이 중국 황제에게 바치는 예물도 방물이라 하였다. 제후가 다스리는 지방의 토산물을 바친다는 의미에서 방물이라고 불렀다. 이 외에도 방물은 매년(해마다) 바치는 공물이라는 의미에서 세공(歲貢)이라고도 하였다(조선왕조실록사전; http://encysillok.aks.ac.kr/).

15. 『열하일기』, 「도강록(渡江錄)」 상, 6월 24일.

압록강을 건넌 사신들은 130리 정도 떨어진 청의 첫 관문인 책문(柵門)까지 가는데 보통 이틀 유숙하였다. 책문은 가자문(架子門), 변문(邊門) 등으로도 불리는 곳이다. 압록강을 도강하여 대부분 구련성(九連城)에서 첫 밤을 지내고(이요·김창업·서호수 사행단) 금석산(金石山) 부근에서 두 번째 밤을 유숙했다. 당시 사행사들은 하루에 평균 80리에서 100리 정도를 가는데, 130리 거리를 이틀 유숙했다는 것은 길이 평탄하지 않았음을 알 수 있다. 다만 서호수의 일행은 의주에 도착했을 때, 7월 10일 전까지 열하에 도착하라는 성경장군(盛京將軍)의 칙행공문을 받고 구련성을 지나 온정평(溫井坪)에서 하루만 유숙하고 바로 책문으로 들어갔다.

　　그런데 박지원의 사행단은 구련성에서 이틀을 더 머물러 책문까지 3박 4일이 걸렸다. 보통 다른 사행단들이 이틀, 짧게는 1박 2일의 노정으로 지날 수 있는 길을 지체했던 이유는 방물 때문이었다. 박지원의 사행단은 의주에서 청으로 가져갈 방물을 수집했는데, 여름 장마로 인해 방물이 도착하는 데 시간이 지체되었다. 방물이 도착하지 않았지만 일정이 매우 촉박하여 압록강의 물이 잠잠해지자 사행단이 먼저 출발해 구련성에서 방물을 기다렸던 것이다.[16]

　　압록강 건너 책문까지는 양국의 국경지대로 정치나 행정이 미치지 않는 점이지대이자 완충지대였다. 책문은 청의 세관(稅關) 같은 역할을 하는 곳이라 할 수 있다. 박지원 일행은 책문으로 들어서기 전 구련성에서 방물을 모으며 마지막 행장을 갖추었던 것이다. 책문에 도착한 박지원은 다음과 같이 기록하였다.

　　뭇 되놈들이 목책 안에 늘어서서 구경을 하는데, 대부분 민머리 바람에 담뱃대를 물고 부채를 부치고 있다. … (중략) … 역관과 모든 마두들이 다투어 목책 가에 나서서 그들과 손을 잡고 반가이 인사를 교환한다. 되놈들은, "당신은 언제쯤 한성을 떠났으며, 길에서 비나 겪지 않았나요. 댁에선 모두들 안녕하시고요. 포은(包銀) 돈도 넉넉히 갖고 오셨습니까."하고, 사람마다 수작이 거의 한 입에

---

16. 방물이 미처 대어 오지 못하였으므로 또 구련성에서 노숙하다(『열하일기』, 「도강록(渡江錄)」 상, 6월 25일).

서 나오는 것 같다. 또 다투어 묻되, "한 상공(韓相公)과 안 상공(安相公)도 오시
나요."한다. 이들은 모두 의주 사는 장사꾼들로서, 해마다 연경으로 장사 다녀
서 수단이 매우 능란하고 또 저쪽 사정을 익히 아는 자들이라 한다.[17]

이와 같은 상황을 통해 구련성은 조선 사행단이 청으로 들어서기 전 행장을 마
지막으로 정검하는 공간이며, 책문은 청으로 들어가는 첫 문이자 첫 번째 무역이
이루어지는 공간이라는 것을 알 수 있다.

특히 김경선의 『연원직지』에는 책문에 대한 기록이 자세하다. 방물을 옮길
때 심양에서 수레를 세내어 연경까지 옮기는데 폐단이 크자, 청나라 인종(재위
1796~1820) 때 책문에 이르면 방물을 봉성장군(鳳城將軍)에게 교부하여 연경까지
전달하도록 바뀌었다는 기록이 있다.[18] 의주에서 전국으로부터 들어오는 방물을
모으고 청으로 들어서기 전 구련성에서 방물을 다시 정검하며, 방물을 옮기는 문
제의 폐단까지 발생하는 점 등은 당시 연행에서 방물의 중요성을 보여주는 부분
이다. 사행사들의 중요한 임무 중 하나가 방물을 옮기는 것이었기 때문에 그 과
정은 사행단의 노정에 영향을 미쳤다.

2) 책문과 요양 사이의 동팔참(東八站) 노정

책문에서 요양(遼陽)까지의 노정은 모두 같다. 보통 요양까지를 동팔참(東八站)

---

17. 「열하일기」, 「도강록(渡江錄)」, 상, 6월 27일.
18. 옛 준례에 우리나라에서 관서(關西) 변장(邊將) 한 사람으로 단련사(團練使)를 삼아, 세폐(歲幣)
　　와 방물을 가지고 심양에 가서 수레를 세내어 실어 보낸 뒤 부마(夫馬)를 거느리고 돌아왔다. 뒤에
　　그 수레 세놓는 이권(利權)을 독차지하는 자를 난두(攔頭)라고 하였다. 난두라는 것이 생기면서 우
　　리나라는 더욱 손해를 보며, 수레 세놓는 많은 집이 모두 이권을 잃고, 자주 서로 송사하게 되므로
　　난두가 드디어 혁파되었다. 가경(嘉慶) 무렵에, 우리나라의 수송하는 노고를 생각하여 방물이 책문
　　에 도착한 뒤 봉성 장군(鳳城將軍)에게 교부하여 봉성에서부터 차례로 전달하여 연경까지 이르게
　　한다. 처음부터 우리에게 세를 받지 않았는데, 지금 수레를 세내어 싣고 가는 것은 단지 사행의 짐
　　과 상인들의 개인 물건뿐이다(『연원직지』 1권, 「출강록」 중 11월 22일).

이라 하는데, 동팔참은 고려시대에 원나라의 요양행성(遼陽行省)을 오갈 때 생긴 명칭으로 추정된다. 그렇지만 팔참의 위치와 명칭이 변화하여 동팔참이 어디를 지칭하는지 명확하지 않다. 그 뒤 14세기 후반에서 15세기 초에는 여진족이 성장하면서 조선 사신이 연경으로 가는 길은 순탄치 못했다. 이에 명은 조선과 명 사이의 연산관(連山關) 동쪽의 공한지(空閑地) 일대를 점거하고 동팔참을 만들었지만, 그 위치와 공간적 범주는 명확하지 않다(유재춘 2001, 5–9).

연행을 떠났던 사람들은 압록강 건너 요양 일대까지를 공통으로 동팔참이라 했지만, 정확한 위치와 동팔참의 여덟 참에 대해서는 약간의 차이를 보인다. 18세기의 김창업은 『연행일기』에 봉성(鳳城)에서 신요동(新遼東)까지를,[19] 19세기의 김경선은 『연원직지』에서 책문(柵門)부터 영수사(迎水寺)까지를 동팔참이라 기술하였다.[20] 그는 태자하(太子河)를 건너 10여리를 지나 영수사에서 유숙했는데, 영수사를 지나면 요동대야가 나온다고 기록하였다. 14, 15세기 동팔참 공간에 대한 인식은 18, 19세기까지 이어져 오는 것으로 보이며, 연행록을 통해 그 장소가 구체적으로 나타나고 있다. 공통적으로 책문 부근부터 태자하 유역(신요동)까지이다.

『요계관방지도』에 책문부터 태자하까지 표기된 참(站)은 '책문–봉황성참–설리참–통원보참–연산관참–첨수참–량자산참–태자하' 모두 6개이다. 조선후기 대표적인 관방지도(關防地圖)인 『서북피아양계만리일람지도(西北彼我兩界萬里一覽之圖)』[21]는 연행의 노정이 표현되어 있는 대표적인 지도 가운데 하나인데, 책문에서 태자하 사이에 '~참(站)'으로 표기된 것은 '송참과 첨수참' 두 개뿐이다.

---

19. 의주에서 봉성(鳳城)까지 2참(站)인데, 인가가 없어 노숙한다. 봉성에서 연경까지 31참인데, 모두 찰원(察院)이 있다. 봉성에서 요동까지를 일러 동팔참(東八站)이라 한다. 구련(九連)에서 봉성까지 산수가 아름답고 이따금 들이 펼쳐져 있다(『연행일기』 1권, 「산천 풍속 총록」).
20. 책문에서부터 영수사(迎水寺)까지를 동팔참이라 하니, 하루 두 역[站]씩을 합하여 8참이 되어 이름 지은 것이다. 8참의 사이는 높은 산과 험악한 고개, 큰 내와 깊은 숲이 많아 길이 매우 험난하니, 지나가는 사람들이 가끔 수레가 뒤집힐 염려가 있다. (중략) 영수사를 지나 그 후로는 곧 요동대야(遼東大野)이다(『연원직지』 1권, 「출강록」 중 11월 22일).
21. 보물 제1537–1호, 국립중앙도서관 소장.

그림 3. 『서북피아양계만리일람지도』의 12참(좌)과 『요계관방지도』의 6참(우)
주: 지도 위의 참과 지명은 필자가 표기한 것임.

그렇지만, 참(站)이라는 명칭만 생략되어있을 뿐, '책문―봉황성―송참(설리참)―통원보―연산관―첨수참―량자산―태자하'라는 지명을 통해 『요계관방지도』에 나타나는 6개의 참이 모두 있다는 것을 확인할 수 있다.

위 그림 3에서 『서북피아양계만리일람지도』에 동그라미로 표시한 참은 『요계관방지도』의 6참과 동일한 참이다. 그런데 『서북피아양계만리일람지도』에는 6참 사이에 또 다른 6참(참의 기능을 담당하는 곳으로 추정)이 더 표시되어 모두 12개의 참(지도에는 12개의 참이 모두 동일한 크기의 네모와 동그라미로 표기되어 있음)이 나타난다. 위 지도에 필자가 네모로 표기한 참이다. 위 참 가운데 『서북피아양계만리일람지도』의 송참(松站)은 『요계관방지도』에 설리참(雪裏站)으로 표기되어 있다. 『연행일기』에는 송참(松站)의 이칭으로 설리참(雪裏站), 설유참(雪劉站), 진동보(鎭東堡)를 함께 기록하고 있다. 그런데, 『연행일기』에는 송점(松店)이라 표기되어 있어서 오기(誤記)이거나 송점이라는 또 다른 이칭이 있을 가능성이 있다. 18세기 서호수의 『연행기』에만 설리참으로 표기되어 있고 나머지는 이 곳을 송참이라 기록하였다. 17, 18, 19세기의 기록에 모두 송참이라 나타나는 것을 통해 시기에 따라 지명이 바뀐 것은 아니라는 것을 알 수 있다.

표 2는 5편 연행록의 책문~요동까지 숙박장소를 기록한 것이다. 그들이 숙박한 장소는 표 3에서 글자 밑 한 줄로 표기했는데, 대부분 『요계관방지도』에 표기된 6참에서 숙박하였다. 장항과 건자포 두 곳만 예외적이었는데, 건자포는 『서북피아양계만리일람지도』의 봉성 다음에 표기된 참으로, 12참 가운데 하나이다. 장항(獐項)은 송참과 통원보 사이에 있는 숙박장소로 『연도기행』에만 나타나며 지도에는 참으로 표기되어 있지 않다. 표 3에 5편 연행록의 책문~요동까지 숙박장소 및 노정을 모두 표기했는데, 노정 가운데 글자 밑 두 줄로 표기한 지명은 지도에 나타나는 참이며 글자 밑 세 줄로 표기한 지명은 참이면서 숙박한 장소이다.

한편 『연도기행』에서 이요는 '마패 각씨의 집', '연산관 냇가에 노숙' 등으로 숙박의 장소를 자세히 기록했다. 연행사들을 안내했던 청나라 사람의 집에서 머물기도 했고 냇가에서 장막을 치고 노숙을 하기도 했다는 사실은 당시의 상황을 생생하게 전달하여 흥미롭기도 하지만, 한편으로는 숙박의 장소가 여의치 못했다는 사실을 알 수 있다.

지도와 기록을 통해 『요계관방지도』의 6참은 책문에서 요동까지 가는 길의 주요 참이었고, 『서북피아양계만리일람지도』에 표기된 또 다른 6참 역시 이 공간을 지나는 주요 노정이었다는 것을 알 수 있다. 14, 15세기의 동팔참 인식은 조선 후기에 책문부터 태자하 유역에 이르는 공간에 투영되었으며, 실질적으로는 6개의 주요 참과 그 사이에 하나씩 참이 더해져 모두 12참이 존재했었다.

표 2. 5편 연행록의 책문~요동까지 숙박장소 비교

	숙박장소
연도기행	봉성–장항–연산관–첨수참–낭자산–태자하
연행일기	봉성–송점–통원보–연산관–첨수참–낭자산–신요동
열하일기	책문–송참–통원보–연산관–첨수참–낭자산–구요동
연행기	책문–송참–통원보–연산관–첨수참–낭자산–십리하포
연원직지	책문–건자포–통원보–연산관–낭자산–영수사

표 3. 5편 연행록의 책문~요동까지 노정 비교

연도기(燕途紀行)	(리)	연행일기(燕行日記)	(리)	열하일기(熱河日記)	(리)	연행기(燕行紀)	(리)	연원직지(燕轅直指)	(리)
대룡산(大龍山) 진자부(榛子阜) 봉황산(鳳凰山) [옛 안시성(安市城)] 책문(柵門) 백탑동(白塔洞) 삼대천(三大川) ●봉성(鳳城) 미패(痲牌) 각씨(却氏)의 집	50리	◎책문(柵門) ●봉성(鳳城)	45리	●책문(柵門)기자문 (架子門, 변문(邊門)]	30리	◎봉황성 삼대자(三臺子) ◎설리참(雪裡站) 황가장(黃家莊)	105리	●책문(柵門)	마름
욱대천(六大川) 백안동(白雁洞) 쌍령(雙嶺) ◎진동보(鎭東堡)[金촌(松站)] 장령(長嶺) 옥북하(金北河) ◎장령(獐項) 동쪽 냇가	80리	삼차호(三叉湖) ◎건자포(乾香浦) ●송점(松站)	50리	◎봉황성(鳳凰城) 오도하(五渡河) ●송참(松站)[설리참 (雪裏站, 솔유참(率劉站) 站),진동보(鎭東堡)]	70리	●통원보(通遠堡) ◎연산관(連山關)	80리	안시성(安市城) 옛터 봉황산(鳳凰山) ◎건자포(乾香浦)	50리
◎진이보[등원연보(通遠堡)] 초하구[草下口] ◎끔도하 제1류(流) 나정탑(羅將塔) 소현(小峴) ●연산관(連山館) 노숙 5리쯤 못 미쳐 냇가에서 노숙	55리	소장령(小長嶺) 옥북하(金北河) 대장령(大長嶺) ◎끔도하(八渡河) 장항(獐項) ●통원보(通遠堡)	59리	삼가하(三家河) 유가하(劉家河) 황하장(黃家庄) ◎금가하(金家河) 도하(八渡河) ●통원보(通遠堡)[진 동보(鎭東堡), 이보(鎭東堡)]	50리 우전 으로 6일 마름	◎첨수참(甜水站) 동가장(佟家庄) ●냉정참(冷井站)	110리	백안동(伯顏洞) ◎송참(松站)[설유참(薛劉站)] 소장령(少長嶺),규령자(叫嶺子) 옥북하(金北河),삼가하(三家河) 대장령(大長嶺),장령자(長嶺子) 유가하(劉家河),황하장(黃家莊) 홍기장(黃家莊),홍기장(黃家莊) ●통원보(通遠堡)	100리

연도기행(燕途紀行)		연행일기(燕行日記)		열하일기(熱河日記)		연행기(燕行紀)		연원직지(燕轅直指)	
연산관(連山館) 백둥천(碧洞川) ◎회령령(會寧嶺) ●첨수참(甜水站)에서 노숙	40리	◎담동(畓洞) ●연산관(連山關)	60리	초하구(草河口口), ◎담둥(畓洞) 분수령(分水嶺) 고가령(高家嶺) 유가령(劉家嶺) ●연산관(連山關)	60리			◎담둥(畓洞) ●연산관(連山關)	30리
◎청석령(青石嶺) 호랑구(虎狼口) 사대천(四大川) ●낭자산(狼子山)에서 노숙	50리	◎회령령(會寧嶺) ●첨수참(甜水站)	40리	마운령(摩雲嶺), ○회령령(會寧嶺) 천수참(千水站) ◎청석령(青石嶺) ●낭자산(狼子山)	80리	요양(遼陽) 광우사(廣祐寺)의 백탑(白塔) 동경영수사(東京迎水寺) 십리하포(十里河鋪)	80리	◎회령령 첨수하(甜水河) 호랑국(虎狼谷) ◎첨수참(甜水站) 소석령(小石嶺) ●낭자산(狼子山)	70리
삼류하(三流河)의 지1류(流) 왕상령(王祥嶺) 아미장(阿彌庄) 석문사(石洞寺) ○태지둥(太子河) 천중가(千摠家)에서 유숙	65리	◎청석령(青石嶺) ●낭자산(狼子山)	40리	삼류하(三流河) 냉정(冷井) 고려둥(高麗叢) ○아미장(阿彌庄) ○구요양(舊遼陽)의 장가대(張家臺)				왕보대(王寶臺) 황령자(黃嶺子) 천산(千山) 마천령(摩天嶺),마제령(馬蹄嶺) 삼류하(三流河) 황가장(黃家莊) 석문령(石門嶺) ○냉정(冷井)	70리
		◎냉정(冷井) 삼류하(三流河) ○신요둥(新遼東)	68리						

주: ○—숙박 장소, ◎—참, ●—숙박 장소&참

3) 만리장성 밖 심양로와 요양로의 노정[22]

요양에서부터 연행의 길은 조금 차이를 보인다. 17세기 이요의 사행단을 제외한 나머지 18·19세기의 사행단은 심양을 거쳐 신광녕(新廣寧)까지 같은 길을 따라갔다. 급하게 열하로 향해야 했던 서호수의 사행단만 의주를 지나 변외(邊外)로 향하여 열하로 갔다. 이요의 사행단은 심양을 거치지 않고 의무려산을 거쳐갔는데, 십삼산(十三山)부터는 김창업·박지원의 사행단과 같은 노정을 걸었다.

『요계관방지도』에는 요양에서 북으로 전진하여 심양에 이른 후 '노변참(老邊站)-거류참(巨流站)-백기보참(白旗堡站)-이도정참(二道井站)-소흑산참(小黑山站)-광녕참(廣寧站)'의 서쪽으로 가는 길(심양로)이 있다. 또 하나는 요양에서 남서쪽으로 향하여 '우가장(牛家莊)-삼차하(三叉河)-서령보(西寧堡)-사령역(沙嶺驛)-려양일(閭陽馹)'을 지나 광녕참(廣寧站) 부근에서 만나는(요양로) 두 길이 표현되어 있다. 『서북피아양계만리일람지도』에도 두 노정이 표시되어 있다. 심양북쪽으로 전진하는 길은 이요의 사행단을 제외한 나머지 연행의 노정이었고, 요양 남서쪽의 우가장으로 향하는 길은 이요의 사행단만이 지나간 노정이었다. 후자의 길은 이요가 6년 전인 1650년에도 연경에 갈 때 이용한 길이었다. 그는 천산(千山)이 지름길이지만 산이 험하고 물을 건너기 힘든 점, 호랑이 떼로 인한 안전의 문제 등의 이유로 도리어 길이 먼듯하다고 기술했다.[23] 이요의 기술을 근거로 볼 때, 17세기까지는 요양에서 천산의 지름길을 거쳐 해안을 따라가는 길을 이용했던 것으로 보인다. 요양로를 선택한 또 다른 이유는 오랫동안 이 지역의 중심

---

22. 심양로와 요양로는 본 논문에서 필자가 붙인 노정의 명칭이다.

23. 동쪽에 조그만 길이 있으니, 곧 천산(千山)의 지름길이다. 온정(溫井)에서부터 낭자산(狼子山)까지 그 지름길은 겨우 40리밖에 되지 않는다. 천산은 봉우리가 수없이 나열해 있었기 때문에 이렇게 이름한 것이다. 일찍이 경인년(1650, 효종 1)에는 천산로(千山路)를 거쳐 동쪽으로 돌아왔는데, 길은 비록 조금 가깝다고 하지만, 산이 높고 물이 깊은 데다가 호랑이가 떼를 이루어 이미 무인지경이 되었으므로, 도리어 바로 가는 길이 조금 먼 것만도 못했다. 사시에 경가장(耿家莊)에 도착하여 냇가에서 점심을 먹고 낮잠을 잤다. 돌려보내는 역마(驛馬) 중에서 정건(精健)한 말을 가려서 북으로 가는 굼뜬 말과 바꾸었다(「연도기행」, 「일록(日錄)」 중, 9월 1일).

표 4. 4편 연행록의 심양로와 요양로

일 수	요양로				심양로			
	연도기행		연행일기		열하일기		연원직지	
	여정	거리	여정	거리	여정	거리	여정	거리
1일	요동 구우의 소북문(小北門) 남관리(南關里) 광우사(廣祐寺) ●필관포(畢管鋪)	40리	방허소(防虛所) 삼도파(三道把) 난니보(爛泥堡) 연대하(煙臺河) 산요보(山腰堡), 오리보(五里堡) ●십리보(十里堡)	60리	삼도파(三道巴) 난니보(爛泥堡) 만보교(萬寶橋) 연대하(烟臺河) 산요포(山腰鋪) ●십리하(十里河)	50리	난니보(爛泥堡) ●십리하보(十里河堡)[왕도파(王道把)	55리
2일	장가둔(蔣家屯) 쌍묘자(雙廟子) 천산(千山) 경가장(耿家庄) ●우가정(牛家莊)의 성동관(城東館)에 유숙	80리	장성점(長盛店) 사하보(沙河堡) 백탑보 홍화포(紅花鋪) 혼하(混河, 아리강那里江) ●심양(瀋陽)	65리	판교보(板橋堡) 장성점(長盛店) 사하보(沙河堡) 폭교와자(暴交蛙子) 전장보(氈匠鋪) 화소교(火燒橋) 백탑보(白塔堡) 일소대(一所臺) 홍화포(紅花鋪) 혼하(渾河) ●심양(瀋陽)	60리	백탑보(白塔堡) ●심양	60리
3일	●우가정(牛家莊)	머묾	●심양	머묾	심양	머묾	사패루(四牌樓) 만수사(萬壽寺) 원당사(願堂寺) 탑교(塔橋) 방사촌(方士村) 장원교(壯元橋) 영안교(永安橋) 대방신(大方身) 백변점(白邊站,노변성(老邊城) ●고가자(孤家子)	90리

| 일수 | 요양로 | | 심양로 | | | | | |
| | 연도기행 | | 연행일기 | | 열하일기 | | 연원직지 | |
	여정	거리	여정	거리	여정	거리	여정	거리
4일	삼하보(三河堡) ●삼차하(三叉河) 하수를 건너 북쪽 언덕에서 노숙	25리	영안교(永安橋) 쌍가자(雙家子) 대방신(大房身) ●고가자(孤家子)	78리	원당(願堂) 탑원(塔院) 방사촌(方士邨) 장원교(壯元橋) 영안교(永安橋) 쌍가자(雙家子) 대방신(大房身) 마도교(磨刀橋) 변성(邊城) 흥륭점(興隆店) ●고가자(孤家子)	85리	주류하(周河) 신민둔(新民屯) ●백기보(白旗堡)	75리
5일	서밀보(西密堡) 사령역(沙嶺驛) 평안보(周安堡) ●고평역(高本驛) 첫째 도대(墩臺)를 지나서 노숙	100리	주류하(周流河) 신민둔(新民屯) 소황기보(小黃旗堡) ●백기보(白旗堡)	88리	거류하(巨流河),주류하(周流河) 거류하보(巨流河堡) 필점자(泌店子) 오도하(五渡河) 사방대(四方臺) 곽가둔(郭家屯) 신민둔(新民屯) 소황기보(小黃旗堡) 대황기보(大黃旗堡) 유하구(柳河溝) 석사자(石獅子) 영방(營房) ●백기보(白旗堡)	82리	고산둔(靠山屯),왕가정(王八莊子) 왕가개자(王八蓋子) 신직사(神祓寺) 신점(新店),구가포(舊家鋪, 혹 가요(胡家窩) 이도정(二道井) ●소흑신(小黑山)	100리

일								
6일	반산역(盤山驛) 광녕(廣寧)~의무려(醫巫閭) ●나성(羅城) 선화문(宣化門):동문안의 천종의 집	85리	판문(板門) 이도정(二道井) ●소흑산(小黑山)	92리	소백기보(小白旗堡) 평방(平房) 일반람문(一拉門),임민문(一板門) 국신둔(靠山屯) 이도정(二道井) 은적사(隱寂寺) 고가포(古家舖) 고정자(古井子) 십강자(十扛子) 연대(煙臺) ●소흑산(小黑山)	100리	중안보(中安堡) ●광녕참(廣寧站)	65리
7일	나성(羅城) 영원문(永遠門):서문 장진보(壯鎭堡) 염양역(閭陽驛) 의주(義州) ●십삼산(十三山) 천종의 집에 유숙	90리	양장하(半腸河) 중안(中安) 우가대(于家垈) 구점리(舊店里) 이대자(二臺子) 답자점(撻子店) 대구가(大舊家) 신점(新店) ●신광녕(新廣寧)	67리	중안포(中安浦) 구명녕(舊廣寧) 북진묘(北鎭廟) ●신광녕(新廣寧)	90리	여양역(閭陽驛) 북진보(北鎭堡) 망산보(望山堡) 석산참(石山站),십삼산(十三山) 상흥점(常興店) ●석산참(石山站)	80리
8일			흥륭점(興隆店) 쌍하보(雙河堡) 장진보(壯鎭堡) 상흥점(常興店) 삼대자(三臺子) 여양역(閭陽驛) ●십삼산(十三山)	78리	흥륭점(興隆店) 쌍하보(雙河堡) 장진보(壯鎭堡) 상흥점(常興店) 삼대자(三臺子) 여양역(閭陽驛) 두 대자(頭臺子)~사대자(四臺子) 왕삼포(王三舖) ●십삼산(十三山)	80리		

이었기 때문이기도 하다. 요·금나라 시대에는 부도(副都)가 동경 요양부(東京遼陽府)였으며, 명나라는 요동도사(遼東都司)를 설치했고 후금은 1622년 수도를 요양으로 천도하기도 했다. 조선의 사신은 요양이 가지는 중심지라는 장소성과 지름길이라는 노정의 효율성을 위해 이 길을 지났던 것이다.

1625년부터는 요양의 중심지 기능이 수도의 천도와 함께 심양으로 바뀌었다. 이 지역의 중심지가 심양으로 바뀌었는데도 불구하고 이요는 1650년, 1656년 두 차례 여전히 요양로를 선택했다. 표 4는 서호수의 노정을 제외한 나머지 4편 연행록의 심양로와 요양로를 비교한 것으로, 요양에서 출발하여 십삼산에 도착하기까지의 노정을 자세히 적었다. 요양로를 선택했던 이요의 사행단은 420리의 길을 하루 쉬어 간 것을 제외하면 6일 동안 갔다. 그리고 심양로를 갔던 사행단은 공통적으로 심양에서 하루 머물고 7일 동안 이동했는데, 김창업의 사행단은 528리, 박지원의 사행단은 547리, 김경선의 사행단은 525리 거리의 노정이었다. 이를 통해 대략 530리의 거리인 심양로가 요양로에 비해 100리 정도 먼 길이라는 것을 확인 할 수 있다. 위 노정의 비교를 근거해보면, 요양로는 심양로보다 험하긴 했지만 100리 정도의 거리와 하루의 노정을 앞당길 수 있는 지름길이었다. 당시 62명 소규모로 구성된 이요의 사행단은 사화를 진주(陳奏)하기 위해 파견된 비정기 사행이었다. 정기사행과 같이 대규모의 방물을 운송할 필요가 없었으므로 그들은 노정의 효율성을 위해 요양로를 선택했던 것으로 짐작된다.

요양로는 구로(舊路)이고 심양로는 신로(新路)였지만, 사행의 목적에 따라 지름길인 요양로를 여전히 이용했던 것을 알 수 있다. 요양로를 지날 때, 조선의 사신들은 우가장(牛家莊)의 성동관(城東館)[24]에서 으레 유숙했다. 성동관은 특별히 조선의 사신을 위해 지은 집인데, 심양로를 이용하기 전에 사행단이 머물렀던 곳이다. 사신들은 이곳에 머물며 방물을 청인에게 교부하여 연경으로 운반하도록 하였고, 조선에서 같이 왔던 상인들은 이곳에서 다시 조선으로 돌아갔다. 우가장은

---

24. 그림 5의 우장(牛莊).

상인들의 교역이 이루어졌던 장소로[25] 심양로를 이용하기 이전, 심양의 역할을 했던 곳으로 추측할 수 있다.

> 봉성(鳳城)에 머물렀다. 마패(麻牌)·아역(衙譯) 및 요동 갑군(遼東甲軍) 20명이 우장(牛莊)에 체부(替付)하고 돌아가겠다고 하기에 전례대로 예물을 주었다. 우장성장(牛莊城將) 2명, 마패 4명, 아역 2명, 박씨(博氏) 2명에게도 역시 예물을 주었으니, 이는 전례이다. 방물을 점검(點檢)하여 청인(淸人)에게 교부(交付)하고 일일이 수레로 운반하도록 했으니, 역시 전례이다.[26]

그림 4는『요계관방지도』에 '요양로'와 '심양로'를 표기한 것인데, 심양로가 내륙을 따라 이동하는 노정인 것에 비해, 요양로는 해안을 따라가는 노정이라는 것을 확인 할 수 있다. 요양에서 출발하여 처음 숙박하는 필관포(畢管鋪)는 지도상에 팔리포(八里鋪)라는 이칭으로 표기되어 있다. 그림 5의『서북피아양계만리일람지도』에는 천산을 경유하여 가는 요양로와 심양을 거치는 심양로가 십삼산 부근에서 만나는 두 노정이 표현되어 있다.

18세기부터 주로 이용된 심양로는 요양의 태자하(太子河)를 건너 십리보(十里堡)를 지나 심양 쪽으로 북진하는 노정이다. 심양은 청의 첫 번째 수도였던 곳으로 현재까지도 중국 동북지역의 중심지이기도 하다. 연경에 도착하기 전 김창업·박지원의 사행단은 이틀 동안 심양에 머물렀는데, 이곳은 방물을 전달하고 호행(護行) 인원을 교대하는 등 다음 노정을 준비하는 공간이었다.

보통 방물은 최종 목적지인 연경의 예부(禮部)로 옮겨지지만, 책문·봉성(鳳城)·심양·산해관(山海關) 등지에서도 방물을 전달하기도 했다.[27] 방물 가운데 일

---

25. 방물은 이미 수레로 운반했다. 거기에 실은 것은 쇄마(刷馬) 및 향부(餉府)·운부(運府)에서 보내는 물건이다. 장사치들은 뒤떨어져서 본국으로 돌아갔다. 그편에 조정에 올리는 글과 장계를 부치고, 집에도 편지를 보냈다(『연도기행』,「일록(日錄)」 중, 9월 3일).

26. (『연도기행』,「일록(日錄)」 중, 9월 2일).

27. 책문, 봉성(鳳城), 심양, 산해관 및 연경 예부(北京禮部)로 으레 예물이 있고, 그 밖에 관광(觀光)

부는 연경까지 옮기지 않고 바로 심양에서 전달되었는데, 특히 이 방물은 중국 동북지역 최변방의 중심인 영고탑[28]으로 바로 옮겨졌다. 『열하일기』에 따르면, 청의 수도인 연경에서 심양으로 아문이나 팔기[29]의 봉급을 보내겼고, 이것은 다시 주변의 동북부 지역인 흥경(興京)·선창(船廠)·영고탑 등지의 아문과 팔기로 전달되었다는 기록이 있다.[30] 이에 심양은 중앙으로부터 지급 받은 물자와 봉급을 주변의 동북부 지역에 나누어주는 역할을 했는데, 조선 방물의 일부가 중앙을 거치지 않고 바로 심양에 전달되었기 때문에 조선과 청 모두 물자 운송에 필요한 시간적·물리적 비용을 절약할 수 있었다.[31] 심양 이전에 우가장 역시 이와 같은

하게 되는 이제묘(夷齊廟), 북진묘(北鎭廟), 동악묘(東岳廟), 옹화궁(雍和宮), 오룡정(五龍亭), 서산 (西山) 같은 곳에 으레 인정(人情)을 써야 한다(『연원직지』 1권, 「출강록」 중 11월 22일).

28. 닝구타는 발해 시대에 상경 용천부가 설치되었던 지역이자 청조의 발상지로, 현재는 중화인민공화국 헤이룽장성 무단장시(牧丹江市) 닝안현(寧安縣)에 있다. 이 지역은 백두산에서 발원하는 쑹화강과 興安嶺에서 발원하는 눈강(嫩江)이 만나는 송눈평원, 헤이룽장성 동북부에 위치하는 산장 (三江)평원의 점이지대(漸移地帶)에 위치하고 있다. 청조가 닝구타를 17세기 만주 변경의 거점 지역으로 선택한 이유 가운데 하나는 송눈평원과 산장평원의 경제적 가치 때문이다. 1636년 청조는 닝구타장쥔을 주둔시켜 동북지역을 관할하기 시작하다가 1646년에는 펑티엔앙방장쥔(奉天昂邦章京) 아래 소속시켰다. 1653년에는 사르후다를 닝구타앙방장쥔(寧古塔昂邦章京)에 봉하고 센양에서 독립시켰다(문상명·권혁래, 「고지도와 문학 텍스트에 그려진 닝구타(寧古塔)의 경관과 인식」, 『열상고전연구』 47, 2015, 145~155쪽).

29. 팔기제는 만주팔기·팔기병제·팔기 등으로 부른다. 이는 군사제도일 뿐 아니라 사회·정치·생산의 제도로서 작용하는 것으로, 소수의 만주족이 청조를 지탱하고 유지하는 하나의 제도였다. 상 (上) 3기, 하(下) 5기의 8개의 기(旗)로 나누었다(서정흠, 「팔기제와 만주족의 중국지배」, 『만주연구』 3, 만주학회, 2005, 79–104쪽).

30. 해마다 연경에서 심양의 여러 아문과 팔기(八旗)의 봉급을 지급하면 심양에서 다시 지로 나누어 보내는데 그 돈이 1백 25만 냥이라 한다(『열하일기』, 「성경잡지」, 7월 10일).

31. 나는 융복(戎服)을 입고 김·유 두 비장을 데리고 창고로 갔다. 창고는 행궁의 남쪽 작은 골목에 있었으며 찰원에서 멀지 않았다. 밖에 대문이 있고 대문 안에 벽돌로 쌓은 축대가 있는데 높이가 세 길쯤 되었다. 창고는 그 위에 있었는데, 남쪽에 오르고 내리는 층계가 있고 나머지는 깎은 듯이 평평하였다. 역관이 인솔하여 대(臺) 밑에다 방물을 쌓았다. 조금 뒤에 호부 낭중이 나타나서 비로소 방물을 받기 시작했다. 나는 층계를 따라 두 길쯤 올라갔다. 층계는 벽돌로 쌓았으며, 층계가 끝나면 문이 있고, 문 좌우에 온돌방이 있었다. 이 문을 들어서면 또 한 길 높이의 벽돌 층계가 있고, 그 위에 역시 문이 있으며 좌우로 온돌방이 있는 모습이 아래층과 같았다. 문 앞에 비로소 뜰을 만들었는데, 동서가 6장, 남북이 그 배쯤 되었다. 뜰의 동쪽과 서쪽에 행랑채가 있었으니, 방물을 저장하는 창고다. 북쪽에 또 한 층대가 있고 그 위에 3칸 집이 있으니, 금, 은을 저장하는 곳이었으나 텅텅 비어 있다. 모두 영고탑(寧古塔)으로 수송한 때문이다(『연행일기』 2권, 12월 7일).

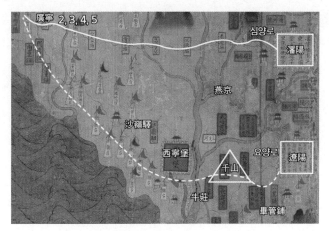

그림 4. 『요계관방지도』의 '요양로'와 '심양로'

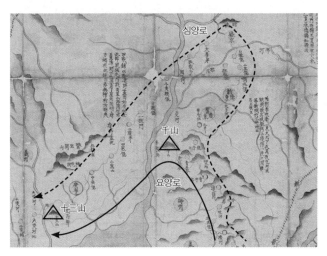

그림 5. 『서북피아양계만리일람지도』의 '요양로'와 '심양로'

역할을 수행한 공간이었다. 연경보다 거리가 가까웠던 조선은 사행단의 방물을 통해 중국 동북부 지역에 효율적으로 물자를 전달할 수 있었다.

4) 만리장성 시작점 산해관에서 연경 입경 노정

심양에서 의주를 지나 변외 지역을 통하여 열하로 향한 서호수를 제외한 나머지 사행단은 심양로와 요양로가 만나는 광녕 부근부터 산해관(山海關)을 지나 연경까지 모두 같은 노정을 걸었다. 산해관은 명나라 시기 동북지역의 오랑캐인 몽골과 여진족의 침입을 방비하기 위해 1381년에 만들어진 특수한 공간이었다. 명나라 시기 산해관은 화이(華夷, 중화와 오랑캐)의 경계라는 의미가 있으며, 압록강을 건너 북동쪽으로 향하는 조선의 사행단에게는 관외(關外)의 이민족(오랑캐)의 공간에서 관내(關內)의 중화로 들어가는 관문이기도 했다. 명이 청으로 교체된 이후에도 조선의 사대부는 여전히 존명(尊明), 대명의리 관념이 강했는데, 이러한 인식은 사행단이 산해관을 지나며 남긴 시에도 잘 나타난다(김철·황효영 2015, 29-68).

천하를 지키니 여름날 지나가는 이들 없네
여덟 개 문은 무겁고 침침해도 대낮엔 화려해
지척에 있는 의무려산의 산세는 첩첩하고
발해의 만경창파를 이용하여 통제하네
중산의 사악한 무리를 막아낸 공로가 이러하건만
오삼계가 여진의 군대를 맞아들였으니 어찌하랴

關方天下無過, 八闔沉沉白日華.
襟帶巫閭千疊勢, 引控渤海萬頃波
中山禦賊功如是, 三桂迎兵事奈何

〈山海關七津〉부분

명·청의 교체기를 직접 겪었던 이요 역시 각산(角山)에서 이어지는 장성(長城)

그림 6. 천하제일관
자료: 필자 촬영(2019.10.24.)

을 보며 오삼계(吳三桂)와 이자성(李自成)의 전투를 회고하고 청이 산해관을 넘어 명을 무너뜨리는 과정에 대해 애석함을 표출하였다. 명나라 시기의 위풍당당했던 산해관이 황폐해져 가는 것에 대한 안타까움도 그의 기록에 나타난다.[32] 이요는 산해관에서 2박 3일을 머무르며 명륜당(明倫堂)에서 사신을 위로하는 잔치를 받기도 했고, 관내(關內)에서 제일가는 각산사(角山寺)를 일행과 둘러보기도 했다. 18세기 초반 김창업의 사행단은 산해관에서 하루 유숙했다. 김창업은 56년 전 이요가 우려했던 대로 옹성은 있는데 문루는 없고 해자만 남은 산해관의 초라한 외성을 묘사했다. 성으로부터 몇 리 떨어진 곳의 석하(石河)에서 일어났던 오삼계와 이자성의 전투를 떠올렸지만 안타까움이나 개인적 감회는 기록하지는 않았다.

박지원의 사행단은 산해관에서 세관(稅官)의 조사를 받고 심하(深河)를 건너 홍

---

32. 산관(山關)의 자성(子城)은 비록 허물어지지 않았으나, 안팎의 나성(羅城)과 좌우 장성(長城)은 거의 다 무너져서 만일 이대로 수년만 지난다면 반드시 그 터마저 없어지겠으니 아까운 일이다. 저 물녘에 객점으로 돌아오니 우장 마패(牛庄麻牌)·아역(衙譯)과 광녕 갑군(廣寧甲軍) 20명이 관상(關上)에 체부(替付)하고 돌아갈 것을 고했다. 이에 예물을 주었으니 전례에 의한 것이다(『연도기행』, 「일록(日錄)」 중, 9월 13일).

화포(紅花舖)에서 유숙했다. 18세기 후반 박지원의 산해관에 대한 관점은 이전과 사뭇 달랐다. 그는 이전의 사행단이 남겼던 오삼계와 이자성의 전투에 대해서 언급하지 않았다. 오랑캐를 막으려 쌓은 산해관의 방어 의미에 대해, 지나는 상인과 나그네의 비웃음이 될 뿐이라며 부질없음을 비판했다. 그보다는 산해관의 세관 기능에 대해 언급했다. 박지원 일행은 책문을 지나 봉성(鳳城)에 이어 산해관에서 또다시 세관 검사를 받았다.

삼사(三使)가 모두 문무로 반(班)을 나누어 심양에 들어왔을 때와 같이했다. 세관(稅官)과 수비(守備)들이 관 안의 익랑(翼廊)에 앉아서 사람과 말을 점고하는데, 전에 봉성의 청단(淸單 조사서(調査書))에 준한다. 대체 중국의 상인과 길손은 모두 성명과 사는 곳과 물화(物貨)의 이름과 수량을 등록하여 간사한 놈을 적발하며 거짓을 막음이 매우 엄하다. 수비들은 모두 만인인데, 붉은 일산과 파초선(芭蕉扇)을 가지고 앞에 병정 백여 명이 칼을 차고 늘어섰다.[33]

김경선의 사행단도 산해관을 통과하고 홍화점(紅花店)에서 유숙했는데, 그가 산해관의 동문 아래서 보문통사(報門通事)의 회보를 기다렸다가 관에 들어갈 정도로 세관의 검사가 엄해서 마치 심양과 같았다고 기록했다.

관에는 부도총(副都總) 등의 관원을 두어 관리하였는데, 행인들은 출입할 때 모두 노인(路引)이 있어야 했다. 조사가 매우 엄하여 외관에서는 들어가는 것을 살피고 내관에서는 나가는 것을 조사한다. 사행이 이곳에 이르면 으레 인마 수효를 먼저 단자(單子)에 적어서 보내고 문 열기를 기다린다. 그러면 비로소 동시에 관문에 들어감을 허락하되 어지럽게 앞서거나 뒤서지 못하고 문관, 무관이 반(班)을 이루어야 하니, 마치 심양에 들어갈 때와 같았다.

---

33. 『열하일기』, 「일신수필」, '산해관기'

그림 7. 각산의 수상장성 구문구(九門口)
자료: 필자 촬영(2019.10.25.)

세관(稅官)과 수비관(守備官)이 홍산(紅傘), 초선(蕉扇)을 치고 관 안의 익랑(翼廊)에 앉았고, 전열에서 칼 찬 군사 100여 명이 인마를 점검하는데 앞서 낸 단자와 대조를 했다. 대체로 관법(關法)이 매우 엄하였는데, 요사이는 점점 옛날만 못하다고 한다.[34]

많은 사행사들은 연경으로 가는 길에 산해관을 지나며 명·청의 교체과정에 대한 한탄을 토로하고 회상하기도 했다. 그렇지만, 18, 19세기 박지원과 김경선은 연경으로 들어가기 전 마지막 세관(稅關)의 기능을 담당하고 있는 산해관의 역할에 대해 기술하였다. 특히 이용후생의 상공업을 중시했던 박지원의 사상이 반영되는 부분이라 할 수 있다. 산해관이라는 공간을 바라보는 조선 사대부들의 인식을 통해 그들의 중국에 대한 태도의 변화를 엿볼 수 있다.

---

34. 『연원직지』 제 2권, 「출강록」

3. 박지원과 서호수 사행단의 열하 노정

1) 박지원 사행단의 열하 첫 노정

1780년 박지원이 처음 열하를 방문했던 이유는 건륭제의 70번째 만수절(晩壽節, 생일) 때문이었다. 청의 입관(入關, 북경으로 수도를 천도) 이후 조선에서는 매년 정기적으로 파견하는 동지사행(冬至使行, 三節年貢)을 통하여 표문(表文: 聖節表)과 방물을 전달하는 것으로 청 황제의 만수절 하례를 대신하였다. 그런데 건륭제의 칠순은 큰 경사였고 이에 조선에서는 청이 요구하지 않았는데도 박명원을 정사로 하는 '진하겸사은행'을 특파하였다.

박지원의 사행단은 한양에서 출발한 지 68일 만에 연경에 도착했다. 그때가 8월 1일이니 8월 13일 만수절까지는 12일 정도 일찍 당도한 것이다. 그런데 사행단은 연경에 도착한 지 나흘째 되던 날 갑작스레 열하에서 열리는 건륭제의 축하연에 참석하라는 요청을 받았다. 사행단은 만수절 당일 연경에서 거행되는 망하례(望賀禮)에 참석하면 되는 것으로 안도하고 있었던 터였다.[35]

열하로 사행단을 부른 것은 조선의 특별한 사행에 대한 청의 이례적인 성의 표시였으나(구범진 2014, 236-237) 나흘 뒤에 알려온 것은 황제에게 소식을 전하고 하달을 받아오는데 그만큼 시간이 걸렸기 때문으로 보인다.[36] 사실 사행단은 조

---

35. "천하 일은 알 수 없는 것일세. 만일 우리 일행을 열하까지 오라고 하는 일이 있다면 날짜가 모자랄 것인즉, 그때에는 장차 어떻게 할 것이며, 또 설사 열하로 가는 일이 없다 하더라도 마땅히 만수절(萬壽節 황제의 탄일)은 대어 가야 할 것인데, 다시 심양과 요양의 사이에서 비에 막히는 일이 있다면, 이야말로 속담(俗談)에 밤새도록 가도 문에 닿지 못하였다는 격이 아니겠는가." 8월 초하룻날 연경에 닿아서 사신은 곧 예부(禮部)에 가서 표문과 자문(咨文)을 바치고 서관에서 나흘을 묵었으나 별다른 지시가 없어 그제야 모두, "과연 아무런 염려는 없나 보다. 사신이 매양 우리 말을 곧이 안 들으시더니 글쎄 그런 것을. 아무튼 일이야 우리들이 잘 알지. 참대로 왔어도 열사흗날 만수절에야 넉넉히 대어 올 것을…"하며 빈정거렸다. 그리하여 더욱 열하는 염에도 두지 않았으며 사신도 차츰 열하로 갈 걱정을 놓기 시작하였다(『열하일기』, 「막북행정록」 8월 5일).
36. 이는 대체로 황제가 날로 조선 사신을 기다리다가 급기야 주문(奏文)을 받아 보고는, 예부가 조선 사신을 행재소(行在所)로 보낼 것인가 또는 아니 보낼 것인가를 품하지 않고서, 다만 표문만 올

그림 8. 피서산장 너머로 보이는 열하
자료: 필자 촬영(2019.10.27.)

선을 떠나면서도 목적지가 연경이 될지 열하가 될지 알지 못했다. 사행단이 떠나기 전에 동지(冬至)겸사은사로 연경에 다녀온 서장관 홍명호가 4월 22일 바친 문견 사건에,

> 서장(西藏)은 옛 서번(西蕃)으로 산부처[活佛]라 일컫는 자가 있는데 올해 20여 세로 전생(轉生)한 42세(世)임을 자칭한다 합니다. 황제가 황자(皇子)로 하여금 그를 맞이하게 하여 5월에 열하(熱河)에 행행(幸行)할 때 인견(引見)할 것 입니다.[37]

라고 기록된 점으로 미뤄, 황자가 열하로 간다는 것은 알았지만 황제가 직접 행차할 것인지는 몰랐다. 이에 사행단은 연경까지 갔다가 다시 열하로 가야 할지

렸음을 노하여 감봉(減俸) 처분을 내렸으므로, 상서(尙書) 이하 연경에 있는 예부의 관원들이 황송하여 어쩔 줄을 모르고 다만 얼른 짐을 꾸리고 인원을 줄이어서 빨리 떠나도록 독촉할 따름이었다(『열하일기』, 「막북행정록」 8월 5일).

37. 『정조실록』 9권, 정조 4년(1780) 4월 22일 자.

모르는 상황에서 길을 재촉하였다. 박지원이 밤중에 요하를 건넜던 것도 그 때문이었다.

다급해진 사행단은 270명 가운데 박지원 등 최소 인원 74명을 꾸려서 194마리의 말 가운데 55필을 끌고 8월 5일 연경에서 출발하여 만수절 나흘 전에 겨우 열하에 도착했다. 연경에서 열하까지는 570리 정도의 거리였으므로,[38] 일행은 하루에 110리에서 120리 정도 이동한 셈이다. 그들이 연경까지 갈 때는 보통 하루에 60리에서 80리 정도를 갔던 것보다 빠르게 간 셈이다. 다급했던 그들의 일정을 알 수 있다.

박지원 일행은 열하까지 간 조선 최초의 사행단이었고 열하에 대한 기록 또한 그가 처음이다. 박지원은 연경에 도착할 때까지의 노정을 비롯하여 휴식처는 물론 유숙한 곳의 지명과 거리 등을 매우 자세하게 기록했다. 그런데 연경부터 열하까지는 이와 사뭇 대조적이다. 목가곡(穆家谷), 광형하(廣硎河), 석갑성(石匣城), 화유구(樺楡溝) 등 몇몇 지명만 기록하였을 뿐 거리는 표기하지 않았다.[39] 심지어 연경에서 출발한 날에는 길을 헤매어 먼 길로 돌아가기도 했다.[40] 이는 조선의 사행단이 열하로 가는 초행길이기도 했지만, 열하로 가는 길을 안내하는 청의 안내자가 없었다는 것을 의미하기도 한다. 그들이 연경에서 열하로 갔던 사행 길이 얼마나 갑작스러웠던가를 알 수 있다. 그들의 노정은 휴식하는 곳, 유숙하는 곳 등이 정해져 있던 연경으로 향하는 노정과는 매우 달랐으며, 박지원은 초행길인

---

38. 『열하지』에는 420리라고 하지만 실제 연경에서 열하까지는 230㎞이므로 570리 정도가 된다.

39. 연경에서 열하로 향하는 노정은 8월 5일부터 8월 9일까지, 모두 5일의 여정이다. 박지원의 기술 방식은 첫 문장에 그날의 이동 장소와 거리를 함께 적는 것이다. 그런데, 연경에서 열하까지는 거리는 적지 않았다.

40. 성문 밖은 꽤 쓸쓸한 편이어서 산천이 눈에 드는 것이 없다. 해는 이미 저물었는데 길을 잘못 들어서 수레바퀴를 쫓아간다는 것이 서쪽으로 너무 치우쳐서 벌써 수십 리나 돌아 걸었다. 양편에 옥수수가 하늘에 닿을 듯 아득하여 길은 함(函) 속에 든 것 같은데, 웅덩이에 고인 물에 무릎이 빠진다. 물이 가끔 스며 흐르도록 구덩이를 파 놓았는데 물이 그 위를 덮어서 보이지 않으므로 마음을 가다듬고 조심하여 길을 따라 소경처럼 용을 쓰고 앞으로 나아간즉, 밤이 벌써 깊었다. 손가장(孫家庄)에서 저녁을 먹고 머물다. 동직문(東直門)은 지름길인데도 불구하고 오히려 수십 리를 돌아갔다(『열하일기』 「막북행정록」, 8월 5일).

그림 9. 피서산장의 북쪽 성벽에서 바라본 포탈라궁(普陀宗乘)
자료: 필자 촬영(2019.10.27.)

데다 심지어 빨리 가야 했기 때문에 지나는 역참이나 돈대 등을 자세히 파악하지 못해 나중에 『열하지(熱河誌)』를 참고하여 『열하일기』에 기록했음을 밝혔다.

그림 1에 표시한 파선(---)은 박지원의 사행단이 연경에서 열하로 떠난 노정을 표시한 것이다. 『요계관방지도』에는 만리장성 넘어 북쪽 지역이 그려져 있지 않기 때문에 '연경-석갑성-화유구-고북구'까지의 노정만을 대략 확인할 수 있다.

2) 서호수 사행단의 두 번째 열하 노정

박지원의 열하 사행 이후 건륭제의 80번째 생일에 서호수를 포함한 조선의 사행단은 다시 열하로 향했다. 이는 10년 만에 두 번째 열하 방문이었다.[41] 서호수

---

41. 본년에 안남(安南), 남장(南掌), 면전(緬甸) 등의 나라에서 만수절(萬壽節)을 삼가 축하하기 위하여 보낸 공사(貢使)들이 모두 7월 10일 이전에 열하의 연회에 달려오기로 되어 있어, 조선국 공사에게도, 전일에 성경 장군에게 자문(咨文)을 급히 보내어 해국(該國) 공사가 7월 10일 이전에 꼭 열하로 달려가서 연회에 참석하도록 계칙(戒飭)하게 한 일이 있는데, 이제 삼가 전번 45년 황상(皇上)의 칠순 만수절(七旬萬壽節)의 일을 조사하여 보니, 이 나라에서 보낸 사신은 8월 초에 비로소 열하의 연회에 도착하였습니다. 본년의 열하의 연회에는 각국의 사신들이 기일을 정하여 7월 10일에 일제히 도착하기로 되어 있는데, 조선 사신은 이때에 겨우 출발하게 될 듯합니다. 만약 급히

는 열하의 기행을 『연행기(燕行紀)』라고 했지만, 사실 그는 열하로 곧장 갔고 돌아오는 길에 연경을 들렀을 뿐이기 때문에 제목이 썩 어울리지 않는다. 『연행기』의 원제목이 『열하기유(熱河紀游)』[42]였던 것은 그런 연유로 보인다. 『열하기유』는 서호수가 연행에서 돌아온 후 2년 반 뒤인 1793년에 쓴 것이다. 거기에는 이마두(利瑪竇, 마테오리치)의 무덤에 갔던 내용이나 포르투갈 선교사 알레샨드르 드 구베아 주교에게 받은 편지 등이 포함되어 있었다. 그런데 『연행기』로 다시 쓰는 과정에서 이와 같은 내용은 빠졌고(임유경 2005, 279-410) 책 제목도 '열하'라는 명칭 대신에 '연행'으로 바뀌었다. 당시 서호수는 박지원의 『열하일기』가 '문체반정(文體反正)' 논쟁의 중심에 있었고, 서학에 대해 박해했던 사회적 분위기로 인하여 서학에 대한 내용을 담거나 '열하'라는 단어를 쓰기에 적지 않은 부담을 느꼈을 것이다.

서호수의 사행단은 연경을 거치지 않고 최대한 빠른 길을 따라 열하로 갔다. 그들이 의주에 도착했을 때, 갑작스레 청으로부터 전갈이 도착했는데, 지난 10년 전 만수절 행사에 늦게 도착한 것을 거론하며 7월 10일 이전에 열하에 도착할 것을 요청했기 때문이다. 건륭제의 생일이 8월 13일인데, 7월 10일 이전에 오라고 한 것은 만수절 이전에도 여러 행사가 있었기 때문이다. 보통 정기 사행인 동지사가 연경에 도착하면 6~7일 안에 사신을 환영하는 하마연(下馬宴)이 열리고, 사신이 돌아가기 5~6일 안에는 송별 연회인 상마연(上馬宴)이 열렸다. 사신들은 신년을 경하(慶賀)하는 조참례(朝參禮)를 행한 뒤에 황제가 참석하는 태화전 연회에 참석하였다(구범진 2017, 537-545).

달려가도록 재촉하지 않는다면 기일 안에 도착할 수 없게 되어 매우 체제(體制)에 어긋날 듯하여 이에 따라 거듭 성경 장군에게 자문을 급송하여, 그 나라 공사에게 전해 신칙하도록 하여, 되도록 모름지기 밤낮으로 급히 달려가되 7월 10일 이전으로 기한을 정하여 바로 열하로 가서 각국 공사들과 함께 연석(宴席)에 들어가도록 하고, 절대로 늦거나 잘못되는 일이 없게 하였습니다. 아울러 그 사신들이 현재 어디에 이르렀고, 어떻게 하면 그들이 속히 열하로 달려가서 연회에 참석하는 일을 그르침이 없게 할 수 있는가를 먼저 본부에 자문으로 보고하는 것이 좋겠습니다. 이래서 자문을 보내게 된 것입니다(『연행기』, 1권, 6월 22일).

42. 서울대학교 규장각한국학연구원 소장(想白古 915.2-Se61y-v.1-4).

여하튼 서호수 사행단이 건륭제의 생일인 8월 13일보다 이른 한 달 전에 도착할 것을 요청받은 것은 만수절 행사가 태화전 연회 외에도 그 전에 여러 차례 있었기 때문으로 보인다. 하지만 서호수의 사행단은 요청받은 일자보다 5일이나 늦은 7월 15일에서야 열하에 도착하였다. 사행단은 다음날 7월 16일에 황제를 알현하였고 연회가 베풀어졌다. 그 뒤 서호수는 7월 17일부터 19일까지의 일들을 『연행기』에 자세히 기록하였는데,[43] 이를 통해 만수절 이전에도 여러 행사에 참석한 것을 알 수 있다.

비록 서호수 사행단이 요청한 날짜에 도착하지 못했지만 한양에서 출발한 지 49일, 의주에서 압록강을 건넌 지 24일 만에 열하에 닿은 것이었다. 박지원의 사행단이 76일 만에 열하에 도착한 것에 비하면 27일 빠른 것이었다. 물론 박지원의 사행단이 연경을 거쳐서 갔던 것을 고려해도 서호수의 사행단이 7월 10일에 맞추고자 얼마나 빨리 열하에 도착했는지 짐작이 간다. 압록강을 건너 그들의 일일 평균 이동 거리는 심양을 지나 탑원(塔院)에서 하루를 거의 쉰 것을 제외하면 100리 정도로 다른 사행단보다 빠른 편이었다.

그들은 심양로를 따라갔던 여느 사행단처럼 '의주–심양–대릉하'까지 같은 노

---

43. 맑음. 열하에 머물렀다. 새벽에 통관이 삼사(三使)를 인도하여 여정문(麗正門) 밖 조방(朝房)에 이르러 잠깐 쉬고, 날 샐 무렵에 통관이 우리를 인도하여 연희전(演戲殿)의 서서(西序) 협문(夾門) 밖에 있는 조방에 들어가 잠깐 쉬었다. 얼마 뒤 황상어전 통관(皇上御殿通官)이 우리를 인도해 연반(宴班)으로 나아가게 하였다. 묘시(卯時) 정삼각(正三刻)에 연희(演戲)를 개시하여 미시 초 1각(刻) 5분에 그쳤다. 연제(演題)는 도수맥수(稻穗麥秀), 하도낙서(河圖洛書), 전선중역(傳宣柔役), 연간기년(燕衍耆年), 익우담심(益友談心), 소아현채(素蛾絢綵), 민진회침(民盡懷忱), 천무사부(天無私覆), 중역내조(重譯來朝), 일인부덕(一人溥德), 동추우전(同趨禹甸), 공취요준(共醉堯樽), 전명봉선(煎茗逢仙), 수의응후(授衣應候), 구여지경(九如之慶), 오악지존(五嶽之尊) 등 모두 16장(章)이다. 선찬(宣饌), 선다(宣茶)는 다 어제의 의식과 같았다. 연희(演戲)가 그치기 전에 각로(閣老) 화신(和珅)이 황제가 하사한 갖가지를 연회에 참석한 여러 신하에게 나눠 주는데, 화석친왕(和碩親王)으로부터 사신(使臣) 등에게 이르기까지 품(品)마다 갖가지 받을 것을 황색 함(函)에 나눠 담고 매원(每員)의 작위(爵位), 품질(品秩), 성명(姓名)을 분패(粉牌)에 써서 함 속에 넣었다. 이 함을 동서서(東西序)의 섬돌 위에 벌여 놓으면 화신이 패를 살펴보고 이름을 불러 계하(階下)에 세우고 물품을 주는데, 여러 신하가 꿇어앉아 받은 뒤에 한 번 머리를 조아리고 자리로 돌아간다. 나도 정사와 함께 갖가지 비단 5필과 하포(荷包) 3쌍, 비연호(鼻煙壺) 1개, 칠완(漆椀) 1개를, 서장관은 비단 4필, 하포 2쌍, 비연호 1개, 칠완 1개를 받았다(『연행기』 2권, 7월 17일).

정을 걸었다. 이후 다른 사행단은 서쪽으로 해안을 따라 산해관을 지나 연경으로 향했지만, 서호수의 일행은 대릉하에서 북쪽의 의주를 지나 변외의 길을 통해 열하로 갔다. 열하로 향하는 이 길은 조선의 사행단에게 초행이었고 변외 지역이었기 때문에 안전상의 문제도 있을 수 있었다. 그런데도 빨리 갈 수 있었던 것은 노정에 대한 청의 준비가 있었고[44] 청이 알려주는 노정대로 조선의 사단이 움직였기 때문이다.[45] 청은 변외 지역에 역참이 없는 것을 고려하여 의주의 지방관에게 미리 튼튼한 수레와 말을 준비하도록 했으며, 변외의 조양(朝陽)·적봉(赤峯)·건창(建昌) 등의 현에 사행단이 길을 잘 지날 수 있도록 대비책을 마련하도록 하기도 했다.

서호수는 『연행기』에 심양에서 구관대(九關臺)를 경유하여 열하로 가는 노정을 자세하게 기록하였다. 970리의 노정은 다음과 같다.[46]

신점(新店)−백대자(白臺子)−정안보(正安堡)[50리]−망산포(望山鋪)[10리]−사방포(四方鋪)[10리]−사보자(四堡子)[10리]−위가령(魏家嶺)[15리]−화아루(花兒樓)[10리]−황토감(黃土坎)[10리]−세하(細河)[10리]−관제묘참(關帝廟站)[5리]−고대자(高臺子)[20리]−사하(沙河)−묘구참(廟口站)[20리]−대릉하(大凌河)−의주성(義州城)[35리]−최가구(崔家口)[20리]−두도하자(頭到河子)[10리]−육대변장(六臺

---

44. 경유하는 연로(沿路)에는 미리 관병을 파견하여 빨리 달려갈 수 있도록 주선하게 하였다. 만약 그 공사가 가까운 길을 택하여 구관대(九關臺)를 경유하여 열하로 간다면, 도중에는 전연 역참이 없어서 늦어지거나 잘못될 것이 두려워 이미 의주(義州)의 기민(旗民)과 지방관(地方官)에게 계칙(戒飭)하는 문서를 급송하여, 미리 견고한 수레와 건장한 말을 준비하였다가 주어서 빨리 갈 수 있게 하였다. 이어 변외(邊外)의 조양(朝陽), 적봉(赤峯), 건창(建昌) 등 현(縣)에 속히 신칙하여 빨리 가게 하기 위한 모든 대비책을 주선하게 하였으며, 아울러 성경의 예부(禮部), 병부(兵部)와 봉천부(奉天府) 부윤(府尹)에게 자문을 발송하여 마땅히 준비해야 할 일을 모두 미리 준비하게 하였다는 사연을 갖추어 상주(上奏)한 바 있습니다(『연행기』, 1권, 6월 22일).
45. 이날은 60리를 갔다. 예부 공문(禮部公文)의 지휘(指揮)에는 구관대문(九官臺門)을 경유하라고 하였으나, 일전에 내린 큰비로 구관대 안팎의 산길이 거의 다 파괴되어 거마(車馬)가 통행할 수 없다. 그러므로, 우회하여 육대(六臺)를 향하여 변장(邊墻)으로 나온 것이다(『연행기』, 1권, 7월 7일).
46. 심양의 신점에서 구관대(九關臺)를 경유하여 열하에 이르는 길의 이수(里數)를 우리나라 사람들이 알지 못한다. 그러므로 아래에 적어 두어 뒷날의 참고에 대비하려 한다(『연행기』, 1권, 7월 15일).

邊墻)[25리]−유하(柳河)−석인구(石人溝)의 지장사(地藏寺)[5리]−수촌자(水村子)
[30리]−만자령(蠻子嶺)[20리]−장가영(張家營)−망우영(蟒牛營)의 복령사(福寧
寺)[25리]−대릉하(大凌河)[25리]−조양현(朝陽縣)[15리]−대영자(大營子)[20리]−
호접구(蝴蝶溝)−삼가아(三家兒)[30리]−라마구(喇嘛溝)[25리]−행호자대(杏胡子
臺)[10리]−담장구량(擔杖溝梁)[30리]−공영자(公營子)[20리]−야불수(夜不收)[30
리]−장호자(張鬍子)[30리]−건창현(建昌縣)[35리]−송가장(宋家莊)[30리]−쌍묘
(雙廟)[25리]−북궁(北宮)[40리]−양수구(楊樹溝)[35리]−대묘참(大廟站)[20리]−
평천주(平泉州)[30리]−봉황령(鳳凰嶺)[30리]−칠구(七溝)[20리]−상운령(祥雲嶺)
[15리]−서륙구(西六溝)[25리]−황토량자(黃土梁子)[30리]−홍석령(紅石嶺)−평대
자(平臺子)[30리]−열하의 승덕부(承德府)[30리]

박지원은 연경에서 열하까지의 자세한 노정을 기록하지 못했지만, 서호수는
심양에서 변외지역을 거쳐 열하로 가는 최초의 노정을 거리까지 매우 구체적으
로 기록하였다. 이 기록은 이후 조선인들에게 열하로 가는 중요한 지리 안내서가
되었을 것이며, 청의 변외지역 공간에 대한 인식을 넓히는 새로운 계기가 되었을
것이다.

4. 나가며

그동안 연행록 연구는 중화 인식, 문화교류, 연행시(燕行詩), 청나라 풍습 등에
초점이 맞춰져왔다. 특히 박지원의 『열하일기』 연구는 판본 비교, 청에 대한 그
의 인식과 사상, 문체 등을 중심으로 이뤄져 왔다. 최근 『열하일기』에 수록된 지
명을 검토하여 사행 노정을 복원하려는 연구가 진행되었고, 박지원의 자연·문
화·지역 지리적 인식을 살펴보려는 연구 논문도 발표되었다. 필자는 이러한 연
구 성과를 바탕으로 『열하일기』를 중심에 두되 다른 연행록과의 노정의 비교를

통해 역사 지리적 의미를 찾고자 하였다. 사행단 노정의 공간은 조선후기에 제작된 『요계관방지도』를 통해 유추해 보았다. 조선후기 사행단의 노정에는 중국의 왕조 교체에 따른 중심 공간의 변화와 우리와의 관계가 나타나 있었다. 이러한 정치적 변화에 따라 사행단의 노정도 달라졌으며, 요동지역 중심 공간의 변화에 적응하는 조선인들의 인식이 내재 되어 있었다.

그런데 열하는 새로운 공간이었다. 명·청 시기 수많은 조선의 사행단이 연경을 목적지로 오고 갔지만, 열하로 향한 것은 박지원의 사행단이 처음이었고 그들 역시 연경에 머무르며 나중에서야 열하로 가야 한다는 것을 통보받았다. 열하로 향하는 노정 속에 길을 몰라 당황하는 모습은 준비되지 않은 초행길을 짐작케 한다. 10년 후 두 번째로 열하로 향한 서호수는 970리 길의 '열하 노정'을 기록했다. 그로부터 70년 뒤인 1860년, 영국과 프랑스군에 의해 연경이 점령당하자 함풍제(咸豊帝)가 열하로 피신을 떠났을 때 박규수(朴珪壽, 1807~1877)는 열하부사(熱河副使)로 임명되어 함풍제를 위로하기 위해 열하로 향했다. 조선에서 열하를 다녀온 공식적인 사행단으로는 세 번째였으며, 그는 박지원의 손자이다. 박규수는 박지원 가문의 사람으로, 열하에 대한 축적된 정보를 가지고 있었을 것으로 생각된다. 그리고 두 번째 열하를 다녀와 노정을 잘 정리한 서호수의 기록을 따라 길을 걸었을 것이다. 사행단의 기록은 단순한 노정의 기술을 넘어선 종합 지리서였으며, 현대의 우리들에게는 생생한 역사지리서이기도 하다.

참고문헌

金景善, 1832, 燕轅直指
金昌業, 1712, 燕行日記
朴趾源, 1780, 熱河日記
徐浩修, 1790, 燕行紀
李濆, 1656, 燕途紀行
西北彼我兩界萬里一覽之圖(국립중앙도서관 소장)

遼薊關防地圖(서울대학교 규장각한국학연구원 소장)

고미숙, 2003, 열하일기, 웃음과 역설의 유쾌한 시공간, 그린비.

구범진, 2014, "조선의 청 황제 성절 축하와 건륭 칠순 '진하 외교'," 한국문화 68, 215-248.

구범진, 2017, "1780년대 淸朝의 朝鮮 使臣에 대한 接待의 變化," 명청사연구 48, 534-564.

김명호, 1990, 열하일기 연구, 창작과비평사.

김명호, 2008, "박지원, 열하일기," 한국사시민강좌 42, 95-108.

김일환, 2019, "燕行 路程의 절반, 十三山", 漢文古典研究 38, 253-291. (https://doi.org/10.18213/jkccl.2019.38.1.010.)

김철·황효영, 2015, "명·청시기 조선 사신들의 대중국 인식 변화 양상에 대한 연구-'연행록' 중의 산해관시(詩)를 중심으로," 아시아문화연구 39, 29-68. (https://doi.org/10.34252/acsri.2015.39..002.)

김현미, 2008, "숭실대학교 연행록연구총서(전 10권) 간행 2년에 부쳐," 한국 문학과 예술, 221-225.

민두기, 1963, "'熱河日記'의 一研究," 역사학보 20, 81-116.

문상명, 2015, 권혁래, "고지도와 문학 텍스트에 그려진 닝구타(寧古塔)의 경관과 인식," 열상고전연구 47, 145-196. (https://doi.org/10.15859/yscs..47.201510.145)

박상영, 2006, "열하일기에 나타난 산문 시학 〈환희기〉의 담론 구성 방식을 중심으로," 국어국문학 144, 209-242.

서인범, 2008, "조선전기 연행록 사료의 가치와 그 활용," 명청사연구 30, 13-48.

서정흠, 2005, "팔기제와 만주족의 중국지배," 만주연구 3, 79-104.

손용택, 2004, "熱河日記에 비친 연암박지원의 지리관 일 고찰-자연지리적 인식·문화지리적 인식·지역지리적 인식을 중심으로," 한국지역지리 10(3), 497-510.

이승수, 2011, "연행로 중 '遼陽-鞍山-廣寧 구간'에 한 인문지리학적 검토," 한국한문학연구 47, 553-592 (https://doi.org/10.30527/klcc..47.201106.017)

이승수, 2011, "1790년 熱河 使行의 '二道井-熱河' 구간에 한 인문지리학적 탐색," 고전문학연구 40, 289-322. (https://doi.org/10.17838/korcla.2011..40.010)

이승수, 2012, "연행로 중의 東八站 고," 한국언어문화 48, 281-308.

이승수, 2013, "연행로 중 瀋陽~廣寧站 구간의 노정 재구," 民族文化 42, 65-96. (https://doi.org/10.15752/itkc.42..201312.65)

이승수, 2014, "연행로 중 廣寧 - 山海關 구간의 노정 재구 - 百 戰 벌판의 횡단과 역사 변동의 시각 체험," 역사민속학 46, 343-375.

이승수, 2016, "연행로 중 遼陽~瀋陽 구간의 노정과 풍물-지리 감각의 갱신과 신흥 왕조의 체험," 고전문학연구 50, 261-297. (https://doi.org/10.17838/korcla.2016..50.009.)

이승수, 2017, "연행로의 地理와 心跡-山海關~通州 구간," 국문학연구 36, 국문학회, 31-64.

이승수, 2018, "연행로의 地理와 心跡 2, 通州~ 玉河館," 민족문화 52, 한국고전번역원, 409-448. (https://doi.org/10.15752/itkc.52..201812.409)

이태진, 2011, "'海外'를 바라보는 北學-열하일기를 중심으로," 한국사시민강좌, 77-93.

이현식, 2017, "『열하일기』「심세편」, 청나라 학술과 사상에 관한 담론," 동방학지, 97-127. (https://doi.org/10.17788/dbhc.2017..181.004)

유재춘, 2001, "15세기 명의 동팔참 지역 점거와 조선의 대응," 조선시대사학보 18, 5-34.

임기중, 2001, 연행록전집, 동국대학교출판부.

임기중, 2016, 연행록총간(燕行錄叢刊) 2016년 6차 개정증보판, 누리미디어.

임유경, 2005, "서호수의 연행기 연구," 고전문학연구 28, 279-410.

정성훈, 2016, 홍대용과 박지원의 작가정신 비교 연구: 의산문답과 열하일기를 대상으로, 조선대학교 박사학위논문.

허정인, 2012, "18세기의 문화적 아케이드, 박지원의 열하일기," 열린정신 인문학연구 13(2), 303-327.

廉松心, 2003, "18世紀中韓文化交流研究 以朴趾源的熱河日記为中心," 아시아문화연구, 227-243.

崔韶子, 1997, "18世紀末 東西洋 知識人의 中國認識比較," 동양사학연구 59, 1-40.

한국고전종합DB (http://db.itkc.or.kr, 2020년 4월 14일 검색)

조선왕조실록사전 (http://encysillok.aks.ac.kr, 2020년 4월 14일 검색)

제6장

모두들 나를 두고 관광벽이 너무 심하다고 놀려댄다.

(박지원 저, 김혈조 역, 2017, 『열하일기 2』「태학유관록」)

『열하일기』 연행 노정에서 만난 장소와 경관의 지리[1]

강창숙

1. 들어가며

1783년 연암 박지원(燕巖 朴趾源, 1737~1805, 이하 연암)이 『열하일기(熱河日記)』를 탈고한 이후, 책은 장안의 화제가 되었다. 『열하일기』는 초고가 완성되기도 전에 그 일부가 주변 지인들에게 알려지고 전사될 정도로 조선 지식층에 급속도로 확산되었다. 일부가 한글로 번역되기도 했지만, 책에 대한 평가는 부정적인 분위기로 흘렀다. 특히 유림과 문단에서는 당대 사회에 대한 풍자와 비판, 문체에 대해 대단히 부정적이었으며, 급기야 국왕 정조까지 주목하게 되었다.

조선말기 정승을 지낸 연암의 손자 박규수(朴珪壽, 1807~1877)조차 "조부의 문집을 간행하는 일은 유림에 공연히 말썽을 불러일으킬 염려가 있다." 할 정도로 위정자들의 부정적 인식은 계속되었다. 이에 『열하일기』는 공간(公刊)되지 못하고, 명확한 정본이나 판본 없이 초고본 본래 모습과 다르게 조금씩 윤색되고 왜곡된 수많은 필사본이 근대로 전승되었다(박지원 저, 김혈조 역 2017, 『열하일기 1』, 역자 서문).

---

1. 이 글은 2019년 「문화역사지리」 제31권 제3호에 게재된 필자의 논문을 수정한 것이다.

『열하일기』는 1911년 조선 광문회에서 『燕巖外集 熱河日記 全』을 최초로 공간하였고, 1915년 일본인에 의해 완역본이 출간된 뒤,[2] 최근까지 완역, 초역, 편역, 리라이팅(Rewriting), 소설식 개작 등 다양한 형태의 번역서 출간과 여러 출판사의 개정판 발간이 계속되고 있다.

오늘날 『열하일기』에 대한 관심은 책 읽기와 함께 연행 노정(燕行路程)을 따라가 보는 '연행로 다시 걷기' 같은 답사여행이 다양한 계층에서, 그리고 학술적, 개인적 차원에서 계속되고 있다. 예를 들어, 중국 고등학생들을 대상으로 "연행로는 중국과 조선의 우호 관계를 상징했고, 이 길을 직접 걸어보면서 현재 중국과 한국의 우호관계를 이어나가자."는 것을 목적으로 '중주연행로(重走燕行路, 연행로를 다시 걷다)'의 행사가 이뤄지고 있다.

이 답사에 참여한 한국인 중국 유학생의 답사 후기가 인상적이다. 즉, "현재 한반도는 화약통 상태다. 언제 북한, 중국과 교전이 일어나도 이상하지 않다. 대부분 한국인들은 중국인을 예의 바르지 않는 후진국 사람으로 본다. 하지만 『열하일기』같이 지금도 우리는 중국인들에게 배워야 할 게 많다. 또 우리는 그들과 친해져야 한다. 21세기 새로운 질서가 세워진 시대, 우리는 군사적 수단으로만 나라를 지키는 것이 아니다. 외교적으로 평화롭게 다른 나라와 교류하는 것, 우리 유학생들이 평화를 전파하는 것, 역시 일종의 국가 보호이다. 다른 나라와 우호적 관계를 맺는 데 힘을 쓰면 우리들이 문화교류의 '청소년 사신단'이 아닐까?" (월드코리안 뉴스 2017. 10. 9).

주 선양 대한민국총영사관은 요녕성 국제문화경제교류중심 등과 공동주최로 2014년부터 '漫漫燕行路 友情無終點(긴긴 연행길 끝없는 우정)'의 사행단 행사를

---

2. 1901년 김택영(滄江 金澤榮)에 의해 처음으로 공간된 『燕巖集』에서 「열하일기」가 소개되었고 (경향신문 2005년 4월 12일 자), 1915년 일본인 아오야기 고타로가 경성에서 조선연구회 고서진서간행의 일환으로 「연암외집(전 2권)」에서 「열하일기」를 인쇄본으로 처음 완역 출간한 이래 지금까지 수십 종의 번역본이 출판되었다. 북한 학자 리상호가 1957년에 완간한 「열하일기(전 3권)」은 그동안 학계에서 권위 있는 번역본으로 인정되었지만, 상당한 오역이 발견된다(서울신문 2009년 9월 23일 자). 북한 번역본은 2004년 보리출판사에서 「열하일기 上, 中, 下」로 출판되었다.

개최해 오고 있다. '2019 연행로 길을 다시 걷다(6. 10–6. 13)'에는 요녕대학, 동북대학, 선양사범대학에 재학 중인 한. 중 대학생 포함 50여 명이 참석하여 과거 양국 교류의 역사적 발자취를 함께 답사하였다. 이 행사는 한·중 교류와 우정의 역사를 되돌아보고 연행로의 역사적 의미를 계승하는 데 있다(주 선양 대한민국총영사관 2019. 6. 14.). 이들 연행로 답사 여행의 기본 텍스트는 『열하일기』다. 이는 『열하일기』가 시대를 초월한 텍스트이고, 오늘날에도 가장 주목받는 고전 여행기임을 반증하는 것이다.

연암은 44세였던 1780년(정조 4) 청나라 6대 고종(건륭제)의 칠순 만수절(萬壽節) 축하 사은 겸 진하사행(謝恩兼進賀使行)에 정사 박명원(朴明源)의 자제군관으로 참여하였다. 연암의 삼종형인 박명원은 사도세자의 누이 화평 옹주의 남편이다. 오로지 연경 유람이 목적이었던 연암은 예정에 없던 전인미답의 열하(熱河)까지 체험하고, 견문한 내용을 3년 동안 보완, 고증하여 『열하일기』로 정리하였다.

앞선 연행록 대부분이 한양에서 출발해 연경 도착 후 다시 돌아올 때까지의 노정(일시, 날씨, 지명, 이동 里數 등) 기록에 초점을 둔 '노정기(路程記)'였다면, 『열하일기』는 중국 중심의 천하관에서 벗어난 새로운 인식을 견지하면서, 연행 노정의 장소와 경관에 대해 상세하고 실증적으로 묘사한 지리정보와 함께 낙후된 조선을 비판하거나 지식인들의 낡고 관습적인 인식을 풍자하는 '한바탕 웃음의 자료' 등 흥미로운 이야기가 풍부한 답사 여행기였다. 대략 240년이 지난 오늘도 『열하일기』는 '글을 써서 교훈을 남기려' 했던 연암의 중국 견문의 통찰로 여전히 '오래된 미래'가 되고 있다.

이 책에는 중국의 역사·지리·풍속·습상(習尙)·고거(攷據)·토목·건축·선박·의학·인물·정치·경제·사회·문화·종교·문학·예술·고동(古董)·천문·병사 등에 걸쳐 수록되지 않은 분야가 없을 만큼 광범위하고 상세히 기술된다(『열하일기 1』, 역자 서문). 말 그대로 지표상의 인간 생활에서 나타나는 자연과 인간관계 현상을 담고 있는 중국 견문 지리지(地理誌)이다. 연암은 어떤 장소에 이르면 기후와 지형, 지명 연혁과 유래 등 지리적 환경부터 먼저 고찰하였다.

『열하일기』의 연행 노정 및 장소와 경관에 대한 논의는 고려에서 조선까지 이어진 북경 연행로 탐색에서 부분적으로 논의되고 있으며(이승수 2011; 2018 등), 최근 전체 노정에 대한 검토가 이뤄지고 있다(하재철 2016). 이들 연구는 연행록에 기록된 지명의 현재 위치를 밝히고 연행 노정을 복원하거나, 당시 사행단의 체험을 노정을 따라 재구성하는 데 초점을 두고 있다. 지리적 공간은 모든 역사와 문화가 잉태·생장·소멸·재생되는 무대이니 이를 배제하고 연행의 역사 문화를 논하는 것은 불완전할 수밖에 없다(이승수 2011, 554). 아쉽게도 연행이 실천된 지역에 대한 지리적 의미는 본격적으로 논의되지 못하고 있다. 오늘날 『열하일기』에 대한 관심이 다양하게 전개되는 것처럼 지리학적 연구도 일부(손용택, 2004; 김다원, 2014; 신정엽, 2017)에서 각기 다른 관점으로 접근되고 있다.

『열하일기』는 조선의 선비 연암이 견문하고 체험한 다양한 장소와 경관에 대한 답사 여행기이다. 낯선 지역을 여행하는 사람들이 어떤 장소에서 느끼는 감정이나 특정 경관을 보는 방식은 각기 다르다. 무엇을 어떻게 보았는가와 관련된 '보기'의 문제는 같은 장소에서 같은 경관을 보더라도 개인적 관점과 지역 인식 특성에 따라 관찰의 초점과 내용 등은 서로 다르게 나타난다. 연암과 함께 연행했던 노이점(盧以漸)의 『수사록(隨槎錄)』은 동일 장소에서 사람마다 보기의 대상이 다르고, 같은 대상을 보고 체험해도 보기의 방식과 지각하는 내용이 서로 다르다는 것을 실증한다.[3]

---

3. 충청도 공주사람 노이점(1720~1788)은 조선 중기의 문신으로 1756년(영조 32) 37세의 늦은 나이로 병자식년사마시(丙子式年司馬試)에 합격하였다. 1780년 환갑의 나이에 정사의 수행원(上房神將)으로 연행에 참가하여 『수사록』을 남겼다. 존명배청의식에 의한 『수사록』은 『열하일기』와는 성격이 매우 상이하고 내용 곳곳에서 흥미로운 대조를 이루지만, 『열하일기』의 내용을 보충하고 참고할 만한 것이 많다. 특히 연행의 전 과정이 일기체로 서술되어, 전체 일정을 알 수 있다. 노이점은 연암을 "중화의 선비들로서 학문과 문장이 있는 사람들은 연암을 한 번 보고는 매료되지 않는 사람이 없었다. 그는 큰 키에 큰 얼굴로 눈썹이 수려하고 수염은 적어 옛날 사람 같은 풍채가 있었다. 성질이 술을 좋아하고, 서양금을 타며 사람에게 노래를 부르게 하였다. 호걸스러운 웅변으로 주위를 놀라게 하며 신령스럽고 늠름한 풍채가 늠연하여 용을 잡고 범을 잡는 기상이 있었다."라고 묘사하였다(김동석 2002). 『열하일기』 「도강록」에서는 '정사의 시중을 드는 상방 비장인 참봉 노이점'으로 소개하고 있으며, 노참봉으로 자주 묘사된다.

『열하일기』는 어떤 장소나 경관을 대상으로 '본다는 것'과 '본다는 행위' 그 자체에 대한 자기 성찰의 기록이다. 연암의 '보기'는 이성 중심의 인식론에 한정하지 않고, 감각과 지각의 영역을 아우르는 것이며, 보기의 대상과 방법 그리고 목적에 대해 존재론적, 관계론적으로 폭넓게 사유한다. 즉, 연암은 중국을 보고, 중국을 보고 있는 자신을 더욱 깊이 들여다본다(정훈식 2012, 344).

무엇보다『열하일기』는 남달리 부지런히 관찰하고 헤아려 생각하는 연암의 습관 즉, '관찰유근(觀察惟勤)'의 소산이다. 연암은 「알성퇴술」의 '관상대' 관람기에서 흠천감 편액의 강희제 어필 '관찰유근'을 소개하였다. 현재는 '관상수시(觀象授時)'라는 건륭제의 어필로 바뀌었다고 한다(『열하일기 3』, 399). 김혈조는 "관찰을 오직 부지런히 한다."로 번역하였지만, 본 장에서는 "부지런히 관찰하고 그 이치를 헤아려 생각한다."는 의미로 사용하였다.

연암은 장소와 경관을 단순히 견문하고 체험하는 데 그치지 않고, 어떤 지역이나 대상을 보고 있는 자신과 자신의 지역편견이나 선입견을 성찰하고 반성하는 과정을 거듭한다. 이는 낯선 장소와 경관을 관찰하고 체험하는 주체가 인지하고, 느끼고, 볼 수 있는 물질적인 형태나 이미지뿐만 아니라 그 이상의 의미와 상징성까지 따져서 헤아려보는 의미화 과정이다. 무엇보다 연암은 앞서 간행된 연행록들과 구별되는 보기의 방식 즉, 다른 방식으로 보기(ways of seeing)를 끊임없이 시도하였다(존 버거 저, 최민 역 2012 참조).

이에 본 장에서는『열하일기』연행 노정에서 나타나는 연암의 지역인식을 살펴보고, 압록강에서 연경까지의 핵심 연행 노정에서 연암의 남다른 보기의 행위나 지역인식의 '경계'가 되었던 주요 장소와 경관에 대한 지리적 의미를 답사, 고찰하였다.[4] 본 장에서 인용하는『열하일기』는 김혈조(2017, 개정신판)가 옮긴『열하일기 1, 2, 3』이다. 이 책은 1932년 박영철이 자연경실본(自然經室本)을 저본으

---

4. 한국문화역사지리학회에서는 2011년(6월 24일~6월 28일) 심양을 거점으로 단동시 압록강변에서 북진시(요녕성 금주시 관할)의 의무려산, 북진묘, 구 광녕성까지 1차 답사를, 2019년(7월 3일 – 7월 7일) 심양에서 북경까지 2차 답사를 실시하였다. 연구자는 2차 답사를 진행하였다.

로 공간(公刊)한 『연암집』에 수록된 『열하일기』를 번역 저본으로 삼아 편차와 항목의 순서를 따랐으며, 2012년에 영인된 이가원(李家源)의 초고본 내용을 대조하여 보충한 개정판이다. 이가원 소장본은 여러 필사본의 초고본 계열(제자, 후배들이 필사한 책)로 『열하일기』 최초의 모습, 즉 친필본의 실체를 어느 정도 살펴볼 수 있는 책으로 평가된다. 김혈조가 옮긴 책은 현재 가장 '정교하고 세련된 언어로 다듬어진 명실상부한 완역본'으로 평가되고 있다(박지원 저, 고미숙·길진숙·김풍기 역 2014).

이하에서는 이 책에서 인용한 내용은 '연암'으로 시작, 표기하고, 출처는 책명과 권수, 페이지만 표기한다. 사용된 부호는 『서명』, 「편명」 등과 같고, 지명과 인명 등은 우리말로 표기하였다. 필요한 경우 한자를 병기하였으며 간단한 주석은 괄호 안에 간주(間註)로 처리하였다.

2. 『열하일기』의 연행 노정과 편차 구성

1) 『열하일기』의 연행 노정 및 주요 장소와 경관

연암이 살았던 18세기 후반, 조선 사람이 외국에 갈 수 있는 경우는 중국 연행사와 일본 통신사에 불과하였다. 연행의 공식 사신인 삼사(正使·副使·書狀官)는 물론, 사신단의 친인척으로 참여한다는 것은 당시 경화세족(京華世族)만이 누릴 수 있는 특권이었다. 조선 전기에는 명나라에 정조사(正朝使), 성절사(聖節使), 천추사(千秋使), 동지사(冬至使), 사은사(謝恩使), 주청사(奏請使), 진하사(進賀使), 진위사(陳慰使) 등 갖가지 명목의 정기적·비정기적 사신단을 끊임없이 보냈다. 하지만 청은 조선에 1년에 단 한 차례 동지사행만 허락하였다. 동지사행은 1월 1일을 북경에서 맞이했으며, 사실상 설날을 축하하기 위한 정조사를 겸하게 되었다(강명관 2014, 25).

고려 때부터 대명 연행이 시작되었지만 중국의 대외정책과 요동의 정치상황에 따라 연행 노정은 수시로 변경되었다. 연암의 연행은 앞서 두 차례나 변경된 청나라의 연행 노정이 1679년 바다를 방어하기 위해 우가장(牛家庄)에 성보(城堡)를 설치하고 통로를 막으면서, 소흑산을 돌아 광녕에 이른 뒤 명대 이전의 옛 길을 따라 북경으로 가는 대청 진공사행로(珍貢使行路)가 확정되고 안정된 시기에(김태준 2004, 50) 이루어진 비정기 사행이었다.

　　한양 서소문 밖 야동(冶洞)에서 노론 명문가 박사유의 막내로 태어난 연암은 30대에 북학파 핵심 멤버인 홍대용, 박제가, 이덕무 등의 벗들과 '白塔에서의 淸緣'이라는 모임에서 풍류와 세상 이치를 논하는 빛나는 시절을 보냈다. 정조 즉위와 함께 홍국영의 세도가 시작되면서 40세에 도주하듯 개성 부근의 연암골로 갔다가 2년 뒤에 서울로 돌아온 후, 삼종형의 연행에 동참하게 되었다. 연암은 30세인 1766년, 홍대용이 연행 중에 중국 문인들과 나눈 필담을 정리한 『건정동회우록(乾淨衕會友錄)』의 서문을 썼고, 1778년 북경을 다녀온 후 3년에 걸쳐 완성한 박제가의 『북학의』 서문을 쓸 정도로 청나라 연행(노정)에 대한 사전 이해와 독서가 충분했다.

　　연암의 철저한 준비는 문헌 탐독과 인사 면담 등 여행지역에 대한 사전 지식뿐만 아니라, 실제 지역 답사에 임하는 준비물까지도 포함한다. 압록강을 건너는 6월 24일 일기에 중국 여행에 임하는 소회와 함께 현장 관찰, 기록할 준비를 다음과 같이 서술한다(『열하일기 1』, 37). 즉, "마부 창대(昌大)는 앞에서 견마를 잡고, 하인 장복(張福)은 뒤에서 분부를 받들었다. 말안장에 달린 두 개의 주머니에는, 왼쪽은 벼루, 오른쪽은 거울, 붓 두 자루, 먹 하나, 작은 공책 네 권, 이정(里程)을 기록한 두루마리가 들었다. 행장이 이렇게도 가벼우니 국경의 짐 검사가 제아무리 까다롭다 하더라도 염려할 것이 없다."고 했다.

　　연암의 연행은 철저히 준비된 답사여행이었다. 연암은 당시 한양의 지배층 노론 경화세족으로 앞서 북경을 다녀온 홍대용 등의 여행체험과 기행문을 충분히 듣고, 탐독했으며, '장대한 뜻을 품고 평생 기다린' 준비된 여행으로 정사는 물론 정사의 상방비장인 8촌 동생 박래원(朴來源)과 함께 마두와 마부 등을 거느리고 삼사에 준하는 상당한 특권을 누리면서 연행을 했다. 연암과 홍대용 등의 자제군관들은 오직 유관(遊觀)을 위해 연행에 참여했으며, 공적 임무가 없어 비교적 자유롭게 북경을 유람할 수 있었다.[5]

노이점의 『수사록』에 의하면, 연암의 연행은 1780년 5월 25일 오후에 한양에서 출발, 10월 27일 오전, 5개월여 만에 한양에 되돌아오지만, 『열하일기』는 6월 24일 압록강 도강부터 열하에서 연경으로 돌아온 8월 20일까지만 노정이 제시되고 있다. 연인원 수백 명의 조선 사행단이 수개월에 걸쳐 중국의 수도 연경을 오간 연행 노정은 한·중 관계사의 큰 줄기이자, 바로 역사지리의 현장이다(김태준 2004, 43). 연암의 전체 연행 노정 및 압록강에서 연경까지 주요 장소와 경관을 날짜별로 정리하면 표 1과 같다.

『수사록』에 의하면, 5월 25일 날씨 맑은 날 아침 일찍 사신 일행은 대궐로 가서 임금 행차에 참여했지만, 사대(査對, 중국에 보내는 表文과 咨文을 대조하여 살피는 것)가 지체되어 오후 늦게(晡時) 출발하여 고양에서 유숙한다. 파주-송경-평산-단흥-봉산-황강-가성-순안-가산-안주-선천(의주대로) 등을 지나 거의 20일 만인 6월 15일 의주에 도착하였다. 9일간 의주관에서 청 황실에 보낼 방물(方物)이 모두 도착하기를 기다렸다. 6월 24일 의주관을 출발, 오후 2시경 장마로 불어난 물살을 이용하기 위해 상류 지역인 구룡당(九龍堂)에서 배를 띄워 압록강을

---

5. 담헌 홍대용은 1765년(영조 41) 12월 27일 동지겸사은사(冬至兼謝恩使)의 서장관인 숙부 홍억(洪檍)을 수행하는 자제군관으로 연행에 참가하여 1766년 1월과 2월 두 달 동안 북경에 머물다가 4월 11일 압록강을 건넜고 5월 2일 고향집에 도착했다. 총 170여 일, 6200여 리의 여행 체험을 『燕記』와 한글판 『을병연행록』에 담았다. 박제가의 『北學議』, 박지원의 『열하일기』는 모두 담헌의 북경 여행이 실마리가 되어 쓰인 것이다. 홍대용의 영향으로 주변 지식인들의 북경 방문이 잇달아 이루어졌고 중국에 대한 관찰도 더욱 정교하고 예리해졌다. 그리고 중국을 배워 낙후한 조선사회를 개선하자는 대담한 주장도 나오게 되었다(강명관 2014, 책머리와 231-246).
당시 조선의 지배층은 임진왜란 때 조선을 도운 명에 충절을 지켜야 한다는 대명의리(對明義理)를 주장했으며, 문명 중화와 미개한 오랑캐를 엄격히 구분하여 오랑캐를 물리쳐야 한다는 화이론(華夷論)에 입각하여 명을 위해 청에 복수해야 한다는 북벌(北伐)을 국가정책의 기본으로 삼고 있었다. 홍대용과 연암 등도 화이론과 소중화 의식을 갖고 있는 사람들이었다(강명관 2014, 31).

표 1. 연암의 연행 노정 및 주요 장소와 경관(1780년 5월 25일~10월 27일)

5월 25일 오후(晡時) 한양 출발, 고양에서 유숙
5월 26일~6월 15일 의주에 도착
6월 16일~6월 23일 의주관(義州館)에서 대기

번호	노정 및 주요 장소와 경관	날짜·기록
6.24	의주관-압록강-구련성 노숙	6.24~7.9 「도강록」
25	구련성 노숙	
26	금석산~총수 노숙	
27	책문(책문 안 어염점, 봉황산 조망)	
28	민가 점심(한족 가옥제도)~봉황성-송점	
29 (7.1~5)	큰 비로 통원보에 머무름(민주여성 복식, 농업, 벽돌 가마, 신행 행차, 관운장 사당, 강女 제도)	
	삼기하~유가하~황하장~금가하~통원보	
7	물길이 사나운 강-마운령-첨수참-청석령-낭자산	
8	설류하-석문령 냉정-요동벌(호곡장)-고려총-아미장-구요동(백탑)-태자하-신요양; 영수사	
9	장가대-삼도파-너니보-만보교-연대하-산요포-십리하	
10	판교보-장성점-사하보-화소교-백탑보-홍화포-혼하-성경성(권재묘, 행궁, 예속재, 가상루)	7.10~7.14 「성경잡지」
11	성경성 조선관 (방물 실을 수레가 오지 않아 머무름. 가상루, 예속재)	
12	원당-장원교-영안교-쌍가자-대방신-마도교-흥릉점-고가자	
13	거류하-거류하보-오도하-사방대-신민둔(시장, 전당포)-소황기보-대황기보-유하구-석사자-백기보	
14 (말복)	소뼈기부-고신둔-이도정-은주사-고가포(나무 교량 길)-십강자(초상점, 백석 패루)-연대-소흑산	
15 (중국의 장관론)	중인보-구광녕-북진묘-이성량 패루 신광영	
16	홍륭점-쌍하보-어양역-두대자-이대자-사대자-왕상포-십상산	
17	독로포-대릉하-대릉하점	
18	사동비(비석)-쌍양점-소릉하-송산보-행산보-심리하-점-고교보	
19	탑산-주사하-조라산점-여신역-우리지-싼수포-건시령-다봉암-영원위, 영원성(영녕사, 조대수 패루, 구혈대) 밖	
20	청돈대-조장역-우리교-사하소-건구대-연대하-반라점-망하점-극죽하-십리교-동관역	7.15~7.23 「일신수필」
21	강물 범람으로 동관역에 머무름(점포, 점포)	
22	이대자-육도하교-송추소(관제묘, 틸모가 점포)-일대자-십대자-사하-아하교-식교하-전둔위(시장, 여희무대)	
23 (차사)	왕가대-고령역-소송령-중전소-대석교-노군점-왕가점-양부석(강녀묘-이리점-신해관(장대, 관문, 장성-홍화포) 밖	

번호	경로
24	벽가장-탕하지-대리영-옹가령-옹황점-망해점-심유역-고포대-유관
25	영가장-백석포-무령현(성안 사하연 집)-노가장-배동보-생황점-요참-노룡새-영평부(성루, 인가)
26	청룡하-난하-이제묘(수양산, 고죽성)-망부대-아계타-사하보-조장-사하역
27	흥모-칠가령-신점포-왕가점-연화지-진자점(기생집)-연돈산-철성감-판교-풍윤성(문창루)
28	고려보(조선 풍습)-사하포-장가장-환향하-노고장-사류하-왕가장-심오리둔-동팔리포-옥전성(신유성 점포 에서 '웅질 배낌)

7.24~8.4 「관내정사」

번호	경로
29	서팔리포-우리둔-별산점-송가장-이리점-동오리교-제주성(매루, 독락사, 향공)-방균점
30	별산점-일류하-백간점(형림사)-호타하-삼하현(손유의 집)-동소조림-신점-유하점-연교보
8.1	사교장-노하(운하, 선박)-통주-영통교-양가갑-굉인장-태평장-홍문-신교-동악묘-조양문-서관

8.2~8.4(황성 서관)
(내성, 자금성, 천운패루, 오성, 선무문, 유리창, 양매서가, 옥일루, 회자관, 정양문)

번호	경로
5	첨운패루에서 이별-손가장
6	순의현-회유현-백하-밀운성-관리 소씨점
7	목가곡-신성-광형하-석성성 밖 저녁-고북구-반벽 언 건넘
8	반가방-삼간방-삼도량-황포령하-하루구(만주진공-하루구)
9	나하-쌍탑산, 경주산 조양-열하성 태학관

8.5~8.9 「막북행정록」

번호	경로
10	관제묘-피서산장(사은행사 담)
11	피서산장-과일가게, 술집-태학관-피서산장(건륭제 배알)-찰십륜포(티베트 활불 반선에게 고두례)
12	피서산장(황제 연희, 황녀 악혼식)
13	피서산장(만수절 연희)
14	태학관 시습재(아기)-태학관 밖 말떼, 대성전

8.9~8.14 「태학유관록」

번호	경로
15	태학관-광인점-삼분구-쌍탑산-난하-하둔
16	왕가영-황포령(황제 조가 예의 태평차)-마권자
17	청석령(홍차 치도)-삼간방 이참-예참 사능-만리장성-고북구 점방-직은절
18	자하령-사자교-목가곡-석자령-임유-백하-하유현 성내 부마장
19	남석교-임구 청하-사신 유람
20	덕승문-송점-서관

8.15~8.20 「환연도중록」

8월 21일~9월 14일 연경 유람, 9월 15~16일 지금성에서 귀국 의뢰
9월 17일 연경 출발, 9.24~26일 산해관, 10월 20일 압록강 도강, 27일 오전(巳時) 한양 도착

주: 표에서 밑줄 친 곳은 점심 식사 장소, 마지막은 숙박지, 괄호 안은 주요 경관이나 사건 등

건너 갑군(甲軍)이 지키고 있는 당파포(唐皮浦)에 도착한다. 이때 강을 건넌 사람 수는 270명이고 말은 194마리였다.

사신단이 연경에 도착, 체류한 기간은 8월 1일부터 9월 15일까지다. 8월 5일 정사 박명원과 연암 등 열하로 떠난 일행 외에 서관에 남았던 사신 일행은 연경을 구경하거나 투전과 바둑 놀이 등 잡기로 시간을 보냈다. 조선 사람들의 서관 출입과 유람은 청나라 갑군의 제지를 받는 등 순탄치 않았다. 8월 20일 일행이 열하에서 돌아온 다음 날부터 본격적인 연경 유람에 나섰을 것이다.

열하에 갔던 사신 일행이 8월 20일에 돌아왔지만, 뒤따르던 방물은 도로가 물에 막혀 23일에 도착한다. 8월 27일 자금성에 들어가 방물을 바치는데, 종이와 명주는 체인각(體仁閣)에 바친다. 9월 15일 자금성에서 사신 일행이 상을 받는 행사(頒賞)가 있었고, 9월 16일 오전에는 예부에서 하마연(下馬宴)이, 오후에는 서관에서 상마연이 있었으며, 9월 17일(양력으로 10월 중순) 북경에서 출발한다.

9월 24일 산해관에 도착하고, 26일 산해관 관리들이 성문을 열어 줄 때까지 기다리다가, 하마례(下馬禮)를 마치고 성문을 나온다. 10월 20일 압록강을 건넜다. 눈비가 내리는 10월 27일 횃불을 들고 고양에서 출발하여 박석고개를 넘고 창릉에 도착하자 동이 튼다. 양철현(楊轍峴)을 넘어 마중 나온 사람들을 만나고 홍제원과 모화현을 지나 오전(巳時)에 계동에 도착한다(김동석 2002, 29~47과 81~86에서 재인용). 조선후기 연행 노정은 대략 한양에서 의주(관)까지 1,050리, 압록강에서 연경까지 2,050리로 왕복 6,000여 리에 보통 4~6개월 정도 걸리는 긴 여정이었다. 연암은 연경에서 열하까지 왕복 1,400리를 더해 7,400여 리를 오갔다(하재철 2016, 107).

연암이 노정을 기록한 일기체 산문은 6월 24일 압록강 도강에서 8월 20일 열하에서 연경 서관으로 돌아온 날까지 「도강록」에서 「환연도중록」의 7권으로 편차되었다(표 2). 의주 압록강에서 연경까지는 사은사 행사 이전에 도착해야 하는 핵심 노정이다. 이 노정을 둘로 나누면 금주의 십삼산(十三山)이 절반 지점이고, 셋으로 나누면 흔히 일컫는 삼절(三節, 초절·중절·종절)이 된다. 삼절의 큰 역참을

육처(六處: 책문, 봉황성, 요동, 성경, 광녕, 금주)라 하였으며, 이곳에는 조선 조정에서 편지와 선물을 보내는 것이 관례였다(김태준 2004, 46). 연암은 압록강에서 열하까지 핵심 노정만 일기체로 기록하였다. 흔히 말하는 3절 구간은 4절 구간으로, 열하노정을 더하면 『열하일기』의 핵심 노정은 5절 구간으로 구성되었다.

초절 구간인 압록강에서 십리하까지는 여느 구간보다 높은 산과 고개 등이 험준하고 냇물이 사납지만, 지형이 조선 산천과 비슷하여 심리적 안정을 얻기도 하는 구간이다. 이 구간은 원대의 옛길로 본래 역참이 없었으나, 압록강에서 요양까지 역창참(驛昌站, 지금의 단둥) 등 8개의 참을 설치한 역로를 연행 노정으로 이용하던 동팔참(東八站) 구간이다. 요동벌의 삼차하(三叉河)와 팔도하(八渡河) 등은 모두 동팔참 분수령에서 시작되는 하천이다(김태준 2004, 47). 연행 노정의 험준한 고개 중 하나인 청석령(靑石嶺) 등의 높은 산줄기를 지나면 끝없는 요동벌이 펼쳐진다. 보통 10일 정도 소요되는 초절 구간을 연암은 15일간 이동하였으며, 주요 장소와 경관에 대한 체험을 「도강록」으로 서술하였다.

중절에 해당하는 성경에서 산해관까지는 연행 노정에서 가장 힘들고 지루한 구간으로, 발해만으로 흘러드는 수많은 하천과 저습지가 요동 벌판을 이루는 구간이다. 보통 11일 정도 걸리는 이 구간을 연암 일행은 삼복더위에 장마와 홍수로 범람하고 물살이 사나운 하천과 진흙 펄을 14일에 걸쳐 이동한다. 연암은 이 노정의 장소와 경관 체험을 「성경잡지」와 「일신수필」로 구분하였다. 청나라 건국 초기 황성인 성경성을 중심으로 한 요동벌과 구광녕성과 영원성 등 명나라 충신들의 요동벌을 구분하는 연암의 지역인식이 반영된 것이다. 평생에 한 번을 고대했던 중화 문명의 천하장관론은 「일신수필」에서 본격적으로 펼쳐진다.

산해관에서 연경까지의 종절은 연암에게 중화의 공간으로 인식되었고, 중절에서 시작된 천하 장관과 북학의 실증과 중화의 중심지 연경에서 청의 번성함을 직접 경험하고 관찰하는 구간이 되었다. 대개의 연행과 마찬가지로 연암 일행도 9일간 이동했으며, 이 구간에서의 체험을 「관내정사」로 서술하였다.

연암에게 특별한 열하 노정은 「막북행정록」과 「환연도중록」의 왕복 노정으로 서술되었고, 피서산장 밖의 태학관 숙소에서의 체험도 「태학유관록」에 자세히 기술하였다. 대부분 일기에서 어떤 장소에 대한 서술은 지리지의 지명 연혁이나 유래로 시작하거나 마무리하였다. 당초 선륭제의 만수절인 8월 13일에 늦지 않기 위해 5월 25일에 정조를 알현하고 떠나 8월 1일 연경에 도착했지만, 8월 5일 황급히 열하로 700리 길을 떠나게 되었다. 말로 다 할 수 없는 시급한 일정이기에 새벽부터 야심한 밤까지 말 위에서 졸면서, 한밤중에 강을 아홉 번 건너는 '세상에서 제일 위험한 일'을 하면서 8월 9일 열하성 태학관 숙소에 도착하였다. 이 정표도 없는 낯선 길을 가능케 해 준 것은 지리지(熱河誌)였다.[6]

8월 13일 피서산장에서 만수절 연희를 무사히 마치고, 15일 태학관을 떠나 20일 북경 내성의 덕승문을 거쳐 서관에 도착하면서, 노정을 기록한 일기체 산문도 끝난다.[7] 진정 위험하고 고되게 열하를 다녀와 입맛조차 없는 마지막 일기에서, 연암은 10년 술친구 "이주민(李朱民)이란 나의 친구는 평생 중국을 연모하기를 마치 목마른 사람이 물을 찾듯, 배고픈 사람이 밥을 찾듯 했지만, … 이번 여행에 반당(伴當, 자부담으로 연행을 따라가는 사람) 자격으로 함께 오기로 되었는데, 누군가가 그를 술주정이 심한 사람이라 헐뜯는 바람에 결국 못 오게 되었다."고 한탄했다.

그리고 "밤에 술과 안줏거리를 약간 준비하고 서관의 역관들을 모두 모았더니, 모두 내가 앉아 있는 오른쪽의 보퉁이를 힐끔거리기에 풀어서 자세히 보게 하였다. 특별한 물건은 없고 단지 지니고 갔던 붓과 벼루뿐이며, 두툼하게 보였던 것

---

6. 연암은 "이제 열하까지의 걸음은 우리나라 사람으로는 처음 있는 일이다. 하물며 밤낮으로 말을 달렸으니, 마치 장님이 길을 가거나 꿈속에 지나가는 것 같아서 역참이나 망루대가 어디에 붙어 있는지 일행의 위아래 할 것 없이 모두 상세히 알지 못했다. 그러나 지리지를 살펴보면 420리라고 했으니, 이제 그 지리지를 따르기로 한다."라고 했다(『열하일기 1』, 484). 열하의 행재소로 떠난 사행단은 삼사, 대통관(大通官) 3명, 종관(從官) 4명, 종인(從人) 64명으로 구성된 74명과 말 55필이다(『열하일기 2』, 275).

7. 황제의 만수절인 8월 13일을 전후로 각기 사흘 동안 연희가 베풀어진다. 모든 관리들은 오경(五更, 새벽 3~5시)에 대궐에 이르러 황제에게 문안을 올리고, 묘시(卯時, 오전 5~7시) 정각에 반열에 참여하여 연희를 구경하고, 미시(未時, 오후 1~3시) 정각에 마치고 퇴궐한다(『열하일기 2』, 526).

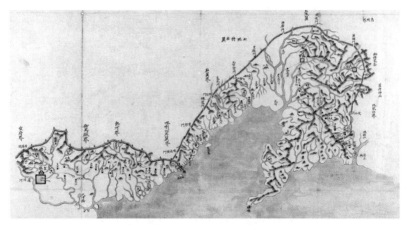

그림 1. 「의주북경사행로(義州北京使行路)」
자료: 서울대학교 규장각한국학연구원

은 모두 필담하느라 갈겨 쓴 초고와 유람하며 적은 일기였다."고 밝힌다(『열하일기 2』, 150-153). 연암은 물론 조선 선비들이 중국 여행을 얼마나 갈망했는지 그리고 연암의 남다른 관찰 유근과 필담 기록의 노력을 알 수 있다.

18세기 조선 사신단들의 의주에서 북경에 이르는 통행로는 『여지도(輿地圖)』[8] 제1책 「의주북경사행로(義州北京使行路)」에 상세히 묘사되어 있다(그림 1).

2) 『열하일기』의 편차와 주요 내용

조선시대에 중국 기행문을 조천록(朝天錄) 혹은 연행록(燕行錄)이라 불렀다. 조

---

8. 「여지도」는 한양도성도 및 조선 군현지도, 조선전도, 그리고 천하도지도(天下都地圖)를 망라한 지도책이다. 정확한 제작 연대는 알 수 없으나, 지도에 표기된 내용으로 보아, 1789년에서 1795년 사이에 제작된 것으로 추정된다. 6책으로 구성되어 있고, 필사본이다. 크기는 세로 26.5 cm, 가로 19cm이며, 서울대학교 규장각한국학연구원에 소장되어 있다. 제1책에는 한양도성도·북경도성도, 의주에서 북경에 이르는 사신의 통행로를 그린 의주북경사행로·조선전도·중국지도·천하도지도가 차례로 수록되어 있다. 제1책의 의주북경사행로에는 산지와 하천이 매우 상세하게 그려져 있을 뿐만 아니라, 의주에서 산해관에 이르는 지역의 장성이 그려져 있고, 주요 교통로와 도시 등이 기재되어 있어서, 당시 만주 지역의 모습을 파악할 수 있다(한국학중앙연구원. http://waks. aks.ac.kr. 2020.5.5.).

선 말까지 이러한 기록을 통산하면 대략 500여 편이 된다고 한다. 수많은 연행록 중의 하나인『열하일기』를 특히 높이 평가하고 주목하는 이유는 연암의 작가로서의 역량, 연행 동기, 창작 방법 등에 따른 결과로 보지만(『열하일기 1』, 역자 서문), 당시에는 전인미답 지역 '열하'에 대한 지리 정보를 담고 있다는 점에서 조선 선비는 물론 부녀자들의 호기심을 불러일으켰을 것이다. 예나 지금이나 사람들은 낯선 지역에 대해 특별한 호기심을 지니게 마련이며, 새로운 지역 정보는 최고의 지식 정보로 평가한다.

청나라 연행기인『연행록』에는 대체로 두 가지 유형이 있다. 첫째는 일기 형식을 취해 여행 체험을 날짜순으로 기록하는 유형으로, 김창업(金昌業)의『燕行日記』를 비롯한 대부분의 연행록들이 여기에 속한다. 둘째는 비교적 드물지만, 견문 내용을 주제별로 나누어 기록하는 유형으로, 홍대용(洪大容)의『燕記』가 대표적이다(『열하일기 1』, 역자 서문).『열하일기』는 두 유형의 연행록들이 지닌 장점을 종합하면서도, 독특하게 구성되어 있다.

전체 28권으로 구성된『열하일기』는 전편의 일기체 산문과 후편의 주제별 기사체(記事本末体) 산문으로 구분할 수 있다.[9] 전편의 일기체 산문은 6월 24일 압록강을 건너 연경에 도착하고, 다시 열하로 가서 5일간 머물렀다가, 연경으로 돌아온 8월 20일까지 57일간 보고, 듣고, 겪은 일을 날짜 순서에 따라 기록한「도강록」에서「환연도중록」까지 7권이다(표 2). 중요 항목은 독립된 한 편의 글(記)로 '따로 써' 해당 일자에 덧붙였다. 후편은 열하 피서산장 밖 태학관에서 보고, 듣고, 체험한 내용을 구체적이고 집약적으로 기록한 12권(「경개록」에서「피서록보유」까지),「구외이문」등의 기타 잡록 4권,「황도기략」등 연경 유람에 관한 3권과 보유편 2권에 이르는 21권이다(표 3).『열하일기』편차와 주요 내용을 정리하면 표

---

9. 초고본 계열로 비교적 편제가 온전한 충남대학교 소장본이나 여러 필사본의 대부분이 26권으로 구성되어 있지만, 그 순서나 내용은 각기 다르다. 2018년「열하일기」로만 구성된 필사본이 발견되었는데, 이 책 또한 26권 7책으로 편차되어 있다(김혈조 2018). 본고에서는 보유편 I, II를 포함하여 28권으로 서술한다. 보유편「양매시화」는 연암의 초기 필사본으로「열하일기」에는 빠져 있었지만 최근 영인, 공개되었다.「천애결린집」은「연암산고(2)」에 필사된 것을 번역, 수록한 것이다.

2, 3과 같다.

열하를 오간 시간은 11일이고 5일 정도 머물렀지만, 왕복 5개월여 연행의 기행문 제목은 『열하일기』다. 열하에 대한 기록은 「막북행정록」, 「태학유관록」, 「환연도중록」에서 16일간의 일기로 서술되었고, 「경개록」에서 「피서록보유」에 이르는 12권에서 상세한 체험이 서술된다. 「구외이문」에서도 열하에 대한 이야기가 부분적으로 서술된다. 보유편을 포함한 전체 28권 중에서 15권이 열하에 대한 것이다.

연암의 당초 목적지 연경에 대한 이야기는 8월 3일과 4일의 일기에서 유리창과 양매서가(서점) 방문 그리고 중국 선비들을 만난 이야기가 간단히 서술된다. 연경 유관은 열하에서 돌아온 8월 20일 이후부터 9월 14일까지 이뤄졌고, 각 장소와 경관에 대한 내용은 「황도기략」, 「알성퇴술」, 「앙엽기」에서 집중적으로 서술된다. 「양매시화」, 「천애결린집」도 연경에서 이뤄진 만남과 관련된 이야기이다. 「구외이문」, 「옥갑야화」, 「동란섭필」, 「금료소초」는 중국과 조선을 비교하거나 혹은 「옥갑야화」의 '허생 이야기'처럼 연암이 비판하고 싶었던 조선이야기 등을 정리한 잡록이다.

『열하일기』의 편차와 항목 구성을 살펴보면, 열하에 대한 내용 비중이 가장 높고, 그다음은 연경이다. 당초 연암의 연행 목적과 관심이 연경에 있었다는 것을 고려하면, 『열하일기』는 열하와 연경 유람기다. 『수사록』에 의하면, 연암은 황성 구경을 하고 온 날은 매번 "내가 중국(中華)을 보지 않았다면 일생을 헛되이 보낼 뻔했다."라고 말했을 정도다(김동석 2002, 64).

연행의 목적지는 연경이었으며, 대개의 연행록은 『연행일기(燕行日記)』, 『연기(燕記)』등 연경(燕京)에 대한 것으로 표기하였고, 한양에서 출발해 연경에 도착하고 다시 한양으로 돌아오는 여정을 기록하였다. 『열하일기』는 한양에 의주까지의 국내 노정과 연경에서 한양으로 돌아오는 여정을 기록하지 않았다. 선행 연행록에서 반복되었던 것과 별반 다를 것이 없는 노정은 생략하고, 연행록의 제목을 『열하일기』로 표기한 것은 연암다운 것이고 남다른 것이었다.

표 2. 『열하일기』 편차와 주요 내용 1

편차		항목	주요 내용
권 1	「열하일기서」¹⁾	–	『주역』과 『춘추』를 서문 첫머리에 인용하면서, 중국의 것으로 이용후생의 길이 되는 내용 모두가 『열하일기』에 들어 있어, 이 책은 글을 써서 교훈을 남기려는 취지의 책이 되었다고 소개.
	「도강록」 (渡江錄)	「도강록서」, 6월 24일~7월 9일(15일) 일기	의주에서 압록강을 건너 청나라 요양에 이르는 도중에 일어난 일과 직접 보고 듣고 체험한 것을 서술한 일기. 7월 8일 요동벌을 마주하고 '호곡장(好哭場)'을 펼침.
		7월 9일 「구요동기(舊遼東記)」, 「요동백탑기(遼東白塔記)」, 「관제묘기(關帝廟記)」, 「광우사기(廣祐寺記)」	
권 2	「성경잡지」 (盛京雜識)	7월 10~14일(5일) 일기	십리하에서 소흑산까지의 여정과 7월 10일 저녁 성경에 도착하여 11일 하루 머물면서 관람한 성경성과 밤새워 상가(예속재, 가상루)에서 현지인들과 필담으로 나눈 이야기에 대한 내용.
		7월 11일 「속재필담(栗齋筆談)」, 「상루필담(商樓筆談)」, 7월 12일 「고동록(古董錄)」, 7월 14일 「성경가람기(盛京伽藍記)」, 「산천기략(山川記略)」	
권 3	「일신수필」 (馹迅隨筆)	「일신수필서」, 7월 15~23일(9일) 일기	소흑산에서 산해관을 거쳐 홍화포까지 말을 타고 달리듯 빠르게 보고 느낀 것을 생각나는 대로 쓴 일기. 7월 15일 일기에서 깨진 조각과 냄새나는 똥거름을 '중국의 장관론'으로 펼치고, 명·청 교체기의 치열한 전투 현장과 장수들을 회고하는 내용.
		7월 15일 「북진묘기(北鎭廟記)」, 수레제도, 연희무대, 시장점포, 객점, 다리, 7월 23일 「강녀묘기(姜女廟記)」, 「장대기(將臺記)」, 「산해관기(山海關記)」	
권 4	「관내정사」 (關內程史)	7월 24일~8월 4일(11일) 일기	'관내' 즉 산해관에서 북경에 이르기까지 견문한 내용을 기록한 일기. 7월 26일 「이제묘기」의 고사리 사건과 7월 28일 옥전성에서 필사한 「호질」이 특히 유명.
		7월 25일 「열상화보(冽上畵譜)」, 7월 26일 「이제묘기(夷齊廟記)」, 「난하범주기(灤河泛舟記)」, 「사호석기(射虎石記)」, 7월 28일 「호질(虎叱)」, 8월 4일 「동악묘기(東嶽廟記)」	
권 5	「막북행정록」 (漠北行程錄)	「막북행정록서」, 8월 5~9일(5일) 일기	북경에서 '막북' 즉 만리장성 북쪽 변방 열하까지 가는 동안의 고생과 노정을 기록한 일기. 8월 5일 일기에서 '이별론'을 펼침.
		8월 9일 「태학기(太學記)」²⁾	
권 6	「태학유관록」 (太學留館錄)	8월 9~14일(6일) 일기	열하의 숙소 태학관에서 청나라 고관, 과거시험 준비생, 학자들과 우리나라의 지리에서 라마교에 이르는 다양한 내용을 주고받은 이야기. 8월 14일 '목마(牧馬)'에 관한 내용은 가난한 조선의 현실에 대한 예리한 관찰과 문제 인식을 대표하는 서술.

| 권
7 | 「환연도중록」
(還燕道中錄) | 8월 15~20일(6일) 일기 | 만수절 행사를 마치고, 북경으로 되돌아가
는 길에 정밀하게 관찰, 경험한 것을 기록
한 일기. 8월 17일 고북구를 지나면서 만
리장성의 역사와 제도 등을 상세히 묘사. |

주: 1) 박영철본 『연암집』에는 이 서문이 없고 『연암산방본(燕巖山房本)』에만 유일하게 실려 있었다.
최근 발견된 유득공의 문집 『영재서종(泠齋書種)』에 이 서문이 수록되어 있기에 서문의 작자를 유
득공으로 보고 있다(『열하일기 1』, 26).
2) 8월 9일 일기는 두 개다. 하나는 태학관에서 사시(오전 9~11시) 이전까지 겪은 일은 「막북행정
록서」 마지막에, 다른 하나는 오후에 겪은 일을 적은 일기로 「태학유관록」 첫머리 일기다. 그래서
56일간 일기는 57편이 된다. 8월 9일 일기에는 「승덕태학기(承德太學記)」라는 제목의 글을 따로
적어 놓았다고 기술되어 있지만, 『열하일기』에는 실려있지 않다. 초고본 계통의 『연암산고(燕巖散
藁)』 「태학기」에 그 일부가 실려 있어 김혈조(2017)는 이를 번역하여 보완하였다.

　연암은 북경의 지명 연혁을 "이제 그들은 나라를 세워 '청'이라 이름하고 수도
를 세워 '순천부(順天府)'라 했다. 하늘의 별자리로는 ⋯ 지역이다. 전설의 삼황오
제 중 고양씨 때는 유릉(幽陵)이라 했고,⋯ 한나라 초에는 연국(燕國)이라 했다가,
⋯ 요나라에서는 남경(南京)이 되었다가 ⋯ 송나라에서는 연산부(燕山府)로 이름
을 바꾸고, 금나라에서는 연경(燕京)이라 일컫다가 곧 중도(中都)로 바꿔 부르고,
원나라에서는 대도(大都)가 되었다. 명나라 초에는 북평부(北平府)가 되었다가,
태종 황제 때 이곳으로 수도를 옮겨 순천부로 이름을 바꾸었다. 지금 청나라는
이를 따라 수도로 삼았다."라고 서술하였다(『열하일기 1』, 459~461).
　연암은 북경을 연경(燕京)으로 표기하고 있다. 연암의 지명 연혁을 참고하면,
연경으로 표기할 이유가 뚜렷하지 않다. 연경은 흔히 북경의 옛 이름으로, 계
(薊), 유주(幽州), 북평(北平)과 함께 별칭으로 소개되고 있다. 즉 연경은 고대 '전
국 7웅' 중 북방 부족국가 연(燕)나라의 상도(上都)인 계(薊)가 북경에 있었다는 것
에서 유래한 지명이다(베이징관광국 공식사이트).
　북경 혹은 북평이나 순천부로 표기해야 할 것을 연암뿐만 아니라 대부분의 연
행록에서 연경으로 표기하는 것은 조선 선비들의 특별한 인식에서 비롯된 것 같
다. 예를 들면, 기원전 312년경 전국시대에 변방 약소국 연나라를 소왕(昭王)이
현사들을 모아 국력을 키웠기에 북경을 표상하는 역사 인물이 되었고, 이와 관

련된 고사가 전하는 황금대를 연소대(燕昭臺)라 하며 조선 사신들에게 연경팔경으로 전승되었다(이승수 2018, 418). 이처럼 '연경'은 공식적으로 명명된 지명이 아니라, 미국 남부의 '딕시(Dixie)'라는 속칭이 붙은 인지 문화지역처럼 특정 인식을 공유하는 집단에서 구전되는 일종의 인지 지명으로 보인다.

열하는 흔히 승덕(承德)을 일컫는 지명으로 쓰이지만, 하북성 승덕시 피서산장(避暑山庄) 내에 있는 호수이다. 열하는 피서산장 동북부에 위치한 온천 분출지이자 산장 호수의 주요 수원지 열하천(熱河泉)에서 유래된 지명이다. 현재 열하는 지하에서 분출되어 피서산장 내의 여러 호수를 거치면서 남쪽으로 흘러 승덕시의 동쪽에서 남쪽으로 흐르는 무열하(武列河)로 흘러드는 세계 최단 하천으로 소개되고 있다(每日頭條, 2016년 11월 12일 자).

연암은 "역도원이 저술한 『수경주(水經注)』에 '유수(濡水)가 또 동남으로 흐른다' 하였고, '무열하(武列河)의 물이 그리로 흘러간다.'라고 하였는데, 유수란 지금의 난하(灤河)이고, 무열하의 물이 지금의 열하(熱河)이다. 열하라는 호칭이 『수경』이란 책에 나오지 않는 것을 보면, 아마도 열하는 무열하의 발음이 변해서 된 것으로 보인다. 그 수원지가 셋이니, 하나는 … 하나는 탕천(湯泉)에서 나와서 함께 열하로 모여서 피서산장을 감싸며 남쪽으로 흘러 난하로 흘러든다."라고 기술하였다(『열하일기 3』, 2017, 246).

당시 '열하'라는 지명은 "경기 동북쪽 400리에 있는 열하지방은 고북구 장성의 북쪽으로, 요, 금, 원나라에 이르러 비로소 열하라는 명칭을 사용했으나 곧 황폐해지고 말았다. 명나라에서는 아예 내팽개쳐 아주 남의 땅처럼 취급했다. 지금 승덕부(承德府)로 승격시키니 그 우두머리를 승덕부동지라는 벼슬로 바꾸고, 그 나머지 여섯 개 지역은 이름을 바꾸어서 모두 승덕부에 소속시켜 통괄하게 할 것이다."라는 건륭황제가 내린 글처럼(『열하일기 3』, 218) 오랫동안 중화 밖의 땅으로 인식되었다.

무엇보다 열하는 조선 유림에서 이단으로 여기는 라마교의 활불 반선이 거처하는 곳이고, 비록 건륭제의 명령이긴 했지만, 반선을 만나 천자의 뜰에서만 행

표 3. 「열하일기」 편차와 주요 내용 2

편차와 항목		주요 내용
권8	「경개록」 (傾蓋錄) 「경개록서」	경개라는 말은 가던 수레를 멈추고 일산(蓋)을 기울인다는 뜻으로 공자의 고사에서 유래한 말이다. 이편에서는 연암이 태학에서 만나 한마디 이상 주고받은 중국 사람들의 민족·출신·이력·성격 등에 대해 소개하는 데, 이는 후편을 이해하는 데 도움이 되는 예비적 자료이다.
권9	「황교문답」 (黃敎問答) 「황교문답서」	황교(티베트 불교 라마교)에 대해 중국 선비들과 문답한 내용
권10	「반선시말」 (班禪始末) 「반선시말후지」	라마교의 활불 반선(판첸)의 역사적 내력에 대한 여러 명의 상이한 이야기와 이에 대한 중국의 대접에 대한 내용
권11	「찰십륜포」 (札什倫布)	건륭 황제가 열하에 지은 황금전각 찰십륜포(티베트어로 고승대덕이 거쳐하는 집)와 라마승의 모습 및 황제의 명으로 조선 사신이 반선을 만나는 굴욕적인 과정에 대한 내용
권12	「행재잡록」 (行在雜錄) 「행재잡록서」	열하에서의 이러저러한 기록으로, 청의 예부에서 조선 사행에게 내린 문건, 만수절 행사와 관련해서 지시한 문건 등을 그대로 옮겨 놓은 내용
권13	「심세편」 (審勢編)	천하의 형세를 살핀 글로, 특히 정치적 관점에서 중국의 문화정책과 관련한 사상통제의 실제를 예리하게 분석한 내용
. 권14	「망양록」 (忘羊錄) 「망양록서」	태학관에서 고금의 음악과 악기 변천사 등을 담론한 내용으로 양고기 먹는 것을 잊게 한 음악 이야기. 표면적으로는 음악 문제를 토론하고 있지만, 그 이면에는 역사발전의 내면적 이유, 인간의 처세관 등이 핵심 내용
권15	「곡정필담」 (鵠汀筆談) 「곡정필담서」	피서산장 태학관에서 함께 기거했던 중국 선비 곡정 왕민호와 주로 필담으로 나눈 다양한 주제의 내용
권16	「산장잡기」 (山莊雜記)	열하의 피서산장에서 쓴 9개의 기문. 연경에서 열하에 이르기까지 있었던 일 두 편(「야출고북구기」와 「일야구도하기」), 만수절과 관련해 견문한 내용 여섯 편(「승귀선인행우기」, 「만년춘등기」, 「매화포기」, 「납취조 이야기」, 「만국진공기」, 「희본명목기」, 연경 상방 코끼리 모습에 대한 기문 「상기」
권17	「환희기」 (幻戲記) 「환희기서」	열하에서 보았던 20가지 마술의 구체적인 모습을 기록한 내용
권18	「피서록」 (避暑錄) 「피서록서」	열하 피서산장 태학관에서 더위를 식히면서 중국과 조선의 시화 작품 56개 단락 및 관련 이야기를 기록한 내용
권19	「피서록보유」	삼한총서본 「열하피서록」에 수록되어 있는 시화 22개 중 「피서록」에 없는 내용 10개를 추가 보충한 것
권20	「구외이문」 (口外異聞)	구외(고북구 장성 밖, 즉 열하) 안과 밖에서 보고 들은 신기한 것들과 재미있는 이야기를 생각나는 대로 기록한 잡록의 형태[1]

권21	「옥갑야화」 (玉匣夜話)	열하에서 연경으로 돌아오는 길에 옥갑이라는 곳에서 여러 비장들과 밤새 나눈 이야기로 연암이 북벌의 허구성을 통렬히 비판한 허생 이야기로 끝을 맺는다.
권22	「황도기략」 (皇圖紀略) 「황금대기」	황도의 황성 9문에서 화초 파는 점포 등 직접 관찰한 40종의 명승지와 건물의 모습과 내력, 위치 등을 요약하여 기록한 내용. 연암의 예리한 관찰력의 소산
권23	「알성퇴술」 (謁聖退述)	공자를 알현하고 물러나 서술한다는 의미의 '알성퇴술'에서는 주로 연경의 학교(유교) 유적지에 대해 기술하지만 관상대와 조선관에 대한 내용도 기술
권24	「앙엽기」 (盎葉記)	나뭇잎에 글자를 써서 항아리에 보관했다가 기록한다는 의미의 '앙엽기'에서는 유교에서 이단이라 불리는 종교 유적(도교나 불교)과 학문 소개
권25	「동란섭필」 (銅蘭涉筆) 「동란섭필서」	중국과 조선의 역사·문학·문화·지리·음악에서 역사적으로 특이한 문제의 유래나 진실을 밝히는 내용이 주로 수록. 「구외이문」과 같은 잡록
권26	「금료소초」 (金蓼小抄) 「금료소초서」	의학에 관한 이러저러한 처방을 특별한 체계 없이 기록한 것으로 「동의보감」에 대한 언급도 포함
보유편 Ⅰ, Ⅱ	「양매시화」 (楊梅詩話) 「양매시화서」	연경의 유리창 부근에 있는 문화거리 양매죽사가의 서점(육일재)과 약방(백고약포) 등에서 여러 중국인들과 나눈 필담을 정리한 내용
	「천애결린집」 (天涯結隣集)	천애결린이란 하늘 끝, 곧 중국 땅에 있는 사람을 다정한 이웃처럼 친구를 맺는다는 의미로, 연암이 연경에서 만나 교유했던 청조 인물들에게 받은 편지를 수록한 내용

주: 1) 대부분이 「구외이문」을 고북구 장성 밖, 즉 열하에서 보거나 들은 이야기를 적은 잡록으로 해설하고 있으나, 실제 내용을 살펴보면 풍윤현의 진왕산 가시넘불과 환향하, 연경 근처 천불사 등 열하에 오기 전에 보거나 들은 이야기들도 상당하다. 그러므로 「구외이문」은 열하 밖과 안에서 보고 들은 여러 이야기를 적은 잡록이다.

하는 고두례(叩頭禮, 머리를 땅에 조아리고 절하는 예법)를 강요받았으며, 비단을 선물로 바치고 구리 불상 등을 받은 곳이다(『열하일기 2』, 259). 사신들은 북경으로 돌아와 반선에게 받은 물건(불상, 서역 융단, 서장의 향 등)을 역관들에게 다 주었고, 역관들도 이를 똥이나 오줌처럼 자신을 더럽힌다고 여기고 은자 90냥에 팔아서 마두에게 나누어 주었고, 이 은자로 술 한 잔도 사서 마시지 않음을 결백한 행동이라고 하였다(『열하일기 2』, 277).

조선 사행단이 열하까지 노정을 연장한 경우는 단 2회이다. 1780년(청 건륭 45, 庚子) 건륭제의 칠순 만수절 축하사절과 1790년(청 건륭 55, 庚戌) 팔순 축하사절이다. 경술년에는 부사 徐浩修가 연행에서 돌아와 1793년 봄에『연행기』를 서술했다. 이의 원본은『熱河記遊』이다.『열하일기』와 마찬가지로 이마두의 무덤에 간 기록과 구베아 주교에게서 받은 편지 등이 기록되어 있는데, 1801년 신유사옥을 고려하면 서학(천주당)과 관련된 내용이라 산삭(刪削)된 것(임유경 2005, 382)으로 보고 있다. 이처럼 '열하'는 당시 조선 조정이나 유림에게는 긍정적인 지명이 아니었다. 연암이 공식적인 지명 '승덕'이나 건륭제의 '피서산장'이 아닌 유래도 불분명한 구전 지명을 내세운 데는 숨은 뜻이 있을 것 같다.

　『열하일기』를 통해서 조선 사람들에게 '열하'는 고북구 장성 밖 북쪽의 먼 곳으로 청 황제의 여름 행궁 피서산장이 있고, 그 북쪽에 티베트 라마승이 사는 황금전각 찰십륜포가 있는 미지의 세계일 뿐만 아니라, 연암이 연행 노정에서 남다른 '보기'의 관점으로 관찰하고 체험한, 상상 그 이상의 낯설고 새로운 청나라의 번성한 실상 등 모든 것을 은유하는 지명이 되었다.

3. 압록강에서 연경까지: 경계를 넘고, 중화의 장소와 경관을 유관(遊觀)하다.[10]

1) 조선과 청의 지리적 경계, 국경과 관문을 넘다

　조선시대 국경을 넘어 다른 나라를 여행하는 것은 연암과 같은 한양의 노론 경화세족들에게도 평생에 한 번 정도 가능할 수 있는 일이었다. 연암은 중화와 북학의 실상 견문이라는 뚜렷한 목적을 가지고 중국 여행을 일생의 일로 갈망했지

---

10. 연암은 시간과 장소, 상황에 따라 관광(觀光), 유람(遊覽), 유상(遊賞, 놀며 구경함), 관완(觀玩, 구경함), 상완(詳翫, 상세하게 구경함), 역관(歷觀, 두루 구경함), 역답(歷踏, 두루 밟아봄), 유력(遊歷, 구경하며 지나감) 등의 다양한 용어를 사용하고 있다. 연암의 청나라 여행은 유람하면서 관찰유근하는 것이 주된 목적이고 실천 행위였기에 본 장에서는 그 의미를 '유관(遊觀)'으로 집약, 표기하였다.

만, 실제 행하는 절차에 임하면 무사함을 빌고 두려움을 갖게 되는 일이었다. 연암에게 첫 번째 경계는 압록강이었다. 압록강은 건너야 할 물리적 장벽이지만, 조선과 중국의 경계가 되는 큰 강이었다. 연암에게 압록강은 심정적으로 조선을 떠나는 경계가 되었다.

6월 24일 압록강 물굽이에 위치한 의주관이라 하는 용만관(龍灣館)에서 9일이 지난 후에 중국에 보낼 방물(方物, 황실에 보낼 조선 특산물)이 모두 도착하여 드디어 강을 건너려 하지만, 큰 장맛비가 내려 물살은 거세고 탁하며 배가 정박할 나루터가 모두 유실되고 강 중류의 모래톱도 살피기 어려울 정도로 위험한 상황이다. 일행들은 다음 날로 미루자고 했지만, 정사는 도강을 결정하고 조정에 올릴 장계(狀啓)에 날짜를 기록했다.

아침부터 짙은 구름이 잔뜩 끼고 비 올 기세가 산에 그득한 날, 강을 건너게 되었다. 상황이 이렇게까지 되자, 평생을 기다리며 입버릇처럼 '반드시 한번은 구경을 해야지'라는 갈망도 별것이 아니게 될 정도의 심경 변화를 느끼게 되었다. 도강이 결정되었기에 '국경을 나가는 사람'으로 집에 보낼 편지와 여기저기 보낼 답장을 파발 편에 부치고, 행장을 정돈하여 말을 타고 구룡정(九龍亭)에 도착하여 일종의 출국 검색을 마치고 배를 타고 출발한다. 출발에 앞서 의주관 한 누각 기둥에 연암 자신, 마두와 마부 그리고 말을 위해 각각 술을 붓고 연행이 무사하길 빌었다(『열하일기 1』, 34-39).

물살이 빨라 사공들이 뱃노래를 부르며 힘을 써 노 저어 나갈 때, 역관 홍명복(洪命福)에게 "자네 도(道)를 아는가?"라고 묻고, "압록강은 바로 우리나라와 중국의 경계가 되는 곳이야. 그 경계란 언덕이 아니면 강물이네. 무릇 천하 인민의 떳떳한 윤리와 사물의 법칙은 마치 강물이 언덕과 서로 만나는 피차의 중간과 같은 걸세. 도라고 하는 것은 다른 데가 아니라 바로 강물과 언덕의 중간 경계에 있네."라고 하면서, "그러므로 그 경계(際)에 잘 처신함은 오직 도를 아는 사람만이 능히 할 수 있다."고 '경계'의 의미를 되새긴다(『열하일기 1』, 46-47).[11]

압록강이라는 경계를 넘는 연암의 비장한 각오는 「도강록서」에 '장차 압록강

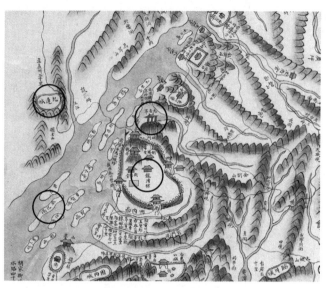

그림 2. 「해동지도」 평안도 의주부의 일부

주: O는 연구자 표기
자료: 서울대학교 규장각한국학연구원

을 건너가려 하기 때문에' 명나라 연호인 숭정(崇禎)을 드러내지 못하고 몰래 일
컫는다는 것으로 설명된다. 조선과 청을 경계 짓는 천하의 큰 강, 압록강은 문명
과 야만의 경계이자 낯설고 이질적인 공간으로 진입하는 연암의 불안한 심리가
드러나는 경계였지만, 그 경계에서 잘 처신할 수 있는 길을 찾는 것으로 청나라
여행에 임하는 각오를 다지는 장소가 되었다. 현재 압록강 나루터의 흔적은 멀리
중국 땅에서 어렴풋이 조망할 수밖에 없다. 중국 땅 호산장성(虎山長城)에서 압
록강 건너 옛 의주관의 통군정 지붕이 보인다(『열하일기 1』, 45). 18세기에 제작된
「해동지도」 평안도 의주부 지도에는 당시 용만관, 구룡정, 위화도, 구련성 등 압
록강 주변의 옛 장소와 경관들의 위치가 생생하게 재현되어 있다(그림 2).

---

11. 연암은 8월 7일 추위와 굶주림을 견디고 말 위에서 졸면서, 강 하나를 아홉 번 건넌 이야기를 「산
장잡기」 「일야구도하기」에 상세히 서술했다. '한 번만 까딱 곤두박질치면 그대로 강바닥인' 한 밤
중에 눈으로 볼 수도 없는 위험을 무릅쓰고 강을 건넌 연암은 "나는 오늘에서야 道라는 것이 무엇

연암 일행은 압록강을 건너 3일간 빈 땅에서 노숙하고, 6월 27일 책문(柵門) 밖에 도착하였다. 연암은 압록강을 건너고, 애라하를 건너 구련성으로 향하면서, "높은 언덕에 홀로 서서 사방을 둘러보니 산수가 청명하고 바둑판처럼 펼쳐진 평평하고 너른 들판에 수목이 하늘까지 마주 닿아 있다. … 패강(浿江, 대동강) 서쪽과 압록강 동쪽에는 이와 비교할 만한 땅이 없다. 의당 큰 고을과 웅장한 관청이 들어설 수 있는 땅이거늘, 두 나라가 모두 내팽개쳐 두어 드디어 빈 땅이 되었다."라고 했다(『열하일기 1』, 52).

책문은 제도적, 형식적 국경으로 청나라 영토로 진입하는 첫 관문이었다. 청나라 동쪽 변방의 국경 출입문 책문의 경관은 '나무를 짜개서 책문을 만들어 대략 국경의 경계를 표시해 놓았고, 위는 이엉으로 덮었으며, 널빤지 문짝으로 걸어 잠근' 허술하기 이를 데 없는 곳이다. 하지만 중국 관원들에게 예단을 주는 등의 오랜 폐단이 시작되는 곳이고, 청나라 수레를 세내어 짐을 옮겨 싣고, 연경을 향한 장대한 노정이 본격적으로 시작되는 곳이다.

지방 관원 봉성장군과 책문어사에게 일종의 입국 절차를 거치는 경계이지만, 연암에게는 의주 만상들의 교활함과 폐단이 먼저 눈에 거슬린다. 그러다 책문 밖에 이르러 책문 안을 바라보니, 여염집들이 모두 대들보 다섯 개가 높이 솟았고, 집의 등마루가 하늘까지 높고 대문과 창문들이 정제되었으며, 사람 타는 수레와 짐마차가 길 가운데로 종횡무진 누비는 것을 보게 되었다.

이에 연암은 "친구 덕보 홍대용이 언젠가 '그 규모는 크고 기술은 세밀하다'고 말한 적이 있는데, 책문은 중국 동쪽의 가장 끝인데도 오히려 이와 같다. 길을 나아가며 유람하려니 홀연히 기가 꺾여, 문득 여기서 바로 되돌아갈까 하는 생각

인지 깨달았도다. 마음에 잡된 생각을 끊는 사람, 곧 마음에 선입견을 가지지 않는 사람은 육신의 귀와 눈이 탈이 되지 않거니와, 귀와 눈을 믿는 사람일수록 보고 듣는 것을 더 상세하게 살피게 되어 그것이 결국 더욱 병폐를 만들어 낸다는 사실을."이라고 압록강을 건너면서 화두처럼 던졌던 '도'에 대해 설명한다(『열하일기 2』, 505). 본 장에서는 중화 문명 유관에서 연암의 '도'는 선입견 없이 순수하게 있는 그대로를 견문하려는 노력이고, 이는 혜안, 평등안, 여시관 등의 성찰적 보기로 실천되었다고 본다.

이 들어 온몸이 나도 모르게 부글부글 끓어오른다. 나는 깊이 반성하며, 이는 질투하는 마음이로다. … 지금 남의 국경에 한번 발을 들여놓고 본 것이라곤 만분의 일에 지나지 않는 터에 이제 다시 망령된 생각이 이렇게 솟는 것은 무슨 까닭인가? 이는 다만 나의 견문이 좁은 탓이리라. 석가여래의 밝은 눈으로 이 시방세계를 두루 본다면 평등하지 않은 것이 없을지니, 만사가 평등하다면 본래 투기나 부러움도 없을 것이로다."라고 자신을 성찰하고 반성한다(『열하일기 1』, 68).

책문은 소중화의 우월감을 느끼며 중국 변방에 들어선 연암의 지역인식이 갈등을 느낀 경계가 되었다. 오랑캐라 일컫는 청의 번성함을 직접 목격한 당혹감은 열등감을 느끼게 할 정도였다. 책문 밖에서, 책문 안의 실상을 들여다보고 느낀 당혹감은 잠시 뒤 지나가는 맹인을 보면서 "저 맹인의 눈이야말로 진정 평등한 눈이 아니겠느냐?"라는 큰 깨달음으로 전환되고, 선입견 없이 현실을 직시하는 석가여래의 '밝은 눈(慧眼)'과 편견 없는 맹인의 '평등한 눈(平等眼)'을 다짐한다.

책문은 조선으로 되돌아갈 수 있는 마지막 장소였다. 청나라가 통치하는 중국을 향해 '밝고 평등한 보기'를 다짐했지만, 한편에서는 "이제 이 책문에 일단 들어서면 거기서부터는 중국 땅이다. 고향 소식은 여기서부터 끊어지는 것이다. 나는 착잡한 심정으로 동쪽을 향해 한참을 서 있다가, 몸을 돌려 천천히 걸어서 책문으로 들어간다."라는 '착잡한 심정'도 복합적으로 교차하는 경계 지점이었다.

민가 악(顎)씨 집에서 숙박한 이 날 일기의 마지막은 "이곳을 우리는 책문이라 부르고, 여기 사람들은 가자문(架子門)이라 부르며, 중국 내지의 사람들은 변문(邊門)이라 부른다."라는 지명 소개로 담담하게 마친다(『열하일기 1』, 80). 현재 그곳에는 '변문진(邊門鎭)'이라는 표석이 옛 책문의 위치를 알려주고 있다.

2) 화이의 전쟁터, 성경의 요동 들판에 들어서다

연암이 오랫동안 꿈꾸었고, 상상 속에 그리던 중화 문명 유관은 요동 벌판에서 시작되었다. 요동 벌판은 조선에서는 볼 수 없는 지형 경관으로 중국의 장대한 영토 규모의 일면을 직접 체험하는 곳이다. 압록강을 건너 조선을 떠나고, 형식적 국경인 책문을 통과하여 중국 땅에 들어섰지만, 연암은 배, 가마, 말을 타고 때로는 사람 등에 업혀 여러 차례 위험한 고비를 넘기면서 장맛비가 범람하는 여러 강을 건넜다. 또 분수령, 고가령, 유가령을 넘고, 마운령과 청석령 등 높고 험준한 고개를 넘었다.

7월 8일 아침에도 강(三流河)을 건넜고, 한 줄기 산기슭을 벗어나 천지간에 시야가 툭 터지고 멀리 옛 요동성 백탑(白塔)이 보이는 곳(현재 石門嶺)에 이르자 말을 세우고 자신도 모르게 "한바탕 통곡하기 좋은 곳이로구나. 통곡할 만하다."라고 말한다. 동행하던 정 진사(정각)가 별안간 통곡할 것을 생각한 까닭을 묻자 진실한 통곡 소리는 감히 아무 장소에서나 터져 나오지 않는 법이라 하면서 다음과 같이 대답한다.

갓난아이가 어머니 태중에 있을 때 캄캄하고 막히고 좁은 곳에서 웅크리고 부대끼다가 갑자기 넓은 곳으로 빠져나와 손과 발을 펴서 기지개를 켜고 마음과 생각이 확 트이게 되니, 어찌 참소리를 질러 억눌렀던 정을 다 크게 씻어 내지 않을 수 있겠는가? … 지금 요동 벌판에 임해서 여기부터 산해관까지 1,200리가 도무지 사방에 한 점의 산이라고는 없이 하늘 끝과 땅끝이 마치 아교로 붙인 듯, 실로 꿰맨 듯하고 고금의 비와 구름만이 창창하니, 여기가 바로 한바탕 울어 볼 장소가 아니겠는가?(『열하일기 1』, 142).

요동은 사행단 모두에게 진정 중국 땅에 진입했음을 상징하는 곳이고, 백탑은 멀리 고갯마루에서 요동을 감지하는 표지(標識)였기에, 동행하던 정 진사의 마두 태복이 땅에 엎드리고 큰 소리로 "백탑이 현신하였기에, 이에 아뢰나이다."를 과장되게 고할 정도로 초기 노정의 험난함과 두려움에서 벗어나 안도감을 느끼게 하는 경관이었다. 연암은 갓난아이의 우렁찬 울음에 빗대어 조선의 갑갑한 정세와 자신의 울분을 확 트이게 하는 곳으로 '호곡장론'을 펼치지만, 그 저변에는 고구려 옛 땅에 도착했다는 감회도 짙게 흐른다. 구 요동성은 수·당 시기 고구려에 속했던 곳이며, 백탑은 그 상징이었다. 연암이 마주한 요동 벌판 첫머리는 산해관을 향하는 출발 지점이자 중화 유관이 본격적으로 시작되는 심리적 경계가 되었다.

연암이 묘사했던 것처럼 '한 줄기 산기슭을 벗어나야' 요동 벌판이 시야에 들어오지만, 사행단들은 오랫동안 그러한 경관의 경계를 석문령으로 인식해 왔다. 연행 노정에서 왕상령(王祥嶺)으로도 일컬어졌던 소석문령(혹은 小石嶺)의 지리적 의미는 크게 두 가지이다(이승수 2016, 266-267). 하나는 동팔참(東八站)과 요동 들판을 가르는 경계라는 점이다.[12] 이러한 인식은 연행의 전 시기에 걸쳐 나타난다. 소석문령을 경계로 인식한 것은 고개라는 지명이 '친숙한 산세와 생소한 평원'이라는 대립적인 경관을 구분하는 경계로 표상되었기 때문이다. 동팔참 구간은 고대 한민족 문화의 흔적이 많을 뿐 아니라 조선 사람들이 많이 살던 곳이기도 했으며, 18세기 이후에는 소석문령이 옛 고구려와 당나라의 경계라는 고대사 인식이 심상 경계로 이어졌다.

다른 하나는 문득 산이 사라지면서 시야가 넓어지는 현상, 즉 요동 들판과의 대면이었다. 조선의 사행단들에게 한순간 눈앞에 펼쳐진 드넓은 벌판은 그 자체로 놀라운 경관이었을 것이다. 어떤 선비들은 물리적 세계의 감각적 인식에 그치

---

12. 연행사들이 언급한 동팔참과 요동 벌판의 경계는 소석문령, 냉정(현재 왕보대촌), 냉정(泠井)에서 10리를 더 간 곳의 고려촌(현재 전진촌) 혹은 청석령 등으로 조금씩 다르다. 실제로 고려촌에 이르면 비로소 산세가 모두 없어지고 평원이 펼쳐진다(이승수 2016, 270).

연암은 요동 벌판이 눈앞에 펼쳐지기 직전, "왕상령 고개를 넘어 10여 리를 가면 찬 샘물(냉정, 현재 망보대촌 望寶臺村)이 나오는데, 사행이 갈 때 장막을 설치하고 조반을 해 먹은 곳이다. 돌로 쌓은 우물이 아니고, 길가에서 물이 흘러나와서 웅덩이를 채우고 있다. … 매번 우리 사행이 갈 때는 샘이 콸콸 넘쳐흐르는데, 우리 사행이 가고 나면 즉시 말라 버린다. 대개 요동은 본래 조선의 땅이었기 때문에 기가 서로 닮아서 감응하기 때문에 그렇다고 한다."라고 설명한다(『열하일기 3』, 478).

이 경계 지점은 조선 선비들에게 안(산, 친숙함)과 밖(들, 생소함)의 경계이자, 청나라 영토이면서도 조선과 감응하기도 하는 옛 땅(영토)이라는 복잡한 심경이 교차하는 곳이었다. 연암이 요동 벌판을 조선의 옛 땅으로 설명하는 글은 "심양은 본래 조선의 땅이었다. … 후위와 수·당 시절에는 고구려 땅에 속했다(『열하일기 1』, 176)와 같이 곳곳에서 계속된다.

지 않고, 조선의 답답한 현실을 되돌아보거나 차원이 다른 지적 성찰로 진입하는 계기가 되었을 것이다. 연암도 그러했을 것이다. 이처럼 석문령 고개는 안(산, 친숙함)과 밖(들, 생소함)을 느끼게 하는 물리적이고 심리적인 경계가 되었다.

1665년 강희제가 심양에 성경부(盛京府)를 설치하고, 1679년 성경의 정치적 위상을 높이기 위해 성경을 거치는 것으로 연행 노정을 변경하면서 요양(구 요동성)은 노정에서 비껴나게 된다(김태준 2004, 50). 사행단은 아미장(阿彌庄)에서 바로 태자하(太子河)를 건너면 되지만, 많은 사신이 옛 요양성을 둘러 갔다. 연행 노정의 주요 도시였던 요양은 가까운 거리에 위치했고 여러 유적과 조선관이 있는 여전히 번화한 도시였기 때문이다(이승수 2016, 274).

연암도 일행 몇몇과 아미장에서 길을 나누어 '번화하고 풍성한' 요동을 유람하고 「구요동기」와 「요동백탑기」, 「관제묘기」, 「광우사기」를 남겼다. 연암에게 옛 요동의 중심지 요양성은 꼭 가보고 싶었던 장소였다. 본래 노정인 청의 황성 성경성으로 향하지 않고, 구 요동성으로 돌아가는 것은 명과 청에 대한 화이의 이분법적인 인식이 여전함을 나타내는 것이기도 하다.

7월 10일 배로 혼하(渾河)를 건너 심양에 도착한 연암은, 여진족이 후금을 건국하고 도읍지로 삼은 성경의 요동 들판을 중국 천하의 안정을 도모하는 근기(根基) 지역으로 설명한다. 즉, 성경에서 시작되는 '북대로(北大路)'와 함께 펼쳐지는 요동 벌판은 중화의 대문이나 마당으로 경계 지워진 땅이 아니고, 언제나 천하의 안정을 위해 오랑캐를 막아내야 하는 접경지대로 인식되었다.

아하! 여기가 바로 영웅들이 수없이 싸웠던 전쟁터로구나. … 천하가 편안한가 위태로운가는 항상 요동 들판에 달려 있었다. 요동 들판이 편안하면 나라 안이 잠잠하고, 요동 들판이 한번 시끄러우면 천하에 전쟁이 일어나 일진일퇴하는 북소리, 징소리가 번갈아 울렸음은 무엇 때문인가? 진실로 천 리가 일망무제로 툭 터진 이 평원과 광야를 지키자니 힘을 모으기 어렵고, 버리자니 오랑캐들이 몰려들어 그야말로 대문도 마당도 없는 경계인 것이다. 이것이 중국에겐 반드시 전쟁을 치러야 하는 땅이 되는 까닭이며, 천하의 힘을 다 기울여서라도 지켜 야만 천하가 안정되는 까닭이다(『열하일기 1』, 164-165).

3) 천하 장관을 유관하고, 화이의 경계를 넘다

연암의 중화문명 유관은 1641년 청 태종이 심양 군대의 서쪽 이동 편의를 위해 만든 신민둔(新民屯)의 영안교(永安橋)를 지나 소흑산에서 북진묘와 산해관을 향 하면서 본격적으로 시작된다(그림 3).[13] 말복 늦더위가 혹심했던 7월 15일 일기에 서는 "박래원, 태의 변관해(太醫 卞觀海), 주부 조달동과 함께 새벽을 타고 소흑산 을 출발해서 중안포까지 30리를 가서 점심을 먹고 또 먼저 출발했다. … 북진묘 를 구경하기 위해 왕복 20리를 돌아서 더 걸었으니 모두 90리를 걸은 셈이다."라 고 할 정도로 북진묘는 연암이 꼭 보아야 천하 장관이었다. 이날 일기에는 「북진 묘기」를 별도 항목으로 서술한다. 「북진묘기」에는 웅장한 석방 패루(6柱5門5樓) 에 대한 관찰기가 서술되어 있다(그림 4와 5).

조선의 선비, 연암이 멀고 험난한 연행 여행에 나선 이유와 목적 그리고 자신 의 신념인 북학의 구체적인 내용을 이용(利用), 후생(厚生), 정덕(正德)의 측면에서

---

13. 大石橋로도 불리는 영안교는 심양에서 고가포(혹은 舊家舖)까지 200여 리에 걸친 요동벌 진흙 탕 지대에 북경으로 가는 새로 낸 길의 시작점이었다. 청 태종의 군대는 그 길을 따라 지속해서 서 진했지만 끝내 산해관을 돌파하지는 못했고, 그의 아들 순치제에 이르러 북경에 입성했고, 마침내 수도를 옮기면서 중국을 통일했다.

17세기 후반 연행길의 조선 사신들은 영안교를 건너면서 "영원히 평안하게 하리라."라는 이름을 매우 불편하게 여겼고, "오랑캐의 운세가 백 년을 넘을 수 없다."며 청나라 국운이 기울기를 희망 했다. 반면 강희제에서 건륭제로 이어진 청나라의 번성기 18세기에 영안교를 건너는 사신들은 요 동-북경 간 활발한 교류와 엄청난 물산의 이동에 압도되었고, '다리'와 '길'의 효용에 대해 말하기 시작했다. 한편 강희제부터 시작된 청나라 황제들의 심양 소재 선대 황제릉 순행(東巡)이 반복되면 서, 19세기 조선 사신들에게 영안교는 조상을 섬기는 황제들의 아름다운 마음을 상징하는 다리로 인식되었다(김일환 2015).

신민시 영안현의 영안교는 심양, 몽골, 북경으로 이어지는 삼거리에 있으며, 현재 요녕성 문물보호 단위로 지정되어 있다. 연암이 '교량(橋梁)'이라는 별도의 글에서 '교량들은 모두 성문 같은 무지개' 라고 표현했던 아치 형식의 옛 교각과 난간 등이 복원되어 있었으며, 주변은 공원(영안교 광장)이 조성되어 있다.

그림 3. 영안교
자료: 필자 촬영(2019.7.3.)

실증적 근거를 찾아내고 발견해 가는 의미 있는 첫 번째 장소는 북진묘와 구 광녕성이다.[14] 이 장소에 도착한 7월 15일부터 산해관에 이르는 7월 23일까지의 일기와 별도의 기록들을 「일신수필」로 묶는다. "자신이 직접 체험하지 않고 한갓 남이 말하는 내용만 듣고 의존하는 사람과는 함께 학문을 이야기할 수 없다."라고 직접 체험의 가치와 이날부터 본격적으로 시작된 천하의 구경거리에 벅찬 감정을 「일신수필서」에서 펼친다.

「일신수필」이 시작되는 7월 15일 일기에서 북경을 다녀온 사람들이 꼽는 제일 장관을 '요동 들판, 구 요동 백탑, 연도의 시장과 점포, 계문연수(薊門煙樹), 노구교(蘆溝橋), 산해관(山海關), 조가패루(祖家牌樓), 유리창(琉璃窓), 통주의 선박들, 천주당 네 곳, 호권(虎圈)이나 상방(象房)' 등으로 나열한다. 청나라 여행에서 훌륭하여 볼 만한 장관의 하나로 영원위성(寧遠衛城) 조가(祖家)패루가 언급된다. 그리고 삼류 선비인 자신은 '깨진 기와 조각, 민가 문전 뜰의 조약돌, 똥거름'이

---

14. 연암은 6월 27일 책문에 들어서 어느 점포를 둘러본다. 점포 모든 것이 단정하고 반듯하게 진열되어 있고, 한 가지 물건도 삐뚤고 난잡한 모양이 없는 것을 보고 "아하! 제도가 이렇게 된 뒤라야 비로소 이용이라고 말할 수 있겠다. 이용을 한 연후라야 후생을 할 수 있고, 후생을 한 연후라야 정덕을 할 수 있겠다. 쓰임을 능히 이롭게 하지 못하고서 삶을 두텁게 하는 것은 드문 경우이다. 삶이 이미 스스로 두텁게 하기에 부족하다면 또한 어찌 자신의 덕을 바로잡을 수 있겠는가?"라고 중국 문물제도의 실용성을 이용, 후생, 정덕의 논리로 설명하였다(『열하일기 1』, 76).

그림 4. 북진묘 석패방
자료: 필자 촬영(2019.7.3.)

그림 5. 의무려산과 입구
자료: 필자 촬영(2019.7.3.)

'중국의 장관'이라 말한다면서 조선 선비들의 허위 의식을 비판한다(그림 6).

「북진묘기」를 덧붙여 쓰며, 이어서 수레 제도(車制), 연희 무대(戲臺), 시장 점포(市肆), 객점(店舍), 다리(橋梁)에 대한 이야기를 각각 서술한다. '수레 제도'는 '記'로 편차되지 않은 항목이지만 매우 상세하고 「북진묘기」보다 훨씬 많은 분량이다.

북진묘와 구 광녕성(성곽, 숭흥사 쌍탑, 이성량 패루 등)은 중국에서 예법으로 받드는 12산의 하나로 옛 유주(幽州)의 진산인 의

그림 6. 영원위성 조가패루와 중앙 고루
자료: 필자 촬영(2019.7.4.)

무려산(醫巫閭山) 아래에 있고, 북진묘는 의무려산의 산신과 북방 신을 모신 곳으로 예부터 국가의 큰 의식이 있을 때 관리를 파견하여 제사 지내는 사당이다. 청나라는 동북지방에서 나라의 기틀을 세웠기 때문에 북진묘를 더욱 숭앙하고 있었다. 명나라 전 시기에 걸쳐 요양과 함께 요동 방어의 핵심 군사기지였던 구 광녕성은 요동 지방을 지킨 명나라의 장수 이성량의 근거지였다.

홍대용은 「의산문답(醫山問答)」에서 의무려산의 위치를 '중화와 오랑캐의 접경

지대'라고 하였다. 의산문답에서 두 주체 '허자(虛字)'와 '실옹(實翁)'은 성리학의 '허'와 새로운 사유의 '실'에 대해 대화를 나눈다. 마지막 부분에서 홍대용은 "이런 이유로 각각 자기 나라 사람을 친하게 여기고, 각각 자기 임금을 높이며, 각각 자기 나라를 지키고, 각각 자기의 풍속을 편안하게 여기는 것은, 중화나 오랑캐나 꼭 같은 것이다."라고 말한다. 즉, 중국이란 중심은 존재하지 않으며 중화와 오랑캐란 구분은 본디 있을 수 없다는 것이며, 각 문명은 각각 나름의 가치를 지닌다는 것을 주장한다(강명관 2014, 251-253).

연암 또한 치열한 **요동벌** 격전지였던 이곳에서, 명과 청에 대한 자신의 이분법적 인식을 되돌아보았을 것이고, 청(오랑캐)의 정밀하고 실용적인 문물에 대해 보다 긍정적인 시선을 갖게 되는 장소가 되었을 것이다. 연암은 오르지 않았을 것으로 생각되는 의무려산 망해사(望海寺)에 올라보니, 요동벌의 드넓음이 끝없다. 저절로 탄식과 '호곡'이 터져 나올 경관이 눈앞에 펼쳐진다. 의무려산 아래의 북진묘는 연암에게 중화 유람의 목적과 의미를 다지고, 생각과 마음으로 새겨 두었던 '북학'의 실증을 본격적으로 탐색하는 지리적, 심리적 경계가 되었다.

천하장관 산해관(山海關) 도착 하루 전인 7월 22일, 연암은 조선에서 쓰는 털모자 생산지 중후소(中後所)에서 점심을 먹고, 강물이 엄청나게 불어 물살이 사납고 빨라 위험한 석교하(石橋河)를 건너 숙박지 전둔위(前屯衛)에 도착한다. 전둔위 시장에서 연희를 막 마치고 나오는 배우들을 만난다. 그들의 의관이 조선의 관복과 완연히 같고 도포의 모난 깃에 검은 테를 두른 것 등이 아마도 옛 당나라 제도인 것 같다고 탄식하면서 '여시관(如是觀)'의 보기를 제시한다.

슬프다! 중원이 오랑캐 손에 함락된지 100여 년이 지났건만, 의관 제도는 오히려 광대들의 연극에서나 비슷한 것이 남아 있으니, 하늘의 뜻이 여기에 있는 것인가? 또 연희하는 무대에는 모두 '이와 같은 것을 보라'는 뜻의 '여시관'이란 세 글자를 써 붙였으니, 여기에도 은밀한 뜻을 부쳤음을 볼 수 있겠다(『열하일기 1』, 347-348).

전둔위 시장에서 연암은 연희 광대들의 무대 의상이 나타내는 '있는 그대로의 경관'을 '잘 헤아려 보기'로 읽어낸다. '여시관' 즉, 이와 같은 것을 헤아려 보면, 드러내놓고 명을 기리지 못하는 명나라 유민의 한 많은 사연이 바로 '여시관'에 담겨 있다는 것이다. 하지만 전둔위 시장에서 '여시관'은 본래의 의미를 온전히 담고 있기보다는 세속적, 관습적으로 단순하게 쓰인 말이고, 『열하일기』 전체에서 '여시관'은 '하나를 보고 그 이외의 것을 미루어 짐작하는' '헤아려 보기'의 방식이 되었고(정훈식 2012, 360-361), '북학론' 역설에 적극적으로 활용되었다.[15]

연암의 '헤아려 보기'는 산해관(山海關)에서 두드러지게 나타난다. 절기로 처서인 7월 23일 전둔위 숙소에서 출발하여 산해관 밖의 장대(將臺)에 올랐다가 산해관에 들어간다. 산해관에서 3리를 더 가, 배로 심하(深河)를 건너 저물어 홍화포(紅花鋪)에 도착, 숙박한다. 산해관 관람은 「장대기」와 「산해관기」로 남겼다.

「장대기」 첫머리는 "만리장성을 보지 않고는 중국의 크기를 모르고, 산해관을 보지 않고는 중국의 제도를 모르며, 산해관 밖의 장대를 보지 않고는 장수의 위엄과 높음을 모를 것이다."로 시작된다(『열하일기 1』, 354). 만리장성, 산해관, 장대는 중화의 규모와 건축제도의 위엄을 고스란히 담고 있는 건축물로 상징적인 경관이었다. 화이론과 같은 어떤 선입견이나 편견 없이 이들 천하장관을 있는 그대로 보고, 그것이 주는 의미를 미루어 짐작하는 '헤아려 보기'의 관점이 적극 제시되었다.

「산해관기」 첫머리는 "산해관은 옛날 유관(楡關)이다. 송나라 학자 왕응린의 저서 『지리통석(地理通釋)』에 의하면, '우나라의 하양(下陽), 조나라의 상당(上黨), 위나라의 안읍(安邑), 연나라의 유관… 등의 땅은 지세로 보아 반드시 차지해야

---

15. '여시관'은 석가여래의 혜안과 맹인의 평등안과 같이 『열하일기』에서 제시되는 보기(보기의 전제, 원칙, 목적을 포괄하는)의 한 방식이다. 정훈식(2012, 360-361)에 의하면, '여시관'은 『금강경』에서 수행과 깨달음의 방편을 의미하는 불교 교리에서 유래했지만, 당시 중국의 저잣거리에서는 본래의 의미보다는 세속적으로 관습화된 말 정도였을 것으로 추론한다. 본래 이 말은 "사물을 보면 이치를 깨닫고 보이는 것을 통해 보이지 않는 것을 보라."는 뜻이지만, 『열하일기』에서는 '헤아려 보기', 즉 '하나를 보고 그 이외의 것을 미루어 짐작하는' 보기의 방식으로 실천되었다.

하는 땅이고, 성을 쌓아 반드시 지켜야 할 곳이다.'라고 했다."로 시작한다. 마지막은 "봉성에서부터 천여 리 사이에 보(堡), 둔(屯), 소(所), 역(驛)이니 하는 성들을 하루에도 몇 개씩 지나왔지만, 지금 장성을 경험해 보니 건설하고 설치하는 방법이 산해관을 본받지 않은 것이 없으나, 산해관에 비한다면 모두 아들 손자뻘에 해당할 뿐이다."로 산해관의 장성을 중국의 웅장하고 정밀한 장성 제도의 본보기로 설명하였다.

그리고 "오호라! 몽염이 만리장성을 쌓아서 오랑캐(胡)를 막는다고 했으나, 정작 진나라를 멸망시킨 오랑캐는 시황의 아들 호래(胡亥)이니 집안에서 오랑캐를 키운 꼴이다. 서달이 산해관을 설치하여 여진족을 막았으나 오삼계가 산해관 관문을 열어 오랑캐를 맞이하기에 급급했다. 천하가 무사태평한 오늘날을 맞아서 산해관은 한갓 상인이나 여행객을 붙잡아 검문하고 세금이나 받고 있으니, 내가 산해관에 대해 족히 무슨 말을 더 할 수 있을까!"라는 탄식으로 마무리된다(『열하일기 1』, 357–361). 화이의 물리적, 상징적 경계가 되었던 만리장성이, 수천 년에 걸쳐 역대 왕조의 대규모 공정(工程)으로 완성되었지만, 수많은 백성의 희생만 남긴 채 웅장하게 위치하는 덧없는 현실을 비판한다.[16]

산해관은 사행단이 사람과 말의 수를 적은 단자(單子)를 산해관 관리에게 보낸 뒤 문이 열리면 문관과 무반이 열을 지어 들어가고, 세관과 수비관의 지휘를 받는 군사들이 사람과 말의 수를 단자와 대조하며 점검하는 입관과 출관 절차가 이루어졌던 곳이다. 조선 사신들에게 산해관은 중화 문명으로 들어서는 관문이었고, 중화 문명의 중심으로 표상했던 명나라 천하제일의 장벽이었다. 이제 연암에게 산해관은 명나라 멸망을 실증하는 현실 인식의 장소이자 역사의 아이러니를

---

16. 산해관과 같은 만리장성 일대는 고대부터 기후 차이로 인해 농경과 유목의 경계선으로 민족 간 충돌의 주요 무대가 되었지만, 민족 간 왕래와 융합의 장소이기도 했다. 농경민족은 영토를 지키기 위해 만리장성을 축조했다. 만리장성은 기원전 9세기부터 시작되어 명대에 이르기까지 3,000여 년 동안 끊임없이 증축과 개축을 거듭하였다. 중국 전쟁의 유형은 크게 방위와 영토 확장을 위한 전쟁과 할거와 통일을 위한 전쟁 두 가지로 분류할 수 있는데, 이 두 가지 유형의 전쟁은 주로 북방에서 벌어졌고, 북경과 하북성은 특히 많이 발생한 지역 중의 하나이다(후자오량 저, 김태성 역 2005, 121).

그림 7. 산해관 전경 그림(상), 각산산성(좌), 천하제일관(중), 노룡두(우)
자료: 필자 촬영(2019.7.4.)

체험하는 공간이 되었다.

각산산성(山)-발해 노룡두(海)-천하제일관(關)으로 만리장성의 동쪽을 완성하는 산해관 장성은 현재 유네스코 문화유산과 전국중점문물보호단위로 지정, 관리되고 있다. 외성 근처의 장대 터는 옛 위엄을 가늠할 수 없을 정도로 허물어져 있다. 각산산성 매표소 담장에 세워진 커다란 그림이 산해관 장성의 전체 지형을 안내해 준다(그림 7).

4) 산해관에 들어서고, 조양문을 넘어 황성에 입성하다

연암의 '평등안', '여시관'은 산해관에 들어서 연경을 향하면서 흐려진다. 즉, 「관내정사」가 시작되는 7월 24일 일기는 매우 짧지만, "산해관 안의 풍속과 정경은 산해관 동쪽과는 아주 판이하다. 산천이 맑고 아름다워 굽이굽이 그림을 보는 듯하다."라는 연암의 중화에 편중된 지역 인식이 선명하게 드러난다. 산해관의 장성은 있는 그대로의 정밀한 문물제도로 보았지만, 산해관의 위치는 그 안과 밖을 풍속과 정경이 아주 판이한 지역으로 구분 짓는 경계가 되었다. 즉, "산해관 밖은 1,350리나 되는데 주·현·성·둔(州·縣·城·屯)이 겨우 7곳이지만, 산해관 안은 670리에 불과해도 주·현·위(衛)가 14곳이나 된다. 드문드문 멀리 떨어지고, 촘촘하게 가까이 붙은 것이 바로 기내(畿內)와 변수(邊陲)의 차이다."라고 묘사할 정도로 조선 선비들에게 산해관 안쪽과 바깥 지역의 특성은 다른 것으로 인식되었다(홍석주 1864; 이승수 2017, 32에서 재인용).

산해관 안쪽은 무령(撫寧)-영평(永平)-풍윤(豐潤)-계주(薊州)-통주(通州)로 이어지는 경기(京畿) 지역으로, 전통적으로 도회가 번성하고 문물이 발달한 지역이었다. 압록강을 건너 북경까지 대략 30일 정도의 연행 노정에서 통주는 황성 밖 마지막 숙박지였으며, 통주성에서 조양문까지는 조선 사신단들에게 황성까지 무사히 도착하는 중요 구간이 되었다.

이 구간은 영통교에서 조양문 밖까지 돌로 만든 길이 이어지는 곳으로 명·청 시기에 국문동공도(國門東孔道) 혹은 조양문관외석도(朝陽門關外石道)라 불리던 구간이다(이승수 2018, 429). 명·청시기 통주성은 심양이나 산해관보다 훨씬 화려하고 번화한 도시였다. 천하의 조운이 운집하고 천자의 곡물 창고 절반이 이곳에 있어 그 위상이 매우 높은 곳이었다. 조선 사신들이 청나라 상업의 번성과 조운 교역의 발달 실상을 직접 목격하는 곳이었다.

통주성 밖 연교보(烟郊堡)에서 숙박하고 8월 1일 새벽에 출발한 연암은 사고장(師姑庄) 등을 거쳐, 경항대운하(京杭大運河)의 북단인 노하(潞河)를 건너 동문으로 통주성에 들고, 서문으로 나와 8리를 가 조운선이 지나다니는 큰 석교 영통교(永通橋, 혹은 八里橋)를 건넌다. 관가장에서 점심을 먹고 태평장, 홍문을 지나 팔리보 6리 지점의 돌다리 신교(新橋)를 건너 동악묘에 이른다(그림 8과 9).

연암이 도착했을 때 노하 지역은 열흘 전 큰비로 민가, 사람, 가축이 셀 수 없을 정도로 휩쓸려 떠내려간 상황이었지만, '강은 넓고 맑으며, 엄청나게 많은 배는 가히 만리장성의 웅장함과 대적할 만하고 … 노하의 배를 보지 않고는 황제가

그림 8. '통하문화광장'으로 변한 옛 노하 강변	그림 9. 영통교
자료: 필자 촬영(2019.7.6.)	자료: 필자 촬영(2019.7.6.)

사는 도읍지의 웅장함을 알지 못할 것'이기에 배의 제도를 안쪽까지 살펴보았다. 동악묘에서 삼사 등이 황성 입성을 준비할 때, 연암은 곳곳을 관람하고 「동악묘기」를 남겼다. 동악묘 앞 대로(현 朝陽門外 大街)를 따라 조양문에 들면서 연행 노정을 마치게 된다(『열하일기 1』, 442–457). 이렇게 산해관은 중화 문명의 안쪽과 바깥쪽을 구분 짓는 지역적 경계가 되었고, 조양문은 연행 목적지 황성에 들어서는 마지막 경계가 되었다.

연행단의 형식적 의례는 심양성 관운장 사당에서 삼사가 관복을 갖추어 입고, 차례로 말을 타고 문관과 무관이 반열을 지어 심양성으로 들어가는 의식과 연경 동악묘에서 조양문을 거쳐 입성하는 의식에서, 황성의 경계 넘기가 이뤄진다. 이러한 측면에서 관운장 사당–심양성 외곽문–심양성, 동악묘–조양문–황성으로 이어지는 경로는 연행 노정에서 특별한 의미가 있는 장소이다.

연암은 황성 입성의 중요 장소인 동악묘에서 시작된 입성 장면을 "동악묘에 이르러 삼사는 심양에 들어갈 때처럼 관복으로 갈아입고 문무관의 반열을 정비했다. 통관 오림포, 서종현, 박보수 등은 이미 도착해 동악묘 안에서 기다리고 있었다. 모두들 수놓은 망포(蟒袍, 청나라 관복)를 차려입고, 목에는 구슬 목걸이 조주(朝珠, 산호, 진주 등으로 만든 염주 모양의 목걸이)를 걸고서 말을 타고 삼사를 앞에서 인도했다."라고 묘사했다.

연암 일생의 여행 목적지인 연경의 상징적이고 심리적인 경계는 조양문이다.

연암은 황성의 내성에 위치한 서관 숙소에 도착한 다음에 '조양문'을 들어선 벅찬 감회를 풀어낸다. 즉 수천 년을 이어 온 "중국 역대 왕조의 유정유일(惟精惟一, 임금이 마음 씀을 오직 정밀하고 전일하게 함)한 통치 방법을 청 왕조를 통해서 살펴볼 수 있게 되었다."라는 속내를 길게 풀어내는데, 일부만 제시하면 다음과 같다.

아! 옛 역사책에 이르기를 '문자가 생기기 이전의 연도와 나라의 도읍지는 살필수 없다'라고 했다. 그러나 문자가 생긴 이래 중국 스물하나의 왕조, 3천여 년동안 어떤 방법을 가지고 천하를 다스렸을까? 임금 된 사람이 소위 정밀하고 전일한 마음(惟精惟一)의 통치 방법으로 천하를 다스린 것이 아니겠는가? ….내가 이제 조양문에 들어와서 요임금과 순임금의 유정유일한 마음 씀씀이가 이와 같고, 하나라의 우임금이 홍수를 다스린 것이 이러하고, …무엇을 근거로 알 수 있는가? ….

그러나 그들이 누렸던 공과 이익을 따져 본다면, 그 법이 비록 오랑캐에게서 나왔다 하더라도 많은 장점을 집대성하고, 유정유일의 마음씨를 스승으로 삼지않은 임금은 없었다. … 스물하나의 왕조, 3천여 년 사이에 이룩했던 법과 남긴제도는 바로 그들을 통해서 살펴볼 수 있는 것이다. 이제 그들은 나라를 세워 '청'이라 이름하고, 수도를 세워 '순천부(順天府)'라 했다(『열하일기 1』, 457-461).

이는 명나라에 경도된 소중화의 허위 관념에서 벗어나 청 왕조의 유정유일(惟精惟一)한 통치 방법을 인정하고, 문물제도와 실상을 편견 없이 살펴보겠다는 연암의 다짐이기도 하다. 조양문은 6월 27일 책문에 들어서 다짐했던 혜안과 평등안의 초심을 다시 새기는 장소가 되었고, 연암뿐만 아니라 연행에 참여했던 모든 사신들에게 상징적 의미가 큰 관문이었다.[17]

---

17. 조양문은 연행사들에게 입문은 물론 출문의 상징성도 큰 경계였다. 노이점은 9월 17일 북경을 떠날 때의 심경을 조양문을 벗어나는 새로 비유한다. 즉 "조양문을 나서니 오랫동안 갇혀 있다가 쾌히 벗어 버리고 나온 듯, 새장의 새가 벗어난 듯하였고 가을빛이 청명하고 길도 평탄하였다. 처음 들어

그림 10. 「연행도(燕行圖) 조양문(朝陽門)」
자료: 숭실대학교 한국기독교박물관

조양문을 들어선 연암에게 청은 여전히 오랑캐로 호명되지만, 그 속내는 3천여 년 동안 이룩된 중화 문물제도는 청대에 집대성되고 있음을 인정하게 된다. 조양문은 청 황제 사은사 행사에 늦지 않고, 그리고 무사히 북경성에 도착했다는 안도감과 중화 문명의 중심지 연경을 유람할 수 있다는 벅찬 기대감 등의 복합적인 심경을 갖게 하는 경계였기에 옛 그림이 남아 있다. 「연행도 조양문」은 1790년 조선 사행이 조양문에 들어서는 모습을 생생하게 재현하고 있다(그림 10).[18]

올 때 어렵고 험한 것을 생각하여 보니 기쁜 마음을 어찌 형용할 수 있겠는가?"라고 설명한다.
책문을 나올 때도 "비로소 책문을 나서게 되었다. 사신을 모시고 책문을 나설 때 그 상쾌함이 마치 날개는 없지만 새 조롱에서 나오는 것 같다."라는 감회가 반복된다(김동석 2002, 44-46). 이렇듯 연암이 압록강을 건너 연경에 이르는 노정에서 어떤 '경계'가 되었던 장소들은 돌아오는 노정에서도 그리고 조선 사행단 대부분에게 특별한 의미가 있는 경계가 되었음을 알 수 있다.

18. 그림 10은 숭실대학교 한국기독교박물관 소장 연행도(燕行圖) 전체 14폭 중 조양문(朝陽門)을 그린 장면이다. 최근 이 그림은 단원 김홍도(金弘道)가 연행에서 돌아온 1790년이나 그 직후에 그린 것이라는 보고서가 공식 제출됐다. 김홍도는 정조 13년(1789), 동지사(冬至使) 사절단의 정사(正使)인 이성원(李性源)의 요청으로 사신단에 포함되어 연경을 다녀왔다는 사실이 일성록(日省錄)이나 승정원일기(承政院日記) 등의 기록에서 확인된다(숭실대학교 한국기독교박물관, 2009, 연행도, 72).
조양문은 북경 내성 9대 성문의 하나로, 원나라 때 제화문(齊化門)으로 불리었고, 명나라 정통(正統) 년간에 성루, 옹성, 전루를 재건한 후 조양문으로 개칭되었다. 명, 청 시기에는 남방의 곡물이

그림 11. 조양문 터 표지
자료: 필자 촬영(2019.7.7.)

그림 12. 영평부성 서문과 편액 '망경'
자료: 필자 촬영(2019.7.5)

조양문 앞 대로변(北京市 朝陽区 朝外大街141号)에 위치한 동악묘는 중국 5악의 하나인 태산의 신을 모신 도교 사당으로 원나라 때인 1319년에 시건되었으며, 시건에서 중건에 이르기까지 황제들의 전폭적인 지원을 받아 황가의 사묘(祠廟)에 준하는 위상을 지닌 곳이었다. 연암이 「동악묘기」에 남겼던, 여러 전각과 소상, 큰 비석들이 넓은 경내 곳곳을 지키고 있었다. 정문 앞 양편에 별음(鼈音)과 경음(鯨音) 고루도 옛 그대로다. 1607년 동악묘 건너편에 '질사대종(秩祀岱宗)'과 '영연제조(永延帝祚)'의 편액을 붙여 세웠다는 녹색유리 패루도 그 위치에 서 있다.

옛 조양문과 옹성 앞을 흐르던 호성하(護城河)의 흔적은 패루를 모방한 표지문과 조양문교(朝陽門橋)로 그 위치로 가늠할 수 있다(그림 11). 조양문터 근처 왕징(望京, 北京市 朝陽區 廣順北大街 望京)은 한인 밀집 지역이다. 왕징에 거주하는 외국인의 85%가 한국인이라 한다. 고대 고죽국(孤竹國)의 영역이었던 노령현의 영평부 옛 성문(西門)에 새겨 있던 '望京'의 도착점이 바로 이곳일 것 같다(그림 12).[19]

통주의 운하를 거쳐 동변문(東便門) 바깥에 도착한 후, 다시 마차를 이용하여 조양문 내 창고로 운송되었다. 1900년 팔국연합군이 북경성을 침공할 때 조양문이 가장 먼저 공격을 받았고 전루 일부가 파괴되었다. 북경 입성 교통 요충지인 조양문은 1915년부터 1차 옹성이 철거되었고, 1956년 이후 전루와 성루가 완벽히 철거되었고, 1978년 입체교차로가 건설되어 현재에 이른다(베이징관광국 한글공식사이트 2016년 2월 3일 자).

19. 옛 문헌에 "고죽국 지역이 본래 고려 땅이다." 혹은 "고조선의 영토가 고죽국 인근이었다."는 기록과 기자조선이 고죽국과 인접하였고, 영평부성 내에 조선성(朝鮮城) 혹은 조선현이 있었다는 기록

4. 세계로 열린 창, 중화의 중심 연경의 장소와 경관

마테오 리치(Matteo Ricci)의 「곤여만국전도」와 줄리오 알레니(Giulio Aleni)의 「직방외기」와 같은 세계지도와 세계지리서가 조선에 수입된 뒤, 조선 사람들, 특히 경화세족의 세계인식에 충격을 주긴 했지만 서양은 여전히 실감할 수 없는 미지의 땅이었다. 북경은 이런 점에서 조선 사람들에게는 세계로 열린 작은 창이었다.

조선 사신단은 북경에서 베트남인·유구인·몽골인 등 아시아인 외에도 러시아인·독일인·프랑스인 등을 만날 수 있었다. 그리고 서양인 선교사를 만나기도 하고, 이들이 한문으로 번역한 지리서나 세계지도와 망원경·자명종·유리거울·안경·양금 등과 같은 서양 물건을 구입할 수 있었다. 17세기 후반부터 조선 사신단이 방문했던 북경 천주당은 입소문이나 여행기를 통해 경화세족들 사이에 널리 알려져 있던 장소였다. 홍대용이 북경을 방문한 주요 동기 중의 하나가 천주당을 직접 보고, 선교사를 만나 궁금한 것을 물어보는 것이었다(강명관 2014, 20-21, 27과 103).

이들의 호기심과 갈망은 서양의 지리서나 세계지도, 새로운 물건 등을 통한 서양의 과학기술이나 세계 변화 파악에 있었다. 천주교라는 종교에 대한 관심은 없었다. 예를 들어 홍대용은 동천주당 내부 천장의 성화(예수의 죽음을 슬퍼하는 사람들을 그린 그림)를 보고 "아니꼬워 차마 바로 보지 못하였다."고 거부감을 드러냈다. 홍대용이 북경에서 교유했던 강남 출신의 엄성과 반정균은 과거시험을 보러 온 선비들이었지만, 북경에 천주당이 있다는 것을 홍대용에게 처음 듣고 놀랄 정도로 청나라 사람들에게도 널리 알려진 정보는 아니었다. 홍대용은 천주교의 교

등이 꾸준히 전승되었다(이승수 2017, 43). 2019년 7월 현지답사에서도 영평의 옛 기록과 지도 등을 수집, 개인 전시실을 운영하고 있는 '劉○○'이라는 82세 정도의 현지 주민도 서문에서 이어지는 남문리 십자로에 위치한 석조 불탑(노룡 8경의 하나로 '대불존승타라니경당'으로 불림)의 동쪽 골목 '대형호동(大亨胡同)'을 고려인 집촌지로 비정하였다.

리는 가소로운 것이나, 천문 역법만은 중국인이 미칠 수 없는 경지를 열었다고 평가했다(강명관 2014, 206).

18세기 후반 조선이 세계를 엿볼 수 있는 유일한 장소는 북경이었고, 당시 북경은 동아시아의 세계도시였다. 연암 또한 북경이라는 창문을 통해 세계를 엿보고자 하는 갈망으로 연행에 참여했던 것이다. 열하의 태학관에서도 내내 연경 유람을 걱정했다. 태학관에서 필담을 나눈 곡정 왕민호에게 "저는 만 리 길을 어렵게 걸어서 귀국에 관광하러 왔습니다. 우리나라가 극동에 있고, 구라파는 가장 서쪽에 있습니다. 저는 극동의 사람으로 태서(泰西, 서양을 예스럽게 일컫는 말)의 사람을 북경에서 한번 만나 보기를 원했습니다만, 지금 갑자기 열하로 들어오는 바람에 태서 사람이 있는 북경의 천주당에 가 보지 못했습니다. 만약 여기서 황제가 칙령을 내려 바로 귀국하라고 한다면 다시 북경에 들어갈 수 없을 것입니다.… 듣자 하니 서양 사람들도 황제의 수레를 따라 이곳 열하에 있다고 합니다. 원컨대 가르침을 받고자 하니, 혹 서로 아는 분이라도 있으면 소개해 주시면 다행이겠습니다."라고 말할 정도였다(『열하일기 2』, 412-413).[20]

연암의 본래 목적지는 연경이었고, 가장 먼저 찾은 곳은 선남(宣南)문화의 중심지 유리창(琉璃廠)이었다.[21] '압록강에서 연경에 이르기까지 모두 계산하면 역참

20. 연암은 8월 3일 서관문이 열리자마자 유리창으로 연경 유람을 나섰고 8월 4일에도 유리창에 갔다가 한밤중에 돌아와 잠이 들었다. 한밤중에 8월 5일 일찍 열하로 떠나라는 청 예부의 전갈을 받고 모두 얼굴빛이 하얗게 질리어 있을 때, 연암은 여독이 아직 가시지 않았는데 또다시 먼 길을 가는 것을 정말 견딜 수 없지만, 만약 열하에서 곧바로 조선으로 귀국하라는 황제의 명이 내린다면 연경 유람이 실로 낭패가 되기에 함께 가는 정사의 권유에도 열하 행을 주저했다(『열하일기 1』, 490).

21. 황성 건축에 필요한 유리기와를 굽는 가마(官窯) 공장이 있었던 유리창은 북경성 선무문 남쪽의 선남문화(선남 선비문화)의 중심지였다. 1648년(順治 5) 청은 "한족이나 상인들은 모두 남성으로 이주해야 한다."는 기민분치(旗民分治) 주거정책을 실시하면서 만주족은 도성 안에 거주할 수 있지만, 한족은 거주할 수 없도록 하였다. 이에 한족 사대부들과 선비들이 선남지역에 모여 살게 되면서 이색적인 선비문화가 형성되었고, 18세기 북경문화의 중요한 위치를 차지하게 되면서 조선 학자들의 관심이 집중되었다. 청 왕조는 한족 선비들의 사상과 언론은 통제하게 되었고, 대표적으로 건륭제는 『사고전서(四庫全書)』 편찬사업을 실시했다. 연암은 이 사업의 마무리 단계에 도착하였다(진빙빙·하오준펑 2018, 137-141).
연암은 「심세편」에서 『사고전서』에 대해 기술하고 있다(『열하일기 2』, 299-301). 이 사업에 동원

이 서른세 개이고, 2,030리' 먼 길을 걸어 8월 1일 '눈앞이 보이지 않을 정도로 검은 먼지가 하늘을 덮고 있는' 저녁 무렵 조양문에 들고, 서관에 도착했다. 8월 2일 맑은 날에는 삼사가 조선에서 보낸 공식 문서(자문)를 예부에 바치고, 외국 사신단을 대상으로 한 조참 예행연습 등 북경 입성 의례가 이뤄졌다.

8월 3일 서관의 문이 열리자마자 '드디어 두 하인(시대와 장복)을 데리고 서관을 걸어 나와 첨운패루(瞻雲牌樓) 아래에서 태평차(太平車, 사람이 타는 수레) 한 대를 세내어' 선무문을 나가 유리창으로 갔다.[22] 유리창은 서양 서적이나 신기한 물건 등을 구매할 수 있는 대규모의 시장으로 북경에서 가장 번화한 곳일 뿐만 아니라, 중국 문인 등과 직접 교류할 수 있는 곳으로 북경 연행 조선 선비들이 직접 가보고 싶어 하는 중요 장소였다. 8월 4일에도 유리창에 갔지만, 아무도 연암에게 인사를 건네지 않는다. 한 누각의 난간에 기대어 다음과 같이 탄식한다.

지금 나는 유리창 안에 홀로 외롭게 서 있다. 내가 입은 옷과 쓰고 있는 갓은 천하의 사람들이 알지 못하는 것이다. 나의 용모는 천하 사람들이 처음 보는 모습이다. 성씨인 반남(潘南) 박씨는 천하 사람들이 들어보지 못한 성씨일 것이다. 이렇게 천하 사람들이 나를 몰라보게 되었으니 나는 성인도 되고, 부처도 되고, 현인과 호걸도 된 셈이다. 거짓 미친 체했던 은나라 기자(箕子)나 초나라 접여 (接輿)처럼 미쳐 날뛰어도 되겠지만, 장차 누구와 함께 이 지극한 즐거움을 논할 수 있겠는가? (『열하일기 1』, 442-473)

멀고 먼 길을 걸어 도착한 북경 황성의 문물 중심지 유리창은 연암이 그토록

되었던 무려 4,200여 명의 학자들 다수가 선남지역에 거주하였고, 유리창의 좁고 낡은 골목(西太平巷)에 그들의 거주지를 알리는 표지판이 남아 있다.

22. 사신단의 북경 출입은 자유롭지 않았다. 명대부터 사신단의 북경 출입을 금지했고, 청의 북경 천도 초기에는 출입이 더욱더 엄하게 금지되었다. 강희제 말년에 천하가 안정되자 조선은 근심거리가 되지 않는다고 생각했는지 금지령이 조금 완화되었지만, 공공연히 출입할 수는 없었다. 자제군관들의 북경 구경은 금지구역까지 드나들어 종종 문제를 일으켰다(강명관 2014, 47). 연암도 거짓 핑계를 대거나, 야심한 시각에 몰래 드나들었다.

갈망했던 북경 유람의 궁극적 장소였다. '이 지극한 즐거움'은 조선의 선비가 천하의 문물 중심지 유리창에서 자신을 알아주는 이국의 선비를 만나 교유하는 것이었다.[23] 연암은 유리창 나들이 이틀 만에 자신을 알아주는 선비를 만나지 못했다는 성급함만으로 이국땅 낯선 장소에서 탄식하고 외롭다는 생각에 잠긴 것은 아닐 것이다.

수천 수백에 달하는 엄청난 가게가 모여 있는, 페르시아의 보물 시장과 같은 황홀하고 찬란한 시장, 책 이름은 다 보기도 전에 눈이 어지럽고 침침해지는 규모의 서점 등이 즐비한 유리창은 조선이란 작은 나라 선비에게 상상 이상의 장소였다(강명관 2014, 82). 조선이 아직도 오랑캐라 칭하고 있는 청나라의 번성함은 유리창만으로 상상 그 이상의 것이었다.[24]

이 번화한 장소에서 연암은 그토록 부러워했던 담헌 홍대용이 통주 팔리포에서 느꼈던 초라함, 즉 천하의 중심 도성에서 보잘것없는 조선 선비의 초라한 실상을 자각한 것이다. 홍대용 일행이 1765년 12월 27일 통주 팔리포 즉, 영통교부터 황성까지는 돌로 만든 어로(御路)가 시작되는 곳에 이르자 거마와 행인이 길을 가득 메우고 있었다. 길을 가득 메운 행인들의 준수한 인물과 화려한 의복, 사치스런 안장을 얹은 말의 씩씩한 기상은 이제까지 보아 온 것과는 현격하게 달랐

---

23. 조선 후기에 북경을 방문한 사람은 많지만, 조선인 최초로 중국의 지식인과 국경을 초월한 우정을 맺은 사람은 홍대용이다. 그는 1766년 2월 엄성(嚴誠)·반정균(潘庭筠)·육비(陸飛) 등 중국 지식인과 일곱 번 만남을 가졌고, 청의 정치, 문화 등 광범위한 분야에 걸친 대화를 나누고, 서로 호형호제하는 우정을 쌓았다(강명관 2014, 머리말).
실제로 연암은 7월 30일 배를 타고 호타하(滹沱河)를 건너 삼하현의 손유의(孫有義) 집을 찾아 담헌의 편지와 예물을 부인에게 전한다(「열하일기 1」, 440). 손유의는 담헌이 3월 2일 북경을 떠나 돌아오는 길에 만나 사귄 사람이다(강명관 2014, 231). 연암은 열하의 태학관에서 곡정 왕민호와 교유한 내용을 담은 「곡정필담」과 연경에서의 교유와 관련하여 「양매시화」와 「천애결린집」을 남겼다.
24. 연암이 체험했던 유리창은 담헌이 체험한 것과는 다른 것이었다. 1780년(건륭 45) 5월 11일 정양문 밖 유리창은 대규모 화재로 2만 7천여 간이 소실되었고, 겨우 5천여 간만 화를 면했다. 건륭제의 명으로 불과 5개월 만에 재건이 완공되었다. 11월 27일 연경에서 돌아온 부사 정원시(鄭元始)는 정조에게 유리창이 소실된 이후 호사하게 재건된 모습을 보고했다(「승정원일기」, 정조 4년 11월 5일, 11월 27일).

다. 담헌이 돌아본 자신은 흡사 은연한 시골의 가난한 선비나 두메의 어리석은 백성이 피폐한 행장으로 한강을 건너 도성을 향하는 모습 바로 그것이었다.[25]

연암의 북경 유람기는 열하로 떠나기 전 이틀간 일기와 기사체 산문 「황도기략」, 「알성퇴술」, 「앙엽기」에서 별도의 항목으로 기술하였다(『열하일기 3』, 304-435).[26] 본 장에서는 지면의 한계로 북경 유람의 장소와 경관 목록을 제시하는 데 그치고자 한다. 연암이 북경에서 유람하고 체험했던 것은 표 4에 제시된 것 이상으로 많았을 것이다. 연암의 북경 유람 목록은 연암이 어떤 장소에서 어떤 경관들을 관찰하고 체험했는지에 대한 지리적 정보를 알려준다.

연경 북경성의 이곳저곳(황성 자금성, 내성, 외성)에 대한 기행문을 의미하는 「황도기략」은 자금성을 중심으로, 내성(內城)의 9개 문의 명칭과 용도를 기술한 '황성구문'에서 외성(外城) 유리창의 '화초포'에 이르는 38개 장소, 경관의 위치와 연혁 및 구조 특성 등을 정리한 기록이다. 성인 공자를 알현하고 물러나 서술한다는 의미의 「알성퇴술」은 조선 선비들이 유학의 산실로 여기는 순천부학, 태학 등의 위치, 연혁, 제도 등에 대한 관찰기이다. 이들 시설이 북경성 내성의 동북쪽 안정문 내에 있었기에, 연암은 근처의 석고와 문천상의 사당을 거쳐 동남쪽의 관상대, 시원, 조선관까지 유람 동선이 이어졌기에 함께 기술한 것 같다.

감나무 잎에 글자를 써서 항아리에 넣어 보관했다가 나중에 기록한다는 의미의 「앙엽기」에서는 내성과 외성 및 북경성 밖의 불교와 도교사원, 민간신앙과 야

---

25. 이때 담헌은 "같은 하늘 아래 이런 큰 세계가 있을 줄 꿈도 꾸지 못했다."라고 했다. 홍대용은 강력한 대명 의리의 소유자였다. 조선 사신단의 의관은 「연기」에 가장 많이 등장하는 화제다. 청은 한인에게 호복과 변발을 강요했지만, 조선에는 강요하지 않았다. 조선인은 명대의 복식과 유사한 복식과 두발 형식을 지키는 데 우월감을 느꼈다. 또 그것을 조선만이 중화와 문명을 보유하고 있는 증거로 인식하였다. 조선인의 의복은 곧 '작은 중화'의 표지였다(강명관 2014, 65-79). 이처럼 '의복'은 문명과 야만의 화이인식에서 조선 선비의 우월감을 나타내는 상징이었다.

26. 제시한 목록에서 설명이나 위치는 연암의 기록을 따르고, 연구자가 보완하였다. 연암의 기록에서 명칭이나 유래, 위치 등에 오류가 있다. 연암이 짧은 여정에 직접 답사하고 이 정도의 기록을 남긴다는 것은 남달리 예리한 관찰력으로 부지런히 기록한 때문이다. 이들 목록을 통해서 연암의 이동 동선도 가늠할 수 있다. 연암이 유람한 장소와 경관의 상당수가 현재 국가급이나 북경시 성급 중점 문물보호단위로 지정, 보전되고 있다(황매희 편집부 2010, 298-299).

표 4. 북경성 유람 목록

「황도기략(皇圖紀略)」	「알성퇴술(謁聖退述)」
1. 황성구문(皇城九門) 내성 9개 문의 명칭과 용도	1. 순천부학(順天府學), 내부의 성전(聖殿), 명륜당 등
2. 서관(西館) 내성 서남쪽 조선 사신 숙소	2. 태학(太學, 국자감)과 공묘(孔廟, 공자 사당) 등
3. 금오교(金鰲橋) 내성 태액지 돌다리	3. 학사(學舍) 국자감 생도 거처지
4. 경화도(瓊華島) 태액지의 섬	4. 역대비(歷代碑) 역대의 비석들
5. 토원산(兎園山) 내성 태액지 근처 작은 산	5. 명조진사제명비(明朝進士題名碑) 명대 진사과에 합격
6. 만수산(萬壽山) 흙으로 만든 산(만세산, 경산)	한 사람의 이름을 새긴 비석들
7. 태화전(太和殿) 자금성 정전(正殿)	6. 석고(石鼓) 천자의 수렵을 찬송하기 위해 돌로 만든 북
8. 체인각(體仁閣) 자금성 전각	7. 문승상사(文丞相祠) 송대 충신 문천상 사당
9. 문화전(文華殿) 자금성 전각	8. 관상대(觀象臺)와 관청 흠천감(欽天監)
10. 문연각(文淵閣) 자금성 장서각	9. 시원(試院) 과거 시험장
11. 무영전(武英殿) 자금성 전각	10. 조선관(朝鮮館) 내성 동남쪽 정양문 안 南館
12. 경천주(擎天柱) 자금성 단문과 오문 앞 돌기둥(石闕)	
13. 어구(御廐) 황제의 마구간	**「앙엽기(盎葉記)」**
14. 오문(午門) 자금성 정문	1. 홍인사(弘仁寺) 내성 태액지 근처 불교사원
15. 묘사(廟社) 자금성 오문 앞 사직단과 태묘	2. 보국사(報國寺) 외성 서쪽 불교사원
16. 전성문(前星門) 자금성 내 태자궁 출입문	3. 천녕사(天寧寺) 외성 광녕문 밖 불교사원
17. 오봉루(五鳳樓) 자금성 오문의 5개 문루(門樓)	4. 백운관(白雲觀) 외성 광녕문 밖 도교사원
18. 천단(天壇) 외성 영정문 안 황가 제단	5. 법장사(法藏寺) 천단 북쪽 불교사원
19. 천주당(天主堂) 내성 선무문 안 남당(南堂)	6. 태양궁(太陽宮) 내성 서쪽 조양문 안 도교사원
20. 천주당화(天主堂畵) 남당의 천정화	7. 안국사(安國寺) 외성 숭문문 밖 불교사원
21. 상방(象房) 내성 코끼리 우리	8. 약왕묘(藥王廟) 천단 북쪽 도교사당
22. 황금대(黃金臺) 내성(조양문) 밖 흙 둔덕	9. 천경사(天慶寺) 약왕묘 옆 불교사원
23. 옹화궁(雍和宮) 내성 안정문 근처 황실 라마교사원	10. 두모궁(斗姥宮) 천단 서쪽 도교사원
24. 대광명전(大光明殿) 태액지 근처 명 왕실 제단(도교사원)	11. 융복사(隆福寺) 내성 동쪽 불교사원(東寺)
25. 구방(狗房) 내성 개 우리	12. 석조사(夕照寺) 천단 근처 불교사원
26. 공작포(孔雀圃) 내성 공작 우리	13. (백마)관제묘(關帝廟) 관운장 사당
27. 오룡정(五龍亭) 태액지 다섯 정자	14. 명인사(明因寺) 외성 불교사원
28. 구룡벽(九龍壁) 태액지 담장(照壁)	15. 대륭선호국사(大隆善護國寺) 내성 불교사원(西寺)
29. 태액지(太液池) 내성 자금성 서쪽 인공 호수	16. 화신묘(火神廟) 외성 불의 신을 모신 사당
30. 자광각(紫光閣) 태액지 외빈 접견 전각	17. 북악왕묘(北嶽王廟) 내성 안정문 내 약초신 사당
31. 만불루(萬佛樓) 태액지 극락세계 옆 불교 전각	18. 숭복사(崇福寺) 외성 불교사원(법원사 민충각)
32. 극락세계(極樂世界) 태액지 만불루 옆 불교 전각	19. 진각사(眞覺寺) 내성 서직문 밖 불교사원
33. 영대(瀛臺) 태액지 황가원림(皇家園林)	20. 이마두총(利瑪竇塚) 내성 부성문 밖 마테오리치 무덤
34. 남해자(南海子) 외성 동물원	
35. 회자관(回子館) 외성 유리창 거리 이슬람교당	**8월 3일~8월 4일 일기**
36. 유리창(琉璃廠) 외성 서점 등 상가	1. 상방(象房)
37. 채조포(彩鳥舖) 유리창 새 파는 점포	2. 천주당(天主堂, 남당)
38. 화초포(花草舖) 유리창 화초 파는 점포	3. 선무문(宣武門)
	4. 유리창 오류거(五柳居) 서점
	5. 유리창 양매서가(楊梅書街)의 육일루(六一樓)
	6. 유리창 선월루(先月樓) 서점
	7. 유리창 회자관(回子館) 이슬람교당
	8. 유리창의 한 누각(樓閣)

소교(耶蘇敎, 예수교) 관련 장소와 경관을 소개하고 있다. 이들은 조선 유림에서 이단으로 취급하는 대상이라는 점에서 「알성퇴술」과 대조된다. 연암은 「앙엽기서」에서 이들 종교 경관이 황제를 위한 공간만큼 화려한 상류층 생활의 일면과 도성의 번성함을 나타내는 경관으로 서술하였다.

북경 황성 안팎의 여염집과 점포 사이에 있는 사찰이나 도교 사원 및 사당은 천자의 칙명으로 특별히 건축한 것이 아니라 모두 왕족들이나 부마 그리고 만주족이나 한족 대신들이 희사한 집이다. 게다가 부자들과 큰 장사치들은 반드시 사당 하나를 새로 지어서 여러 신에게 부를 이루게 해달라고 비는데, 천자와 경쟁적으로 사치하고 화려하게 집을 꾸미려 하였다. 그래서 천자는 도성을 화려하게 만들기 위해서 일부러 토목공사를 따로 벌여 별궁을 지을 필요가 없었다.

명나라 정통과 천순(天順) 사이에 궁중의 내탕금을 내어 만든 것이 200여 군데나 된다. 그리고 최근에 새로 지은 것은 대부분 대궐 안에 있어 외부인이 구경할 수가 없다. 다만 우리나라 사신이 이르면 때때로 받아들이고 인도해서 마음 놓고 구경하도록 한다. 그러나 이번에 내가 구경한 것은 겨우 그 100분의 1 정도에 지나지 않는다(『열하일기 3』, 406-407).

연암이 내성 북서쪽의 "부성문(阜城門)을 나와서 몇 리를 가면 길 왼쪽에 돌기둥 40~50개를 나열해 세우고, 그 위에 포도나무를 시렁으로 얹었는데, 바야흐로 한창 잘 익었다. 그곳에 돌로 만든 세 칸의 패루가 있고 좌우에는 돌로 된 사자가 마주 보며 웅크리고 앉았다. … 무덤 앞에 비석을 세워 '야소회 선교사 이공의 무덤(耶蘇會士利公之墓)'이라고 써 놓았다."는 마테오리치의 묘는 현재 북경 도심지에 위치한 중국 공산당 북경 시위 당교(中共北京市委黨校)와 북경 행정학원(北京行政學院)의 구내로 옮겨져 있으며, 비석은 그대로다(그림 13). 이마두총 근처의 큰 건물(觀國大廈) 앞에 청대 고증학파가 주장했던 '實事求是'를 붉게 새긴 석비가 있었다.

그림 13. 이마두총 묘비

자료: 필자 촬영(2019.7.6.)

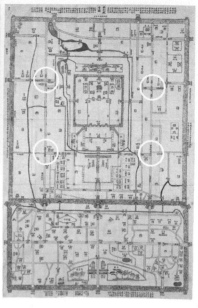

그림 14. 「연경성시도」 일부와 동·서 사패루

자료: 서울역사박물관

1828년 조선에서 그린 「연경성시도(燕京城示圖)」에는 연암이 유람했던 내성의 각 구역(방)들과 큰 네거리에 위치했던 동·서 사패루 등이 재현되고 있다. 지도의 내성 부분만 제시하면 그림 14와 같다.[27]

5. 나가며

1783년에 탈고된 『열하일기』는 조선 선비 박지원이 압록강에서 열하에 이르는

---

27. 「燕京城示圖」로 표기되거나 분류되는 지도가 다수 현전한다. 「연경성시도」 지리학자 故 이찬 교수가 2002년 서울역사박물관에 기증하신 『우리 옛 지도』(2006, 195)에 실린 지도이다. 지도 상부에는 내제 「燕京城示圖」가 표기되어 있다. 이 지도는 1828년에 청나라 북경성을 그린 채색필사본(96.4×64.8cm) 지도이다. 태화전(太和殿)을 중심으로 한 궁성과 자금성이 지도의 중심에 있고, 그 외부인 내성과 외성은 좌우 대칭의 가로망을 기준으로 주요 건축물이 배치되어 있다. 내성 동쪽의 조양문 아래에는 "우리나라 사신들이 이 문을 통해 성으로 들어간다."는 내용이 표기되어 있다.

연행 노정에서 공적 소임 없이 여러 장소와 경관을 비교적 자유롭게 견문하고 체험한 것을 기록한 답사 여행기이다. 조선의 선비가 중화 문명의 중심지 연경으로 향하는 노정에서, 변경이나 강계, 관문 등과 같은 낯선 장소와 경관들은 그에게 경계의 의미가 분명해지는 이질적 지점이 되었다. 낯선 지역을 여행하는 사람들이 어떤 장소에서 느끼는 감정이나 특정 경관을 보는 방식은 각기 다르며, 이는 지역 인식의 바탕이 된다.

『열하일기』는 어떤 장소나 경관을 '본다는 것'과 '본다는 행위' 그 자체에 대한 자기 성찰의 기록이다. 연암은 앞서 간행된 연행록들과 구별되는 보기의 방식 즉, 다른 방식으로 보기를 끊임없이 시도하였다. 이에 본 장에서는 『열하일기』의 연행 노정에 대한 연암의 지역 인식을 살펴보고, 압록강에서 연경까지의 핵심 노정에서 '경계'가 되었던 주요 장소와 경관에 대한 지리적 의미를 답사, 고찰하였다. 주요 내용을 정리하면 다음과 같다.

먼저, 연암은 1780년 5월 25일 오후에 한양에서 출발, 10월 27일 오전, 5개월여 만에 한양에 도착하는 연행 노정을 전체 28권의 『열하일기』로 편차하였다. 전편 7권은 압록강−연경−열하−연경으로 이어진 연행 노정의 체험을 적은 일기체 산문이고, 후편 21권은 열하에 대한 12권, 기타 잡록 4권, 연경 유람에 관한 3권, 중국 지식인들과 교유에 대한 2권이다. 열하에 대한 내용 비중이 매우 높은 『열하일기』는 조선 사람들에게 전인미답의 낯선 땅 '열하'에 대한 지리정보를 제공했을 뿐만 아니라, 여전히 오랑캐로 칭하고 있는 청나라의 번성함과 정밀하고 체계적인 문물 제도의 실상을 북학의 관점에서 새롭고 실증적인 지리정보를 제공하였다.

둘째, 연암은 지형, 역사, 문화 등에 의거한 지역 인식에 따라 압록강에서 연경까지의 연행 노정은 「도강록」, 「성경잡지」, 「일신수필」, 「관내정사」로, 열하는 「막북행정록」과 「환연도중록」의 왕복 노정으로 구분하고, 구간별 장소와 경관에 대한 견문과 체험을 서술하였다.

셋째, 연암의 남다른 보기의 행위가 뚜렷하게 나타났던 주요 장소와 경관은,

압록강과 책문, 요동성 백탑과 요동벌이 조망되는 고개(석문령), 의무려산과 북진묘, 산해관, 통주성 노하와 영통교, 북경성의 조양문과 유리창 등이었다. 이들 장소와 경관들은 물리적이고 상징적이며, 지리적이고 심리적인 경계가 되었다. 이들 경계에서 연암의 소중화의 우월감은 청나라의 번성함 때문에 열등감으로 변하고, 문명(중화, 명)과 야만(오랑캐, 청)의 화이인식은 갈등을 느끼거나 흐려지는 경계가 되었다.

마지막으로, 어떤 지역이 시작되는 곳이자 끝나는 곳이며, 긍정적이고 부정적 시선이 공존하는 경계에서 연암은 관찰유근의 자세를 바탕으로, 혜안, 평등안, 여시관 등의 방식으로 자신의 보기 행위를 성찰했다는 점에서 여행자가 갖추어야 할 지역인식의 태도와 방식을 제시해 준다. 이러한 점에서 『열하일기』의 지리적 의미는 특별하다.

연암이 오갔던 옛 연행로는 현재 랴오닝성(遼寧省의 丹東市, 遼陽市, 瀋陽市, 新民市, 北鎭市, 錦州市, 興城市 등)과 허베이성(河北省의 秦皇島市 山海關區·撫寧區·盧龍縣, 唐山市 豊潤區·玉田縣, 天津市 薊州區, 北京市 通州區·朝陽區 등)의 주요 도시들로 이어지고 있다. 즉, 심양에서 북경까지 옛 연행 노정의 주요 장소 대부분은 현재 베이징과 헤이룽장성(黑龍江省) 하얼빈(哈尔濱)을 연결하는 징하고속공로(京哈高速公路, G1으로 표기)로 연결되고 있으며, 옛길의 많은 부분은 일반국도 G102 경합선 공로(京哈線 公路)와 일치한다. 이들 공로가 통과하는 주요 도시에 옛 연행로 장소와 경관의 역사 지리와 지명이 현전하고 있다.

북경과 하북성은 중국의 전통적인 정치 경제의 중심지이고, 특히 광물 자원이 풍부한 요녕성은 심양지역을 중심으로 중공업 등의 산업이 급속히 발전하고 있는 지역이다(Zheng Ping 2011, 24-29). 이 지역의 지리는 변모하고 있지만, 한반도와 중국을 잇는 간선교통로이자 한·중 교역과 교류의 요충지라는 지역 특성은 계속되고 있다.

『열하일기』의 현재적 의미와 가치는 텍스트를 정독하고 '있었던 세계 그리고 있는 세계에 대한 비판과 통찰을 통해서 있어야 할 세계를 전망하고 모색하는 것'이다(『열하일기 1』, 역자 서문). 하북성 승덕시(承德市)에 가면 연암의 숙소 태학관이 문화혁명 때 소실되었다가 2010년에 복원되었고, 피서산장 밖 시민공원에는 연암을 기리는 기념비가 있다고 한다. 이제 다시 『열하일기』를 읽고, 연암을 따라 열하를 답사하면 지리적 의미는 좀 더 명징해질 것이다.

참고문헌

北方疆域志(洪奭周 著, 1864, 淵泉文集 券25)

隨槎錄(盧以漸 著, 경북대학교 소장)

熱河日記(朴趾源 著, 1783, 奎 7175-v.1-10, 서울대학교 규장각한국학연구원 소장)

海東地圖(古大 4709-41, 서울대학교 규장각한국학연구원 소장)

강명관, 2014, 홍대용과 1766년, 한국고전번역원.

강영주, 2016, "《열하일기》〈황교문답〉에 나타난 대화법과 그 의미," 한국언어문학 60, 5-32.

고태규, 2018, "박지원의 『열하일기』에 대한 관광학적 고찰," 관광연구저널 32(3), 5-22.

김다원, 2014, "연암의 자연 사물 관찰과 글쓰기 양상 분석 연구: 연암 박지원의 『열하일기』 여행기를 중심으로," 대한지리학회지 49(5), 716-727.

김동석, 2002, 『隨槎錄』 연구: 『熱河日記』와 비교연구의 관점에서, 성균관대학교 박사학위논문.

김일환, 2015, "對淸使行의 永安橋 인식," 대동문화연구 90, 33-67.

김태준, 2004, "중국 내 연행노정고," 동양학 35, 43-58.

김혈조, 2018, "『열하일기』 정본화 작업의 제 문제: 신자료 소개를 겸하여," 한국한문학연구 70, 7-44.

박기석, 2008, "『열하일기』에 나타난 연암의 중국문화 인식," 한국문학치료학회 8, 79-104.

박지원 저, 고미숙·길진숙·김풍기 역, 2014, 세계 최고의 여행기 열하일기 上·下, 북드라망.

박지원 저, 김혈조 역, 2017, 열하일기 1·2·3, 돌베개.

박지원 저, 리상호 역, 2004, 열하일기 上·中·下, 보리출판사.

서울역사박물관, 2006, 이찬 기증 우리 옛 지도.

서현경, 2008, 열하일기 정본(定本)의 탐색과 서술 분석, 연세대학교 박사학위논문.

손용택, 2004, "열하일기(熱河日記)에 비친 연암 박지원의 지리관 일 고찰(1)," 한국지역지리학회지 10(3), 497-510.

숭실대학교 한국기독교박물관 학예과편, 2009, 한국기독교박물관 소장「燕行圖」.

신정엽, 2017, "박지원의「열하일기」에 대한 인터넷 기반 지리정보 분석 및 서비스," 한국지
　　도학회지 17(1), 103-120. (https://doi.org/10.16879/jkca.2017.17.1.103)

안희준, 2018, "다큐멘터리「김연수의 열하일기」연구," 국제어문 76, 377-409.

원재연, 2009, "17~19세기 연행사의 북경 내 활동 공간 연구", 동북아역사논총 26, 205-
　　262.

이경숙, 2018, "고전기행문 속 현대적 의미의 국외관광 고찰: 열하일기를 중심으로," 관광경
　　영연구 22(4), 1145-1166. (http://dx.doi.org/10.18604/tmro.2018.22.4.51)

이승수, 2006, "한문학과 다큐멘터리의 접점 가능성 탐색: 연행로(燕行路)를 중심으로," 한
　　국한문학연구 37, 305-325.

이승수, 2011, "연행로 중 '遼陽-鞍山-廣寧 구간'에 대한 인문지리학적 검토," 한국한문학
　　연구 47, 553-592.

이승수, 2016, "연행로 중 遼陽~瀋陽 구간의 노정과 풍물: 지리 감각의 갱신과 신흥 왕조의
　　체험," 고전문학연구 50, 261-296.

이승수, 2017, "연행로의 지리(地理)와 심적(心跡): 산해관(山海關)~통주(通州) 구간," 국
　　문학연구 36, 31-64.

이승수, 2018, "연행로의 地理와 心跡 2: 通州~玉河館," 민족문화 52, 409-449.

이현식, 2017, "『열하일기』「심세편」, 청나라 학술과 사상에 관한 담론," 東方學志 181,
　　97-127.

임유경, 2005, "徐浩修의『燕行記』연구," 고전문학연구 28, 379-410.

전호근, 2009, "『열하일기』를 통해 본 박지원 사상의 근대성과 번역의 근대성 문제," 대동철
　　학 49, 19-38.

정훈식, 2012, "'보기' 담론을 통해 본『열하일기』의 주제," 고전문학연구 42, 339-375.

조관연, 2008, "역사 다큐멘터리에서의 재현과 진정성의 문제: KBS「박지원의 열하일기, 4
　　천리를 가다」를 중심으로," 역사문화연구 31, 305-336.

존 버거 저, 최민 역, 2012, 다른 방식으로 보기, 열화당(Berger, J., 1972, *Ways of Seeing*,
　　Harmondsworth; Penguin)

진빙빙(陳冰冰)·하오준평(郝君峰), 2018, "『열하일기』를 통해 본 18세기 베이징 선남(宣
　　南)의 선비문화," 인문과학 69, 135-172.

하재철, 2016, "열하일기의 여행경로와 관광활동 고찰," 지역복지정책 27, 97-123.

황매희 편집부, 2010, 국가급 중국문화유산총람, 도서출판 황매희.

후자오량 저, 김태성 역, 2005, 중국의 문화지리를 읽는다, humanist(胡兆量 編著, 2001,

中國文化地理槪述, 北京: 北京大學出版社).

Zheng Ping, 2011, *China's Geography*, China National Press.

경향신문, 2005.04.12. (http://news.khan.co.kr/kh_news, 2019년 7월 29일 검색)

서울신문, 2009.09.23. (http://www.seoul.co.kr/news, 2019년 7월 29일 검색)

월드코리안뉴스, 2017.10.09. (http://www.worldkorean.net, 2019년 7월 29일 검색)

국사편찬위원회 승정원일기 (http://sjw.history.go.kr/main.do, 2019년 9월 22일 검색)

베이징관광국 한글공식사이트 (http://www.visitbeijing.or.kr, 2019년 7월 29일 검색)

서울대학교 규장각한국학연구원 (http://e-kyujanggak.snu.ac.kr/home, 2019년 11월 11
일 검색)

주선양대한민국총영사관 (http://overseas.mofa.go.kr/cn-shenyang-ko, 2019년 6월 14
일 검색)

한국학중앙연구원 (https://www.aks.ac.kr, 2019년 11월 4일 검색)

제7장

조선통신사의 일본 방문 이야기: 신유한의 『해유록』에서 여정 경로와 시선을 중심으로[1]

이호욱

1. 들어가며

조선통신사(朝鮮通信使)는 임진왜란(1592~1598) 이후, 조선과 일본 간의 국교 정상화를 달성하고, 상호 통상 및 외교 관계를 진전시켜 양국의 평화와 안정을 도모하기 위해 조선에서 일본에 파견한 외교 사절단이다.[2] 1607년(선조 40)에 제1차 조선통신사를 파견하였는데, 당시에는 회답 겸 쇄환사(回答兼刷還使)의 이름으로 일본을 방문하였다. 왜냐하면, 일본의 요청으로 사신을 보낸다는 의미(回答)와 잡혀간 포로를 데리고 온다는 의미(刷還)가 사신을 파견하는 목적에 강하게 부여되었기 때문이다. 이 방문의 성과로 1609년(광해군 1)에 기유약조(己酉約條)를 체결하여 조선과 일본은 국교를 다시 회복하였다.

1617년(광해군 9) 제2차와 1624년(인조 2) 제3차까지는 포로 송환을 목적에 두고

그림 1. 『인조 14년 통신사 입강호성도(仁祖十四年通信使入江戶城圖)』
자료: 국립중앙박물관

사신을 파견하였다가, 1636년(인조 14) 제4차부터 1811년(순조 11) 제12차까지는 통신사의 이름으로 사신을 파견하였다. 처음 파견된 이래 약 200여 년 동안 총 12차례에 걸쳐 조선통신사가 일본을 방문하였다. '통신'이라는 말속에는 조선과 일본이 맺는 교린(交隣)[3] 관계에서 유교적 이념을 실천하기 위해 '믿음이 통하는 관계'의 중요성이 반영되어 있다고 말할 수 있다(손승철 2008, 114). 이로써 양국의 상호 신의를 기반으로 한 외교 사절단이 조선통신사로 구현되었다(그림 1).

조선은 일본 바쿠후(幕府, 막부)의 요청을 받아 통신사를 파견하였다. 요청 사유는 대부분 일본에서 관백(關白) 또는 쇼군(將軍, 장군)의 계승을 축하하거나 경사스러운 일을 기념하기 위한 것이었다. 양국의 친선을 도모하려는 목적과 더불어, 조선은 명·청과의 급변하는 국제관계에서 일본과의 관계를 외교적으로 안정시키고 전쟁 가능성을 살피며 조선 문화를 선양(宣揚)하고자 하는 현실적인 목적도 있었다. 일본 바쿠후에서도 사신들의 방문을 통해 대내외적인 위신을 세우고, 임

---

3. 교린 관계는 중국 왕조로부터 책봉을 받은 제후국 간에 맺는 상호 대등한 외교 관계를 의미한다는 주장과 대국이 소국을 속박하거나 회유하려는 기미(羈縻)를 목적으로 한 외교 관계를 의미한다는 주장이 함께 있다(손승철 2008, 113; 나카오 히로시 저, 손승철 역 2013, 17-18; 후마 스스무 저, 차혜원 역 2019, 56-61).

진왜란 이후 중국 왕조와의 외교적 단절 속에서 조선과의 국교 관계를 잘 유지할 필요성이 있었다(김문식 2002, 130; 강태원 2007, 110; 송지원 2011, 196; 이계황 2015, 170-175). 쓰시마(対馬島)도 통신사의 일본 방문을 중계하는 데 큰 역할을 맡았다. 조선과의 교섭과 통상을 통해 얻는 직간접적 이익이 상당하여 조선통신사 파견에 깊숙이 관여한 이해 당사자였다. 쓰시마는 지형적으로 산지가 많아 경작지가 부족하였기 때문에 지역 주민의 생존을 위해서라도 조선으로부터의 경제적 지원은 매우 중요하였다.[4]

1719년(숙종 45) 제9차 조선통신사는 도쿠가와 요시무네(徳川吉宗 또는 源吉宗)가 제8대 관백으로 취임한 것을 축하하기 위한 사신 파견을 그 배경으로 하고 있다. 정사(正使) 홍치중(洪致中), 부사(副使) 황선(黃璿), 종사관(從事官) 이명언(李明彦) 등 총 479명의 사절단을 구성하여 1719년 4월 11일부터 1720년 1월 24일까지 289일간의 일정으로 일본을 방문하고 돌아왔다. 제9차 통신사의 일본 방문 과정을 기록한 여러 사행록(使行錄)[5]들 가운데 신유한(申維翰)이 저술한 『해유록(海遊錄)』이 단연 유명하다. 제술관(製述官)으로 동행한 신유한은 서얼(庶孼) 출신이었지만 조정에서 그의 시문 때문에 명성이 국내외에 알려져 있다며 높은 관직에 천거할 것을 논의할 정도로 당대 문인들에게 문장 실력을 인정받았던 인물이다.[6]

『해유록』은 이전의 사행록들을 바탕으로 작성되었고, 조엄(趙曮)의 『해사일기(海槎日記)』, 남옥(南玉)의 『일관기(日觀記)』, 원중거(元重擧)의 『승사록(乘槎錄)』 등 이후의 사행록 작성에도 참고가 되었다(이효원 2015, 176-181). 실학자들 가운

4. 대마도에는 300~500m의 산지들이 많이 분포하여 현재에도 산지가 전체 면적의 89%를 차지하는 반면, 농경지는 3.4%에 불과한 것으로 나타난다(조성욱 2016, 182-183). 1748년(영조 24)에 조선이 대마도에 제공한 곡식의 양을 살펴보면, 공작미(公作米)가 1만 6,000여 석, 요미(料米)가 2,000여 석, 쌀과 콩이 1,000여 석 등 한 해 동안 여러 명목으로 곡식 2만여 석을 제공했던 것으로 나타난다(서인범 2018, 118).

5. 제9차 조선통신사에 참여하여 일본을 방문한 여정을 기록한 사행록으로 제술관 신유한의 「해유록」을 비롯하여 정사 홍치중의 「해사일록(海槎日錄)」, 자제군관(子弟軍官) 정후교(鄭後僑)의 「부상기행(扶桑紀行)」, 군관 김흡(金潝)의 「부상록(扶桑錄)」 등이 있다.

6. "詩文不但擅名於一世, 雖外夷亦知姓名" 『영조실록(英祖實錄)』 73권, 27년 2월 3일(신미).

데 정약용(丁若鏞), 성대중(成大中), 최한기(崔漢綺) 등은 일본을 알아보려고 『해유록』을 읽었던 것으로 알려졌다(오상학 2003, 46; 심경호 2009, 62, 84). 일찍이 국문학자 김태준(1931)은 『해유록』을 『열하일기(熱河日記)』와 함께 기행문의 쌍벽을 이룬다며 그 문학성을 높이 평가한 바 있다. 사행 일정과 외교적 의례를 기록하는 데 치중한 다른 사행록과는 달리, 『해유록』은 저자 신유한의 생각과 감정이 잘 드러나게 서술하고, 글 속에 시를 삽입하거나 치밀한 장면 묘사를 담아내어 통신사의 기록 중 작품성이 가장 뛰어나다는 평가를 받는다.

통신사 일행 중에는 제술관, 서기(書記), 의원(醫員), 화원(畫員), 전악(典樂) 등이 포함되어 일본 측과 다양한 유학·시문·의학·예술 교류를 하였다. 제9차 사행록에서는 유학자들뿐만 아니라 일본 의사인 기타오 슌포(北尾春圃, 북미춘포), 하야시 료키(林良喜 또는 林良意) 등과 교류하였던 흔적들을 발견할 수 있다(신유한 저, 김찬순 역 2006, 105, 167, 211; 홍치중 저, 허경진 역 2018, 176). 또한, 일본에서 말 위에 선 채로 달리는 동작, 말 위에서 거꾸로 서거나 눕는 동작 등 조선의 기예를 선보이는 마상재(馬上才) 공연도 성황리에 열렸다(신유한 저, 김찬순 역 2006, 74-75, 195; 손승철 2018, 315-318). 통신사가 일본에 관해 견문을 넓혔던 것과 마찬가지로, 일본인도 조선의 과거 제도, 농경 제도, 세법(稅法), 한글, 유학, 서적, 불교 등에 대해 질문하면서 상호 이해를 높여 나갔다(신유한 저, 김찬순 역 2006, 131-132, 184, 229, 245, 264).

본 연구는 『해유록』에서 소개하는 제9차 조선통신사의 발자취를 따라 일본을 방문하는 여정 경로(經路)를 이해하고, 통신사가 일본의 자연과 인문 경관을 대하는 시선(視線)에 집중한다. 여정(旅程)에서 이동하는 길과 방문하는 장소에 대한 주제는 전통적으로 지리학에서 관심을 두는 분야이다. 따라서 통신사가 이동한 바닷길 구간과 정박지, 육로 구간과 기착지 등의 경로를 구체적으로 살펴본다. 그리고 일본에서 통신사에게 기대하는 시선과 통신사가 일본을 바라보는 시선을 분석한다. 통신사의 일본 방문은 일반적인 관광이나 여행과는 성격을 달리하며 일본이 사신을 초청하여 전체 여정을 주관하는 사행(使行)이므로, 경로상에서 통신사의 시선에 영향을 미친 일본의 의도를 파악할 필요가 있다. 또한, 『해유록』에서 발견할 수 있는 신유한의 시선[7]을 통해 당시 일본을 바라보는 조선의 시선을 추론해 본다. 이를 통해 일본의 기대와 조선의 시선 사이에 어떠한 간격이 있는지를 평가하고 그 의미를 조명하고자 한다. 아울러 시선의 상호적인 속성에 주목하면서 당시 조선통신사의 행렬을 구경하기 위해 모여든 일본인의 여행 동기와 사회경제적인 배경을 검토한다. 본 연구의 저본(底本)으로 김찬순 역의 『해유록, 조선 선비 일본을 만나다』를 선정하고,[8] 번역문을 정확히 해석할 필요가 있으면 원본에 부록으로 실린 원문을 찾아 그 의미를 파악한다. 본 글에서 인명과 지명의 표기는 일본어로 표기하는 것을 원칙으로 하지만, 원본을 읽는 독자의 이해를 돕기 위해 필요에 따라 원본에서의 용례도 병기하여 제시한다.

2. 조선통신사의 여정 경로

1) 조선에서 일본 오사카까지

1719년(숙종 45) 4월 11일, 조선통신사로 임명 받은 사신들은 숙종 임금에게 하직 인사를 하고 일본으로 떠나는 여정을 시작하였다. 한성에서 출발하여 영남로(嶺南路)를 따라 용인, 충주 등을 지나 새재(鳥嶺)를 통과하고, 경상도 여러 군현(郡縣)을 거쳐 부산으로 내려갔다. 신유한은 고령에 계신 노모(老母)를 찾아뵙고

---

7. '보는 방식(a way of seeing)'으로서의 경관은 외부세계를 이데올로기적으로 구조화하는(structuring) 시선이라고 이해할 수 있다(Cosgrove 1985, 55; 진종헌 2013, 559–560). 존 어리는 관광객의 시선(tourist gaze)에 대한 논의에서 시선은 개인의 경험과 의식에 기반하지만, 사회적으로 조직화·체계화되는 과정을 통해 형성된다고 하였다(Urry 1990; 윤현호 2013, 13–14에서 재인용). 이러한 시선의 성격을 고려하여 조선통신사 신유한의 시선 속에 반영된 개인적이면서도 사회적인 지식, 환상, 욕망 등을 해석하고자 한다.
8. 저본에 대한 보완 자료로 다른 번역서인 『(국역)해행총재(海行摠載)』 속 「해유록」과 『조선 선비의 일본견문록』을 참고한다.

그림 2. 복원된 영가대(좌), 경상좌수영성(慶尙左水營城) 남문(南門) 홍예(虹霓) 흔적(우)

주: 홍예는 성문 등을 무지개 모양으로 쌓은 것을 의미함.

자료: 왼쪽부터 부산의 동구 범일동과 수영구 수영동에서 필자 촬영(2019.10.)

행장을 준비하기 위해 홀로 이동하다가 나중에 부산에서 일행과 합류하였다. 사행원(使行員)들은 영천에 도착하여 일본에서 공연할 마상재 연습과 사행에 필요한 준비를 하였다(홍치중 저, 허경진 역 2018). 부산에 도착한 통신사 일행은 부산 좌수영(左水營)에서 베푸는 연회에 참석하였고, 절영도(絶影島, 지금의 영도) 근처에서 항해 연습을 진행하였으며, 영가대(永嘉臺)에서 무사안전을 기원하는 해신제(海神祭)를 지냈다(그림 2). 그리고 부산 왜관(倭館)의 일본 관리들과 사행과 관련된 협의를 하면서 추가로 필요한 인력들과 물품들을 충원하였고 여장 준비를 최종적으로 마무리하였다.

같은 해 6월 20일, 드디어 부산에서 출항하여 본격적인 일본 방문길에 올랐다. 대한해협(Korea Strait)을 건너면서 쓰시마, 이키노시마(壱岐島), 아이노시마(相島) 등을 거쳐 갔다. 대한해협은 부산과 일본 규슈(九州) 사이의 해로를 지칭하는 국제적인 공식 명칭으로서 쓰시마를 중심으로 한국 편에 해당하는 서수도(Korea Strait Western Channel)와 일본 편에 해당하는 동수도(Korea Strait Eastern Channel)로 구분된다(김주식·김소형 2017, 21). 쓰시마에서 기실(紀室) 아메노모리 호슈(雨森芳洲 또는 雨森東)[9]와 이정암(以酊庵) 장로승 겟신 쇼탄(月心性湛 또는 性湛)을 만나

___

9. 아메노모리 호슈는 일본의 유학자 기노시타 준안(木下順庵)의 문하생으로 대마도에서 문장과 기록을 담당하는 서기관이었다. 대마도에 조선어 통역 양성소인 한어사(韓語司)를 만들었고, 제8~9

일본에 머무르는 동안에 전체 여정을 이들과 항상 함께 하는 각별한 인연을 맺어 나갔다.

대마도주(對馬島主) 또는 쓰시마번(対馬府中藩)의 번주(藩主)는 조선과 일본 모두에서 관직을 받았기 때문에 쓰시마의 외교적 지위가 양국 모두에 예속되어 있었다고 평가할 수 있다. 쓰시마는 정치·군사적인 면에서는 일본 바쿠후의 통제하에 놓였지만, 경제·무역적인 면에서는 조선에 더 의존하는 경향을 보였다. 이러한 점에서 쓰시마는 조선과 일본의 문화적 영향력 사이에 위치하여 과도적인 공간을 의미하는 역공간(liminal space)으로 이해할 수 있다(심승희 2019, 560). 신유한은 쓰시마가 조선의 군현과 같다는 속주의식(屬州意識) 및 조선으로부터 경제적 지원을 받고 있다는 번병의식(藩屛意識)을 가지고 대마도주와의 배례(拜禮) 예법에 관련된 문제를 제기하여 부당한 전례(典例)를 폐지하였다(신유한 저, 김찬순 역 2006, 68-76; 하우봉 2013, 240-241).

통신사의 배는 대한해협을 건너 시모노세키(下関)를 통해 세토나이카이(瀬戸内海)에 진입하였다. 세토나이카이는 혼슈(本州), 시코쿠(四国), 규슈 사이에 있는 일본 내해(內海)를 일컫는 지명이다. 세토나이카이는 조수 간만의 차가 심하여 배가 만조 때 항구에 들어오고 간조 때 출항하는 방식으로 이동하였다(서인범 2018, 185, 208). 조선통신사가 이용한 바닷길은 일본의 서회항로(西廻り廻航) 중 세토나이카이 구간에 해당하는 해로였다. 17세기 중엽 가와무라 즈이켄(河村瑞賢)이 동·서 회항로(東·西廻り航路)를 개척하여 일본의 해상 경제 유통로를 확립하고 전국적인 시장 발전을 가져왔었다(이계황 2015, 205-208).

시모노세키, 시모카마가리지마(下蒲刈島), 도모노우라(鞆の浦), 우시마도(牛窓), 효고(兵庫) 등은 세토나이카이의 대표적인 항구도시로서 조선통신사뿐만 아니라 산킨코타이(参勤交代)[10]를 수행하는 여러 지방의 태수,[11] 네덜란드 상관장,[12]

차 조선통신사의 수행 역을 맡았다. 『교린제성(交隣提醒)』을 저술하여 조선과 일본 간의 관계에서 '성신(誠信)의 교제'를 강조하였다(나카오 히로시 저, 손승철 역 2013, 240).

10. 1635년 '무가제법도(武家諸法度)'에 확정된 산킨코타이는 각 지방의 태수가 정기적으로 바쿠후

류큐(琉球) 국외 사절단[13]들도 방문한 항로 정박지였다. 시모카마가리지마에서는 부두에서 숙소까지 레드 카펫(!)을 깔고 화려하게 꾸며놓은 숙소를 준비하였으며 아침 한 끼에 꿩 300여 마리를 제공할 정도로 사신들에게 극진한 대접을 하였다(신유한 저, 김찬순 역 2006, 126). 도모노우라를 바닷길로 지날 때는 암초 위에 표식을 두거나 밤에는 불을 들고 흔들어서 통신사의 항해를 도왔다(서인범 2018, 206). 효고에서는 선박 762척과 선원 3,762명을 동원하여 통신사의 배가 안전하게 항해하도록 철통같이 호위하였다(서인범 2018, 262).

세토나이카이에서 요도천(淀川)에 진입하면서부터는 하천 수로를 따라 오사카(大坂)와 요도성(淀城)까지 이동하였다. 하천의 수심이 얕아 일본에서 준비한 배에 옮겨 탔으며, 수많은 일본인을 동원해 하상(河床)을 준설하고, 노를 젓거나 배를 닻줄로 잡아당기면서 나아갔다(신유한 저, 김찬순 역 2006, 152). 오사카로 가는 길에 "양안에 다듬은 돌로 쌓아놓은 제방, 구름 속에 빛나는 지붕, 깨끗한 외벽과 담장, 푸른 잔디 언덕, 비단 휘장을 치고 오색등을 달아 놓은 별장, 황금으로 장식한 배, 꼬리를 물고 잇달아 있는 어선들과 상선들" 등 사신들의 주의를 끄는 휘황찬란한 구경거리가 많았다(신유한 저, 김찬순 역 2006, 138-139). 오사카는 도요토미 히데요시(豐臣秀吉, 풍신수길)가 한때 도읍한 곳이었고, 세토나이카이 항로의 종점이자 각지의 상인들이 모여드는 국제 무역 항구로서 일본 경제의 중심지였다(하야미 아키라 저, 조성원·정안기 역 2006, 131-132). 신유한은 오사카를 "오색이 무르녹은 꽃동산", "고문헌에 기록된 인도나 페르시아도 이보다 더하지 못할" 도시라고 언급하며 감탄을 아끼지 않았다(신유한 저, 김찬순 역 2006, 140, 146).

가 있는 에도를 방문하게 한 지방 통제정책 중 하나이다(이계황 2015, 93-94).

11. 일본에서 태수(太守) 또는 번주는 다이묘(大名)라고 불린다.

12. 나가사키(長崎)에 설치된 네덜란드 상관(商館)의 상관장은 1633년부터 매년 1회 또는 4년에 1회씩 바쿠후를 방문하는 에도 참부(參府)를 166회나 수행하였다(서인범 2018, 488-490).

13. 1609년 일본은 류큐 왕국을 정벌하고 일본의 속국으로 삼았다. 이후 류큐로부터 연하사(年賀使), 경하사(慶賀使), 사은사(謝恩使) 등의 명목으로 사절단을 받았다(일본사학회 2019, 114).

2) 교토에서 아라이까지

요도성에서부터는 배에서 내려 육로로 이동하였다. 조선통신사는 교카이도(京街道)를 따라 교토(京都)에 도착하였다. 교카이도는 오사카와 교토를 연결하는 도로이다. 보통 육로로 갈 때 말이나 수레를 이용하는 경우가 일반적이었는데, 쓰시마 수행원의 실수로 교토로 가는 준비가 미처 되지 못한 상황이 벌어졌다. 이 때문에 개별적으로 걸어 이동하게 된 신유한은 마주치는 일본인과 간단한 일본 말로 대화를 나누거나 무장한 군인들 옆을 홀로 지나가기도 하였지만, 우리나라의 국위(國威)를 믿어 크게 두렵지 않다는 심경을 밝히기도 하였다(신유한 저, 김찬순 역 2006, 156-157). 이후에 물품 운반을 위해 834명의 사람과 811마리의 말이 동원되었고, 경호·접대·잡역을 담당하는 사람을 모두 포함하면 약 3,000명의 사람들이 통신사의 사행을 도왔다(서인범 2018, 315; 손승철 2018, 25). 교토는 794년 헤이안쿄(平安京)에 황궁이 터잡은 뒤로 1869년까지 일본 수도였다. 당시 교토 인구가 오사카보다 많고 더 발달한 도시였다고 하니 그 번성함을 미루어 짐작할 수 있다. 신유한은 교토를 '고대 중국 주나라의 수도 낙읍(洛邑)'에 비견할 수 있는 도시라고 기록하였다(신유한 저, 김찬순 역 2006, 159).

귀국 길에 교토에서 호고지(方広寺) 또는 대불사(大佛寺)가 도요토미 히데요시가 세운 원당(願堂)인지, 아닌지를 둘러싸고 이곳에서 열릴 연회에 참석할 여부에 대해 논쟁하는 사건이 발생하였다(신유한 저, 김찬순 역 2006, 232-239). 여기에는 임진왜란 중에 조선인의 귀와 코를 베어 묻어둔 이총(耳塚) 또는 비총(鼻塚)이 존재하는 만큼 임란과 관련이 깊은 장소임에도 바쿠후에서 이를 감추고 통신사 일행이 이곳을 방문하도록 하였다. 이를 통해 바쿠후는 사신들도 모르는 사이 조선이 일본의 무위(武威)에 굴복한다는 연출을 시도했던 것으로 알려져 있다(이효원 2015, 98). 결국, 일본이 역사적 사실을 속이면서까지 끈질기게 설득하여 호고지 연회에 참석하는 것으로 일단락되었지만, 나중에 그릇된 사실이 밝혀져 연회 참석 사실이 문제가 되기도 하였다(신유한 저, 강혜선 역 2008, 398).

교토에서 나와 도카이도(東海道)를 따라 오쓰(大津)에 도착하였고, 이어 나카센도(中山道)를 따라 모리야마(守山)에 다다랐다. 도카이도와 나카센도는 일본 바쿠후가 위치한 에도(江戶)로 이어지는 고카이도(五街道) 중 교토와 에도를 연결하는 도로이다(이계황 2015, 204; 서인범 2018, 365). 대체로 도카이도는 해안을 따라 이어지지만, 나카센도는 내륙 산지를 지나가는 차이가 있다. 모리야마를 떠나서는 조선인 가도(朝鮮人街道)에 진입하여 비와호(琵琶湖)[14]를 바라보면서 오미하치만(近江八幡)과 히코네(彦根)를 지나갔다. 오쓰, 오미하치만, 히코네 등은 당시 상인들이 많고 재화가 풍성하여 번화한 시가지가 나타나는 도시였다. 사신들이 지나간 경로는 대개 산킨코타이에 대비하여 혼진(本陣), 와키혼진(脇本陣), 하타고(旅籠) 등의 대규모 전문 숙박시설을 상시적으로 갖추고 있는 경우가 많았다. 17세기에 이곳들을 중심으로 화폐경제가 발달하면서 여러 도시가 성장한 측면이 있었다(이계황 2015, 204; 서인범 2018, 421).

바쿠후는 조선통신사가 비와호를 방문할 수 있게 하려고 조선인 가도의 통행을 특별히 허락한 것으로 알려져 있다(서인범 2018, 366). 조선인 가도는 도쿠가와 이에야스(德川家康, 덕천가강)가 1600년(선조 33) 세키가하라(関ヶ原) 전투에서 승리하여 교토에 돌아올 때부터 대대로 관백만이 이용하던 길이었는데, 통신사에게 예외적으로 허락되어 붙여진 도로명이다(정하미 2015, 712-713; 손승철 2018, 243).[15] 비와호는 '비파'와 같은 모양으로 "넓고 명랑한 물빛이 끝이 보이지 않을 만큼" 일본에서 가장 큰 규모를 자랑하는 호수이다(신유한 저, 김찬순 역 2006, 164). 신유한은 비와호의 아름다운 경치에 크게 만족하였고, 주변의 산수가 좋은 인물이 나올 만한 지세라고도 평가하였다(신유한 저, 김찬순 역 2006, 163, 165-166). 사실 조선과 일본의 외교사에서 큰 발자취를 남겼던 아메노모리 호슈의 출생지가 이곳 주변이어서 그러한 추정이 어느 정도 부합하는 면도 있었다.

히코네를 나와서 다시 나카센도에 진입하여 세키가하라 전적지(戰跡地)를 지

---

14. 현재 '비와호 국립공원(琵琶湖国定公園)'으로 지정되어 있다.
15. 조선인 가도는 다른 말로 교카이도(京街道) 또는 하마카이도(浜街道)로도 불린다.

나 오가키(大垣)에 도착하였다. 오가키도 번성한 도시였지만 크고 작은 하천들이 많이 흘러들어 물의 도시로 더 유명하였다. 조선통신사는 오가키에서 나고야(名古屋)로 이동하는 과정에서 이비천(揖斐川), 나가라천(長良川), 기소천(木曾川)에 설치된 배다리 셋을 건너갔다. 이 배다리는 배들을 띄워두고 큰 쇠줄로 연결한 다음 그 위에 판자를 깔아 만들어졌고, 임시부교라서 사신들이 지나가고 나면 철거되었다(신유한 저, 김찬순 역 2006, 168). 특히 비용이 많이 드는 배다리는 관백과 통신사의 행차를 위해서만 임시로 설치했는데, 이 자체가 통신사를 특별하게 대우하는 것과 다름이 없었다(나카오 히로시 저, 손승철 역 2013, 185).

조선에서도 국왕이 행차할 때 여러 번 배다리를 만들어 한강을 건너갔다. 1790년(정조 14) 배다리의 운영에 관한 규정을 담아 편찬된 『주교지남(舟橋指南)』에서 한강의 너비를 1,800척(尺)으로 계산하고(≒545.4m) 배 길이를 30척으로 가정하여 배가 총 60척(隻)이 필요하다고 예상하였다.[16] 일본에서 통신사가 지나간 배다리는 이보다 규모가 더 컸고, 지나간 횟수도 더 많았다. 1748년(영조24) 제10차 조선통신사 때의 기록에 따르면, 기소천의 배다리 경우 크기가 길이 864m, 폭 2.7m이었고, 3개월 전부터 백성 7,578명, 대선 44척, 소선 233척, 판자 3,036매를 동원하여 제작하였다고 한다(서인범 2018, 424). 당시 일본의 하천에는 의도적으로 다리를 설치하지 않는 경우가 많았는데, 이는 적들이 에도로 쳐들어온다면 하천이 자연 방호의 역할을 할 수 있기 때문로 바쿠후가 그대로 둔 측면도 있었다고 한다(나카오 히로시 저, 손승철 역 2013, 185).

나고야도 오사카와 겨룰 정도로 "보물 점포와 갖가지 물품을 파는 상점들이 있어서 눈부신 구경거리가 많다"라고 할 만큼 매우 번영한 도시였다(신유한 저, 김찬순 역 2006, 168, 228). 조선통신사는 나고야에서부터 다시 도카이도를 따라 이동하였다. 일본에서 제일 긴 다리가 있는 야하기천(矢作川)을 지나 오카자키(岡崎), 요시다(吉田) 등을 통과하여 아라이(新居)에 도착하였다. 당시 아라이에는 검문소

---

16. 『정조실록(正祖實錄)』 30권, 14년 7월 1일(기묘).

인 세키쇼(関所)가 있어 사람들의 출입을 통제하고 행장을 엄격하게 검열하였다(서인범 2018, 463). 바쿠후는 에도가 위치한 간토(關東)지역을 방어하기 위해 이곳에서 무기를 가지고 에도로 들어가지 못하게 하고, 공문이 없으면 사람들의 통행을 일체 막았다. 바쿠후는 지방 반란을 방지하려는 목적으로 태수의 처자들을 에도에 의무적으로 체류하게 하였기 때문에, 부녀자들의 경우 몰래 에도에서 나오지 못하게 막으려고 더 철저하게 수색하였다.

3) 하마마츠에서 에도까지

아라이에서 배로 하마나호(浜名湖)를 건너 행장을 새롭게 정비하고, 하마마츠(浜松), 미쓰케(見付), 가케가와(掛川), 가나야(金谷), 후지에다(藤枝) 등을 차례로 거쳐갔다. 육로로 이동하다가 강을 만나면 배다리를 만들어 지나가거나 인부들이 사신을 가마에 태워 직접 강을 건너가기도 하였다(신유한 저, 김찬순 역 2006, 168, 173-176). 가나야에서 후지에다에 가는 도중에 지나게 된 오이천(大井川)에서는 물살이 세고 급하여 사신 일행을 가마에 태우고 인부가 가마를 메고 건너갔다. 인부 1,400여 명이 도하 작업에 동원되었는데, 급류를 온몸으로 맞서 내며 수

그림 3. 「사로승구도(槎路勝區圖)」, 「섭대정천(涉大定川)」
자료: 국립중앙박물관

온까지 낮은 악조건 속에서도 대열을 흐트러뜨리지 않고 강을 건넜던 것으로 전해진다(서인범 2018, 494). 제10차 조선통신사로 파견된 화원 이성린(李聖麟)은 이 장면을 화폭에 담아내기도 하였다(그림 3). 이 그림에서 당시 조선통신사에게 매우 인상적인 기억으로 남았을 인부들의 노고를 상상해 볼 수 있다.

후지에다에서 나와 시즈오카(静岡), 또는 슨푸성(駿府城)이라 불리는 곳에 이르렀다. 도쿠가와 이에야스가 1603년(선조 36)에 에도 바쿠후(江戸幕府)를 창설하고 2년 뒤 관백에서 물러나 슨푸성에 머물면서 자신의 뒤를 이은 도쿠가와 히데타다(德川秀忠)의 강력한 후원자로 남았다고 전해진다. 이후에도 여정은 요시와라(吉原), 미시마(三島), 오다와라(小田原) 등으로 계속 이어졌다. 이 중 미시마에서 오다와라로 가려면 높고 험준한 화산을 품은 하코네산(箱根山)[17]을 넘어야 했다. 통신사 일행이 이용한 하코네 고개(箱根峠)는 길이 험하고 가팔라 아메노모리 호슈가 말을 타기도, 가마를 타기도 걱정이 되어서 차라리 걸어가는 게 낫다고 할 정도였다(신유한 저, 김찬순 역 2006, 181). 바쿠후는 이곳에도 검문소를 세워 아라이 세키쇼와 함께 에도로의 출입을 감시하는 핵심 요새로 삼았다(서인범 2018, 584).

오다와라에서 다시 출발한 사신 일행은 후지사와(藤沢), 가나가와(神奈川), 시나가와(品川)를 거쳐 마침내 에도(現 도쿄)에 도착하였다. 에도는 관백이 통솔하는 바쿠후가 있었으며 일본에서 명실상부하게 가장 크고 중요한 도시였다. 산킨코타이에 의해 태수의 가족 그리고 가신들이 에도에 거주하면서 거대한 소비집단을 형성하였고, 또 이들을 위한 상인, 수공업자, 노동자의 집중도 높아지면서 에도의 도시인구는 급증하여 100만 명에 육박하였다(하야미 아키라 저, 조성원·정안기 역 2006, 130; 일본사학회 2019, 116). 에도에 도착해서 통신사는 일본을 대표하는 유학자인 태학두(太學頭) 하야시 호코(林鳳岡 또는 林信篤)[18]와 바쿠후의 여러 고위 관료들을 두루 만났으며, 조선의 국서를 전달한 다음 관백의 회답서를 수령

---

17. 하코네산 일대는 현재 '후지 하코네 이즈 국립공원(富士箱根伊豆国立公園)'으로 지정되어 있다.
18. 하야시 호코는 하야시 노부아쓰(林信篤)라고도 불리며, 에도 바쿠후의 제1~4대 관백을 위해 봉직한 일본의 대유학자 하야시 라잔(林羅山)의 손자이다.

그림 4. 조선통신사의 사행 이동 경로

주: 조선에서의 사행 경로는 간략히 나타냄.

표 1. 조선통신사의 여정 개요

경유지 및 소속 행정구역(前;現)	이동 시기[4]와 주요 내용
한성~문경~(영천 등 기타 상세 경로 생략)	1719년 4월 11일~5월 13일, 1720년 1월 8~24일 국왕에게 하직 인사 및 복명 인사, 새재를 통과함, 일행과 떨어져 고향(고령)에서 어머니를 뵙고 행장 준비, 일행은 영천에서 마상재 연습함.
부산	1719년 5월 13일~6월 20일, 1720년 1월 6~8일 좌수영에서 연회 참석, 항해 연습, 영가대에서 바다 신에게 제사 드림, 왜관의 일본 관리들과 사행 관련 협의, 인력과 물품 충원, 여장 준비.
쓰시마(対馬島)[1]**/대마도**[2] 쓰시마의 사스우라(佐須浦)/좌수포, 도요우라(豊浦)/풍포, 니시도마리우라(西泊浦)/서박포, 고후나코시(小船越)/선두포(船頭浦), 이즈하라(厳原)/부중(府中) 대마부중번(対馬府中藩); 나가사키현(長崎県) **쓰시마시(対馬市)**[3] 이즈하라마치(厳原町) 등	1719년 6월 20일~7월 19일, 1719년 12월 20일~1720년 1월 6일 아메노모리 호슈와 겟신 쇼탄과의 만남, 대마도주와의 예법 관련 논쟁, 연회 참석, 사행 준비, 역관 권흥식(權興式) 인삼 밀수 협의로 처벌 예정이었으나 귀국길에 자살함.
이키노시마(壱岐島)/일기도 이키노시마의 가쓰모토우라(勝本浦)/풍본포(風本浦) 비전주(肥前州); 나가사키현(長崎県) **이키시(壱岐市)**	1719년 7월 19일~8월 1일, 12월 13~20일 거친 바다를 항해한 여정, 마쓰우라 가쇼(松浦霞沼, 송포의)와의 만남, 배 안에 누워 병치레한 신유한.

경유지 및 소속 행정구역(前;現)	이동 시기[4]와 주요 내용
아이노시마(相島)/남도(藍島) 축전주(筑前州); 후쿠오카현(福岡県) **가스야군(糟屋郡)**	1719년 8월 1~18일, 12월 12~13일 쓰시마보다 더 융숭한 대접을 받음, 큰 풍랑 때문에 체류 기간 연장, 빼어난 자연 풍광.
시모노세키(下関)/적간관(赤間關), 미타지리(三田尻)/삼전고 서진(西津), 나가시마(長島)/조관(竈關) 장문주(長門州); 야마구치현(山口県) **시모노세키시(下関市), 호후시(防府市), 구마게군(熊毛郡)**	1719년 8월 18~26일, 11월 27일~12월 12일 관문 설치하여 시모노세키를 하관(下關), 나가시마를 상관(上關)이라 함, 안토쿠(安德) 천황의 사당, 세토나이카이(瀬戸內海)에 진입, 문사들과 필담을 나눔.
시모카마가리지마(下蒲刈島)/겸예(鎌刈), 도모노우라(鞆の浦)/도포(韜浦) 안예주(安藝州), 비후주(備後州); 히로시마현(広島県) **구레시(呉市), 후쿠야마시(福山市)**	1719년 8월 27~29일, 11월 18~27일 시모카마가리지마에서 극진한 대접을 받음, 도모노우라 해안에 암초가 많아 안전한 항해를 위한 지원을 받음.
우시마도(牛窓)/우창 비전주(備前州); 오카야마현(岡山県) **세토우치시(瀬戸內市)**	1719년 9월 1일~9월 2일, 11월 17일 도모노우라에서와 같은 성대한 대접을 받음, 문사들과 필담을 나눔.
무로쓰(室津)/실진, 효고(兵庫)/병고 파마주(播磨州), 섭진주(攝津州); 효고현(兵庫県) **타츠노시(たつの市), 고베시(神戸市)**	1719년 9월 2~3일, 10월 10~16일 문사들과 필담을 나눔, 효고는 상업의 중심지이자 주요 항로 정박지.
오사카(大坂)/대판 섭진주(攝津州); 오사카부(大坂府) **오사카시(大坂市)**	1719년 9월 4~10일, 11월 4~10일 요도천(淀川)에 진입, 수심 낮아 일본 배로 옮겨 탐, 번화한 시가지 경관, 무역의 중심지, 문사들과 필담을 나눔, 신유한에게 글을 구하는 자들이 매우 많았음, 연회 참석.
요도성(淀城)/정성, 교토(京都)/왜경(倭京) 산성주(山城州); 교토부(京都府) **교토시(京都市)**	1719년 9월 10~12일, 11월 1~4일 요도에서 배에서 내려 육로(京街道)로 이동, 마부와 말이 준비되지 않아 신유한 도보로 이동, 황궁의 도읍지(794~1869년), 번화한 시가지 경관, 연회 참석, 호고지(方広寺) 연회 참석 갈등.
오쓰(大津)/대진, 모리야마(守山)/수산, 오미하치만(近江八幡)/팔번산(八幡山), 히코네(彦根)/좌화성(佐和城) 근강주(近江州); 시가현(滋賀県) **오쓰시(大津市), 모리야마시(守山市), 오미하치만시(近江八幡市), 히코네시(彦根市)**	1719년 9월 12~15일, 10월 27일~11월 1일 도카이도(東海道), 조선인 가도(朝鮮人街道), 나카센도(中山道)에 진입, 일본에서 가장 큰 규모의 호수인 비와호(琵琶湖) 지나감, 번화한 시가지 경관, 문사들과 필담을 나눔, 귀국길에 신유한에게 글을 구하는 자들이 더 많았음.
오가키(大垣)/대원 미농주(美濃州); 기후현(岐阜県) **오가키시(大垣市)**	1719년 9월 15~16일, 10월 26~27일 세키가하라(関ヶ原) 전투 지역 지나감, 번화한 시가지 경관, 큰 배다리 셋을 건너감, 문사들과 필담을 나눔.

경유지 및 소속 행정구역(前;現)	이동 시기[4]와 주요 내용
나고야(名古屋)/명고옥 미장주(尾張州); 아이치현(愛知県) **나고야시** **(名古屋市)**	1719년 9월 16~17일, 10월 25~26일 번화한 시가지 경관, 문사들과 필담을 나눔. 도카이 도에 진입, 일본에서 제일 긴 다리 건너감.
오카자키(岡崎)/강기, 요시다(吉田)/길전 삼하주(三河州); 아이치현(愛知県) **오카자키** **시(岡崎市), 도요하시시(豊橋市)**	1719년 9월 17~19일, 10월 23~25일 오카자키의 번화한 시가지 경관, 요시다를 떠나가다 가 후지산(富士山)을 멀리서 발견함, 도카이도를 따 라 계속 이동.
아라이(新居)/황정(荒井)/하마마츠(浜松)/빈 **송(濱松), 미쓰케(見付)/견부역(驛), 가케가와** **(掛川)/괘천, 가나야(金谷)/금곡촌(村)** 삼하주(三河州), 원강주(遠江州); 시즈오카현 (静岡県) **고사이시(湖西市), 하마마쓰시(浜松** **市), 이와타시(磐田市), 가케가와시(掛川市),** **시마다시(島田市)**	1719년 9월 19~21일, 10월 21~23일 이마기레가와(今切川) 또는 금절하(金絕河)를 지나 감, 아라이 세키쇼(新居關所), 하마나호(浜名湖)를 건너감, 상업의 중심지인 하마마츠, 번성한 가케가 와, 신유한의 소지품 도난 사건 발생, 도카이도를 따 라 계속 이동, 귀국길에 신유한에게 글을 구하는 자 들이 더 많았음.
후지에다(藤枝)/등지, 시즈오카(静岡)/준하 **부중(駿河府中), 요시와라(吉原)/길원, 미시** **마(三島)/삼도** 준하주(駿河州), 이두주(伊豆州); 시즈오카현 (静岡県) **후지에다시(藤枝市), 시즈오카시(静** **岡市), 후지시(富士市), 미시마시(三島市)**	1719년 9월 21~24일, 10월 18~ 21일 물살이 세고 급한 오이천(大井川)을 일본 인부들이 가마를 메고 건너감, 도쿠가와 이에야스가 은퇴 이 후 머물렀던 슨푸성(駿府城), 요시와라에서 후지산 을 자세히 관찰 가능, 이두주의 중심지로 번성한 미 시마.
오다와라(小田原)/소전원, 후지사와(藤沢)/ **등택(藤澤)** 상모주(相模州); 가나가와현(神奈川県) **오다** **와라시(小田原市), 후지사와시(藤沢市)**	1719년 9월 24~26일, 10월 15~18일 길이 험하고 가파른 하코네산(箱根山)의 고개를 넘 어감, 하코네 세키쇼(箱根関所), 후지사와에서 밤중 에 지진이 발생함.
가나가와(神奈川)/신내천, 시나가와(品川)/ **품천, 에도(江戸)/강호** 무장주(武蔵州); 가나가와현(神奈川県) **요코** **하마시(横浜市) 가나가와구(神奈川区), 도쿄** **도(東京都) 시나가와구(品川区), 지요다구(千** **代田区)**	1719년 9월 26일~10월 15일 에도의 번화한 시가지 경관, 에도에서 새벽에 지진 이 발생함, 연회 참석, 하야시 호코(林鳳岡)와의 만 남, 바쿠후 고위 관료들과의 만남, 국서 전달과 회답 서 수령, 신유한에게 글을 구하는 자들이 매우 많았 음.

주: 1) 현재 일본에서 사용하는 일본어 지명임.
    2) 『해유록』에서 사용하는 지명을 병기함.
    3) 상단에 나열된 지명 순대로 소속 행정구역을 제시함.
    4) 이동 시기는 조선에서 일본으로 가는 시기와 다시 조선으로 돌아가는 시기를 구분하여 제시함.

하였다. 에도에서 임무를 마무리한 후에 사신들은 왔던 길을 되돌아 조선으로 귀
국하였다. 그림 4는 통신사의 사행 이동 경로를 지도에 나타낸 것이고, 표 1은 통
신사 여정의 경유지, 이동 시기, 주요 내용 등을 정리한 것이다.

3. 조선통신사의 시선

1) 일본이 기대하는 시선

일본 바쿠후는 조선통신사에 일본이 성의를 다해 조선을 대접하고 있다는 사실을 전달하려고 노력하였다. 조선의 사신들이 일본에 머무르는 동안 자신들을 위한 대접이 정성스럽다고 여긴다면, 일본을 좀 더 긍정적으로 바라보게 될 것이고 이후에 조선에 돌아가서도 일본을 호의적으로 소개할 것이라고 기대했을 가능성이 크다. 바쿠후는 사행 경로가 통과하는 지방의 태수들에게 통신사를 대접하는 임무를 부여하였고, 명령대로 잘 집행되는지도 감찰하였다(신유한 저, 김찬순 역 2006, 254).[19] 태수들은 저마다 실행계획을 치밀하게 수립하였고, 필요한 물자와 인력을 수개월 전부터 확보하는 등 사신 대접을 철저하게 준비하였다. 각 지방에서는 쓰시마를 통해 조선인이 좋아하는 음식에 관한 정보를 미리 알아내 다양한 먹거리들을 마련하였다. 조선인이 먹는 고기 요리가 맛있다는 입소문이 나서 간혹 일본인 요리사들이 배워가기도 하였다고 한다(서인범 2018, 290). 사신들의 숙소로 큰 절이나 태수의 별장(お茶屋, 오차야), 민가 등을 빌려서 사용하였는데, 해로의 하구에서는 임시 객관을 새로 짓기도 하였다(나카오 히로시 저, 손승철 역 2013, 163).

통신사가 이동하는 여정은 바닷길과 육로 구간을 포함하여 위험하고 어려운 지점들을 통과하며, 약 300일이 소요되는 장기간의 체류 일정을 인내해야 하는 사행이었다. 이러한 점에서 일본은 많은 인력과 물자를 동원하여 호위와 수행을 도왔고, 배다리 설치, 가마 도하(渡河) 등 여러 가지 인상적인 방법으로 안전과 편의를 제공하였다. 이 외에도 백성들에게 통신사가 행차하는 거리를 깨끗하게 청

---

19. 바쿠후가 지방 통제정책의 일환으로 통신사 관련 업무를 각 지방 태수에게 부여한 측면도 있었다. 막대한 비용과 인력이 들어가는 일이었기 때문에 지방의 재정과 힘을 약화할 수 있는 하나의 방책으로 사용하였다는 지적이 있다(강남주 2007, 56).

소하게 하고, 통행로에 나올 때는 하오리(羽織), 하카마(袴)를 입도록 지시하는 등 옷차림 하나에도 신경을 썼다. 이러한 성의 있는 사신 대접을 통해 통신사가 일본을 긍정적으로 바라보는 시선 형성을 기대하였다.

또한, 바쿠후는 통신사의 여정 경로를 계획하면서 일본이 자신 있게 자랑할 수 있는 번화한 시가지 경관과 아름다운 자연경관을 사신들에게 보여 주고자 하였다. 사신들이 에도, 교토, 오사카 등 일본에서 번화한 시가지 경관을 관람하도록 계획하였다. 그 의도는 조선이 일본에 대해 생각하는 '왜구', '오랑캐' 등 각종 부정적 이미지를 해소하는 동시에 문물이 발달하고 경제적으로 부강하며 사회가 안정된 긍정적 이미지로 대체하기 위한 것이었다고 분석할 수 있다. 당시 오사카와 교토는 약 30만 명 이상, 에도는 약 100만 명에 달하는 대도시였다(서인범 2018, 282, 328, 648; 일본사학회 2019, 116). 비슷한 시기에 조선에서는 인구 규모 순으로 한성이 약 30만 명, 평양이 약 20만 명, 의주가 약 18만 명 등으로 나타났던 것으로 추정된다.[20] 크게 발달한 일본의 도시 경관을 바라보았던 이들은 큰 인지적 충격을 받았을 것으로 생각된다. 그중 일부는 일본이 기대한 대로 일본에 대한 이미지를 재고하는 계기로 삼았을 수도 있다.

오사카에서 신유한은 배 위에서 시가지를 구경하느라 눈동자가 분주할 지경이었고, 큰길 좌우의 긴 복층 행랑을 지나가면서 다양한 가게들과 형형색색의 장식들을 구경하다가 어지럼증을 호소할 정도였다(신유한 저, 김찬순 역 2006, 140, 142). 교토에 도착해서는 "금빛 은빛으로 휘황찬란한 층루 보각을 수없이 많이 보아 정신이 피로하고 눈이 어지럽다"라고 하거나, "황홀하게도 전설에서나 들을 수 있는 봉래산 신선들의 궁궐을 보는 듯"하다고 받은 감동을 표현하였다(신유한 저, 김찬순 역 2006, 156). 에도에서는 성을 지나 시가지에 들어서니 "모두 화려한 비단 장막 속을 가는 듯"하다고 언급하거나, "사방으로 통한 길은 평탄하고도 활줄

---

20. 당시 조선의 도시 인구수의 추정치는 1789년(정조 13)에 간행된 「호구총수(戶口總數)」에서 조사된 인구의 누락 비율(실제 인구에서 약 절반의 비율)을 반영하여 기재된 인구수를 조정한 통계값이다(김두섭 1992, 8-12; 정치영 2004, 30-31).

같이 곧으며, 단장한 누각이 이층이나 삼층으로 기와를 인 추녀와 지붕이 잇달아 알쏭달쏭 비단결 같았다"라고 기록하며, 에도가 오사카와 교토보다도 세 배나 더 번화한 것 같다고 감탄하였다(신유한 저, 김찬순 역 2006, 186-187). 이처럼 일본의 번화한 시가지 경관은 조선통신사에게 가장 인상적인 장면 중 하나였다는 사실은 분명하다.

이와 함께 바쿠후는 산, 수목, 하천, 호수, 해안, 섬 등 아름다운 자연경관을 관람할 수 있는 경로를 구성하였다. 마찬가지로 이것도 일본의 부정적인 이미지를 개선하려고 한 의도에서 비롯된 것이었다. 조선의 지식인들이 중요하게 여기는 좋은 '산수(山水)'의 조건이 일본에서도 발견된다는 사실을 사신들에게 알려 주고 싶어 하지 않았을까? 그래서 아름다운 자연처럼 일본의 나쁜 이미지도 긍정적으로 개선할 수 있는 인식의 조건들을 제시하고자 하였다고 분석할 수 있다. 비록 짧게 스쳐 지나가더라도 사행원들은 일본의 자연을 정말 좋아하였고 이를 통해 장기간의 여정 속에서 작은 위안을 실제로 얻기도 하였다(신유한 저, 김찬순 역 2006, 46, 108, 170, 182, 230). 사실 조선통신사가 일본에서 거의 유일하게 좋아했던 볼거리가 자연의 모습이라고 해도 과언이 아닐 만큼 아름다운 자연경관을 선호하였다. 이 중 통신사 일행이 구경한 후지산(富士山)과 하코네산의 아시노호(芦ノ湖)를 간략히 소개해 본다.

후지산은 일본에서 해발 3,776m의 최고봉이며, 여러 번의 분화로 형성된 성층화산(成層火山)이다. 또 일본 민족의 산이자, 신앙의 대상으로 추앙받는 영산(靈山)이기도 하다. 신유한은 요시와라에서 후지산을 자세히 관찰하고 『해유록』에 그 형상을 기록하였다(신유한 저, 김찬순 역 2006, 180). 그 내용 중 "이마 위로는 백옥같이 희어 티끌 한 점 없으며 … 산빛이 흰 것은 눈이 늘 쌓여 있기 때문인데 여름에도 녹지 않으며 … 눈 봉우리"에서 산 정상의 만년설을, "허리 아래는 초목은 있어도 무성하지는 못하여 바라보기에 민숭민숭하였다"에서 수목한계선(樹木限界線)의 모습을, "위에는 큰 구멍이 있어 밑이 없는데 거기서 더운 김이 나와 연기와 안개를 이루고"에서 화산 분화구를, "이 부사산의 주봉 곁으로 마치 새끼손가락처럼 작은 봉우리가 붙어 있다 … 불똥과 무너진 흙이 쌓여 봉우리가 된 것 같다."에서 기생화산(寄生火山)의 일종인 분석구(cinder cone) 등을 추론할 수 있다.

후지산과 가까운 하코네산은 현재 시즈오카현(静岡県)과 가나가와현(神奈川県) 일대에 많은 화산을 아우르는 화산 집합체이다. 통신사가 지나간 하코네 고개는 하코네산의 한 고개로서 지형적으로 오래된 화구의 흔적인 외륜산(外輪山) 능선 위에 자리한다. 험준한 하코네 고개를 넘으면 아시노호와 만나는데, 칼데라(caldera) 내 화산체에 형성된 호수로서 후지산과 어우러진 풍경이 매우 아름답다고 한다(그림 5). 신유한은 "후지산의 백옥 봉이 하늘에 높이 솟아 그림자를 이 수면에 거꾸로 던지고 있으니, 보는 자가 뉘라서 찬탄하지 않을 수 있으랴"라고 기록하였다(신유한 저, 김찬순 역 2006, 182). 지금까지의 논의를 요약하자면, 일본은 조선의 사신들을 환대할 뿐만 아니라 통신사의 시선 속에 부국강병과 태평성대를 구현하며 산수의 아름다움을 갖추고 있는 일본의 이미지를 투영하여, 일본을 바라보는 부정적 시선은 축소하고 일본에 대한 긍정적 시선이 생기길 기대하였다고 볼 수 있다.

그림 5. 아시노호와 후지산 전경
자료: Wikimedia Commons_Kentagon

2) 일본을 바라보는 시선

조선 후기 중화(中華)의 실체였던 명나라가 1644년(인조 22)에 멸망하고 여진족이 세운 청나라가 중국을 지배하자, 조선은 명나라의 성리학적 정통성을 온전하게 계승하는 문명국이라는 자기 정체성을 세워 간다(오바타 미치히로 2003, 36-37; 정은영 2009, 355, 364; 전종한 2011, 190). 이른바 소중화(小中華) 의식이 심화되고, 조선이 유일한 중화국이라는 조선 중화주의(朝鮮中華主義)가 나타난 것이다. 조선통신사도 일본을 바라보는 전반적인 시선이 화이론(華夷論)에 기반하고 있었다. 조선통신사의 화이론적 시선은 조선을 주체(華)로, 주변 세계를 타자(夷)로 인식하고, 주변 세계를 규정하며 해석하는 '보는 방식'이라고 할 수 있다. 에드워드 사이드(Edward W. Said)의 개념을 빌리자면, 오리엔탈리즘(Orientalism)[21]이 조선에 자생적으로 등장하였다고 해석할 수 있다(이종찬 2010, 556-557).

이에 따라 조선이 일본보다 문화적으로 우월하다는 인식을 재확인하고 일본인의 문해력과 문장력을 경시하였다. 신유한은 수많은 일본 문사들과의 필담에서 대체로 그들의 문장을 졸렬하며 "우리나라의 삼척동자라도 듣고 웃지 않을 수 없다"라고 혹평하였다(신유한 저, 김찬순 역 2006, 38, 58, 147, 196, 208, 346). 그리고 화이론에 기반한 시선 때문에 가치 중립적인 입장에서 일본을 바라보기 힘들었을 것이다. 일본 문헌의 질적 수준이 낮다고 단정하였고, 일본의 지명과 인명 그리고 풍속도 이상하다고 언급하였다(신유한 저, 김찬순 역 2006, 113, 245-246, 290, 347). 또 일본인을 경박하고 사납다든지, 심신이 약하고 거짓을 꾸미기 좋아한다든지 등 일본에 대한 부정적인 선입견을 드러내었다(신유한 저, 김찬순 역 2006, 38, 58, 59, 64, 299, 366). 상호 이질적인 인문 및 자연환경 속에서 서로 다를 수밖에 없는 상대방의 문화에 대해 존중하는 태도도 부족하였다(신유한 저, 김찬순 역 2006,

---

21. 오리엔탈리즘은 서양이 동양을 타자(other)로 대상화하면서 동양에 관한 서양의 제도화된 지식을 표상하는 규율이자 상상의 지리(imaginative geographies)를 형성하는 담론에 해당한다(에드워드 사이드 저, 박홍규 역 2018, 126-127; 박경환 2018, 15-16).

93, 206, 214-218, 310-311, 331-332, 349). 성리학 실천규범으로서 예학(禮學)이 강조되었던 조선의 시선으로 보았을 때, 일본의 의복과 관혼상제 등이 조선과 같지 않은 것을 두고 일본은 예법이 없다거나 예법에 소홀하다고 깎아내렸다.

화이론적 시선이 풍수(風水)에 근거한 환경 결정론(environmental determinism) 적 관점과 결부되어 나타나는 부분도 있었다. 신유한은 일본이 아름다운 자연경관을 가진 덕분에 아이들의 품성이 맑고 명랑하며, 일본인 대부분이 민첩하고 명석하다고 기록하였다(신유한 저, 김찬순 역 2006, 291, 348). 그러나 장엄하고 심원한 산의 기세가 없고 물줄기가 마치 인공으로 파고 다듬은 것 같아서 순박하고 너그러운 일본인은 적다고 보았다(신유한 저, 김찬순 역 2006, 291). 또한, 북방의 여진족과 비교하여 겨울에 꽃이 피고 푸른 초목들이 있는 일본인은 그들과 천품이 같지 않다고 판단하였다(신유한 저, 김찬순 역 2006, 345). 대체로 통신사는 일본의 자연을 긍정적으로 보았지만, 화이론의 영향으로 일본을 평가하는 논리로서 환경적 요소의 일부를 부정적으로 이용한 측면도 있었다.

사행 여정을 기획한 바쿠후의 의도와는 다르게 화이론적 시선의 역기능(dys-function)이 나타난 예도 있었다. 일본의 문물이 발달하더라도 교화(敎化)되지 못한 사람들로 인해 사회적 부조화가 나타난다고 인식하였으며, 일본이 아름다운 자연경관을 차지한 사실을 못마땅해하는 의견을 제시하기도 하였다. 신유한은 오사카의 전경을 보고서 "아까울 손 번화와 부귀가 허수아비에게 태어났구나"라고 말하였고, 아름다운 비와호를 감상하면서 "이 오랑캐가 어떤 사람이기에 이렇게도 좋은 강산을 차지하였을까"라고 탄식하였다(신유한 저, 김찬순 역 2006, 141, 164). 심지어 신유한은 일본인에게 받는 선물이 부정하다고 여겨 처음부터 수령을 거부하거나 부득이 받게 된 선물인 경우에도 대부분 수행하는 무리에게 나누어 주고 떠나는 모습을 보여 주었다(신유한 저, 김찬순 역 2006, 80, 274).

사행 내내 각계각층의 일본인이 통신사에게 와서 시문을 요청하여 받아가는 일이 많았다(신유한 저, 김찬순 역 2006, 150, 227, 231). 당시 일본은 쇄국(鎖國) 체제 하에서 조선을 포함하여 외국 문화에 대해 관심이 높아졌고, 시서화(詩書畵)에 관한 문화적 소비 욕구도 발생하고 있었다(김선화 2001, 89). 이러한 모습을 본 사신들은 시문을 써주면서 번거로움을 느꼈겠지만, 스스로 문화적 우월감을 충족시켰을 것이다. 화이론적 시선을 가졌던 조선통신사의 입장에서 일본인에게 시문을 전달하는 일이야말로 문명국으로서의 국위를 선양하고 일본인을 문(文)으로써 교화하는 일이라고 여겼을 가능성은 충분하다. 아래 내용은 일본인의 시문 요구에 대한 신유한의 생각을 기록한 것이다.

일본인은 우리나라의 시문을 구해 가진 사람을 보면 그가 어떤 계층이더라도 신선인 양 우러러보고 주옥인 양 부러워한다. 글을 모르는 하인배라도 우리나라 사람의 해서나 초서 몇 자만 얻으면 다 두 손을 이마에 곧추고 사례한다. 문사라는 사람들은 천 리를 멀다 않고 와서 길가에 기다렸다가 하루 동안에 종이를 혹 수백 폭씩 들여 시를 구한다. 시를 못 얻으면 필담한 짤막한 글발이라도 여간 귀중해하지 않는다. 대개 그들은 섬나라에서 나고 자라 본디 글이 귀한 줄을 알면서도 대륙과는 멀리 바다가 가로막고 있으니, 나서부터 문명한 의관 문물을 볼 기회가 없어서 평생에 조선을 우러러 사모하는 것이다. (신유한 저, 김찬순 역 2006, 341)

이러한 화이론적 시선은 임진왜란의 기억에 기반한 반일의식이 더해지면서 보다 강화되는 경향을 보였다. 임란 때 진주(晉州) 사람들을 포로로 데려와 살게 한 마을이 지금도 존재한다는 말을 듣고서 신유한은 "당시 일을 생각하고 터럭 끝이 온통 까칠이 일어섰다"라는 심경을 표현하였고, 도요토미 히데요시에 대해서는 "이 도적놈은 우리나라가 백 년 가도 잊을 수 없는 원수로서 불공대천의 의분을 금치 못한다"라고 거친 분노를 드러내었다(신유한 저, 김찬순 역 2006, 155, 233, 362). 나카오 히로시(仲尾宏)는 통신사들이 일본을 경시하거나 비하하게 된 데에는 조선이 일본보다 낮다는 자기중심적 문화의식과 함께 참혹한 전쟁을 일으킨 일본을 '오랑캐'라고 간주하지 않을 수 없다는 강한 반일의식이 있었기 때문이라고 지적한다(나카오 히로시 저, 손승철 역 2013, 199). 사실 지나칠 정도로 일본을 부정적으로 바라보게 된 배경으로 전쟁의 상처와 이 때문에 생긴 반일의식이 통신사의 시선에 상당한 영향을 미쳤던 것은 분명해 보인다. 이처럼 반일의식은 화이론에 따라 일본의 이미지를 '야만'으로서 확고부동하게 재현하는 데 기여하였고, 통신사가 일본을 바라보는 시선 속에 심하게 왜곡된 표상을 투영하였다.

그러나 신유한의 서술 속에 암묵적인 긍정이 반영되어 있거나 좀 더 긍정적으로 표현한 부분도 발견할 수 있다. 당시 조선의 사회적 분위기 속에서 일본에 대한 긍정의 표현은 조심스러울 수밖에 없었지만, 신유한은 객관적인 서술 방식으로 독자가 스스로 저자의 함축적인 의미를 파악할 수 있게 함으로써, 발달한 일본 문물을 조선에 소개하려는 측면도 분명히 있었다(이혜순 2008, 90-91). 의식주, 우편, 출판, 정치, 제도, 행정 등 다양한 분야를 망라하여 일본 문물을 자세하게 설명하였던 부분들이 이와 같은 설명을 뒷받침한다(신유한 저, 김찬순 역 2006, 154, 212, 324, 326, 330, 335-336). 일본의 군사 제도와 검, 총 등의 병기에 관한 설명에서 우수한 군사력을, 통신사를 구경하는 일본인들이 질서 정연하게 행동하는 모습에서 법과 제도적 영향력을 확인할 수 있다. 특히, 가옥 설비의 규격과 척도가 정확하고 실내가 매우 청결하다고 서술한 대목에서(신유한 저, 김찬순 역 2006, 312, 314), 상업 발달의 전제가 되는 제품의 표준화, 농업 생산력 증대에 필요한 분뇨의 퇴비화 등 이용후생(利用厚生)적 관심의 실마리가 된 부분도 발견할 수 있다. 이러한 기록이 후대 통신사행원(通信使行員)과 실학자의 일본관에 전향적인 영향을 주었다고 생각할 여지도 있다(이효원 2015, 126-127). 비록 이같이 긍정적으로 표현된 사례들을 찾을 수 있더라도 대부분 간접적인 경우가 많고 그마저도 일부에 불과하다는 한계가 있다.

3) 시선에 대한 평가 그리고 일본인 여행객

일본은 조선 사신들에게 성의 있는 대접을 하고 일본의 번화한 시가지 경관과 아름다운 자연경관을 보여 주었다. 이를 통해 조선통신사가 일본을 바라보는 부정적 시선은 축소하고, 긍정적 시선은 확대하기를 기대하였다. 이에 반해 조선 사신들은 화이론에 기반한 시선을 가지고 일본인과 일본 문화를 부정적으로 바라보았다. 이러한 화이론적 시선은 민족적 상처로 남아 있는 임진왜란의 기억에 따르는 반일의식이 더해져 더욱 강화되는 경향을 보이기도 하였다. 이처럼 일본이 조선통신사에게 기대하는 시선과 조선통신사가 일본을 바라보는 시선 간에는 상당한 차이가 있었다. 당시 일본의 기대와 조선의 시선 사이에 존재하던 간격의 크기는 상호 간에 문화를 이해하는 정도에 반비례했다고 볼 수 있다. 다시 말해 이 문제는 근원적으로 상대방을 이해하려는 노력 부족에서 비롯된 것이었다.

『해유록』은 조선 문헌이므로 여기에서 발견되는 시선 차이는 우선 조선 측에게 문제의 책임을 물을 수 있다. 일본에 대한 조선의 몰이해를 가장 극명하게 드러내는 장면은 아메노모리 호슈가 신유한에게 앞으로 일본을 '왜'라든지, 일본인을 '왜인'이라고 부르지 않도록 간곡하게 부탁하였던 대목에서이다(신유한 저, 김찬순 역 2006, 361-363). 그러나 신유한은 사행록을 펴내면서 본문 곳곳에 일본보다 왜라는 말을 압도적으로 더 많이 사용하는 모습을 보였다. 심지어 교토를 왜경(倭京)이라고 명명했을 정도였다. 에도에 머물면서 기록한 글에서도 일본인의 말이나 대화 중에 언급한 내용을 제외하면 일본이라고 표현한 것은 3번에 불과하지만, 왜인(倭人), 왜국(倭), 왜말(倭諺), 왜인의 글(倭人之文), 왜의 모자(倭冠) 등으로 표현한 용례는 원문상으로 5번에 달하였다.

다른 한편으로, 일본 측도 이러한 문제의 책임을 공유하고 있다. 『해유록』에서 직접 확인하기 어려운 사실이지만, 일본에서도 일본형 화이론[22]이 부상하여 스스로 중화라고 인식하거나 조선을 고대 예맥(濊貊)과 동일시하는 동이(東夷)로 치

---

22. 에도시대에 형성된 일본형 화이질서(日本型華夷秩序)는 무위(武威)를 바탕으로 한 일본 중심의 위계적인 국제관계의 구상을 의미한다. 이때의 무위는 일본의 실제적인 군사력과 기기신화(記紀神話)에서 나타나는 천황의 권위가 결합한 성격을 가진다(오바타 미치히로 2003, 38).

부하기도 하였다. 그리고 일본의 대표적인 유학자인 오규 소라이(荻生徂徠)와 이토 도가이(伊藤東涯)가 조선에 대해 멸시적인 시각을 가지고 부정적인 언사들을 기록으로 남겼던 사례 등을 통해 일본의 한계도 분명히 지적할 수 있다(나카오 히로시 저, 손승철 역 2013, 79, 243; 이효원 2015, 100-103). 이를 통해서 조선과 일본 모두 상대방에 대한 이해가 부족하고 상대방을 이해하기 위한 태도도 부족했다는 사실을 확인할 수 있다. 그리고 이것이 과거에만 국한된 문제가 아니라 오늘날에도 여전히 반복되고 있는 문제라는 측면에서 그 심각성이 매우 두드러지게 나타난다.

최근 논의되고 있는 상호문화주의(interculturalism)는 서로 다른 문화 간의 이해를 둘러싼 왜곡과 갈등에 관한 문제 제기와 그 대안을 제시하고 있다(최병두 2014, 87-89). 기존의 다문화주의(multiculturalism)에 따르면 문화적 다양성은 인정하였지만, 문화 간의 관계가 단순히 병존하는 데 그쳐 문화적 왜곡과 갈등을 방치했다는 비판을 받으면서 상호문화주의가 새롭게 등장하게 되었다. 상호문화주의는 여러 문화 간에 서로 대등한 입장에서 역동적인 상호작용이 이루어지는 대화와 교류를 통해 그들 사이에 존재하는 경계와 장애물을 적극적으로 극복하는 개념이다. 그러므로 과거와 현재에 걸쳐 우리나라와 일본 사이에 존재하는 문화 간 이해의 큰 간격을 타개하려면, 이분법적인 타자 인식을 극복하고 어느 한쪽의 고정된 프레임을 초월하면서 역동적인 대화와 교류를 통해 서로 간에 이해를 가로막고 방해하는 장벽을 제거해야 한다. 이러한 의미에서 시선이 가진 상호적인 속성(reciprocity)에 대해 제대로 이해하게 될 때, 첨예한 문화적 왜곡과 갈등을 해결하고 상호 간에 심도 있는 이해를 달성하는 목표에 더욱 가까이 다가설 수 있을 것이다.

한편으로 조선통신사가 일본을 바라보았던 것과 같이 일본인도 조선통신사를 바라보고 있었다는 상황을 상기할 필요가 있다. 시선의 본질상 보는 편과 보이는 편을 구분하지만, 역으로 생각하면 보이는 편에서도 보는 편을 바라볼 수 있다. 그러므로 시선은 상호적인 성격을 가진다고 할 수 있다(이영민 2019, 213). 만약 이러한 시선의 속성을 단편적으로 이해하게 되면, 자신의 시선에만 매몰되어 바라보는 대상을 타자화하여 독선적이고 이분법적인 가치 판단으로 이어질 위험성이 높아진다. 일본인이 조선통신사를 어떻게 바라보았는지를 밝히는 작업은 의미 있는 주제이나 연구 내용 및 방법을 고려할 때 별도의 연구에서 다뤄지는 것이 더 적절하다고 판단된다. 다만, 여기서는 조선통신사를 보러 온 일본인 여행객이 많았다는 사실에 착안해서 이러한 모습이 어떻게 나타났는지 그 동기와 배경을 살펴보려 한다.

당시 조선통신사의 행차를 큰 구경거리로 생각하여 사신들이 지나가는 경로마다 전국 각지에서 몰려든 일본인들로 인산인해를 이루었다. 쓰시마에서는 남녀 구경꾼들이 고기 비늘처럼 겹겹이 모여들었다든가, 오사카에서는 구경하는 자리마다 자릿세가 있을 정도였다고 기록하고 있다(신유한 저, 김찬순 역 2006, 56, 140). 이키노시마에서는 많은 이들이 먼 곳에서부터 먹을 식량을 가지고 와서 며칠 동안 야영을 하며 통신사를 기다렸고, 오가키로 가는 도중에서는 배다리에서 점심을 먹고 있는 사신들 주변에 여행객들이 자리를 잡고 밥을 지어 먹으며 행차를 구경하기도 하였다(신유한 저, 김찬순 역 2006, 98, 230). 통신사의 방문은 일평생에 볼 기회가 몇 번 있을까 말까 하는 큰 볼거리였기 때문에 대중들은 사신들의 행차를 구경하기 위해 사방에서 몰려들었다. 그리고 겐로쿠기(元禄期, 1688~1704) 이후 일본인의 경제력이 성장하고 문화적 소비 욕구가 한층 높아지면서 조선통신사를 단순한 외교 사절단이 아니라 국제적 문화 축제라는 대형 이벤트의 일부로 간주한 것으로도 보인다.

일본 각지에서는 마쓰리(祭り)에 조선통신사의 행렬을 모방한 흔적들을 찾을 수 있다(한태문 2008, 161, 168; 송지원 2011, 218; 나카오 히로시 저, 손승철 역 2013, 232). 한 사례로 사이타마현(埼玉県) 가와고에시(川越市)에서 매년 10월 개최되는 '가와고에 히카와 축제의 장식 수레 행사(川越氷川祭の山車行事)'의 전신인 '히카와신사(氷川神社) 제례'에 통신사의 가장행렬이 포함되어 있었다. 이는 호상(豪商) 에노모토 야자에몬(榎本弥左衛門)이 1655년(효종 6) 제6차 조선통신사 사행에서 목격한 것을 『에노모토 야자에몬 비망록(榎本弥左衛門覚書)』에 기록하고 지방 행사에 도입한 데서부터 시작되었다(주일한국문화원홈페이지).[23] 또한, 바쿠후에서 일본과 유일하게 국교를 맺고 있으면서 가장 가까운 이웃 나라인 조선에 대한 관심도 많았다고 할 수 있다(김선화 2001, 89). 수많은 일본인이 사신들을 찾아와 시문이나 그림 등을 받아 갔었던 사실에서 조선에 대한 높은 관심을 느낄 수 있다.

에도 바쿠후가 집권하는 동안 정치적 안정을 바탕으로 도시들이 성장하고 상인들이 많아지면서 일본 경제는 큰 호황을 누리게 되었다. 농촌에서는 소가족 경영에 기반하여 농업 생산량, 인구, 경지 면적이 크게 증가하였다(하야미 아키라 저, 조성원·정안기 역 2006, 126-128, 138). 농민들의 권익이 높아지면서 계(契)를 조직하여 여행을 다녀오는 풍습도 활성화되었다(이계황 2015, 231). 일본인들은 대부분 아마테라스 오미카미(天照大神)를 숭배하는 이세신궁(伊勢神宮)을 본종(本宗)으로 하는 신도(神道)를 믿어 왔다. 그래서 에도 시대에 이세신궁을 순례하면서 기이반도(紀伊半島)와 주변 일대를 유람하는 여행이 큰 인기를 끌었다.[24] 이를 통해 당시 일본인은 순례의 차원에서 여행을 친숙하게 받아들였고, 여행을 떠날 수 있는 사회적·경제적 여건을 갖추고 있었다는 사실을 알 수 있다. 점차 여행이 일상화되는 분위기 속에서 19세기 초 이세신궁 여행을 소재로 한 대중문학 작품인 『동해도 도보여행기(東海道中膝栗毛)』가 발간되어 일본에서 큰 인기를 얻기도 하였다. 이러한 모든 사실이 조선통신사를 구경하기 위해 원근 각지에서 모였던 일본인 여행객의 여행 동기와 배경을 이해하는 데 도움이 된다.

---

23. 메이지 유신 이후 가장행렬이 사라졌다가 현재 매년 11월 '가와고에 도진소로이(川越唐人揃い)' 행사로 다시 재현되고 있다.

24. 전국적으로 여행과 신앙의 길로서 도카이도나 나카센도에서 이어지는 이세로(伊勢路)가 발달하였다(이계황 2015, 207-208). 현재 이세로는 구마노 고도(熊野古道) 또는 구마노 참배길(熊野参詣道)의 한 구간으로 분류되어 유네스코(UNESCO) 세계문화유산(World Cultural Heritage)으로 지정되어 있다.

4. 나가며

대서사시와 같은 조선통신사 사행은 그 여정 속에 많은 난관을 포함하고 있었다. 장기간의 여정은 피로 누적으로 심신을 지치게 하였고, 고국과 가족을 그리는 애환으로 시를 지어도 서글픈 소리가 많이 나오는 상황이었다(신유한 저, 김찬순 역 2006, 82, 98-99, 113, 261). 수시로 풍랑이 일어나는 위험천만한 바닷길은 항해하는 내내 마음을 졸이게 하였고, 귀국하고 나니 친지들이 죽은 사람의 얼굴을 다시 보는 듯 신유한을 반겼다고 한다(신유한 저, 김찬순 역 2006, 16, 260, 263, 278). 이국의 낯선 환경에 적응하고 통역을 통해서만 소통할 수 있는 처지는 외국에서 여행자가 감내해야 하는 불편과 크게 다르지 않았을 것이다. 특히 신유한은 제술관으로서 일본 문사들을 상대하기 위해 때때로 식사를 제대로 할 수 없거나 잠을 잘 수도 없는 곤경에 빠지기도 하였다(신유한 저, 김찬순 역 2006, 147, 150, 210, 230).

일본 사행은 중국 사행과 달리 지원하는 자가 매우 적었다고 한다. 조선통신사로 선발되는 일을 마치 칼과 화살을 피하듯이 꺼렸으며, 신유한도 참여 제의를 여러 번 사양하다가 부득이 참여하게 된 사정이 있었다(신유한 저, 김찬순 역 2006, 15-16). 일례로 1763년(영조 39)에 정상순(鄭尙淳)이 조선통신사 정사로 임명을 받았으나 노모가 있다는 이유로 누차 사양하자 김해로 귀양을 가는 사건이 벌어지기도 하였다.[25] 이처럼 영조가 강경하게 대응을 한 이유는 통신사의 명을 받은 사람마다 모두 어떻게든 피하려고만 하니 경각심을 주려 한 궁여지책(窮餘之策)이 아니었을까 생각한다. 이후 조엄이 정사를 대신 맡아 1764년(영조 40)에 제11차 조선통신사를 이끌고 일본에 다녀왔다. 이러한 기피 문제는 실제 일본 사행에 여러 가지 어려움이 존재하고, 전반적으로 일본을 낮추어 평가하거나 적대하는 태도가 지배적이었기 때문에 발생한 것으로 보인다.

제9차 조선통신사는 신유한을 비롯한 479명이 참여한 대일 외교 사절단이었

---

25. 『영조실록(英祖實錄)』 102권, 39년 7월 13일(무진).

고, 289일간의 일정으로 1719년(숙종 45) 4월에 출발하여 다음 해 1월에 돌아오기까지 한성에서 일본 에도까지 왕복 약 3,000km의 거리를 다녀왔다. 한성에서 국왕의 명을 받아 영남로를 따라 부산에 내려가서 사행에 필요한 준비를 마치고, 본격적으로 배에 승선하여 쓰시마를 향해 바닷길로 이동하였다. 항해는 부산과 일본 규슈 사이의 대한해협을 지나 시모노세키를 통해 세토나이카이에 진입하고, 내해의 여러 항구도시를 거쳐 요도천 하구에 이르기까지 계속되었다. 이후 하천 수로를 따라 오사카와 요도성까지 배로 이동하였다. 요도성에서부터는 교카이도, 도카이도, 나카센도, 조선인 가도 등의 육로를 따라 목적지 에도까지 이동하였다. 이동하는 구간 중에는 배다리를 만들어 강을 건너가거나 험하고 가파른 고개를 힘겹게 넘어가는 경로도 있었다.

일본은 융숭하고 성대한 숙식을 준비하였고, 행차 시 안전과 편의를 최대한으로 보장하였다. 이러한 성의 있는 사신 대접을 통해 일본을 긍정적으로 바라보는 시선의 형성을 기대하였다. 또한, 사행 경로에서 사신들이 번화한 시가지 경관과 아름다운 자연경관을 관람하도록 여정을 계획하였다. 이 또한 일본에 대한 부정적인 이미지를 개선하려고 한 의도에서 비롯된 것이었다. 그러나 조선통신사는 일본을 바라보는 전반적인 시선이 화이론에 기반하고 있었다. 이에 따라 일본인의 문해력과 문장력을 경시하였고, 일본에 대한 부정적인 선입견을 드러냈으며, 일본 문화를 존중하는 태도가 부족하였다. 사행 여정을 기획한 바쿠후의 의도와는 다르게 인식하거나, 반일의식 때문에 화이론적 시선은 더욱 강화되는 경향을 보였다. 이처럼 일본의 기대와 조선의 시선 사이에는 상당한 간격이 있었다. 이를 해결하기 위해서는 상호문화주의에 따라 상대방을 적극적으로 이해하려는 노력이 뒷받침될 필요가 있다.

17세기 이후 조선통신사가 왕래하던 동안 조선과 일본 간에는 평화와 안정이 찾아왔다. 당시에 한계도 물론 있었지만, 통신사 파견이 서로 다른 문화를 인정하고 상호 이해하려는 시도라고 생각한다면, 오늘날에도 조선통신사의 역할을 이어가는 노력을 중단하지 말아야 할 것이다. 2017년 10월, 우리나라와 일본에

그림 6. 조선통신사 기록물 세계기록유산 등재 인증서(좌), 복원된 조선통신사선(우)
자료: (좌) 조선통신사역사관에서 필자 촬영(2019.10.); (우) 문화재청(2019)

남아 있는 조선통신사 관련 기록물이 유네스코 세계기록유산에 등재되었다(그림 6).²⁶ 최초의 한·일 공동등재라는 측면에서 조선통신사는 과거와 현재 모두 양국 협업의 산물이자 우호 관계의 상징이라는 의미를 되새길 수 있다.

2018년 10월에는 문화재청 국립해양문화재연구소가 조선통신사선을 복원하였고(한겨레 2018.10.26.), 부산시에서 매년 5월 초에 개최하는 조선통신사 축제에 조선통신사선을 선보이도 하였다(그림 6). 특별한 이벤트의 하나로 일본 쓰시마시 이즈하라항 축제(厳原港まつり)에도 참가할 예정이었으나, 2019년 7월 이후 한·일 관계의 악화로 조선통신사선의 첫 일본항해가 무산되었던 적이 있다(연합뉴스 2019.07.25.). 현재 우리나라와 일본이 함께 풀어야 할 과제가 어렵게 보이더라도 각자의 시선에 상대방을 이해하려는 의미를 담아 서로를 바라본다면, 상호 문화 간 이해를 통해 근본적인 문제 해결의 실마리를 발견할 수 있을 것이라 기대한다.

26. 유네스코 세계기록유산(Memory of the World)에 등재된 조선통신사 관련 기록물의 정식 명칭은 '조선통신사에 관한 기록 – 17세기~19세기 한일 간 평화구축과 문화교류의 역사(Documents on Joseon Tongsinsa/Chosen Tsushinshi: The History of Peace Building and Cultural Exchanges between Korea and Japan from the 17th to 19th Century)'이다. 한국의 부산문화재단과 일본의 NPO법인 조선통신사연지연락협의회(朝鮮通信使縁地連絡協議会)에서 추진하여 등재된 기록물은 총 111건 333점(한국 63건 124점, 일본 48건 209점)이다(한태문 2018, 173–174).

참고문헌

槎路勝區圖 涉大定川(李聖麟 著, 1748, 덕수 2464, 국립중앙박물관 소장)

仁祖十四年通信使入江戶城圖(金明國 著, 1636, 신수 1195, 국립중앙박물관 소장)

朝鮮王朝實錄 英祖實錄, 正祖實錄(국사편찬위원회 참고)

朝鮮漢文學史(金台俊 著, 朝鮮語文學會, 1931)

戶口總數(고려대학교 민족문화연구원 참고, 奎 1602, 서울대학교 규장각한국학연구원 소장)

강남주, 2007, "아이노시마의 방파제," 조선통신사문화사업회, 조선통신사 옛길을 따라서, 한울, 47-72.

강태원, 2007, "히로시마 시모카마가리," 조선통신사문화사업회, 조선통신사 옛길을 따라서, 한울, 109-135.

김두섭, 1992, "조선후기 도시에 대한 인구학적 접근," 한국사회학 24, 7-23.

김문식, 2002, "조선후기 통신사행원의 대일인식," 대동문화연구 41, 125-165.

김선화, 2001, "조선 통신사의 회화교류," 동북아 문화연구 1, 83-115.

김주식·김소형, 2017, 통신사선단의 항로와 항해, 국립해양박물관.

나카오 히로시 저, 손승철 역, 2013, 조선통신사: 에도 일본의 성신 외교, 소화(仲尾宏, 2007, 朝鮮通信使: 江戶日本の誠信外交, 岩波書店).

박경환, 2018, "포스트식민 여행기 읽기: 권력, 욕망 그리고 재현의 공간," 문화역사지리 30(2), 1-27.

서인범, 2018, 통신사의 길을 가다: 전쟁이 아닌 협상으로 일군 아름다운 200년의 외교 이야기, 한길사.

손승철, 2008, "외교적 관점에서 본 조선통신사, 그 기록의 허와 실," 한국문학과 예술 2, 111-152

손승철, 2018, 조선 통신사의 길위에서: 한일관계의 미래를 읽다, 역사인.

송지원, 2011, "조선통신사를 통해 본 조·일 문화교류의 면면," 일본비평 5, 194-223.

신유한 저, 강혜선 역, 2008, 조선 선비의 일본견문록: 대마도에서 도쿄까지, 이마고(申維翰, 1719, 海遊錄).

신유한 저, 김찬순 역, 2006, 해유록, 조선 선비 일본을 만나다, 보리(申維翰, 1719, 海遊錄).

신유한 저, 민족문화추진회 편, 1985, "해유록," (국역)해행총재, 민족문화추진회.

심경호, 2009, "신유한의 통섭적 사유방법과 문학세계," 한문학논집 28, 59-89.

심승희, 2019, "도시 경관과 건축," 한국도시지리학회 편, 도시지리학개론, 법문사, 515-

574.

에드워드 사이드 저, 박홍규 역, 2018, 오리엔탈리즘, 교보문고(Said, E., 1978, Orientalism, Pantheon Books).

오바타 미치히로, 2003, "신유한의 『해유록』에 나타난 일본관과 그 한계," 한일관계사연구 19, 5-46.

오상학, 2003, "조선시대의 일본지도와 일본 인식," 대한지리학회지 38(1), 32-47.

윤현호, 2013, 관광객과 주민의 시선 분석: 양동마을의 전통 및 진정성에 대한 문화기술지, 한양대학교 대학원 박사학위논문.

이계황, 2015, 일본근세사, 혜안.

이영민, 2019, 지리학자의 인문 여행, 아날로그.

이종찬, 2010, "한국 오리엔탈리즘의 중층적 구조: 소중화, 기독교 근본주의, 식민주의," 한국사회학회 사회학대회 논문집, 553-568.

이혜순, 2008, "신유한, 『해유록』," 한국사 시민강좌 42, 80-94.

이효원, 2015, 『해유록』의 글쓰기 특징과 일본 인식, 서울대학교 대학원 박사학위논문.

일본사학회, 2019, 아틀라스 일본사, 사계절.

전종한, 2011, "종족마을—우리나라 촌락의 기본형," 역사지리 연구 모임 안팎너머 편, 역사지리학 강의, 사회평론, 177-194.

정은영, 2009, "조선 후기 통신사와 조선중화주의: 사행기록에 나타난 대일 인식 전환을 중심으로," 국제어문 46, 349-385.

정치영, 2004, "조선후기 인구의 지역별 특성," 민족문화연구 40, 27-50.

정하미, 2015, "조선통신사의 '교토체재'와 '조선인가도': 켐펠의 '에도참부여행일기'와의 비교를 통하여," 일본어문학 68, 701-716.

조성욱, 2016, "쓰시마에서 중심지 이동과 그 원인," 한국지리학회지 5(2), 181-195.

진종헌, 2013, "재현 혹은 실천으로서의 경관: '보는 방식'으로서의 경관 이론과 그에 대한 비판을 중심으로," 대한지리학회지 48(4), 557-574.

최병두, 2014, "상호문화주의로의 전환과 상호문화도시 정책," 현대사회와 다문화 4(1), 83-118.

하야미 아키라 저, 조성원·정안기 역, 2006, 근세 일본의 경제발전과 근면혁명, 혜안(速水融, 2003, 近世日本の經濟社會, 麗澤大学出版會).

하우봉, 2013, "전근대시기 한국과 일본의 대마도 인식," 동북아역사논총 41, 215-250.

한태문, 2008, "조센야마에 깃든 통신사의 숨결, 오가키," 부산문화재단 편, 조선통신사 옛길을 따라서 2, 한울, 154-191.

한태문, 2018, "조선통신사 유네스코 세계기록유산 등재신청서 소재 시·서 연구," 한일문화

교류기금 편, 조선통신사 기록물의 'UNESCO 세계기록 문화유산' 등재, 경인문화사, 173-203.

홍치중 저, 허경진 역, 2018, 해사일록, 보고사(洪致中, 1719, 洪北谷海槎日錄).

후마 스스무 저, 차혜원 역, 2019, "조선의 외교 원리, '사대'와 '교린'," 김영진·김우진·노경희·박영철·신로사·이정희·정병준·정선모·차혜원 공역, 조선연행사와 조선통신사, 성균관대학교출판부(夫馬進, 2015, 朝鮮燕行使と朝鮮通信使, 名古屋大学出版会).

Cosgrove, D., 1985, "Prospect, Perspective and the Evolution of the Landscape Idea," *Transactions of the Institute of British Geographers* 10(1), 45-62.

Urry, J., 1990, *The Tourist Gaze: Leisure and Travel in Contemporary Societies*, London: Sage.

연합뉴스, 2019.07.25., 한일 갈등에 조선통신사선 재현선 첫 쓰시마행 무산

한겨레, 2018.10.26., '조선통신사선'복원 목포에서 돛 올렸다

고려대학교 민족문화연구원 (https://riks.korea.ac.kr, 2020년 1월 검색)

국사편찬위원회 조선왕조실록 (http://sillok.history.go.kr, 2020년 1월 검색)

문화재청 (https://www.cha.go.kr, 2020년 1월 검색)

부산문화재단 조선통신사문화사업 (http://www.tongsinsa.com, 2020년 1월 검색)

일본 환경성 (http://www.env.go.jp, 2020년 1월 검색)

주일한국문화원 (https://koreanculture.jp, 2020년 1월 검색)

제8장

'번역된 서구' 읽기와 유학 여행으로 재현된 문명개화의 텍스트 표상, 『서유견문』

홍금수

1. 들어가며

1859년은 지리학사에서 의미 있는 해로 기록된다. 인문지리와 자연지리의 근대적 토대를 다진 리터와 훔볼트가 세상을 떠나고 양자를 절충해 지지학을 정립한 헤트너가 출생했기 때문이기도 하지만 더 중요한 것은 다윈의 『종의 기원』이 발간된 사실이다. 생존경쟁·자연선택·적자생존의 생태원리에 입각한 다윈의 사고는 19세기 후반 국가의 유기체적 해석을 추동해 결정론적 지정학을 유도하고 스펜서(H. Spencer)의 사회진화론(social Darwinism)으로 연결되어 문명 담론을 전제로 한 세계질서의 형성에 지대한 영향을 미쳤다(Stoddart 1966). 그러나 이론에 앞서 국제 정치경제의 현장에서는 우승열패의 논리가 이미 작동하고 있었는지 모른다. 영국의 통상압력에 따른 아편전쟁은 세계의 중심으로 오랫동안 심상지도에 각인된 중화의 이미지가 허상이었음을 폭로하고 일본은 미국의 거센 압력에 빗장을 풀지 않을 수 없었으며 프랑스는 베트남을 무력으로 잠식해가고 있었다.

우리에게 개화기로 통칭되는 19세기 후반에서 20세기 초에 걸친 기간은 그야말로 세기말(fin-de-siecle)의 대전환기로서 서세동점의 세계사적 조류에 휘말리는 시기이자 근대를 향한 지난한 여정이었다. 성리학이 지탱해 온 유교 문명이 와해되고 지리적으로 중화 중심의 세계관이 요동하던 국면으로서 사회 제 분야에서 (문명)개화, 즉 서구화를 시험해야 하는 절체절명의 위기상황이었다. 옥시덴탈리즘(Occidentalism)의 전면적 해체를 전제로 한 개화와 근대화의 텍스트 독해를 둘러싸고 다양한 텍스트공동체가 담론대립을 펼치며 코드화·역 코드화·재코드화가 연쇄적으로 작동하는 가운데 사회변화를 주도할 권력의 향배와 국가의 운명이 갈려 지식(knowledge)과 권력(power)의 야합이 어느 때보다 첨예했다.

개화기는 조선의 과거·현재·미래를 성찰하는 시간인 동시에 '지리'의 역할이 역대 어느 때보다 크게 부각된 시기였다. 서구의 경우 영토 확장, 경제적 패권의 확대, 종교적 열정에 추동된 지리상의 발견을 통해 세계화를 향한 돛을 올리고 지속적 발전과 진보의 가치를 내건 계몽주의의 사상적 지원을 받으며 근대화가 진행됐지만, 소중화 의식에 취해 양이에 대한 비문명적 옥시덴탈리즘을 견지한 조선은 탐험과 모험의 적극적 실천 대신 지구 반대편 세계에 대한 간접경험을 통해 근대에 다가서는 우회 전략을 취하게 된다. 서구를 사전 경험한 중국과 일본을 거치는 통로로서 구미 사행과 천문·세계 지리서의 초벌 번역으로 내재화한 그들의 서구 이미지를 재번역해 심상으로 재현하는 방안이었다. 그러나 근대는 인간의 오감 가운데 시각에 의해 가치와 의미를 부여받는 시대이다. 천하관의 동양적 고전 지리에 종말을 고하고 근대 지리의 출발을 알리는 창조적 파괴는 다른 무엇보다 세계를 시선에 포착해야 했으며 바로 여기에 '개화인' 유길준(1856~1914)의 위치성이 담긴다. 세계사의 격랑에 표류하던 조선의 앞날을 주체적으로 헤쳐 나간 그는 『해국도지』에 담긴 서구를 상상하다 메이지 유신으로 변신에 성공한 일본으로 유학해 '모방한 서양'을 곁눈질한 뒤 사행·예비 유학·귀국 여행을 통해 미국과 유럽을 시각적으로 체험한 선각자였다. 동양인의 시선에 들어온 서구는 강렬했고 반개화 상태의 조선을 하루 바삐 문명화해야 한다는 욕망과 조급증은 『서유견문』으로 표상되었다.

여행은 자기 발견의 과정이다. 유길준의 일본과 미국 여행은 쇄국과 개방의 갈림길에서 근대 문명으로의 선회가 절실히 요구된 조선의 처지에 대한 재발견의 기회가 되었다. 중요한 것은 유길준이 이식된 서양의 근대문물을 간접 경험하고 서구화의 실상을 파악하기 위해 유학 여행을 시작해서 충격과 정신적 균열을 처음으로 경험한 현장이 중화 세계의 중심이 아니라 섬나라 일본이었다(우미영 2018, 65-66)는 점이다. 독해를 달리하는 수구와 개화 양대 텍스트 공동체의 동·서양 문화전쟁의 전장에서 여행자 유길준은 근대 일본의 견문과 번안에 따라 재현된 텍스트를 독해하여 서양에 대한 이미지를 형성하는 쪽을 선택하였다. 중화라는 거대 전통과의 결별이었다. 여기에 사행과 유학의 실천 및 수행으로서 미국과 유럽여행이 더해지는데, 서양을 직접 체험하고 나서 그 확신은 더 굳건해졌고 이를 따라 완성한 개화·문명·근대의 계몽사상서가 바로 『서유견문』이다. 이는 조선의 문명개화를 꿈꾸며 세계로 향하는 창을 열어 민족의 각성을 촉구했던 실천적 지식인 유길준의 신념·철학·경험의 총체였다.

2. 문화 번역자 유길준

회귀해야 할 중심을 부인하며 시공간을 횡단하고 유목하는 '여행'의 상대적 함의에 주목한 사이드(E. Said)는 창의적 차용이나 전유 같은 다양한 방식의 소통을 매개하는 인문·사회과학의 이론도 일련의 여행에 나선다고 비유한다. 시·공간 경계를 넘어설 때 당면하는 환대 또는 저항의 상황 조건에 따라 이론은 재현의 방식을 달리하면서 강화 또는 위축된다고 추론한 것이다. 이식·이전·순환·교환 등 기존의 단순한 양태로 설명할 수 없는 여정으로서, 변화된 시대와 지역의 맥락에 놓인 이론은 원래의 취지와 달리 선택적이고 가변적으로 해석된다고 예고한다(Said 1983, 226-227). 이론이 시간과 공간의 행렬 안에서 여행한다는 것은 생산·이전·수용·저항이라는 로컬의 조건에 부응하여 끊임없이 형성·재형성된다는 의미이며 이론의 생명력이 이처럼 여행하는 능력에 달려있다면 경우에 따라 여정을 완수하지 못하고 폐기·대체·망각되는 상황도 수반된다. 이론은 결코 역사적 상황을 초월해 안정되게 한 지점에 머무르지 않는다는 메시지다(Frank 2009, 61-62).

사이드의 여행하는 이론(travelling theory)은 클리포드(J. Clifford)의 손에서 여행하는 문화(travelling culture)의 은유로 각색된다. 그는 이론의 그리스어 *theorein*이 여행과 관찰 행위를 의미한다며 양자의 일체성을 부연하면서 그동안 서구 중심 담론의 장으로 인식된 '이론'이 인종·계층·젠더·성 등의 지식을 포함하려는 비서구 이론가에 잠식됨으로써 탈중심화가 가속된다는 점에 유의한다. 하나의 중심은 다른 중심의 주변이라는 상대성을 강조하고 여행의 논리를 문화인류학에 적용할 때, 문화는 다중심의 비교 관점으로 연구될 것이고 그를 위해 갈등·섞임·위반·경비가 교차하는 현장으로서 '경계'라는 새로운 로컬화(localization) 전략이 필요하다고 역설한다. 경계에서는 이분법이 전복되는 동시에, 헤게모니적 다원주의 또한 다문화의 공공영역(multicultural public sphere)으로 건설적으로 대체될 것으로 기대한다. 그런 이유에서 클리포드는 중립적이고 이론적인 전위(displacement), 저항에 대한 고려 없이 일반화를 시도하는 노마디즘(nomadism), 인류의 경험을 포괄하고 계층·젠더 편향성이 덜하지만 신성성이 강조되는 순례(pilgrimage)보다 '여행'의 은유가 전략적 차원에서 문화 비교에는 더 유효할 것으로 판단했다. 그리고 월경하며 끊임없이 이동하는 행위로서 여행의 메타포는 그동안 간과했던 타자의 문화에 대한 관심을 환기할 것이라 확신한다(Clifford 1989; 1997). 서양/동양, 문명/야만, 남성/여성, 백인/유색인 등 근대의 위계적 이항대립의 범주 사이에 유연한 경계를 설정해 의미체계를 구성하겠다는 기대이다. 타자성의 전유를 통해 자아정체성을 확립하려는 저의에서 타자를 다른 시·공간에 위치시켜(allochronic distancing) 문명화를 강제하려는 문화 진화론이나 서양의 문화 정체성이 타자와의 역사적 관계에서 형성된 사실을 묵과하는 문화 상대주의 모두 문화를 총체적으로 이해함으로써 사이 공간을 묵과했던 것에 대한 반성이기도 하다. 경계를 허무는 대신 접경을 형성하고 횡단하여 타자와의 대화적 관계(dialogical relations)를 회복함으로써 그간 은폐되었던 의미를 새롭게 발견하는 창조의 공간으로 활용하자는 로컬화 전략인 셈이다(김현미 2001, 130-131, 133-134).

사이드의 이론과 클리포드의 문화가 경계 내부를 '여행'할 때 시·공간 맥락에 따른 새로운 인식론적 해석이 수반되지만, 경계를 뛰어넘어 여행할 경우에는 문화를 비교하기 위해 추가로 언어학적 해석과 문학 행위로서의 번역(translation)이 불가피해지고 이는 필연적으로 충실성(fidelity)과 의미(textual meaning)의 의제를 파생한다. 번역은 진정성(authenticity)을 가장하면서 대상을 옮기지만 본질적으로 하나의 언어를 다른 언어로 옮기는 것은 어려운 문제여서 내용과 의미의 해석이 번역자 개인의 창안이 되거나 심지어 독자를 특정 방향으로 유도하기 위한 의도가 노골적으로 개재할 가능성까지 상존하기 때문이다(Lloyd 2015, 121-122). 언어는 단순한 소통의 수단임을 넘어 문화의 세대 간 전승을 매개하고 철학·세계관·역사관을 함축하므로, 언어생활을 성립시키는 어휘나 텍스트의 번역은 기본적으로 문화번역(cultural translation)을 시사한다. 그런데, 언어에는 지식=권력의 관계가 잠재하여 공정하고 중립적인 번역은 애초부터 상정하기 어렵고, 극단적 경합 양상은 동·서양 문화권의 경계를 넘어가면서 표면화한다. 한자와 알파벳의 경계를 횡단하는 접촉과 교섭은 문명의 우월적 지위를 점하기 위한 권력투쟁을 또한 내포한다는 인식이다. 중립을 가장한 초담론적 접근과 문화상대주의를 우회하여 역사적 접촉·상호작용·번역의 측면과 이념의 흐름에 주목해야 하는 이유이다(Liu 1995, 1-3, 7, 19-20).

제국주의 담론이 팽배했던 19세기의 맥락에서 서양어의 어휘·개념·관념·이론이 비서구 언어권으로 '여행'한다는 것은 계몽·진보·문명·과학기술의 전파를 암시한다. 순수하고 중립적인 여행이 아니었다. 힘의 충돌에서 서양에 압도당한 청과 일본은 자국이 당면한 위기상황을 타개하고자 서구문화를 차용·전유하기 위한 전략으로 번역을 선택했다. 서구의 어휘와 텍스트는 곧, 번역의 대상이 서양의 문화와 문명임을 가리키며 지식인에게 번역은 근대화의 중요한 방편이자 사명이었다. 역사적으로 번역어는 예수회 선교사 마테오 리치(Matteo Ricci 1552~1610)가 마카오에 도착한 1582년에 단초가 마련되고, 19세기 초반 개신교 선교사들이 가세한 데 이어, 19세기 중반의 린쩌쉬(林則徐), 웨이유안(魏源), 쑤지유(徐繼畬) 같은 경세파와 청일전쟁 이후 등장한 옌푸(嚴復), 마젠중(馬建忠), 마준우(馬君武) 같은 서양 전문가에 의해 활발하게 소개되었다. 선교사를 통해 서양의 실상을 먼저 접한 청은 한동안 조선과 일본에 번역의 지침을 제공하였으나, 메이지 유신을 계기로 방향성은 역전된다. 중간에 위치한 조선의 경우 중체서용과 양무를 강조한 청에 의존하다 서구화에 성공한 일본의 발전상을 목격한 뒤로 시선을 동쪽으로 전환하였는데, 양국이 번역한 서구를 재번역하는 중역의 필터링을 통해 근대 서구에 다가갔다. 시차와 순서는 다르지만 동양의 근대는 결국 '번역된 근대(translated modernity)'였다(Liu 1995).

번역된 신조어는 새로운 사상의 도입을 의미하였다. 일본의 경우 남만학, 난학, 영학으로 이어지는 서양 학문 연구의 추이에서 포르투갈, 네덜란드 그리고 막말부터 대세를 형성한 영미권의 번역어가 양산되었다. 19세기 중엽 이후 구미의 번역어는 일본으로부터 동양 문명의 중심인 청에 유입된 것은 물론, 심지어 청에서 번역한 유럽의 용어가 크게 인식되지 못하다가 일본에 차용된 후에야 세를 떨치거나, 청에서 번역된 신조어였음에도 자국인 스스로 일본에서 차용한 언어로 인식하는 경우까지 발생할 정도였다(Liu 1995, 32, 34). 이처럼 일본의 번역어는 한자 문명권의 연원인 청과 조선으로 전파되어 동아시아 사상과 문화는 물론 정치에까지 영향을 미치면서 서서히 권력이 되어 갔다(양세욱 2012). 동양의 근대를 해명할 때 언어적 실천과 문화 번역에서 출발해야 하는 당위이다.

『서유견문』은 동·서양의 경계를 넘나드는 탐험과 모험의 수행을 반영한 문화 번역의 전범이며, 그런 의미에서 서구에 대한 근대적 시각체험을 거친 유길준은 동양인의 관점에서 조망한 바를 개념화하고 조선의 근대화를 위해 최선의 번역을 고민한 '문화 번역자'였다. 그는 한반도의 지정학적 중요성이 대륙세력과 해양세력의 대립으로 극명하게 표출되고 세계화를 향한 도전과 응전의 진통이 가장 극심했던 19·20세기를 살다 간 경계인이다. 1856년 경복궁과 창경궁 사이 북촌 양반골의 기계유씨 가문에서 태어났는데, 본제는 명확히 비정할 수 없지만 아마도 친형 유회준과 동생 유성준을 포함해 일가친지가 다수 거주했던 계동 5통과 6통 어디쯤으로 추정된다. 북촌은 중화를 기리는 대보단의 상징경관과 개화·근대를 향한 혁명의 기억이 중첩되는 경계이자 부조화의 대항공간이었다(그림 1). 수구의 토양에서 꽃을 피울 수 있었던 진보사상의 근원은 18세기 도시의 개방적 분위기에서 형성된 경화사족의 이용후생이었다. 상품화폐 경제와 대외무역에 추동된 도시 상업의 발달이 중간계층의 성장을 이끌면서 문화·예술에 대한 수요를 촉발하고 학문 풍토까지 변화시켰다. 서당의 증가에 따른 유식자의 양적 팽창은 책 읽는 도시민의 등장을 알렸고 지식의 대중화를 위한 서책의 간행·임대·필사·판매가 활발해졌다. 사대부의 사유체계도 수기를 위한 사변적 철학에서 실무와 사회개혁에 응답한 연암학파에 대한 관심으로 돌아섰다(고동환 2011, 58, 62~73). 재동 백송이 있는 곳은 유길준이 김윤식(1835~1922), 김옥균(1851~1894), 홍영식(1855~1884), 박영교(?~1884), 서광범(1859~1897), 박영효(1861~1939) 등 개화파 인사와 교유했던 박규수(1807~1877)의 집터로서 상징성이 큰 장소이다. 서양 문명의 설명을 빌린 개화사상의 복음서 『서유견문』이 완성된 곳도 이곳 북촌으로서 송림과 천석의 경치가 빼어났던 가회동 민영익(1860~1914)의 별서 취운정이었다.

개화기의 계몽가, 사상가, 교육자, 개혁가, 관료로 소개되며 근 18년의 연금과 망명으로 점철된 구당 유길준의 생애는 파란만장했다. 과거 준비를 위해 유학의 경전을 읽다 1870년 무렵 박규수와 개혁 성향의 문하생을 만나 북학파의 이용후생사상과 웨이유안의 『해국도지(海國圖志)』에 담긴 청의 양무사상 및 해외사정을 접하고 시무학으로 전향하였다. 1881년 2월 조사시찰단(신사유람단)으로 일본에 파견되어 조선 최초의 해외 유학생으로서 유정수와 함께 게이오기주쿠(慶應義塾)에서 신학문을 익히고 '일본의 볼테르'로 칭송되는 계몽사상가 후쿠자와 유

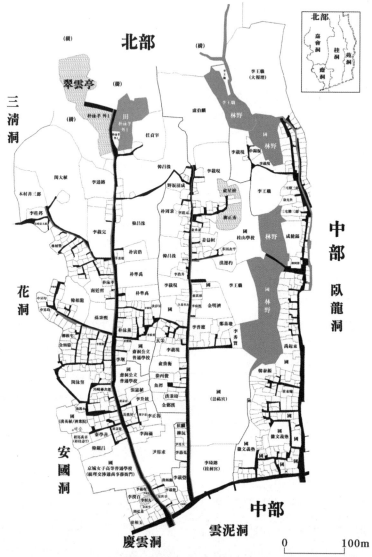

그림 1. 개화와 수구의 대항공간, 북촌

주: 지적도와 토지조사부로 복원한 1912년의 계동과 주변지역이다. 왕실, 관료, 개화파, 친일파의 소
유지가 얽혀 있다. 유길준의 출생지는 아우 유성준과 자형 유정수의 계동 저택 인근으로 추정된다.
이항구 소유의 재동 가옥은 유길준의 장남(만겸)과 차남(억겸)의 원적지로 기록되고 있어 결혼 후
분가한 곳이 아닌가 한다. 갑신정변에 고종이 억류된 경우궁과 계동궁, 통리교섭통상사무아문, 박
규수와 홍영식의 저택도 보인다. 삼청동으로 넘어가는 고갯마루에 『서유견문』을 탈고한 취운정이
자리한다.

키치(福澤諭吉 1835~1901)로부터 문명개화의 사상적 세례를 받았으며 그의『서양사정(西洋事情)』에서『서유견문』을 꿈꿨다. 임오군란으로 유학을 중단하고 귀국한 1883년 2월 통리교섭통상사무아문 주사로 임명되어 비록 완수하지 못했지만 국민계몽의 핵심수단이 될 것으로 기대한 신문 창간 실무를 주관하였으며, 주사직을 사임한 4월부터 〈경쟁론〉, 〈저사집역〉, 〈세계대세론〉을 논술하였다. 그해 7월 견미보빙사 민영익의 수행원으로 도미하여 사행 임무를 완수한 뒤 유학생 신분으로 현지에 남아 하버드 대학교 진학을 목표로 1884년 9월 매사추세츠 주의 덤머 아카데미(Governor Dummer Academy)에 입학했으나, 홍영식, 서광범, 변수가 연루된 갑신정변에서 민영익이 심한 자상을 입게 된 까닭에 연대책임으로 학업을 지속하지 못하고 유럽을 경유해 1885년 12월 귀국한 직후부터 7년에 걸친 연금 생활을 시작하였다. 어려운 여건에도 〈중립론〉(1885), 〈국권〉(1888), 〈지제의〉·〈세제의〉(1891), 〈어채론〉(1892)을 집필하였고『서유견문』까지 탈고하였다. 1892년 4월 초 응제입격(應製入格), 즉 고종의 특명으로 실시한 시험에 합격하여 사면되고 1894년 7월 이후의 갑오개혁 국면에는 통리교섭통상사무아문 주사, 내아문 참의, 군국기무처 의원, 의정부 도찰원 도헌, 내각총서, 내무협관, 내부대신 등의 중책을 맡아 주도적인 역할을 수행했으나,[1] 연립내각 박영효의 반역 혐의에 이어 을미사변의 불안한 정국에 단행한 단발령이 거국적 반발에 직면하고 급기야 1896년 2월의 아관파천으로 김홍집 내각이 붕괴함에 따라 일본으로 망명길에 올랐다. 망명 체류 중이던 1902년에는 일본 호산학교(戶山學校)를 졸업한 청년 장교로 구성된 혁명일심회와 함께 의친왕 이강을 황제로 옹립하려 모의하다 발각되어 낙도로 유배되는 어려움을 겪지만 〈폴란드쇠망사〉, 〈프러시아 프리드리히대왕 7년전사〉, 〈크리미아 전쟁사〉, 〈이탈리아 독립전사〉, 〈정치학〉 등을 편·번역하였다. 헤이그 밀사 사건이 빌미가 되어 고종이 퇴위한 1907년에 11

---

1. 내부대신 서리와 내부대신으로서 갑오년 이후 경찰, 콜레라, 종두, 황제존호, 연호, 태양력, 지방제도, 단발령, 제복과 의관 관련 제도개혁을 추진한 것으로 확인된다(송병기·박용옥·박한설 편 1970; 1971).

년의 망명생활을 접고 귀국한 뒤로는 정치 일선에서 물러나 흥사단을 결성해 국민교육, 애국계몽, 식산, 자치활동, 사회사업을 펼치며 〈대한문전〉, 〈노동야학독본〉 등을 출간하였다(이광린 1992b; 유동준 1987; 福澤諭吉事典編集委員會 2010, 600-601; 최덕수 2013; 그림 2).[2]

세기말의 전환기를 살았던 유길준은 쇄국과 개항, 전통과 근대, 청과 서양, 유학과 양학, 민영익과 김옥균 사이에서 번민한 중간인이었다. 그런 만큼 유길준에 대한 평가는 하나로 모아질 수 없을 것 같은데, 실학을 공부한 선비와 민권·주권을 주창한 근대 계몽지식인의 경계에 선 인물로서 온건 개화파로 분류되는가하면, 〈매일신보〉 1914년 10월 1일의 기사에서는 '識者間에 第二의 金玉均이라 稱'해진다며 혁명가의 기질이 부각되었다. 안중근 의사도 공초 기록에 '我國의 革命을 생각해낸 사나이'라는 유길준의 인물평을 남겼다. 학업과 체험을 통한 사회화·문화화로 철학·신념·세계관·혁명 의지를 다진 후 상황과 처지에 따라 개화의 방법을 달리 가져간 실천적 지식인이었다.

유길준 학문의 정수는 1881년 일본 유학 중에 구상하여 '번역' 형식으로 초안을 잡고 1883년의 미국 사행과 유학의 직접 체험이 계기가 되어 '견문록'으로 계획을 수정한 뒤 연금상태에서 '집술'한 『서유견문』에 응집되어 있다. 1889년에 탈고한 초본은 의정부 도헌 신분으로 보빙대사 의화군을 수행하여 일본으로 건너가 고문 초빙과 차관 문제를 논의하는 기회에 후쿠자와의 교순사(交詢社)를 찾아 원고를 기탁하여 1895년 4월에 근대적인 인쇄 방법으로 출간하였다. 자신의 개화 및 계몽사상을 집대성한 국한문혼용의 저술로서 천문, 지리, 법률, 정치·행정, 재정, 교육, 군사, 치안, 학문, 경제, 풍속, 사회시설, 과학기술, 도시 등 다양한 분야에서 근대 서양의 실상을 상세히 소개하였다. 국내는 물론 청, 일본, 미국의 책자를 부분 번역해 배열하고 첨삭하며 번안하는 과정을 거쳐 완성한 개화기 문화번역의 대표적인 사례가 아닐까 한다. 근대 문단 성립 이전에는 창작·번역·번

---

2. 『유길준전서』에 다양한 논저와 시문이 수록되어 있다: I 서유견문, II 문법·교육편, III 역사편, IV 정치경제편, V 시문편.

그림 2. 유길준(1856~1914)과 기억의 장

주: 유길준은 게이오의숙에서 번역된 서구를 독해하고(1882), 미국의 문물을 체험하며(1884), 갑오내각의 개혁을 주도하고(1894). 만년에는 계몽운동을 이끌었다(1910년경)(상). 박규수 집터의 백송은 개화파와의 만남을 상징하며 한거설가는 『서유견문』을 향한 연금의 시작을 얼린다. 노량진 용양봉저정에서 만년을 보낸 유길준은 뭇다 이룬 개화의 꿈을 안고 하나 검단산 중턱에 잠들어 있다(하).

자료: 慶應義塾史事典編集委員會(2008); 유동준(1987); 유길준전서편찬위회(1996): 고려대학교 박물관.

안의 경계가 모호하여 책의 성격을 규정하는 표기가 著, 述, 作, 譯, 飜案 등으로 다양하게 나타난다. 집필자가 텍스트에 의미를 부여하려거나 서양의 원작 대신 일본어 번역본이나 번안본을 중역한 경우 '저작'에 대한 권리를 주장하려는 의식의 발로에서 역이나 번안의 표기를 주저하였는데(최성윤 2013, 221–223, 227–228), 유길준은 집술(輯述)이라는 다의적 표현으로『서유견문』의 성격을 규정하였다.

원문과 번역문의 동의성을 담보하는 것은 이론적으로 불가능할는지 모른다. 역자도 한 명의 독자에 불과하며 텍스트를 구성하는 다양하고 중층적인 의미체계를 완벽하게 파악할 수 없는 만큼 번역서는 역자 개인의 독해에 따라 이루어지는 언어의 치환에 불과하므로 의미의 등가교환을 실현하거나 기대하는 것은 순리일 수 없다. 특히 일본의 번역서를 조선의 독자를 대상으로 중역한다고 할 때 로컬라이징(localizing)은 불가피하며 그 때문에 원본이 전하려던 메시지는 초역과 중역을 거치면서 의미가 달라지고 심지어 침해·왜곡·조작되기도 한다(Liu 1995, 27). 이처럼 번역은 구체적인 맥락에서 일어나는 행위로서 독해(decoding)와 의미를 새롭게 구성하는 재 코드화(re-encoding)를 아우르는 개념으로서 번역자가 원전을 다시 써 내려가는 수행성까지 살펴 설명되어야 한다. 번역의 대상이 언어의 텍스트가 아닌 문화일 경우 비판, 차용, 모방, 혼종, 전유, 창안 등 상관 지식을 구성하는 다층의 행위를 수반하는데, 문화 번역자는 이성·감정·충동을 지니며 특정 방식의 사회화·문화화를 거친 위치 지어진 주체(positioned subject)로서 그들의 번역 행위는 중립적이거나 순수한 대신 감성적이고 윤리적이며 편파적이고 의도적이기까지 하다. 그를 원본에 상응하는 의미를 만들어 내는 초월적 중재자로 위치시키는 근대적 사유체계는 설득력이 없으며, 문화번역의 정치학은 번역 텍스트의 소비행위인 독서를 매개로 새로운 정치지형을 만들어 내려는 의도를 은폐한다(김현미 2001, 135–139, 142).『서유견문』은 유길준 개인의 사상, 철학, 경험에 근거해 다양한 서적을 참고·종합한 결과물로서 책자를 통해 전해진 '번역된 문명'은 결국 유길준이 긍정하고 수용한 근대문명이었다. 문화 번역자 유길준은 유학생의 위치에서 서양문화를 학습하였고 자신 안에 내재된 전통

문화와의 경합을 거쳐 관점을 새롭게 정립해냈다. 『서유견문』은 보는 방식(ways of seeing)의 전환을 경험한 뒤에 완성되었기 때문에 계몽과 근대를 향한 메시지는 강렬하다. 행간에 자리한 개화와 계몽의 특정 의도와 목적을 고려할 때 문학적 창작 이상의 정치적 행위로 해석될 여지는 충분하다.

『서유견문』은 『서양사정』, 『만국공법(萬國公法)』, 『청한론(淸韓論)』 등 다양한 서적을 참고·번역·집술한 서적이지만 단순한 어휘나 문장의 치환 행위에 그친 것이 아니라 서양의 제도, 사상, 문물의 전유를 의도한 일종의 기획이었다. 타자의 문명을 번역하는 것은 지적 차원의 근대화 노력이라 할 수 있으며(양일모 2010), 유길준과 동일체인 『서유견문』은 그의 사상적 편력의 도착점으로서 학습과 경험에서 형성된 신념에 기초해 번역한 근대 서양의 표상이다. 양무파 지식인에 의해 번역되어 최한기 같은 실학적 개화사상가가 중역한 저술을 통해 간접 대면한 서구의 심상을 형성한 데 이어, 메이지 일본의 계몽사상가가 번역·모방·이식한 서양의 제도와 문물에 가깝게 다가선 뒤, 이제는 미국과 유럽으로 나아가 생활의 일부로 경험하고 주체적으로 시찰해 다중 번역한 문명이 담겼다.

3. 사행과 동서양의 만남

여행은 경험 못한 장소에 대한 호기심 때문에 하고 싶어지고, 여행자는 다른 문화를 자기 가치 언어로 번역한 뒤 내재한 이념으로 비평하면서 자신이 속한 사회를 변화시키고자 한다. 유럽에서는 16세기 엘리자베스 시기에 처음 그 모습을 나타낸 후 17세기 중엽부터 프랑스혁명까지 이어진 그랜드 투어(Grand Tour)가 문화 교류와 사회 변혁의 통로가 되었는데, 잉글랜드 귀족 자제를 중심으로 프랑스, 이탈리아, 독일, 스위스, 베네룩스 등 고대 문명과 르네상스 유적 및 주요 도시를 40개월 남짓 체험하는 교육 여행이었다. 18세기 말로 가면서 북유럽 귀족에 이어 부유층까지 대열에 가세하고 그리스, 포르투갈, 터키 같은 경유지가 새로 추가되면서 순수 교육목적의 고전적 그랜드 투어(Classical GT)는 점차 관광, 풍경 감상, 휴양, 사교를 위한 낭만적 그랜드 투어(Romantic GT)로 바뀌었는데도 잉글랜드와 대륙의 문화 모두를 풍성하게 함양하였다(Towner 1985; Nelson 2017).

여행의 대상 지역이 동서양으로 확대되자 관계의 담론인 오리엔탈리즘과 옥시덴탈리즘에 입각한 지식=권력의 정치 기획이 가동되기 시작한다. 여행자는 이미지로 각인된 동양과 서양의 경험 지식을 여행기로 재현하면서 자신이 속한 문화권의 우월적 지위를 지속시키려는 의도를 노골화한다. 성공적인 탐험으로 상상의 대륙을 현실화하여 세계지리 지식을 선점한 서양의 경우, 동양과의 정체성 논의를 문명과 야만의 이분 구도로 이끌며 제국주의를 정당화하였다(황호덕 2010, 7~9). 그런데도 여행은 동아시아 전근대 사회로서는 서양을 만날 수 있는 열린 기회 중 하나였다. 우리로서는 견당사가 서양과의 만남을 위한 디딤돌이 되었는데, 조공과 진하 목적으로 당에 파견한 사절단으로서, 신라에서는 180여회의 사행이 있었다. 대당 외교와 진공·희사의 교역은 물론 문화교류의 계기로서, 경주에서 출발해 서해 해로를 거쳐 낙안과 장안에 이르는 여정이었다. 신라 하대의 구법승과 유학자 또한 당에 드나들며 선진 사상과 문물을 접했으며 고려후기까지 이를 '서학'으로 불렀다(권덕영 2005).

중국을 통한 서양과의 접촉은 원과 명청시대에 구현되며 특히 연행사는 정치 외교의 공적 임무를 띠고 이루어지는 시찰과 국제정세 파악의 행보였지만, 특권층에게 부여된 유람·교육·수양과 외부 세계에 대한 지식을 습득하는 기회였다. 오랑캐인 여진족에 대한 적개심으로 연행에 부정적이던 초기의 시선은 청의 실체를 중화의 연장으로 간주하는 전향적 인식이 확산하면서 합리화로 기운다. 북경을 여행함으로써 이용후생의 모범적 사례를 발굴해 자강의 기회로 삼으려는 북학의 실용적 태도가 형성된 것이다(안대회 2010). 연행은 서양의 과학기술을 도입한 청의 발전상에 경탄하면서 출발 전의 관념을 수정하고 귀국 후의 현실 개혁을 상상하는 소중한 체험이었다. 동양의 중심에서 대면한 서양의 천문, 역법, 종교, 학문, 사상, 특히 세계지도에 표상된 지리 지식은 중화 중심적 세계관의 수정을 요청하는 충격으로 다가왔다. 연행사의 활동은 조선관(옥하관), 황궁, 관부, 문묘, 국자감, 태학, 천단, 관제묘 등의 공적 영역에서 펼쳐지는 다분히 의례적인 행사로 이루어졌지만, 사적 공간에서는 유리창, 천주당, 관상대 등 명소를 방문하고 문사와 교유하는 자리가 마련되었다. 유리창은 상점, 서점, 골동품점, 주점, 다점이 즐비한 번화가로서 사신 일행이 서구의 각종 물품을 구경하고 서적과 문방구를 구입하며 학문과 예술을 논하는 중요한 거점이었다. 동서남북 네 곳의 천주당은 선진문물을 접하고 서양 사상을 심층적으로 이해하는 장소였는데, 옥하관 인근의 남당은 명실상부 서구 과학 문명의 전파 중심지로서 이기지와 홍대용 등이 방문해 선교사와 필담으로 깊이 있는 대화를 나누고 비치된 풍금, 망원경, 자명종, 세계지도, 천문도, 한역서 같은 진귀한 물품을 관람하며 때로 선물로 받았다. 조선이 서구 문명과 직접 접촉할 수 있는 유일무이한 자리였다(원재연 2009; 이홍식 2011; 신익철 2013). 그리고 이같은 연행사행의 경험은 18·19세기 개방적인 대외관과 진취적 문명관 형성에 크게 기여하였다.

교린의 차원에서 일본 바쿠후(幕府)에 보낸 통신사는 해로를 따르는 문화 교류 창구로서 임진왜란의 위기에도 1811년까지 지속되며 개화기의 수신사로 계승되어 해양으로 서구를 연결하는 다리가 되었다. 1876년의 조일수호조규는 불평등 조약이었지만, '조선국은 자주국'임을 천명하고 통상을 위한 개항을 끌어낸 점에 의의가 있다. 조약 체결 후 회례 명목으로 수신사를 파견하였는데, 일본의 기선과 기차를 이용했으며 김기수를 정사로 한 1차 사행(1876.4.4~6.1)을 필두로 김홍집의 2차(1880.5.28~8.28), 조병호의 3차(1881.8.7~11.29), 박영효의 4차(1882.7.25~11.28) 사행이 이어졌다(하우봉 2000). 개화사의 서막이 열리는 시점에 성사된 메이지 일본 시찰로서 왜양일체를 주장하는 척사파의 반발에도 개화파가 주도 세력으로 부상하는 전기가 되었다. 윤웅렬, 이조연, 강위, 지석영, 고영희, 김옥균, 서광범, 변수 등 개화 성향의 수행원은 정부기관을 찾고 박물관, 대학 등을 돌아보며 함포, 화륜선, 기차 등을 견학·체험하면서 전통적 일본관을 수정하는 한편 개화 의지를 다진다. 김홍집 사행은 '친중국 결일본 연미국'의 자강

방안을 담은 황쭌센(黃邊憲)의 〈사의조선책략(私擬朝鮮策略)〉을 받아와 문호 개방을 공식화하는 계기를 마련하여 근대 문물과 제도의 수용을 위해 1880년 12월 통리기무아문이 신설되는가 하면, 1882년에는 조미·조영·조독 수호(통상)조약이 순차적으로 체결되었다. 임오군란 수습을 위한 박영효 사절은 태극기를 제작하고 외교문서에 개국기원을 사용하는 등 근대 외교를 시험하는 한편, 후쿠자와가 1882년 3월 1일 창간한 〈시사신보(時事新報)〉에 깊은 인상을 받아 국내 신문 발행을 염두에 두고 실무진을 추천받아 귀국길에 동행한 의미가 있다.

유길준 개인으로서는 1881년 서구 문물을 수용한 주변 강국의 근대화 실상을 구체적으로 파악하기 위해 일본에 조사시찰단, 청에 영선사를 파견할 때 일원으로 참여한 것이 인생의 전환점이 되었다. 위정척사를 주장한 유생들이 만인소를 준비하며 일본과의 화친을 거부하던 상황이라 조사시찰단은 밀사로 추진되었으며, 박정양·민종묵·어윤중·홍영식을 위시한 12명의 조사를 중심으로 이상재·안종수·고영희·민건호 등 수원 26명, 통사 12명, 하인 12명으로 구성되었다. 현지에서는 내무·문교·대장·농상·외무·군부 등의 정부 부서를 찾고, 포병 공창·조선소·조지소·조폐국·인쇄국·광산·도기소·유리공장·방적공장·피혁장·제사소·양잠소·육종장 등 다양한 시설과 도서관·박물원·맹아원·병원·신문사·우편국·전신국·전기국·등대·천문소·교육기관·박람회를 방문·견학하였으며, 관제·군제·세제·세관·사법·경찰 관련 각종 제도의 운영을 조사하였다(정옥자 1965). 유람단의 보고서는 개화 정책의 참고자료로 활용되었으며 안종수는 『농정신편』으로 견문 결과를 종합하기도 했다. 어윤중의 수원을 유학생으로 편성해 현지에 남아 학업을 계속할 수 있도록 한 것도 획기적이었다. 당시 유길준과 유정수는 후쿠자와의 게이오, 윤치호는 나카무라(中村正直)의 도진샤(同人社)에 입학하였고 김양한은 조선소에서 수학하였다.

중국에 파견할 영선사는 1881년 11월에 결성된다. 김윤식(1835~1922)이 정사로서 인솔한 사절단은 미국과 수호조약 체결을 앞두고 청과 조율하는 외교적 임무와 함께, 신식 무기 제조법을 익힌다는 명확한 목적이 있었다. 20명의 학도와 18

명의 공장을 선발해 천진기기국(天津機器局)에서 외국어 학습과 탄약 제조법·전기·화학·제도·제련·기초 기계학을 익히도록 하려는 의도였다. 뒤에 보빙사로 참여한 고영철이 기기국 수사학당(水師學堂)에서 영어를 접한 것이 이때이다. 근대 기술에 대한 이해도가 떨어져 제대로 된 학습을 받지 못하고 재정적 뒷받침이 부족한 데다 임오군란까지 겹쳐 학도와 공장은 1년 뒤 전원 귀국하지만, 김윤식이 기증받은 다량의 과학서적은 후에 한성순보에 전재하여 개화사상을 전파하는 데 도움이 되었고 1883년 삼청동에 기기창을 설치하는 성과를 올렸다(이광린 1993, 133-134; 권석봉 1962; 황재문 2013).

근대 외교사절의 형식을 빌려 일본과 청에서 서양의 문물을 간접 체험한 것도 낙후된 조선 현실을 직시하는 자성의 계기가 된 것은 분명하지만 서양을 직접 방문해 문명의 실체를 시선에 넣는 것은 차원이 달랐다. 기선과 기차라는 근대의 전령에 의해 시공 수렴에 속도가 붙은 데다 1869년 11월 개통된 수에즈운하가 태평양, 대서양, 인도양을 일주하며 '양이'를 직접 경험하는 상상을 현실로 가져다준 상황에서, 1882년 5월 22일 조선특명전권대사 슈펠트(R. W. Shufeldt)와 리홍장(李鴻章)의 단판으로 체결된 조미수호통상조약에 따라 1883년 5월 주한특명전권공사 푸트(L. H. Foote)가 내한한다. 답례로 견미보빙사(1883.7.8 전권대신 임명 ~1884.6.2 전권대신 복명)가 결성되는데, 사절단은 특명공사·전권대신 민영익, 전권부대신 홍영식, 종사관 서광범, 외국참찬관·고문 로웰(P. Lowell 1855~1916),[3] 수원 유길준·최경석(?~1886)·변수(1861~1891)·고영철(1853~?)·현흥택, 통역 우리탕(吳禮堂 1843~1912),[4] 로웰의 비서 겸 통역 미야오카 쓰네지로(宮岡恒次郎

---

3. 보스턴에서 사업가의 장남으로 태어나 하버드 대학교 물리학과를 졸업하였다. 1883년부터 일본을 방문해 수집한 자료로 *The Soul of the Far East*(1888), *Occult Japan or The Way of the Gods*(1894) 등을 저술했다. 뒤에 애리조나 주 플래그스탭(Flagstaff)에 관측소(Lowell Observatory)를 설립하였으며 해왕성 바깥 행성에 관한 그의 가설은 사후 천문대원이 명왕성을 발견함으로써 입증되었다. Pluto의 'PL'은 Percival Lowell의 약자라 한다(Lowell 1935; 우남숙 2014).
4. 강소성 태생으로 프랑스에서 유학하며 영어를 익혔고 1880년경 스페인 주재 청국 공사관에서 근무했다. 1883년 묄렌도르프를 수행해 조선 해관에 배치된 직후 보빙사 통역으로 차출되었고 귀국해 해관으로 복귀한다. 용산상무위원, 원산상무위원을 지낸 후 은퇴해 부동산 투자와 고리대금

1865~?)[5] 등 11명으로 구성되었다(그림 3).

돌아보면 격동의 시대에 중차대한 보빙 임무를 수행한 이들의 운명은 기구하였다. 민태호의 친자 민영익은 민승호에 입양, 민비를 고모로 두게 되면서 일약 정계의 실력자로 부상하는데, 김옥균과 도쿄를 방문해 메이지 일본의 발전상을 목격하고 사절단을 이끌며 구미 유람으로 근대를 체험하고도 친청 사대로 선회하여 개화당의 최대 정적으로서 갑신정변 중 부상을 입는다. 다행히 알렌의 도움으로 완쾌한 뒤 중국 천진에 머물며 홍삼 수출을 주관하였고 조러밀약이 오 갈 때 위안스카이와 고종 사이에서 이간책을 펴다 홍콩으로 망명하였다(김원모 1999, 122-162). 영의정을 역임한 홍순목의 아들 홍영식은 신사유람단 조사 신분으로 일본을 시찰하였고 전동 전의감에 우정국을 창설, 총판에 부임하여 갑신정변을 주도하였으나 고종을 시종하며 우자오유(吳兆有)·위안스카이 군과 공방을 벌이던 중 타살되었다(김원모 1999, 163-201; 조일문·신복룡 2006). 김옥균과 박영효를 수행해 '동양의 영국' 일본을 돌아보고 개화의 모델로 삼은 서광범은 갑신정변 직후 일본으로 망명했다가 이듬해 도미하였다. 영주권까지 취득한 그는 1894년 말 귀국해 김홍집 내각의 법부대신으로서 재판소 설치를 포함한 사법제도 개혁을 주도하다 을미사변으로 주미공사를 자원해 출국했고 아관파천으로 해임된 뒤 1897년 폐병으로 생을 마감하였다(김원모 1999, 202-269).

훈련원 주부로서 보빙사의 경호를 담당한 최경석은 사행 중 농기구, 종자, 영농법을 탐문했다. 1884년 개장한 농무목축시험장 관리관에 임명되어 미국에서 가져온 종자를 개량해 재배법을 해설한 책자와 함께 전국에 배포하고, 수입한 수확기, 탈곡기, 재식기, 인분 살포기, 보습, 쇠스랑 등의 농기계를 활용한 근대 농

으로 치부하였다. 인천항이 내려다보이는 송학동의 서양식 자택은 인천의 랜드마크였다(김원모 1999, 375-397).

5. 도쿄영어학교 출신으로 1877년부터 도쿄대학 모스(E. S. Morse)와 페노로사(E. F. Fenollosa)의 통역을 담당한다. 1882년 도쿄대학 법학부 입학 후 모스의 소개로 로웰을 만나 보빙사에 동행한다. 대학 졸업과 동시에 외무성에서 근무를 시작하여 미국공사관 2등 서기관, 독일공사관, 변리공사, 미대사관 참사관, 워싱턴 주재 일본전권공사를 역임했다(高田美一 1994; 이한섭 2009; Phillips Library at the PEM 2014).

그림 3. 보빙사절단(1883.7.8~1884.6.2)

주: 전열 왼쪽부터 전권부대신 홍영식, 전권대신 민영익, 종사관 서광범, 참찬관 로웰이 앉고, 후열 왼
    쪽부터 수원 현흥택, 최경석, 유길준, 고영철, 변수가 서 있다.

자료: American Geographical Society Library Digital Photo Archive, Univ. of Wisconsin–
    Milwaukee

법의 실현에 주력했다. 1885년 4월에 암말 2필, 수말 1필, 왕세자의 조랑말 3필, 뉴저지 암소 2두, 수소 1두, 돼지 8두, 양 25두의 종축이 미국에서 도착하자 낙농업 발전을 꾀하던 중 1886년에 돌연 사망한다(이광린 1992a, 203-218; 김원모 1999, 370-375). 역관 출신 변수는 시인이던 부친의 사랑채에 유숙한 강위에게서 개화사상을 사사한다. 1882년 김옥균을 수행해 일본을 시찰하고 교토의 실업계 학교에서 양잠과 화학을 공부하였으며, 보빙사행을 마친 뒤 내아문 주사로서 고종을 측근에서 보필하였다. 갑신정변에 궁중 상황을 전하고 일본 공사관에 연락을 취하는 등 깊이 관여하다 일본으로 망명, 이내 도미한다. 1891년 조선인 최초로 메릴랜드 농과대학에서 학위를 취득하고 농무성에 취업했으나 열차 사고로 객사하였다(김원모 1999, 322-346; 조일문·신복룡 2006). 한어 역관으로 관계에 진출한 고영철은 1881년 김윤식 영선사의 학도로서 천진에서 영어를 수학한 이력 때문에 수원으로 발탁되었다. 사행을 완수하고 통리교섭통상사무아문 동문학 주사로 승진한 뒤 내무부 주사, 삼화감리, 고원군수, 봉화군수를 역임했다(김원모 1999, 346-352). 현흥택은 미국에서 귀국한 다음 수안군수, 광무총국 감리를 지냈고 1895년에는 시위대 연대장으로서 궁중을 경호하였다. 친미·친러 정치 단체인 정동구락부에 참여하여 을미사변으로 유폐된 고종을 정동으로 구출하려다 실패하였으며, 독립협회 발기인과 위원으로 활동한 뒤 상원군수, 친위대 보병 제1연대장으로 근무하다 군대해산 후 1907년 퇴직한다. 민영익을 상대로 홍삼판매 미지불 황실채권 환수 소송의 승녕부 대리인을 맡기도 했다(김원모 1999, 352–366).

일행에서 *Choŏn, The Land of the Morning Calm*(1885)의 저자 퍼시벌 로웰의 가세는 특별한 의미가 있다.[6] 보스턴 명문 가문의 후손으로서 동생 로렌스(A. L. Lowell)는 24년간 하버드 대학교 총장을 지냈고 여동생 에이미(A. Lowell)는 이미지즘파 시인으로 유명하다. 선조인 프란시스 로웰(F. C. Lowell 1775~1817)이 자신의 이름을 딴 로웰(Lowell) 시의 면방직 공장에서 미국 산업혁명을 촉발하였고 프란시스의 장남 존 로웰(J. Lowell, Jr.)은 1836년에 로웰 협회(Lowell Institute)를 설립, 석학을 초청해 강연회를 개최함으로써 보스턴 지역의 계몽에 크게 기여하였다. 협회가 초빙한 학자 가운데 라이엘(C. Lyell), 아가시(L. Agassiz), 기요(A. Guyot), 모리(M. F. Maury), 마시(G. P. Marsh), 옴스테드(F. L. Olmsted), 샐러(N. S. Shaler), 가이키(A. Geikie), 데이비스(W. M. Davis), 월러스(A. R. Walace) 등 지리학 관련 분야의 명사도 들어 있었다. 아가시의 경우 가장 많은 강연을 이끈 인연으로 협회의 과학 자문 이사로 위촉되고 1848년에 하버드 대학교 로렌스 과학대학(Lawrence Scientific School)을 창립·부임하였는데, 대학에서는 주 전공인 동물

---

6. 대통령을 비롯한 관료를 접견하고 정부기관과 산업시설을 시찰하는 보빙사의 의전과 일정을 조율했던 로웰은 10월 12일 백악관에서 공식 일정을 마무리한 뒤 빈객으로 초청받아 홍영식 일행과 12월 20일 서울에 도착한다. 이듬해 3월 17일 일본으로 건너갈 때까지 미야오카와 윤치호를 통역으로 대동하고 홍영식과 최경석 안내로 서울 일대를 답사하였고 조사 내용을 1885년에 하버드 대학교 출판부에서 출간한다. Choŏn은 오리엔탈리즘의 정형화된 담론에서 벗어나 문화 상대주의 관점에서 조선의 실상을 논했는데, 문명화에 유리한 온대기후의 이점에도 보수적·폐쇄적 기질, 반도의 지정학적 위치, 유교 등을 이유로 진취성과 창의성이 제한되었다고 피력하면서도 생활양식과 경관을 낭만적 감성으로 해석하고 문화의 고유성을 존중하였다(우남숙 2014; 이지나·정희선 2017; Lowell 1888, vi).

학뿐만 아니라 지질과 지형을 연구하면서 엄밀한 과학적 관찰의 전통을 수립하였다. 빙하기와 대륙빙하의 존재를 직접 조사해 입증한 빙하론(glacial theory)의 정립자로도 유명하다(Smith 1898; Cooper 1917; Phillips Library at the PEM 2014). 저명 생물학자로서 1877년부터 1879년까지 도쿄대학 초빙교수를 지낸 모스(E. S. Morse 1838~1925) 역시 협회에서 자연사학과 일본문화에 관한 연속강좌를 열었고, 발표를 들은 로웰이 호기심에 끌려 일본을 여행한 것이 보빙사와의 인연으로 이어졌다. 모스는 일본에 체류할 때 자신의 통역을 담당하여 친분을 쌓은 미야오카를 로웰에게 소개하였으며, 로웰은 사절단의 공식 임무가 마무리된 뒤 잔류한 유길준이 학업을 계속할 수 있도록 모스에게 멘토의 역할을 부탁하였다.

보빙사는 1883년 7월 15일 전함 *Monocacy* 호를 타고 제물포에서 출발, 7월 21일 나가사키에 도착했으며, 27일 나고야 호로 환승하여 8월 1일 요코하마에 입항하였다. 도쿄에서 로웰과 합류하여 미국 일정을 논의하고 국서를 비롯한 공식 서류에 대한 사전 번역을 마친 사절단은 8월 18일 *Arabic* 호로 태평양을 횡단해 9월 2일 샌프란시스코에 상륙한다. 간단한 일정을 소화한 뒤 새크라멘토에서 *Central & Union Pacific Railroads*로 시카고를 거쳐 워싱턴에 도착했고, 업무차 뉴욕에 머물던 아서(C. A. Arthur) 대통령을 찾아 국서를 전달하는 것으로 공식일정을 시작했다. 보스턴, 뉴욕, 워싱턴 등지의 정부기관·군사시설·산업시설·우편국·신문사·시범농장·병원·학교 등을 찾고 박람회를 관람하며 병원·백화점 등 도시문명의 실체를 체험하였다. 의전에 수반된 의사소통은 일어가 매개된 영어와 조선어의 이중 통역으로 이루어졌다(이한섭 2009, 180-181). 청의 우리탕과 일본의 미야오카는 영어에 능했지만 조선어 사용을 못했고, 우리 측에서는 고영철이 영선사의 학도로서 영어를 수학한 이력이 있으나 기간이 짧아 완벽한 구사를 기대할 수 없었다. 다행히 서광범, 유길준, 변수는 1년 전후의 일본 체재 경험이 있고 홍영식과 민영익도 유경험자여서 일어를 할 수 있어서 자연스럽게 통역은 미야오카를 거칠 수밖에 없었다. 국서 전달식에서 민영익의 연설을 유길준이 일어로 통역하면 미야오카가 이를 받아 영어로 전달하였으며 대통령의 연설을 미야오카가 일어로 풀어주면 유길준이 전권대사와 부대사에게 설명하는 형식이었다(이한섭 2009, 187). 서광범 또한 일어와 조선어로 소통을 보조하였다. 1876년에 한어(漢語) 역과에 합격한 고영철은 중국공사관 예방에 대비해 중국어 통역을 염두에 두고 섭외했기 때문에(우남숙 2014, 176) 천진에서 익힌 초보 영어로 로웰 또는 미국 인사를 연결하는 정도의 역할에 국한되었을 것으로 보인다. 보빙사 일행이 9월 15일 워싱턴에 도착했을 때 현지 수행원으로 위촉된 해군소위 포크(G. C. Foulk 1856~1893)는 미야오카에 의존하던 의사 소통에 활로를 텄다. 1876년 해군사관학교 졸업 후 아시아 함대에 자원하여 약 7년 동안 청과 일본 해역에서 근무하였으며 부인이 될 일본인 여성과 교제하였기 때문에 일어가 능숙했다.[7]

보빙사는 10월 12일의 백악관 귀국 인사를 끝으로 귀로에 오르는데, 두 개조로 나누어 홍영식, 로웰, 고영철, 현흥택, 최경석, 우리탕, 미야오카는 10월 24일 샌프란시스코에서 *City of Rio de Janeiro* 호를 타고 일본을 거쳐 12월 21일 복명하였고, 나머지 민영익, 서광범, 변수, 포크로 구성된 본진은 대통령이 배려한 군함 *Trenton* 호를 타고 12월 1일 뉴욕에서 출발해 런던, 파리, 카이로, 로마, 인도, 싱가포르, 홍콩 등지를 경유해 1884년 6월 2일 복명하였다. 세계 일주였다. 떠난 자리에 유일하게 유길준만 남는다. 당시의 일간지와 현전하는 서신 자료에 따르면 그는 민영익 일행과 행동을 같이하다 11월 10일 직전 세일럼(Salem) 시 피바디 박물관장이었던 모스의 집에 거처를 마련해 이듬해 5월 말까지 머물렀다. 모스도

---

7. 통역과 안내 역할을 수행한 뒤 미공사관 해군무관에 임명되어 사절단과 함께 내한한 포크는 푸트 공사가 사직한 1885년 1월부터 임시대리공사의 직을 수행하고, 1886년 6월 부임한 신임 공사가 본국으로 소환된 9월부터 12월까지 한 차례 더 임무를 맡는다. 청과의 갈등으로 1887년 6월 일본으로 건너갈 때까지 왕실의 반청 자주정책을 지지하고 근대화 명분으로 미국무역회사를 통해 총포, 탄약, 전등, 가축, 종자, 왕실물품을 조달하며 증기선 구입을 주선하였다. 선교사의 포교활동을 돕고 광혜원, 배재학당, 이화학당 설립을 지원하였다. 조선에 관한 정보 수집에도 나서 민영익, 서광범, 변수의 도움으로 서울 인근과 남부지방을 여행하며 군사, 물산, 광업, 무역, 교통, 도회, 풍습, 신앙 등 지역현황을 집중 조사하여 국무성에 보고한다(손정숙 2004; Foulk 1884). 밀워키 도서관이 소장한 사진과 〈대동여지도〉를 비롯한 다양한 지도는 이때 구입한 것으로 보인다.

일본어를 할 수 있어 의사 소통에는 별문제 없었다. 유길준은 6월 초 가까운 곳에 숙소를 구해 독립하였고 이후 어느 시점에 바이필드(Byfield)로 이주해 하버드 대학교 진학을 목표로 9월 시작되는 학기에 맞추어 덤머 아카데미에 입학하였다 (이광린 1988). 양호한 성적으로 학기 마무리를 앞둔 시점에 갑신정변이 발발해 진로가 불투명해진 상황에도 그는 이듬해 봄 학기를 등록하여 1884~1885년 과정을 이수한 뒤 '乙酉 秋'에 뉴욕항에서 출발하였다. 1885년 9월 상순 어느 날이었다. 당시 대서양 횡단 보편 항로였던 뉴욕-리버풀 직항노선을 취했다면 *Britan-nic*(5,004톤, 143m, 15노트) 호나 *Servia*(7,392톤, 157m, 16.7노트) 호에 승선하여 10일 만에 목적지에 도착했을 것으로 판단되며, 〈사친사오십사수〉에 언급한 '嶽(愛)蘭'(아일랜드)에 일시 정박했다면 퀸즈타운(Queenstown)을 경유하는 *Abyssinia*(3,651톤, 111m, 13노트) 호를 타고 12일 걸려 목적지인 리버풀에 도착했을 것이다 (Wikipedia, 'List of ocean liner'; Ports.com/sea-route 참조).

『서유견문』 19·20편에는 유럽의 여러 도시가 소개되어 있지만, 시간 여유가 없었기 때문에 유길준이 실제로 거친 지역은 많지 않았을 것이며, 남아 있는 서신 기록으로 미루어 볼 때, 런던에서 7~10일 남짓 체류하며 유람의 기회를 가졌을 뿐이다. 리버풀에서 기차로 환승한 뒤 맨체스터를 거쳐 도착했거나 국내선 소형 기선으로 갈아타고 이동했을 것으로 추정된다. 런던항에서 *Denbighshire*(10노트) 호에 오른 유길준은 이베리아반도를 돌아 지중해를 건너는데, 16일 일정의 이집트 포트사이드(Port Said) 도착을 하루 앞둔 1885년 10월 8일 선상에서 모스에게 작성한 편지를 실마리로 본다면 런던에서 출발한 시점은 9월 23일 무렵으로 판단된다. 그는 증기선이 홍콩, 상하이를 거쳐 일본에 도착하는 데 7주가량 걸릴 것으로 전했다. 수에즈 운하를 통과해 홍해와 인도양을 가로질러 영국령 스리랑카 콜롬보, 싱가포르, 홍콩 등과 상하이를 거쳐 일본으로 향했을 것으로 보며, 나가사키, 고베, 요코하마를 순차로 지났는지 직행했는지 모르지만 요코하마 항에 도착한 것은 11월 26일이라 〈조야신문(朝野新聞)〉에 보도되었다. 도쿄에서 일주일가량 체재하며 후쿠자와와 망명 중인 김옥균을 만나 미국 유학의 경과를 보고하고 갑신정변의 내막을 들었으며, 진퇴를 고민한 끝에 12월 2일 히로시마 호로 고베 거쳐 나가사키에 머물며 필요한 서적을 구입한 뒤 토요지마 호로 12월 21일 제물포에 도착하였다. 귀국 직후 유길준은 공초와 지인들의 구명을 거쳐 포도대장 한규설 가에 연금되었고 1887년 가을 취운정으로 거처를 옮겨 1889년 늦봄 탈고한 책이 바로 『서유견문』이다.

4. 근대 유학 여행자의 문명 '번역'서

개화를 열망한 근대인 유길준의 문명여행기 『서유견문』은 일본 유학에서 번역된 서양을 읽고 들으며(聞) 미국을 여행하여 시각으로 소비한(見) 서양을 조선출신 문화인의 시선과 심상으로 '번역(해석)'한 텍스트이다. 유길준식 서양 '견문록'은 두 번의 시도 끝에 성사된다. 앞서 신사유람단의 일원으로 도일해 게이오에서 학업을 수행하며 일본의 발전상을 목격하고 서적에서 접한 내용을 정리한 자칭 '日東에 見聞의 記혼 바'를 편집 단계까지 가져갔으나 원고를 분실해 다음을 기약해야 했다. 완수했다면 아마도 서양에 대한 간접 소개 형식의 저술이 되었을 것이다. 그런데도 당시 구상한 체제는 『서유견문』의 토대가 된 것으로 생각된다. 두 번째 계기는 보빙 사절단으로 미국 문물을 시찰하면서 받은 문명 충돌의 충격에서 예비유학 중 일차적으로 '聞ᄒᄂ 者를 記ᄒ며 見혼 者를 寫ᄒ고 又 古今의 書에 披考ᄒᄂ 者를 撮繹ᄒ야 一帙을 成'했을 때인데, 대학 입학에 매진해야 하는 상황에서 시간적 여유가 없어 귀국 후의 작업으로 미루어 놓았고 정치상황의 급변으로 학업을 중단하고 돌아와 확인한 결과 원고와 자료 태반을 유실했다. 보빙사가 정해진 일정에 따라 많은 지역·기관·시설을 돌아보았고 사절 각자가 관심사를 상세히 조사하였기 때문에 유길준 또한 참고할 자료를 적지 않게 보유했던 것 같은데, 도착 후 검열 과정에서 대부분 압류되었을 것으로 보인다. 어쩔 수 없이 남은 자료와 가족 및 지인에게 부탁하여 외부로부터 반입한 자료를 토대

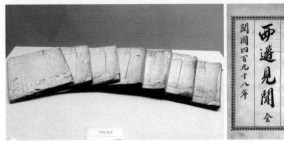

그림 4. 『서유견문』 초본과 인쇄본

주: 2편을 한 책으로 묶어 1889년에 완성한 초본은 1895년에 후쿠자와의 교순사에서 인쇄본으로 간
   행된다. 국한문을 혼용하여 일반 대중이 다가서기 쉽게 하였다.
자료: 고려대학교 박물관

로 집필을 마무리하게 되며 애초에 계획했던 생생한 체험을 반영한 견문록과는
거리가 있는 계몽적 성격의 책자에 만족해야 했다. 예정대로 하버드 대학교에 입
학하여 도서관에 비치된 방대한 자료를 탐독하고 미국 일대를 여행하면서 조사
를 마쳤다면 전혀 다른 『서유견문』이 되었을 것은 짐작하고도 남음이 있다.

서문이 '己丑暮春'에 작성되었기 때문에 탈고 시점은 1889년 음력 3월, 양력
으로는 4월경으로 보인다(그림 4). 비고에서는 책의 저술 과정을 조금 더 상세하
게 들려준다. 유학 중인 1884년부터 자료를 수집하였고 본인이 보고 들은 것에
입각해 논의하거나 문헌을 의역해 정리한 부분이 있으며 특히 산천과 물산에 관
한 항목은 전적으로 문헌에 따랐음을 시인하였다. 각국의 정치, 상업, 군사, 부세
와 관련해서는 5~10년 전의 서적을 활용하여 현실과 부합하지 않는 경우도 있
다고 인정하였다. 책자의 가장 큰 특징이라면 국한문혼용체가 채택된 점일 것 같
은데, 대상으로 한 독자가 지배계층이나 기층민 어느 한쪽이 아니라는 의사로 읽
힌다. 상류층을 의식해 중국식 문어체를 고집하는 대신 말과 일치하는 문장이 국
민 계몽과 통합에 기여할 것이라는 기본 전제가 깔린 선택으로서(허동현 2017, 21),
평이하고 간결한 문체로 서구 문명의 실체를 더욱더 많은 사람에게 전달하기 위
해 의도적으로 언문일치를 시도한 것이다. 물론 국한문혼용은 『서유견문』이 처
음은 아니다. 한성부 신문국에서 발간할 신문의 창간사를 포함해 〈세계대세론〉

과 〈경쟁론〉 등 유길준 자신이 1883년에 작성한 논설에서 이미 시도한 바 있고, 이수정의 번역성서 『신약마가전 전복음서언히』(1885), 〈한성주보〉(1886.1), 정병하의 『농정촬요』(1886)의 선례가 있기 때문이다. 게다가 『서유견문』의 국한문은 〈노동야학독본〉(1908)처럼 국문만 알면 읽어 내릴 수 있는 훈독식이 아니고 한자를 주로 하면서 국문은 단순히 토를 다는 정도에 불과한 혼용방식으로서(이병근 2000) 학식이 있는 독자라야 일독이 가능한 한계가 있다. 그런데도 순 한문 구사가 자유로운 유길준이 동료 사대부와 고종으로부터 환영받지 못할 것을 짐작하면서 계몽적인 글에서만은 국한문을 선택적으로 사용했다는 사실의 의미는 절대 가볍지 않다.

고종의 정치·외교를 자문하고 『서유견문』을 탈고하는 등 연금 상태에서 중요한 역할을 수행한 유길준은 마침내 1892년에 해금되며, 1894년 7월 발족한 김홍집 내각에 군국기무처 회의원 겸 통리교섭통상사무아문 참의로 전격 기용된다. 곧이어 의정부 도헌으로 승진하였고 때마침 10월에 의화군 이강을 보빙대사로 한 사절단이 꾸려질 때 일본과 군사고문 초빙 및 차관 지원 문제를 협의하기 위해 동행하는데, 조선의 기선 창룡호에 승선할 때 당시 『서유견문』 초본을 지참하고 있었다. 일본에서 천황을 알현하고 총리대신 이토 히로부미(伊藤博文)를 만나는 공식 일정을 소화하는 가운데 유길준은 11월 초 후쿠자와를 찾아 책을 설명하고 『서양사정』을 참고한 부분에 대한 이해를 구하는 한편 인쇄본 출간을 상의하였다. 중책을 수행하고 있어 귀국해야 하는 상황이었기 때문에 원고의 교열은 게이오 유학을 위해 잔류할 의정부 주사 윤치오와 탁지아문 주사 어윤적에게 맡겼다(이광린 1977; 박한민 2017). 이듬해 4월 25일 발행된 책자 1,000부는 서울로 배송되어 저자 서명을 거친 뒤 갑오개혁을 주도한 관료를 포함해 주변의 지인에게 인편으로 전달되었고 학부에도 여러 책이 기증되었을 것 같다. 당시로선 적지 않은 수량임에도 국내 기관이 소장한 인쇄본이 많지 않은 점으로 미루어 이후의 정국이 을미사변, 아관파천, 내각 붕괴로 급박하게 치닫는 상황이었기 때문에 배포가 충분하지 않았고 나머지 자택에 보관했던 책자는 압수되거나 폐기되지 않았

표 1. 『서유견문』의 편성

편	항목	편	항목
一	地球世界의 槪論, 六大洲의 區域, 邦國의 區別, 世界의 山	十一	偏黨ᄒᆞᄂᆞᆫ 氣習, 生涯 求ᄒᆞᄂᆞᆫ 方道, 養生ᄒᆞᄂᆞᆫ 規則
二	世界의 海, 世界의 江河, 世界의 湖, 世界의 人種, 世界의 物産	十二	愛國ᄒᆞᄂᆞᆫ 忠誠, 孩嬰 撫育ᄒᆞᄂᆞᆫ 規模
三	邦國의 權利, 人民의 敎育	十三	泰西 學術의 來歷, 泰西 軍制의 來歷, 泰西 宗敎의 來歷, 學業ᄒᆞᄂᆞᆫ 條目
四	人民의 權利, 人世의 競勵	十四	商賈의 大道, 開化의 等級
五	政府의 始初, 政府의 種類, 政府의 治制	十五	婚禮의 始末, 葬事의 禮節, 朋友 相交ᄒᆞᄂᆞᆫ 道理, 女子 待接ᄒᆞᄂᆞᆫ 禮貌
六	政府의 職分	十六	衣服 飮食 及 宮室의 制度, 農作 及 牧畜의 景況, 遊樂ᄒᆞᄂᆞᆫ 景像
七	收稅ᄒᆞᄂᆞᆫ 法規, 人民의 納稅ᄒᆞᄂᆞᆫ 分義	十七	貧院, 病院, 痴兒院, 狂人院, 盲人院, 啞人院, 敎導院, 博覽會, 博物館 及 博物園, 書籍庫, 演說會, 新聞紙
八	政府의 民稅 費用ᄒᆞᄂᆞᆫ 事務, 政府의 國債 募用ᄒᆞᄂᆞᆫ 緣由	十八	蒸氣機關, 蒸氣車, 蒸氣船, 電信機, 遠語機, 商賈의 會社, 城市의 排鋪
九	敎育ᄒᆞᄂᆞᆫ 制度, 義兵ᄒᆞᄂᆞᆫ 制度	十九	各國 大都會의 景像, 合衆國의 諸大都會, 英吉利의 諸大都會
十	貨幣의 大本, 法律의 公道, 巡察의 規制	二十	佛蘭西의 諸大都會, 日耳曼의 諸大都會, 荷蘭의 諸大都會, 葡萄牙의 諸大都會, 西班牙의 諸大都會, 白耳義의 諸大都會

을까 한다. 망명할 때 소지한 책은 미국의 모스에게도 발송하였다. 근대 인쇄기법으로 출간된 책의 표지에는 '杞溪 兪吉濬 輯述', 판권지에는 '著作者兼發行者 兪吉濬', '出版校閱者 魚允迪·尹致旿', '印刷所 秀英舍', '發行所 交詢社'가 명기되었다.

『서유견문』은 집필 내력을 소개한 서문(序) 6쪽, 알아두기 성격의 비고(備考) 4쪽, 목차에 해당하는 목록(目錄) 8쪽, 본문(第一編~第二十編) 556쪽 등 총 574쪽 분량에 달한다. 내용을 나눠보면, 1·2편은 천문과 세계 지리를 개관하고 3~16편은 국제관계, 인권, 정치체제, 제도, 법률, 학문, 풍습을 설명하였으며 17·18편은 각종 사회시설과 문명의 이기를 소개하고 19·20편은 미국과 유럽의 주요 도시를 유람하였다(표 1). 즉, 둥근 원으로 구현된 지구의 과학적인 작동 원리를 제시하고 중화는 6대주의 하나인 아시아에 속할 뿐이라며 세계관의 수정을 유도하는 한편, 서구의 무한한 정치·경제·사회·문화·기술 역량을 상세히 소개하여 화이관의 내적 편견을 깬 상태에서 서구 문명이 응축된 도시를 '방문'해 근대의 실체를 드러내고자 했다. 시간과 장소의 흐름에 따른 여정을 좇아 설명과 감상을 적는 대신 서구 문명사회를 차분하게 설명하는 구도로 편성하였으며 근대화를 완수한 사회의 낭만과 이상을 담은 다양한 읽을거리가 곁들여졌다. 그러나 글의 전반적인 논조는 서구의 근대문물을 수용함으로써 사회 전체를 변화시킬 수 있다는 계몽의 의도가 명확하다. 이와 관련해 14편 후반부에 심층 논의된 '개화의 등급'은 유길준이 생각하는 문명개화의 필요성과 당위성을 집약한 핵심으로서 들어간 위치는 어색하지만, 성격상 총론 내지 결론에 가깝다.

책의 구성에서 유길준 학문 여정의 축소판 같은 느낌을 받는다. 학습하고 체험한 삶의 궤적을 편제에 반영한 듯한데, 천문과 세계 지리를 다룬 부분은 박규수로부터 소개받은 양무 서적 도입부와 많이 닮았고, 본론에 개진된 내용은 일본 유학시절 탐독한 서적에서 작지 않은 비중으로 인용하였으며, 세계 주요 도회지를 다룬 후반부는 보빙사절과 예비 유학생으로서 경험한 미국과 귀국 노정에 체류하거나 선상에서 관찰한 유럽의 인상을 전하고 있다. 부연하면 유길준은 북학파의 저술을 통해 지구과학의 요체를 인지하고 『해국도지』를 비롯한 청의 양무 텍스트에 번역·재현된 만국의 심상 지도를 구축한 상태에서 일본 유학을 맞았다. 게이오는 후쿠자와가 구미 사행에서 구입한 서양서와 자국 내에서 번역된 다양한 교과서·교양서·전문서를 비치한 도서관을 갖추고 서적을 제작·판매하는 서점도 있었기 때문에(福澤諭吉事典編集委員會 2010, 〈慶應義塾 全圖〉) 번역된 서구 근대를 간접 체험하는 또 다른 기회가 되었을 것이다. 그리고 그렇게 개념화된 서구는 미국에서 진학을 준비하고 귀로에 유럽을 탐사하는 실천과 수행을 통해 실체로 승화한 뒤 수정·보완·강화·부정되는 내면화 과정을 거쳐 책의 내용에 반영된 것으로 보인다.

유길준의 문명개화는 지구와 세계 지리 인식에서 비롯한다. 1편과 2편에서 태양계, 지구, 자전, 공전, 기후, 지각변동 같은 지구과학 일반론을 개괄하였는데, 지구는 동반구와 서반구의 6대주와 5대양으로 구성된다며 대륙 내부의 높낮이가 다른 산을 위시해 크기와 넓이가 각각인 강과 호수 같은 자연환경을 설명하였다. 인류는 황·백·흑·회·적 다섯 인종으로 구분되고 지역별로 다양한 천연자원과 이를 원료로 한 가공품에 따라 부의 수준을 달리하며 각 대륙에 흩어져 생활한다고 소개한다. 저자는 태양계·지구·대륙·대양·국가·산하·인종·물산 등 전체를 부분으로 분할하고 큰 것에서 작은 것으로 나아가는 서술 체계를 취했으며, 면적·길이·높이·시간·인구 등 구체적인 수치를 인용하여 사실성을 더했다. 과학 지식을 출발점으로 삼아 근대성을 강조하려는 저자의 의도를 읽을 수 있는데(김현주 2002, 223; 윤대식 2016, 29), 국제교류에 적극적으로 나서기를 주저하는 조선의 독자에게 드넓은 세계의 실상을 '분류'의 방법으로 온전하게 전하여 문명개화가 시대의 대세임을 고취하려는 전략에서 전반부에 배치한 것으로 보인다. 중화 질서로부터의 코페르니쿠스적 전환이 필요하다는 천문·지리담론으로서 이와 관련해 '地球ᄂ 渺然ᄒ 一塊로 其形이 楕圓ᄒ 者라'는 소위 지구설(地球·地圓說)이 주목된다. 이미 홍대용 같은 실학자의 논설을 통해 주창된 바 있으며 세계 어느 나라도 중심이 될 수 없고 동시에 세계 모든 국가가 중화가 될 수 있다는 국제관계의 함의가 깔린다(김현주 2002, 218).

『서유견문』 1·2편의 천문·지구과학·세계지리 관련 설명은 19세기 후반 동아시아 3국의 다양한 계몽 서적에 보편적으로 보이는 서술 체계로서 청의 『해국도지』, 『영환지략(瀛環志略)』, 최한기의 『지구전요』, 일본의 지리 교과서와 교양서 등에서 확인되며, 심지어 유길준 본인이 창간을 준비했던 〈한성순보〉(1883~1884)와 이를 계승한 〈한성주보〉(1886~1888) 같은 신문에서도 관련 기사가 비중 있게 다루어진다(이광린 1992a, 62-102; 장보웅 1970, 41-42; 남상준 1993, 21-24; 권정화 2013). 이들 청의 한역서와 조선 및 일본의 편찬서에 수록된 내용은 대체로 포르투갈, 네덜란드, 영국 등 유럽의 지리서와 미첼(S. A. Mitchell)·코넬(S. S.

Cornell) · 워렌(D. M. Warren) 계열 미국의 초중등 지리 교과서에서 번역되었기 때문에 유길준은 소장한 여러 번역 서적과 자료를 중역했을 것으로 예상되었다. 그러나 '방국의 구별'과 '세계의 물산' 항목을 제외한 1·2편의 저본은 유길준이 덤머 아카데미에서 교재로 사용한 *An elementary treaties on physical geography* (1873)였음이 최근 밝혀졌다(서명일 2019; 그림 5). 워렌(D. M. Warren, 1820~1861)이 1856년에 지은 *A System of Physical Geography*를 스타인버(A. von Steinwehr)가 부분 개정한 판본으로서 마쓰모토(松本駒次郎)의 『격물지지(格物地誌)』(1876)와 아라이(荒井郁之助)의 『지구론약(地球論略)』(1879) 같은 일역본이 있으나 유길준은 원서를 직접 활용하였다.

일견 유길준은 유학자, 관료, 정치학자, 언어학자, 개화사상가, 혁명가, 사회계몽가, 교육자 등 다원적 인간상을 체현한다. 자연스럽게 생의 여정에서 가장 역동적인 시기의 경험이 농축된 『서유견문』에는 서로 구분되는 동시에 상호 의존적인 다양한 담론·언어·시선이 존재하며(김현주 2002, 211-212), 서양의 정치·경제·사회·문화를 종합적으로 소개하는 계제에 구체상을 드러낸다. 동양=정신문명/서양=물질문명의 이분 구도를 지양해 서구 문명 세계의 특정 영역이 아닌 전체를 포괄하고자 다양한 소재를 채택하였는데, 방대한 지식을 체계적으로 소화하면서 '여행기'의 현장감을 살리기 위해 일인칭 화자를 등장시키고 조선과의 비

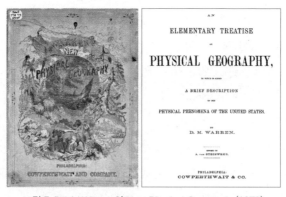

그림 5. David Warren의 *New Physical Geography*(1873)

교문화적 설명을 추가하며 서술한 점이 눈에 띈다. 만국공법에 따라 국가의 권리를 행사하는 주권국과 그렇지 못한 속국을 비교하며 자주독립의 중요성을 역설하는 데서 출발하여, 국민교육, 국민의 자유와 권리, 정치체제, 정부의 역할, 조세, 국채, 교육제도, 군사, 화폐, 사법, 경찰, 직업, 양육, 학문, 종교, 상업, 관혼상제, 사교, 의식주, 농목업, 여가 등의 분야에서 조선의 상황과 크게 다른 서양의 실상을 상세히 전한다. 근대 개혁을 추진할 때 지침으로 삼을 만한 많은 내용으로 채웠다.

주목되는 몇 가지를 꼽아본다면, 신체·재산·직업·집회·종교·표현의 자연법적 자유를 주지시키고 정치체제에서는 '君民의 共治ᄒᆞᄂᆞᆫ 立憲政體'와 '國人의 共治ᄒᆞᄂᆞᆫ 合衆政體'가 이상적이라며 자유민주주의를 강조한 부분이 무엇보다 의미심장하다. 정부의 역할 가운데 공원을 조성해 경치를 감상하면서 심신을 달래도록 배려하고 위생 규칙을 마련하며, 전기와 상수도 시설을 갖추는 한편, 직교형 가로를 조성하도록 권고한 점도 인상적이다. 학문에는 농학·의학·수학·정치학·법률학·물리학·화학·철학·광물학·식물학·동물학·천문학·지리학·해부학·고고학·언어학·군사학·기계학·종교학 등 갈래가 여럿임을 지적하면서 공론보다는 실용을 강조했는데, 지리학의 경우 길흉을 점치는 풍수설과 다르다면서도 지구의 이치를 궁구하는 학문으로 정의함으로써 지구과학의 피상적 이해에 그쳤다. 반면 상업은 '국가의 대본', '대도', '개화의 대조(大助)', '평시의 전쟁'으로 비유하며 근대화의 관건임을 암시하였다. 아울러 여성을 배려하고 여가 생활에 의미를 부여하는 풍습과 함께 빈민수용소·병원·특수학교·정신병원·맹아원·농아원·교도소·박물관·동 식물원·도서관 등 사회시설과 신문·증기 기관차·기선·전신기·전화 같은 문명의 이기에 대한 소개는 구체적이다.

『서유견문』은 조선 최초의 미국 유학생이라는 수식어가 붙는 유길준의 직접 체험이 개재하기 때문에 사실성을 담보하는 듯 보이지만, 아쉽게도 일상생활을 위한 영어공부와 대학진학 준비에 대부분 시간을 할애하고, 귀국길에 들른 유럽에서도 안내자 없이 단독으로 특정 지역만 유람한 까닭에, 자세히 조사하거나 기록할 시간적·심적 여유가 없어 현장감을 살려내지 못한 한계가 있다. 연금생활이 길어지면서 풍부한 개인의 체험이 빠지고 문헌에 따라 집술한 '견문기'가 되어 버렸다. 저자의 선호에 따른 자의적 윤색에서 벗어날 수 없었고 당시 관행에서 남의 글을 활용하는 준거가 없어 표절의 유혹이 컸던 탓에 인용한 자료를 명시하지 않는 한 어느 부분이 저자의 독창적 기술인지 판명하기 어려워졌다. 독자의 호기심을 끌기 위해 가보지 않은 지역이 여행지로 추가 기재되었으며, 여러 문헌을 인용하다 보니 문투가 일관되지 않는 경우가 가끔 발견된다. 활용 문헌의 선택에서 저자가 선호하는 특정 권위자에 대한 의존도가 커졌고, 고종이 열람을 기다리고 있는 상황에서는 형식이 내용을 지배하기 때문에 전하고 싶은 메시지를 모두 담기는 어려웠을 것이다.

함축된 내용과 의미가 풍부한 『서유견문』 중간 핵심 부분 역시 국내외 다양한 문헌자료를 참고해 완성하였으며 지적한 대로 특정 문헌에 대한 의존도가 컸다. 먼저, 유길준이 게이오에서 학업을 마무리하지 못하고 귀국하여 보빙사로 떠나기 전에 국한문혼용체로 작성한 118쪽 분량의 〈세계대세론〉에 주목할 필요가 있다. 유길준이 분실했다는 가칭 '일동견문기'의 모사본으로도 추정되는데, 개관 수준의 미완성 논술로서 인종, 종교, 언어, 정치, 의식주, 개화, 역사, 지리, 자유, 지구, 경위도, 주야, 기후대, 계절 순으로 간단한 설명을 붙였다. 분량·지명·수치 등에서 『서유견문』과 차이는 있지만 적어도 체제와 일부 내용의 저본으로 활용되었을 것으로 짐작된다. 전반부는 우치다(內田正雄)의 『여지지략(輿地誌略)』 (1870~1880), 후반부는 후쿠자와가 〈시사신보〉에 연재한 '시사대세론(時事大勢論)'과 〈세계국진(世界國盡)〉 6권의 주요 내용을 발췌·번역해 인용하고 새로운 논의를 더해 구성한 것으로 알려진다(박한민 2015; 윤대식 2016, 17-18; 이예안 2018, 140-143).

후쿠자와의 『서양사정』·『문명론지개략(文明論之槪略)』, 가토(加藤弘之)의 『입헌정체략(立憲政體略)』, 『만국공법』, 『공법편람(公法便覽)』, 『청한론』, 『부국책(富國策)』 등도 유길준이 직·간접적으로 인용한 문헌으로 거론된다. 정치, 경제, 법률, 사회, 문화 등 서양 전반에 대한 소개를 목표로 했기 때문에 다양한 분야의 문헌을 필요로 했을 것이다. 특히『서양사정』은 체제와 내용에서 유길준이 비중 있게 원용하였다(그림 6). 3편 인민의 교육(外編3), 4편 인민의 권리(二編1)·인세의 경려(외1), 5편 정부의 시초(외1)·종류(외2)·치제(初編1), 6편 정부의 직분(외2), 7편 수세하는 법규·인민의 납세하는 분의(이상 초1/이1), 8편 정부의 민세 비용하는 사무(이1)·국채 모용하는 연유(초1), 10편 법률의 공도(외2), 13편 태서 학술의 내력·태서 군제의 내력(이상 초1), 17편 빈원·병원·치아원·광인원·맹인원·아인원·박람회·박물관 및 박물원·서적고·신문지(이상 초1), 18편 증기기관·증기차·증기선·전신기·상인의 회사(이상 초1) 등이『서양사정』을 참고해 서술한 것으로 판명된다. '조선의『서양사정』'이 되어버린 느낌이지만 그렇다고 전문을 그대로 인용한 것은 아니어서 1) 완역에 가까운 인민의 교육·정부의 치제·정부의 직분·박람회를 제외하면, 2) 상세한 설명을 덧붙인 항목(수세하는 법규·인민의 납세하는 분의·정부의 민세 비용하는 사무·정부의 국채 모용하는 연유·화폐의 대본·광인원·서적고·신문지)과 3) 유길준 본인의 평가·견해·체험 등을 가필한 항목(인민의 권리·인세의 경려·정부의 시초·정부의 종류·법률의 공도·빈원·병원·치아원·맹인원·아인원·박물관 및 박물원·증기기관·증기차·증기선·전신기·상고의 회사)이 주를 이룬다. 일부 핵심 논지를 취해 부연하며 본인의 체험과 조선의 현실을 적절히 섞고

그림 6.『서양사정』初編(1866)·外編(1867)·二編(1870)

다른 저서로 보완하는 등 독자적 관점에서 집성하였다. 연금상태에서 자신의 사상에 깊은 영향을 준 후쿠자와에 의존할 수밖에 없었는데, 일본에서 20만 부 이상의 판매실적을 기록한『서양사정』도 핵심 내용은 서양서를 초역·편술·번안한 것이었다. 웨이랜드(F. Wayland)의 *The Elements of Political Economy*(1837) 3장, 6장, 9~15장을 전반적으로 활용하고, 외편은 체임버스(W. and R. Chambers)의 *Political Economy*를 번역했으며, 이편 1권은 블랙스톤(W. Blackstone)의 *Commentaries on the Laws of England* 1장을 초역하였다(김태준 1976; 전봉덕 1976, 294-297; 이한섭 1987; 유영익 1990, 142; 임전혜 2005, 45, 47; 月脚達彦 2009, 65).

『서유견문』의 중심 내용은 일본의 사상가와 계몽서를 매개로 한 서양 문명의 이중 번역이었으나 유길준 본인의 경험에서 보정된 철학과 신념을 투영해 집필되었으며, 단순히 읽히기 위한 목적 이상으로 개혁을 위한 지침서의 역할도 하였다. 그는 1884년 이후 청의 전면적 간섭 정책으로 조선의 자주독립이 훼손되는 상황에서 사안별로 고종의 자문 요청에 응했으며, 동학혁명과 청일전쟁을 계기로 친일 온건 개화파가 집권함에 따라 갑오 내각에 차출되어 개혁을 추진함으로써 책에 구상한 서구 근대의 이상에 다가서고자 했다. 혹자의 평가로 유길준은 북학파의 실학과 양무 서적을 탐독하며 내재화한 유학의 가치관이 확고한 인물로서 3년여에 불과한 일본·미국에서의 유학과 후쿠자와·모스 같은 인사의 영향으로 보수적 성향이 이완되지는 않았다고 한다. 갑신정변 뒤 김옥균, 서광범, 박영효 등과 절연하고 김홍집, 박정양, 어윤중, 김학우 등 온건 인사와 뜻을 같이 하며 중도에서 동도서기를 지향한 점진적 개화파로 분류할 수 있다는 것이다(유영익 1990, 154-155).

그러나 어떻게 보면『서유견문』은 서양이 이룩한 놀라운 발전에 환호하면서 문명개화를 향한 강렬한 욕망을 주체하지 못한 채 자신들의 조선을 타자화한 개화당의 조급증이 비극적 결말을 맞고 개화의 동력을 상실한 상태에서, 유길준 본인의 체험을 진지하게 전달함으로써 대중 계몽의 불씨를 살려보겠다는 의식의 발로였는지 모른다. 혁명은 미완으로 남지만 정변 직후 포고된 청에 대한 조공

폐지, 문벌타파, 인민평등권 제정, 능력에 따른 인재선발 등의 강령은 유길준이 주창한 것과 크게 다르지 않다. 주차조선총리교섭통상사의 위안스카이(袁世凱)의 자주독립권 침해에 분노하고 개화를 향한 끓어오르는 욕망을 억누르면서 책 속에 '견문'을 차분하게 펼쳐냄으로써 개화에 정당성을 부여하고자 했다. 모스에게 보낸 편지에서 갑오개혁의 노선을 달리하는 민비를 증오하고 김옥균의 묘비명을 직접 작성한 것으로 추정되는 만큼 개화파와 정신적 유대가 확고했으며 망명 기간에는 직접 혁명을 기획한 전력도 있다.

열강의 침탈이 노골화하고 보수반동의 강력한 저항이 교차하는 가운데 유교적 중화 질서에서 서학의 자주적 서양 세계로의 전환은 근대를 경험한 유길준에게는 도전이었고, 연금되어 이를 제도적으로 달성할 길이 요원한 상황에서 취할 수 있는 선택은 여행기밖에 없었다. 반 개화의 조선을 서구 문명의 반열에 올리기 위해 치열하게 나아가야 하는 단계에서 『서유견문』은 개혁 성향의 관료와 계몽 지식인을 위한 길잡이가 되었다. 기계문물과 중상주의 경제체제로 자주권의 기틀을 마련하고 각종 제도를 개혁하며 사회구조를 근본적으로 변화시켜 혁신의 바람을 몰고 갈 기세였다.

5. 개화 담론과 근대화 프로젝트의 표상 서양 도시

『서유견문』은 오랑캐로 알고 있던 서양이 실상은 세계의 중심에 자리하며 중화가 오히려 주변으로 밀려난 전도된 상황을 드러내는 계몽 프로젝트를 통해 반 개화의 조선을 문명 개화국으로 인도하겠다는 지식인의 고민이 담긴 책이다. 책 14편 후반부 '개화의 등급'은 10쪽 분량에 불과하지만, 개화사상가 유길준의 철학·신념·주의가 농축되어 있는데, 인류와 국가는 문명의 정도에 따라 미개화·반개화·개화로 구분된다면서 논의를 개시한다. 개화는 서양의 앞선 기술을 받아들여 부국강병을 성취하자는 혁신 운동과 근대 개혁을 표상하는 용어로서 일본에서는 '예절'로 이해되다 이와쿠라사절단(岩倉使節團)의 구미순방 이후 명륙사(明六社) 소속 지식인의 글을 통해 '문명' 또는 '문명개화'를 의미하게 된 *civilization*의 번역어로 혼용되었다(이광린 1992a, 32-36; 하영선 2002, 338). 개화가 정치운동에 적용된 것은 개진당, 독립당, 개론당, 진보당, 신론당 등 김옥균 중심의 근대화 추진 세력을 통칭하는 개화당(The Progressive Party)이 등장한 1880년 이후였고, 개화당의 급진적 개혁과 등치되는 순간 개화는 친일의 이미지로 표상되기도 했다(김윤희 2013, 3, 5, 11, 15).

정치·경제·사회·문화를 지배한 개화사상은 서양의 계몽사상과 상통하며 문명화를 뒷받침한 사조였다. 서세동점의 불균등 권력 구조에서 동·서가 본격적으로 만나기 시작하면서 급변한 국제정세에서 발휘한 경세와 개혁의 실천적 성격 때문에 근대사상 및 근대화 운동으로 치환되기도 한다. 국가의 국제법상의 권리가 부정되고 경제적 침탈까지 당면한 상황에서 서양과 억압적인 청을 극복하기 위해 앞선 기술과 문물을 수용해야 한다는 서구화의 요청이기도 했다. 학습과 유학을 통해 정립된 유길준의 개화관을 이해하려면 무엇보다 『서유견문』의 정점을 향한 그의 지적·사상적 여정을 살펴야 하는데, 노론 낙론계 경화사족의 후예로 북촌에서 태어난 이후 유만주의 낙산서재를 드나들며 정통 유학을 공부하다 개화파 박규수를 만나 『해국도지』를 소개받고 시무학으로 전향한 시기에 대한 설명이 있어야 하겠다. 이후 일본으로 사행하여 모방한 서구의 일단을 관찰하고 게이오에서 화양학(和洋學)에 입문하여 후쿠자와가 번역한 문명개화 텍스트를 섭렵해 서양의 이미지를 구축하는 단계에 대해 의미 부여가 필요할 것이다. 그리고 '번역된' 서양 문명을 직접 체험하면서 생긴 지적 충돌의 경계에서 자유·평등주의와 사회진화론이 내면화하는 미국 예비 유학의 맥락 또한 짚어야 한다(장규식 2004, 7-10, 32; 윤대식 2016, 6).

북학론의 후기실학을 개화사상에 논리적으로 연결한 인물은 사간원 정언으로 관직에 올라 도승지, 대사헌, 공조·예조·형조판서, 선혜청당상, 대사간, 한성판윤, 평안도관찰사, 우의정 등을 역임한 박규수(1807~1877)이다(이완재 1999). 박영효의 회고담에 따르더라도 평등과 민권을 강조한 '신사상'은 '박규수 집 사랑'에서 나왔다(조일문·신복룡 2006, 220). 그는 이미 1840년대 후반에 『해국도지』를 숙독하였고 1861년과 1872년 두 차례의 연행 경험이 있어 국제정세에 대한 안목을 갖추었으며 문하에서 개화파 주요 인물을 배출하였다. 10대부터 학문을 함께한 수제자 김윤식은 자신의 문집 『환재집』을 편찬한 뒤 서문을 썼고, 김홍집(1842~1896)은 절친 김영작의 아들이었고, 김옥균은 채점관으로 참여한 1872년 알성시 문과에 장원급제한 인연이 있으며, 박영효는 반남박씨 일가였고, 유길준은 그가 직접 재능을 알아보고 시무학으로 이끌었다. 10여 년간 '개화 군주' 고종의 학문을 지도한 스승으로서 훗날 개방정책을 일관되게 추진하도록 사상적으로 뒷받침했으며, 서양의 우수한 과학기술은 고대 중국에서 기원한 중화 문명의 유산이기에 수용할 수 있다는 '서학중원설'로서 동도서기의 입장을 취했다(김명호 2011). 평혼의를 제작해 별자리를 관측하고 경위도가 추가된 격자형 〈동여도〉를 제도하였으며 1850년경 지세의를 제작하였다. 현전하지 않으나 지세의를 직접 본 남병철이 『의기집설』 〈지구의설〉에서 설명한 제작법에 따르면 세계지도를 그린 지구의에 천문관측 장치를 부착한 구조로서(김명호 1996), 김옥균에게 지세의를 돌려 보이며 화이론의 공허함을 교육했다는 야담처럼 사랑방을 찾은 유길준 같은 문하생을 위한 계몽의 도구로 유용했을 것으로 추정된다. 단일중심의 계층적 중화 관념을 다중심의 상대주의 논리로 전환하면서 다원적 세계상의 도출을 가능케 한 기기였다(정낙근 1993, 354).

박규수를 비롯해 강위(1820~1884), 오경석(1831~1879), 유홍기(1831~1884) 등은 연행사절이 들여온 양무 관련 서적을 통해 개화사상을 설파하였다. 해양방어의 실용서로 가치가 컸던 『해국도지』, 세계지리서 『영환지략』, 지구과학서 『지구설략(地球說略)』, 위튼(H. Wheaton) 저 *Elements of International Law*의 번역서인 마틴(W. A. P. Martin)의 『만국공법』, 과학기술·산업·통상·외교를 강조한 『이언(易言)』, 조선의 자주독립 방책을 제시한 〈조선책략〉 등의 한역서는 개화 지식인이 자주 탐독하였고 호응이 컸다(이광린 1992a, 19-30, 38-43; 남상준 1993). 특히,

조선과 일본에 큰 반향을 불러일으킨 웨이유안의 『해국도지』는 아편전쟁(1840~ 1842)에 따른 각성에서, 린쩌쉬가 전해 준 『사주지(四洲志)』를 저본으로 1842년에 50권으로 편찬된 후 1847년에 60권, 1852년에 100권으로 대폭 증보되었다. 중국 의 역대 역사·지리서와 『직방외기(職方外紀)』(Aleni), 『곤여도설(坤輿圖說)』(Verbiest), 『평안통서(平安通書)』(D. B. McCartee), 『지구도설(地球圖說)』(R. Way), 『외국 사략(外國史略)』(J. R. Morrison), 『외국지리비고(外國地理備攷)』(J. M. Marques), 『미 리가국지(美里哥國志)』(E. C. Bridgeman) 등 유럽과 미국 선교사의 지리서가 인용 되었다. 세계지도를 첨부하고 각국의 천문·지리·역사·제도·물산·종교·역법 등을 소개하며, 서양의 군함과 무기를 차용해 침공에 대비하는 해방법을 논술한 고전이다(이광린 1992a, 2-18; 최소자 1993; 김의경 1999).

양무서와 만국공법 등을 탐독함으로써 서구에 눈뜨기 시작한 유길준은 1881 년의 신사유람단을 계기로 그간의 관조적 삶에서 사회 계몽의 실천으로 눈을 돌 리는데(윤대식 2016, 15), 메이지 초기의 문명개화 과정에서 대중 계몽을 선도한 후 쿠자와와 그의 저서를 통해 자유·평등주의, 개인주의, 공리주의 등 서양의 진보 사상을 흡수한다(유영익 1990, 132). 김옥균, 이동인, 서광범, 박영효, 서재필, 윤치 호 등 개화기 주요 인사와도 인연을 맺은 후쿠자와는 막말·명치초를 대표하는 계몽사상가, 교육자, 언론인이다. 한학을 공부하다 19세에 나가사키에 유학하여 물리학·화학·의학 중심으로 난학을 수학하였고, 1858년 무렵 에도로 이주해 요 코하마의 외국인과 교류하며 영어를 독학하던 중 바쿠후의 견미사절단을 이송 할 증기선 함장의 종복 자격으로 1860년에 샌프란시스코를 견문한 뒤 영학으로 전향한다. 1862년에 통역으로서 프랑스, 영국, 네덜란드, 독일, 러시아, 포르투갈 등지를 돌며 유럽 문명의 실상을 시찰하고, 1867년에는 선박과 총기 구매 목적의 사절단 일원으로 재차 도미해 뉴욕과 워싱턴까지 여행하며 다량의 서적을 구매 하였다. 서구 사회의 본질을 꿰뚫게 된 그는 관직에 나가는 대신 저술과 교육에 전념하였는데, 세 차례의 유람을 바탕으로 베스트셀러 『서양사정』(1866~1870)을 집필하였으며 저서와 외국에서 산 서적을 번역해 판매한 수익은 1868년에 근대

학교 게이오를 설립하는 데 투자하였다. 1873년
에는 모리(森有礼), 니시무라(西村茂樹), 쓰다(津
田眞道), 니시(西周), 나카무라(中村正直), 가토(加
藤弘之), 미쓰쿠리(箕作秋坪), 스기(杉亨二), 미쓰
쿠리(箕作麟祥), 후쿠바(福羽美靜), 스기우라(杉
浦弘藏)와 함께 학술단체 명륙사를 설립하였고
기관지 〈명륙잡지(明六雜誌)〉를 통해 계몽사상
을 고취하였다. 1880년에 지식인의 사교 결사
인 교순사를 세우고 1882년에는 국민계몽의 수

그림 7. 후쿠자와 유키치
(1835~1901)

단으로 〈시사신보〉를 창간하였다. 그는 근대 과학지식에 의해 경제적·정신적으
로 독립한 자유로운 개인이 사회의 핵심인 중간계층을 형성하고 그 바탕 위에 실
현되는 문명개화를 의도하였다. 봉건제도에 속박된 하급 무사의 체험을 출발점
에 둔 그의 사상은 『문명론지개략』(1875), 『권학문(學問のすすめ)』(1872~1876)에서
완성된다(慶應義塾史事典編集委員會 2008, 734-736; 福澤諭吉事典編集委員會 2010,
121-122; 구선희 1887, 101-105; 그림 7).

   후쿠자와는 기조(F. Guizot), 버클(T. Buckle), 스펜서(H. Spencer)의 자유주의사
상과 사회진화론을 내재화하였으며 국가의 공시적 존재 양상을 야만·반개·문
명으로 구분하는 한편, 야만에서 반개, 반개에서 문명으로 진보하는 발전 과정을
중첩했다. civilization을 사회와 국가 전체의 양상으로서 문명개화라 이해하며
야만 상태에서 벗어나는 무한 진보의 과정이라 풀었다. 야만과 문명을 가르는 이
분법적 사고이자 역사발전의 선후를 전제로 한 단선적 문명관으로서 문명개화
는 1870년대 메이지 일본에서는 일종의 시대정신으로 자리를 잡는다. 서구 사회
를 직접 목도한 후쿠자와는 자연스럽게 반개 상태인 일본이 지향해야 할 목표로
유럽과 미국의 근대 문명을 겨냥한다. 나아가 서구 문명은 자유주의와 합리주의
에 지탱되고 그것은 민권과 독립자존의 정신으로 직결된다며 교육을 통해 유교
의 전통문화에서 탈피해 서양의 정신, 학문, 과학기술을 함양할 것을 개화파에게

도 강조하였다(구선희 1887, 105-109, 123; 김현주 2001; 함동주 2000, 597; 이기용 1995, 22, 24).

유길준은 문명개화의 원리 가운데 하나로 경쟁을 들었다. 〈경쟁론〉(1883)에서 "萬一 國이 競爭홀 바 없는 則 富强ᄒ며 文明홀 境域에 進就ᄒ지 못홀 싸람이 아니라 其國을 保全ᄒ지 못ᄒᄂ니"라며 예찬에 가까운 본의를 드러냈고, 쇄국으로 국가 간 교류와 경쟁이 보장되지 않으면 조선은 진보하지 못하고 무기력에 빠질 것이라 진단하였으며, 같은 취지의 논의를 『서유견문』 4편 '인세의 경려'에 포함하였다. 분쟁이 아닌 선의의 경쟁을 통해 개화와 문명의 경지로 나아갈 수 있다는 진보에 대한 확신을 전하였는데, 사회진화론의 영향이 감지되며 유길준이 미국에 체재할 때 사상적으로 직간접 영향을 받은 모스의 그림자가 느껴지는 부분이다. 모스는 1877년부터 2년간 도쿄대학의 초빙교수로서 진화론에 입각해 생물학을 강의하였고 수강생 이시가와(石川千代松)의 강의노트는 『동물진화론(動物進化論)』(1883)으로 발간되었다. 조선의 가족·교육·여성·관습·종교·축제·놀이·미신 등 문화 전반에 대한 사회진화론 성향의 글도 발표하였는데, 고결하고 이타적이며 애국심으로 충만한 조선인의 성향을 인정함에도 게으름·탐욕·타락·억압 등의 부정적 용어를 동원하였고, 유교의 이념적 굴레와 청의 정치적 지배에서 벗어날 때 생존경쟁에서 살아남을 수 있다고 제언하였다(Morse 1897; 이은송 2008; 우남숙 2010). 『서유견문』 13편 '학술내력'에서 서양의 유명 학자 14명 가운데 '다윈의 불독(Darwin's bulldog)'으로 불린 鶴瑟禮(학슬네, T. Hux-ley)를 포함해 秀遍瑞(스펜서, H. Spencer)와 毛御秀(모어스, E. Morse)를 거론한 점으로 미루어 유길준은 자신의 후견자인 모스를 통해 남북전쟁 후 미국 지성계를 풍미한 사회진화론에 노출되어 있었음을 알 수 있다.[8] 유길준의 미국 체류기간은

---

8. 사회진화론은 1870년대 대두하며 일본은 가토 히로유키를 중심으로 스펜서 사상에서 적자생존과 우승열패의 원리에 따른 약소국 침탈의 합리화 논리를 찾아내고, 청은 옌푸가 헉슬리의 Evolution and Ethics를 『천연론(天演論)』(1898)으로 번역하면서 유행한다(양세욱 2012, 65-66; 허동현 2002, 169-175). 문화인류학에서는 영국의 타일러(E. Tyler 1871)가 산업·지식·정치·도덕 등 문화의 발전을 논하면서 야만, 미개, 문명의 진화 논리를 개진하였고, 미국의 모간(L. H. Morgan

샌프란시스코에 도착한 1883년 가을부터 뉴욕항에서 떠난 1885년 가을까지 약 2년에 걸친다. 학급 회장 선출 투표에서 민주주의의 작동 방식을 인상 깊게 경험하며 미국 사회를 지탱하는 자유민주주의의 덕목을 내재화했지만, 열강에 둘러싸여 한 치 앞도 내다볼 수 없는 모국의 현실과 직결된 것은 치열한 경쟁의 원리인 사회진화론이었다.

유길준의 개화사상에는 이처럼 후기실학의 전통, 청의 양무론, 일본의 자유민권사상, 미국의 사회진화론이 엉클어져 있으며 유일하게 자신만이 『서유견문』에서 통합적 의미를 부여하고 있다. 그러면 유길준의 개화란 어떤 것일까? "人間의 千事萬物이 至善極美혼 境域에 抵홈"을 의미하고 행실·학술·정치·법률·기계·물품의 개화 등 다양한 부문에 걸치며 미개·반개·개화의 발전적 단계를 밟아 도달할 수 있는 경지였다. 조선으로서는 자유와 평등이 보장된 천부인권과 만국공법에 따른 주권이 공인되고 발휘되는 문명의 다른 이름일 것이다. 유길준의 개화는 후쿠자와의 야만·반개·문명의 도식과 달리 야만/문명의 이분 구도를 부정하고 개화의 정도에 따른 연속성을 상정한 차이가 있다. 게다가 '세계 어느 나라도 개화의 정점에 이르지는 못했다'는 파격적인 진술로서 개화는 완결이 아닌 일시적이고 상대적인 상태이자 계속되는 과정임을 강조한 점에도 특징이 있다. 단계 구분은 편의에 따른 것일 뿐 개화한 나라에도 반개와 미개가 존재하며 단지 국민 가운데 개화한 자가 많아 개화한 나라로 분류된다고 첨언하였다. 개화는 '시대에 따라 변하고 지역에 따라 달라진다'라는 주장 또한 음미해 볼 부분인데, 개화의 방법에는 시·공간 다양성이 담보되어 고금의 형세를 참작하고 피차의 사정을 비교하여 장단점을 취사하는 것이 근본임을 강조한 부분이다. 개화에 대한 태도에서는 '주인', '빈객', '노예'의 유비로 '지혜'를 발동한 주체적 개화가 최상임을 밝히면서도 때로 '용단'을 발휘해 따라 하거나 어쩔 수 없는 경우 '위력'을 발동해 끌고 갈 필요가 있다고 단언한다. 서양의 문물을 수용하는 단계에서 맹목

1877)도 야만(savagery), 미개(barbarism), 문명(civilization)의 인류사회 3단계 진화를 주장하였다.

적 '허명' 개화보다는 나라의 이치와 근본을 고려하여 시세에 합당한 '실상' 개화의 방향이 옳다면서 훌륭한 전통의 보전까지 궁구해야 한다고 조언하였다. 스스로를 타자화하여 비판없이 서양을 미화하고 추종한 개화당이나 화이론에서 헤어나지 못한 수구당 모두 나라를 위태롭게 한 개화의 '죄인'과 '원수'이기 때문에 득중(得中)하는 것이 중요하지만, 그렇다고 개혁의 신념과 의지를 버려두고 시늉만 하는 것은 개화의 '병신'에 지나지 않는다고 혹평한다.

세대가 내려올수록 재량이 성장하여 개화의 방법이 진작됨으로써 과거보다 효과가 크게 발휘되고 있는 점은 희망 있게 보았는데, 근래 사람의 재주와 학식이 뛰어나 그런 것은 아니며 실은 선조들이 이미 고안한 것을 윤색한 데 불과하다는 의견이다. 내면에 잠재된 구본신참(舊本新參)과 법고창신(法古創新)의 입장을 읽을 수 있으며, 고려청자·거북선·금속활자 같은 자랑거리가 있지만, 후세에 빛을 내지 못했다고 자책하면서 개화 의지를 독려하는 것도 잊지 않는다. 유길준은 진보에 대한 믿음에 기초해 이상을 향해 끊임없이 나아가는 발전 단계설을 내세우지만, 단선적 진보와 진화 대신 역사적·사회적 특수성을 반영한 다선적 진화론(multilinear evolution)을 선택하였다. 개화의 과정은 여러 갈래가 있다는 전제에서 조선이 처한 시대적 상황과 조건에 적합한 독자의 길을 모색하였고, 그에게 서구 문명은 참고점이 될지언정 변하지 않는 목표는 아니었다(Steward 1979; 김영호 1968, 483-484; 김정현 2006, 69-71). 유길준이 추구한 개화는 서구 문명의 패러다임을 절대시한 것도 자신이 모델로 삼은 일본의 것도 아닌, 조선이 처한 시공간 맥락에서 지혜를 발휘해 주체적으로 추진해야 할 개화였다.

이상이 19세기 후반 동아시아 지정학적 혼돈의 공간에서 지식인 유길준이 고민한 개화와 근대화의 지향이었지만, 『서유견문』은 서구 문명의 이면을 보지 못한 그의 한계를 또한 드러낸다. 사회진화론의 함의에 이해가 충분치 못해, 개화를 보편 법칙으로 순진하게 해석하며 그 안에 내재한 권력과 정치의 측면을 간과했다. 사대주의를 강요한 청으로부터의 자주독립에 급급해 개화의 표상으로 서구 문명을 정형화하지만, 그것이 실상 인종주의와 오리엔탈리즘의 표상인 점을 간파하지 못했다. 백인우월주의의 시선에 타자인 유색인은 자력으로 문명의 경지에 도달할 수 없었으며, 백인종의 황인종 침탈에 저항하는 기제로서의 인종주의도 사회진화론과 결합하면서 진보 지식인조차 백인종 강대국의 확장과 약소인종 국가의 식민지 전락을 자연도태의 결과로 정당화하고 인류의 진보에 기여할 것이라는 자기 모순적 변모를 겪는다(전복희 1995; 박지향 2000). 구미를 문명의 새로운 표준으로 받아들여야 하는 역사적 상황에서, 유길준의 사회진화론은 우승열패의 냉정한 국제질서에 대한 비판과 우려는 보이지 않고 단지 문명 단계에 진입한 서양만 바라볼 뿐이었다.

그사이 유럽에서는 사회진화론이 지정학에 침투하여 국가 유기체의 기형 담론을 파생시킨다. 생명체가 한정된 자원을 두고 한정된 공간에서 상호 경쟁하는 것처럼 국가 또한 유기체로서 생활공간(*Lebensraum*)에서 생존을 위해 경쟁하며 국가와 민족의 번영을 도모하려면 공간을 확장해 자원의 총량을 늘려야 한다는 논리로서, 제국 열강의 식민지 경쟁을 부추겼던 것이다(Ratzel 1896). 그러나 유길준은 사회진화론을 순환·정체·복고의 역사관이 아닌 중단 없는 발전의 논리이자 약자가 강자의 지위에 오르기 위한 경로를 제시하는 이념으로 단순하게 이해하였을 뿐이다. 『문명론지개략』을 정점으로 계몽주의 보편 논리인 국가 평등주의를 부정하며, 힘의 논리에 의해 침탈에 내몰린 동아시아 약소국과의 연대를 포기하고 멸시와 정복의 대상으로 취급하기 시작한 후쿠자와의 입장과 극명하게 대조된다(김정현 2006, 52, 66).[9] 유길준은 근대화에 성공한 일본을 이상적 모델로 보고 허울뿐인 아시아 연대론과 흥아론에 매몰되어 맹주론과 탈아론의 음모를 간파하는 데 실패했다. 문화·인종·지정학적 상호의존성의 발로에서 문명국 일

---

9. 후쿠자와의 사상은 1870년대 후반을 정점으로 국가주의 및 제국주의와 타협하며 변질한다. 민권보다 국권을 앞세우고 국가 평등주의 원칙을 철회하였다. 아시아의 자주독립을 위해 문명을 달성한 일본이 맹주가 되어 청과 조선을 개화시키고 연대를 추진하자는 그의 흥아론, 동맹론, 제휴론, 연대론은 개화파에게도 파급력 컸다. 이후 후쿠자와는 1885년의 〈시사신보〉 사설 '탈아론'에서 일본 독자적으로 서양의 문명국과 진퇴를 함께 할 것을 천명한다. 국익을 위해 대륙침략까지 정당화할 수 있다는 선언과도 같다(김봉렬 1992, 18-19, 149; 구선희 1887, 111-118; 함동주 2000, 598-600).

본의 능력을 찬양하며 백인종의 침략으로부터 황인종을 보호하고 문명화를 선도해 줄 것이라는 기대에 집착한 나머지 아시아주의와 아시아 연대론에 은폐된 제국주의를 두둔하고 조선에서의 세력 확장을 정당화하는 오류를 범했던 것이다(정낙근 1993, 351; 하영선 2007, 7; 전복희 1995, 127).

이런 한계에도 『서유견문』의 근대화를 위한 여정은 계속된다. 유길준 개인으로서는 기선과 철도를 이용한 일본과 서구 여행이 문명의 일차 체험이자 개화를 재촉한 계기가 아니었을까 한다. 샌프란시스코에서 출발해 대자연을 가르며 시카고를 거쳐 워싱턴에 이르는 보빙사의 기차여행은, 문명대국 미국의 진면목을 가감 없이 전해 주었을 것으로 보인다. 유길준은 경인철도에 16년 앞선 기차여행을 통해 광활한 대지가 제공하는 풍요와 함께 거리의 제약을 극복해내는 문명의 힘에 압도되었다. '증기 세계'를 제대로 체험한 것이다. 근대와 근대성의 표상으로서 철도는 자연에 종속되기를 거부하며 산을 뚫고 강을 가로질러 오르내림이 없는 평탄한 공간을 창출한다. 근대인이 폭주하는 근대가 풍경과 풍경을 이어 완성한 파노라마에 경탄하는 사이, 전진하는 기차는 문명개화의 상징으로 치환되고 적재된 화물은 풍요를 기약하며 승객은 신분·빈부·성이 강제할 수 없는 평등을 경험한다(황호덕 2010; 김동식 2002). 교통혁명은 근대의 도래를 알리는 지표이자 발전·성장·진보의 다른 표현이었고, 빠름(부지런함)과 느림(게으름)은 문명과 야만을 가르는 준거였으며, 시공간의 수렴과 압축을 선도한 기선과 기차는 야만에서 문명으로 인도하는 근대의 초대자였다. 유길준이 경험한 서양 문명의 역동성은 구체제에 대한 개혁을 더 늦출 수 없고 빠를수록 좋다는 인식을 심었을 것이다.

'개화의 등급'에서는 말이나 수레를 이용해 10~15일 걸려 여행하던 천 리 길을 화륜차는 반나절 만에 주파하고, 목선을 대신한 견고한 화륜선은 위태롭던 만경창파를 평지처럼 헤쳐나가며, 백 리 떨어진 곳으로 서신을 보내는 데 2·3일 소요되던 상황이 천만리 먼 곳도 전신으로 순식간에 연결되는 눈부신 변화가 예시되었다. 기계의 힘으로 작동하는 철로 만든 물체는 먼 거리를 빠르게 이동하면서 넓은 세계를 체험할 수 있도록 허락하였다. 여행을 문화 행위·수행·실천으로 규정할 때, 유길준의 사행과 유학도 이 범주에서 벗어나지 않으며, 근대의 상징인 기차를 이용한 공간 체험은 여행자 유길준의 '보는 방식'과 서구사회에 대한 인식을 재구성하였다(강지혜 2017; 우미영 2018, 22). 무한 질주하는 기차는 조망의 주체와 풍경을 분리하며 사이 공간을 여행자의 주관적 상상으로 채우는데(우미영 2018, 30, 33, 35), 유길준은 그 틈을 자기 발견과 성찰의 시간으로 매우면서 문명개화된 조선을 상상하였을 것이며 그를 위한 마지막 작업을 『서유견문』 19·20편에서 이어간다.

증기선은 주요 도시의 관문항에 정박하고 철도는 도시 중심의 역과 연계되어 여행의 시작, 경유, 끝을 알린다. 워싱턴 포토맥강을 가로지르는 나무다리에 철로가 깔려 있었고 뉴욕의 고가철로는 '천하의 장관'을 연출하였다. 유길준이 기록한 장면이다. 야만이 시원의 자연을 배경으로 한다면 문명은 야생의 자연을 길들이고 극복한 공간으로서 도시로 재현된다. 문명의 상징인 도시에서 자연은 인공적인 공원·동물원·식물원으로 대체될 뿐이다. 유길준에게 도시는 근대 문물의 박람회장이자 문명의 꽃이었다. 서양에 대한 소개를 구미 각국의 대도회로 마무리하고자 한 의도를 엿볼 수 있다. 따지고 보면 역대 청과 일본의 사절단이 경탄했던 것도 대자연의 풍광보다는 두 나라의 문물이 집약된 도시였다. 북학의 대상이 된 청의 선진 문화는 곧 북경의 도시 문화였고 18세기 통신사의 대일인식을 크게 바꾸어놓은 것도 오사카·교토·에도의 발전상이었다. 대면한 놀라운 현실을 관념으로 외면하고, 도덕적·정신적 우월감으로 '여진족의 나라'나 '조선 문명의 수혜국'으로 깎아내리는 것이 더 이상 무의미하다는 것을 도시가 일깨웠던 것이다(정은영 2009). 메이지 정부에 의해 제국의 수도로 계획된 도쿄는 유길준에게 문명의 표상 공간이었다. 일본에 사행하고 유학하면서 서구 문명을 축소해 연출한 도쿄를 예찬하는 동시에, 민족적 자의식에서 각성의 계기로 삼았다. 도쿄는 주변부로 밀려난 조선을 비추는 거울로서 끊임없이 비교 사유를 촉발하였고, 그것은 이내 '조선의 도쿄'에 대한 갈구와 욕망으로 이어졌다(우미영 2018, 78-88).

유길준의 '조선 문명화 기획' 대미를 장식할 책 마지막 두 편은 직접 관찰하고 경험한 내용과 다른 사람이 유람하고 남긴 기록에 따라 꾸몄다고 밝혔다. 자신의 말을 입증하려는 듯 스페인 마드리드 시장에서 과일과 채소가 거래되는 것이 청과와 배오개에 서는 조석 시장과 유사하다고 짐짓 적었다. 그가 포착한 서구의 도시는 밝고 아름답고 화려하며 위생적이고 청결한 이국적 공간이다. 랜드마크의 경관 이미지가 탁월하고 온갖 시설과 물산과 사람들로 넘쳐나는 풍요의 영역이며, 크고 넓고 높은 데서 오는 웅장함이 돋보이는, 호사스러운 시민의 삶의 현장으로 묘사된다. 19편에서 먼저 찾은 곳은 미국과 영국의 도시로서 워싱턴, 뉴욕, 필라델피아, 시카고, 보스턴, 샌프란시스코, 런던, 리버풀, 맨체스터, 글래스고, 에든버러, 더블린을 포함하였다. 다음으로 20편은 프랑스, 독일, 네덜란드, 포르투갈, 스페인, 벨기에의 도시를 방문한 기록으로서 파리, 베르사유, 마르세유, 리용, 베를린, 함부르크, 쾰른, 프랑크푸르트, 뮌헨, 포츠담, 헤이그, 라이덴, 암스테르담, 로테르담, 리스본, 포르투, 마드리드, 코르도바, 그라나다, 세비야, 카디스, 사라고사, 바르셀로나, 브뤼셀, 앤트워프를 아우른다. 수도를 먼저 설명하고 나머지 도시는 뒤에 소개하는 순서로 배치하였다. 기술상의 특징이라면 '華盛敦와싱튼', '桑港산프란세스코'처럼 한자 지명 다음에 한글을 적어 유길준 본인이 듣고 구사해 온 영어 계열의 원발음에 가깝게 다가서고자 했던 점이다. 본인이 숙지하고 있던 중국식 지명을 바탕으로 일본 한자지명을 일부 수용한 뒤 영어식 지명까지 추가한 것이다(이지영 2008). 유길준의 서양 체험 때문에 가능해진 성과라 하겠다.

『서유견문』에 소개된 도시 상당수는 유길준이 직접 방문한 곳이라는 의견도 있지만 런던을 제외하면 그렇지 않다는 주장이 설득력이 있어 보인다. 필자가 유길준의 귀국 행로를 따라 본 결과와도 일치한다. 잉글랜드에서 보낸 10일 미만의 시간을 제외하면 대체로 항해하고 기항지에서 단기 체류하였을 뿐 내륙을 드나들며 유람한다는 것이 시간상 어려웠다. 그런데도 한 가지 분명한 사실은, 제물포를 출발해 일본 요코하마에서 기선을 타고 태평양을 건너 샌프란시스코에 상륙한 뒤 기차로 미국내륙을 횡단하여 워싱턴·뉴욕·보스턴을 중심으로 보빙사의 시찰 임무를 수행했다. 그리고 유학을 준비하다 중단하고 뉴욕에서 출발해 대서양을 횡단해 잉글랜드에 도착하여 런던에 일시 체류한 뒤 이베리아반도, 지브롤터, 지중해, 수에즈 운하, 홍해, 인도양, 대영제국령 스리랑카·싱가포르·홍콩, 다국적 조계지 상하이 등지를 거쳐 제물포로 다시 복귀하는 여정이 지구 한 바퀴를 도는 세계 일주였다(그림 8). 앞서 귀국한 민영익 일행을 포함해 극소수에게 부여된 특권이었다. 조선을 대표해 서반구와 동반구를 넘나드는 공간 여행을 체험한 유길준은 자신의 눈과 기억에 담은 지역을 『서유견문』에 보고함으로써 시대

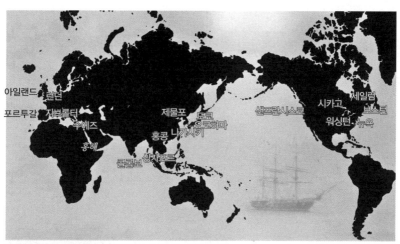

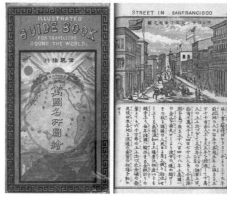

그림 8. 유길준의 근대경험 통로와
『만국명소도회』(1885~1886)

를 변화시키려 한다.

유길준이 실제로 방문한 지역과 기관 및 시설은 여럿이다. 샌프란시스코에 도착해 팰리스 호텔에 여장을 푼 다음 클리프하우스·금문교공원·육군기지·유니언철공소 등지를 돌아보았고, 새크라멘토 철도역으로 이동해 대륙횡단 철도에 탑승하여 솔트레이크시티, 오마하 등지를 거쳐 시카고 팔머하우스에 도착해 시내 관광을 하였다. 클리블랜드와 피츠버그를 지나는 철도여행 끝에 마침내 워싱턴 알링턴 호텔에 도착하였고 짧게 시내를 돌아본 뒤 업무 차 뉴욕에 머물던 대통령을 찾아 피프스애비뉴 호텔로 향했다. 도착 후 센트럴파크 등지를 돌아보는 간단한 시내 관광을 마쳤다. 대통령 접견을 끝내고 선편으로 보스턴으로 이동, 벤덤 호텔에 도착하였고 때마침 개최된 박람회를 관람하며 코리 힐에 올라 시내를 조망하였다. 프로비덴스 행 열차를 이용해 월콧 시범 농장을 견학하고 극장에서 연극도 관람하였다. 미국 산업혁명의 출발지인 공업 도시 로웰로 가서 방직공장·상가·제약 회사 등을 견학하였으며, 보스턴으로 돌아와 매사추세츠 주정부청사·보스턴 시청·공공기관·공립학교 등을 돌아보고 퍼시벌 로웰의 자택을 방문해 휴식을 취하였다. 뉴욕 피프스애비뉴 호텔로 복귀한 다음 미국 최대 도시에 대한 본격적인 탐방에 나섰는데, 해군공창·포대·육군사관학교·발전소·드라이독·병원·전신국·소방서·은행·우체국·뉴욕 주청사·시청사·제당공장·유리공장·곡물창고·극장·백화점·신문사 등의 행선지가 포함되었다. 워싱턴으로 이동해 연방정부 각 부서를 시찰하면서 자료를 수집하였다. 공식 일정은 1883년 10월 12일 백악관을 찾아 아서 대통령을 예방하는 것으로 마무리되었으며, 유길준은 민영익이 *Trenton* 호를 타고 뉴욕을 출항하기 전까지 한동안 추가 일정을 함께 하다 11월 초순경 모스가 있는 세일럼시로 향했다(변종화 1982; 김원모 1985; 1986; 장규식 2006).

이처럼 유길준이 직접 탐방한 곳이 적지 않고 문명사적 의의도 크지만 『서유견문』에 수록된 내용은 체험의 실상을 생생하게 전달하지 못하고 있다. 적어도 사행단이 인상 깊게 소화한 샌프란시스코, 시카고, 워싱턴, 뉴욕, 보스턴과 귀국

길에 그나마 시간적 여유를 가지고 돌아본 런던의 경우 풍부한 내용으로 꾸며질 수 있었지만, 형식적인 기술에 그친 감이 없지 않다. 모아두었던 자료를 분실 또는 압수당했고 연금상태에서 심적 여유도 없어 문헌에 의존하지 않을 수 없었기 때문이다. 본인도 서술에 앞서 직접 경험한 일부 외에 '他人의 遊歷흔 記書를 考閱'하였음을 밝혔다. 유길준이 19·20편에 인용한 것은 아오기 쓰네사부로(靑木恒三郎)가 편집한 『만국명소도회(萬國名所圖繪)』(1885~1886)로서, 이와쿠라사절단의 『미구회람실기(美歐回覽實記)』[10]를 중심으로 확인되지 않은 몇 권의 서적을 참고하고 실제 여행 경험이 있는 지인의 전언을 더하는 한편, 800여 매의 동판 삽화를 곁들인 책이다(荒山正彦 2013). 전체 7권의 『만국명소도회』 본편과 1887년에 부록으로 발행된 1매의 〈만국전지도(萬國全地圖)〉 가운데 유길준 귀국 시점까지 출간되어 살 수 있었던 1권(북아메리카), 2권(유럽), 3권(유럽)의 9개국 40개 도시 중 8개국 37개 도시가 『서유견문』에 반영되었는데, 나머지 4권(유럽), 5권(아프리카·오세아니아), 6권(서아시아·남아시아), 7권(동남아시아·동아시아)까지 구매했다면 추가될 도시는 더 있었을 것이다. 미국 도시는 부분 번역, 유럽의 도시는 완역에 가까운 수준으로 반영하였다. 미국의 경우 『만국명소도회』에 소개되지 않은 장소를 몇 곳 추가하고 샌프란시스코 차이나타운의 부정적 이미지를 부각해 청에 대한 간접적인 비판의 소재로 삼기도 했으나 전폭적인 수준은 아니었으며, 유럽 도시의 체험은 극히 제한적이어서 경험을 재구성하는 데 이르지 못했다(서명일 2017).

누락과 오류와 불완전을 무릅쓰고 유길준이 굳이 서양의 주요 도시를 추가한 것은 자신이 지나쳐왔지만 눈앞에 두고 가보지 못한 곳에 대한 아쉬움을 텍스트

---

10. 특명전권대사 이와쿠라(岩倉具視)가 인솔한 사절단은 1871년 12월 23일 요코하마항을 출발해 샌프란시스코 상륙 후 대륙횡단 철도로 미 동부 해안에 이른 다음 대서양 정기 항로로 유럽으로 건너갔다. 영국을 비롯해 11개국을 순회하고 지중해, 수에즈 운하, 인도양을 거쳐 1873년 9월 13일 귀국하였다. 유학생 43명을 포함해 107명으로 구성된 사절단에는 이토 히로부미를 비롯해 메이지 정부 핵심 관료가 될 인사가 동행했다. 일원인 구메(久米邦武)가 편수하여 1878년 발행한 『미구회람실기』는 일본 최초의 세계 일주 사행기록으로 남는다(荒山正彦 2013; 현명철 역 2006; 박삼헌 외 2011).

독해와 번역을 통해 독자와 함께 나누고자 했기 때문일 수 있다. 그러나 진정한 의도는 '咫尺에 萬里를 論ᄒ기'에 도움이 되었으면 하는 바람이었다. 과학기술의 세례를 받아 일약 세계의 중심으로 부상한 서구를 여전히 양이로만 생각하며 전통적인 사고에서 벗어나지 못하는 일부 완고한 지식인 계층에게 문명의 정수라 할 서양의 대도시를 눈앞에서 생생하게 유람하도록 허락함으로써 봉건의 미몽에서 각성시키고자 했다. 국제법이 공인하는 자주독립과 민권이 허락된 근대 문명 세계의 현실을 자각하지 못한 국민에게는 환상과 이상을 심어주고 싶었을 것이다.

6. 나가며

1876년은 중화의 진정한 계승자를 자처한 조선이 소중화주의 신화이관(新華夷觀)에서 그동안 '동이'로 멸시했던 일본의 강압 때문에 개항하고 자본주의 세계 질서에 편입되는 분기점이다. 정신적 충격에도 조일수호조규 제1관은 오랜 기간 중원의 대국에 조공하며 책봉 형식으로 정체성을 인정받던 굴종의 관행에서 벗어나 국제법상 자주국임을 선언할 수 있게 하였다. 수구 진영은 왜양일체를 부르짖으며 쇄국의 빗장을 풀어서는 안 된다지만, 진보 지식인은 서구의 강력한 과학기술을 모방해 일약 패권국으로 거듭난 일본의 변신에 경악하면서 일본을 모델로 문명국으로 거듭나기를 희망하였다. 왜양일체를 문명사적 관점에서 정반대로 독해한 유길준은 문화·인종·지정학적으로 동질적인 일본이 문명개화의 앞선 경험을 조선과 공유해 줄 것이라는 기대에서 '번역된 문명'을 대거 중역해 『서유견문』을 완성하였다. 개화를 통해 조선을 서양과 일본처럼 민권과 주권이 보장된 강력한 국가로 변신시키고자 하였다.

개화는 문명화와 근대화이자 서구화를 의미했다. 비교 대상이 되는 서양에 대한 인식이 앞서야 했으므로 세계지리에 대한 안내는 절실했다. 근대 지리학은 국가주의, 제도화, 전문화를 특징으로 하는데, 지리학이 국가의 목적에 부응하고 학교 교육을 통해 학자와 교육자를 양성하며 학회와 학술지 같은 전문 연구환경이 조성되기 시작했다. 우리로서는 개화기에 구현된 상황으로서, 반도의 지정학과 맞물려 대내외적 위기를 타개하고자 민족주의에 기초한 애국심의 고양과 국민국가의 수립이라는 국가주의 목적에 부응하기 위한 세계인식이 절실히 요청되었다(남상준 1993, 7-8). 지리상의 발견으로 근대 세계체제를 열었던 서양의 선례를 좇아 실천이 요청되었지만, 조선의 선택은 유길준이라는 '탐험가'를 통한 대리 체험이었다. 유길준의 『서유견문』은 태평양·대서양·인도양의 횡단 경험이 각성의 촉매가 되기를 희망하면서 국민에게 세계를 여는 창이 되어주었다. 천문 중심의 지구과학과 지형·기후·수문에 걸친 자연지리에 대한 이해를 출발점으로 해서 서양의 인문과 도시경관을 산책하며, 개화를 위해 문명을 소개하려고 기획했다. 둥근 지구에 착안해 중화라는 단일중심을 복수의 중심, 나아가 무중심으로 대체하며 야심 차게 서구 안내를 시작하여 민권과 자주권이 보장된 이상 사회의 정치, 행정, 경제, 교육, 학문, 풍습, 시설, 기관, 도시를 여행하였다.

그러나 『서유견문』으로 표상된 유길준의 개화·문명 담론은 체험보다는 '번역'의 형태를 취한다. 일본인 계몽사상가 특히 후쿠자와에 의한 서양의 문화 번역을 여행자의 시선을 가장해 이중 번역하였다. 창작과 번역의 경계가 뚜렷하지 않았던 당시 지성계의 상황을 거론하지 않더라도, 집필 의도가 열강에 포로가 된 국가와 사회의 위기 상황을 타개하기 위한 계몽에 있다고 한다면, 그것은 단순한 번역이나 번안은 아니었으며 텍스트의 행간에는 분류·종합·해석을 통한 유길준의 사상적 필터링의 흔적이 배어있다. 그런데도 보는 방식으로서 유길준의 옥시덴탈리즘은 여전히 서구의 정치, 경제, 사회, 문화, 도시 제반 영역에서 선망과 동경의 시선으로 일관한다. 조선을 스스로 타자화하면서 서양의 상상 이미지를 부각시켰다. 청과 일본이 번역한 서구 근대사회의 환상을 안고 미국에서의 짧은 유학 여행의 실천과 수행으로 내재화한 피상적 이미지에 따라 『서유견문』을 써냈을 뿐, 이면에 잠복한 서구 열강의 제국주의 욕망을 간파하는 데 이르지 못한 한계를 드러낸다. 유학 여행으로 심화된 서구 문명의 우월성에 대한 인식은 오리엔탈리즘을 자연화하는 파행을 겪는다. 미개화·반개화 조선·개화된 서양의 '등급'은 『서유견문』의 서사를 상징하며, 발전과 진보를 핵심 가치로 근대를 지탱한 계몽주의는 유길준의 개화를 비호하였고, 서구에 대한 총체적 이해를 의도한 『서유견문』은 결국 서구의 모더니즘에 대한 번역에 그쳤다.

　『서유견문』은 한편으로 유길준의 학문 여정을 순차적으로 좇는다. 천문 지식은 이미 북학서와 양무서를 독해할 때 접하였고, 서양의 제도와 문물에 대한 소개는 게이오에 유학할 때 사용한 교재와 서고의 계몽서에 근거하며, 서구 주요 도시 면면은 보빙사의 일원으로 시찰하고 유학생으로 경험하며 귀국 여행에서 기억에 담아둔 곳이었다. 문명개화의 지침이자 개혁의 방략서라 할 『서유견문』에 표상된 유길준의 서구는 곧 번역 텍스트·이미지·실체의 종합으로서, 돌이켜 보면 생의 중요한 순간에 만나 사사한 스승, 교유한 동학 그리고 일상에서 만나고 헤어졌던 많은 사람, 조선·청·일본·미국을 넘나드는 수많은 지성과의 교섭과 사상적 교류의 기록일 수 있다. 가문의 묵은 감정을 뒤로하고 민권·평등·양무학에 눈뜨게 해 준 박규수, 시대와 국가를 위해 희생한 김홍집·김옥균·홍영식·서광범, 문명의 심장 뉴욕에서 근대의 스펙터클을 감상하는 유학 여행의 길을 열어준 민영익, 문명개화를 위한 국민계몽의 방법을 일깨운 후쿠자와, 서구를 안내하고 서학의 바탕 이념을 전수한 로웰과 모스 등이 스쳐 지나간다. 흥미로운 사실은 유길준의 인적 네트워크에 포함된 이들이 하나같이 동서양을 넘나들고 있다는 점이다. 연행사와 수신사로서 간접적으로 서양을 경험하는가 하면 구미사절과 보빙사로 서구를 밟았으며 벽안의 서양인으로서 일본과 조선을 찾았다. 모두가 미지의 세계에 대한 호기심에 이끌려 온 인물이다.

　서양의 지리와 문명 지식으로 조선의 근대화를 기획한 『서유견문』은 예상치 못한 반전을 맞는다. 아관파천으로 갑오개혁이 중단되자 유길준을 따라 『서유견문』도 망명길에 올라야 했다. 모스에게 보낸 1897년 6월 7일 자 영문 서한에서 유길준은 책이 발간된 후 큰 관심을 끌다가 '사변 죄인'으로 고국을 떠나면서 '보는 것조차 금지'되었다는 실망감을 토로하고 있다(이광린 1988, 28-29). 사실 책자는 암암리에 지식인에게 탐독되어 개화사상 보급에 기여한 듯한데, 문장이 어려워 교과서로 채택하기는 어려웠는데도 공·사립학교 교육용 자료로 활용된 정황이 있고, 〈독립신문〉과 〈황성신문〉의 논설에 축약 원문과 핵심 논지가 실려 국민계몽을 위해 인용되기도 했다(한철호 2000, 239-242; 정용화 2004, 87). 교열을 담당한 윤치오와 어윤적도 학부와 일선 학교에 근무하여 생명력을 이어갔겠지만 그럼에도 『서유견문』은 기억에서 서서히 지워진다.

공백을 메운 것은 벽안의 헐버트(H. B. Hulbert 1836~1948)였다. 앞서 보빙사는 보스턴을 찾아 산업시설을 시찰하고 학교를 방문하였으며 교육제도와 학원 운영에 깊은 감명을 받아 귀국 후, 고종에게 미국인 교사의 파견을 정식 요청하여 1886년 9월 23일 근대학교 육영공원의 결실을 거둔다. 파견된 교사는 뉴욕 유니언 신학교 출신의 길모어(G. A. Gilmore), 벙커(D. A. Bunker), 헐버트 세 사람이었다. 현직 관리와 상류층 자제로 구성된 좌·우원 체제의 육영공원은 외국과의 교섭을 대비한 특수학교로서, 운영이 중단되는 1894년까지 영어 외에 수학, 과학, 역사, 국제법, 정치, 지리 과목이 교수되었다. 헐버트는 만국 지리 교육에 사용할 목적으로 박면식의 도움을 받아 1890년 말 한글판 『ᄉᆞ민필지』를 탈고했다. 배재학당 같은 일선 학교에서 채택·활용된 최초의 세계지리 교과서로 평가되는 『ᄉᆞ민필지』는 지리, 인구, 정치, 경제, 학문, 풍속, 군사, 종교, 교통 등 세계에 관한 다양한 정보를 제공하였으며, 대중서로도 인기가 있어 1906년에 재판, 1909년에 3판이 출판되고 1895년에는 한역판까지 간행되었다(이광린 1992a, 103-133; 유방란 1992; 권정화 2013, 9; 권혁재 1976; 김재완 2001; 전민호 2011). 계몽의 목적에서는 탈고 시점이 1년 남짓 앞선 『서유견문』의 지향과 큰 차이가 없으며, 어떻게 보면 한글 전용을 고집한 헐버트는 국한문혼용에 머문 유길준보다 파격적이었다. 두 사람 모두 문명개화를 위한 국민교육의 필요성에 인식이 같았고, 엇갈린 정치 행보에도 서로는 개화를 위한 자신의 역할을 번갈아 수행한 것으로 보인다. 『ᄉᆞ민필지』는 『서유견문』이 의도했던 계몽의 임무를 대행했고, 헐버트가 떠난 다음에는 유길준이 흥사단과 융희학교를 설립해 역할을 이어갔다. 두 사람의 인연은 1883년 가을 어느 날 스치듯 시작되었다. 헐버트가 다트머스 대학 졸업을 1년여 앞둔 시점에, 리드 홀(Reed Hall) 입구에서 한복에 상투를 틀고 갓을 쓴 이국적인 조선인들을 먼발치에서 지켜보았다(Hulbert c. 1923, 1). 보빙사행단이 산업혁명의 도시 로웰시 시찰을 마치고 통역 퍼시벌 로웰의 자택에서 휴식을 취한 다음 날인 9월 23일의 에피소드가 아닐까 한다.

근대인 유길준의 『서유견문』은 문명개화의 표상이었다. 그러나 그의 개화·계몽·근대의 방략은 냉정한 현실 인식에 기초하여 비판적인 수준으로 끌어올렸어야 했는데도 이상론에 그쳤다. 보편성만 강조한 '번역된 문명'의 한계가 아닐까 한다. 유길준은 친일 관료이자 학자다. 애써 부정할 이유는 없다. 그를 위해 변명한다면 개화기의 친일이라는 점이다. 개항 이전까지 대륙의 강자를 대하는 원칙이었던 '사대'가 임오군란과 갑신정변을 계기로 리훙장·위안스카이 체제에서 속국의 식민 담론으로 강화되고 있는 상황에서 유길준은 만국공법의 근대적 외교관계인 '교린'으로의 극적 전환을 이루고자 했다. 유일한 방안은 개화였고 그것을 실천적으로 달성해 모델을 제공한 것이 바로 일본이었다. '동양의 영국' 일본에 대한 선망은 급진 개화파의 공통된 인식이었고, 일본이 이룩한 문명개화는 등불이었다. 청일전쟁에서 일본이 승리하자 유길준은 자신의 선택이 옳았음을 확신하였으며 교린국 일본의 지원 아래 『서유견문』에 그려낸 문명의 이상을 향한 개혁의 과업을 갑오내각에서 진척시켰다. 그러나 개화의 길은 멀었고 서구 사회를 이해하는 간접 통로이자 동양식 문명화의 전범이었던 일본의 변신은 충격으로 다가왔다. 한일의정서와 을사보호조약 체결을 망명지인 일본에서 지켜보아야 했다. 자신이 그렸던 문명개화의 종착점은 중화(中華)를 대화(大和)가 대신하는 동아시아 지정학의 재편에 불과했다.

유길준은 『서유견문』에 피력한 자신의 모든 입론이 물거품으로 변해버린 상황에 번민하지 않을 수 없었다. 번역된 텍스트에 추동된 서구를 향한 열망은 선진 과학기술은 물론 제도와 정신 일체에 대한 단순한 동경과 맹목적 추구였음을 자책해야 했다. 보빙 사행과 유학 여행의 수행과 실천은 경계를 넘나드는 문화 횡단으로서 자타의 비교를 통해 현실에 대한 자각과 내적 성찰을 거쳤어야 했는데도, 그의 문명화 여정은 일본식 근대화 논리의 모방에 그쳤고, 개화의 모델로 삼은 일본에 대한 일방적 추종 때문에 자주권이 침탈되는 상황을 침통하게 지켜보아야 했다. 1910년 10월 7일 오전 10시 30분 한성 북부 계동의 유길준 앞으로 한 통의 통지문이 배달된다. 하루 전 조선총독 테라우치(寺內正毅)가 발송한 것으로서 작위를 받기 위해 7일 오전 11시까지 구한국 대례복을 착용하고 총독관저로 출두하라는 안내문이었다. 개혁을 이야기하고 혁명을 꿈꾸던 김윤식, 박영효, 고영희, 조희연, 윤웅렬, 김가진이 '공적'을 인정받는 가운데 유길준은 남작 작위를 거부하는 것으로 『서유견문』의 실패를 시인하였다. 그런데도 근대인 유길준의 '개화사관'과 계몽사상의 표상인 『서유견문』은 체제에 순응하는 대신 국가의 장래를 고민하고 새 시대를 향해 과감히 발을 내딛는 개척자의 길을 묻는 우리에게 잔잔한 울림을 전한다.

참고문헌

강지혜, 2017, "근대전환기 조선인의 세계기행과 철도 담론," 문화와 융합 39(3), 303-332.

고동환, 2011, "조선후기 지식세계의 확대와 실학," 한국사시민강좌 48, 55-76.

구선희, 1887, "福澤諭吉과 1880년대 한국개화운동," 사총 32, 97-141.

권덕영, 2005, "신라 하대 '서학'과 그 역사적 의미," 신라문화 26, 157-177.

권석봉, 1962, "영선사행에 대한 일고찰," 역사학보 17 · 18, 277-312.

권정화, 2013, "헐버트의 사민필지와 미국 근대 지리교육의 굴절된 투영성," 사회과학교육연구 15, 1-15.

권혁재, 1976, "지리학," 한국현대문화사대계 II(학술 · 사상 · 종교사), 고려대민족문화연구소, 191-235.

김동식, 2002, "철도의 근대성," 돈암어문학 15, 39-67.

김명호, 1996, "박규수의 지세의명병서에 대하여," 진단학보 82, 237-262.

김명호, 2011, "실학과 개화사상," 한국사시민강좌 48, 일조각, 134-151.

김봉렬, 1992, "유길준 개화사상의 형성과 서유견문," 가라문화 9, 135-171.

김영호, 1968, "유길준의 개화사상," 창작과 비평 3(3), 476-492.

김원모, 1985, "조선 보빙사의 미국사행(1883) 연구(상)," 동방학지 49, 33-87.

김원모, 1986, "조선 보빙사의 미국사행(1883) 연구(하)," 동방학지 50, 333-381.

김원모, 1999, 한미수교사 –조선보빙사의 미국사행편(1883), 철학과 현실사.

김윤희, 2013, "문명·개화의 계보와 분화(1876년~1905년)," 사총 79, 3-34.

김의경, 1999, "위원의『해국도지』에 나타난 서양인식," 중국사연구 5, 129-156.

김재완, 2001, "亽민필지(士民必知)에 대한 소고," 문화역사지리 13(2), 199-209.

김정현, 2006, "유길준과 양계초의 미국체험과 근대국가 인식," 문명연지 18, 43-77.

김태준, 1976, "서유견문 해제 –비교문화적 입장을 중심하여–," 서유견문(속), 박영사.

김현미, 2001, "문화번역 –근대적 성찰의 비판적 작업–," 문화과학 27, 130-142.

김현주, 2001, "『서유견문』의 '(문명)개화'론과 번역의 정치학," 국제어문 24, 1-13.

김현주, 2002, "『서유견문』의 과학, 이데올로기 그리고 수사학," 상허학보 8, 209-236.

남상준, 1993, "한국근대 지리교육의 교육사조적 이해," 지리·환경교육 1(1), 3-28.

박삼헌 외, 2011, 특명전권대사 미구회람실기 제1권 미국, 소명출판.

박지향, 2000, "유길준이 본 서양," 진단학보 89, 245-259.

박한민, 2015, "유길준 〈세계대세론〉의 전거와 저술의 성격," 근대 한국의 개혁구상과 유길준, 고려대학교출판문화원, 59-105.

박한민, 2017, "갑오개혁기 보빙대사 의화군과 유길준의 일본 파견과 활동," 한국근현대사연구 81, 45-88.

변종화, 1982, "1883년의 한국사절단의 보스튼 방문과 한미 과학기술 교류의 발단," 한국과학사학회지 4(1), 3-25.

서명일, 2017, "『서유견문』19~20편의 전거와 유길준의 번역," 한국사학보 68, 93-128.

서명일, 2019, "『서유견문』1~2편의 전거와 유길준의 세계지리 인식," 역사와 현실 114, 143-172.

손정숙, 2004, "주한 미국 임시대리공사 포크 연구(1884~1887)," 한국근현대사연구 31, 7-52.

송병기·박용옥·박한설, 1970·71, 한말근대법령자료집 I·II, 대한민국국회도서관.

신익철, 2013, "18세기 연행사와 서양 선교사의 만남," 한국한문학연구 51, 445-486.

안대회, 2010, "조선 후기 연행을 보는 세 가지 시선," 한국실학연구 19, 87-121.

양세욱, 2012, "동아시아의 번역된 근대," 인간·환경·미래 9, 63-91.

양일모, 2010, "번역과 개념으로 본 중국의 근대성," 동양철학 33, 173-198.

우남숙, 2010, "유길준과 에드워드 모스 연구," 동양정치사상사 9(2), 157-196.

우남숙, 2014, "퍼시벌 로웰과 한국," 한국정치외교사논총 35(2), 171-213.

우미영, 2018, 근대 조선의 여행자들, 역사비평사.

원재연, 2009, "17~19세기 연행사의 북경 내 활동공간 연구," 동북아역사논총 26, 205-262.

유길준, 1895, 서유견문, 교순사.

유길준전서편찬위원회, 1971, 유길준전서 I~V, 일조각.

유동준, 1987, 유길준전, 일조각.

유방란, 1992, "육영공원 소고," 교육사학 연구 4, 121-136.

유영익, 1990, "서유견문론," 한국사시민강좌 7, 127-156.

윤대식, 2016, "유길준, 세계로의 여정과 각성 그리고 좌절," 동서인문(경북대학교 인문학술
　　원) 5, 3-53.

이광린, 1977, "유길준의 개화사상," 역사학보 76·76, 199-250.

이광린, 1988, "유길준의 영문서한," 동아연구 14, 1-29.

이광린, 1992a, 한국개화사연구, 일조각.

이광린, 1992b, 유길준, 동아일보사.

이광린, 1993, 한국사강좌 V(근대편), 일조각.

이광린, 1998, "헐버트의 한국관," 한국근현대사연구 9, 5-21.

이기용, 1995, "한국개화사상과 일본문명사상의 비교연구," 한일관계사연구 4, 5-27.

이병근, 2000, "유길준의 어문사용과 서유견문," 진단학보 89, 309-326.

이예안, 2018, "유길준『세계대세론』의 근대적 개념 이해와 개항기 조선," 한국학연구 64,
　　139-168.

이완재, 1999, "박규수의 가계와 생애," 한국사상사학 12, 153-228.

이은송, 2008, "유길준의 『서유견문』의 교육론 구상 전사," 교육사학연구 18(2), 87-111.

이지나·정희선, 2017, "P. 로웰의 여행기에 나타난 개화기 조선에 대한 시선과 표상," 문화
　　역사지리 29(1), 21-41.

이지영, 2008, "개화기의 외국 지명 수용 과정," 국어국문학 150, 129-155.

이한섭, 1987, "서유견문에 받아들여진 일본의 한자어에 대하여," 일본학 6, 85-107.

이한섭, 2009, "개화기 외교 현장에서의 통역 문제," 일본어학연구 25, 175-194.

이홍식, 2011, "북경 유리창의 표상과 문호사적 의미," 동아시아문화연구 50, 249-277.

장규식, 2004, "개항기 개화지식인의 서구체험과 근대인식," 한국근현대사연구 28, 7-37.

장규식, 2006, "개항후 미국 사행과 서구 수용의 차이," 중앙사론 24, 63-94.

장보웅, 1970, "개화기의 지리교육," 지리학 5(1), 41-58.

전민호, 2011, "유길준과 헐버트의 교육사상 비교 연구," 한국학연구 39, 385-413.

전복희, 1995, "19세기말 진보적 지식인의 인종주의적 특성," 한국정치학회보 29(1), 125-

145.

전봉덕, 1976, "서유견문과 유길준의 법률사상," 학술원논문집 15, 317-345.

정낙근, 1993, "개화지식인의 대외관의 이론적 기초," 한국정치학회보 27(1), 351-380.

정옥자, 1965, "신사유람단고," 역사학보 27, 105-142.

정용화, 2004, 문명의 정치사상 -유길준과 근대 한국, 문학과지성사.

정은영, 2009, "조선 후기 통신사와 조선중화주의," 국제어문 46, 349-385.

조일문·신복룡 편역, 2006, 갑신정변회고록, 건국대학교출판부.

최덕수, 2013, "서거 100주년 유길준 연구의 현황과 과제," 한국사학보 53, 7-34.

최성윤, 2013, "근대 초기 서사 텍스트의 저작, 번역, 번안 개념에 관한 고찰," 한국문학이론
    과 비평 17(2), 219-240.

최소자, 1993, "위원(1794~1857)과 『해국도지』," 이화사학연구 20·21, 417-435.

하영선, 2002, "문명의 국제 정치학," 세계정치 24, 319-344.

하영선, 2007, "동아시아공동체 -신화와 현실-," 동아시아 브리프 2(4), 6-14.

하우봉, 2000, "개항기 수신사의 일본 인식," 한일공동연구총서 2, 168-206.

한철호, 2000, "유길준의 개화사상서 『서유견문』과 그 영향," 진단학보 89, 227-244.

함동주, 2000, "福澤諭吉의 조선인식과 중국인식," 역사문화연구 12, 593-610.

허경진 역, 2004, 서유견문, 서해문집.

허동현, 2002, "1880년대 개화파 인사들의 사회진화론 수용양태 비교 연구," 사총 55, 169-
    193.

허동현, 2017, "유길준의 해외체험(1881~1885)과 「중립론」(1885)에 보이는 열강 인식," 한
    국사학보 68, 35-65.

현명철 역, 田中彰 저, 2006, 메이지 유신과 서양 문명, 소화.

황재문, 2013, "운양 김윤식의 중국 인식," 고전과 해석 15, 7-33.

황호덕, 2010, "여행과 근대, 근대 형성기의 세계 견문과 표상권의 근대," 인문과학 46,
    5-42.

慶應義塾史事典編集委員會, 2008, 慶應義塾史事典, 慶應義塾大學出版會.

高田美一, 1994, "宮岡恒次郎とパーシヴァル·ロウエル, エドワード·モース, アーネス
    ト·フェノロサ," LOTUS 14, 71-91.

福澤諭吉事典編集委員會, 2010, 福澤諭吉事典, 慶應義塾大學出版會.

月脚達彦, 2009, "朝鮮開化思想の構造," 朝鮮開化思想とナショナリズム, 東京大學出版
    會, 61-95.

任展慧, 2005, "兪吉濬と西遊見聞," 日本における朝鮮人の文學の歷史, 法政大學出版
    局, 36-52.

荒山正彦, 2013, "世界旅行萬國名所圖繪の復刻と同書に關する覺え書き," 關西學院史學 40, 47-66.

Clifford, J., 1989, "Notes on Travel and Theory," *Inscriptions* 5, 177-188.

Clifford, J., 1997, "Traveling Culture," in *Routes*, Cambridge: Harvard University Press, pp.17-46.

Cooper, L., 1917, *Louis Agassiz as a Teacher*, Ithaca, New York: The Comstock Publishing Co.

Foulk, G. C., 1884, Report of observation made during a journey in the capital district of Korea, Oct. 10, 1884, FRUS, p.327; Sept. 29, 1884, Foulk papers, Library of Congress.

Frank, M. C., 2009, "Imaginative Geography as a Travelling Concept," *European Journal of English Studies* 13(1), 61-77.

Hulbert, H. B., 2000[c.1923], *Echoes of the Orient: A Memoire of Life in The Far East*, 서울대 아시아태평양교육발전연구단 자료총서 2, 선인.

Liu, L. H., 1995, *Translingual Practice*, Stanford: Stanford University Press.

Lloyd, M., 2015, "Travelling Theories," *Redescriptions: Political Thought, Conceptual History and Feminist Theory* 18(2), 121-125.

Lowell, A. L., 1935, *Biography of Percival Lowell*, New York: The Macmillan.

Lowell, P., 1888[1885], *Chosön, The Land of the Morning Calm: A Sketch of Korea*, Boston: Ticknor and Co.

Morse, E. S., 1897, "Korean Interviews," *Appletons' Popular Science Monthly* 51, 1-17.

Nelson, V., 2017, *An Introduction to the Geography of Tourism*, Rowman & Littlefield.

Phillips Library at the Peabody Essex Museum, 2014, Edward Sylvester Morse (1838-1925).

Ratzel, F., 1896, "The Territorial Growth of States," *Scottish Geographical Magazine* 12, 351-361.

Said, E. W., 1983, "Traveling Theory," in *The World, the Text, and the Critic*, Cambridge: Harvard University Press, 226-247.

Smith, H. K., 1898, *The History of The Lowell Institute*, Boston: Lamson, Wolffe and Co.

Steward, J. H., 1979, *Theory of Culture Change: the methodology of multilinear evolution*, Urbana: University of Illinois Press.

Stoddart, D., 1966, "Darwin's Impact on Geography," *Annals of the AAG* 56(4), 683-698.

Towner, J., 1985, "The Grand Tour: A Key Phase in the History of Tourism," *Annals of Tourism Research* 12, 297-333.

제9장

『만한 이곳저곳(滿韓ところどころ)』으로 본 나쓰메 소세키의 만주 여행과 만주 인식[1]

정치영

1. 들어가며

현대인의 일상에서 여행은 하나의 생활양식으로 완전히 정착하였다. 사람들은 계절을 가리지 않고 관광을 다니며, 출장·휴양 등 다양한 목적으로 여행을 한다. 그런데 여행은 현대인의 전유물이 아니다. 과거 사람들도 여행을 떠났으며, 순례·전쟁·교역 등을 위해 목숨을 걸고 길을 나서기도 하였다. 과거의 여행은 오늘날의 여행보다 사람들에게 더 중요한 의미를 지닌 경우가 많았는데, 여행을 통해 사람들은 세상을 더욱더 잘 이해할 수 있게 되었으며, 자기 자신을 되돌아 볼 수 있었다.

이처럼 낯선 세상을 구경하고 자신을 재발견하는 여행은 '우리'와 '타자'를 구별하는 기회이기도 했다. 중세 유럽인들은 십자군 전쟁을 통해 이슬람 또는 동양을 '타자'화함으로써 '우리'를 만들어 냈다. 근대 사람들은 제국주의와 식민지를 통해 다른 세계를 인식하였다(조아라 2016, 340). 특히 근대에는 제국주의가 식민

---

[1]. 이 글은 2020년 『문화역사지리』 제32권 제2호에 게재된 "『만한 이곳저곳』으로 본 나쓰메 소세키의 만주 여행과 만주 인식"을 수정, 보완한 것이다.

지를 개척하면서 '관광여행'이라는 새로운 형태의 여행이 시작되었다(빈프리트 뢰쉬부르크 2003). 식민지라는 미지의 세계가 호기심을 자극하는 한편, 철도와 기선으로 대표되는 근대 교통의 발달이 여행에 따른 불편과 위험을 크게 줄였기 때문이다. 이렇게 많은 사람이 더 빠르고 편리하게 여행할 수 있게 되자, 유럽에서는 19세기 중반부터 철도와 기선을 이용해 세계를 여행하는 관광이 본격적으로 시작되었다. 이때부터 관광여행은 사람들이 타자를 인식하고 이를 통해 자아 정체성을 형성하며, 나아가 다른 세계에 대한 심상 지리(心象地理)를 구축하는 데 중요한 역할을 하게 되었다.

일본의 경우에도 유럽보다 조금 뒤늦었지만, 유사한 경향이 나타났다. 메이지유신 이후 뒤늦게 제국주의의 행렬에 뛰어든 일본은 1905년 러일전쟁에서 승리한 뒤, 국제사회에서 그 지위가 높아지자 국민들의 자부심을 고취시키는 방편으로 해외 관광여행을 장려하였다. 그러나 유럽을 비롯한 먼 지역으로의 관광은 현실적으로 쉽지 않았기 때문에, 19세기 말 이후에 차례로 식민지화한 대만·한국·만주 등 이른바 '외지(外地)'로의 관광을 장려하였다. 일본 정부는 외지 관광이 국민들의 식민지에 대한 지식과 이해를 넓히고 나아가 생활 범위를 확대하는 데 기여할 수 있다고 판단하였다(森正人 2010).

이 글에서 검토하는 나쓰메 소세키(夏目漱石)의 만주 여행도 이러한 일본의 사회 분위기 속에서 이루어졌다. 나쓰메 소세키가 만주를 여행한 1909년은 일본이 제국으로서의 위치를 확보해 나가는 시기였다. 일본은 1905년 9월 러일전쟁을 마무리하는 포츠머스조약을 통해 러시아가 부설한 만주의 동청철도(東淸鐵道)[2] 가운데 창춘(長春) 이하의 노선을 차지하였고, 11월 을사늑약을 통해 사실상 한국을 지배하기 시작하였다. 이 무렵부터 일본인들은 일본이 외지와 이민족을 자

---

2. 동청철도는 하얼빈 철도의 옛 이름으로, 만주 지방을 동서와 남북으로 연결한다. 1896년부터 러시아가 부설하기 시작하여 1901년 완공하였다. 만저우리(滿洲里)에서 하얼빈(哈爾濱)을 지나서 쑤이펀허(綏芬河: 東寧)까지의 본선과, 하얼빈에서 창춘(長春)을 거쳐 다롄(大連)까지의 남부선(南部線)이 있다. 1905년 러일전쟁의 결과로 일제가 창춘 이하의 남부선을 차지하였고, 만주사변 이후인 1935년에는 전노선이 일제의 괴뢰정권인 만주국에 매각되었다.

기 산하에 넣은 제국이 되었다는 의식이 생겼다. 이런 러일전쟁 이후의 제국 의식은 만주와 한국으로의 관광여행을 촉발하였다. 만주와 한국은 청일전쟁과 러일전쟁의 승리라는 역사의 기억이 박혀 있는 땅이면서, 이제는 제국 일본의 '황위(皇威)'를 실현하는 땅, 그리고 지금부터 일본 세력이 확대, 진출해야 할 땅이었다. 이처럼 만주와 한국은 제국민에게 과거·현재·미래를 관통하는 특별한 이야기가 전해오는 땅이기 때문에 반드시 여행해야 하는 곳이었다(有山輝雄 2002, 45-47).

이 글에서는 이러한 시대적 배경을 가지고 만주를 여행한 한 일본인 작가의 여행기를 이용해, 당시 일본 지식인의 만주 여행을 살펴보고, 그 결과로 얻은 만주에 관한 인식을 고찰하였다. 한 명의 여행기를 통해 당시 일본인들이 만주를 어떻게 바라보았는지를 일반화하는 것은 쉬운 일이 아니나, 나쓰메 소세키란 인물이 지닌 무게와 그의 여행이 제국 일본을 상징하는 기관이었던 남만주철도주식회사(南滿洲鐵道株式會社)의 후원으로 이루어졌다는 점, 그리고 이 여행기가 일본의 유력지 중 하나인 아사히신문(朝日新聞)에 연재되어 일본인들이 널리 읽었을 것이라는 점 등을 고려하면, 이러한 시도가 전혀 의미 없는 작업은 아니라고 생각한다.

2. 나쓰메 소세키와 『만한 이곳저곳(満韓ところどころ)』

나쓰메 소세키는 일본 근대 문학의 대표적인 인물이자, 현재도 일본에서 사랑받는 국민 작가이다. 그는 메이지유신 한 해 전인 1867년에 태어나, 말 그대로 메이지 시대를 살았던 인물이다. 메이지 시대는, 정치적으로는 제국주의 영토 확장을 꾀하는 전쟁, 사회적으로는 쏟아져 들어오는 서양 문물이 급속도로 보급되면서 근대화가 진행된 격동기였다. 그는 10년 남짓한 작가 생활을 하는 동안 중편과 장편소설 14편, 단편소설 10편, 그리고 문학론·수필·기행문·강연문·시집

등을 남겼는데(김난주 역 2009, 518), 대표작으로는 그의 나이 38세에 발표한 데뷔작이기도 한 『나는 고양이로소이다』를 꼽을 수 있다.

그의 이력을 간략하게 살펴보면, 현재의 도쿄에서 태어나 자란 소세키는 17세 때인 1884년 도쿄대학 교양학부의 전신인 도쿄대학예비문(東京大学予備門)[3] 예과(予科)에 입학하였고, 1888년에는 본과(本科)에 진학하여 영문학을 전공하였다. 그는 23세 때인 1890년에 제국대학(帝国大学)[4] 영문과에 진학하여 1893년 졸업하였는데, 학창 시절 내내 성적이 매우 우수하였다고 한다. 그 후 1년간 신경쇠약으로 요양하다가 1895년부터 1899년까지 에히메현(愛媛県) 마쓰야마(松山)의 에히메현심상중학교(愛媛県尋常中学校)와 구마모토현(熊本県)의 제5고등학교(第5高等学校)[5]에서 영어 교사로 근무하였다. 33세인 1900년부터 1902년까지는 문부성(文部省)의 장학생으로 선발되어 영국 런던에서 유학하였는데, 이 기간에도 심한 신경쇠약에 시달렸다. 1903년 1월 영국에서 귀국한 나쓰메 소세키는 도쿄의 제1고등학교(第一高等学校)와 도쿄제국대학(東京帝国大学)의 강사를 겸임하였으며, 1905년 첫 작품인 『나는 고양이로소이다』를 발표하였다. 이 작품과 이어

발표한 『런던탑』·『도련님』 등이 인기를 얻자, 1907년에는 두 학교를 사직하고 아사히신문사(朝日新聞社)의 전속작가로 입사하였다. 이후 그의 모든 작품은 아사히신문사에 연재되었다. 나쓰메 소세키는 당대 최고의 엘리트였으나 평생 신경쇠약뿐 아니라 위장병으로 고생했으며, 1916년 49세를 일기로 위궤양이 악화하여 사망하였다(권혁건 2004; ウィキペディア(夏目漱石) 2020).

그림 1. 나쓰메 소세키는 그 초상이 일본 우표와 지폐에 사용되었을 정도로 '국민작가'로 평가받고 있다.

---

3. 도쿄대학예비문은 1886년 제일고등중학교(第一高等中学校)로 개칭되었다.

4. 1897년 도쿄제국대학(東京帝国大学)으로 명칭이 바뀌었다.

5. 구마모토 제5고등학교는 현재의 구마모토대학이다.

이 글에서 분석한 나쓰메 소세키의 만주여행기의 원제목은『만한 이곳저곳(滿韓ところどころ)』이다. 만한(滿韓)이라는 제목에서 알 수 있듯이, 이 여행기는 나쓰메 소세키가 1909년 9월 2일부터 10월 14일까지 총 42일간 만주와 한국을 여행하고 와서, 1909년 10월 21일부터 12월 30일까지 51회에 걸쳐 아사히신문에 연재했다.[6]

그러나 그 내용을 살펴보면, 대부분은 만주에 관한 것이며, 한국에 관한 내용은 거의 없다. 나쓰메 소세키는 만주를 먼저 여행한 뒤 한국으로 향했는데, 한국으로 가기 전에 여행기의 내용이 끝나버리기 때문이다. 그래서『만한 이곳저곳』에는 한국에 관한 단편적인 기록은 있으나, 한국에서의 여정이나 기록은 수록되어 있지 않다. 이처럼 제목에 만주와 한국을 함께 넣었음에도 불구하고 한국에 관한 내용이 생략된 것은 당시의 시대적 상황과 관련이 있을 것으로 추정된다. 나쓰메 소세키가 아사히신문에 기행문을 연재하기 시작한 지 얼마 되지 않은 1909년 10월 26일 전임 한국통감이었던 이토 히로부미(伊藤博文, 1841~1909)가 하얼빈역에서 한국의 의병장 안중근에게 저격 당하는 사건이 일어났다. 일본에서는 이 사건이 워낙 충격적인 뉴스였기 때문에 나쓰메 소세키의 여행기 신문 연재가 불규칙해졌고, 이 사건과 직접 관련이 있는 만주와 한국에 관한 여행기를 쓰던 나쓰메 소세키로서도 이 사건에 대해 의견을 표명하는 것이 부담스러워서 만주 여행까지의 시점에서 연재를 정리하고 급하게 마무리지었다고 생각된다(김유영 역 2018, 5–7; ウィキペディア(滿韓ところどころ) 2018).

한편『만한 이곳저곳』은 나쓰메 소세키가 만주 여행을 떠나게 된 이유에 대해 설명하면서 시작한다. 도쿄대학예비문의 동급생으로 오랜 친구였던 당시 남만주철도주식회사(이하 '만철')의 총재인 나카무라 제코(中村是公, 1867~1927)[7]의 초

---

6. 이 글은 치쿠마쇼보(筑摩書房)에서 1988년 치쿠마문고(ちくま文庫)로 발간한『나쓰메소세키전집(夏目漱石全集)』7권에 수록된「滿韓ところどころ」와, 이를 김유영이 번역하여 2018년 소명출판에서 발간한『만주와 한국 여행기』를 자료로 하였다.

7. 제코는 통칭이며, 보통 요시코토(是公)라고 읽는다. 나쓰메 소세키도 요시코토를 '제코'라고 불렀기 때문에 여기에서는 모두 나카무라 제코로 표기하였다.

청으로 여행이 이루어졌다는 내용이다. 신문에 연재되었기 때문에 모두 51회로 내용이 구분되나, 여행 날짜나 여정에 의해 나누어져 있는 것은 아니다. 내용은 대체로 여정의 순서대로 서술되어 있으나, 일반적인 여행기와 달리 중간중간에 과거의 회상을 많이 포함하고 있고, 본인의 질병이나 몸 상태에 대한 언급이 많아 독자들이 집중하기 어렵고 혼란을 느낄 수도 있다. 『만한 이곳저곳』의 전체 분량 중 1/3가량이 다롄(大連)에 관한 내용으로 가장 많은 비중을 차지하며, 그다음은 뤼순(旅順)에 관한 내용이었다. 이것은 『만한 이곳저곳』의 저술이 어디에 초점을 맞추었는지를 간접적으로 보여 주며, 아사히신문에 『만한 이곳저곳』을 연재한 이유가 무엇인지도 가늠하게 해 준다. 나쓰메 소세키가 다롄과 뤼순을 주로 구경했고, 또 글로 옮겨야 했던 이유에 대해서는 다음 장에서 자세히 검토하였다.

3. 나쓰메 소세키의 만주와 한국 여행

위에서 언급했듯이 나쓰메 소세키의 만주와 한국 여행은 친구인 만철 총재의 초청으로 이루어졌다. 따라서 그의 여행을 이해하기 위해서는 먼저 만철이라는 기관의 성격에 대해 살펴보아야 한다. 만철은 포츠머스조약에 의해 러시아로부터 양도받은 동청철도의 일부와 거기에 부속된 이권의 관리를 목적으로 1906년 설립되었다. 그 후 1945년까지 있었던 만철은 철도를 비롯해 다양한 사업을 운영하였고, 철도와 인접한 지역에 '부속지'라는 이름의 영토를 가진 일본 최대의 주식회사였으나, 실상은 만주를 지배한 하나의 식민지 국가였다(고바야시 히데오 2004, 15).

나쓰메 소세키가 만주를 여행한 1909년은 만철이 한창 사업을 확장하던 시기였다. 철도의 경우, 레일의 규격을 국제표준에 맞추어 바꾸고, 일부 노선의 복선화와 노선의 신설을 진행하였다. 그리고 본사를 둔 다롄을 비롯한 부속지에 도로·항구·학교·병원·호텔 등을 지어 근대적인 도시를 건설하는 작업과 함께, 러시아로부터 인수한 푸순 탄광(撫順炭鑛) 등을 경영하였다. 또한 식민지 경영을 효율적으로 수행하기 위해 산하에 조사부·중앙시험소·지질조사소를 두고 엘리트 학자들을 초빙하여 만주에 대한 학술연구를 추진하였다. 이러한 사업들을 계획하고 실행한 이가 만철의 초대 총재인 고토 신페이(後藤新平, 1857~1929)[8]와, 평생 그의 심복이었던 2대 총재 나카무라 제코였다(고바야시 히데오 2004, 44-64).

　따라서 나카무라 제코가 나쓰메 소세키를 만주에 초청한 것은 학창 시절 친한 친구였기 때문이기도 하지만, 만철의 만주 식민지 경영의 업적을 선전하기 위한 것으로 추정된다. 나카무라 제코는 유명 작가였던 나쓰메 소세키가 만철의 활동을 직접 눈으로 확인하고 이를 글로 써서 신문을 통하여 알려 준다면 일본 국내에서 엄청난 홍보 효과를 거둘 수 있을 것으로 판단했을 것이다. 이런 상황은 『만한 이곳저곳』의 첫대목에 등장하는 아래의 글을 통해서도 확인할 수 있다.

　내가 "남만철도회(南滿鐵道會)는 도대체 뭘 하는 곳이지?"라고 진지하게 물어보자, 남만철도의 총재는 다소 어이없다는 얼굴로, "자네도 어지간히 바보로군"이라고 말했다. … 총재는 "해외에 있는 일본인이 어떤 일을 하고 있는지 조금은 보고 오는 편이 좋아. 자네 같이 아무것도 모르는 데다가 거만하기까지 해서는 주위 사람들이 곤란해져."라고 나름 설득력 있는 말을 했다(김유영 역 2018, 15-16).

만철은 나쓰메 소세키가 방문한 이후에도 계속해서 문인들에게 만철패스(滿鐵

---

8. 고토 신페이는 원래 의사였으며, 독일 유학 후에 내무성 위생국에 근무하다가 대만총독(臺灣總督)이었던 고다마 겐타로(児玉源太郎)에게 발탁되어 대만총독부 민정장관으로서 조사사업에 기초한 대만 식민지 경영의 틀을 마련하였다. 고토 신페이는 러일전쟁 당시 만주군 총참모장이었던 고다마 겐타로의 추천으로 역시 만철의 초대 총재가 되었다. 나카무라 제코는 대만총독부에서 고토 신페이의 부하로 근무하였으며, 고토 신페이가 역임한 만철 총재, 철도원(鐵道院) 총재, 도쿄시장직을 계속 이어받았다.

パス)[9]와 숙박 등을 제공하며 만주로 초청하여 제국 일본이 된 만주를 경험하도록 하였으며(강우원용 2010, 86), 학생·교사들에게까지 이런 기회를 제공하였다. 예를 들어, 나중에 경제학자이자 식민정책학자로 도쿄대학 총장을 지낸 야나이하라 타다오(矢內原忠雄, 1893~1961)는 대학생이었던 1912년, 만철의 후원으로 친구들과 만주를 여행한 뒤 "냄새나고 거친 혐오의 땅"에서 유쾌한 여행이 가능한 곳이라고 만주를 새롭게 인식하였다(고바야시 히데오 2004, 64~65). 또 다른 사례로, 일본 전국의 중학교·사범학교·고등여학교 등 중등교육기관의 지리 및 역사교원들의 학술 및 친목모임인 전국중등학교지리역사과교원협의회(全國中等學校地理歷史科敎員協議會)는 일본 국내뿐 아니라 당시 일본의 식민지이거나 점령지였던 도시를 돌며 격년으로 개최되었다. 이 모임은 1925년에 다롄, 1929년에 타이베이(臺北), 1932년에 서울, 1939년에 창춘에서 개최되었는데, 다롄·서울·창춘 회의에는 만주 여행이 뒤따랐다. 이 만주 여행에는 만철이 무료승차권을 지원하였으며, 만철이 정한 방문지, 시간표, 경로에 따라 만철의 안내로 진행되었다(정치영·米家泰作 2017, 8). 그 결과, 만주에서 이룩한 만철의 업적에 감명을 받은 교사들이 적지 않았으며, 이는 교육 현장에 환원되었을 것이다.

이 밖에도 만철은 학자와 기자를 초빙하여 만주에 관한 조사연구와 취재를 수행하도록 하였다. 나쓰메 소세키가 다롄에서 우연히 만나 함께 여행한 도호쿠제국대학농과대학(東北帝国大学農科大学) 하시모토 사고로(橋本左五郞, 1866~1952) 교수는 나쓰메 소세키와 17세 때 자취생활을 같이 한 친구였는데, 만철의 의뢰로 2~3개월 동안 몽골의 축산 사정 조사를 마친 뒤였다(김유영 역 2018, 53~54). 만철은 이 같은 지원을 통해 사업에 필요한 다양한 정보를 수집하고 만주 사정과 만철의 활동을 일본 국내에 널리 알렸으며, 만철에 우호적인 인사들을 늘리는 데 주력하였다.

이런 배경에서 이루어진 나쓰메 소세키의 만주와 한국 여행 여정은 『만한 이

---

9. 남만주철도의 자유탑승권으로, 만철은 기본적으로 회사 직원과 가족을 위해 만철패스를 배부하였다.

곳저곳』의 내용으로 파악하기 어렵다. 앞에서도 언급했듯이, 날짜별로 여정을 기록하지 않았기 때문이다. 선행연구(吉本隆明 2004) 등을 참고하여 나쓰메 소세키의 여정을 정리하면, 표 1과 같다.

표 1. 나쓰메 소세키의 만주와 한국 여행 여정

날짜	도시	주요 방문지	비고
1909. 9. 2	도쿄(東京)		新橋에서 기차로 출발
1909. 9. 3	오사카(大阪)		富島町 大阪商船待合所에서 鉄嶺丸에 승선
1909. 9. 6	다롄(大連)	만철본사, 중앙시험소, 전기공원, 가와사키(川崎)조선소, 발전소, 콩기름공장, 만철사원합숙소	
1909. 9. 10.	뤼순(旅順)	야마토(大和) 호텔, 바이위산(白玉山), 표충탑(表忠塔), 전리품진열소, 지관산(鷄冠山), 러시아장군저택, 포대(砲臺), 203고지, 뤼순항	뤼순 구경 후 다롄으로 귀환
1909. 9. 14	슝웨청(熊岳城)	온천, 쑹산(松山), 배 과수원	
1909. 9. 16	잉커우(營口)	랴오허강(遼河), 일청두박회사(日淸豆粕會社)	
1909. 9. 17	탕강쯔(湯崗子)	온천	
1909. 9. 19	펑톈(奉天)	북릉(北陵), 남만주철도공관	
1909. 9. 21	푸순(撫順)	푸순탄광	
1909. 9. 22	하얼빈	(언급 없음)	
1909. 9. 23	창춘(長春)	(언급 없음)	
1909. 9. 25	펑톈(奉天)	(언급 없음)	다시 펑톈으로 돌아옴
1909. 9. 27	안둥(安東)	(언급 없음)	
1909. 9. 28	평양	(언급 없음)	
1909. 9. 30	서울	(언급 없음)	
1909. 10. 2	인천	(언급 없음)	
1909. 10. 3	개성	(언급 없음)	
1909. 10. 13	서울	(언급 없음)	10월 13일까지 서울에 머무름
1909. 10. 14	시모노세키(下關)		부산을 경유하여 배로 귀국

주: 중국 지명은 모두 중국 발음으로 고쳐 정리하였다.

그림 2. 나쓰메 소세키의 여행 경로. 기선과 만철이 운영하는 철도를 이용해 여행하였다.
자료: 名古屋運輸事務所, 1934, 鮮滿實情視察團員募集(팜플렛자료)

표를 살펴보면, 나쓰메 소세키는 1909년 9월 2일 기차를 타고 도쿄에서 출발하여, 이튿날 아침 오사카(大阪) 도미시마초(富島町)에서[10] 데쓰레이마루(鉄嶺丸)라는 기선에 몸을 실었다. 원래는 나카무라 제코와 함께 시모노세키(下關)에서 배를 타는 것으로 계획했으나, 나쓰메 소세키는 위장병으로 일정을 늦추어 혼자 만주로 출발하였다. 나쓰메 소세키가 탄 데쓰레이마루는 2,143톤의 일만연락선(日滿連絡船)으로, 모지(門司), 부산을 거쳐 9월 6일 다롄에 도착하였다.

만주 여행의 시작점이자 가장 오래 머문 다롄에서는 먼저 나카무라 제코를 만나고, 그의 안내로 만철 본사와 중앙시험소 등을 방문하였으며, 특히 만철 조사부에서 만철의 사업에 대한 설명을 들었다. 여기에 더해 나카무라 제코는 아래와 같이 다롄에 있는 만철의 시설들을 둘러보길 강권하였다.

---

10. 「만한 이곳저곳」에는 고베(神戶)에서 데쓰레이마루(鉄嶺丸)가 출발한 것으로 기재되어 있다.

참관할 장소라는 표제 밑에는 야마기초(山城町)의 다롄의원(大連醫院)이라든지, 고타마초(児玉町)의 종업원양성소라든지, 하마초(浜町)의 발전소라든지, 이러저러해서 모두 15~16개나 나열되어 있다. 과연 이 정도라면 다롄에 일주일간 정도 머물지 않고서는 남만주철도의 사업도 대강 훑어볼 수 있을 리 만무했다. 게다가 제코(是公)는 꼭 함께 구석구석 빠짐없이 잘 살펴보고 가지 않으면 안 된다고 마치 명령하듯이 주의를 주는 까닭에 도망갈 구석이 없다(김유영 역 2018, 57-58).

나쓰메 소세키는 나카무라 제코가 추천한 15곳 이상의 만철 시설을 둘러보기 위해서 일주일 이상 걸릴 것으로 예상하였는데, 『만한 이곳저곳』의 내용으로 보아 이곳들을 모두 방문한 것은 아니었다. 그러나 다롄에서 방문한 장소는 대부분 만철과 관련된 곳이었으며, 『만한 이곳저곳』에도 여기에 대한 묘사가 가장 많은 비중을 차지하였다.

다롄 다음으로 오래 머문 도시는 뤼순이다. 뤼순에서도 다롄에서와 마찬가지로 만철이 직영하는 야마토(大和) 호텔[11]에 머물렀으며, 주로 러일전쟁의 전적지를 방문하였다. 러일전쟁 전몰자를 추모하기 위해 1909년에 세운 표충탑(表忠塔)[12]이 정상에 있는 바이위산(白玉山),[13] 그리고 러시아 요새가 있어 치열한 전투가 벌어졌던 지관산(鷄冠山)[14]과 203고지,[15] 지관산에 있는 전리품진열소(戰利品陳列所) 등을 구경하였다. 특히 지관산과 203고지에서는 각각 러일전쟁에 참전했던

---

11. 만철이 서양인 여객의 유치와 영빈관으로 사용할 목적으로 직영한 호텔체인으로, 서양식의 고급 호텔이었으며, 다롄, 뤼순, 창춘, 펑톈, 하얼빈 등에 있었다.
12. 지금은 백옥산탑(白玉山塔)으로 불리며, 높이가 66.8m이다.
13. 뤼순역(旅順驛)의 동쪽, 신시가지와 구시가지 사이에 있는 해발 120m의 산으로, 러일전쟁 때 뤼순 요새 방어진지의 중심이 된 산이다.
14. 둥지관산(東鷄冠山)이라고도 하며, 뤼순 구시가지의 북동쪽에 있다. 러일전쟁 때 갱도를 파서 지하전투를 벌였던 곳이다.
15. 뤼순항이 바라다보이는 높이 203m의 언덕으로, 러일전쟁 때 가장 격렬한 전투가 벌어졌던 곳이다.

그림 3. 뤼순의 주요 장소. 왼쪽 위부터 니혼바시(日本橋), 관동도독부(關東都督府), 지관산(鷄冠山) 북포대(北砲臺), 바이위산(白玉山) 표충탑(表忠塔), 203고지의 전적(戰蹟), 만주의 묘지, 뤼순 공원(旅順公園)의 음악당, 뤼순해군병원(旅順海軍病院)

자료: 田山宗堯 編, 1912, 日本写真帖, ともゑ商会.

군인의 생생하고 자세한 전황 설명을 들었다. 뤼순항에서는 군함을 타고 나가 바다에서 항구를 조망하고, 러일전쟁 때 침몰한 배에 대한 설명을 들었다.

이상에서 본 바와 같이 다롄과 뤼순은 제국 일본의 팽창을 상징하는 도시였다. 러일전쟁이 끝난 후 겨우 4년이 지났을 뿐이지만 두 곳은 만철, 즉 일제에 의해 빠르게 변화해 가는 지역이었다. 나쓰메 소세키는 만주 여행 중에 이 두 도시에서 가장 많은 시간을 보냈으며, 가장 많은 지면을 할애하여 제국 일본의 영광을 묘사하였다.

뤼순에서 다롄으로 돌아온 나쓰메 소세키는 친구 하시모토 시고로와 나머지 여행을 동행하기로 하고, 그에게 여정을 일임하였다. 두 사람이 모두 방문하고 싶었던 곳은 하얼빈이었다. 그래서 하시모토 사고로는 기차 시간표 등을 이용해 북쪽으로 가는 계획을 짰고, 다시 나카무라 제코의 조언을 받아 일정을 정하였다. 나카무라 제코는 부족한 여비를 지원했고, 역까지 직원들을 이끌고 나와 배웅하면서 전용 화장실·세면대·파우더 룸이 딸린 특등객실을 제공했다.

나머지 방문지는 그 기록이 자세하지 않다. 두 사람은 슝웨청(熊岳城)과 탕강쯔(湯崗子)에서 온천을 했다. 슝웨청온천과 탕강쯔온천은 우룽베이(五龍背)온천과 함께 만주 3대 온천으로 꼽히는데, 슝웨청온천은 강바닥에서 온천수가 용출하며 모래 온천으로도 유명하다(ウィキペディア(熊岳城溫泉) 2016). 『만한 이곳저곳』에 적혀 있진 않으나, 나쓰메 소세키가 이 두 온천을 방문한 것도 만철의 안내에 따른 것으로 보인다. 앞에서 언급했던 만철이 기획한 지리 역사교원의 만주 여행의 여정에도 탕강쯔온천이 포함되어 있었다. 슝웨청온천에서는 동행한 농학자 하시모토 사고로 교수가 관심을 가졌던 온천 인근의 배 과수원과 쑹산(松山),[16] 그리고 중국인 마을을 방문하였고, 탕강쯔온천에서는 하시모토 사고로가 혼자 돼지를 보러 다녀왔다.

나쓰메 소세키는 잉커우(營口)에서 랴오허강(遼河)을 구경하였다. 황토가 섞인 강물을 바라보고, 강을 건너는 삼판선(三板船)을 탔다. 그리고 펑톈(奉天)에서는 청(淸) 태종(太宗)의 능인 북릉(北陵)과 남만주철도공관 등을 방문하였고, 푸순에서는 탄광을 견학하였는데, 아래와 같이 일본인이 새로 조성한 시가지를 보고 감명을 받았다.

시가지가 한눈에 보였다. 아직 완성되지는 않았으나, 하나같이 벽돌집인 데다가 영화 스튜디오에라도 있을 법한 건축물로 가득했기 때문에 전혀 일본인이 경영하고 있을 것이라고는 생각하지 못했다. 게다가, 그 멋들어진 집의 대부분이 한 채 한 채마다 분위기가 다 달라, 각양각색이라고도 할 수 있을 만큼 변화를 주고 있기에 놀라지 않을 수 없었다. 그중에는 교회, 극장, 병원 그리고 학교

---

16. 슝웨청온천 인근에 있는 배 과수원인 함가이원(咸家梨園)에 접한 작은 언덕으로, 황치산(黃旗山), 송린(松林), 바오추엔산(寶泉山)이라고도 한다. 정상에 관제묘(關帝廟)가 있다(鉄道院 1919, 133).

그림 4. 1906년의 푸순 탄광

자료: 朝日新聞写真班, 1906, ろせった丸満韓巡遊紀念写真帖, 東京朝日新聞会社.

가 있었으며, 탄광 임원들의 저택도 물론 있었지만, 하나 같이 도쿄 야마노테(山の手)에라도 가져와서 바라보고 싶은 것들뿐이었다. 마쓰다(松田)씨에게 들어보니 모두 일본의 기사(技士)들이 만든 것들이라고 한다(김유영 역 2018, 170).

『만한 이곳저곳』이 푸순 탄광에 관한 기록에서 중단되었기 때문에, 나쓰메 소세키가 푸순 이후의 하얼빈·창춘·안둥, 그리고 한국의 평양·서울·인천·개성·부산의 여정에서 어떤 곳을 방문했는지는 알 수 없다. 다만 그가 쓴 일기와 편지 자료를 이용한 연구에 의하면, 16일간 체재한 서울에서는 남산·경복궁·창덕궁·보신각(普信閣)·석파정(石坡亭)·세검정(洗劍亭) 등을 둘러보았다(권혁건 2004, 24–38).

지금까지 살펴보았듯이, 나쓰메 소세키의 만한 여행은 만철에 의해 기획된 호화 여행이었다고 정리할 수 있다. 나쓰메 소세키는 대부분 만철이 짠 일정에 따라 이동하였으며, 만철 소속의 직원들이 수행원으로 동반하였다. 또한 만철이 직영하는 야마토 호텔을 비롯한 최고급 숙소에 머물렀으며, 만철이 제공하는 기차·마차·인력거 등을 이용해 이동하였다. 만철은 지역의 별미로 이루어진 호화로운 식사를 제공했으나, 나쓰메 소세키는 위장병 때문에 제대로 먹지 못했다.

무엇보다 주목할 만한 점은 나쓰메 소세키가 만주를 여행하는 동안, 중국인을 만나 대화했다는 기록을 전혀 찾아볼 수 없다는 점이었다. 만주를 여행했지만, 그가 접촉한 사람은 모두 일본인 아니면 서양인이었다. 그리고 그가 만난 일본인은 대부분 식민지 경영의 일선에 선 제국 일본의 엘리트들이었다. 정리하면, 나쓰메 소세키는 만주를 여행했으나, 만주와는 멀찍이 거리를 둔 채, 일본인 엘리트에 둘러싸여 일방적인 설명을 들으며, 숙식과 교통수단에서 일본 국내를 여행하는 것과 다를 바 없는 방법으로 여행을 한 것이다.

4. 나쓰메 소세키의 만주 인식

『만한 이곳저곳』을 텍스트로, 나쓰메 소세키의 만주와 중국인 인식을 분석한 연구가 그동안 한·중·일 연구자들에 의해 꽤 많이 축적되었는데, 그 결과는 크게 두 가지 상반적 논의로 나누어진다. 하나는 나쓰메 소세키가 상대적인 우월감을 가지고 만주와 중국인을 차별적인 시선으로 바라보았다는 주장으로(崔明淑 1997; 2000; 王成 2006; 석정희 2012; 范淑文 2014; 김대양 2015), 특히 한국과 중국, 대만 연구자들의 연구가 많다. 이들 연구는 나쓰메 소세키가 중국인을 '창(チャン)'[17]이나 '쿠리(クーリー, 이하 '쿨리')'[18] 등 차별적 용어로 부르며 이들의 행동을 멸시하였으며, 러일전쟁이나 일본의 식민정책에 대해서는 부정적인 시선이 없었다는 점을 지적하였다. 이들은 특히 나쓰메 소세키가 영국 유학 시절부터 서양의 제국주의와 식민정책에 대해 부정적인 시각을 가지고 있었고, 다른 작품에서는

---

17. 창(チャン) 또는 창창(チャンチャン)은 당시 중국인을 경멸하여 부르던 호칭으로, China에서 유래한 말이다(夏目漱石 1988, 445).
18. 중국인 하층 노동자를 부르던 영어 coolie 또는 cooly에서 유래한 말로, '苦力'이라 쓰기도 한다(夏目漱石 1988, 443).

러일전쟁에 대해서도 비판적이었는 데 반해, 『만한 이곳저곳』에서는 일본의 제국주의와 러일전쟁에 대해 긍정적인 시각을 보인 점에 주목하였다. 이에 대해 윤상인(2013)은 나쓰메 소세키가 만주 여행을 계기로 제국주의 담론의 문법을 답습하기 시작하였으며, 오랫동안 그를 괴롭혀 온 서양 문명에 대한 열패 의식에서 벗어났다고 판단하였다. 그래서 그가 자민족 중심주의에 기초한 '문명'의 시각을 아시아에 투사함으로써 식민지 경영을 합리화하였으며, 여행과 여행 기록을 통해 제국의 에이전트의 역할을 충실하게 수행할 사실을 부정할 수 없다고 주장하였다. 또한 박유하(朴裕河 2007)는 중국인, 특히 쿨리를 불결하게 보는 것은 제국주의적인 국가위생 관념에서 유래한 것으로, 나쓰메 소세키가 제국주의를 정당화한 것이라고 분석하였다.

이와는 대조되는 다른 하나의 논의는 나쓰메 소세키가 『만한 이곳저곳』에서 중국인을 부정적으로 묘사한 것은 사실이지만, 이것은 현실을 묘사하는 문학적 수법에 지나지 않는다는 주장이다. 미국인 연구자인 죠슈아 포겔(Joshua A, Fogel 1996)은 그 근거로 그러한 표현이 풍자와 비꼬기 위한 것이었고, 『만한 이곳저곳』에서 중국인을 칭찬하는 말도 있다는 점을 들고 있다. 요네다 도시아키(米田利昭 1972)도 나쓰메 소세키가 친구인 나카무라 제코를 해학적으로 비난하기 위한 장치로 쿨리를 깎아내렸다고 주장하였다. 그는 또 나쓰메 소세키가 중국인과 한국인을 한 개인으로 보았을 뿐, 하나의 얽힌 민족적 주체로 보지 않았다는 견해를 밝혔다(윤상인 2013, 267). 이즈 도시히코(伊豆利彦 1989)는 나쓰메 소세키의 표현이 국가권력의 영향 아래에서 어떻게 표현할 것인가를 고민할 결과로 만들어진 골계화(滑稽化)된 문체라고 평가하였다. 도코로 유미(所由美 2014)는 나쓰메 소세키의 표현에 대한 해석이 하나의 시각만으로는 포착할 수 없는 중층적 사정이 존재한다고 분석하였다. 한편 『만한 이곳저곳』이 아닌 일기, 편지 등을 활용해 나쓰메 소세키의 '조선관(朝鮮觀)'을 살핀 미타니 노리마사(三谷憲正 1994)도 나쓰메 소세키는 어느 한쪽으로만 보지 않는 복안적(複眼的) 시선을 가지고 있었다고 평가하였다. 이상과 같이 일본 연구자들은 주로 나쓰메 소세키를 변호하는 입장을 취해 왔다.

　이러한 선행연구를 바탕으로, 여기에서는 나쓰메 소세키의 만주 여행 여정을 따라가면서 각 장소에서 무엇에 관심을 가졌고, 그것을 어떻게 인식하였는지 살펴보았다. 그에 앞서 나쓰메 소세키가 서양에 대해 동양과는 다르게 인식하였다는 점부터 살펴보려고 하며, 이러한 인식의 차이는 아래와 같이 다롄으로 향하는 배 안에서 만난 서양인과 그의 개를 묘사하는 데에서도 드러난다.

　갑판 위에는 젊은 영국 남성이 개를 안고 온화하게 잠들어 있었다. "저 사람이 누구죠?"라고 사무장인 사지(佐治)씨에게 묻자, "아 그는 영국의 부영사라고 합니다."라고 알려주었다. 그가 정말로 부영사일지도 모르지만, 그는 나에게 아름다운 22살의 청년 정도로밖에 보이지 않았다. 하지만 그의 개는 매우 묘한 얼굴을 하고 있었다. 하긴 견종이 불도그인 걸 어쩌겠나. … 그 후 그 개는 주인과 함께 다롄으로 건너가 야마토 호텔에 숙박하였다. … 원래부터 개가 들어와서는 안 되는 식당이었지만 잘못 찾아 들어온 듯싶었다. 그 주인도 그때 식당에 있었는데, 주인은 많은 사람이 있는 곳에서 언성을 높여 개를 꾸짖는 것이 비신사적이라고 생각했는지 갑자기 묘한 얼굴을 한 녀석을 겨드랑이에 끼고 식당 밖으로 나갔는데, 그 모습이 매우 우아했다. 그는 무거운 개를 마치 보따리처럼 가뿐하게 겨드랑이에 품고, 많은 사람이 앉아 있는 식탁 사이를 큰 걸음으로 발소리 하나 내지 않고 문 뒤로 사라졌다. 그사이 개는 짖지도 않았으며 낑낑대지도 않았다. 마치 탄력 있는 부드러운 기계가 순순히 자연의 힘에 따르는 것처럼 얌전히 안겨 나가는 것처럼 보였다. 그 얼굴은 누차 이야기한 대로 기묘했지만, 행실은 매우 기품있는 것이었다(김유영 역 2018, 19~20).

　나쓰메 소세키는 배에서 만난 영국인이 개에게 취한 행동이 신사적이고 매우 우아하다고 표현하였으며, 그의 개까지 기품이 있다고 서술하였다. 서양인에 대한 이러한 묘사는 『만한 이곳저곳』의 뒷부분인 푸순 탄광에서 만난 아래의 영국인에 대한 묘사에서도 발견된다.

기차를 탄 서양인이 두 명 있다. … 푸순에 도착하자 우리와 함께 기차에서 내
렸다. 마중 나온 사람이 인사할 때 물어보니, 그중에 한 사람이 펑톈의 영국 영
사였다. … 사무실에 돌아가 점심을 대접받았을 때, 영국인은 젓가락을 쓰지 못
해 밥도 제대로 못 먹었는데, 불쌍하기 짝이 없다. 이 영사는 중국에 18년이나
있다고 하면서, 젓가락도 쓸 줄 모르다니 의외였다, 그 대신 상류층 언어는 능
숙하다고 한다. … 원래 영국인이라고 하는 사람들은 프라이드가 강해, 소개받
지 않는 이상 다른 사람을 향해 간단히 말을 걸지 않는다, 따라서 우리도 영국
인에 대해서 마찬가지로 거만한 태도를 취했다(김유영 역 2018, 169-171).

이처럼 나쓰메 소세키는 우연히 만난 서양인에 대해서도 국적과 직업, 외모와
행동 등을 자세히 묘사하였으며, 그들의 행동을 대체로 긍정적으로 인식하였다.
나쓰메 소세키가 영국인을 거만하다고 표현하였지만, 이러한 영국인의 자신감
을 나쓰메 소세키는 내심 부러워하며 닮으려 한 것으로 보인다. 이러한 서양인에
대한 인식에는 나쓰메 소세키의 영국 유학 경험이 크게 작용하였다. 선행연구(최
명숙 2000; 윤상인 2013)들에 의하면, 나쓰메 소세키는 유학을 통해 서양 문명과 서
양인에 대해 열등감을 가지게 되었다. 이러한 열등감은 나쓰메 소세키를 비롯한
일본인을 동양인보다는 서양인에 가까운 쪽으로 위치시키고자 하는 의식을 낳게
하였다. 즉 서양인들이 그들의 식민지였던 동양인들을 타자화했듯이, 나쓰메 소
세키는 중국인이나 한국인을 타자화하여 일본인과는 다른 존재로 구분하였다.
　이러한 나쓰메 소세키의 의식은 다음의 다롄항에 처음 도착했을 때와 다롄의
야마도 호텔에서 서양인을 만났을 때 상황에서 잘 나타난다. 나쓰메 소세키가 중
국에 도착해 처음 만난 일본인은 만철의 비서였는데, 그는 더럽고 시끄러우며 약
간 무섭기까지 한 쿨리들 사이에서 그를 구해 준 세련되고 멋진 신사의 이미지였
다. 나쓰메 소세키는 중국인과 일본인을 전혀 다른 인간상으로 뚜렷하게 구분한

것이다. 이와는 반대로 나쓰메 소세키는 야마토 호텔 식당에서 우연히 자리를 같이한 영국인이 여러 가지 대화를 나누고도 자신이 일본인임을 알아보지 못했을 때 불안감을 느꼈다. 자신은 일본인으로, 다른 동양인과는 다르다고 생각하였던 나쓰메 소세키를 알아보지 못한 서양인에게 상당한 충격을 받은 것이다. 나쓰메 소세키는 서양인에게 자신이 동양인이 아니라 일본인으로 인정받길 원하였고, 나아가 일본인이 동양인보다는 서양인에 가깝게 인식되길 바란 것으로, 이 시기 일본 엘리트들이 주장했던 '탈아입구(脱亞入歐)'의 의식을 엿볼 수 있다.

해안가에는 많은 사람이 늘어서 있다. 그렇지만 그 대부분은 중국의 쿨리들로, 한 사람도 더러운데, 둘 이상 모이니 더욱더 볼꼴사나웠으며, 이렇게나 많이 뭉쳐 있으니 더더욱 거북스럽기 그지없다. … 배가 멈추자마자, 쿨리들은 벌집을 들쑤셔 놓은 듯, 큰 소리를 내며 움직이기 시작하였다. 그 갑작스런 소란에 조금 겁이 났지만, 어찌 되었든 간에 상륙하지 않으면 안 될 운명이었기에, 어떻게든 되겠지라는 생각으로 여전히 턱을 괴고서 이와 같은 해안가의 흔적을 바라보고만 있었다. 그러자 사지씨가 와서는 "나쓰메씨는 어디로 가시죠?"라고 물어봤다. "아, 일단은 총재님 댁에 가볼까 합니다."라고 대답할 무렵, 키가 크고 감색 하복을 입은 멋진 신사가 와서는 주머니에서 명함을 꺼내며 정중하게 인사를 건네 왔다. 비서인 누마타(沼田)씨였는데, 어찌할 바를 모르고 있던 나에게는 여간 다행한 일이 아닐 수 없었다(김유영 역 2018, 24-25).

처음 보는 서양인과 합석하게 되었다. … 그 남자는 자신을 영국인이라고 했다. … 잠시 후, 당신은 뤼순에 가본 적이 있느냐는 똑같은 질문을 해 왔다. 다소 이상했지만, 귀찮아서 "아니 아직"이라고 나도 아까의 대답을 똑같이 대꾸해 두었다.…마지막으로 그는 돌연 당신은 일본인이냐고 물어보았다. 나는 그렇다고 솔직하게 대답했으나, 그렇다면 지금까지 어느 나라 사람이라고 생각한 것일까 하는 생각에 조금 불안해졌다. 내가 일본인이라는 소리를 듣자, 이 남자는

그림 5. 1910년대의 다롄항

자료: 西田繁造 編, 1918, 日本名勝旧蹟産業写真集 台湾·北海道·樺太·朝鮮·満洲及関東州, 富田屋書店.

자기도 40년 전에 요코하마(橫浜)에 간 적이 있는데 일본인들은 너무나도 정중하고 친절하고 예의 바르기에 정말 모범적인 국민이라는 등의 칭찬을 계속해서 늘어놓기 시작했다(김유영 역 2018, 31-32).

다음으로 『만한 이곳저곳』에 서술된 중국인에 대한 이미지를 살펴보자. 위의 인용문에서 보았듯이, 나쓰메 소세키가 처음 접한 중국인은 다롄항의 쿨리였고, 더럽고 시끄러운 이미지였다. 그 후 각지에서 만난 중국인의 이미지는 다음과 같았다. 이를 살펴보면, 먼저 나쓰메 소세키가 만주 여행 내내 바꾸지 않은 중국인에 대한 인식은 더럽고 지저분하다는 것이다. ①·⑤·⑥·⑦·⑪·⑫·⑬에서 이러한 나쓰메 소세키의 생각을 엿볼 수 있는데, 일본과 다른 중국 고유의 자연환경과 그로 인한 생활습관 탓에 일본인보다 자주 씻지 않는 중국인에게 멸시의 시선을 감추지 않았다. ⑫에서는 도시에 하수도가 갖추어져 있지 않아 더럽다고 지적하였는데, 근대적인 위생시설의 유무로 문명화된 일본과 야만에 머물고 있는 중국을 비교하였다. 흥미로운 점은 ⑤·⑪·⑬과 같이 나쓰메 소세키가 특히 후각을 통해 더러움을 느끼는 경우가 많았다는 점이다. 중국인이 풍기는 냄새는 참기 힘들 정도로 기분이 나빠 멀리하고 싶다고 표현하고 있다. 나쓰메 소세키가 이처럼 유독 냄새에 민감하게 반응한 것은 신경쇠약과 위장병을 가지고 있는 그의 개인 특성과도 관련이 있어 보인다.

① (다롄) 지저분한 중국인 두세 명이 예쁜 새장을 손에 들고 나타났다. (제코는) "중국인이라고 하는 것들은 풍류가 있단 말이야. 입을 것도 없는 비렁뱅이 주제에, 새를 들고서 산중에 기어들어 와서는 새장을 나뭇가지에 걸고 그 아래 앉아서 먹지도 않고 얌전하게 새 소리를 듣고 있는 다니까. 그것이 만일 둘이라도 모일라치면 새 울음소리 겨루기를 한다는 말이지. 그것참 고상하다니까"라고 계속해서 중국인을 칭찬한다(김유영 역 2018, 40-41).

② (다롄) 쿨리는 얌전하고 건강한 데다가 힘이 좋아서 일을 잘했기에, 그저 보는 것만으로도 기분이 좋다. … 그들은 혀가 없는 인간처럼 묵묵히 아침부터 저녁까지 이 무거운 콩 자루를 계속해서 등에 짊어지고 3층에 올라서는, 또다시 3층을 내려가는 것이다. 그 침묵과 규칙적인 운동, 그리고 그 인내와 정력은 흡사 운명의 그림자처럼 보인다. … 연기 속에서 땀에 젖어 빛나는 구릿빛 근육이 강인하게 보인다. 이 맨몸의 쿨리의 체격을 보자마자, 나는 문득 한초군담(漢楚軍談)을 떠올렸다. … 안내는 "절대 일본인은 흉내 낼 수 없죠. 저렇게 일하고도 하루에 고작 5~6전을 받고 산다니까요. 어찌 저리도 강인한지 알 수가 없습니다."라고 정말 질렸다는 듯이 대답했다(김유영 역 2018, 63-65).

③ (다롄) 제코의 마부에 대한 태도가 매우 정중하다는 것을 깨닫고는 조금은 놀라지 않을 수 없었다. … 그 말구종은 매우 특이한 인물이었다. 우선 일본인이 아니다. 변발(辮髮)을 자랑스럽게 늘어뜨리고, 황색의 바지에 나사로 된 긴 부츠를 신고 손에는 3척 정도의 불자(拂子)를 손에 들고 있다. 그렇게 하고서는 말을 끌고 달리는데 '잘도 저런 신사 복장을 하고서 땀 흘리지 않고 달릴 수 있구나!'라고 생각할 정도로 빠르게 걸을 수 있다(김유영 역 2018, 67-68).

④ (뤼순) 맞은편에 중국인의 그림자가 두 명 보였지만, 우리의 모습을 보자마자 풀 속으로 숨었다. "저렇게 무언가 파려고 온답니다. 잡히면 곤란하니까 저렇게 금방 도망가는 탓에 단속하는 것이 여간 어려운 것이 아닙니다."라고 말하며 A군은 쓴웃음을 지었다(김유영 역 2018, 90).

⑤ (슝웨청) 운전하는 것은 물론 중국인이었다. … 땀 냄새나는 옅은 노란색 바지가 양복의 옷자락에 자꾸 닿아 기분이 나빴다(김유영 역 2018, 112).

⑥ (쑹산) 병사들은 하나 같이 지저분한 얼굴을 하고 뒤에 있는 작은 방에서 빈둥대고 있었다. 말 그대로 마적의 습격에 대비하기 위해 고용된 병사였지만, 그 실상은 일당 30~40전의 쿨리일 뿐이다(김유영 역 2018, 125).

⑦ (탕강쯔) 세 명의 남자가 식사를 하고 있었다. 접시에서 젓가락 그리고 밥공기에 이르기까지 하나같이 너무나도 지저분했다. 탁자에 앉아 있는 남자들은 더욱 더러웠다(김유영 역 2018, 134).

⑧ (펑톈) 마차는 마치 아무도 없는 공터를 지나는 것처럼 달려댔다. 우리와 같이 평온함을 좋아하는 패거리는 이런 마차를 타고 있는 것부터 고통이다. 마부는 당연히 중국인이었는데 기름에 먼지를 단단히 뒤집어쓴 변발을 흔들어대며, 때때로 만주어를 내뱉었다. 나는 눈썹을 찌푸리며 틈새를 통해 말의 엉덩이를 바라보았다. 이렇게 비쩍 마른 녀석에게 함부로 채찍을 휘둘러 여행객의 비위를 맞추는 것은 부인을 나무라 손님을 대접하는 바와 다름이 없다고 생각했다(김유영 역 2018, 152-153).

⑨ (펑톈) 모자도 옷도 노란 가루를 뒤집어쓴 채, 여관의 현관에 내렸을 때 이제야 잔혹한 중국인과 인연을 끊을 수 있게 되었다는 생각이 들어 기뻤다(김유영 역 2018, 154).

⑩ (펑톈) 인력거는 일본인이 발명한 것이지만, 인력거꾼이 중국인 혹은 조선인인 경우에는 결코 방심해서는 안 된다. 그들은 어차피 남이 만든 것이라는 생각을 갖고 있기 때문에 그들의 인력거를 끄는 방식에는 조금도 인력거에 대한 존경심이 나타나 있지 않다. 하이청(海城)이라는 곳에서 고려의 옛 유적을 보

러 갈 때에는 엉덩이가 조금도 방석 위에 붙어 있을 틈도 없이 흔들렸다. … 끝내 조선인의 머리를 한 대 내려치고 싶을 정도로 험한 취급을 당했다(김유영 역 2018, 155).

⑪ (평톈) 중국인의 집에 나는 고유한 냄새가 금세 코를 찔러, 한두 걸음 길 쪽으로 물러나 서 있었다(김유영 역 2018, 156).

⑫ (평톈) 평톈에는 예부터 지금에 이르기까지 하수도라고 하는 것이 없었다. 오수의 처리도 물론 불완전했다. … 정말이지 여간 더러운 국민이 아닐 수 없다(김유영 역 2018, 157~158).

⑬ (평톈) 방안은 묘한 냄새가 풍긴다. 중국인이 집요하게 남기고 간 냄새라서, 아무리 깨끗한 것을 좋아하는 일본인이 청소를 해 보았자, 변함없이 역한 냄새가 난다(김유영 역 2018, 159~160).

⑭ (평톈) 중국의 젊은이가 맨발로 따라왔다. … "대놓고 팔 수 없는 물건이기 때문에, 이렇게 관광객이 왔을 때 몰래 팔아넘기려고 한다는데, 중국인은 정말로 교활하다니까요."(김유영 역 2018, 168).

또한 나쓰메 소세키는 ④와 같이 뤼순 전적지에서 무언가를 몰래 파내어 가려고 하는 중국인과 ⑭의 평톈 북릉에서 골동품을 팔려는 중국인에게도 경멸의 시선을 보내었다. 그리고 ⑨에서는 마차 사고로 상처를 입은 노인을 구경만 하는 중국인을 잔혹하다고까지 표현하였다. 나쓰메 소세키가 특히 불편한 감정을 드러낸 사람들은 그가 자주 접한 마차의 마부나 인력거꾼이었다. ③의 만철 총재의 전용 마부는 예외적인 존재였으며, 나머지는 ⑧·⑩과 같이 승객에 대한 배려는 전혀 없이, 속도를 내면서 거칠게 마차와 인력거를 모는 사람들로 묘사되었다. 여기에는 ⑩과 같이 한국인도 포함되었다. 마부와 인력거꾼에 대한 반감은 역시 그의 신경쇠약과 위장병과 관련이 있다. 나쓰메 소세키는 "나는 신경질적이고 겁이 많은 성격으로, 마차가 기울어질 때마다 뛰어내리고 싶어진다."라고(김유영 역 2018, 165) 서술하였고, 심하게 흔들리는 마차와 인력거가 그의 위장병을 악화시켰기 때문이다.

그러나 나쓰메 소세키가 중국인을 항상 부정적으로 인식한 것은 아니었다. ①에서는 친구인 제코의 입을 빌리긴 했으나, 중국인을 풍류가 있고 고상한 존재로 묘사하였다. ①·③으로 미루어보아, 나쓰메 소세키보다 중국을 오래 경험한 제코는 중국인에 대해 다른 인식을 지니고 있었다. 한편 ②와 ③에서는 중국인이 일본인보다 신체적으로 우월하다고 묘사하였다. 특히 다롄의 콩기름 공장의 노동자들을 묘사한 ②는 나쓰메 소세키가 만철의 사업체에서 성실하게 일하는 중국인을 경이롭게 바라보았음을 알 수 있다. 그렇지만 '혀가 없는 인간', '운명의 그림자' 등의 표현으로 보아, 이들을 수평적인 시선으로 바라보았다고 말하기 어렵다.

이상과 같은 나쓰메 소세키의 중국인에 대한 인식 때문에 그가 제국주의적 시선으로 만주와 중국인을 인식하였다고 주장하는 선행연구가 적지 않았다. 일본을 문명, 중국을 야만으로 보는 이분법적인 태도로 중국인을 바라보았다는 것이다. 그런데 위의 인용문들을 유심히 살펴보면, 나쓰메 소세키가 묘사한 중국인들이 계층적으로 한정되어 있으며, 이들과 직접 접촉하거나 대화를 나눈 경우는 찾기 어렵다. 앞에서도 언급했듯이 나쓰메 소세키가 만주 여행 중 만난 일본인과 서양인은 대부분 제국주의의 일선에 선 엘리트들이었고, 이들과는 같이 생활하거나 직접 대화를 나누었다. 그러나 중국인은 멀리서 거리를 두고 바라본 노동자와 농민이 대부분이었고, 가깝게 접촉한 중국인은 마부와 인력거꾼, 그리고 여관의 종업원 정도였다. 슝웨청온천 인근의 배 과수원 주인을 만난 것을 제외하면, 중국의 지식인이나 부유층을 접촉한 기록은 없다. 짧은 여행기간의 제한된 접촉 때문에 나쓰메 소세키가 중국인에 대해 왜곡해서 인식하게 된 것은 아닌지 생각해 볼 필요가 있다.

중국인에 관한 묘사보다 매우 적은 분량이지만, 『만한 이곳저곳』에는 만주의 자연에 관한 묘사가 아래와 같이 곳곳에 등장한다. 그가 가장 강한 인상을 받은 것은 ㉠·㉡의 밝은 별빛, ㉢·㉤의 강렬한 햇빛, ㉢·㉣의 맑은 공기와 그로 인한

긴 가시거리 등 기후와 관련된 요소들이 많다. 역시 내지(內地), 즉 일본과의 비교를 통해 그 특징을 부각하였으며, 사람과 달리, 만주의 자연에 대해서는 줄곧 긍정적인 인식을 드러낸다. 그러나 이러한 인식도 여행 시기와 관련된 왜곡이 포함되어 있을 수 있다. 나쓰메 소세키가 만주를 여행한 9월은 가장 날씨가 좋은 시기이기 때문이다. 만약 그가 혹독한 추위가 닥치는 겨울이나, 비가 많고 더운 여름에 만주를 여행했다면 그 인식은 달라졌을 것이다.

ㄱ 다롄에서 처음 맞이하는 가을 하늘에는 내지에서는 볼 수 없는 깊은 색의 저편에 많은 별이 반짝반짝 빛나고 있었다(김유영 역 2018, 32).

ㄴ (다롄) 짙었던 하늘색은 더욱더 짙어졌고 날은 구름 하나 없이 개어, 전에 본 적이 없이 깊고도 높은 곳의 별빛을 볼 수 있다(김유영 역 2018, 35).

ㄷ 확실히 다롄의 태양은 내지의 태양보다 눈앞을 밝게 비춘다. 태양은 저 멀리에 있지만, 그 빛은 오히려 가깝다고 해도 좋을 만큼 공기가 투명해서 거리도 나무도 건물의 옥상도 벽돌들도 저마다 선명하게 눈앞에 펼쳐진다(김유영 역 2018, 36).

ㄹ (뤼순) 이 주변의 공기는 내지보다 훨씬 맑기 때문에 멀리 있는 것이 바로 코앞에 있는 것처럼 선명하게 보였다. 그중에서도 수수밭의 색이 가장 눈에 띈다(김유영 역 2018, 88).

ㅁ (뤼순) 강한 햇살이 하늘이고 산이고 항구고 할 것 없이 구석구석을 비추고 있었다. … 그 햇살이 땀구멍으로부터 온몸에 이르기까지 뚫고 들어올 것만 같이 공기가 투명했다(김유영 역 2018, 94).

ㅂ (쑹산) 나는 대지가 발하는 색상을 보고 '옥야천리'라는 말을 떠올렸다. 쑹산 위에서 내려다보면, 높은 해가 비쳐 갈색이나 노란색이 줄무늬나 층층 무늬, 아니면 어떤 모양을 이루거나 했으며, 옅은 안개는 구름과 접해 평야 전체를 덮고 있었다. 만주는 정말 넓은 곳이다(김유영 역 2018, 126).

ㅅ (랴오허) 강물의 색은 마치 홍수 뒤의 큰 강과 비슷하다. 마치 회반죽처럼 움

직이는 것이 하늘을 집어 삼킬듯한 기세로 멀리에서부터 흘러왔다. … 물보다 진흙이 많아 보일 만큼 탁한 물이 한도 끝도 없이 밀려 들어왔다. 5만 년은커녕 1년 만에 강 하구가 꽉 막혀버릴 것만 같았다. 그렇지만 3천 톤 정도가 되는 증기선은 힘도 들이지 않고 느릿느릿 거슬러 올라간다고 하니 중국의 강은 무신경하기도 하다. 원래부터 중국인이 무신경해서 옛날부터 이 흙탕물을 마시고 아무 일도 없었던 것처럼 태연하게 자손을 낳고 지금까지 번영하고 있다(김유영 역 2018, 136-137).

한편 지형에 관한 묘사로는 ㉰과 ㉭을 들 수 있다. ㉰의 기복이 없는 평야가 광막하게 펼쳐져 있는 만주의 자연경관은 나쓰메 소세키뿐 아니라 만주를 여행한 일본인들이 공통으로 일본과 구분되는 첫 번째 자연적 특징으로 인식하였다. 황토가 섞여 흐르는 랴오허강을 묘사한 ㉭에서는 중국 하천에 대한 인식뿐 아니라 중국인에 대한 나쓰메 소세키의 인식이 다시 한 번 드러난다.

다음으로 나쓰메 소세키는 자신이 여행한 각 지역을 어떻게 인식하였을까? 단편적인 기록이지만, 다음의 『만한 이곳저곳』 내용을 통해 그가 감지한 장소 이미지를 살펴보자. 먼저 만철의 본거지인 다롄의 장소 이미지는 ⓐ·ⓑ·ⓒ·ⓓ에서 감지되듯이 역동적으로 발전하고 있는 도시, 세련되고 근대화된 도시, 공업화된 도시, 그러면서도 일본화한 도시 등이었다. 나쓰메 소세키는 다롄을 만철에 의해 각종 도시 기반시설이 잘 갖추어져 있을 뿐 아니라, 계속 발전해 나가는, 내지에서도 보기 힘든 도시로 인식하였으며, 이는 만철의 의도와 기대를 저버리지 않은 장소 인식이었다.

ⓐ (다롄) 집도 탑도 다리도 모두 같은 색으로, 저마다 강한 햇살을 받아 반짝이고 있다. 나는 멀리에서 이 세 건축물의 위치와 관계, 그리고 모양을 보고 그 훌륭하게 균형 잡힌 모습에 감탄했다. "저건 뭐지?"라고 마차 위에서 묻자, "저것은 전기공원이라고 하는데, 내지에도 없는 것"이라고 한다. 전기를 통해 여러

가지 오락을 즐길 수 있는데, 다롄 사람들을 위로하기 위해 회사가 설치한 것이라는 설명이다. 전기공원에는 거부감이 들었지만, 내지에도 없다고 할 정도라면 아주 진기한 것임이 틀림없다고 생각했다(김유영 역 2018, 36-37).

ⓑ (다롄) 마차가 언덕을 오른다. 그곳에는 아직 도로가 완성되어 있지 않았기 때문에 만주 특유의 황토가 금세 구두에서 바지 자락에까지 미세하게 쌓였다. 이 주변도 얼마 안 있어 곧 호텔 앞처럼 활기찬 거리로 변화하겠지만 그런 말을 했다가는 제코가 더더욱 의기양양해 질뿐이기 때문에 짐짓 입을 다물었다(김유영 역 2018, 38).

ⓒ (다롄) 전기 공장에 간다고 한다. … 역시 동양 제일의 굴뚝이라는 이름답게, 그 내부는 정말 대단했다. … '공업의 세계에도 문학자의 머리 이상으로 숭고한 것이 있구나!'라고 감탄하기는 했지만 이내 그곳에서 뛰쳐나가고 싶어졌다. 간단히 말하자면 나는 단지 엄청난 소리를 듣고, 마찬가지로 엄청난 기계의 움직임을 보았을 뿐이었다(김유영 역 2018, 59).

ⓓ (다롄) 작은 산 위에 지어진 좋은 사택이었다. … 언덕 밑에서 바라보면, 마치 영국의 피서지에라도 간 것 같다고 어떤 서양인이 평했을 정도로 외부는 두꺼운 벽으로 둘러쳐진 서양식 건물이지만, 그 안은 일본의 향기가 나는 깨끗한 다타미가 깔려 있었다(김유영 역 2018, 68).

ⓔ (다롄-여순) 기차는 넓은 평야 한가운데로 나아갔고, 그 유명한 만주의 수수밭이 처음으로 눈 아래에 펼쳐졌다(김유영 역 2018, 78).

ⓕ (뤼순) 한낮인데도 벌레 소리가 어렴풋이 들려왔다. … 길을 건너 반대편을 보니, 호텔보다 넓은 빨간 벽돌집 한 채가 보였다. 그렇지만, 벽돌이 쌓여 있을 뿐, 지붕도 이지 않았을뿐더러, 창문에는 유리도 없었다. 비계에 쓰였던 목재들이 곳곳에 남아 있을 정도로 짓다 만 건물이었다. 쓸쓸하게도 공사가 중지된 지 몇 년이 되는지는 모르지만, 몇 년이 지나도 언제까지나 이대로 일 것만 같은 느낌이 들었다. 그리고 나는 여기에 있는 모든 집과 건물에서, 그리고 아름다운 하늘 어디에서고 그와 같은 느낌을 받았다. … 항구를 둘러싼 산은 하나같이 민

동산이었다(김유영 역 2018, 80).

ⓖ (슝웨청) 강은 빙 둘러 완만하게 굽이치고 있었다. 그 건너편에는 대여섯 그루의 큰 버드나무가 보였다. 그 깊은 구석에는 마을이 있다고 한다. 소와 말이 대여섯 마리 건너왔다. … 모두 다갈색을 띠고 있었는데, 버드나무 밑으로 다가가고 있었다. 소를 몰고 있는 사람은 소보다도 훨씬 작게 보였다. 이 모든 것이 흔히 말하는 남종화(南宗畵)를 방불케 해서 너무나도 흥미로웠다. 그중에서도 높은 버드나무가 가느다란 잎을 하나하나 가지에 메 달고 조용히 흔들리는 풍경은 말 그대로 너무나도 중국다웠다(김유영 역 2018, 116).

ⓗ (슝웨청-탕강쯔) 창문을 내다보니, 어느새 수수가 보이지 않았다. 방금 전까지만 해도 저 멀리에 노란 지붕을 여기저기에 볼 수 있었지만, 그것도 사라지고 없다. 그 노란 지붕들은 아름다웠다. 저것은 옥수수를 말리고 있는 것이라고 하시모토가 설명해 주었기 때문에 그제야 '그렇구나'라고 알게 되었을 만큼, 전혀 옥수수로 보이지 않았다. 조선에서는 마찬가지로 지붕 위에 고추를 말리고 있었다. 소나무 사이로 보이는 외딴집이, 가을 하늘 아래에서 타는 듯이 붉었다. 그렇지만 그것이 고추라는 것은 한눈에 보고 알 수 있었다. 만주의 지붕은 거리가 멀었던 까닭인지, 그저 망막하고 단조로운 풍경을 자극하는 색채로밖에 생각이 들지 않았다(김유영 역 2018, 130).

이에 비해 ⓕ의 뤼순은 러일전쟁이 끝난 지 4년밖에 지나지 않아 전쟁의 흔적이 많이 남아 있는 도시였다. 러시아인이 살거나 짓던 건물 가운데 버려진 것이 많았고, 전쟁의 포화로 주변 산들은 민둥산이 많았다. 그래서 나쓰메 소세키는 뤼순을 쓸쓸하고 황폐한 곳, 침체한 곳, 즉 폐허와 같은 이미지로 인식하였다. 한편 나쓰메 소세키는 슝웨청 온천에서 바라본 농촌 풍경을 ⓖ와 같이 중구의 전형적인 경관으로 인식하였다. 강과 버드나무, 소·말과 목동, 그리고 숨겨진 마을이 어우러진 경치를 남종화(南宗畵)에 비유하였는데, 특히 버드나무에 강한 인상을 받았다.

그림 6. 펑톈 부근의 수수밭

자료: 朝日新聞写真班, 1906, ろせった丸滿韓巡遊紀念写真帖, 東京朝日新聞会社.

ⓔ와 ⓗ는 달리는 기차의 차창 밖으로 본 풍경이다. 나쓰메 소세키의 눈에 가
장 뚜렷하게 들어온 것은 넓은 수수밭이었다. ⓔ의 기술을 보면, 나쓰메 소세키
는 여행 전부터 수수밭을 만주를 대표하는 경관으로 인지하고 있었으며, 앞의 ⓓ
과 ⓗ를 보면, 수확기에 가까워 붉게 익은 수수밭에서 깊은 인상을 받은 것으로
추정된다. 『만한 이곳저곳』에는 나쓰메 소세키가 후각 못지않게 시각, 특히 색채
에 민감했던 것을 보여 주는 서술들이 있는데, 붉은 수수밭, 지붕 위의 노란 옥수
수, 그리고 누런 흙과 강물, 다갈색의 대지, 암녹색의 바다 등으로 만주의 이미지
를 기록하였다. 이에 비해 한국은 붉은 고추와 푸른 소나무로 기억하였다. ⓗ에
서 또 하나 재미있는 부분은 나쓰메 소세키가 만주와 한국을 다른 거리감으로 바
라보았다는 점이다. 한국의 집은 차창 밖으로 가깝게 보여 지붕 위의 고추를 금
방 알아보았으나, 만주의 집은 멀리 보여 지붕 위의 옥수수를 노란색으로만 인식
했다는 것이다. 망막하고 단조로운 만주와 변화가 심한 한국의 경관 차이를 거리
감의 차이로 표현한 것이 흥미롭다.

5. 나가며

지금으로부터 약 110년 전에 일본의 대문호인 나쓰메 소세키는 절친한 친구였던 만철 총재의 주선으로 총 42일간 만주와 한국을 여행하였으나, 아사히신문에 연재한 여행기 『만한 이곳저곳』은 만주 여행만 다루었다. 이 글은 이 여행기를 통해 나쓰메 소세키의 만주 여행을 복원하고, 그가 여행의 결과로 만주에 대해 어떻게 인식하게 되었는지를 살펴보았다. 나쓰메 소세키는 당시에 워낙 유명한 작가였기 때문에, 『만한 이곳저곳』의 행간을 읽은 일본인들에게 그의 만주 인식은 적지 않은 영향을 주었을 것이다.

나쓰메 소세키의 만주 여행은 만철의 전폭적인 지원 아래 이루어졌다. 만철은 교통수단과 숙박시설, 식사는 물론 여행경비까지 제공하였으며, 자신들이 만든 일정에 따라 나쓰메 소세키를 안내하였다. 나쓰메 소세키는 거의 모든 일정을 일본인 친구, 그리고 만철 직원과 함께했으며, 현지인을 접촉하거나 중국 문화를 직접 체험할 기회는 거의 없었다. 나쓰메 소세키는 친구의 초청을 받은 사적인 여행이라 주장하지만, 실제로는 공적인 성격이 강한 여행이었다.

이러한 여행의 성격 때문에 『만한 이곳저곳』의 내용은 처음부터 제한될 수밖에 없었다. 러일전쟁의 전적지와 만철이 운영하는 사업 현장을 주로 둘러보았기 때문에 대륙으로 확장하는 일제의 위용을 선전하는 데 내용의 초점이 맞추어졌다. 아무리 친한 친구의 지원이라 하지만, 나쓰메 소세키는 호화로운 여행을 제공한 만철의 입장을 고려하지 않을 수 없었을 것이다. 따라서 이 여행기는 만철이 보여 주고 싶어 한 만주, 그리고 어쩌면 일본인이 보고 싶어 한 만주를 묘사한 것이라 할 수 있다. 당시 이 글을 읽은 일본 독자들은 만주를 근대화해 나가는 만철의 업적에 깊게 감동하고, 일본인으로서 자긍심을 느꼈을 것이다. 그러나 오늘날 이 글을 읽는 연구자들은 나쓰메 소세키가 일본 제국주의에 함몰되어 그 선전자 역할을 하였다고 비판한다.

나쓰메 소세키의 중국인에 대한 인식도 오늘날 연구자들의 비판이 끊이지 않는 부분이다. 중국인에 대한 묘사와 표현, 그리고 그 내면에 깔린 나쓰메 소세키의 의식을 살펴보면, 그가 중국인에게 차별적인 시선과 우월의식을 가졌던 것은 분명하지만, 무조건 그를 비난만 할 수 있을지에는 의문이 생긴다. 먼저 만철에 의한 '왜곡된' 여행이 '왜곡된' 인식을 낳았는지도 모르며, 나쓰메 소세키의 지병으로 인한 냉소적인 성격도 일조하였을 것이다. 그렇지만 무엇보다 중국인을 타자화함으로써 일본인과 구분하고, 타자와의 거리를 줄이기보다는 고착화하고 더욱 견고하게 만들려는 만철, 나아가 제국 일본이 국민작가였던 나쓰메 소세키를 동원하였고, 그는 만철로부터 부여받은 임무를 메이지 시대를 살아가는 지식인의 소명으로 생각해 충실하게 수행한 것으로 생각된다. 나쓰메 소세키는 의지가 굳고 자기주장이 뚜렷한 정치가나 운동가가 아니었으며, 한편으로 메이지 시대는 소심한 지식인이 국가와 거리를 두고 살아가기에 쉽지 않은 시대였을 것이다.

나쓰메 소세키에게 42일간의 만한 여행은 타자를 인식하는 기회이기도 했지만, 자기 자신을 새롭게 인식하는 계기가 되었으며, 오히려 이 부분이 더 중요했는지도 모른다. 여러 연구자는 이 여행이 그가 영국 유학을 통해 서양에 가지게 된 콤플렉스를 극복하는 계기가 되었다고 평가하며, 여행을 전후해 그의 작품 경향에서 상당한 변화가 나타났다고 주장한다. 아무튼 여행은 나쓰메 소세키를 비롯한 모든 사람에게 중요한 의미를 가지며, 때로는 인생의 전기가 되는 것이 분명해 보인다.

참고문헌

강우원용, 2010, "'국민작가'가 스쳐간 만주와 '무명작가'가 발견한 만주−나쓰메 소세키와 기야마 쇼헤이의 경우−," 여행의 발견, 타자의 표상(박찬승 엮음), 민속원, 85−114.
고바야시 히데오 저, 임성모 역, 2004, 만철, 일본제국의 싱크탱크, 산처럼.
권혁건, 2004, 나쓰메 소세키와 한국, 제이앤씨.

김대양, 2015, "소세키(漱石)텍스트에 나타난 제국주의적 시선 - 『만한 여기저기(満韓とこ ろどころ)』와 『문(門)』을 연계하여 - ," 일본언어문화 32, 279-295.

나쓰메 소세키 저, 김난주 역, 2009, 나는 고양이로소이다, 열린책들.

나쓰메 소세키 저, 김유영 역, 2018, 만주와 한국 여행기, 소명출판.

빈프리트 뢰쉬부르크 저, 이민수 역, 2003, 여행의 역사, 효형출판.

석정희, 2012, "나쓰메 소세키(夏目漱石)의 의식 변화에 대한 연구 - 『만한 이곳저곳(満韓 ところどころ)』을 중심으로," 만주연구 14, 139-160.

신윤주, 2011, "나쓰메 소세키가 체험한 온천을 통해 본 중국 특유의 정취 고찰 - 『만한 이곳 저곳(満韓ところどころ)』을 중심으로," 일어일문학 52, 173-186.

윤상인, 2013, "'제국'으로 가는 길 - 나쓰메 소세키의 유럽과 아시아 여행," 비교문화연구 33, 263-286.

윤혜영, 2008, "소세키 소설 속의 한국·만주·서양의 형상 - 등장인물을 중심으로 -," 일본 연구 37, 213-230.

장남호, 2015, "나쓰메 소세키(夏目漱石)의 위장병 - 『고양이』와 『만한 이곳저곳』을 중심 으로," 일본근대학연구 48, 209-228.

정치영·米家泰作, 2017, "1925·1932년 일본 지리 및 역사교원들의 한국 여행과 한국에 대 한 인식," 문화역사지리 29(1), 1-20.

조아라, 2016, "관광지리, 사회문학적 접근," 현대 문화지리의 이해(한국문화역사지리학회 저), 푸른길, 339-369.

최명숙, 2000, "나쓰메 소세키와 이국/이국인 - 『만주/조선의 이모저모』와 그 주변을 중심 으로," 일본학보 45, 507-525.

王成, 2006, "夏目漱石的満州遊記", 読書 (12), 三聯書店, 21-27.

吉本隆明, 2004, 漱石の巨大な旅, 日本放送出版協会.

米田利昭, 1972, "漱石の満韓旅行," 文学 40(9), 岩波書店, 62-74.

泊功, 2013, "夏目漱石「満韓ところどころ」における差別表現と写生文," 函館工業高等 専門学校紀要 (47), 81-88.

朴裕河, 2007, ナショナル·アイデンティティとジェンダー: 漱石·文学·近代, クレイン.

范淑文, 2014, "日本近代文学作品に語られる作家の異国体験 - 藤村·漱石の場合," 第9 回国際日本学コンソーシアム「グローバル化と日本学」, 日本文学部会, 1-12.

三谷憲正, 1994, 夏目漱石におけるアジア─《朝鮮観》を視座として─, 佛教大学総合研 究所紀要 1, 245-262.

森正人, 2010, 昭和旅行誌 - 雑誌『旅』を読む, 中央公論新社, 東京.

西槇偉·坂元昌樹, 2019, 夏目漱石の見た中国 - 『満韓ところどころ』を読む, 集広舎.

所由美, 2014, "「満韓ところどころ」と韜晦," 日本語文學 66, 177-204.

有山輝雄, 2002, 海外觀光旅行の誕生, 吉川弘文館.

伊豆利彦, 1989, 漱石と天皇制, 有精堂.

鉄道院, 1919, 朝鮮満洲支那案内, 鉄道院.

崔明淑, 1997, "夏目漱石『満韓ところどころ』-明治知識人の限界と「朝鮮・中国人」像," 国文学 解釈と鑑賞 62(12), 至文堂, 87-92.

夏目漱石, 1988, 夏目漱石全集 7, 筑摩書房.

Fogel Joshua A., 1996, *The Literature of Travel in the Japanese Rediscovery of China 1862-1945*, Stanford University Press.

일본 위키피디아(https://ja.wikipedia.org).

제10장

식민지 조선 여성의 해외여행과 글쓰기: 나혜석의 『구미만유기』[1]

한지은

1. 들어가며

 나혜석(1896~1948)이 한국 여성 최초로 세계 일주 여행을 떠난 것은 1927년이
다. 그러나 오랫동안 여성의 첫 세계여행에 대한 대중적 관심사는 유럽 여행 중
있었던 나혜석과 최린(1878~1958)의 유명한 연애 사건과 귀국 후 이혼과 사회적
배척 속에 행려병자로 사망한 그녀의 비극적 삶에 집중되어 왔다. 최초의 여성
서양화가이자 근대적 작가, 여성운동가로서 나혜석에 대한 재평가는 1990년대
중반 이후에서야 시작되었다. 특히 2000년 2월 문화관광부의 '문화인물'로 나혜
석이 선정되고, 나혜석의 고향인 수원시에 '나혜석 거리'가 조성되면서, 문학과
미술, 여성학을 중심으로 나혜석 연구가 본격화되었다.[2]
 그러나 기존 연구들은 나혜석의 소설과 수필 등에 드러난 여성주의 담론을 드
러냈지만, 관심의 초점은 그녀의 작품이 아니라 '신여성'으로서의 파격적인 삶과

---

1. 이 글은 2019년 「한국지리학회지」 제8권 제3호에 게재된 필자의 논문을 수정한 것이다.
2. 일례로 2011년까지 나혜석 문학에 대한 주제로 단행본과 석박사 학위논문 이외에 약 100여 편의
   소논문이 발표되었다(송명희 2011, 81).

'여성해방' 사상에 놓여 있었다. 여성주의자로서 나혜석에 대한 관심은 프랑스의 상드(George Sand)나 울스턴크래프트(Mary Wollstonecraft), 일본의 요사노 아키코(舉謝野晶子), 중국의 장아이링(張愛玲) 등 동서양의 여성 작가나 사상가와의 비교연구로도 이어졌다(함정선 2006; 조지숙 2015; 최정아 2015). 이러한 경향은 나혜석의 구미 여행과 구미 여행기 관련 연구에서도 반복되는데, 나혜석의 여행기와 풍경화를 다룬 연구들 또한 나혜석을 당대 조선에서 볼 수 없던 대도시의 '산책자'이자, '근대적' 여성 주체로 그린다(손유경 2008; 신지영 2009; 우미영 2018). 이 연구들은 오랫동안 드러나지 않았던 나혜석의 여성주의적 시각과 부조리한 현실에 적극적으로 저항한 태도 등을 부각했다는 점에서 의의를 갖지만, 동시에 그녀를 파격적인 '신여성', 근대적 '지식인', 혹은 남성 중심적 시대의 '희생자'라는 고정된 이미지에 가두는 한계를 갖는다.

이 글에서는 1920~1930년대 식민지 조선이라는 시공간적 맥락에서, 여성 나혜석의 구미 여행기에 대한 접근을 시도한다. 여행기를 작가의 순수한 문학적 성취로 보는 문학 연구와는 달리, 여행기를 여행 주체가 특수한 목적하에 특정 청중을 대상으로 생산한 의식적 커뮤니케이션의 산물로 이해하고자 한다(박경환 2018, 72). Duncan and Gregory(1999)는 지리학자들은 여행기 텍스트의 '재현의 공간'뿐 아니라 여행문학의 생산과 연루된 '여행의 공간' 또한 회복해야 한다고 주장했다. 따라서 여행기를 저자의 주관적 텍스트로 가정하여 텍스트 내부의 독해에만 집중하는 것이 아니라, 여행하는 여성으로서 나혜석의 여행기를 그 시대의 공간적 실천의 산물이자 물질적 결과로서 검토하고자 한다.

특히 나혜석의 여행기는 그녀의 소설이나 희곡 등과 마찬가지로 단행본으로 출판된 것이 아니라, 여행 후인 1930년대 대중잡지 「삼천리(1929~1941)」와 동아일보 등에 연재된 것이었다.[3] 연재물의 특성상 나혜석의 여행기는 하나의 완결된

---

3. 나혜석의 구미 여행기는 1930년대 잡지 「삼천리」를 중심으로 동아일보 등 신문 잡지에 연재되었는데, 본문에서는 한국역사통합정보시스템에서 확인 가능한 원문을 중심으로, 나혜석의 여행기만을 묶어 현대어로 윤문하여 단행본으로 출판된 「조선여성첫세계일주기」(2018)와 「꽃의 파리행:

서사구조를 따르기보다, 여행 경로를 따라 여행지에 대한 정보와 개인적 감상으로 분절되는 경향이 있는데, 이는 1920~1930년대 대중적으로 크게 유행한 연재 기행문의 공통된 특징이기도 했다. 따라서 나혜석의 구미 여행기는 그것이 생산되고 대중적으로 알려진 1920~1930년대 조선에서 여행 공간을 둘러싼 시공간적 맥락을 고려해야만 충분히 이해할 수 있다. 무엇보다 당대 '여행하기'와 '여행에 대한 글쓰기/그리기'는 의미와 형식 모두에서 이전 시대와는 큰 차이를 보인다는 데에 주목한다. 이를 위해 나혜석의 여행기뿐 아니라, 나혜석의 수필, 시, 인터뷰 등의 자료 등을 분석하고, 1900~1930년대 말 근대 신문·잡지의 문헌 분석을 통해 식민지 조선의 맥락에서 여행의 공간이 어떻게 생산되었는지를 살펴보았다.[4]

이 글은 나혜석의 구미 여행기를 크게 '여행하기'와 '여행에 대한 글쓰기/그리기'의 측면에서 분석하고자 했다. 먼저, 여행의 동기, 여행의 방식, 목적지를 통해 나혜석의 구미 여행의 성격을 고찰했다. 이때 나혜석의 여행기 텍스트에 재현된 공간뿐 아니라, 여행기 생산에 관련된 당대의 지리적 맥락을 함께 살펴보고자 했다. 이어서, 나혜석의 여행기와 풍경화를 근대적 기행문과 사생을 통한 풍경화라는 새로운 여행기 형식의 등장이라는 관점에서 검토했다. 특히 여행하는 여성이자 여행기 생산 주체로서 나혜석의 여행기에 드러나는 다중의 위치성을 고찰하고, 구미 여행을 통해 성찰된 나혜석의 여성주의적 정체성이 여행 후 현실 속에서 어떻게 좌절하였는지를 확인했다.

조선여자 나혜석의 구미 유람기」(2019)를 참조하였다.

4. 한국역사통합정보시스템의 근현대 신문잡지 자료와 국립중앙도서관에서 원문검색이 가능한 디지털화자료를 이용하였다.

2. 나혜석 구미 여행의 성격

1) 여행 동기: 만유(漫遊)

식민지 조선인에게 해외, 그중에서도 '구미(歐美)'로의 이동은 극히 제한적인 일이었다. 그러나 해외여행이라는 쉽지 않은 경험에 대한 대중의 관심은 점차 커져, 1900년대가 되면 조선으로 입국하거나 조선을 거쳐간 해외여행자의 소식이 주요 신문 기사로 자리 잡는다. 당대 언론에서 '해외여행'을 지칭하는 단어들을 살펴보면 크게 '여행', '관광', '만유' 등이 혼용되고 있다. '일이나 유람을 목적으로 다른 고장이나 외국에 가는 일'을 가리키는 '여행(旅行)'과 '다른 지방이나 다른 나라에 가서 그곳의 풍경, 풍습, 문물 따위를 구경함'을 의미하는 '관광(觀光)', 그리고 '한가로이 이곳저곳을 두루 다니며 구경하고 놂'을 뜻하는 '만유(漫遊)'는 한자어이지만, 모두 근대 일본에서 'travel', 'tourism'의 번역어로 선택되었거나, '유람(遊覽)', '주유(周遊)' 등과 유사하던 전통적 개념이 주로 해외 여러 지역을 돌아다니는 새로운 형식의 여행을 뜻하는 말로 변화한 것이다.

서구에서 과거의 '여행'은 종교나 건강 등 특별한 동기에 기반하며, 비싸며 힘들고, 심지어 위험한 것이었으나, 1841년 토마스 쿡(Thomas Cook)의 단체관광이 등장하면서 즐거움과 유흥을 동기로 하고, 저렴하고 편리한 이른바 '관광의 시대'가 도래했다고 이해하는 '여행 대 관광' 이분법이 일반적이다(한지은 2019). 그러나 전통적 여행과 새로운 대중 관광(mass tourism)의 개념이 함께 유입된 20세기 초 아시아에서는 여행과 관광을 대비하기보다 여행, 관광이 혼용되는 경향이 확인된다.

대표적으로 일본의 근대 지식인 야나기타 구니오(柳田國男)는 「여행의 진보 및 퇴보(旅行の進步及び退步)」(1927)에서 "여행은 근심스럽고 괴로운 것이었다. 이전에는 참는 것이고 노력이었다. 그 노력이 크면 클수록 더욱더 커다란 동기 또는 결의가 있어야만 한다. 그러므로 옛날로 거슬러 올라갈수록 여행의 목적은 국

한되어 있다. 즐기기 위해 여행을 하게 된 것은 전부 신문화 덕분이다."(柳田國男 1927; 나카네 다카유키 2010, 52 재인용)라고 당대 일본에서 여행의 의미가 변화하였음을 지적하였다. 즉 불편하고 심지어 고통스러운 것이었던 여행이 즐거움을 동기로 하는 관광의 의미를 포섭하게 된 것이다.

한편 근대 조선에서 관광을 포섭한 의미의 해외여행을 지칭하는 데 가장 많이 사용된 말은 '만유'이다. '만유(漫遊)'는 과거에도 있던 말이지만,[5] 1900년대 이후 '여러 곳으로 돌아다니며 놂'을 의미하는 '순유(巡遊)'와 함께, 주로 해외의 여러 지역을 거치는 여행(관광)을 가리키는 말로 보편화했다. 1900년대 초 만유라는 말은 주로 각국의 왕족이나 귀족 등의 해외 순방(巡訪) 기사에 등장한다(황성신문 1899년 3월 9일, "英皇의 法國漫遊"). 이후 귀족뿐 아니라 주로 구미의 '단체만유단(團體漫遊團)', 즉 단체관광객이 일본, 중국 등을 거쳐서 조선을 방문하는 일이 증가하는데, 1919년에는 외국인 만유객의 급증을 다루는 기사까지 확인할 수 있다(매일신보 1919년 5월 6일, "漫遊外人漸增, 소요가 진정되어 유람객이 많이 와"). 한편 1910년대부터는 주로 조선과 만주를 방문하는 일본인 관료들의 이른바 '선만만유(鮮滿漫遊)' 기사가 뚜렷이 늘어나다가, 1920년대가 되면 조선인의 중국·일본 만유을 다루는 기사가 급증하는데, 심지어 중국 "만유를 간판 삼아" 채무를 피하려 한 윤홍섭의 사기사건도 소개되고 있다(동아일보 1920년 6월 30일).

조선인의 해외여행, 그중에서도 단체관광 성격의 해외여행이 보편화한 것은 1920년대 일본 식민지 통치의 일환으로 이른바 '내지 관광(內地觀光)'이 적극적으로 추진되면서부터이다. 매일신보에는 신문사가 주최하는 '만유여행(漫遊旅行)'의 절호계절(絶好節季)'에 떠나는 내지 단체관광 광고가 주기적으로 등장한다. 광고에는 '선진(先進)'한 각 방면의 모범적 문화시설을 관찰하고, 벚꽃이 만발한 계절에 아름다운 '풍경'을 보는 절호의 기회라고 적고 있다.[6]

---

5. 「書經」의 '益稷'에 "惟慢遊是好"이라는 표현이 등장하는데, 이때 만유는 '게으르고 노는 짓'을 의미한다.
6. 1900년대부터 1910년대 초까지 관광단 모집, 관광단 결성, 출발, 도착 등의 기사가 많이 발견되는

처음에는 중국과 일본으로 한정되어 있던 조선인의 만유는 1920년대에는 '구미만유(歐米漫遊)', '세계만유(世界漫遊)' 등과 같이 유럽과 미국 등 세계로 확대되었다. 여전히 보통 사람이 꿈꾸기엔 쉽지 않은 해외여행 소식은 그 출발부터 대중의 관심거리였고, 더욱이 최초의 여성 서양화가로 이미 유명했던 나혜석이 조선 여성 최초로 세계만유를 떠난다는 소식은 흥미로운 기사거리였다(조선일보 1927년 6월 21일, "나혜석 여사 세계 漫遊").

그림 1. 내지관광단 안내광고
자료: 매일신보(1921년 3월 7일)

휴양, 순례, 시찰, 교육, 쾌락에 이르기까지 여행 동기는 다양하며, 보통 여러 가지 동기가 결합하였기 때문에 나혜석의 여행 동기를 하나로 규정하기는 쉽지 않다. 그러나 여행 전 인터뷰 기사와 여행기 서두의 '떠나기 전 말'을 통해 나혜석의 여행 동기를 살펴보면 당대 남성 지식인과는 상당히 이질적임을 확인할 수 있다. 1920년대 나혜석의 구미 여행을 전후하여, 박승철,[7] 정석태,[8] 허헌[9] 등 남성 지식인의 구미만유가 잇달았고 이들의 여행기 또한 신문과 잡지 등을 통해 발표되었다. 주로 정치인, 법조인, 사회활동가 등이었던 남성 지식인들은 대부분 여행 동기를 개인의 욕망이 아니라, 보다 발전된 서구 사회에 대한 견문과 시찰에 있다고 주장한 것과는 달리, 나혜석은 자신의 여행 동기를 '서구의 예술'과 '서구의 여성 활동'을 보고 싶고, '서구인의 생활'을 맛

데, 정부 고위 관리와 부인들로 구성된 내지 관광단은 주로 일본 각 도시를 시찰하고 공진회, 박람회 등을 견학하였다(곽승미 2006b, 21).

7. 초대 주미공사 박정양의 차남 박승철은 1921년 독일 베를린으로 유학을 떠나, 1924년 8월 영국 런던에서 역사학 연구를 수행한 후 1925년 6월 6일 경성역으로 귀국하였다. 박승철은 유럽 체류 기간인 1922년 3월부터 1925년 2월까지 유럽 여행기를 「개벽」에 연재했다.

8. 도쿄 의학전문대학을 졸업한 정석태는 1923년 독일로 유학하여 프랑크푸르트 대학에서 세균학을 전공한 의학박사로 독일 유학 및 유럽 생활에 대한 여행기를 「별건곤」과 「삼천리」 등에 연재했다.

9. 허헌은 보성전문학교와 메이지대학(明治大學) 법학부 졸업 후 인권 변호사로 활동했는데, 1926년 5월 20일부터 1927년 5월 10까지 딸 허정숙과 함께 구미 여행을 한 후 「별건곤」과 「삼천리」 등에 구미 여행기를 발표했다.

보고 싶기 때문이라고 밝혔다. 박승철과 나혜석의 여행 동기는 아래와 같이 차이가 있다.

인생의 최대 욕망은 다지(多知)에 있으며, 다지는 다견(多見)에 있고, 다견은 세계를 편견(遍見)하는 것만 같지 못하나니, 그러므로 나는 인생의 최대 욕망은 세계를 보고 싶어 하는 세계만유(世界漫遊)에 있다고 한다. 나는 이 의미에 있어서 본국 인사에게 세계만유를 권하니, 이것이 개인의 욕망만 만족시키는 것이 아니라, 남의 살림을 보아서 우리 살림을 고치는 데 적지 않은 이익이 있는 까닭이다. 기간은 약 10개월, 여비는 12,000원으로 구미(歐米) 10개국을 볼 수 있나니, 이것이 용이한 것은 아니나, 구미를 본 후에 비로소 본국에 앉아 상상하던 것보다, 여러 가지 점이 다른 것을 알 것이다(박승철 1925, "倫敦求景,"「개벽」제56호, 71쪽).

내게 늘 불안을 주는 네 가지 문제가 있었다. 즉 첫째, 사람은 어떻게 살아야 잘 사나. 둘째, 남녀 간 어떻게 살아야 평화스럽게 살까. 셋째, 여자의 지위는 어떠한 것인가. 넷째, 그림의 요점이 무엇인가. 이것은 실로 알기 어려운 문제다. 더욱이 나의 견식, 나의 경험으로서는 알 길이 없다. 그러면서도 돌연히 동경되고 알고 싶었다. 그리하여 이태리나 불란서화단을 동경하고 구미 여자의 활동이 보고 싶었고 구미인의 생활을 맛보고 싶었다(나혜석 1932, "쏘비엣露西亞行,"「삼천리」, 제4권 제8호, 60쪽).

박승철과 나혜석은 모두 해외여행의 동기로서 '보는 것'을 강조하고 있다. 만유라는 새로운 여행의 동기는 근본적으로 이곳과는 다른 세계를 널리 보고 싶은 시각적 욕망에서 출발하는 것이다. 그동안 여성주의 연구자들은 '관광객의 시선(tourist gaze)'으로 대표되는 관광의 시각적 쾌락이 남성 중심주의적임을 지적해왔다. 한편 여성주의 지리학자 Rose(1993)는 야외 조사를 중시하는 지리학의 연구 전통을 지적하면서 지리학의 경관 연구가 이성애적 남성의 시선과 깊이 연계되어 있음을 비판하기도 했다. 따라서 기존 관광객의 시선에 대한 해석이 근본적으로 보이는 대상으로서의 경관과 그와는 분리되어 있으나 주로 남성인 보는 주체의 시각적 우위를 전제하였다면, 최근의 연구들에서는 여성 관광객은 시각적 우위를 즐기기보다는 여행 중의 사회적 상호작용과 신체적 '접촉(touching)' 등에서 더 큰 즐거움을 느낀다고 주장한다(Larsen and Urry 2011, 1111).

더욱이 사회 계몽이나 견문의 확대라는 동기를 들어 여행에서 볼거리를 찾아다니는 개인적 욕망을 감추는 남성 작가와는 달리, 나혜석은 자신의 여행이 잘 알려진 유럽의 유명 관광지, 즉 '구경거리'를 찾아다니는 것임을 드러내는 데 거리낌이 없었다. 따라서 관광객의 시선을 통한 시각적 이미지의 소비는 나혜석의 유럽 여행에서도 분명히 확인된다.

금강산을 보지 못하고 조선을 말하지 못할 것이며 닛코(日光)를 보지 못하고 일본의 자연을 말하지 못할 것이오. 쑤저우(蘇州)나 항저우(杭州)를 보지 못하고 중국을 말하지 못하리라는 것 같이 스위스를 보지 못하고 구라파를 말하지 못하리라는 것만큼 구라파의 자연경색을 대표한 나라가 스위스요. 그중에도 제일 화려하고 사람 운집한 곳이 이 제네바이다(나혜석 1933, "伯林과 巴里", 「삼천리」, 제5권 제3호, 39쪽).

그러나 남성 지식인의 여행기와 나혜석의 여행기에서 드러나는 여행자의 시선은 분명한 차이가 있다. 보통 남성 여행 주체는 해외여행의 과정에서 시선 변화를 드러내는데, 서양 문명에 대한 동경 속에 출발하여, 서구에서 근대와 진보를 직접 확인한 후에는, 서구에 대비되는 조선의 봉건적이고 낙후한 현실에 대한 좌절이나 각성으로 이어지는 경우가 많다. 반면 나혜석은 열차를 타고 만주를 지나며 "창춘(長春)만 해도 서양 냄새가 난다."거나 폴란드에 들어서서는 "이만해도 서양 냄새가 충분히 나는 것 같다."라고 기대를 드러내지만, 막상 유럽에 도착해서는 문명의 위계를 재확인하거나 조선과 비교하여 평가하는 일은 거의 없다. 나혜석은 영국에 공원이 많은 것을 두고는 "공원은 전부 돈 덩어리다"라고 하거나, 프랑스는 "파리를 제하고는 국내 변변한 도시가 없다."면서 파리 또한 "오직 물가가 싸고 인심이 평등 자유며 시설이 화려함으로 모여드는 외국인의 향락장"이 되었다고 비판하기도 한다.

　나혜석의 시선은 남성 여행자들처럼 서구의 발전된 기술이나 도시의 화려한 시설들이 아니라, 도시 공간에서의 낭만적 연애와 자유로운 구미 여성의 삶에 놓여있었다. 런던의 공원에서 젊은 남녀가 "서로 끼고 드러누워" 있는 모습을 편견 없이 바라보고, 베를린의 신년 새벽 거리에서는 누구라도 입맞춤이 가능하여 남녀가 쫓고 쫓기는 모습을 유쾌하게 그린다. 심지어 에스파냐 여성들은 "반드시 사랑의 보답을 한다는 전설"을 듣고는 더욱 유심히 보았다고 고백하기도 한다.

　한편 당대 조선 여행자들의 해외여행은 대부분 증기선을 이용했다. 기존 연구에 따르면 남성 지식인의 여행기에서 증기선은 보통 "서구적 삶을 미리 경험하게 해 주는 공간이자 근대 문명의 교육장"으로 그려졌다(곽승미 2006a, 258). 즉 증기선은 '문명=서구'라는 관광객의 시선을 재확인하는 공간이었다. 반면 5천 톤급의 마제스틱호를 타고 파리에서 미국으로 이동한 나혜석이 증기선에서 주목하고, 심지어 부러워한 것은 다양한 오락을 밤낮으로 유쾌하게 즐기는 '싱싱한 육체'에 있었다.

> 곳곳에 살롱 즉 응접실이 있고 스모킹룸, 객실, 오락실, 레스토랑, 유희실, 수영실, 아동유희실, 도서실이 있고 예배당이 있어 큰 호텔 같은 감이 생긴다. (중략) 낮에는 낮대로 놀고 밤에는 밤대로 놀 수 있다. 과연 그들은 싱싱한 신체로 유쾌히 논다. 어느 것 하나 부럽지 아닌 것이 업다(나혜석 1934, "巴里에서 紐育으로," 「삼천리」, 제6권 제5호, 135쪽).

2) 여행 방식: 시베리아 횡단 철도 여행

나혜석은 1927년 6월 19일 부산진역에서 출발하여 1년 8개월 23일간 유럽 각 국을 여행한 후 1929년 3월 12일에 부산항으로 귀국하였다. 나혜석의 인터뷰와 여행기 등을 통해 구체적인 여행 경로를 파악해 보면, 1927년 6월 19일 부산진역 에서 출발하는 시베리아 열차를 타고 모스크바를 지나 파리로 직행하여 약 7개 월간 체류하였고, 10일간 스위스 여행 후 파리로 돌아왔다가, 벨기에와 네덜란드 여행 후 다시 파리에서 잠시 프랑스어를 공부한 후, 독일과 런던 등을 한 달간 여 행한 후 마지막으로 파리로 돌아왔다. 이듬해 이탈리아와 에스파냐 여행 후, 기 선을 통해 미국으로 건너가 뉴욕, 워싱턴 D.C., 필라델피아, 시카고, 그랜드캐니 언, 로스앤젤레스, 샌프란시스코 등 미국 여행 후, 기선을 타고 17일 만인 3월 요 코하마에 도착한 후 부산으로 귀국했다(표 1).

도보 여행, 철도 여행, 자동차 여행, 항공 여행까지 교통수단은 여행의 성격을 결정짓는다. 교통수단은 여행의 경험에 영향을 주고 궁극적으로는 새로운 여행 의 글쓰기와 여행자적 정체성을 구성한다. 또한 여행에서 교통수단은 여행의 유 형과 사회적 관계 특성뿐 아니라, 여행 일정, 목적지, 여행 리듬을 결정짓기도 한 다. 따라서 교통수단은 여행자가 무엇을, 어떻게 알게 되고, 그것에 대해 쓰게 되는지와 같은 여행자의 인식과 지식에 영향을 준다는 점에서 중요하다(Morin 2006, 503).

나혜석의 여행에서 주목할 교통수단은 열차, 그중에서도 시베리아 횡단 열차 이다. 나혜석은 조선에서 프랑스 파리까지 열차를 이용해 이동했는데, 만철과 연 결된 시베리아 횡단 철도를 통해 유럽까지의 이동하는 내용이 담긴 여행기는 나 혜석의 것이 최초로 확인된다.[10] 나혜석보다 앞서 유럽을 여행한 사람들의 여행

---

10. 1896년 니콜라이 2세의 대관식을 위해 러시아를 방문한 민영환, 윤치호, 김득련 등의 사절단은 러시아측의 권유로 아직 미완공된 시베리아 횡단 철도를 이용했는데, 페테르부르크에서 크라스노 야르스크까지는 철도로, 이후의 시베리아 구간은 마차로 횡단한 후, 블라디보스토크에서 제물포항

표 1. 나혜석의 여행 경로와 여행지

국가	여행지 (도시: 관광지)	원전 제목	출처
중국(만주)	安東[단둥]-奉天[선양]-長春[창춘]-하얼빈-哈爾濱[만저우리]-滿洲里[만저우리]	쏘비엣露西亞行, 歐米遊記의 其一	「삼천리」, 제4권 제12호 (1932.12.1.)
모스크바 급행열차	치따[大타]-우옝네우진스크[울란우데]-크라스노야르스크-다이가[톰스크]-노지벌수크[노보시비르스크]-옴스크-수룰후스크[예카테린부르크]		
소비에트사회주의연방공화국	모스크바[모스크바]: 시주간[무시긴이술관], 도레자고푸미술관[트레티야코프미술관], 구레무긴[얌몸 크렘린궁전], 레닌墓	CCCP-歐米遊記 其二	「삼천리」, 제5권 제1호 (1933.1.1.)
폴란드	왈소[바르샤바]		
프랑스	巴里[파리]		
스위스	베시가드[벨가드]-쩨네브[제네바]-몬드로[몽트뢰]-古城[똔시옹성]-난씨[안시]-싸레뷘크[샴베르샨]-인터라징[인터라켄]-웅후리옹프라우-[베른[베른]	伯林과 巴里	「삼천리」, 제5권 제3호 (1933.3.1.)
프랑스	巴里[파리]		
벨기에	뿌랏셀[브뤼셀]		
네덜란드	안도아벤[안트베르펜]-암스투르담[암스테르담]-말켄도[마르켄섬]-海芽[헤이그]	西洋藝術과 裸體美, 歐歐米一週記	「삼천리」, 제5권 제10호 (1933.10.1.)
프랑스	巴里[파리]: 聖데니寺院[생드니寺院], 聖에띠에늬움寺院[생에티엔두몽교회], 聖솔비시인[생쉴피스교회], 에카디미 푸란세즈[아카데미프랑세즈], 에트왈개선문, 콩콜드[콩코드광장], 그랑빨네[그랑팔레와 프티팔레], 뻴 나나스共同墓地[페르라셰즈묘지], 뻴시유구던도리[얌殿[베르사유궁전], 노틀담寺[노트르담성당], 빵대옴[방돔], 에펠탑[에펠탑], 이발늬드라凱몬塞[앵발리드나폴레옹묘소], 루스물미술관[루브르미술관], 크루니[博物館[클뤼니박물관], 룩삼불미술관[뤽상부르미술관]	꼿의 巴里行, 歐米巡遊記續	「삼천리」, 제5권 제4호 (1933.4.1.)

여행지	내용	제목	출처
독일	伯林[베를린]: 포스담宮殿[포스담궁전]	伯林에서 倫敎까지, 歐米遊記의 續	「삼천리」, 제5권 제9호 (1933.9.1.)
영국	倫敎[런던]: 하이드팍[하이드파크], 큐가든[큐가든], 켄싱토가든[켄싱턴가든], 聖제임스파[세인트제임스파크], 로얀아가데미[영국왕립예술원], 쁵도리아앤바트[빅토리아앤드앨버트미술관], 뿌리디쉬뮤제[대영박물관], 나쇼날갤라리[내셔널갤러리], 우에스트민스터[웨스트민스터성당], 그리니취天文臺[그리니치천문대], 우인저離宮[윈저성]-옥스포드大學[옥스포드대학]		
이탈리아	밀란[밀라노]: 돔[두오모성당], 산타마리아델레그라치[에 수도원, 미켈란젤로 무덤, 개선문, 쁘레라갈러리[브렐라미술관] -베니스[베네치아]: 썬말크寺院[산마르코성당], 도지宮殿[두칼레궁전], 아카데미아美術[아카데미아미술관] -豊노렌스[피렌체]: Moderna[국제현대미술관(솔]런)], 아카데미아[아카데미아미술관], Galler a Arte -豊노렌스[피렌체]: 크로체寺院[산타크로체성당], 우후이지畵廊[우피치미술관]	伊太利美術館	「삼천리」, 제6권 제11호(1934.11.1.)
		伊太利美術紀行	「삼천리」, 제7권 제5호(1935.2.1.)
에스파냐	썽펠바스틱안[산세바스티안]-마드리드: 마드리드宮전, 고야 묘, 뿌라도 美術館[프라도미술관]-드레도[톨레도]: 에루구레코[엘그레코]그림[신]	情熱의 西班牙行 (世界一周記 續)	「삼천리」, 제6권 제5호(1934.5.1.)
미국행 마제스틱호	뉴육[뉴욕]: 컬넘비아大學[컬럼비아대학], Woolwod[울워스빌딩], Metroporis musim[메트로폴리탄박물관], Rusbelt出生家[루스벨트생가], paramount活動寫眞舘[파라마운트극장], 自由神[자유의 여신상]-와신톤[워싱턴 D.C.]: 舊韓國時韓國公使舘[주미대한제국공사관], 린컨記念牌[링컨기념관], 백인관[백악관], 議會堂[국회의사당], 콩고리드처치[콩코드아교회]-filnaiopio[필라델피아]-라이클펴이)-그랜드케이[?]그랜드케니언)-로스안젤스[로스앤젤레스]: Hole wooa[힐리우드]-요세미데[요세미티공원]-桑港[샌프란시스코]: 金門公園[금문교공원]	巴里에서 紐育으로 (世界1週期 (續))	「삼천리」, 제6권 제7호 (1934.6.1.)
미국			
귀국여로	다이요마루호	太平洋건너서 (歐米遊記 續一)	「삼천리」, 제5권 제9호 (1934.9.1.)
미국	호노루루[호놀룰루]: 누어누파리[누우아누팔리], 뽄지부드[편치볼], 따이아몬드헷도[다이아몬드헤드], 와이기기水族舘[와이키키수족관], 비숏부博物舘[비숍박물관]		
일본	橫濱[요코하마]-東京[도쿄]		
한국	부산		

주: 지명은 원문표기[현재표기]임.

경로는 보통 일본에서 출발하는 증기선을 이용하여, 중국 상하이(上海)나 홍콩, 싱가포르 등 여러 도시를 경유하여 프랑스 마르세이유항에 도착하는 것이었다. 반면 나혜석이 철도로 이동한 경로를 살펴보면, 경성역에서 경의선을 타고 안둥(安東, 현 단둥)까지, 안둥-펑톈(奉天, 현 선양)-하얼빈(哈爾濱)-창춘(長春)-만저우리(滿洲里)까지는 '만철(滿鐵)'의 동지철도(東支鐵道) 구간을 이용하고, 만저우리에서부터 시베리아 횡단 철도로 환승하여 모스크바로 이동한 후, 폴란드를 거쳐 프랑스 파리에 도착했다.

1907년 개업한 만철은 1910년 시베리아 철도를 이용한 국제선 영업을 시작하였고, 1905년 완공된 경의선이 1911년 압록강 철교[11]를 통해 안둥-펑톈간 안펑선(安奉線)과 연결되면서, '만선직통열차(滿鮮直通列車)'를 타고 부산에서 창춘까지 한 번에 이동이 가능해졌다(매일일보 1912년 6월 1일). 나혜석은 안둥과 하얼빈, 창춘, 모스크바 등 철도가 경유하는 도시들에서 하차하여 일정 기간 여행한 후 다시 철도로 이동을 계속했기 때문에 조선에서 파리까지의 정확한 이동 시간과 여행 경비를 확인할 수는 없지만, 당시의 신문 기사를 통해 대략적인 유추는 가능하다. 나혜석의 여행을 전후하여 "도쿄에서 베를린까지가 열차로 16일에 요금은 600원"(동아일보 1926년 7월 7일), "일수, 금액은 해로(海路)의 반액"(시대일보 1925년 1월 23일) 등의 기사가 자주 게재되었는데, 비용과 시간 면에서 기선보다 훨씬 경제적인 철도 여행에 대한 조선 사회의 대중적 관심사를 확인할 수 있는 지점이다.

종래 일본에서 서구주(歐洲)를 가려면 해로로 인도양과 지중해를 거쳐서 파리

까지 배로 이동했다(김진영 2016, 280). 한편 조선에서 출발하는 시베리아 횡단 철도의 경우 나혜석보다 앞서 1925년 조선일보 특파기자로 김준연이 경성발 시베리아 열차를 이용해 모스크바까지 이동한 것을 확인할 수 있지만, 김준연은 45일간 모스크바 체류를 마친 후 6월 11일 귀국하였다(조선일보 1925년 2월 2일, "본사 노국(露國) 특파기자 김준연씨 금조(今朝) 출발").

11. 압록강철교는 경의선과 안둥-펑톈간 '안펑선'이 연결되는 국제철교로 일본은 경의선-압록강철교-안펑선을 대륙 진출의 지렛대로 삼으려 했다. 이에 경의선을 협궤가 아닌 표준궤를 설치한 일본은 러일전쟁 후 초기 협궤로 건설된 안펑선을 표준궤로 변경하여 경의선과 연결하였다.

를 가는데 45일 내지 46일, 런던에는 50일간을 요하고, 또 태평양으로부터 미국 대륙을 경유하여 파리까지 25일, 런던까지는 30일이 걸렸는데, 과반에 구주각 국과 연락 회의의 결과 구주의 직통열차를 운전하게 되면 베를린까지 13일, 파리는 14일, 런던은 15일이면 도착하게 될 터이라 한다. 그러면 종래에 구주일자의 삼 분의 일을 가지고 될 수가 있으며, 종래 1,800원의 경비를 들이던 것이 직통열차로 가면 890원 내외밖에 안 됨으로 이제부터는 구주와 동양의 관광단이든지 또는 경제상 관계로든지 상당한 효과를 얻을 줄로 기대하는 바, 실현이 되는 때는 부산, 창춘, 모스크바 3개소에서 환승될 것이라는데 철도성에서는 목하 차표와 시간표를 제작 중이라더라(매일신보 1927년 1월 16일, "꽃서울파리까지 14일간에 도착").

철도는 공간적으로 상반된 영향을 유발한다. 여러 장소를 서로 가깝게 연결함으로써 공간을 수축시키고 그사이에 위치한 많은 장소를 제거하는 동시에 철도가 없었다면 절대 연결되지 않았을 장소를 연결함으로써 공간을 팽창시킨다(쉬벨부쉬 1999; 어리 2016, 189 재인용). 이러한 특성은 나혜석의 여행기에도 반영되는데 먼저 경유하는 도시의 철도역에 내려 지역을 여행 후 다시 철도로 여행을 계속하는 철도 여행의 특성상 철도가 연결되는 도시와 그 주변 이외의 장소는 나혜석의 여행기에서 거의 다루어지지 않는다. 심지어 조선에서 만주, 소련과 폴란드를 한 번에 연결하며 달리는 열차에서 지역 간의 차이는 철도역의 풍경, 역무원의 복장 및 업무 수행 방식의 차이 등으로 확인되는데, 특히 나혜석은 열차를 경비하는 이들의 외양과 행동이 해당 지역의 정치적 상황을 어떻게 드러내고 있는지 흥미롭게 그리고 있다.

부산서부터 신의주까지 매 정차장 백색 정복에 빨간 테두리의 정모(定帽)를 쓴 순사가 1인 혹 2인씩 번쩍이는 칼을 잡고 소위 불령선인(不逞鮮人)의 승강에 주의하고 있다. 안둥현에서 창춘까지는 누런 복장에 약간의 적색을 띠는 누런 정모를 쓴 만철(滿鐵) 지방 주임 순사가 피스톨 가죽 주머니를 혁대에 차고 서서 이곳이 비록 중국이나 기차연선이 만철의 관할이라는 자랑과 위엄을 보이고 있다. 창춘서 만저우리까지는 검은 회색무명을 군데군데 누빈 복장으로 입고 어깨에 3등 군졸의 별표를 붙이고 회색 정모를 비스듬히 쓰고 일본 유신시대 칼을 사다가 질질 길게 차고 가슴이라도 찌를 듯한 창검을 빼 들고 멀거니 휴식하고 있는 중국 보병 기차 도착 시와 출발 시에 두발을 꼭 모아 기착(氣着)을 하고 있다. 이것은 몽고로 내침하는 마적을 방어하는 모양이겠다. 러시아 관할 정차장에는 출찰구에 종이 하나씩 매달려 있다. 그리하여 기차가 도착되면 그 즉시 종을 한 번만 때린다. 그리고 출발할 때는 두 번 울리고 곧 호각을 불고 어떻게 할 새 없이 바퀴가 움직이기 시작한다. 이 종소리와 호각 소리는 호의로 취하려면 간단 명백하고 악의로 취하려면 방정맞고 까부는 것 같았다. 늘씬한 아라사 사람과는 도무지 조화가 들지를 아니한다(나혜석 1932, "쏘비엣露西亞行, 歐米遊記의 其一," 『삼천리』, 제4권 제8호, 61–62쪽).

최초로 시베리아 횡단철도로 유럽에 도착한 나혜석의 여행기에는 기존에 거의 알려지지 않았던 시베리아의 여러 도시들이 철도역을 중심으로 상대적으로 상세히 다루어지고 있다. 1927년 5월 15일부터 모스크바행 급행열차의 환승역이 기존 소련 치타에서 만주 쪽인 만저우리로 변경되면서 나혜석은 만저우리에서 침대차를 타고 치타–울란우데–크라스노야르스크–톰스크–노보시비르스크–옴스크–예카테린부르크–모스크바에 이르는 구간을 한 번에 이동하였다. 소비에트 혁명 이후 러시아의 상황에 관심이 지대했던 시대적 분위기 속에서, 나혜석은 옴스크를 지나며 부서진 집들에서 "혁명 당시 참극의 흔적"을 떠올리고, 예카테린부르크에서는 러시아 황제 일가가 "죽기 전에 이곳에 서성였을 것"이라고 추측한다. 그러나 겨울이 되면 백설의 평원에 "시베리아인이 썰매를 타고 질주할 것을 상상하지 않을 수 없다."라면서 설국으로 대표되는 시베리아의 낭만적 재현도 등장한다.

모스크바에 가까워 오는 농촌 일면이 거의 감자로 깔렸다. 연선 좌우에는 걸인이 많고 정차장에는 대합실 바닥에 병자, 노인, 소아, 부녀들이 혹 신음하는 자, 혹 우는 자, 혹 조는 자, 혹 두 팔을 내리고 앉은 자, 담요를 두르고 바랑을 옆에 끼고 있는 참상, 러시아 혁명의 여파가 이러할 줄 어찌 가히 상상하였으랴. 러시아라면 혁명을 연상하고 혁명이라면 러시아를 기억할 만큼 시베리아를 통과할 때는 무엇인지 모르게 혈성(血腥)의 공기가 충만하였다(나혜석 1933, "CCCP, 歐米遊記의 第二," 「삼천리」, 제5권 제1호, 46쪽).

철도 여행은 기존에 소수의 사람에게만 허용되었던 여행이 대중관광으로 확대되는 결정적 계기가 되었을 뿐 아니라, 함께 여행하는 사람들, 또는 여행을 통해 만나는 사람들에 대한 인식의 변화를 만들어 내었다. 철도 여행은 지역 간 거리 뿐 아니라 사람들 사이에 놓여 있는 거리감 역시 줄인다. 사람들이 함께 여행하고, 모든 사회계급이 열차에서 만나 나라마다 서로 다른 운명들, 사회적인 지위, 행동 양식들, 의상들로 이루어지는 일종의 생생한 모자이크를 만들어 내기 때문이다(쉬벨부시, 박진희 역 1999, 94). 나혜석이 그리는 열차 내부 풍경 또한 국적이나 남녀의 위계와 상관없이 매우 평등하고 자유로운 분위기인데,[12] 열차 안에서 오로라를 발견하고는 다른 승객들과 함께 '오로라'라는 제목의 창가(唱歌)를 부르기도 하고, 열차 안에서는 내외하지 않고 부부가 '마주 앉아' 음식을 먹는 상황을 풍요롭고 재미있게 느꼈다.

정거장마다 그 토지 농민 부녀들이 계란, 우유, 돼지고기 찐 것을 들고 판매점에서 여행객에게 사가기를 청하고, 소녀들은 들에 피어있는 향기가 강한 은방

---

12. 나혜석과 시베리아 열차에 함께 탄 이들은 다음과 같다. "만저우리에서부터 동행인은 惱田씨(남미 브라질 행) 중의원 직원 松本씨(제네바 군축회의 출석 차), 공학사 後藤씨(독일시찰 차), 加藤씨 일행 9인(흑해에 빠진 군함 중에 있는 금괴를 건지러 가는 길), 安藤의학박사 부인, 堀江고등상업학교 교원부인과 중국인 劉씨(베를린대학 행), 李씨 夫妻(런던 옥스포드대학 행)"(나혜석 1933, "CCCP, 歐米遊記의 第二," 「삼천리」, 제5권 제1호, 44쪽).

울 꽃다발을 가지고 여행객에게 권하는 특수한 정취를 맛보게 된다. 기차 보이가 가져다주는 꽃을 먹고 남은 통조림통에 꽂아놓고 구매한 음식을 탁자 위에 벌여놓고 부부가 마주 앉아 먹을 때 우리 살림살이는 풍부하였고 재미있었다 (나혜석 1933, "CCCP, 歐米遊記의 第二," 「삼천리」, 제5권 제1호, 46쪽).

서구에서 대중관광의 성장은 철도, 증기선과 같은 효율적이고 저렴한 교통의 발달, 교육받은 중산층의 성장, 노동 생산의 향상으로 인한 여가의 증대 등과 같은 사회적·경제적 변화와 더불어 토마스 쿡으로 대표되는 여행사 등 관광조직의 발달을 통해 이뤄졌다(한지은 2019). 나혜석이 구미 여행을 한 1920년대 조선은 '원족(遠足)'과 '하이킹' 등으로 대표되는 국내 여행이 빠르게 증가하고, 소설과 수필 등 근대 문학의 '독자'가 탄생한 시기였다(천정환 2014). 동시에 철도와 증기선에 대한 접근성이 높아지고 일본 등을 목적지로 한 단체관광도 증가하면서, 신문과 잡지에 연재되는 해외여행기는 독자들에게 해외여행도 더 이상 불가능한 상상이 아니라고 느끼게 해 주었다. 나혜석의 구미 여행은 이러한 사회적, 경제적 변화를 배경으로 하였으며, 관광을 추동하는 새로운 수단과 조직 등의 도움으로 이뤄졌다. 일례로 나혜석은 유럽 지역의 여행에 토마스 쿡 여행사를 자주 이용하고 있는데, 토마스 쿡의 자동차로 브뤼셀 시가지 구경을 나설 때에 "안내자는 적어도 5, 6개국 국어를 능통하여 손님대로 각국어로 설명을 한다."라면서 관광에 대한 만족을 표시하기도 했다.

그러나 'tourism'이 회전이나 순환을 의미하는 라틴어 'tornus'에서 유래한 것처럼 관광은 근본적으로 출발지로 돌아오는 것을 전제로 하는 행위를 일컫는 말이다. 이러한 속성은 관광객이 정주지와는 가능한 한 다른 곳에서, 일상과는 가능한 한 정반대의 행태를 추구하도록 하지만, 동시에 이러한 이동과 전도(顚倒)의 경험은 결국 일시적이라는 가정하에 이뤄진다. 나혜석은 여행기에서 조선에서는 하지 못했을 경험과 구경하지 못했을 장소들에서는 감동을 드러내지만, 그와 동시에 결국은 돌아가야 하는 여행이라는 사실을 깨닫는 순간에는 깊은 아쉬움을 토로한다. 여행과 일상의 대비가 끝나는 상황에서 느끼는 급락(急落)의 감각은 여행이 끝난 직후 익숙했던 장소로 돌아온 순간에 가장 극대화되는데, 이는 마치 "활짝 피었던 꽃이 바람에 떨어지듯"하다고 표현했다.

요코하마에 도착한 때부터 가옥은 나뭇간 같고 길은 시궁창 같고 사람들의 얼굴은 노랗고 등은 새우등같이 꼬부라져 있다. 조선에 오니 길에 먼지를 뒤집어 쓰는 것이 자못 불쾌하였고, 송이버섯 같은 납작한 집 속에서 울려 나오는 다듬이 소리는 처량하였고, 흰옷을 입고 시름없이 걸어가는 사람은 불쌍하였다. 이와 같이 활짝 피었던 꽃이 바람에 떨어지듯, 푸근하고 늘씬하던 기분은 전후좌우로 바싹바싹 오그라들기 시작하였다(나혜석 1932, "아아 自由의 巴里가 그리워, 歐米 漫遊하고 온 후의 나," 「삼천리」 제4권 제1호, 43쪽).

3) 여행의 목적지: '꽃의 도시, 파리'

프랑스 파리는 나혜석의 구미 여행을 이해하는 데 결정적 장소이다. 나혜석은 파리에 8개월간 체류하며, 스위스, 독일, 영국, 이탈리아, 스페인 등 유럽 여러 지역을 여행하였고, 파리의 한 가정집에서 3개월간 머물며 프랑스 가정의 생활을 경험하고, 야수파 화가인 비시에르(Roger Bissiare)의 화실에서 서양화를 배우기도 했다. 최초의 서양화가 중 한 명이었던 나혜석에게 파리는 여행의 진정한 목적지이자, 자녀 셋을 두고 떠난 구미 여행의 동기 그 자체이기도 했다. 그러나 역설적이게도 당시 유럽에 체류 중이던 최린과의 부적절한 만남의 장소가 파리였기 때문에, 파리는 '신여성' 나혜석에게 비극적 삶의 계기를 제공한 위험한 장소로 알려지기도 했다.

파리에 도착하기 전에 나혜석의 상상 속 파리는 그녀의 여행기 제목이기도 한 '꽃의 파리'였다. 서구에서 프랑스 파리를 사상의 중심지를 의미하는 '빛의 도시'[13]라는 별칭으로 부르는 것과는 달리, 파리를 '꽃의 도시'로 칭하는 것은 20세기 초

부터 일본, 중국 등 동아시아의 문헌에서 광범위하게 확인된다. 한국에서는 '꽃의 도시' 또는 '꽃 서울'로, 일본에서는 '하나노미야코(花の都)', 중국에서는 '화두(花都)' 등으로 불렸다. 한국 근대 문헌에서 이러한 별칭이 처음 확인되는 글은 최초의 근대 잡지인 최남선의 「소년」 1909년 5월호의 '세계화설(世界畵說)'이다. 세계 각국의 도시, 건축물 등을 화보와 함께 소개하는 이 글에서 다음과 같이 '세계의 화도' 파리를 묘사하고 있다.

> 파리시는 센 강변[江畔]에 있는 프랑스국의 서울[京城]이니 시가의 화려함[華美]과 가옥의 웅장함[壯麗]과 공원[園], 교통 등 설비의 완전함이 세계에 둘도 없으니, 고로 '세계의 화도(花都)' '세계의 대공원(大公園)' 등 별명이 있으며, 서양각국[泰西各國]의 의복, 장식 등 새로운 모양은 모두 여기에서 시작하나니라(최남선 1909, "世界畵說," 「소년」 5월호, 33쪽).

최남선은 이어 1914년 10월 「청춘」의 창간호에 수록된 창가 '세계일주가'에서도 파리에 대해 "오래 두고 그리던 꽃서울이다… 이 세상 낙원(樂園)이란 꽃다운 이름"으로 표현하고 있다. 세계일주가는 서울에서 시베리아 열차를 이용해 중국과 러시아를 거쳐 유럽 여러 도시를 여행하는 내용으로 구성되어 있는데, 당시까지 세계여행의 경험이 없던 최남선은 19세기 말부터 일본에서 유행하기 시작한 세계 일주를 다룬 기행문과 여행안내서 등의 자료를 참고하여 내용을 구성했을 것으로 추정된다(김미지 2019, 171-172). 사전적으로 일본어 '花の都'는 '번화한 도읍' 혹은 말 그대로 '꽃이 한창인 도읍'을 의미하는데, 점차 '수도(首都)', 나아가 대도시의 번화함과 아름다움을 일컫는 말이 되었다. 따라서 19세기 세계적 대도시이자 이른바 '모더니티의 수도'[14]였던 파리의 별칭으로 '꽃의 도시(수도)'라는 별칭

---

13. 파리가 '빛의 도시(La Ville-Lumière)'라는 별칭으로 불리기 시작한 시기는 보통 18세기 후반부터로 추정되는데, 그 이유는 당시 파리가 유럽의 사상의 중심지로 부상하면서, '계몽(enlightenment)'의 중심지라는 맥락에서 보편화한 것으로 추정된다.

이 탄생하였고, 당시 서구에서 유입된 개념의 전파 과정이 대부분 그러하듯 일본을 경유하여 한국과 중국 등으로 확대된 것으로 보인다.

1914년 '세계화도(世界花都)의 24시'라는 제하의 매일신보 기사에는 개선문과 에펠탑이 보이는 파리 시가지 사진과 함께 "세계 시체(時體)의 근본을 발하는 곳으로, 세계에 제일 번화한 도회, 세계에 제일 아름다운 도회로 유명한 법국 서울의 파리성"이라는 표현이 등장하고 있을 만큼 이미 1910년대 조선인에게 파리는 유행과 번화함, 아름다움의 도시로 그려졌다. 이처럼 대도시 파리의 번화함과 화려함을 '꽃'으로 은유하는 방식은 점차 예술, 유행, 로맨스와 에로스, 소비문화, 심지어 사치, 향락, 퇴폐 등의 맥락으로 확대되었고, 주목할 점은 이러한 파리에 대한 이미지가 대부분 '여성적인 것'으로 재현되었다는 사실이다. 특히 1920~1930년대 신문과 잡지에는 모자, 여성복 등 파리의 최신 유행 패션을 소개하거나, '꽃서울 파리'에서 유행하는 새로운 춤이나 화장법에 관한 기사와 화보 사진이 여러 차례 등장하는데, 그 대부분은 '여성적인 것'과 연결되어 있다.

극도로 발달된 문명을 자랑하고 현대미의 극 첨단을 걷는 화려사치의 총본영 꽃의 도시, 유행의 표본지, 세계 '에로'의 중심인 파리의 거리를 장식하는 것은 아무리 보아도 날씬한 허리, 빨간 입술, '스맛트'한 정조(情調) 기분에 시각을 현혹케 하는 '모단껄', '에로껄' 들의 총출동일 것이다(매일신보 1931년 2월 13일, "세계의 '에로' 풍경").

따라서 파리를 여행하기 전까지 나혜석에게 파리라는 도시는 이러한 당대의 인식과 크게 다르지 않았을 것이다. 그러나 나혜석이 실제 도착하여 본 파리는

---

14. Harvey는 철도와 대로(boulevards)가 19세기 파리에서 상품과 화폐와 인간들의 순환을 촉진하는 상황을 기록하면서, 관광객과 외국인들이 파리로 유입되고, 해변이나 시골에서의 주말 소풍, 부르주아 여성들이 쇼윈도를 구경하며 산책하는 것이 유행하였음을 지적하였다(하비 저, 김병화 역 2005, 308-311).

상상 속 파리와는 달리 '어두침침하고', 심지어 '음침한' 모습이었다. 나혜석은 '꽃의 파리'라는 여행 이전에 구성된 관광객의 시선이 실제 파리의 첫인상과는 차이가 있다고 솔직하게 인정한 후, 그러나 파리의 진짜 모습은 짧은 여행에서가 아니라 '오래오래' 두고 보았을 때야 비로소 알아낼 수 있는 것이라고 했다.

파리라면 누구든지 화려한 곳으로 연상하게 된다. 그러나 파리에 처음 도착할 때는 누구든지 예상 밖인 것에 놀라지 않을 수 없을 것이다. 우선 날씨가 어두침침한 것과 여자의 의복이 검은색을 많이 사용한 것을 볼 때 첫인상은 화려한 파리라는 것보다 음침한 파리라고 하지 않을 수 없다. 사실은 오래오래 두고 보아야 파리의 화려한 것을 조금씩 알아낼 수 있는 것이다(나혜석 1933, "꽃의 巴里行." 「삼천리」, 제5권 제4호, 80쪽).

나혜석에게 오래 두고 보아야 할, 심지어 떠나고 싶지 않게 만드는 파리의 진면목은 '예술'에 있었다. 앞서 여행 경로에서도 확인할 수 있듯이 나혜석의 여행기에서 가장 많이 등장하는 장소는 구미 여러 도시의 수많은 미술관, 박물관들이다. 물론 1920년대 박승철, 노정일 등의 해외여행기에서도 박물관은 교통시설, 공원과 식물원 등과 더불어 서구의 '문화=문명'을 습득하는 중요한 장소로 그려지고 있지만(차혜영 2004, 17), 서양화가인 나혜석에게 각국의 미술관은 '미술의 요점'을 알기 위해 떠난 여행의 동기와 목적 그 자체를 환기하는 장소였다. 나혜석은 여행 중 방문한 미술관의 소장품의 수준과 전시방식에 대한 평가와 더불어, 각국 유명 화가의 화풍(畵風), 주요 화파(畵派), 당대 예술의 경향에 대한 전문가적 분석을 덧붙이려고 노력했다. 여행 후에는 조선에서는 돈을 가지고 사려고 해도 살 수 없는 유럽의 명화들을 수백 점 가져온 것이 여행의 가장 큰 소득이라고 인터뷰하기도 했다.

따라서 나혜석에게 파리는 여행 이전에 만들어진 '꽃서울 파리'에 대한 관광객의 시선을 확인하는 여행지가 아니라, 서양화가로서 자신의 정체성과 소속감을 확인하게 하는 장소였다. 스위스 여행 후 파리로 돌아온 나혜석은 "본래 파리는 무엇을 배우러 온 것 같은 감(感)이 있어 별로 구경할 맛이 없다."라면서 또 다른 유럽 도시로 여행을 떠날 준비를 한다. 그러나 다른 지역에서 보게 되는 건축이나 미술관의 특징은 늘 파리와의 비교를 통해 평가되며, 즐거운 여행 끝에 '돌아갈' 장소 또한 파리이다. 심지어 이탈리아 베네치아의 국립현대미술관에서 로댕(Rodin)의 '칼레의 시민'을 발견하고는 "여러 나라를 돌아다니는 중에 파리는 마치 고향과 같이 생각이 되어 이 작품만 보아도 매우 반갑다."라는 감회를 적기도 하였다.

특히 나혜석은 여행에서 돌아와 파리의 화가 생활과 관련한 글을 몇 편 발표했는데,[15] 이는 창작자로서 파리에 대한 내부자적 시선을 드러낸다는 점에서 흥미롭다. 나혜석은 8개월간의 체류로 파리 미술계의 변화를 알기엔 부족함을 인정하면서도 '예술가의 도시'로서 파리를 자세히 소개하고자 노력했다. 특히 프랑스의 예술교육 기관인 아카데미와 화가들의 연구법을 소개하면서 화가로서 파리에서 느낀 복합적 감정과 짧은 체류의 아쉬움 드러내거나, 댄스홀, 연극, 활동사진, 오페라 등 파리의 예술적 분위기에 대한 그리움을 다음과 같이 적었다.

파리의 시가 설비, 공원시설 모든 것이 미술적인 것은 물론이요 연극, 활동사진 어느 것 하나 미술품 아닌 것이 없다. 더욱이 화가에게 새 기분을 돋게 하는 것은 댄스홀이다. 몽파르나스에는 화가 마을인 만큼 값싸고 소박한 댄스홀이 많다. (중략) 화가들은 이와 같이 마시고 흥껏 웃고 춤추어 하룻밤을 지내고 다음 날은 후련한 새 기분으로 화면(畵面)에 접하게 된다. 연극, 오페라, 활동사진을 가보면 어느 것 하나라도 미(美)의 채굴자(採掘者) 아닌 것이 없어 모두 참고하게 된다. 화가가 있어야만 할 파리요, 파리는 화가를 불러온다. 화가뿐 아니라 빈자거나 부자거나 유쾌하게 놀 수 있고, 나이가 먹었거나 말거나 어린이같이

---

15. 나혜석 1932, "巴里의 모델과 畵家生活," 「삼천리」, 제4권 제3호; 나혜석 1932, "巴里畵家生活, 巴里의 모델과 畵家生活," 「삼천리」, 제4권 제4호.

노는 파리를 누가 아니 그리워 하리요.(나혜석 1932, "巴里畵家生活, 巴里의 모델과 畵家生活,"「삼천리」제4권 제3호, 79쪽)

그러나 구미 여행에서 돌아온 후 이혼과 사회적 비난 등의 어려움에 직면하면서, 나혜석은 파리라는 도시는 한 사람의 여성이자, 예술가로서의 자신을 발견하게 해 준 장소였으나, 여행의 끝에 돌아온 현실에서는 용납되지 못한 이상을 심어준 역설적 장소임을 깨닫게 된다. 나혜석에게 파리는 종국에는 출발지로 돌아갈 것을 예정하고 떠난 '꽃 같은' 여행지가 아니었다. 당시 집을 떠난 여성이 길 위에서 행복한 삶의 가능성을 꿈꾸는 것은 불가능했다. 결국, 나혜석이 돌아가고 싶은 파리는 더 살려고 가는 곳이 아니라, 돌아오지 않을 곳, '죽으러 가는 곳'이었고, 그곳에 기대하는 것은 묘지의 꽃 한 송이였다.

가자. 파리로. 살러 가지 말고 죽으러 가자. 나를 죽인 곳은 파리다. 나를 정말 여성으로 만들어 준 곳도 파리다. 나는 파리에 가 죽으련다. 찾을 것도, 만날 것도, 얻을 것도 없다. 돌아올 것도 없다. 영구히 가자. 과거와 현재가 공(空)인 나는 미래로 나가자. 무엇을 할까. "나는, 나는 이것을 가지고 파리로 가련다. 살러 가지 않고 죽으려." 가면서 나의 할 말은 이것이다. (중략) 4남매 아이들아. 어미를 원망치 말고 사회제도와 도덕과 법률과 인습을 원망하라. 네 어미는 과도기에 선각자로 그 운명의 줄에 희생된 자였더니라. 후일 외교관이 되어 파리에 오거든 네 어미의 묘를 찾아 꽃 한 송이 꽂아 다오(나혜석 1935, "新生活에 들면서,"「삼천리」제7권 제1호, 80쪽).

3. 나혜석의 구미만유기: 새로운 글쓰기·그리기 형식의 탄생

1) 유기·시찰기에서 기행문으로

여성으로는 최초였던 1년 8개월의 구미 여행을 마치고 국내로 돌아온 나혜석은 1930년대 신문과 대중잡지에 여행에 대한 글쓰기를 시작한다. 나혜석은 이들 여행기에 '유기(遊記)' 또는 '시찰기(視察記)'라는 이름을 붙였다. '유람하거나 견문한 사실을 기술한 산문 양식'의 일종인 유기는 중국의 북조(北朝) 시대부터 자연경관을 묘사한 유기가 유행했을 만큼 오랜 역사성을 가진 동아시아의 문학 양식 중 하나이다. 유기는 시대와 지역에 따라 다양한 양상으로 발전해 왔는데, 조선 시대 사대부들에게 유행한 '유산기(遊山記)'는 그 대표적 사례이다(정치영 2003).

유기가 이처럼 오랜 역사성을 가지고 발전하여 점차 근대적 기행문의 성격을 담게 된 것과는 달리, '두루 돌아다니며 실지(實地)의 사정을 살펴 적은 기록'인 '시찰기'라는 용어는 1881년 일본의 근대 문물을 배우기 위해 고종이 파견한 박정양, 어윤중, 이헌영 등 조사시찰단(朝士視察團)의 보고서에서 처음 확인된다. '여행하는 선비들'이라는 뜻에서 '신사유람단'이라 불리기도 하지만 그 비용을 조선 정부가 전적으로 부담했다는 점에서 이들의 여행은 민간의 유람과는 성격이 달랐다. 시찰단은 일본에 2개월 반 정도 머물면서 정부 부처, 군과 산업시설, 도서관과 박물관 등의 문화시설을 조사하였고, 귀국 즉시 100여 책에 달하는 견문을 기록한 '문견사건(聞見事件)'과 내무성·외무성·대장성·문부성·공부성·사법성·농상무성·육군·세관에 대한 '시찰기'를 작성했다(한국민족문화대백과사전).

따라서 나혜석의 여행기가 '유기', 또는 '시찰기'라는 명칭을 사용하고 있지만, 이는 1910년대 이후 근대 산문의 일종으로서 확립되기 시작한 기행문에 더 가까운 것임을 알 수 있다. 1910년대 「소년」, 「청춘」, 매일신보 등에 유기 형식의 견문기가 등장한 후 '기행문'이라는 용어가 본격적으로 사용된 것은 1920년대 이후의 일이다. 1920년대 신문사와 잡지사가 전개한 '국토 기행'이나 일본과 구미 해외 유학생기, 신문 기자의 답사기와 탐방기 등 기행문이 다양한 형태가 나타났을 뿐 아니라, 이 시기 기행문은 이전보다 사실적 재현을 중시하고, 필자의 감정 표현이 직설적으로 드러나는 특징이 나타났다(김경남 2013b).

이어 1930년대는 문학 장르로서 수필의 성장과 함께 국내외 기행문이 큰 인기를 얻는데, 이러한 기행문의 양적 성장과 대중화에는 신문과 잡지 등 저널리즘의 역할이 컸다(김현주 2004). 나혜석의 여행기가 주로 발표된 1930년대가 되면 "여행하면서 보고, 듣고, 느끼고, 겪은 것을 적은 글"이라는 근대적 의미의 '기행문'의 정의가 다음과 같이 확립되었고, 따라서 여행에 대한 나혜석의 글쓰기는 근대적 기행문으로 평가할 수 있다.

> 기행문이라는 것은 여행이나 원족(遠足) 중에 보고 듣고 느낀 바를 쓴 글을 말합니다. (중략) 갈 때와 가서 와 올 때의 보고 듣고 느낀 바를 쓰면 됩니다. 다만 먼 곳에 여행하였을 때에는 그 지방의 풍속, 습속, 지세(地勢), 산물(産物) 같은 것도 자세히 관찰하여야 합니다. 즉 지리적 관찰이 필요합니다. 그리고 또 주의할 것은 기사(記事)는 될 수 있는 대로 깊이 인상에 남은 것을 쓸 것입니다(박기혁 1931, 「창작 감상 조선어 작문 학습서」; 김경남 2013a, 4 재인용).

2) 사생을 통한 풍경화

나혜석의 이력 중에 가장 잘 알려진 것이 한국 최초의 여성 서양화가라는 사실이지만, 문학과 비교할 때 미술사에서 나혜석에 대한 연구는 극히 적다. 이는 여행기, 소설, 시, 희곡 등과 비교하면 현재 남아 있는 나혜석의 그림이 매우 적은 것이 이유이지만, 그녀의 회화 작품에 대한 예술적 평가가 상대적으로 높지 않은 것이 또 다른 이유이다. 그러나 나혜석은 언제나 자신을 화가로 생각했으며, 생애의 마지막까지도 그림을 통해 세상과 소통하고자 애썼다.

오늘날 지리학에서는 여행기를 단순히 인쇄물에만 한정하지 않고, 여행과 관련된 미술, 지도, 사진, 박물학 등 다양한 분야와 관련된 것으로 다룬다(Duncan and Gregory 2009, 774). 특히 나혜석의 기행문이 주로 여행이 끝난 후 조선에 돌아와서 기억을 통해 재구성하여 쓰인 것과는 달리, 유럽을 그린 풍경화의 대부분은 현지에서 사생을 통해 그려진 것이라는 점에서 나혜석의 풍경화를 다시 살펴볼 필요가 있다.

'풍경(風景)'은 '산이나 들, 강, 바다 따위의 자연이나 지역의 모습' 또는 '자연의 경치를 그린 그림'을 의미한다. 전통적으로 전자의 의미에는 보통 '경치(景致)', '경색(景色)', '산수(山水)'라는 말을 함께 사용했지만, 동양화에 주로 사용되는 '산수'를 제외하면 그림 자체를 칭하지 않는다는 사실은 '풍경'이란 단어가 '풍경화'라는 새로운 서양화 양식의 등장과 밀접한 관련이 있음을 반영한다. 일본에서 '풍경화(landscape)'의 번역어로 '風景'이 사용된 것은 1892년 메이지 미술회의에 전시된 영국인 John Verley의 풍경화의 제목으로 사용되면서부터이다(靑木茂 1996, 61; 서유리 2001, 16 재인용). 즉 아시아에서 서양화 양식의 하나로서 풍경과 풍경화는 19세기 말 일본에서 번역된 것이다.

한국에서 '풍경화'라는 개념과 그 회화적 양식이 알려진 것은 고희동, 김관호, 나혜석 등 도쿄미술학교 서양화과에서 유화를 전공한 미술가들 이른바 '서양화가'가 탄생하면서부터였다(홍선표 2012). 인물화가 많은 고희동에 비해, 김관호와 나혜석은 풍경화로 알려졌는데, 세 사람이 유학한 도쿄미술학교의 학제가 인물, 정물, 풍경으로 뚜렷이 구분되어 있었던 것의 영향으로 보인다(서유리 2001, 15).

나혜석은 1921년 임신 9개월의 몸으로 경성일보사에서 개인 전람회를 개최하는데 이는 서울에서 최초로 열린 유화 개인전이기도 했다. 전시된 작품은 주로 풍경화였으며, 작품들이 고가에 팔리고 하루 관람객이 5천 명에 달할 정도로 성황을 이뤘다.

동씨(나혜석)는 인물화라든지 정물화보다 풍경에 대단한 취미가 있는 듯하여, 이번 본사 내청각에 개최될 전람회에 진열할 유화도 역시 풍경으로 벌써 칠십여 장가량이 준비가 되었는데. 이번 전람회의 목적은 조선 사람들에게 이 미술적 필요를 알게 하기 위하여 본사 내청각을 빌려 가지고 십구일부터 동이십일까지 양일간에 유화전람회를 열고 일반 인사들에게 관람케 할 예정인데. 여하간 미술적 사상이 결핍한 조선여자로 이와 같은 미술적 사업에 열심인 것은 진실로 처음이며, 또한 이번 전람회는 동씨가 졸업한 후 처음이라더라(매일신보 1921년 3월 17일, 부인과 가정: 洋畫展覽에 對하여(女流洋畫家 羅蕙錫女史談)).

나혜석이 일본에서 배운 풍경화는 19세기 서양의 사실적 풍경화였다. 서양의 풍경화를 받아들인 일본에서는 실제의 대상을 직접 보고 그리는 '사생(寫生)'이 서양화의 고유한 제작 방법으로 확립되고 있었다. 따라서 일본 유학에서 돌아온 서양화가들에게 사생은 풍경화의 핵심적 방법으로 여겨졌으며, 야외로 사생을 나가 이젤을 펴놓고 풍경을 그리는 모습은 화가의 고유한 개성과 가치를 드러내는 대중적 이미지로 정착되었다(서유리 2001, 35). '사생 여행', '스케치 여행'과 같이 여행을 통해 사생의 방식으로 풍경화를 그리는 것이 보편화하였고, 1930년대에는 여행을 하면서 보고, 듣고, 느낀 점을 글로 기록하는 기행문과 함께, 작가 자신이 눈으로 본 풍경을 그림으로 표현하는 이른바 '기행사생화(紀行寫生畫)' 또한 유행하게 된다(박희연 2010).

여성 최초로 일본에서 서양화를 배운 나혜석 또한 사생의 방식으로 풍경화를 그렸다. 사생을 통한 풍경화는 화가가 집 밖으로 나가 눈앞에 보이는 대상을 화가의 '단일 시각(a single view)'으로 구성하는 것이다. 여성과 남성에 대한 오래된 이분법이나, 1920년대 조선 여성의 사회적 지위를 재론하지 않더라도 스케치 박스를 들고 나가 야외에서 그림을 그리는 나혜석의 모습은 당대에도 매우 파격적인 것이었다. 일례로 나혜석은 중국에서 고적(古蹟)을 사생하면서 겪은 어려움을 다음과 같이 소개하기도 했다.

제이로 곤란했던 것은 사생하던 처소가 공교히 나무 장터가 되어서 나무 팔릴 때까지 멀거니 앉아 있던 중국 쿨리들은 무슨 큰일이나 난 것처럼 수십 명이 빙 둘러싸고 뒤에서는 들이밀고 육 척이나 되는 큰 키들이 앞을 막아서면 일일이 악을 써서 '니야(당신들!)'를 부른다. 그러면 깜짝 놀라 비켜서는 이도 있고 끈적끈적한 몸을 딱 버티고 섰다. 그러면 나도 성이 나서 서투른 청국말로 '점머 니 부지더마 오부능 칸칸 제벤(내가 저기를 볼 수 없는 것을 왜 너는 모르느냐) 하고 악을 꽥 쓴다(조선일보 1926년 5월 21일, "미전출품제작 중에"; 서유리 2001, 38-39 재인용).

따라서 사생을 통한 풍경화라는 형식은 나혜석의 구미 여행을 새롭게 파악할 수 있는 도구가 된다. 일반적으로 화가로서의 나혜석의 작품 경향을 크게 두 시기로 구분하는데, 구미 여행 이전에는 주로 사실적인 풍경화를 그렸다면, 구미 여행에 돌아온 후에는 야수파와 표현파 등 유럽의 영향을 많이 받은 작품을 선보였다. 구미 여행이 끝난 후 기억을 바탕으로 쓰인 여행기가 주로 조선에서의 나혜석의 상황과 감정을 반영하고 있다면, 단순하고 강렬한 색채로 그려진 나혜석의 유럽 풍경화는 유럽의 수많은 미술관에서 직접 확인한 유럽 미술의 경향을 반영했음을 유추할 수 있다. 나혜석은 파리에서 3개월간 야수파 화가인 비시에르의 화실을 다녔을 뿐만 아니라, "고전파, 낭만파, 바르비종파, 인상파, 신인상파,

그림 2. 나혜석 〈파리 풍경〉
1927년경 유채 23×33cm

후기인상파, 입체파, 야수파, 미래파, 표현파, 추상파"에 이르는 당대 유럽 미술의 경향에 해박했다. 구미 여행 직후의 인터뷰 기사에 따르면 여행 중에 스케치한 작업들이 약 70, 80점가량이었지만, 현재 남아 있는 유럽 풍경화는 〈스페인 국경〉, 〈스페인 해수욕장〉, 〈파리 풍경〉 정도이다.

그러나 구미 여행 이후 나혜석은 최초의 여성 서양화가나 풍경화가가 아니라 이혼과 최린에 대한 고소 사건 등 구설수의 주인공으로 알려지게 된다. 여행 이후 언론에서 확인할 수 있는 사실은 화가로서의 나혜석의 작품이나 구미 여행의 성과를 담은 전시회가 아니라, 이혼 후 그녀의 사생활에 관한 것이 대부분이다. 그런데도 이혼 후 나혜석은 화가이자 여성으로 사는 삶의 돌파구로 그림 작업에 매진했는데, 특히 1931년 제10회 조선미술전람회에 구미 여행에서 작업한 〈정원〉의 특선 소식에 아래와 같이 큰 기쁨을 표시하기도 했다. 그러나 이후에는 전람회 출품이나 전시회 등의 활동을 지속하지 못했고, 죽기 전까지 수덕사 인근에서 가난과 병에 시달리며 그림 작업을 한 것으로 알려져 있다.

파리에서 그린 내게는 걸작이라고 할 만한 '정원'을 제전에 출품하였나이다. 하룻밤은 입선이 되리라 하여 기뻐서 잠을 못 자고 하룻밤은 낙선이 되리라 하여 걱정이 되어서 잠을 못 잤나이다. 1,224점 중 2백 점 선출에 입선이 되었나이다. 너무 기쁨에 넘쳐 전신이 떨렸사외다. 신문 사진반은 밤중에 문을 두드리고, 라디오로 방송이 되고, 한 뉴스가 되어 동경 일대를 뒤떠들었사외다. 이로 인하야 나는 면목이 섰고 내 일신의 생계가 생겼나이다. 사람은 남자나 여자나 다 힘을 가지고 납니다. 그 힘을 사람은 어느 시기에 가서 자각합니다. 아무라도 한 번이나 두 번은 다 자기 힘을 자각합니다. 나는 평생 처음으로 자기 힘을 의식하였나이다. 그때에 나는 퍽 행복스러웠사외다(나혜석 1934, "離婚告白書(續), -靑邱氏에게-," 「삼천리」 제6권 제9호, 88-89쪽).

3) 여행기 주체로서 식민지 조선 여성 나혜석

구미 만유기 1년 8개월간의 나의 생활은 이러하였다. 단발을 하고 양복을 입고 빵이나 차를 먹고 침대에서 자고 스케치 박스를 들고 연구소(아카데미)를 다니고 책상에서 불란서 말 단어를 외우고 때로는 사랑의 꿈도 꾸어보고 장차 그림 대가(大家)가 될 공상도 해 보았다. 흥 나면 춤도 추어보고 시간 있으면 연극장에도 갔다. 왕전하와 각국 대신의 연회 석상에도 참가해 보고 혁명가도 찾아보고 여자 참정권론자도 만나 보았다. 불란서 가정의 가족도 되어 보았다. 그 기분은 여성이요, 학생이요, 처녀로서였다. 실상 조선 여성으로서는 누리지 못할 경제상으로나 기분상 아무 장애 되는 일이 하나도 없었다. 태평양을 건너는 뱃속에서조차 매우 유쾌히 지냈다(나혜석 1932, "아아 自由의 巴里가 그리워, 歐米 漫遊하고 온 후의 나," 「삼천리」 제4권 제1호, 43쪽).

지금까지 나혜석의 여행기에 대한 관심은 '식민지 조선'의 '여성'이라는 여행기 생산 주체로서 나혜석에 집중되었다. 프랫이 「제국의 시선(Empire's Eye)」에서 분석하였듯이 18세기 후반 유럽에서는 비유럽 세계에 대한 광범위한 여행 프로젝트와 여행기의 출간이 이어졌으며, 여행 서적은 유럽의 독자들에게 탐험, 침략, 투자, 식민화되는 지역들을 소유하고 명명할 권리와 그것들에 대해 잘 알고 있다는 감각을 자극했다(프랫, 김남혁 역 2015, 24). 19세기 후반에서 20세기까지도 서구의 여행기는 '제국의 수사학(The Rhetoric of Empire)'이라 부를 수 있는 다양한 수사적 양식을 통해 비서구 사회에 대한 일관적 재현을 지속했다.[16] 그러나 여행기는 제국의 시선과 수사학을 전 세계에 전파하는 도구인 동시에 식민지적 주체에

---

16. Spurr(1993)는 The Rhetoric of Empire에서 서구의 여행기에서 반복되고 변주되는 12개의 수사학적 양상(rhetoric modes)을 검토했는데, 감시(surveillance), 전유(appropriation), 격하(debasement), 분류(classification), 심미화(aestheticization), 비실체화(insubstantialization), 이상화(idealization), 자연화(naturalization), 에로틱화(eroticization)이다(박경환 2018, 82-88 재인용).

게는 모방, 학습, 성찰, 저항과 같은 다양한 욕망을 실현하는 도구이기도 하다.

한편 서구 여행기에서 반복적으로 확인되는 제국의 시선 또한 단일한 것이 아니라, 여행기 서사 주체의 인종(민족), 계급, 젠더에 따라 차이가 있다. 특히 페미니즘의 측면에서 서구 여성의 여행기를 분석한 연구들에 따르면 여성 여행가들은 계급적 위치성에 따라 여행의 방식과 시선에서 큰 차이가 나며(박경환 2018), 따라서 남성과 여성 주체의 여행기에서 드러나는 차이는 당대의 정치적·사회적·문화적 특성과 보다 긴밀하게 연결되어 있다(Clark 1999, 22–23; 박지향 2000, 159 재인용).

나혜석의 여행기 또한 유길준의 「서유견문」(1889)으로 대표되는 구한말 계몽적 여행기와는 그 성격과 양식에서 분명한 차이가 있으며, 1920년대 해외여행을 한 남성 지식인인 노정일, 허헌, 박승철, 정석태의 여행기와도 여행 서사와 주체의 시각에서 이질적이다. 그러나 여행기 서술 주체로서 나혜석의 정체성을 식민지의 여성이라는 피지배적 성격으로만 한정 짓기에는 그녀의 위치성은 매우 다중적이다.

나혜석은 3·1 운동 당시 이화학당 학생 만세 사건에 관여해 5개월간 수감된 적이 있고 안동에서 여성 야학을 운영하고 독립운동을 지원했을 만큼 식민지적 현실에 관심이 컸지만, 남편인 김우영은 일본 외무성의 관료로 만주 안동현의 부영사였다. 1년 8개월간의 구미 여행 또한 당시 일본 식민지의 변방에 근무하는 관리인 김우영에게 주어진 일제의 포상 휴가가 계기가 되었다. 나혜석은 구미 여행 중 외교관의 부인이라는 자신의 역할에 충실했다. 제네바에서 열린 군축 회담을 방청하거나, 당시 유럽 체류 중인 영친왕을 위해 사이토(齋藤實) 총독이 연 만찬에 참석하기도 했다. 한편 조선인 박석윤을 만나서는 "이국(異國)에서 동포를 만나면 조상으로부터 받은 피가 한데 엉기는 것 같은 감회"가 생긴다고 하면서도, 스위스에서 함께 영화를 보며 사귄 일본인과 밀라노에서 재회하고는 "이런 곳에서는 황인종만 만나도 눈이 번쩍 뜨인다."라며 반가움을 표시한다.

그러나 동시에 식민지인으로서 나혜석의 정체성은 조선의 망국을 떠올리게 하는 특별한 장소(헤이그, 주미 대한제국공사관)를 방문할 때 뚜렷이 드러난다. 미국에서 우연히 찾은 구 대한제국공사관의 정문 위에 태극 표시가 희미하게 남아 있는 모습을 보고 "이상히 반갑기도 하고 슬프기도 한" 심정을 드러내었고, "조선 사람으로서 잊지 못할 기억을 가진" 헤이그에서는 이상한 고동과 깊은 애도를 표시한다.

헤이그[海芽]는 네덜란드의 수도이거니와 조선 사람으로 잊지 못할 기억을 가진 만국평화회의가 있던 곳이다. (중략) 1918년 헤이그에서 개최된 만국평화회의에 출석하였던 이준 씨가 당회 석상에서 분사(憤死)한 곳이다. 이상한 고동이 생기며 그의 고혼(孤魂)이 있어 우리를 만나 눈물을 머금는 것 같은 느낌이 생겼다. 그의 산소를 물으나 알 바가 없어 찾지 못하고 다만 경성에 계신 그의 부인과 따님에게 그림엽서를 기념으로 보냈을 뿐이다(나혜석 1933, "西洋藝術과 裸體美, 歐美一週記續," 「삼천리」, 제5권 제10호 65쪽).

그러나 동양인이자 조선인, 식민지인이자 제국 관료의 부인이라는 다중적 위치성에도 불구하고, 나혜석은 여성으로서의 정체성을 일찍부터 인식하고 있었다.[17] 나혜석은 부유한 집안 출신에 뛰어난 학업 성적, 여성으로서는 쉽지 않은 해외 유학 등으로 인해 일찍부터 조선 사회의 주목을 받은 여성이었다. 신문 기사에서는 진명여자고등보통학교 본과를 수석 졸업한 나혜석에 대해 "온순한 성질은 가정이 칭찬하는 바이며, 명민한 두뇌는 학교가 애중하는 바"라고 하였고(매일신보 1914년 4월 1일), 동경 유학 중에는 "특별한 광채를 보이는" 여자 유학생으로 소개되기도 했다. 명석한 두뇌와 부유한 집안 배경 등이 신문에 소개될 만

---

17. 1920년 나혜석은 상처 후 아이가 있던 김우영과 결혼하면서 일생을 두고 사랑해 줄 것, 그림 그리는 것을 방해하지 말 것, 시어머니와 전처의 딸과는 함께 살지 않도록 해 줄 것, 사망한 애인(최승구)의 묘에 비석을 세워줄 것을 결혼 조건으로 제시했다(나혜석 1934, "離婚告白狀, 靑邱氏에게," 「삼천리」, 제6권 제8호). 당대에 이러한 나혜석의 행보는 매우 파격적인 것으로 받아들여졌다.

큼 당시의 이상적인 여성 배우자감이었던 나혜석은 그러나 일본 유학 중 아버지의 강압적인 결혼 독촉을 거부하고 교사 생활에 나섰을 만큼 전통적 조선 여성의 삶을 적극적으로 거부했다.

나혜석이 작가로서 쓴 최초의 글은 18세에 유학생 잡지인 「학지광」의 "이상적 부인(理想的 婦人)"으로 "양부현부와 현모양처"는 반드시 따라야 할 것이 아니라 "여자를 노예로 만들기 위하여 부덕(婦德)을 장려한 것"이라는 도발적인 내용이었다. 결혼 후인 1921년에도 매일신보에 번역 연재되던 입센(Ibsen)의 희곡 「인형의 가(家)」의 삽화를 그리고, 마지막 회에서는 "아버지의 딸인 인형으로, 남편의 아내 인형으로, 그들을 기쁘게 하는 위안물이 되도다.'라는 파격적인 내용의 노래 가사를 직접 쓰기도 했다.

이처럼 나혜석은 '현모양처'의 틀에 갇혀있는 조선 여성에서 벗어나, 여성이 아니라 진정한 사람으로 여겨지는 세상을 꿈꿨다. 젖먹이 아이를 두고 여행을 감행한 동기 또한 "남녀 간 어떻게 살아야 평화스럽게 살까", "여자의 지위는 어떠한 것인가"라는 문제를 알고 싶기 때문이라고 했다. 따라서 해외여행 중 나혜석은 구미 여성의 활동을 살펴보고 그들의 생활을 경험하고 싶었던 욕망을 적극적으로 실천했다. 귀국 후 나혜석은 영국 런던에서 여성참정권운동가인 여교사에게 영어를 배운 일이나, 세 아이를 키우면서 여성참정권 단체의 회원으로 활동하는 프랑스 부인과 만난 일화를 여러 차례 소개했다. 이처럼 나혜석은 여행을 통해 유럽 여성의 사회적 지위와 평등한 가정생활을 직접 확인하고, 여성의 지위와 바람직한 가족제도에 대한 자신의 생각을 더욱 확고히 하게 된다.

여행 직후 인터뷰에서 나혜석은 구미 여행은 자신에게 "여성은 위대한 것이요, 행복한 자인 것"을 깨닫는 계기가 되었으며, 여성에 대한 이러한 생각을 모든 조선 사람이 알았으면 좋겠다는 소망을 다음과 같이 피력하기도 했다.

이번에 보고서 어자의 힘이 강하고 약자가 아닌 것을 확신하였습니다. 우리가 여기서는 여자란 나부터도 할 수 없는 약자로만 생각되더니 거기 가서 보니 정치, 경제, 기타 모든 방면에 여자의 세력이 퍽은 많습니다. 특히 외교상에 있어서는 남모르게 그 내면적 활동이 굉장합니다. 우리 조선 여자들도 그리하여야 되겠다고 생각하였습니다(『별건곤』 제22호, 1929, "구미 漫遊하고 온 여류화가 나혜석 씨와 문답기," 121쪽).

그러나 여행에서 돌아온 조선에서 나혜석은 자신이 유럽에서 확인한 여성주의적 가치관이 조선의 현실과 충돌하며 발생하는 불협화음을 겪는다. 1934년 나혜석은 자신의 결혼과 최린과의 만남, 이혼에 이르는 과정을 상세히 밝힌 '이혼 고백서'를 발표하여 극심한 사회적 비난을 받았다. 특히 이혼 고백서에서 나혜석은 조선의 신여성이 서양이나 도쿄 등 다른 나라의 가정과 여성의 삶을 알게 되면, "마음과 뜻은 하늘에 있고 몸과 일은 땅에 있는 것"과 같은 부조화를 경험을 하게 된다고 지적했다. 조선의 현실과 해외에서 경험한 이상과의 괴리가 깊어질수록 심지어 신경쇠약에 걸리거나 독신주의를 주장하게 되니, 지식인 신여성이 불쌍하다는 결론은 구미 여행을 통해 성찰된 여성주의적 정체성이 여행 후의 현실에서 타협하지 못하고 좌절한 스스로에 관한 슬픈 고백에 가깝다.

유식 계급 여자, 즉 신여성도 불쌍하외다. 아직도 봉건시대 가족제도 밑에서 자라나고 시집가고 살림하는 그들의 내용의 복잡이란 말할 수 없이 난국이외다. 반쯤 아는 학문이 신구식(新舊式)의 조화를 잃게 할 뿐이오 음기를 돋을 뿐이외다. 그래도 그대들은 대학에서 전문(專門)에서 인생 철학을 배우고 서양에나 도쿄에서 그들의 가정을 구경하지 아니하였는가. 마음과 뜻은 하늘에 있고 몸과 일은 땅에 있는 것이 아닌가. 달콤한 사랑으로 결혼하였으나 너는 너요, 나는 나대로 놀게 되니, 사는 아무 의미가 없어지고 아침부터 저녁까지 반찬 걱정만 하게 되는 것이 아닌가. 급기야 신경과민, 신경쇠약에 걸려 독신 여자를 부러워하고 독신주의를 주장하는 것이 아닌가(나혜석 1934, "離婚告白書(續), -靑邱氏에게-," 『삼천리』 제6권 제9호, 92쪽).

4. 나가며

지금까지 1927년 한국 여성 최초로 1년 8개월간 이뤄진 나혜석의 구미 여행과 구미만유기를 분석했다. 오랫동안 나혜석의 구미 여행은 주로 부유한 식민지 조선 여성의 유한 생활이나, 이와 극적으로 대비되는 여행 이후의 비극적 결말에 대한 대중적 호기심에 동원되어 왔다. 이 글에서는 '신여성 나혜석'의 비극에 갇힌 기존의 시각에서 벗어나, 나혜석을 '여행하는 여성'이자, '여행기 생산의 주체'로서 이해하고자 했다. 이를 위해 지리적 재현의 공간으로서 여행기 텍스트에 대한 분석뿐 아니라, 여행기의 생산에 관여한 당대 여행의 공간을 다각적으로 검토하고자 했다.

나혜석의 구미 여행을 여행 동기의 측면에서 살펴보면 그녀의 여행은 새로운 해외여행이자 대중 관광의 의미가 있는 '만유'였다. 나혜석의 여행기에는 관광객의 시선이 확인되지만, 이는 당대 남성 지식인이 위계적 시선과는 차이가 있다. 또한 나혜석의 여행기는 시베리아 횡단 열차를 통해 유럽까지 간 최초의 여행 기록으로, 시베리아 지역과 철도 여행의 새로운 경험이 구체적으로 드러난다. 여행의 목적지였던 파리는 여성적인 '꽃의 도시'로 재현되었는데, 파리는 당대의 유럽에 대한 인식을 드러내는 동시에 화가이자 여성인 나혜석의 삶에서 결정적 장소로 그려졌다.

한편 작가이자 화가인 나혜석의 여행기와 풍경화를 여행에 대한 글쓰기·그리기의 측면에서 검토했다. 나혜석의 여행기는 작가의 감상을 드러내는 근대적 기행문과 사생을 통한 사실적 풍경화라는 당대의 새로운 글쓰기·그리기 형식을 배경으로 탄생했다. 특히 여행기 생산 주체로서 나혜석의 여행기에 젠더·민족·인종과 같은 다중적 위치성이 어떻게 드러나고 있는지, 또한 여행의 경험을 통해 성찰된 여성주의적 정체성이 여행 후 현실 속에서 어떻게 좌절하였는지를 확인했다.

대중 관광이 본격화되기 전까지 오랫동안 여행은 고달프고 심지어 위험한 일을 의미했다. 그곳이 낯선 해외일 경우에는 더욱더 그러했다. 「오디세이(Odyssey)」와 「왕오천축국전(往五天竺國傳)」에서부터, 「동방견문록」과 「이븐바투타 여행기」, 그리고 오늘날 사하라 사막이나 에베레스트, 남북극 여행기에 이르기까지 당대의 독자들을 사로잡은 수많은 여행기는 쉽지 않은 여행에 관한 기록이었다. 그러나 동시에 그러한 특성 때문에 여행기는 당대의 지리적 세계를 확대하고, 수많은 탐험가와 여행자의 출발을 독려할 수 있었을 것이다.

그렇다면 나혜석의 여행기는 당대와 현재의 독자들에게 무엇을 전하고 있을까? 이 땅의 보통 여성들이 그녀가 밟은 길을 따라 새롭고 낯선 세계로 자유로이 여행하게 된 것은 그녀가 세상을 떠난 뒤에도 한참이나 지난 후였다. 안타깝게도 지금까지 살펴본 나혜석의 여행기는 한국 여성 최초로 세계를 자유롭게 누빈 성공담이 아니라, 끝내는 정주지로 되돌아와야 하는 여행의 필연적 결말이 야기한 좌절의 이야기에 가깝다. 따라서 어쩌면 나혜석의 구미 여행기는 보통의 여행기가 그러하듯 낯선 세계로 이끄는 '안내서'가 아니라, 여행하는 여성에 대한 사회적 편견과 좌절을 경계하는 일종의 '징비록'이 되었을지 모르겠다.

참고문헌

고바야시 히데오 저, 임성모 역, 2004, 만철–일본제국의 싱크탱크, 산처럼(小林英夫, 1996, 滿鐵–「知の集團」の誕生と死, 東京: 吉川弘文館).

곽승미, 2006a, "세계의 위계화와 식민지주민의 자기응시: 1920년대 박승철의 해외기행문," 한국문화연구 11, 245–275.

곽승미, 2006b, "식민지 시대 여행 문화의 향유 실태와 서사적 수용 양상," 강영심 외, 일제 시기 근대적 일상과 식민지 문화, 이화여자대학교출판부, 17–44.

김경남, 2013a, "근대적 기행 담론 형성과 기행문 연구," 한국민족문화 47, 93–117.

김경남, 2013b, "1920년대 전반기 동아일보 소재 기행 담론과 기행문 연구," 한민족어문학 63, 251–275.

김미지, 2019, 우리안의 유럽. 기원과 시작, 생각의 힘.

김진영, 2016, "한국 근대기 러시아 여행과 시베리아 담론," 러시아어문학연구논집 55,

277-304.

김현주, 2004, 한국 근대 산문의 계보학, 소명출판.

나카네 다카유키(中根隆行), 2010, "재조선이라는 시좌와 여행철학—도한 일본인의 조선상과 아베 요시시게의 한일비교문화론," 박광현·이철호 편, 이동하는 텍스트 횡단하는 제국, 동국대학교출판부, 49-74.

나혜석 저, 구선아 편, 2019, 꽃의 파리행: 조선여자 나혜석의 구미 유람기, 알비.

나혜석, 2018, 나는 페미니스트인가, 가갸날.

나혜석, 2018, 조선여성첫세계일주기, 가갸날.

데이비드 하비 저, 김병화 역, 2005, 모더니티의 수도, 파리, 생각의 나무(Harvey, D., 2005, *Paris, Capital Of Modernity*, New York: Routledge).

메리 루이스 프랫 저, 김남혁 역, 2015, 제국의 시선: 여행기와 문화횡단, 현실문화연구(Pratt, M. L., 1992, *Imperial Eyes: Travel Writing and Transculturation*, New York: Routledge).

박경환, 2018, 포스트식민 여행기 읽기: 권력, 욕망 그리고 재현의 공간, 한국문화역사지리학회, 여행기의 인문학, 푸른길, 71-123.

박선영, 2017, "근대 여성과 여행, 문화소비와 구별짓기—「신여성」(1923-1934)과 「여성」(1936-1940) 담론을 중심으로—," 인문사회21 8(5), 373-391.

박지향, 2000, "여행기에 나타난 식민주의 담론의 남성성과 여성성," 영국연구 4, 145-160.

박희연, 2010, 근대 한국의 기행사생화 연구 – 1930년대 동아일보 연재 삽화를 중심으로, 이화여자대학교 석사학위논문.

볼프강 쉬벨부시 저, 박진희 역, 1999, 철도 여행의 역사: 철도는 시간과 공간을 어떻게 변화시켰는가, 궁리(Schivelbusch, W., 1977, *Ceschichete der Eisenbahnreise-Zur Industrialisierung von Raum und Zeit im 19. Jahrhundert*, Munchen: Calr Hanser Verlag).

서유리, 2001, 1910-20년대 한국의 풍경화 연구, 서울대학교 고고미술사학과 석사학위논문.

손유경, 2008, "나혜석의 구미 만유기에 나타난 여성 산책자의 시선과 지리적 상상력," 민족문학사연구 36, 170-203.

송명희, 2011, "나혜석 문학의 현황과 과제," 현대문학이론학회 46, 71-95.

신지영, 2009, "여행과 공간의 성의 정치학을 통해서 본 나혜석의 풍경화," 여성과 역사 11, 75-104.

우미영, 2018, 근대 조선의 여행자들, 역사비평사.

이순탁, 1997, 최근 세계 일주기—일제하 한 경제학자의 제국주의 현장 답사, 학민사(이순탁, 1934, 최근세계일주기, 한성도서주식회사 복간본).

이현정, 2008, "나혜석 문학에 수용된 여성 담론 연구," 한국어와 문화 4, 59–91.

정치영, 2003, "'金剛山遊山記'를 통해 본 조선시대 사대부들의 여행 관행," 문화역사지리 15(3), 17–34.

정희선, 2018, "이사벨라 버드 비숍의 열대 여행기에 나타난 제국주의적 시선과 여성 여행 자로서의 정체성," 한국문화역사지리학회, 여행기의 인문학, 푸른길, 322–349.

조지숙, 2015, "나혜석과 조르주 상드의 여성주의 세계관 비교연구–예술가의 소명의식을 중심으로–," 비교문화연구 41, 321–349.

존 어리 저, 강현수·이희상 역, 2016, 모빌리티, 아카넷(Urry, J., 2007, *Mobilities*, Cambridge: Polity).

질리언 로즈 저, 정현주 역, 2011, 페미니즘과 지리학, 한길사(Rose, G., 1993, *Feminism and Geography*, Cambridge: Polity).

차혜영, 2004, "지역간 문명의 위계와 시각적 대상의 창안–1920년대 해외 기행문을 중심으로," 현대문학의 연구 24, 7–46.

천정환, 2014, 근대의 책읽기–독자의 탄생과 한국 근대 문학, 푸른역사.

최재학, 1909, 實地應用作文法, 徽文館.

최정아, 2015, "동아시아 문학과 여성–나혜석, 요사노 아키코, 장아이링을 중심으로," 인문논총 72(1), 95–130.

한지은 2019, "익숙한 관광과 낯선 여행의 길잡이–서구의 여행안내서와 여행(관광)의 변화를 중심으로–," 문화역사지리 31(2), 42–59.

함종선, 2006, "울스튼크래프트와 나혜석, 근대적 여성 주체의 문제," 안과 밖 21, 61–89.

홍선표, 2012, 갑오개혁에서 해방시기까지: 한국 근대미술사, 시공아트.

青木茂, 1996, 自然をうつす: 東の山水画·西の風景画·水彩画, 東京: 岩波書店.

Clark, S. ed., 1999, *Travel Writing and Empire: Postcolonial Theory in Transit*, London: Zed Books.

Duncan J. S. & Gregory, D. eds., 1999, *Writes of Passage: Reading Travel Writing*, London & New York: Routledge.

Duncan, J. S. & Gregory, D., 2009, "travel writing" in Gregory, D. et als(eds.), in *The Dictionary of Human Geography*(5th), Wiley-Blackwell, 774-775.

Larsen, J. and Urry, J., 2011, "Gazing and performing," *Environment and Planning D: Society and Space*, 29, 1110-1125.

Morin, K., 2006, "Travel Writing," in Warf, B., *Encyclopedia of Human Geography*, Thousand Oaks: SAGE, 503-504.

Spurr, D., 1993, *The Rhetoric of Empire: Colonial Discourse in Journalism, Travel Writing, and Imperial Administration,* Durham: Duke University Press.

"구미 漫遊하고 온 여류화가 나혜석 씨와 문답기,"「별건곤」제22호(1929년 8월 1일).

나혜석, 1914, "理想的 婦人,"「학지광」제3호.

나혜석, 1932, "巴里의 모델과 畵家生活,"「삼천리」제4권 제3호.

나혜석, 1932, "巴里畵家生活, 巴里의 모델과 畵家生活,"「삼천리」제4권 제4호.

나혜석, 1934, "離婚告白狀, 靑邱氏에게,"「삼천리」제6권 제8호.

나혜석, 1935, "新生活에 들면서,"「삼천리」제7권 제1호.

박승철, 1925, "倫敦求景,"「개벽」제56호.

최남선, 1909, "世界畵說,"「소년」5월호.

최남선, 1914, "세계일주가,"「청춘」제1호.

동아일보, 1920.06.30., "채무 尹澤榮 尹弘變 父子의 北京行, 온집안이 이사를 간다고 함은 헛말이라고 윤홍섭씨의 변명"

동아일보, 1926.07.07., "東京서 伯林까지 列車로 十六日, 구라파와 아세아 련락기차 一等 車賃은 六百圓"

동아일보, 1930.03.28.~04.02., "구미시찰기—프랑스 가정은 얼마나 다른가(가)~(바)"

매일일보, 1912.06.01., "滿鮮直通列車"

매일신보, 1914.04.01., "材子재난"

매일신보, 1919.05.06., "漫遊外人漸增, 소요가 진정되어 유람객이 많이 와"

매일신보, 1921.03.17., "부인과 가정: 洋畵展覽에 對하여(女流洋畵家 羅蕙錫女史談)"

매일신보, 1921.03.20., "洋畵展覽會 初日大盛況, 삼백여원짜리 기타가 날개가 돋친 듯이"

매일신보, 1921.03.21., "羅女史展覽會 第二日의 盛況, 관객이 무려 사오천에 달하였었다"

매일신보, 1921.04.03., "나혜석, 노라"

매일신보, 1927.01.16., "꽃서울파리까지 14일간에 도착"

매일신보, 1931.02.13., "세계의 '에로' 풍경"

시대일보, 1925.01.23., "歐亞가 연락, 일수, 금액은 海路반액"

연합뉴스, 1999.10.01., "2000년 이달의 문화인물 선정"

조선일보, 1925.02.02., "본사 노국(露國) 특파기자 김준연씨 금조(今朝) 출발"

조선일보, 1927.06.21., "나혜석 여사 세계 漫遊"

황성신문, 1899.03.09., "英皇의 法國漫遊"

국립중앙도서관 (http://www.nl.go.kr/nl)

한국민족문화대백과사전 (http://encykorea.aks.ac.kr)

한국역사통합정보시스템 (http://www.koreanhistory.or.kr)

제11장

세계의 참모습을 알아보기 위하여 때로는 탐정과도 같이 활약해 보았습니다. 이번 방문한 나라들은 제1차 때 여행한 나라와는 다른 처녀지였으며, 여행 목적은 역시 지리학의 연구와 아울러 인간 수업에 두었습니다.

(김찬삼의 2차 여행기, 19)

나는 본디 지리학의 연구와 아울러 인간 수업을 위하여 세계를 쏘다니는 여행가이지만, … 내가 유독 이 비참한 정상(情狀)에 공감하게 됨은 내가 괴로움을 많이 받아 온 약소 민족의 한 후예이기 때문인지도 모른다.

(김찬삼의 2차 여행기, 580-281)

김찬삼의 『세계일주여행기』: 지리적 지식과 상상력의 대중화를 향하여[1]

이영민

1. 들어가며: 왜 이 시대에 김찬삼을 소환하는가?

최근 문예 비평계에서는 작가의 사회적 위치성과 작품 내용의 연관성, 당대 사회의식의 흐름과 작품의 상호 영향 등에 주목하면서 일종의 담론 연구가 증가하고 있다. 이는 인문학 연구에서 2000년대 이후 공간, 장소, 문화 지리, 지리적 상상력, 심상 지리, 로컬리티 등 각종 지리학적 개념과 은유들이 널리 등장하고 있는 데에서 알 수 있고(김미영 2013), 더 나아가 중요한 키워드로 자리 잡고 있는 것과도 맥을 같이한다. 이러한 문학의 사회적인 연구에서 특히 주목받는 장르가 여행 서사이다. 여행가인 작가와 여행지인 장소가 만나 상호 교감하면서 양자의 내면적 특성을 언어로서 적절하게 드러내 준다는 특성 때문에, 문예 비평가들은 여행기의 구조 분석을 통해 그 의미와 가치를 논하고 작가의 사회적 배경과 세계관을 논평하는 작업에 주력하고 있다. 김찬삼의 여행기에 대한 연구가 최근 증가하고 있는 것도 바로 그런 연구 동향과 관련이 있다.

---

[1] 이 글은 2020년 『문화역사지리』 제32권 제2호에 실린 "김찬삼의 세계일주여행기-사잇존재 지리 여행가가 세상을 읽고 표현하는 방식"을 재구성한 글이다.

김찬삼의 여행기가 선풍적인 인기를 끌었던 1960~1970년대는 여행기를 소비하는 대중 독자들이 크게 증가했던 시기였는데, 김찬삼의 세계관이 그의 여행기에 어떻게 드러났고, 그것이 어떻게 당대 대중들의 세계 인식 형성에 영향을 미쳤는지에 대한 연구(우정덕 2010)가 시초가 되어 이후 관련 연구들이 이어지고 있다(김미영 2013; 임지연 2013; 김옥선 2015; 임정연 2017; 2018; 차선일 2018; 임태훈 2019). 이는 문화의 대중적 형식과 재현의 실천 문제에 주목하는 문화적 전환, 다른 장소와 사람들에 대한 식민주의적 재현과 상상적 지리에 주목하는 포스트 식민주의와 페미니즘 등의 인식론적 전환에 힘입은 바 크다.

관광학계에서도 관광여행의 의미와 발전에 유의미한 시사점을 준다는 점에 주목하여 그의 여행기에 대한 관심이 최근 일어나기 시작했다. 문예 비평계와 마찬가지로 1960~1970년대의 시대적 배경에 주목하여, 관광이라는 개념 자체가 없었던 시기에 대중들의 관광 욕망을 불러일으켰던 그의 여행기를 관광상품으로서의 가치와 오늘날 관광산업에 주는 시사점에 초점을 맞추어 평가하였고, 후속 연구를 독려한 바 있다(송영민·강준수 2018).

그의 여행기가 당대 한국 사회를 뒤흔들 만큼 큰 업적이었기에 이에 대한 인문학이나 관광학 분야의 관심은 어쩌면 당연할지도 모른다. 그런데 정작 그의 학문적 무대였던 지리학계에서는 유감스럽게도 그의 업적에 대한 학문적 분석이나 평가가 전혀 없는 것 같다. 그의 여행기를 지리학적 관점에서 심층적으로 분석한 연구는 고사하고, 한국 여행/관광의 문화적, 경제적 특성과 지리(교육)학과의 관계를 다룬 논저들에서조차도 그에 대한 언급을 필자는 아직 찾지 못했다. 그가 여행을 테마로 한 대중적 글쓰기와 소통에 매진하였고, 학술 논저는 전혀 내놓지 않았기 때문에 지리학계와는 거리가 있었으리라고 추정해 볼 수는 있다. 그렇지만 고등학교 지리교사를 지냈고, 지리학과의 교수를 역임한 인물이 지리학적 여행기로 20세기 후반 내내 한국 사회에 큰 파장을 불러일으켰는데도, 한국 지리학계에서 그의 업적을 학문적으로 조명하거나 사회적으로 평가하는 작업이 전무했다는 점은 선뜻 이해가 가지 않는다.

김찬삼의 여행기는 문학적 상상의 붓으로 가상의 세계를 그려낸 판타지 류의 문학작품과는 분명 결이 다르며, 현장에서 체득한 지리적 지식을 주로 다루면서 이를 바탕으로 인문학적 상상을 가미한, 말 그대로 '지리'여행기[2]임을 분명히 할 필요가 있다. 이처럼 이 여행기가 지리학적 지식과 관점을 인문학적 상상의 토대로 삼고 있다는 점은, 여행을 대체로 인문학적 상상의 '무대' 정도로 바라보는 최근의 다양한 여행서사와 그에 대한 학술적 분석에 시사하는 바가 크다. 김찬삼 여행기를 1960~1980년대 한국의 탈식민기를 대표하는 "세계여행기 분야의 정전"으로 평가한 문학계의 한 연구는, "탈식민기 세계여행기의 특성과 문화적 기능은 개별 텍스트에 대한 면밀한 분석을 통해 보완해야 한다. 이는 후속 연구의 과제로 남긴다"(차선일 2018: 452)는 말로 그 한계를 자성하면서 더 구체적인 내용 분석의 필요성을 언급한 바 있다. 김찬삼 여행기에 대해 지리학적 내용과 관점을 배제한 채 인문학적 담론과 문화 경제적 가치를 주로 다루고 있는 최근의 문예 비평계와 관광학계의 분석을 넘어 그 텍스트에 대한 지리학적 분석이 필요한 이유이다.

그림 1. 김찬삼 세계여행기 전집(전 10권)
자료: 필자 촬영

이러한 맥락에서 이 연구는 우선 김찬삼의 여행기에 드러난 세계 여행의 목적과 방법을 분석하여 지리학적 여행

---

2. 엄밀히 말하자면, 여행의 기록(travel writing)을 의미하는 '여행기'와 여행을 소재로 한 상상의 구성인 '여행 문학'은 다른 것이다. 문예 비평가들은 여행 서사라는 포괄적인 용어를 통해 여행기, 여행문학, 기행 산문 등을 모두 포함하여 분석 대상으로 삼고 있다. 그런데 학문적 지식(특히 지리 지식)을 담고 있는 여행기의 경우에도 그에 대한 문학적 전유, 상상에 초점을 맞추어 분석하는 경향이 있어 아쉬움을 주기도 한다. 임정연(2017)은 '자동사'로서의 여행과 '타동사'로서의 여행을 구분하는데, 전자는 목적어(목적지, 타자)와 결부되지 않는 여행이고, 후자는 여행 주체와 장소가 긴밀하게 조응하는 여행이다. 여행기는 여행 주체가 지리적 장소와 그곳 사람들에 대해 기록하는 작업이기에 뚜렷한 목적지를 갖고 있고, 따라서 후자의 관점에서 분석되어야 한다. 지리학적 연구가 수반되어야 하는 이유이다.

기로서의 성격을 규명하고, 학술답사로서의 여행이 어떻게 대중적 서사로서 변신하여 대중의 세계인식 변화에 기여했는지를 살펴보고자 한다. 이어서 주로 문예 비평계에서 진행된 김찬삼 여행기의 이데올로기적 정향에 대한 연구를 비판적으로 재조명해 보고, 그 학술 가치와 대중적 가치의 연계성을 평가해 보고자 한다.

이 논문은 김찬삼의 3번의 세계일주여행을 각각 기록한 3권의 여행기를 분석 대상으로 삼았다. 1차 여행기인 '세계일주무전여행기'(1962년, 어문각), 2차 여행기인 '끝없는 여로: 김찬삼 2차 세계여행'(1965, 어문각), 그리고 3차 여행기인 '세계의 나그네: 김찬삼 3차 세계여행'(1972, 삼중당)이 그것이다. 이후 그는 상대적으로 짧은 기간 동안 좁은 지역에서 집중적으로 수행했던 10여 차례의 테마여행들을 포함하여 6권과 10권의 '김찬삼의 세계여행' 전집을 증보판 형식으로 출간하는데,[3] 그 근간을 이루었던 것은 앞선 3권의 세계일주여행기였다. 이 3권의 여행기는 한국 출판계에서 큰 족적을 남긴 작품이었고, 대중문화와 교육계에도 큰 영향을 미쳤지만, 유독 한국 지리학계의 관심에서 오랫동안 벗어나 있었다. 이 논문은 지리학적 관점에서 그의 여행과 여행기를 조명해 보는 첫 번째 작업이다. 이를 통해 지리 여행기의 의미와 가치를 재평가해 보고, 지리학 지식의 대중화 방향을 가늠해 보는 데 도움을 얻을 수 있으리라 기대한다.

---

3. 이 전집은 당시로서는 파격적으로 전면 컬러로 꾸며진 대형 판형의 양장본으로 출간되어 독자들의 열렬한 반응을 이끌었다. 대륙별로 나누어진 일종의 '세계지리전집'인 이 책을 통해 독자들은 세계 구석구석을 다룬 지리적 텍스트에, 그리고 대자연의 신비와 원시 부족의 생활상을 담은 다양한 컬러사진에 매료됐다. 1980년대는 한국에서 대형 전집물이 인기를 끌었고, 가정방문 판매도 활발했던 시기였다. 이 시기에는 전국적인 부동산 열풍으로 주거환경이 광범위하게 변하였고, 아울러 교육에 대한 관심이 크게 고조되던 때였다. 이런 가운데 새집으로 이사하거나 학생 자녀를 둔 가정에서는 전집 구매가 널리 유행했었다. 이런 분위기 속에서 이 전집은 당시 〈세계문학전집〉, 〈한국문학전집〉과 어깨를 나란히 하며 1980년대 말까지 100만 권 이상이 판매되었다(김찬삼추모사업회 2008, 58).

2. 개발 도상국 탐험가의 '무전'여행: 목적과 방법

　김찬삼은 2003년 77세로 생을 마감하기까지 3번의 세계일주여행을 포함하여 총 20회의 장기 세계 여행을 수행했다. 그의 첫 번째 여행은, 1957년 미국 샌프란시스코주립대학교 대학원에 유학하여 지리학 공부를 하다가 1년 만에 접은 후, 시애틀에서 출발하여 북미-중남미-아프리카-중동-유럽-아시아의 59개국을 거쳐 1961년 6월 22일에 한국에 도착하는 1년 10개월[4]의 여정이었다. 이후 1963년 1월부터 1964년 8월까지 2차 여행, 1969년 12월부터 1970년 12월까지 3차 여행을 통해, 가능한 한 동선이 겹치지 않도록 하여 지구를 각각 한 바퀴씩 도는 여정을 수행했다. 세 번에 걸친 세계일주여행을 완료한 다음부터는 방문하지 못했던 곳을 집중적으로 답사하는 테마 여행에 주력하였는데,[5] 1997년 동남아시아 일대에서 3개월간 진행된 20번째의 마지막 여행까지 총 160여 개의 국가와 1,000여 개의 도시를 섭렵했다. 여행한 시간만 따져도 14년, 거리로는 지구를 32바퀴나 돈 셈이다(경향신문 2001년 5월 2일 자).

　제1차 세계일주여행을 끝낸 직후 그는 동아일보에 「세계 일주 무전 여행기」라는 제목으로 1961년 6월 28일부터 9월 23일까지 총 57회에 걸쳐 여행기를 연재한다. 선풍적인 인기를 끌어모은 이 연재물은 이듬해 1월, 같은 제목의 단행본으로 출간된다. 이후 2차와 3차의 세계일주여행은 현지에서 작성한 여행기를 중간중

---

4. 사실 샌프란시스코주립대학교에서 1년 수학한 기간까지 합쳐서 김찬삼 스스로는 1차 세계 여행이 2년 10개월 걸렸다고 기술하고 있다. 그의 2차 여행기에서 마지막 지점은 바로 샌프란시스코였는데, 이 지점에 대해 김찬삼은 다음과 같이 기술하고 있다. "이곳(샌프란시스코)은 1차 여행 때의 상륙 지점이었는데, 이번엔 두 번째의 여행을 마치고 고국으로 돌아가는 종착점이 되는 셈이다."(2차 여행기, 683) 이는 그가 샌프란시스코에서의 유학도 1차 여행 일부로 생각했음을 보여 준다. 즉, 애당초 유학보다는 세계 여행을 목적으로 그곳으로 떠났던 것이 아닐까 추정케 한다. 필자는 샌프란시스코에서 그가 어떤 강의를 들었고 어떻게 공부했는지의 기록을 찾아보고 싶었으나 아직 여력이 닿지 않았다.

5. 아마존강, 북극권 도서, 남극권 도서, 갈라파고스 제도 등 그의 테마 여행지는 지금도 방문하기가 쉽지 않은 오지들이었다. 좁은 지역의 테마 여행도 짧게는 1개월, 길게는 1년의 기간 동안 이루어져 매우 심층적인 답사가 진행된 것으로 보인다.

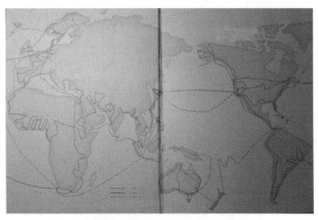

그림 2. 김찬삼의 1~3차 세계일주여행 루트
자료: '김찬삼의 세계여행'(전 6권) 속표지를 필자 촬영

간 한국의 신문사로 바로 송고하는 형식으로 연재를 이어갔고, 귀국 후에는 역시
마찬가지로 1965년에 「끝없는 여로」(2차), 1972년에 「세계의 나그네」(3차)라는
제목으로 단행본을 출간한다.

　김찬삼의 세계여행 동기와 실천은 지극히 개인적인 한 지리학자의 욕망에서부
터 시작되었다. 그는 아버지가 대법관이었던 유복한 가정의 외아들이었기에 상
대적으로 경제적인 어려움은 크지 않았던 것으로 보인다. 상류층 가정환경 속에
서 어려서부터 등산과 여행을 할 수 있었고, 집에 있던 많은 책을 읽으며 문학적,
지리적 상상력을 키울 수 있었다. 또한 그가 어린 시절과 교사 시절을 보냈던 곳
이 인천이었다는 점도 주목할 만하다. 그는 경인선 철도역 가까이에 살았는데,
어린 시절 꿈이 기차 차장이었다고 한다. 중학교 시설에는 자주 부둣가에 나가
외국 선박을 보면서 마도로스가 되어 오대양을 누비는 꿈을 꾸었다(김찬삼추모사
업회 2008, 60-61). 그는 어린 시절 이러한 꿈을 실현하는 데 가장 적합한 학문이
지리학이라 생각하여 서울대 사범대학 지리과에 진학했고, 이후 지리교사[6]가 된

---

6. 1950년 숙명여고에서 첫 교사 생활을 하면서 한국전쟁을 거친 후 1953년에는 인천고로 자리를
　옮겨 다시 인천 생활을 시작하였고, 1958년 미국으로 떠나기 전까지 지리 과목을 가르친다. 이때

다. 이후 시작된 그의 세계 여행은 지칠 줄 모르는, 때로는 비장함으로 가득한 탐험 정신으로 무장되었다. 그에게 여행은 죽음을 무릅쓰고라도 떠날 수밖에 없는 운명과도 같았다.

"만일의 경우를 생각해서, 내가 죽는 것을 알 때에 보내 달라는 내 아내에게 줄 유서를 이 친구에게 맡겼고, 패스포드에도 만일 내가 사망하는 경우에는 연락해 달라는 것을 써 두었다. 친구의 주소도 써 두었다. 그런데 유서의 내용이란, 「내 목적을 위해서는 어떠한 고난도 기쁘게 받으련다. 설령 내가 무슨 사고로 죽더라도 설워 말고 운명이라고 체념하고 부모에게 위로하여 줄 것이며, 애들의 교육을 잘 부탁한다」는 것이었다."(1차 여행기, 105)

"여행 중에 죽으면 하늘이 아닌 주변을 볼 수 있게 관을 세워놓고 가라고 동료에게 말할 정도로 여행을 사랑하는 분이었어요"(중앙일보 2016.7.11. 김찬삼 딸의 회고 인터뷰)

그가 천성적인 여행가였다는 점은 강인한 체력을 타고났다는 점과 스스로 "한국식 배짱"이라고 표현한 강단 있는 성격을 통해서도 확인할 수 있다. 이 점은 유복한 환경에 있었는데도 굳이 '무전'여행을 감행할 수 있었던 원동력이었다. 그는 여행 중 노숙도 개의치 않았고, 비용 절약을 위해 일부러 경찰서 유치장에 신세를 지곤 했다. 스스로 "세계음식의 소화기"라고 부를 정도로 현지의 낯선, 저렴한 음식을 기꺼이 먹으면서, 때로는 무료급식소를 찾아 끼니를 해결하면서 여행을 진행했다. 장거리를 이동할 때는 비행기보다 주로 화객선[7]을 이용하였고, 개

그의 제자였던 분의 회고에 의하면, 학생들과 함께 지리 답사를 자주 다녔다고 한다. 천막 설치와 야영에 능숙하고, 경관 관찰과 촬영에 열정적이었던 그의 모습을 기억하고 있었다.

7. 당시에 대륙을 이어주는 장거리 이동은 여전히 대형 선박이 많은 비중을 차지했다. 여객용 비행기가 운항 중이긴 했으나 요금이 무척 비쌌기에 그는 주로 대형 선박을 이용했던 것으로 보인다. 특히 화객선이라 불리던 화물선과 여객선 겸용의 대형 선박을 많이 이용했는데, 이는 대륙 간을 연결

발 도상국에서는 서민들이 이용하는 저렴한 교통수단을 함께 이용하거나 도보로 이동하며 그들과의 거리를 좁혀 교감했다.

"지금까지 여러 나라의 유치장 신세를 졌지만, 이 캐나다의 유치장 설비가 가장 좋았다. 값싼 호텔보다는 낫다. 그리고 철책으로 둘러싸여 있을 뿐 아니라 고맙게도 밖에서는 경찰은 물론 개까지 지켜주고 있다. 여행 중 가장 안전한 곳이 아닌가! 나에겐 카메라며 필름들을 그대로 두고도 마음 놓고 잘 수 있으니, 안심이 되어 더욱 좋았다."(2차 여행기, 678)

"현깃증은 멎고 적이 기운은 회복됐으나 주저앉고만 싶었다. 그러나, 또 걸었다. 멀리 야생 코끼리가 물가에서 유유히 놀고 있었다. 다음 동네에 이르기 전에 저물고 말았다. 마침 조그만 나무가 있어 그 밑에서 쉬었는데, 모래는 낮에 뜨거운 햇빛을 받아서 따스했으나 밤을 여기서 샐 생각을 하니 여간 불안하지 않았다. 벌렁 드러누우니 잔등이 뜻뜻했으며, 피로해서 그런지 초저녁부터 잠이 오기 시작했다. 그러나 이런 초원지대에서 무슨 짐승이 나올지도 모르니 잠을 자지 않으려고 했으나 어느새 잠이 든 모양이었다. 모래가 식어 차지기 시작해서 그런지 잠이 깼는데, 꼭 껴안고 자던 카메라는 틀림없이 내 품 안에 있었다. (중략) 다시 잠이 들었다가 새벽녘에 잠이 깼었다. 다행히 짐승은 나오지 않았다. 찬만다행이었다"(1차 여행기, 247)

김찬삼의 여행이, 만약 위와 같은 '무전'여행이 아니라, 선진국의 문물을 우아하게 견문하는 상류층의 고고한 여행이었다면, 아마도 그토록 선풍적인 인기를 끌지는 못했을 것이다. 1960~1970년대 가난한 한국 사회의 거의 모든 한국인들

하는 상대적으로 매우 저렴한 교통수단이었다. 그가 이것을 많이 이용했던 이유는 물론 저렴한 비용 때문이기도 했지만, 독립된 방 하나를 배당받아 장기간 이동을 하면서 여행기와 사진 정리 작업을 수행하고 휴식도 취할 수 있었기 때문이었다.

에게 세계일주여행을 감행한다는 것은 현실적으로 불가능한 일이었다. 그렇지만 '무전'이라는 단어를 내세운 이 여행기에서 김찬삼이 겪었던 대단히 서민적인 체험 이야기들은 가난한 한국 사람들에게 충분히 공감대를 형성할 수 있었다. 한마디로 가난한 한국인들도 세계를 바라보고 경험하는 것이 아주 불가능한 일은 아닐 것이라는 희망을 던져주었다.

그런데, 그의 이 '무전'여행을, 단지 가난한 국가 출신 여행가의 고난의 행군이었고, 이에 가난한 동포들이 공감하였다는 식으로 경제적, 사회적 측면으로만 해석하는 데 그치지 말고, 좀 더 근본적인 여행의 의미를 성찰하는 데 시사하는 바가 무엇인가를 살펴볼 필요가 있다. 단지 경비 절감을 위한 '무전'여행이 아니었으며, 여행지 깊숙한 곳으로 들어가 그곳 사람들과 직접 소통하고 그들 문화를 직접 체험하는 기회를 많이 가지려고 했던 김찬삼의 '깊은' 여행에 이 '무전'여행이 안성맞춤이었다는 점에도 주목해야 한다. 여행가 자신을 그곳 속으로 던져 넣고, 그곳의 타자들과 거리를 좁혀 가능한 한 그들의 시선에서도 세상을 바라보고자 하는 '깊은' 여행을 그는 몸소 실천했다.

"(태국의) 열차는 이런 목가적인 풍경 속을 달린다. 기차가 멎으면 시골 사람들이 차에 오르내리는데, (중략) 이 차는 객차인데도 시장에서 갖고 온 보따리며 저울 지게이며 생선 바구니들을 마구 실었으니 화물차나 다름없다. 찻간은 고린내며 비린내며 고약한 냄새로 가득 차고 만다. 이것은 숨길 수 없는 이 나라의 시골 광경이다. 비행기로 각국의 도회지를 다니면 좀체로 서민의 세계는 맛볼 수 없다. 나는 돈의 여유가 없어 그 많은 나라를 비행기로 다닐 수도 없지만, 대중들이 사는 세계의 모습을 알기 위하여 자학과도 같이 일부러 이런 방법으로 다닌다. 하긴 남 보기엔 고생같이 느껴지는 것이 내겐 둘도 없는 즐거움이지만…"(2차 여행기, 47-48)

"(페루의 아야쿠초에서 출발하여 쿠스코로 가는 버스는 일주일에 두 번밖에 없어) 나귀

를 타기로 했다. 멋을 내기 위하여 이 고장 사람들이 입는 복장을 입었다. 스스
로를 동키호테라고 생각하면서 어정어정 나귀를 타고 갔다. 하도 배틀거리는
꼴이 가엾어 내려서 끌고 가기도 했다. 토인 복장인 각반을 치고 벙거지 같은
모자를 쓰고 폰쵸를 걸치고 양피 구두를 신었으며, 게다가 피리를 한 손에 잡
은 모습은 어진 목자와도 같았다. 이곳에는 우리나라의 옛날 역마 같은 제도가
있어 한 마을에서 당나귀를 빌어 타고 다음 마을까지 가면 다시 갈아탈 수 있게
되어 있다. 나는 이 당나귀 여행을 통하여 이곳 인디안들의 생활을 직접 체험할
수 있었다."(1차 여행기, 141)

페루의 시골 마을에도 버스가 있긴 했으나 일부러 나귀를 타고 현지인 복장을
한 채로 안데스를 넘는 경험을, 그는 현지인 복장으로 '멋을 내기 위해서'라고 위
트 있게 기술하고 있다. 이는 분명히 현지 주민들의 생활문화를 몸소 체험하기
위한 시도였다. 이러한 방법은 학자들에게는 현장지향적인 문화 기술지(ethnog-
raphy) 연구의 조건이지만, 그런 학술적 여행을 굳이 추구하지 않는 현대의 일
반여행객들에게도 시사하는 바가 적지 않다. 즉, 여행 장소와 그곳 사람들을 직
접 접촉하고 이해하고자 하는, 관광이 아닌 깊이 있는 여행을 하고자 하는(이영민
2019) 일반인들에게 여행의 본질적 의미를 성찰해 보게 한다.

위와 같은 고생스러운 '무전'여행은 사실 그에게 필연이 아니라 선택이었다. 사
실 그는 앞에서 언급한 것처럼 유복한 집안 배경과 높은 학벌을 가진 당대의 엘
리트층이었다. 그래서 일부에서는 그의 무전여행이 말 그대로의 '무전'여행은 아
니었고, 부친의 후광에 힘입은 바 컸을 것이고 재정적인 지원도 있었으리라고 추
측한다. 하지만 본인은 여행 경비를 사전에 스스로 마련하였고,[8] 여행 중에는 경

---

8. 그는 1차 여행기의 머리말에서 "이 기회를 위하여 지리교사로 있는 동안 담배와 술을 금하고 푼푼
이 저축한 돈 60만 환을 마련하게 되었읍니다. 이것을 이번 여행 기금으로 삼았으며, 가난한 우리
나라의 돈을 외국 여행에 쓰는 것이 못내 아쉬워 외국에서 나의 노력으로 벌어서 여비로 쓰기로 했
읍니다. 아무리 무전여행이라고 하더라도 무일푼으로써는 도저히 여행할 수 없기 때문이었읍니
다."(1차 여행기, 2)라고 기술했다. 60만 환을 지금 원화로 환산하면 약 3천만 원가량 된다. 58년 6

비를 절약하고자 갖은 노력을 다했다고 기술하고 있다.

그런데 경비가 마련되었다 하더라도 가난한 개발 도상국의 한 여행가가 그 많은 나라의 국경을 가로질러 장기간의 세계일주여행을 한다는 것은 당대에 정말 어려운 일이었을 것이다. 국경이라는 정치적 장벽을 뚫는 일은 가난한 국가의 한 젊은이가 개인적으로 해낼 수 있는 문제가 아니었다. 방문하고자 하는 국가의 누군가로부터 초청장이 있어야 가능한 일이었기에, 바로 이 부분에서 그의 계층적 권력, 즉 부친의 후광이나 미국 유학으로 얻게 된 사회적 권력이 일종의 특권으로 위력을 발휘했으리라는 추측을 가능케 한다.

가령, 그는 당대 한국과는 미수교국이었던 수단에도 미리 취득한 초청장으로 입국할 수 있었고, 정부 부처(공보부)를 방문하여 장관을 접견하기도 했다. 정식 비자받기가 불가능한 국가에서 비자를 대신하여 이처럼 고위 관리의 초청장을 미리 받는 것은 보통의 사람들이 할 수 있는 일은 아니었다. 더군다나 그는 수단 정부 관계자들로부터 국가를 대표하는 방문객으로 대접받았고, 국가발전을 위한 자문을 해 주기도 한다. 또한 세계 여행 중 여러 곳에 산재해 있던 지인들을 만나 도움을 받곤 했는데, 이것도 당대의 보통 한국인이 누릴 수 있는 흔한 일은 아니었다. 미국에서 공부하거나 이민 가 있던 후배, 제자, 친척들이 도움을 주었고, 뉴델리 주재 한국총영사관 등 여러 재외 국가기관에도 선배, 지인들이 있었다.

이 외에도 현지의 신문사를 찾아가 당시 그곳에 거의 알려지지 않았던 한국을 소개하는 기사를 싣게 하거나, 학교를 찾아가 한국의 지리와 문화에 관한 특강을 하여 금전적 보상과 여행의 편의를 받기도 한다. 이는 한국을 세계에 소개하면서 동시에 여행 비용을 받거나 절감할 수 있는 영리한 방법이었는데, 이것이 가능했던 것은 바로 그가 지니고 있었던 한국에서의 사회적 권력 때문이었다. 또한 그는 여행 중에 한국의 중앙일간지에 자신의 여행기를 연재하였던 한국의 지식엘리트였다.[9] 따라서 그는 여행 중 방문국에서 한국을 대표하는 엘리트로서 그에

월 도미하여 샌프란시스코주립대학교에서 1년 수학 후에는 로스앤젤레스의 한 비행장에 운전수로 취직하여 수천 달러를 벌었고 이를 1차 세계 여행의 경비로 충당했다.

걸맞은 행동을 보여줘야만 했고, 국내적으로도 한국의 대표 지식인으로서 신문 구독자들을 포함한 한국인들을 향해 교훈적인 메시지를 던져줘야만 했다. 이런 점에 비추어볼 때 가난한 국가의 엘리트층이었던 그가, 천성의 여행욕으로 '깊은' 여행을 실천하기 위해 의도적으로 '무전'여행을 감행하면서도, 한편으로는 국경 넘기의 문제를 해결하고 여행의 편의를 확보하기 위해 자신의 사회적 권력을 적극적으로 활용했던 것으로 보인다. 이처럼 그의 여행은 개인적인 열망의 실현으로서의 여행이면서 동시에 국가적인 엘리트로서의 사명감을 실현하는 여행의 성격을 동시에 지니고 있었다.

3. 지리여행기를 통한 세계 인식의 지평 확대와 지리 지식의 대중화

1961년 김찬삼의 1차 여행기가 출간되기 전, 한국 사회는 해방과 한국전쟁 직후의 정치적 혼란기를 겪고 있었고, 국제적으로는 식민 제국주의 시대가 종식되고 신생 독립국들이 크게 증가하면서 국가와 국경이 재편되어 새로운 냉전체제로 들어서고 있었다. 이 시기에 한국인들의 삶을 규정짓던 가장 핵심적인 키워드는 냉전의 정치 이데올로기와 빈곤 극복의 경제개발이었다. 이러한 시대적 상황에 부응하여 당대의 엘리트층은 냉전체제로 분단된 신생 독립국의 가난한 국민들을 계몽하고 민족갱생의 희망을 불어넣는 일에 앞장서게 된다. 그러한 소명에 부응하는 데 세계 여행기는 안성맞춤이었다. 한편, 국민들에게 빈곤 퇴치를 향한 근면한 정신을 요구하며 통합된 국민국가 건설을 다그쳤던(박태순·김동춘 1991)

---

9. 그의 여행기에는 주요 도시에서 우체국에 들르는 장면이 자주 나온다. 그 이유는 한국의 신문사로 원고를 송부하고, 그 신문사가 모아서 보내 준 독자들의 편지를 수령하기 위해서였다. 또한 여행 중 찍은 사진 필름을 독일 슈투트가르트의 코닥 현상소로 보내려는 목적도 있었다. 3번의 세계여행의 후반부 여정이 모두 유럽, 그중에서도 특히 독일이었던 것은 각각 수천 장에 달하는 사진을 수령하여 귀국하기 위해서였던 것으로 보인다.

당대 위정자들에게도 광활하고 다양한 세계 속에서 한국을 하나의 '점'으로 인식케 하는 이 여행기가 국내의 복잡한 내부 갈등과 혼란을 봉합하고 국가 정체성을 다지게 하는 데 유용한 텍스트였다.

특히 미국과 유럽으로 대표되는 서구권의 선진 문물은 우리가 지향해야 할 목표로 제시되었다(임지연 2013). 엘리트층 스스로가 먼저 선진국으로 나아가 몸소 체험하고 이를 국민들에게 소개하며 국가와 국민들의 미래 비전을 제시하는 것이 바로 그들이 해야 할 일이었다. 김찬삼 여행기가 지리학자 개인의 학문적 열망의 결과물이면서도 개발 도상국의 국민들을 향한 계몽적 성격의 지침서의 역할을 하게 된 것은 이러한 맥락 속에서였다.

김찬삼의 여행기 출간 이전에도 다른 엘리트 계층의 저자들이 저술한 세계 여행기, 기행 산문은 꾸준히 출간되었었다. 그 시기 세계 여행기의 저자는 대부분 외교, 경제 담당 고위직 국가공무원, 정치가, 학자, 언론인, 문인 등 당대 파워엘리트에 한정되어 있었다. 이들은 개인적으로 여행을 한 것이 아니라 정부를 대표하는 자격으로 해외에 나가 업무를 보고 시찰도 한 후 돌아와 여행기를 작성하였는데, 이는 순수한 여행기라기보다는 선진국 견문기 혹은 시찰기의 형식이었다. 이러한 견문기, 시찰기의 목적은 비교적 분명하였는데, 그것은 다름 아닌 한국의 사회적, 경제적 낙후성을 극복하기 위해 대중들을 각성시키고 교화하는 것이었다.

해방 이후부터 1980년대까지 시기 동안 한국의 엘리트층이 저술한 단행본 해외 여행기의 시대별 변화 양상을 고찰한 차선일(2018)의 연구에 따르면, 김찬삼의 1차 여행기 이전인 1945년부터 1950년대의 기간 중 출간된 70권의 세계 여행기 중 거의 대부분은 서구권(유럽과 미국)과 동부 아시아(일본, 대만, 홍콩)를 다루고 있다. 아시아권은 한국 주변의 자유 진영 국가에 한정되어 있었고, 그 외 지역은 인도, 동남아시아, 중남미 등을 다룬 책이 몇 권 있을 뿐이었다. '내가 본 세계', '기행문집', '나의 여행기', '세계일주기행', '해외견문(기)' 등의 제목으로 여러 국가와 지역을 두루 섭렵하는 여행기에서도 위의 지역 이외의 개발 도상국에 관한 내용은 거의 없었다.

그렇지만 김찬삼의 1차 여행기는, 그 범위가 서구와 아시아를 넘어 개발 도상국의 구석진 곳까지 총 59개국에 이르렀고, 지구를 한 바퀴 돌면서 국가별 지리 특성과 자신의 경험을 세세하게 담았다는 점에서, 그리고 국민을 계몽한다는 뚜렷한 방향성을 지닌 다른 엘리트층의 고급 여행과는 달리 개인적인 행복을 추구하면서 '무전'여행을 감행했다는 점에서 독특한 매력을 지니고 있었다.[10] 서구사회의 사회문화적 우월성을 제시하며 교과서적인 가르침으로 일관했던 기존의 '선진국견문기' 류의 여행서사와는 질적으로나 양적으로 비교할 수 없었던 좌충우돌의 여행기에 대중들은 폭발적으로 반응하였다.[11] 1950~1970년대 고단한 삶을 이어가던 한국인들에게 이 여행기는 세상의 광활함과 다양성을 비로소 깨닫게 해 주어 억눌린 상상력에 불을 지펴주었던 것이다.

김찬삼도 물론 당대 엘리트층으로서 세계 속 한국의 위상과 한계를 진단하고, 국가와 국민이 나아가야 할 방향 등을 제시하는 등 계몽적 논지들을 여행기 곳곳에서 풀어놓고 있다. 그러나 선진국 문물에 경도되어 찬양하는 이전의 다른 여행기와는 달리 그의 여행기는 라틴아메리카, 아프리카, 중동, 남태평양, 카리브해 지역 등 개발 도상국 곳곳에 대하여 객관적인 지리 지식과 자신이 체득한 경험들을 담백하게 풀어내고 있다. 단지 선진국의 문물을 소개하고 한반도에 갇힌 몽매

10. 이 책은 4.19 의거와 5.16 군사쿠데타의 정치적 혼란기를 겪고 있던 가난한 개발 도상국의 대중 독자들에게 일약 최고의 베스트셀러로 자리 잡게 된다. 아울러 대중 강연으로도 이어져 구름 같은 인파를 몰고 다니기도 했다. 당시 학부생이었던 한 원로 지리학자는 서울 덕수궁 옆 서울시의회 건물에서 그의 세계 여행 대중 강연이 열린다 하여 갔었는데, 만석으로 내부 입장이 불가하였고, 건물 바깥에 운집한 청중들 틈에 섞여 스피커를 통해 울려 퍼진 그의 강연을 들었음을 회고하였다.

11. 그런데, 김찬삼의 1차 여행기인 〈세계무전여행기〉를 분석한 우정덕(2010)은 김찬삼의 여행기가 냉전의 신질서가 정립되는 시대적 배경 속에서 미국 중심의 위계적 세계관에 입각하여 기술되어 있다고 주장한다. 그러나 이는 김찬삼의 1차 여행기에 소개된 여행지 국가들의 내용 분량만을 보고 판단한 것이기에 동의하기가 어렵다. 1차 여행기에는 알래스카와 미국 본토의 내용이 전체 360쪽 분량 중 102쪽으로 거의 1/3에 육박하는 압도적인 분량을 차지한다. 그러나 2차와 3차의 여행기까지를 모두 살펴본다면, 그러한 주장은 설득력이 약하다. 물론 당시의 동아시아에서 바라본 세계 질서가 미국 중심의 "태평양"이라는 새로운 심상 지리로 나아가고 있었기 때문에(김예림 2007), 김찬삼 역시 그 같은 구도에 입각하여 세계를 인식하고 있었던 점은 여행기 곳곳에서 발견된다.

한 한국인들을 계도하기 위한 계몽적 여행기의 성격만을 지닌 데서 그치지 않고, 동시에 개인의 행복을 위한 지리학 지식 탐구와 인간 교류의 실천을 추구하는 깊은 여행의 성격을 지니고 있다는 점에서 그의 여행기는 독특하다.[12]

"제1차 여행이 청년다운 동경과 욕망의 표현이었다면 이번 제2차 여행은 중년다운 탐구와 관조의 표현이었다고 봅니다. (중략) 나의 자그마한 경험에 비추어 보면 인간 수업에 있어서 여행처럼 좋은 것이 없어 보입니다. 자기의 실체를 비좁은 조국 땅에 투영시켜서는 참모습을 발견하기 어렵기 때문에 더 많은 나라 속에 스스로를 발견해 보려고 했습니다. 인생의 궁극적인 문제는 뭐니 해도 우주와 자아와의 관계가 아니겠습니까! (중략) 여러분, 한번 세계 여행을 떠나시지 않으시렵니까?"(2차 여행기, 687-8)

"우리 생활이 아무리 번거롭더라도 잠깐 동안이나마 해외에 나가 미지의 풍물, 문화, 풍속들을 피부로 느끼고 즐기도록 할 수는 없을까? 인생이 무엇인지를 더 깨닫게 될 것이고 조국이 무엇인지도 재발견하게 될 것이니 이보다도 큰 일거양득은 없을 것이다. 문학가는 보다 풍부한 소재가 생겨 작품을 쓸 것이며, 사업가는 좋은 아이디어를 자아낼 것이며, 생활인은 보다 높은 인생 철학을 배울 것이다."(3차 여행기, 651)

이전의 교화적인 성격의 엘리트형 여행기에 별 흥미를 느끼지 못했던 일반 독자들을 강하게 잡아끌게 한 김찬삼 여행기의 매력은, 다름 아닌 이러한 개인의

---

12. 냉전 시대 당시 김찬삼의 세계 여행이 미치지 못했던 곳은 분명히 있었다. 소련과 중공(중국) 등 사회주의 진영은 3번에 걸친 그의 세계 일주 여행은 물론이고, 이후의 테마여행들에서도 금단의 땅이었다. 한국인이기에 어쩔 수 없이 불가능했던 이 금단의 땅으로의 여행을 그는 개인적으로 갈망했던 것으로 보인다. 1980년대 후반 세계 냉전체제가 와해되기 시작하자마자 그는 1989년 11월 서울여행협회를 조직하여 사회주의 진영이었던 지역들(중국, 중앙아시아)을 포함한 유라시아 횡단 여행을 실행한다. 이는 그의 지칠 줄 모르는 여행 의지가 냉전 논리에만 갇혀있지는 않았음을 보여 주는 증거라고 할 수 있다.

행복을 추구하는 여행 방식이었고, 그러한 여행을 구체적으로 실행할 방법에 대한 소개였다. 그리고 그의 권고는 실제로 당시 독자들, 특히 젊은 독자들의 마음에 큰 울림을 주었다.[13] 1991년에 발표된 문정희 시인의 '꿈'이라는 제목의 시는, 김찬삼 여행기가 당대 한국인들의 영혼에 얼마나 깊은 울림을 주었는지를 짐작게 한다.

〈꿈〉

그녀는 시집갈 때 이불보따리 속에/ 김찬삼의 세계여행기 한 질 넣고 갔다.
남편은 실업자 문학청년/ 그래서 쌀독은 늘 허공으로 가득했다.
밤에만 나가는 재주 좋은 시동생이/ 가끔 쌀을 들고 와 먹고 지냈다.

연이는 밤마다/ 세계일주 떠났다.
아테네 항구에서 바다가재를 먹고/ 그다음엔 로마의 카타꼬베로!/

검은 신부가 흔드는/ 촛불을 따라 들어가서/
천년 전에 묻힌 뼈를 보고/ 으스스 떨었다.
오늘은 여기서 자고 내일 또 떠나리.

아! 피사, 아시시, 니스, 깔레 ….
구석구석 돌아다니느라/ 그녀는 혀가 꼬부라지고/ 발이 부르텄다.

그러던 어느 날 그녀는 그만/ 뉴욕의 할렘 부근에서 쓰러지고 말았다.
밤에만 눈을 뜨는/ 재주꾼 시동생이
김찬삼의 세계여행기를 몽땅 들고 나가/ 라면 한 상자와 바꿔온 날이었다.

---

13. 그의 여행기가 사회적으로 얼마나 큰 울림을 주었는지는 지금 이 시대에도 그의 여행기가 자기 인생에 큰 영향을 주었다고 이야기하는 유명인이 아주 많다는 점을 통해서도 알 수 있다. 가령, 베스트셀러 작가 김영하는 "그 시절 나의 꿈은 어서 어른이 되는 것이었는데, 내게 있어서 어른이란 김찬삼처럼 여러 나라를 마음껏 여행하는 사람이었다."(여행의 이유.195)라고 기술하였다.

그녀는 비로소 울었다.

결혼반지를 팔던 날도 울지 않던/ 내 친구 연이는

그날 뉴욕의 할렘에 쓰러져서 꺽꺽 울었다.

(문정희 시집 '어린 사랑에게', 1991, 미래사)

김찬삼 여행기는, 추상적이며 교조적인 문구로 경계 넘기의 도전을 권고하던 당대의 다른 엘리트형 여행기와는 달리, 매우 구체적이며 유용한 정보를 함께 제공해 주어 일반인들의 세계 여행 실천 가능성을 높여주었다는 점에서도 의미가 깊다. 실제로 3차 여행기의 말미에는 '세계 여행을 하려면'이라는 제목으로 34쪽 분량을 할애하여, 여권, 보험, 환전, 예약, 숙박, 출입국 절차, 항공기 여행, 선박여행, 철도 여행, 버스 여행 등 구체적인 세계 여행 준비 방법을 정리해 놓고 있다. 아마도 이것이 한국에서 여행 가이드북 성격의 구체적인 정보를 정리해 놓은 최초의 작업이 아닐까 생각된다.

그가 세계 여행에 나섰던 시기, 그리고 그의 3권의 여행기가 독자들에게 널리 읽혔던 시기는 한국에서 격동의 정치적 혼란기였고, 5·16쿠데타 이후 군사정권의 통치가 엄혹하게 세간을 장악하던 시기였다. 이 시기 대중적 담론들은 국가를 개인보다 우선시하는 애국주의적 스토리텔링을 자기 검열적으로 수행해 나가야만 했다(박태순·김동춘 1991). 김찬삼 역시 이러한 자기 검열에 동참하지만 대체로 그런 현실에서 벗어나 세계 여행에 몰입했고, 때로는 조국의 정치적 현실에 혐오감을 드러내기도 했다. 현실 도피적, 탈정치적인 그의 여행은 그러한 조국의 현실과 민족 내 분열의 현실을 비판하는 내용을 통해서도 드러난다.

"(로마 주재 한국영사관)에 들렀더니 태극기가 펄럭였으며, 지기(知己)인 관원도 만났다. 오래간만에 한글을 썼다. 더구나 오랫동안 영어와 스페인말만 썼기 때문에 우리 말이 그전대로 유창하게 나오지 않았다. 내 여행이 남과 달리 가는 곳마다 지나치게 적응한 때문이 아닐까! 여기서 조국에서 보내온 신문을 보니

반가웠으나, 혼란한 정치 동태의 기사들이며 도둑의 기사며 또는 굶주림의 광
고들이 클로즈업 될 때 가슴이 아팠다. 더군다나 민주당 정권 밑에서도 역시 싸
우고 물어뜯고 하는 것을 생각하니 잔잔한 고향 생각마저 삽시간에 흐려졌다.”
(1차 여행기, 305쪽)

“여기(로스앤젤레스)엔 한국 사람이 천여 명 산다고 하는데, 뚜렷한 숫자는 영사
관에서도 모른다고 한다. 중국 사람은 어딜가나 차이나타운을 이루고, 일본 사
람 역시 자기 마을을 이루지만, 어째서 우리나라 사람은 단체적인 생활을 하지
않는 것일까? 그것이 하나의 민족성의 표현일는지 모르지만, 여기서도 국민회
니 동지회니 하여 분열되어 서로 중상모략하고 있으니 서글픈 일이었다.”(1차
여행기, 61)

김찬삼의 여행기가 대중들의 시선을 사로잡을 수 있었던 또 하나의 이유는 자
칫 어렵고 딱딱해질 수 있는 지리적 지식과 개념들을 대중의 눈높이에 맞춰 쉽고
편안하게 기술하고 있다는 점이다. 특히 당대 엘리트들이 즐겨 사용하던 한자어
를 없애고, 숫자를 제외하고는 모두 국문체로 기술함으로써 계급을 불문한 대중
적 읽을거리로 만들었다는 점은 당대로서는 신선한 시도였다. 또한 이 여행기의
유려한 문체를 뒷받침하는 그의 폭넓은 예술적 감수성도 독자들에게 인기를 끌
수 있었던 매력이었다. 그는 특정 지역에서 몸소 경험한 지리와 문화에 대해 개
인의 감상과 소회를 표현할 때 국내외 저명 예술가, 문학가와 그 작품들을, 아래
의 사례에서와 같이 자주 인용하곤 했다. 즉, 그의 여행기는 한편으로는 쉽고 편
안하게 읽어내려갈 수 있는 가벼운 대중서의 형식을 갖추고 있으면서, 한편으로
는 예술적 감수성이 진하게 배어있는 지성적 교양서의 형식을 갖춤으로써 폭넓
은 독자층을 확보할 수 있었다.

“설레는 북극해가 바라다보이는 이 키르케네스(Kirkenes; 시르케네스)[14]의 바닷

가의 풍경은 고스란히 저 유명한 이 나라의 화가 뭉크의 환상적이면서도 멜랑 콜리한 그림과도 같은 인상을 풍긴다. 이런 곳에서 입센의 시를 읊조리고, 또는 그리크의 음악을 듣는다면 더욱 북구(北歐)의 우수를 실감할 것 같건만 오직 들려오는 것은 바다 위를 윤무(輪舞)하는 해조들의 울음소리며 뱃고동뿐이었다. 해조는 분명 삶을 노래할 텐데도 어째서 포레나 마스네의 〈비가〉보다도 슬프게 들리는 것일까. 못 견딜 만큼 한 세계인으로서의 고독을 느끼고 또한 쓸쓸한 이 대륙이 북쪽 끝에서 고독한 신의 모습을 발견한다."(3차 여행기, 586)

"(볼리비아) 라파즈의 '서랍식 묘지'의 무덤을 물끄러미 보느라니까, 문득 베토벤의 가곡 '어두운 무덤 속에서'란 엘레지가 생각났다. 차디차고 어두운 무덤 속에 임이 묻혀있다는 슬픔을 노래한 것인데, 이 묘지는 땅속이 아닐 뿐더러 아파트 같이 달린 좁은 칸 속이지만 땅 위에서 영원한 안식을 누리는 것이 어쩌면 다행이다 싶었다. (중략) 차이코프스키는 공동묘지에서 무한한 공포를 느끼고 죽었다는 이야기도 전해지지만, 이렇게 아담한 묘지에 와 보면 인생이라는 것이 깨달아지는 것 같으며, 죽음과 익숙하게 되는 것 같다. 늙으면 죽음과 희롱한다는 어떤 철학자의 글이 있는데, 여기 사람들은 이 묘지에 산책 삼아 오는 것을 보면, 종교적인 사고방식을 지닌 것 같다."(1차 여행기, 152)

이러한 예술적 감상을 동원한 지성적 수사는 일반 대중들에게 이 여행기가 고생스러운 '무전'여행의 이야기이면서도 또한 수준 높은 명사(名士)의 여행기라는 인식을 심어주었을 것이다. 이는 '교양인', '교양주의'를 지향하던 당대의 중상류 계층과 계층 상승을 욕망하는 대중들의 이목을 끌어모으는 데 일정 부분 기여한 것으로 보인다(우정덕 2010, 446-447). 그가 내세웠던 여행의 목적 중 하나인 지리학 연구는 이처럼 대중들의 눈높이에 맞는 편안한 읽을거리로 전환되어 지리 지

---

14. 노르웨이 북동쪽 끝, 핀란드, 러시아와의 접경지역에 있는 도시

식의 대중화로 이어졌다.

김찬삼의 여행기가 당대 다른 여행기와 차별화되었던 또 다른 특징은 거의 매쪽마다 1~2장씩의 사진이 삽입된, 당대로서는 독특한 구성의 출판물이라는 점이다. 그의 사진은 경관과 인물의 이국적인 특성들 때문만이 아니라 순간 포착과 구도가 뛰어난 사진 자체의 작품성으로도 널리 인정받았다.[15] 경관과 인물의 단순한 재현 수준을 넘어 그 자체로서도 신묘함과 예술성을 지니고 있어 예술작품으로도 손색이 없었다.[16] 독자들은 텍스트를 읽어가면서 지루할 틈 없이 아름답고 신비로운 사진들을 감상할 수 있었고, 결국 각 지역에 대한 독자들의 세계 인식과 지리적 상상을 시각적으로 넓고 깊게 구체화할 수 있었다.

그의 여행 동반자는 언제나 카메라와 지도였는데, 특히 고가의 카메라를 지키기 위해 분투하는 장면이 여행기 곳곳에 자주 등장한다. 사실 3권의 세계 여행기에 삽입된 사진은 그가 여행 중 찍은 사진 중 극히 일부에 불과하다.[17] 그의 사진들은 대중 강연에서의 슬라이드 쇼로 큰 인기를 끌었다. 그가 세계 곳곳을 누비며 찍어 둔 수만 장의 사진들은 세계지리 사진 아카이브로서 귀중한 자산이 아닐 수 없다. 그가 방문하여 경험한 그곳의 모습이 사진으로 재현되고, 그 재현물로서의 사진이 그곳의 지리와 문화를 규정 짓게 되는 '재현의 순환(circle of representation)'에 관해서는(Jenkins 2003) 차후에 좀 더 심층적인 연구가 필요해 보인

---

15. 다만 아쉬운 것은 당시 출판계의 사정 상 엉성한 재질의 갱지에 흑백사진으로만 인화하여 출간되었기 때문에 사진의 선명도가 떨어진다는 점이다. 이런 아쉬움을 달래보고자 2차 여행기 〈끝없는 여로〉부터는 책의 맨 앞부분에 칼라시진들을 10쪽 정도의 고급용지에 담고 있다. 물론 나머지 본문의 사진들은 예전 그대로 흑백으로 삽입하였다. 1980년대 집대성본으로 출간된 10권의 전집에는 더욱 확대된 풍성한 사진들이 높은 선명도로 삽입되었는데, 이 사진들만으로도 이 책은 대중들의 눈길을 사로잡기에 충분했다.

16. 당시 가난한 한국 사회에서 카메라는 일반인들이 갖기 어려운 고가품이었다. 그는 이미 대학 재학 시절과 고등학교 교사 재직 시절부터 자신의 카메라로 동학과 제자들 사진을 찍어주며 인기를 끌었다고 한다. 게다가 그는 인화, 현상 작업을 손수 할 수 있는 개인 작업실을 갖고 있었고, 때로는 사진들을 엽서로 인화하여 지인들에게 선물로 주곤 했다고 한다(김찬삼추모사업회 2008).

17. 가령, 3차의 여행에서 찍어온 사진은 천연색 슬라이드 4천여 매와 흑백사진 3천여 매였다고 한다(김찬삼추모사업회 2008, 45). 하지만 3차 여행기에 수록된 사진은 5백 점 정도에 불과하다.

다. 또한 사진 속에 녹아있는 작가의 의도와 전하고자 하는 메시지, 사진 속에 내재된 작가의 세계관 등에 대한 대해서도 후속 연구를 기약하고자 한다.

4. 황인종 여행가의 변주적 세계관: 식민주의와 코즈모폴리터니즘

김찬삼의 여행기는 남성 탐험가에 의한 영웅적인 도전과 모험을 주된 테마로 다루었다는 점에서, 지리학적 지식을 확인하고 확장해 나가는 것을 가장 중요한 목적으로 삼았다는 점에서, 그리고 일부 판타지적인 내용을 가미하여 사실과 환상을 혼합시켰다는 점에서, 19세기 서구의 식민주의적 여행기(조앤 샤프 2011; 메리 루이스 프랫 2015)와 유사성을 지닌다. 그런데 우리가 또한 놓치지 말아야 할 것은 여행가 김찬삼이 서구사회의 백인이 아니었다는 점, 그리고 오히려 피식민지배의 피해를 경험한 신생 독립국의 여행자였다는 점이다. 따라서 이는 그의 여행기에 나타나는 모더니즘적, 식민주의적 세계관을 그의 위치성에 맞게 좀 더 섬세하게 분석할 필요가 있음을 시사한다. 요컨대, 그는 미국의 지원으로, 서방세계에 편입된, 동아시아의 가난한 신생 독립국 출신의, 한국전쟁을 몸소 겪은, 한국의 엘리트 남성이었다는 점에 유념할 필요가 있다.

"나는 본디 지리학 연구와 아울러 인간 수업을 위하여 세계를 쏘다니는 여행가이지만 정복의 길인 카이버 령(嶺)[18]에서 평화를 위한 기도를 올렸듯이, 이 술병을 보며 억울하게 죽어갔을 불우한 노예들의 명복을 경건히 빌었다 이것은 종

---

18. 파키스탄과 아프가니스탄의 국경에 위치한 고도 1,070m의 고개이다. 알렉산더 대왕에서 대영제국에 이르기까지 역사적으로 남부아시아, 중앙아시아, 서남아시아를 연결하는 중요한 무역로이자 정복을 위해 반드시 거쳐야 하는 군사적 요충지였다. 김찬삼은 제2차 세계 일주 여행 중 이 고개를 방문하였다.

교적인 것이 아니라 인간적인 기도였다. 내가 무슨 인도주의자이기 때문도 아니며, 순례자이기 때문도 아니다. 자연 발생과도 같이 이 본능적으로 비극에 대해서 절로 기도하는 자세를 갖게 되는가 보다. 하긴 이런 비참한 역사를 지닌 술병을 무심하게 보아 넘길 사람이 있으랴만, 내가 유독 이 비참한 정상(情狀)에 공감하게 됨은 내가 괴로움을 많이 받아 온 약소 민족의 한 후예이기 때문인지도 모른다."(2차 여행기, 580-1)

그는 일제 강점기 식민지 주민으로서의 삶과 신생 독립국가에서의 혼란한 삶을 모두 경험했던 후기 식민적 존재였다. 독립 이후에는 이념 갈등과 한국전쟁을 경험한 후 냉전기 신질서가 정립되는 가운데 자유주의 진영에 속하게 되는 이념적 전이성을 경험한 존재였다. 또한 개발 도상국의 엘리트층 여행가로서 가난한 동포들과 선진국의 문물을 이어주는 중간자적 존재이기도 했다. 남성 지리학자이자 탐험가라는 분명한 위치성에 더하여, 문명과 야만, 백인과 흑인, 선진과 후진, 서구와 동구 같은 당대의 모더니즘적 이분법 구도상 애매한 위치를 점유할 수밖에 없는 일종의 사잇(in-between) 존재였던 것이다. 이것도 저것도 아닌 중간적 존재로서 그는 여행의 과정과 여행기의 저술에서 제3의 길을 담담하게 모색했던 것으로 보이며, 이를 봉합할 수 있는 가장 편안한 이념은 코즈모폴리터니즘이었다. 이는 중간적 존재의 양쪽에 자리 잡은 존재들을 모두 동등하게 바라보겠다는 이념적 지향이었다. 그러나 당대 엘리트층 지식인 남성의 의식 속에 뿌리내려 있던 서구 중심의 식민주의적 세계관으로부터 자유롭지 않았고, 결국 그 토대 위에 형성된 일종의 시혜적 코즈모폴리터니즘의 모습을 드러내고 있다.

"내가 이번 여행을 하기까지는, 간접 경험이라 할까요, 세계적인 사상가들의 저서에서 많은 지식을 얻었읍니다만, 한편 불행히도 편견을 배웠던 것이 아닌가 합니다. 즉, 종교가들은 전 인류가 하느님의 아들딸이라고 하여 박애주의를 내세우기도 합니다만 추상적인 데 그쳤고, 또한 사상가들이 전 인류의 단결을 부르짖는 것도 기계적인 것이 아닐까 합니다. (중략) 내 천박한 지식으로나마 이번 여행에서 느낀 것은 종교나 사상의 힘으로 결합할 수 있는 것이 아니라, 범인간적으로 사랑하고 뭉칠 수 있다는 것입니다. 말하자면 사람의 본질은 끝내 선하며 사랑으로 융화될 수 있다는 것을 사무치게 느꼈습니다. (중략) 알래스카의 에스키모며 인디안이며, 아프리카의 니그로들과 침식을 같이 하면서 나는 그들에게 동화됨을 느꼈으며, 따라서 인간 일원론이라 할까요, 적어도 지구 위의 전 인류는 같은 핏줄기라는 것을 은연중에 깨달았습니다.(1차 여행기, 3)

그는 여행에서의 국경 넘기가 주는 매력을 설파하면서 그것을 실천하는 자가 곧 코즈모폴리턴이라고 주장한다. 국경을 넘어 여행을 실천한다는 것은 단지 자신에 한정된 육체의 전이적 경험에 그치는 것이 아니라 국경을 초월한 사랑과 우정을 나누고 이를 통해 인류의 평화와 행복을 추구하는 것이라고 주장한다. 특히 그는 지역 간 갈등과 전쟁의 현장을 직접 방문하여 그 폐해를 고발하며 코즈모폴리터니즘의 필요성을 역설한다. 이는 한국전쟁을 직접 경험한 자신의 위치성과 연관된 것으로 보인다. 당대 세계는 양차 세계대전, 한국전쟁, 베트남전쟁으로 이어지는 격동적 냉전의 시기였다.[19] 그러한 일련의 전쟁을 직접 경험한 지식인의 고뇌가 향했던 곳은 인간의 근본적인 선함과 인류애였다.

"(내 여행의) 큰 과제로서는 현재 세계를 비참의 도가니 속에 몰아넣고 있는 사상, 종교들의 분쟁의 요소가 무엇인가를 알아내는 일도 그 하나였다. 지금 세계 여러 나라는 한결 같이 서로 자기의 것만을 절대시하고 있는데 이 편협된 사고

---

19. 특히 그의 3차 여행 시기는 베트남 전쟁이 한창 진행 중인 때였고, 따라서 전쟁 관련 경관을 더 진지하게 관찰하고 이와 관련된 생각들을 깊이 했던 것으로 보인다. 그래서 3차 여행기에는 오키나와의 미군 경관들, 필리핀의 바탄, 코레히도르섬, 레이터섬, 싱가폴의 부타키마 고지 등 동남아시아와 태평양제도에 위치한 전쟁 장소들을 더 많이 방문한다. 이런 곳들에서 전쟁의 상흔, 일본의 전쟁 흔적들을 집중적으로 답사하며 그 비극을 비판적으로 성찰하고 평화를 갈구하면서 코즈모폴리터니즘을 역설한다.

방식은 그들의 여건으로서는 그렇게 될 수밖에 없는 필연적인 현상이었다. 이 타협하려고도 하지 않고, 또 타협하지도 못하는 이것이 현재의 세계 비극의 큰 원인이 아닐까? (중략) 세계 어느 곳이든 격전지 아닌 곳이 없다시피 하지만 (남태평양 제도 같은) 에덴에서까지 싸워야 하는 인간들에 대한 강렬한 분노와 불신이 치솟아 인간에 대한 또 하나의 구토를 느끼지 않을 수 없었다. 그러나 결코 이런 비관만을 하고 싶지는 않다. 세계는 지금 악덕할 대로 악덕해지고 있지만 이것은 하나의 현상일 뿐 결코 본질이 아니라는 것을 사무치게 느꼈다. 앞에서 말한 것처럼 어떤 도깨비 같은 그 무엇, 어쩌다 나타난 '악마형인 천재'들이 세계를 괴롭히고 있을 뿐 전 인류의 대다수는 그와 반대로 너무나도 선하다는 것이었다." (3차 여행기, 636-7)

사잇존재로서의 고민과 이에 따른 양면적 태도와 사고는 그의 변형된 인종주의를 통해서도 드러난다. 그는 황인종 여행가로서의 위치성을 통해 이분법적 흑백 논리의 폐해를 예리하게 감지하고 고발한다. 아울러 인간에게 적용된 이분법적 모더니즘의 한계를 자신의 위치성과 견주어 성찰하고 그 타협안을 제시하기도 한다.[20] 흑백 양측의 주장과 논리를 듣고, 중간 인종으로서 타협의 다리 역할을 시도하기도 하는데, 양쪽의 입장을 몸소 경험할 수 있는 황인종으로서의 위치성이 많은 도움이 되어 때로는 화해의 성과를 거두기도 한다. 흑-백-황의 인종 관계 속에서 자신의 위치성을 확인하고, 이를 적절하게 활용했다.

"(그들과 함께 춤추며 서로 웃었다) 그러나 순수한 웃음이었다. 문명인 같으면 조소

---

20. 그러면서도 그가 방문했던 인도 오랑가바드(Aurangabad)의 한 여행자 숙소 방명록에는, "내가 지난번 59개국의 세계일주 여행에서 크게 느낀 것은 사람의 본질은 선하며 양심적인 가슴만 터놓으면 모두가 인간 가족이 될 수 있다는 것이었습니다. 우정은 영원한 것입니다. 67번째의 방문국 인도에서, 1963년 4월 3일, 한국에서 온 김찬삼 올림"(2차 여행기, 148)이라는 방문 후기가 영어와 함께 한국어로 기재되었는데, 이를 통해 그가 또한 자신의 위치성을 한국이라는 분명한 자리에 고정하고자 노력했었다는 점도 동시에 확인할 수 있다.

나 비꼼이나 비방 같은 게 있지만 이들에겐 그런 것이 별로 없는 듯 오직 원시 감정뿐이 아닐까! 이들 속에 끼어 그 새까만 살에 닿기도 하며 어울려 춤추고 있는 황인종인 한국인! 정말 희한한 일이었다. (중략) 원시와 문명과의 융화를 이룬 이 경지가 어쩌면 불교 용어 유가(瑜伽)(주관과 객관의 융화된 경지)의 세계라고나 할까. 나를 문명인이라고 하기엔 외람하지만, 이들 원시인과 같이 노래와 춤으로 지샜다는 것은 평범한 일은 아닌 상 싶었다. 외국 영화에서 흑인들이나 인디안들이 춤추는 것을 보았으나, 백인들이 섞여 추는 것을 보진 못했었다. 그렇다고 이번 내가 새로운 일을 했다는 것은 아니지만 흐뭇하기 그지 없었다."(1차 여행기, 246)

유색인종에 대한 인종주의적 차별을 직접 목격하는 현장에서는 하위집단에 대한 인도주의적 정서를 강하게 드러낸다. 김찬삼의 세계여행이 이루어졌던 1950~1970년대는 비록 정치적 탈식민화가 막 이루어져 제3세계 국가들이 증가하고 있긴 했으나, 이전의 식민주의적, 인종주의적 세계관은 여전히 대세를 이루고 있었던 시기였다. 김찬삼은 그런 사고 틀 속에서 유색인종에 대한 차별과 착취를 행사하는 백인들이, 곧 인종주의의 폐해를 해소하는 열쇠도 동시에 쥐고 있다고 보았다. 특히 혼혈인종조차도 백인들에 의해 열등한 타자로 차별받고 있는 현실을, "죄 있는 결합의 죄 없는 씨"라는 은유적 표현을 써가며 비판적으로 기술하고 있다.

"(미국) 아라바마에서 흑/백인 공학이 승인되었으나 백인들인 학부형이 반대한다고 하기에 그 까닭을 백인에게 물었더니, 피가 섞여질까바 그러는 것이라 했다. 인류애를 부르짖는 박애주의는 가르쳐도 인종차별을 가르치지 않기 때문에 애들은 인종을 차별하지 않고 자라나 자연히 피가 섞여진다는 것이다. (중략) 피 흘려 싸운 링컨의 정신을 아직도 본받지 못하는 것인지 의아스러웠다. 흑인에게 진 부채를 갚겠다고 적도 아프리카에서 불행한 흑인을 보살피는 성의(聖

醫) 알바트 슈바이쩨르의 위대성이 새삼 느껴졌다. 흑인은 언제 완전히 해방될 것인가."(1차 여행기, 82-83)

"남아연방을 떠나면서 가장 가슴 아프게 생각한 것은 인구에서까지 완전히 제 외당하고 있는 혼혈종에 대한 문제였다. 이것은 확실히 백인들 자신이 저지른 악의 사산이건만 흑인 이상으로 그들은 냉대를 받고 있었다."(1차 여행기, 204)

차별받는 유색인종에 대한 연민의 감정은 일제 강점기를 경험한 약소민족의 일원으로서 일종의 동류의식으로부터 생겨난 것임을 추측해 볼 수 있다. 그러나 문명과 야만(미개)이라는 경계 긋기와 선형적 진화의 하단에 놓여있는 열등한 존 재로서의 토착민이라는 문화 진화론적 관점은 그의 제3세계 여행 경험의 저변에 깔려 있다. 탈식민지 시대의 서구와 비서구의 차이를 위계적 관점에서 바라보면 서, 지배와 착취에 의한, 전쟁까지도 포함하여, "문명인"들의 만행을 인류선에 위 배되는 일이라고 고발하고 있고, 가련한 "미개인"들이지만 그들의 얼 속에는 "인 간을 구원하는 새로운 휴머니즘"이 뿌리박고 있음을 연민의 눈으로 찬양하고 있 다. 비서구 "암흑"세계에 사는 흑인들에 대해서 연민과 가여움의 시선, 그리고 천 대와 학대의 불공정한 대우에 대한 분노의 시선이 교차하면서 그의 양면적 사고 와 태도는 여행기 전편에서 묻어난다.

"세계의 미개 사회에 뛰어들어가 원주민들과 미소로써 의사 소통을 하며 친하 게 사귈 때 낯선 나라 사람을 반기는 미개인들에게서 일찍이 발견하지 못한 이 웃 사랑을 발견했다. 문명인들은 지금 종교나 사상의 갈등으로 이웃 사랑은커 녕 증오와 저주를 일삼기 때문에 미개 사회의 원주민들의 애정이 더욱 크게 느 껴지는지도 모른다. (중략) 미개 사회의 원주민들이 비록 우리와 같은 현대에 산 다고는 하더라도 고대나 다름없는 시대의 생활을 하고 있으므로 이들을 현대 속의 고대에 사는 사람이라고도 할 수 있을 것이다. 나는 이들의 사회를 찬양만

하는 것은 아니다. 우리 문명인이 이룩한 것이 세계를 구원하지 않고 파괴하는 무서운 생지옥으로 만들었기 때문에, 가장 원초적인 미개 사회에서 이른바 면역이 되지 않은 강력한 선과 인간성을 찾자는 것이다. 토인비는 이 세계를 구원하는 것은 종교적인 형태의 문화라고 했는데 반드시 종교만이라야 하는 것이 아닌 만큼, 인간을 구원하는 새로운 휴우머니즘의 본체는 미개 사회 사람들의 얼 속에 깊이 뿌리박고 있는 선과 인간성이라고 말한다면 나의 역설일까."(3차 여행기, 205-6)

이처럼 원주민을 휴머니즘의 화신으로 바라보는 시선도 결국은 문명인과 미개인이라는 식민주의적 문화 진화론에 뿌리를 두고 있다. 원주민들과의 공감적 동류의식을 표출하면서도 또한 과거 식민 제국주의 개척자들에 대한 평가를 서구의 관점에서 그대로 답습하는 모습을 드러내고 있다. 가령, 1차 세계여행 중 남아프리카공화국에서 북상하여 동아프리카를 가로지르는 여정에서 그는 19세기 아프리카 탐험의 선봉에 섰던 데이비드 리빙스톤(David Livingstone)과 세실 로즈 Cecil J. Rhodes)를 비롯한 여러 유럽 탐험가들의 족적들을 확인하며, 그들을 "대암흑 왕국"의 세계에 광명을 비춰준 "개척의 선구자", "탐험의 선구자"로 묘사한다.

어둠의 대륙에 사는 토착민들에게 시혜를 베풀고 문명으로 이끌어가는 숙명을 '백인의 책무(Whitemen's burden)'라고 보는 이러한 식민주의적 온정주의는 김찬삼의 코즈모폴리터니즘과 잘 맞아떨어졌다. 암흑대륙의 역경을 뚫고 공백을 채워나가는 탐험의 여정과 가련한 토인을 개화하고 문명의 혜택을 전해 주는 봉사의 손길을 순수하고 고귀한 인류애의 실천으로 칭송하며 자신의 여행의 귀감으로 삼았다. 반면 탐험가가 닦아놓은 길을 따라 들어온 후발 정치가들의 정치적 식민지 건설과 착취는, 토착민들의 비참한 현실을 야기한 원인이라고 명기하면서 식민주의적 온정주의와 차별화하고 있다.

전술하였듯이, 김찬삼의 여행이 이루어졌던 20세기 중반은 냉전과 인종주의가 극에 달하였던 시기였고, 또한 그에 대한 반발과 저항도 고조되어 탈식민적

제3세계가 확산되어 가는 시기였다. 김찬삼이 스스로 밝힌 여행의 목적 중 하나인 인간수업은 세계 각 지역에서 만나는 사람들과 교류하며 우정을 나누고 모두에게 공통으로 내재한 인간선을 확인하는 코즈모폴리터니즘의 여정이었다. 그런데 그들을 구분 짓는 기준은 당대를 풍미했던 인종주의적 문화 진화론의 관점이었다. 스스로 "아마추어 세계인종관상학자"[21]라고 칭하며, 인간수업을 위해 많은 현지인과 직접 만나고 그들에 대한 느낌을 있는 그대로 기술하려고 노력했지만 때로는 인종에 대한 편견을 드러내고 만다.

"(아리조나의) 인디언의 집들은 판잣집에 많으며, 초라하기 그지없다. 학교도 형편없이 빈약하다. 말은 영어를 쓰기도 하는데, 이들은 고립을 좋아하는지, 현대의 문명과는 너무나 동떨어진 생활을 하고 있었다. 한편 오스트렐리아의 남쪽 타스마니아섬의 토인이 멸족했듯이 자연 사망률이 크다고 하니 언제 멸족할지 모를 일이다. 어쨌든 어딘가 서글픈 인상을 준다."(1차 여행기, 79)

"아류샤[22]까지 가는 도중, 아주 작은 부락에서까지도 그곳 흑인들이 코카콜라, 페푸시콜라 등을 굉장히 즐겨 마시고 있는 것을 자주 볼 수 있었다. (중략) 문명인들과는 달리 남자는 머리를 기르고 여자가 박박 깎고 있는게 이상했다. 옷이라고 해야 제대로 된 것이 아니며, 중의 가사 같은 옷을 걸치고 있을 뿐이었다. 그러나 제 딴에 멋을 내고 있었다. 미개인이라도 미(美)에 대한 동경은 큰 모양

---

21. 이는 19세기 후반에서 20세기 초반에 걸쳐 서구 제국주의 학계에 널리 퍼져 있던 인체 계측학(anthropometry), 두개계측학(craniometry)을 연상시킨다. 전통의 체질인류학에서 뻗어 나와, 존재하는 인종의 차이를 계측한다는 일종의 과학적 접근으로 발전하지만, 나중에는 식민주의적 인종주의가 결합되어 계측을 통해 차이를 생산하고 일반화하는, 즉 신체적 특징이 곧 문화적 수준을 의미하는 것으로 그 의미가 변질된다. 열등한 인종의 타자화를 정립하는 이러한 인류학적 연구는 일제강점기 일본인 학자들에 의한 한반도 각처의 조선인들에 대한 신체 측정으로도 이어졌다(박순영 2004). 해방 전후에 걸쳐 학문 활동을 이어온 김찬삼에게 이러한 선행연구가 큰 영향을 미쳤으리라고 추측해 볼 수 있다.
22. 탄자니아 북쪽에 위치한, 마사이족의 생활터전인 사바나 초지를 끼고 있는 도시.

이었다. (중략) 혹심한 더위와 값이 싼 탓도 있겠지만, 빤스 하나 사서 하체를 가려 볼 생각은커녕 우선 시원하게 (콜라를) 먹고 보자는 그들의 생활태도가 한심스럽기 짝이 없었다."(1차 여행기, 222-223)

그렇다면 서구 백인들에 대해서 황인종 여행가 김찬삼은 어떤 입장을 취했을까? 유럽에서는 방문하는 국가마다 문명의 조건이자 결과로서 인종적인 우수성에 대한 묘사를, 특히 백인 여성들에 대한 묘사를 중요하게 다루고 있다. 요컨대, 백인들은 수준 높은 지성미를 갖춘 준수하고 아름다운 신체로 재현하곤 했다. 그런데 같은 유럽의 백인들 내에서도 그 차이를 묘사하면서 순수한 혈통의 큰 골격을 지닌 북서유럽계 백인들은 지성미의 화신으로, 혼혈 혈통의 작은 골격을 가진 남부유럽계 백인들, 그중에서도 특히 여성들은 육체미의 화신으로 묘사하여 미묘한 차이를 드러낸다.

"이 나라(노르웨이)는 유럽에서 가장 순수한 게르만 북방족이 인구의 거의 대부분을 차지한다고 하여 민족적인 큰 긍지를 지니고 있다. 의지가 굳은 민족으로서 눈은 파랗고 머리카락은 노란 것이 이 나리 사람의 특색이다. 유럽에서는 가장 키가 큰 민족이기 때문인지 특히 거리를 거니는 여성들은 늘씬하여 모두가 육체파 미인 같으며 하늘처럼 파란 눈, 금계(金鷄)보다 더 눈부시게 보이는 블론드는 유독 아름답다. 이 도시엔 유한 마담이나 노는 여자라고는 보이지 않으며 걸음걸이들이 빠른 때문에 매우 다이나믹해 보인다. 머리를 치렁치렁 늘어뜨린 금발의 미인이 앞에서 걸어오기에 길을 물으려고 인사를 했더니 마치 연인을 대하듯 친절히 가까이 다가서서 벽안(碧眼)의 미소를 띠고 진주와도 같이 고운 이를 드러내며 길을 가리켜 주었다."(3차 여행기, 569)

"그런데, 「스페인」에서 가장 인상적인 것은 미인들이 많다는 것이다. 「카르멘」같이 열정적인 여성들이다. 남자들은 거의 가무잡잡하고 미남이 없는데 어째서 여성들은 이렇게 예쁜지 이상하다. 흰 살갗과 검은 눈동자, 그리고 머리카락으로 독특하게 귀를 살짝 가린 화장(化粧)들이 매혹적이다. (중략) 미인이 많은 까닭은, 8세기에서 15세기까지「사라센」사람이 다스렸는데, 그 때 혼혈된 탓일까! 그렇지 않으면「멘델」의 유전법칙 이외의 또 하나의 현상이 있어서 이 나라는 미인이 많이 나오게 된 것일까!"(1차 여행기, 319-320)

식민지 상태를 막 벗어난 제3세계에서도 그는 많은 백인들과 조우하고 그들에 대해 기술한다. 하지만 같은 곳에 있는 흑인들과는 다른 방식의 만남이 이루어진다. 흑인들에 대해서는 연구 대상으로, 혹은 온정과 시혜의 대상으로 타자화하여 경계 긋기를 시도했지만, 백인들에 대해서는 타자화의 경계 긋기를 삼가하면서 적극적으로 "사귀고" 도움을 받고 그들의 이름도 기명해 가며 고마움을 표현하고 있다. 가령, 흑인들과의 만남에서는 거리 두기를 실천하며 관찰과 분석에 주력하는 반면, 백인들과의 만남에서는 간격을 걷어내고 적극적인 회합을 통해 정보를 취득하거나 함께 여흥을 즐기곤 한다. 이는 사진 속 피사 인물의 구성을 통해서도 확인해 볼 수 있다. 즉, 흑인들의 인물사진의 경우, 여행가의 위치를 분리한 채 그들만을 대상으로 해서 촬영했지만, 백인들의 인물사진은 거의 대부분 여행가 자신도 포함하여 촬영함으로써 경계가 없는 일체감을 은연중에 과시하고 있다.

개발 도상국에서의 여행이 열정적인 탐험으로 점철된 것에 비해, 정작 유럽에서의 여행은 그 내용이 상대적으로 빈약한 것도 시선을 끈다. 이에 대해 그는 "그런데, 이「유럽」은 하도 많이 소개되었으므로 무전 여행가가 따로 볼 수 있는 일면을 보기로 했다. 나의 유럽 여행은 지리학이라기보다,「슈펭글러」가 이미 갈파한 바와 같은 그들의 몰락한 문명을 보는 데 비중을 두기로 했다."(1차 여행기, 294)라고 기술하고 있다. 유럽 여행의 주안점은 앞서도 언급했듯이 "몰락한 문명"에 두고 있는데, 다른 개발 도상국과 비교했을 때 국가별 내용은 비교적 소략하다. 서사의 흐름은 대략 문명적 도시경관 기술, 문명의 조건이자 결과로서의 인종에 대한 관찰, 물질주의와 성적 방종에 대한 단상으로 이어진다. 선형적 진화론의 역사에서 유럽이 문명의 정신적인 면에 있어서 한계를 넘어 몰락의 길로 가고 있다고 진단한 그는, 선진국이 겪고 있는 인간성 상실이 위기의 국면으로 접어들었다고 보고 있다. 특히 서구(특히 미국)의 물질만능주의, 성적 방종과 타락에 대해서 매우 구체적으로 기술하고 있는데, 이는 열등한 개발 도상국의 토착민에게서 발견했던 원초적 인간선(善)과 극명한 대비를 이룬다.

> "제1차 여행 때 시시콜콜이 돌아다녔기에 이번에는 다만 귀로에서 선편 승선
> 관계로 들르긴 했지만, 이번 여행의 초점이라 할 서남아며 아프리카 횡단에
> 서 얻은 나의 자그만 비판의 눈으로 보니 미국의 물질문명의 경험이 두드러지
> 게 드러나는 것 같다. 그들이 누구보다도 자유주의를 고취하고 투철한 민주주
> 의 사고 방식을 지녔다는 것은 사실이나, 메카시즘에 휩쓸려 들어가 인간성의
> 상실을 가져오는 위기에 부딪치고 있는 것이나 아닌가 하는 의구심이 없지 않
> 다."(2차 여행기, 682)

정신적 타락으로 위기에 처한 백인과 몽매한 미개의 처지에 갇혀 있는 흑인들 사이에서 김찬삼이 내세운 것은 동양이 지닌 정신적 우월성, 즉 비록 한국인이 신생 독립국의 약소민족이지만 고매한 동양적 정신을 계승하고 있다는 자부심이었다. 그는 미개한 흑인들에 대해서는 우월감을 지닌 온정주의적 코즈모폴리턴이었다. 하지만, 물질문명을 이룩한 백인들에 대해서는, 결코 백인이 될 수 없다는 열패감이나 자괴감 같은 것을 표출하지는 않았다. 황인종 여행가로서 백인과 흑인의 중간자적 위치를 점유한 그의 위치성은 백인보다 열등하고 흑인보다 우월하다는 산술적인 의미의 위치성이 아니었다. 그에게 고매한 동양적 정신은 타락한 백인들을 계도하여 위기 극복에 도움을 줄 수 있는 '문명 위의 문명'이었다.

5. 모더니즘적 자연관과 여성관

　김찬삼 여행기가 당대 한국의 다른 여행기와 가장 크게 차별화되는 부분은 자연환경에 대한 관찰과 묘사가 풍성하게 담겨있다는 점이다. 이는 여행의 목표로 그가 명시한 지리학 탐구와 인간 수업 중 지리학 탐구에 해당하는 부분으로서, 당대 지리학의 주요 패러다임이었던 자연환경-인간관계의 연구와 관련이 깊다. 그는 여행 중 아름답고 웅장한 자연환경을 대할 때마다 과학적이고 객관적인 지리 지식을 기술하면서 동시에 문학적 상상력을 동원하여 그 아름다움을 서정적으로 예찬하고 있다.

　"같은 사배나 지대라고 해도 동쪽의 이디오피아와 수단의 국경에서는 한 길 반이나 되는 풀이 우거져서 앞을 전연 볼 수 없지만, 백나일을 건너면 풀이 허리 정도의 키밖에 안 되고 더욱 서쪽으로 가면 30센티 내외로 풀이 가늘고 마디가 잘다. 이것은 우량의 차와 관계되는 것 같다. 그리고 엘파세르 지대까지는 테벨디(Tabaldy)[23]라는 큰 나무들이 서 있다. 이 나무는 밑동에서 허리통까지는 꼭 절구통같이 생겼으며, 지름이 2~3미터, 높이가 7~12미터나 되는 줄기가 쭉 뻗어 올랐는데, 맨 위에는 가냘픈 가지가 퍼져 있다. (중략) 이 나무는 주로 그 속이 비었으며 나무 언저리에 비가 오면 물이 괴게 구덩이가 패여 있다. 마침 비가 와서 물이 괴어 있어서 양가죽으로 만든 두레박으로 흙탕물을 퍼 올려서 이 나무의 빈속에 물을 담아 두느라고 법석을 떤다. 사막에선 물이 금방 증발하니, 비가 오면 머리가 깨질쎄라 이 나무에 모여들어 속이 빈 나무에 물을 담는다. 마치 오아시스의 물의 양이 그곳에 모이는 사람의 수와 비례하는 것과 같이 이 지대에서는 이 나무 속에 든 물의 양에 따라 여기 사는 사람의 수도 결정된다고 한다. 그러므로 사막 주민에 있어서 이 나무는 낙타와 더불어 큰 재산이 된다.

---

23. tabaldi의 오타로 보인다. 이 나무는 우리에게는 흔히 바오밥 나무라고 알려져 있는데, 이것의 수단어 명칭이다.

내가 이 나라 천연 식물인 이 테벨디 나무를 '물통나무'라고 하는 것이 어떠냐고 여러 승객에게 이야기했더니 모두 그럴 법하다고 한다."(2차 여행기, 397)

자연환경에 대한 그의 지리학적 설명은 개론서에 나와 있는 관념적 지식을 그대로 소개하는 수준에 그치지 않고, 현지에서 몸소 경험한 내용과 견주어서 기술하는 체현적 지식이었다는 점에서, 그리고 자연환경의 특성이 그곳의 문화를 형성하는 데 어떻게 구체적으로 영향을 미쳤는지를 보여 주는 로컬 지식이었다는 점에서 학문적으로 가치가 높다.[24] 이는 또한 대중독자들에게도 여행자의 모험적인 직접 경험이 실감 나게 다가갈 수 있었기 때문에 추상적이고 교훈적인 내용이 주로 담긴 다른 여행기보다 일종의 대리만족을 던져주며 공감도가 더 높았으리라 판단된다.

한편, 그의 자연환경에 대한 탐험과 관찰, 그리고 여행기 기술에 있어서 발견되는 또 하나의 특징은, 자연환경이 인간 문화에 미치는 영향이 크다는 점을 강조하는, 즉 환경 결정론의 사조에 가까운 관점을 취하고 있다는 점이다. 특히 자연환경의 위대함을 강조하기 위해 그저 그 웅장함과 아름다움만을 표현하는 것에 그치지 않고, 인간문화의 다양성을 주도하고 관장하고 있는 것이 바로 자연환경이라는 점을 강조하면서 숙명론적인 환경관을 취하고 있다.

"푸른 바다를 일사천리로 달리는 배 위에서 이번 여행이 얼마나 나의 시야를 넓혔는가를 새삼 느꼈다. 예컨대, 저 미개한 아프리카의 원주민을 비롯하여 지성이 고도로 발달했다는 프랑스 등의 국민들에 이르기까지 모든 나라 사람들

---

24. 가령, 뉴질랜드 남알프스 빙하에 대해 이 책에 삽입된 여러 장의 사진 자료들은 당시의 빙하의 규모와 형태를 잘 보여주고 있고, 따라서 60년이 지난 현재의 상황과의 비교를 통해 지구 온난화의 추이를 살피는데 귀중한 자료가 될 것이다. 이 빙하를 오르던 중 크레바스에 떨어졌다가 구사일생으로 살아났다는 경험이 그의 책에 잘 묘사돼 있다(3차 여행기, 352-353). 김찬삼은 책에 싣지 못한 수많은 사진자료들을 남겼으며, 후손들이 이를 보관하고 있으리라 추정된다. 지리학의 경관 연구 자료로서 이 사진들은 큰 가치를 지니고 있기에 이에 대한 분석작업이 이루어지기를 희망해 본다.

이 각기 그 환경 속에 적응하여 사는 필연적인 현상이라는 것을 깨닫게 되었다. 어쩌면 역사는 필연적으로 움직인다는 헤겔의 역사관이랄까. 모든 세계가 필연적인 원칙을 움직이는 것 같았다. 여러 나라들이 각기 선택하는 종교나 사상들이 그대로 옳은 것 같다."(1차 여행기, 356)

"(이란의) 산길이나 다리 부근에는 으례 천천히 가라는 뜻으로「야바시(Yabash)」란 아라비아 글자와「슬로우(Slow)」란 영어로 쓰인 도로 경고판이 서 있다. 이 야바시란 아랍말로서「천천히」란 뜻이다. 이 아랍 사람들은 모든 행위에 있어서 초조하게 덤비면,「야바시, 야바시」한다. 이 말이 생긴 것은 아마도 지리적인 이유 때문이 아닐까. 곧, 큰 사막은 큰 바다와도 같아서 오아시스인 이른바 사막의 섬들은 서로 멀리 떨어져 있기 때문에 천천히 준비하고 떠나자는 데서 나온 것 같다. 어쨌든 이 말은 사막에서 사는 사람들이 흔히 쓰는 말로 중근동 일대와 아프리카에서 널리 쓰인다."(2차 여행기, 238)

김찬삼의 환경 결정론적 기술을 살펴보면, 과학적 지식과 허구적 상상이 묘하게 결합해 있음을 발견할 수 있다. 이는 여행기라는 장르가 문학적 상상력을 허용하는 글쓰기 방식이기 때문에 독자들에게는 무리 없이 전달될 수 있었을 것이다. 그리고 환경 결정론의 논리는 원인으로서의 자연환경과 결과로서의 문화를 뚜렷하게 이분화하기 때문에, 사실 여부와 관계없이 독자들이 명쾌하게 이해할 수 있다. 그런데 여기서 우리가 주목해야 할 것이 있다. 지리학자 김찬삼의 자연환경에 대한 논의는, 여행 주체, 특히 남성 탐험가들에 의해 과거 지리상의 대발견의 시대(대항해 시대) 동안 고착화되었던 자연의 대상화 방식, 그리고 그에 대한 우월적 조망의 방식에서 벗어나지 않는다는 점이다. 자연을 여행 주체와 분리하여 심미화, 비실체화, 이상화, 자연화, 에로틱화의 수사로 접근하는 식민주의적 방식(박경환 2018)은 그의 여행기 전편에 흐르고 있다.

"암석과 빙하로 된 높은 산 위를 넘는 여객기에서 「알래스카」에서는 가장 큰 대륙빙하 「말라스피나」를 볼 수 있었다. 넓이가 100여 리나 되는 이 빙하는 높은 하늘에서 보는데도 거대하며, 때로는 신비적인 빛으로 보이기도 하는 장관을 이룬다. (중략) 대낮에 보던 빙하의 빛과는 달라, 뉘엿뉘엿 지려는 이 북극의 저녁 햇빛을 받아, 황금빛으로 물들어지는 이 빙산은 말할 수 없이 아름다왔다. 말하자면 황금 빙하라고 할까? 이 황금의 빙하를 황홀하게 바라보면서, 문득 달빛에 비친 빙하는 또 얼마나 아름다울까 하고 그 백은의 빙하를 상상했다. 내가 여기 있을 동안 달이 뜰 터이니 그때 놓치지 않고 이 은빛의 빙하를 보리라고 생각했다. (중략) 한편 나는 이 비행기에서 내려다보는 스스로를 생각했다. 사람의 차원보다 높은 어떤 차원에 있는 것 같은 환각에 사로잡혔다. 마치 산상(山上)의 「니체」와도 같이… 이같이 아니, 우리보다 높은 딴 차원에서, 이 아름다운 자연을 창조한 절대자가 대견히 보고 있을지도 모를 일이 아닌가!"(1차 여행기, 33-34)

"높이 뜬 여객기의 창으로 파란 숲으로 뒤덮인 사모아 제도가 내려다보일 때 환성이 절로 터져 나왔다. 내가 어렸을 때부터 동경하던 섬이기도 하지만 너무나도 아름답기 때문이다. 인위적인 것은 쉬이 권태를 느끼지만 자연적인 것은 매양 새로운 기쁨을 주는 때문인지 이렇게 지치도록 쏘다니건만 세계의 자연은 오직 영탄만을 자아내는 것이 아닌가. 자연미에서 어떤 미인보다도 아름다운 것을 느끼니 나는 아마도 「자연 돈화안」[25]인가 보다. 말하자면 자연의 처녀성이랄까, 정수랄까, 세계 자연의 에센스를 살라 먹는 이색적인 돈화안인지도 모른다."(3차 여행기, 436-437)

---

25. 서양의 신화적인 바람둥이 '돈 후안'을 지칭하는 것으로 보인다. 17세기 스페인 소설 '돈 후안, 세비야의 난봉꾼과 석상의 초대'의 주인공으로, 수많은 여자들을 유혹해서 파멸시키는데 진정한 사랑 없이 정복욕으로 일관하여 세상의 질서를 문란케 한 죄로 결국 지옥에 떨어지게 된다.

여행지의 깊은 속으로 들어가 고난과 역경을 뚫고 전진해가는 용맹한 여행가 김찬삼에게 로컬의 현장은 위험과 불확실성의 공간이었지만, 바깥의 먼발치에서 내려다보는 여행지 전체의 모습은 영탄을 자아낼 만큼 유혹적인 이상향으로 비추어졌다. 길들지 않은 천연의 아름다움을 간직한 자연과, 실제 그 속에서 살아가는 무구한 토착인들은 그저 한 덩어리로 대상화되고, 그 유혹에 휩싸인 여행 주체는 마법처럼 그것을 관조하며 아름다움을 예찬한다.

이처럼 미학적 감상과 예찬의 시선으로 자연을 조망하면서, 그는 스스로를 자연 창조의 절대자에 버금가는 위치로까지 격상시킨다. 이는 식민주의 탐험가들이 선호했던 '숭고한 조망점'에서, '조감도의 시각' 혹은 '태양과도 같은 눈'으로 여행의 대상지를 조망하는 시선을, 그리고 탐험가 자신이 자신을 '내가 조사하는 모든 것의 군주'라고 간주하는 태도를 연상케 한다. 또한 이 같은 시선에서 조망되는 자연은 남성 탐험가의 방문을 기다리는, 이윽고 과학적 지식의 발견과 분석으로 채워져야 하는, 일종의 순수한 백지도와 같은 수동적인 대상을 연상케 한다(조앤 샤프 2011; 메리 루이스 프랫 2015; 박경환 2018). 자연의 미학적 예찬과 과학적(이라고 믿어지는) 분석으로 이어지는 여행기의 글쓰기 방식에서 그 대상의 정치성은 무시되고 은폐되기 마련이다.

김찬삼의 자연미 예찬은 자연을 곧 여성으로 동일시하는 가부장적 자연관에 기대어 이루어졌다. 자연의 아름다움은 곧 여성의 아름다움과 등치 된다. 여성으로 코드화된 자연을 남성 탐험가가 조감도의 시각에서 응시하는 식민주의적 자연관은, 자연과 여성은 시선이 닿기를 기다리는 존재에 불과한 것으로, 더 나아가 남성탐험가의 발길을 기꺼이 기다리고 있는 존재일 뿐인 것으로 묘사된다(메리 루이스 프랫 2015; 질리언 로즈 2011). 그리고 그 시선과 발길의 대상은 에로티시즘으로 윤색되어 묘사된다. 페미니즘의 관점에서 이는 경관 조망과 탐구의 문화지리학적 전통 속에 있는 "시각적 영역의 섹슈얼리티"를 잘 보여 준다(질리언 로즈 2011, 239-253).

"(뉴기니섬의 원시림에서) … 이름 모를 가지가지 꽃이며 초목에선 그윽한 향기가 물씬 풍기며 관능적인 상념을 불러일으키기 때문이다. 이 처녀림에서 풍기는 가지가지 꽃들의 향기는 미의 여신의 살냄새랄까, 아니면 여신의 몸에 뿌린 향수랄까. 나는 마치 저 말라르메의 시 〈목신의 오후〉에서 목신의 몽롱한 잠결에 요정을 붙들려다가 이루지 못하고 비너스를 끌어안는 그런 욕정과도 같은 것을 느꼈다. (중략) 이 정글 속의 짙은 꽃향기를 오래도록 맡으니 도취되어 버릴 것만 같았다. 여신은 이렇게 꽃향기로 나를 도취시키고 그제서야 나타나려는 것일까. 이렇게 아무리 목놓아 불러도 여신이 나타나지 않으니 차라리 내가 꽃향기로 도취된 뒤에 여신의 품에 안겨도 좋으리라 생각되었다."(3차 여행기, 225)

"솔로몬 제도의 남동쪽에 크고 작은 80여 개의 섬으로 이루어진 뉴우헤브리디이즈(New Hebrides) 제도! 이 또한 내가 어린 학창 시절부터 그리던 꿈나라였다. 나는 신부를 맞으러 가는 신랑의 가슴처럼 울렁거리며 뉴우헤브리디이즈 제도를 향하여 이른 아침 솔로몬 제도의 과다르카나르 섬에서 여객기를 탔다. 세계 최대의 해전이 벌어졌던 철저해협(鐵底海峽)[26]은 아침 햇빛을 받고 쪽빛으로 물들어 그지없이 아름다왔다. 곤두박질하여 자살이라도 하고 싶을 만큼 매혹적인 바다다."(3차 여행기, 248)

자연을 향한 미학적 남성 중심주의는 여성들에 대한 묘사에서도 그대로 적용된다. 인간수업을 목적으로 삼은 그의 여행은 세계 도처에서 많은 사람과의 만남과 교류를 중시하며 이루어진다. 그런데 자칭 "인종관상학자"의 시선이 세밀하게 닿은 대상은 주로 여성이었다. 그리고 여성에 대한 관찰과 일화는 주로 여성미와 성애에 관한 관능적인 표현으로 구성되곤 했다. "암굴 신전에서 만난 이집

---

26. 솔로몬제도의 플로리다 제도, 사보섬, 과달카날섬 사이에 있는 사보 해협(Savo Sound)에 대해 제2차 세계대전 당시 연합국 측에서는 'Iron Bottom Sound'라는 새로운 지명을 붙였는데 이를 한자로 옮긴 지명이다.

트 미인", "오로라와 처녀의 나체 기도", "철 정조대를 잠가야 할 미국 여성", "산에서 미국 부인의 엉덩이를 밀어주다", "여대생의 프로포즈를 받다", "외국 남자를 반기는 콜롬비아 여성", "20세기의 크레오파트라와 더불어" 등 1차 여행기의 일부 제목만 보아도 그런 경향을 확인할 수 있다.

한편, 그의 여행기에는 여행 중 만나 알게 된 여성들과의 교제담도 자주 등장한다. 그 이야기들은 대부분 그들이 자신에게 호의를 베풀며 다가왔다는 점, 자기가 그들에게 인기가 있었다는 점을 중심으로 상상력이 곁들여져 기술되고 있다. 미지의 거친 무대에서 도전과 극복이 영웅적으로 이루어졌고,[27] 동시에 그 사이사이에 미지의 여성들과의 로맨스가 자연스럽게 성사되었다는 1인칭 화법의 서사 방식은 일종의 판타지 영화의 흐름과 유사해 보인다.

그런데, 이러한 판타지의 구성은 당시 남성 중심적, 가부장적 한국 사회에서 대중들의 세속적 관심을 끌기 위한 전략적 차원의 내러티브라는 관점에서도 살펴볼 필요가 있다. 당대 김찬삼의 여행기는 대중적 판타지 서사에 익숙한, 혹은 그것을 목말라하던 뚜렷한 타깃 독자들이 있었다. 그들은 학문적 지식이나 문학적 허구, 그 어느 한쪽에 치우친 독자들이 아니었으며, 신문 저널에 대한 문해력을 지닌 식자층 남성 독자들이었다(임태훈 2019). 그들에게 김찬삼의 여행기는, 해외 곳곳을 종횡무진 누비고 다니면서 경험하는 지리 지식에 더불어 모험적인 에피소드와 여성과의 조우가 양념처럼 가미된, 그래서 이를 통해 세계 인식의 지평이 확대되고 동시에 억압된 욕망을 대리만족으로 채워주는, 적절한 분출구였다.

더군다나 1960~1970년대 한국 사회는 국가 정체성 강화를 위한 애국적 이데올로기가 억압적으로 확산했던 시기였다. 앞에서 살펴보았던 국민 계몽을 위한

---

27. 포스트 식민적 관점에서의 탐험적 여행기 비판은 주로 남성 탐험가의 이러한 남근주의적, 영웅주의적 태도와 1인칭 화법의 글쓰기 방식에 초점이 모인다. 여행 장소와 토착민들을 정복과 지배의 대상으로, 낭만주의적 원시미 예찬의 대상으로 바라본 그들의 관점과 김찬삼의 관점은 비슷한 면이 있다고 볼 수 있다. 그러나 과거 제국주의 시절 백인 탐험가들의 여행이 많은 토착민 보조인들이 참여한 일종의 여행단이었음에도 1인칭 화법을 구사한 데 비해, 김찬삼의 여행은 단독으로 진행된 여행이었기에 그야말로 1인칭 화법을 구사하는 것은 당연한 일이었다. 따라서 좀 더 섬세한 분석과 평가가 있어야 할 것이다.

교훈적인 내용들과 세계 속의 한국의 위상을 높게 평가하는 내용들을 통해 그는 그러한 사회 분위기에 편승해야만 했다. 그런 애국적 이데올로기에, 해외여성들과의 교제담과 성적 유머를 얹어 묘사한 것은 "여행작가 김찬삼의 서술 원칙이면서 당대 대중 독자가 무난히 소화할 수 있는 '규율된 여행 판타지'의 제조방식이었다"(임태훈 2019, 293)는 평가도 있다. "대중문화의 섹슈얼리티와 산업화의 기치 아래 강요된 국민의 총체적이고 균질적인 집단 정체가 분열하는 징후"를 보이던 시기(김경연 2007)에 김찬삼의 여행기는 그 양자 사이에서 적절하게 줄타기를 하는 모습을 보여 준다.[28]

6. 나가며

김찬삼의 여행기는 일종의 탐험 여행의 성격을 지닌다. 그는 탐험을 통해 한국에 잘 알려지지 않은 다른 장소들의 지식, 정보를 생산하고 유포하는 일에 열정을 쏟아부었고, 그 생소한 지식, 정보를 접하게 된 독자들은 이전의 견문기, 시찰기 류의 여행 서사와는 완전히 다른 이 여행기에 뜨겁게 반응하였다. 그가 뛰어난 사진으로 재현하고 유려한 문장으로 기술한 장소와 경관, 그리고 그곳의 삶들은 독자들에게 낯설고 흥미로운 자극을 주기에 충분하였는데, 그것은 분명 지리학자가 생산한 권위 있는 지리 지식이기도 했다. 그가 몸소 경험했던 고난과 위험의 여정과 순간들, 그리고 그 결과로 얻어낸 성취 신화들은 일종의 체현적 지식이 되어, 특히 식자층 독자들의 정서적 공감과 대리만족을 끌어내기에 충분했다.

---

28. 대한민국의 정체성 강화를 위한 정전으로 이어져 오고 있는 〈국민교육헌장〉과 대중적 황색 잡지로 오랫동안 한국 사회에서 인기를 끌었던 〈선데이서울〉이 처음 만들어진 것은 공교롭게도 1968년이었다(김경연 2007). 이 시기는 김찬삼의 여행기가 큰 인기를 끌던 시기와 일치한다. 김찬삼의 여행기가 '규율된 여행 판타지'의 성격을 가질 수밖에 없었던 이유를 짐작게 한다.

최근 늘어가고 있는 김찬삼 여행기에 대한 문예 비평계와 관광학계 연구들은 사회 담론으로서의 여행기의 역할이 무엇이었는지에 초점을 맞추어 내러티브의 구조와 방식, 문학적 상상을 통한 지역과 장소의 해석과 전유, 사회적 공론장에서의 이데올로기적 정향 등에 대한 성과를 축적해가고 있다. 그런데, 김찬삼 여행기가 일반인들에게 널리 읽힌 일종의 대중 서사이지만, 한편으로는 지리학자의 열정과 노고가 깃든 '지리' 여행기임을 분명히 할 필요가 있다. 즉, '지리' 여행기인 이 여행기에 대해 '지리'적 텍스트에 대한 구체적인 분석이 이루어져야 하나, 지리학계에서는 지금껏 그 작업이 전혀 이루어지지 않았다. 이 연구는 김찬삼 여행기에 대한 최초의 지리학적 분석 연구로서, 그가 여행했던 국가와 지역의 지리적 특성을 어떤 관점에서 어떤 방식으로 기술했는지, 그런 관점과 방식을 둘러싼 한국 사회와 모더니즘적 맥락은 무엇인지 등에 대한 분석을 시도했다.

　　김찬삼 여행기는 20세기 중반 가난과 이데올로기의 굴레 '안'에 갇혀 있는 한국의 대중들에게 넓고 다양한 '밖'을 보여줌으로써 지리적 상상력을 고양시켜 주었고, 동시에 탈식민기 국경 분할의 구도 속에서 '안'을 '밖'에 비추어 봄으로써 '안'의 위상과 미래를 가늠할 수 있게 해 주었다. 가난한 신생 독립국의 엘리트층 지식인이었던 김찬삼은 그러한 국가적 소명에 부응하며, 자신의 행복을 위한 여행이면서 동시에 국가 발전에 기여하는 여행을 하고자 했다. 이를 위해 '가난한 신생 독립국 출신'이라는 그의 위치성은 모더니즘적 인종주의를 온정과 시혜의 코즈모폴리터니즘으로 각색하는 데 영향을 미쳤다. 하지만 '엘리트층 지식인'이라는 그의 또 다른 위치성은 당대 학문 구조의 뼈대를 이루었던 식민주의적 서구 중심성을 수용하여 서구 백인의 입장에서 세상을 조망하도록 영향을 미쳤다.

　　김찬삼은 말 그대로 '무전'여행을 최초로 실천한, 한국인 최초의 오지 탐험가이지 자연관찰 여행가였다. 그의 무전여행은 가난과 연결된 고난의 여행이라는 측면보다 미지의 장소에 자신을 던져 자연과 문화를 제대로 경험하는 '깊은' 여행이라는 측면에서 더 큰 의미가 있다. 또한 그의 여행기는 여행 자체를 목적으로 국가별로 여행 경로를 순차적으로 밟아가며 자신의 경험을 기술한 아마도 최초의 여행기인 듯하다. 이는 국가 단위로 '우리'를 사유하는 의식을, 국가와 민족과 개인을 동일시하는 사고 틀을 자연스럽게 형성시켰다는 점(김미영 2013)에서 일종의 방법론적 국가주의라고 할 수 있다. 이는 한국에서 세계지리 교육의 구성이 국가 중심적으로 이루어지는데, 그리고 1980년대 말 한국의 여행 자유화 이후 세계(일주)여행에 나선 일반인들의 여행기 구성방식에도 적지 않은 영향을 미쳤으리라 추정된다. 이에 대해서는 후속 연구가 필요하다. 또한 지리학적 해외지역 연구와 세계지리/여행지리 교육을 위한 1차 자료로서의 가치에 대한 분석, 1950~1970년대 한국 사회의 상황과 탈 식민적 국제질서에 대한 분석, 세계여행산업의 인프라 발전에 관한 분석 등에 대해서도 심층적인 후속 연구를 기대한다.

김찬삼의 여행기는 지금은 비록 서가의 뒤편에 고색창연한 모습으로 묻혀 버렸지만 현대의 일반인 여행가, 관광객들에게도 귀중한 자료가 될 수 있을 것이다. 노동의 가치 그 이상으로 휴가의 가치를 중요하게 생각하는 새로운 밀레니엄 시대를 맞이하여 바야흐로 여행의 시대라 할 수 있을 만큼 다양한 여행의 방법과 패턴들이 등장하고 있다. 그런데, 이 시대의 여행과 여행기에서도 역시 나의 즐거움과 만족이 중심이 된 여행이, 달리 말하자면, 여행하는 자가 중심이 되어 여행되는 것(장소와 사람)은 상대적으로 소홀히 다루어지는 여행이 대세를 이루고 있다. 김찬삼 여행기가 보여 주는 여행되는 것(그곳과 그들)에 대한 이해와 이에 비추어진 나(우리)의 위치에 대한 성찰의 과정은 자기중심적 감상과 기술에 치우쳐 그곳과 그들에 대한 이야기를 소략하게 취급하고 있는 이 시대의 여행기에 시사하는 바가 크다.

참고문헌

김경연, 2007, "70년대를 응시하는 불경한 텍스트를 재독하다 – 조선작 소설 다시 읽기," 오늘의 문예비평 2007 겨울 67, 278-297.
김미영, 2013, "1960-70년대에 간행된 한국 지식인들의 기행산문," 외국문학연구 50,

9-33.

김영하, 2019, 여행의 이유, 문학동네.

김예림, 2007, "냉전기 아시아 상상과 반공 정체성의 위상학 해방~한국전쟁후(1945~1955) 아시아 심상지리를 중심으로," 상허학보 20, 311-345.

김옥선, 2015, "여행 서사에 나타난 오리엔탈리즘과 지역 식민화 – 1990년대 여행 서사를 중심으로," 로컬리티 인문학 14, 165-194.

김찬삼, 1962, 세계일주무전여행기, 어문각.

김찬삼, 1965, 끝없는 여로: 김찬삼 2차 세계여행, 어문각.

김찬삼, 1968, "특집/도시의 관광사업: 외국의 관광사업소묘," 도시문제 3(10), 68-95.

김찬삼, 1971, "풍토로 본 자랑," 새가정, 40-44.

김찬삼, 1972, 세계의 나그네: 김찬삼 3차 세계여행, 삼중당.

김찬삼, 1989, "뛰는 심장 안고 세계를 누비며," 월간샘터 227, 50-52.

김찬삼추모사업회, 2008, 세계의 나그네 김찬삼, 이지출판.

대한지리학회, 2016, 대한지리학회 70년사 1945-2015, 푸른길.

데이비드 앳킨슨 외 저, 이영민 외 역, 2011, 현대문화지리학: 주요개념의 비판적 이해, 논형(Etkinson, D., et al., 2005, *Cultural Geography: A Critical Dictionary of Key Concepts*, I.B.Tauris & Co Ltd.).

리처드 필립스·제니퍼 존스 저, 박경환 외 역, 2015. 지리답사란 무엇인가, 푸른길(Philips, R. & J. Hohns, 2012, *Fieldwork for Human Geography*, London: SAGE).

메리 루이스 프랫 저, 김남혁 역, 2015, 제국의 시선: 여행기와 문화횡단, 현실문화(Pratt, M.L., 2015, *Imperial Eyes: Travel Writing and Transculturation*, Taylor & Francis Group).

문정희, 1991, 어린 사랑에게, 미래사.

박경환, 2018, "포스트식민 여행기 읽기: 권력, 욕망 그리고 재현의 공간," 여행기의 인문학, 푸른길, 71-126.

박순영, 2006, "일제 식민주의와 조선인의 몸에 대한 '인류학적' 시선: 조선인 신체에 대한 일제 체질인류학자들의 작업을 중심으로," 비교문화연구 12(2), 57-92.

박태순·김동춘, 1991, 1960년대의 사회운동, 까치.

송영민·강준수, 2018, "여행기(Travel Writing)의 가치 분석: 김찬삼의 여행기를 중심으로," 관광연구논총 30(1), 3-28,

심승희, 2018, "지리적 세계의 안내서로서의 여행기:「로도스 섬 해변의 흔적」을 중심으로," 여행기의 인문학, 푸른길, 23-70.

우정덕 2010, "김찬삼의 [世界一周無錢旅行記] 고찰: 1960년대 독서 대중의 세계 인식과 연결하여," 한민족어문학 56, 427-455.

이기석, 2005, "한국지리학의 발전과 사회적 공헌," 대한지리학회지 40(6), 799-808.

이미림, 2002, "여행소설 연구 - 길 위에서의 정체성 찾기," 학술논총, 원주대학교 34, 55-72.

이민영, 2016, "'헬(hell)조선' 탈출로서의 장기여행: 인도의 한국인 장기여행자들을 중심으로," 비교문화연구 22(2), 291-328.

이민영, 2018, "공장형 패키지 상품에서 세상에 단 하나뿐인 여행작품까지: 전 지구적 IT의 발전에 따른 한국 여행산업 및 호스트-게스트 구조의 변화," 비교문화연구 24(3): 93-128.

이영민, 2019, 지리학자의 인문 여행, 아날로그.

이전, 2011, "한국 지리학계의 세계지리 연구 동향에 관하여," 대한지리학회지 46(4), 465-480.

이종찬, 2016, 열대의 서구 조선의 열대, 서강대학교출판부.

임정연, 2017 "인도(印度) 여행기의 지리적 상상력과 로컬 재현의 계보," 국제어문 74, 163-186.

임정연, 2018, "지도 바깥의 여행, 유동하는 장소성 - 2000년대 여행서사의 장소 전유 방식," 국어국문학 184, 217-239.

임지연, 2013, "조병화의 세계 기행시에 나타난 코스모폴리탄적 주체의 정위 방식: 1950~60년대 시를 중심으로," 한국시학연구 237-269.

임태훈, 2019, "규율된 여행 판타지의 60년대적 구성: 김찬삼의 「世界―周無錢旅行記」 (1962)를 중심으로, 대중서사연구," 25(4), 289-319.

조앤 샤프 저, 이영민·박경환 역, 2011, 포스트식민주의의 지리: 권력과 재현의 공간, 여성문화이론연구소(Sharp, J., 2008, *Geographies of Postmodernism: Spaces of Power and Representation,* London: Sage).

질리언 로즈 저, 정현주 역, 2011, 페미니즘과 지리학: 지리학적 지식의 한계, 한길사(Rose, J., 1993, *Feminism and Geography: The Limits of Geographical Knowledge,* The Polity Press).

차선일, 2018, "탈식민기 세계여행기 개관-단행본 세계여행기와 시기별 변화 양상을 중심으로," 한국문학논총 79, 425-455.

피에르 바야르 저, 김병욱 역, 2012, 여행하지 않은 곳에 대해 말하는 법, 여름언덕.

한지은, 2019, "익숙한 관광과 낯선 여행의 길잡이 - 서구의 여행안내서와 여행(관광)의 변화를 중심으로," 문화역사지리 31(2), 42-59.

Bosangit, C., et al., 2015, "If I was going to die I should at least be having fun": Travel blogs, meaning and tourist experience," *Annals of Tourism Research*, 55, 1-14.

Crang, M. and I. Cook, 2007, *Doing Ethnographies*, SAGE Publications Ltd.

Duncan, J. and Gregory, D., 2009, "Travel writing," in *The Dictionary of Human Geography*(5th Ed.), edited by D. Gregory, et al., London: Wiley-Blackwell, 774-775.

Hannam, Kevin and Anya Diekmann, 2010, "From Backpacking to Flashpacking: Developments in Backpacking Tourism Research," in *Beyond backpacker tourism mobilities and experiences*, edited by Hannam, Kevin and Anya Diekmann, Channel View Publications, 1-9.

Jenkins, O., 2003, "Photography and travel brochures: The circle of representation," *Tourism Geographies: An International Journal of Tourism Space, Place and Environment*, 5(3), 305-328.

Lisle, Debbie, 2006, *The Global Politics of Contemporary Travel Writing*, Cambridge University Press.

Phillips, R., 2009, "Travel and travel-writing," in *International Encyclopedia of Human Geography*, edited by Kitchin, R. and Thrift, N., Amsterdam: Elsevvier Science, 4766-483.

Rose, Gillian, 2008, "Using Photographs as Illustrations in Human Geography," *Journal of Geography in Higher Education*, 32(1), 151-160.

여행기의 인문학 2

지리학의 시선으로 재해석한 동양인 세계 여행기

초판 1쇄 발행 2020년 11월 11일
지은이 한국문화역사지리학회
펴낸이 김선기
펴낸곳 (주)푸른길
출판등록 1996년 4월 12일 제16-1292호
주소 (08377) 서울특별시 구로구 디지털로 33길 48 대륭포스트타워 7차 1008호
전화 02-523-2907, 6942-9570~2
팩스 02-523-2951
이메일 purungilbook@naver.com
홈페이지 www.purungil.co.kr
ISBN 978-89-6291-881-6 93980

• 이 도서의 국립중앙도서관 출판예정도서목록(CIP)은 서지정보유통지원시스템 홈페이지 (http://seoji.nl.go.kr)와 국가자료공동목록시스템(http://www.nl.go.kr/kolisnet)에서 이용하실 수 있습니다.(CIP제어번호: CIP2020045180)